高等学校"十三五"规划教材

无机及分析化学

第二版

刘玉林　王传虎　吴　瑛　主编

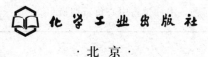

·北京·

《无机及分析化学》(第二版)以新工科建设思想为指导原则编写,全书共分十二章,按学生的认知规律进行内容安排,分别介绍了有效数字和误差,化学热力学和化学动力学,酸碱平衡和沉淀溶解平衡,氧化还原反应,原子结构和元素周期律,分子结构和晶体结构,配位化合物和配位平衡,化学分析法,吸光光度法,元素化学,常见分离和富集方法等。各章后均附有大量精选练习题,方便自学。

《无机及分析化学》(第二版)可作为高等院校化工、制药、材料、环境、轻工、生物、食品等专业的教材,也可供相关人员参考。

图书在版编目(CIP)数据

无机及分析化学/刘玉林,王传虎,吴瑛主编.—2版.—北京:化学工业出版社,2018.8(2022.7重印)
高等学校"十三五"规划教材
ISBN 978-7-122-32673-7

Ⅰ.①无⋯ Ⅱ.①刘⋯②王⋯③吴⋯ Ⅲ.①无机化学-高等学校-教材②分析化学-高等学校-教材 Ⅳ.①O61②O65

中国版本图书馆CIP数据核字(2018)第158836号

责任编辑:宋林青 江百宁 装帧设计:关 飞
责任校对:宋 夏

出版发行:化学工业出版社(北京市东城区青年湖南街13号 邮政编码100011)
印　　装:三河市双峰印刷装订有限公司
787mm×1092mm 1/16 印张21¼ 彩插1 字数541千字 2022年7月北京第2版第5次印刷

购书咨询:010-64518888 售后服务:010-64518899
网　　址:http://www.cip.com.cn
凡购买本书,如有缺损质量问题,本社销售中心负责调换。

定　价:45.00元　　　　　　　　　　　　　　　　　　　　　　　版权所有　违者必究

前言

《无机及分析化学》是一本化类近源专业通用型的化学基础课教材，适用于工科院校化工、制药、材料、环境、轻工、生物、食品等不同专业的化学基础教学的要求。第一版自2011年8月出版以来已有七年，在这几年的教材使用过程中，我们认真听取了使用院校的意见，本着通用性、适用性、先进性的原则进行修订。为优化课程内容，在保持原有课程体系的基础上对教学内容进行了一定的补充、删除和重组。考虑到实验课教学中要用到有效数字，将原第6章定量分析化学概述变为第2章，将宏观的、学生在高中就已熟悉、容易理解掌握的化学热力学、反应速率、化学平衡部分提到前面，而将微观结构理论部分的原子结构、分子结构、晶体结构调节到后面，将配位平衡从解离平衡中剥离，与配位化合物合并为第8章"配位化合物和配位平衡"，删除了"配位化合物的应用"一节，增加了配位化合物晶体场理论中的"晶体场稳定化能的计算"。

全书共分十二章，介绍了定量分析化学概论、化学热力学和化学动力学基础、酸碱平衡和沉淀溶解平衡、氧化还原反应、原子结构和元素周期律、分子结构和晶体结构、配位化合物和配位平衡、化学分析法（四大滴定分析法和重量分析法）、吸光光度法、元素化学、无机及分析化学中常用的分离和富集方法等。标有*的章节由授课教师根据学时数与教学要求酌情选择。教材各章均附有大量精选练习题，书末有习题答案、附录、参考文献。

本次修订分工如下：第1章、第2章、第6章、附录由刘玉林（安徽理工大学）编写；第3章、第8章由吴瑛（塔里木大学）编写；第4章由马洪坤（塔里木大学）编写；第5章由冯艳（安徽理工大学）编写；第7章由马家举（安徽理工大学）编写；第9章由王传虎、吴景梅（蚌埠学院）编写；第10章、第12章由黄若峰（安徽理工大学）编写；第11章由史宜望（蚌埠学院）编写，全书由主编负责统稿、修改和定稿。

在本书的编写过程中，我们参考了国内外教材，在此对这些教材的作者表示衷心的感谢；感谢使用本教材的所有老师和同学；感谢本书参考文献的作者。

限于编者水平及时间仓促，难免有疏漏及不妥之处，恳请读者批评指正。

编者
2018年6月

第一版前言

《无机及分析化学》是由独立的"无机化学"和"分析化学"优化整合而成的新教学体系的一门基础课程。本教材以工科化学课程教学指导委员会修订的"无机化学"和"分析化学"教学基本要求为依据，对两门课程的教学内容进行重新组织和整体架构，对基本理论和基础知识进行了系统的调整、取舍、有机整合，减少了重复，节省了学时，使教学内容更切合工科院校化工、制药、材料、环境、轻工、生物、食品等不同专业的化学基础教学的要求。

参加本书编写的作者均是长期从事无机及分析化学教学和科研的一线教师，具有丰富的教学实践经验和较高的学术水平。为保证教材编写质量，使概念阐述得准确，参编教师参阅了大量国内外相关教材文献，做出了辛苦的努力。

全书共分十二章，分别介绍了原子结构和元素周期系、分子结构和晶体结构、配位键和配位化合物、化学热力学和化学动力学基础、定量分析化学概论、水溶液中的解离平衡、氧化还原反应、化学分析法（四大滴定分析法和重量分析法）、吸光光度法、无机及分析化学中常用的分离和富集方法等。教材各章均附有大量精选练习题，方便教学和自学。

本课程是化工及相关各专业的第一门基础化学课程。编写时注重以中学化学为基础，循序渐进，内容编排的深度、广度和知识的连贯性等方面力争符合学生的认知规律。本着理论"必需、够用"为度，结合各相关专业特点和后续课程需要，将原属于两门课程的基本内容进行精选，突出重点，加强基础。精简复杂公式和烦琐计算的推导，删除了过深的理论分析和阐述，力求做到言简意赅、通俗易懂。同时，注重基础理论和生产实际相联系，元素化学精选有实用价值的常见重要元素及其化合物，简明阐述其重要特性及变化规律。

参加本书编写的有皖西学院刘宜树（第4、8章）、吴平（第5、7章），蚌埠学院王传虎、吴景梅（第9章）、史宜望（第11章），安徽理工大学马家举（第3章）、黄若峰（第10、12章）、刘玉林（第1、2、6章、附录）。全书由主编们共同负责统稿、修改和定稿。

在本书的编写过程中，我们参考了国内外教材，在此对这些教材的作者表示衷心的感谢。限于编者水平及时间仓促，难免有疏漏及不妥之处，恳请读者批评指正。

编者
于安徽理工大学
2011年4月

目 录

第1章 绪论 ………………………………………………………………………………… 1
- 1.1 无机及分析化学课程的地位和作用 …… 1
- 1.2 无机及分析化学课程的基本内容和教学基本要求 ……………… 2
  - 1.2.1 近代物质结构理论 ……………… 2
  - 1.2.2 化学平衡理论 …………………… 2
  - 1.2.3 元素化学 ………………………… 3
  - 1.2.4 物质组成的化学分析法及有关理论 ………………………… 3
  - 1.2.5 紫外-可见分光光度法 ………… 3
- 1.3 定量分析方法简介 ……………………… 4
  - 1.3.1 化学分析法 ……………………… 4
  - 1.3.2 仪器分析法 ……………………… 4

第2章 定量分析化学概述 …………………………………………………………………… 6
- 2.1 定量分析的一般过程 …………………… 6
- 2.2 有效数字及其应用 ……………………… 6
  - 2.2.1 有效数字的概念 ………………… 6
  - 2.2.2 有效数字的修约规则 …………… 7
  - 2.2.3 有效数字的运算规则 …………… 7
- 2.3 定量分析中的误差问题 ………………… 8
  - 2.3.1 误差产生的原因 ………………… 8
  - 2.3.2 误差与准确度 …………………… 9
  - 2.3.3 精密度与偏差 …………………… 10
  - 2.3.4 误差、准确度和精密度的关系 … 11
  - 2.3.5 提高分析结果准确度的方法 …… 11
- 2.4 有限实验数据的统计处理 ……………… 12
  - 2.4.1 平均值的置信区间 ……………… 12
  - 2.4.2 可疑数据的取舍 ………………… 13
  - 2.4.3 显著性检验 ……………………… 14
  - 2.4.4 分析结果的数据处理和报告 …… 16
- 习题 ……………………………………………… 16

第3章 化学热力学和化学动力学基础 ……………………………………………………… 19
- 3.1 基本概念 ………………………………… 19
  - 3.1.1 化学计量系数和化学反应进度 … 19
  - 3.1.2 系统和环境 ……………………… 20
  - 3.1.3 状态与状态函数 ………………… 21
  - 3.1.4 过程与途径 ……………………… 21
- 3.2 热力学第一定律 ………………………… 21
  - 3.2.1 热和功 …………………………… 21
  - 3.2.2 热力学能 ………………………… 22
  - 3.2.3 热力学第一定律 ………………… 22
- 3.3 热化学 …………………………………… 22
  - 3.3.1 反应热和反应焓变 ……………… 22
  - 3.3.2 热化学方程式 …………………… 24
  - 3.3.3 反应热的计算 …………………… 25
- 3.4 化学反应的方向 ………………………… 27
  - 3.4.1 化学反应的自发性 ……………… 27
  - 3.4.2 化学反应的熵变 ………………… 28
  - 3.4.3 化学反应方向的判据 …………… 30
- 3.5 化学平衡 ………………………………… 34
  - 3.5.1 可逆反应和化学平衡 …………… 34
  - 3.5.2 平衡常数及其相关计算 ………… 35
  - 3.5.3 多重平衡规则 …………………… 36
  - 3.5.4 影响化学平衡的因素 …………… 36
- 3.6 化学反应速率 …………………………… 40
  - 3.6.1 化学反应速率及其表示法 ……… 40
  - 3.6.2 浓度对反应速率的影响 ………… 41
  - 3.6.3 温度对反应速率的影响 ………… 44
  - 3.6.4 反应物浓度和反应时间的关系（速率方程的积分形式） ……………… 46
  - 3.6.5 反应速率理论简介 ……………… 47
  - 3.6.6 催化剂对反应速率的影响 ……… 49
- 习题 ……………………………………………… 50

第4章 酸碱平衡和沉淀溶解平衡 …… 55

- 4.1 酸碱平衡 …… 55
  - 4.1.1 酸碱质子理论 …… 56
  - 4.1.2 酸碱溶液的pH计算 …… 59
  - 4.1.3 同离子效应与缓冲溶液 …… 64
- *4.2 强电解质溶液 …… 66
  - 4.2.1 离子氛的概念 …… 66
  - 4.2.2 活度和活度系数 …… 67
- 4.3 沉淀溶解平衡 …… 67
  - 4.3.1 溶度积常数 $K_{sp}^{\ominus}$ …… 67
  - 4.3.2 溶解度和溶度积的换算 …… 68
  - 4.3.3 影响难溶电解质溶解度的因素 …… 69
  - 4.3.4 溶度积规则及其应用 …… 71
- 习题 …… 76

第5章 氧化还原反应 …… 79

- 5.1 氧化还原的基本概念和反应方程式的配平 …… 79
  - 5.1.1 氧化数 …… 79
  - 5.1.2 氧化和还原 …… 79
  - 5.1.3 氧化还原反应方程式的配平 …… 80
- 5.2 原电池和电极电势 …… 81
  - 5.2.1 原电池 …… 81
  - 5.2.2 电极电势的产生 …… 84
  - 5.2.3 电极电势的确定和标准电极电势 …… 84
  - 5.2.4 电极电势的理论计算 …… 86
  - 5.2.5 影响电极电势的因素——能斯特方程 …… 86
- 5.3 电极电势的应用 …… 88
  - 5.3.1 判断原电池的正、负极，计算原电池的电动势 …… 88
  - 5.3.2 判断氧化还原反应的方向 …… 89
  - 5.3.3 比较氧化剂和还原剂的相对强弱 …… 90
  - 5.3.4 判断氧化还原反应的限度 …… 91
  - 5.3.5 测定某些化学平衡常数 …… 93
- 5.4 元素电势图及其应用 …… 95
  - 5.4.1 元素的标准电极电势图 …… 95
  - 5.4.2 元素电势图的应用 …… 95
- 习题 …… 96

第6章 原子结构和元素周期律 …… 99

- 6.1 氢原子光谱和玻尔理论 …… 99
  - 6.1.1 氢原子光谱 …… 99
  - 6.1.2 原子的玻尔模型 …… 100
- 6.2 原子的量子力学模型 …… 100
  - 6.2.1 微观粒子的运动特征 …… 100
  - 6.2.2 波函数和原子轨道 …… 102
  - 6.2.3 四个量子数 …… 104
- 6.3 多电子原子核外电子的分布 …… 106
  - 6.3.1 多电子原子轨道的能级 …… 106
  - 6.3.2 基态原子中电子分布的原理 …… 107
  - 6.3.3 基态原子中电子的分布 …… 107
  - 6.3.4 简单基态阳离子中电子的分布 …… 107
- 6.4 元素周期系和元素基本性质的周期性 …… 109
  - 6.4.1 原子的电子层结构与元素周期系 …… 109
  - 6.4.2 元素基本性质的周期性 …… 110
- 习题 …… 114

第7章 分子结构和晶体结构 …… 117

- 7.1 离子键理论与离子晶体 …… 117
  - 7.1.1 离子键的形成和特征 …… 118
  - 7.1.2 离子的性质 …… 118
  - 7.1.3 离子晶体 …… 120
- 7.2 共价键理论 …… 123
  - 7.2.1 经典共价键理论 …… 123
  - 7.2.2 现代价键理论 …… 123
  - 7.2.3 杂化轨道理论 …… 127
  - *7.2.4 价层电子对互斥理论 …… 131
  - 7.2.5 分子轨道理论 …… 134
  - 7.2.6 键参数 …… 137
- 7.3 分子间力与氢键 …… 140
  - 7.3.1 分子的极性和分子的变形性 …… 140
  - 7.3.2 分子间作用力的种类 …… 142
  - 7.3.3 分子间作用力与物质性质的关系 …… 143
  - 7.3.4 氢键 …… 143
- 7.4 原子晶体和分子晶体 …… 145

7.4.1 分子晶体 …… 145
7.4.2 原子晶体 …… 146
7.5 金属键和金属晶体 …… 147
　7.5.1 改性共价键理论 …… 147
　*7.5.2 金属能带理论 …… 148
　7.5.3 金属晶体 …… 149
7.5.4 晶体类型小结 …… 151
7.6 离子的极化 …… 151
　7.6.1 离子极化 …… 151
　7.6.2 离子极化对物质结构和性质的影响 …… 152
习题 …… 153

第8章 配位化合物和配位平衡 …… 157
8.1 配位化合物的基本概念 …… 157
　8.1.1 配位化合物的定义 …… 157
　8.1.2 配位化合物的组成 …… 158
　8.1.3 配位化合物的命名 …… 160
　8.1.4 配位化合物的类型 …… 161
8.2 配位化合物的化学键理论 …… 163
　8.2.1 价键理论 …… 163
　*8.2.2 晶体场理论 …… 167
8.3 配位平衡 …… 171
　8.3.1 配位平衡常数 …… 171
　8.3.2 配离子溶液中相关离子浓度的计算 …… 172
　8.3.3 配位平衡的移动 …… 173
习题 …… 176

第9章 化学分析法 …… 179
9.1 滴定分析法概论 …… 179
　9.1.1 滴定方法分类 …… 179
　9.1.2 滴定分析法对化学反应的要求和滴定方式 …… 180
　9.1.3 标准溶液的配制法和浓度表示法 …… 180
　9.1.4 滴定分析中的基本计算 …… 182
习题 9-1 …… 184
9.2 酸碱滴定法 …… 185
　9.2.1 酸碱指示剂 …… 185
　9.2.2 酸碱溶液中各组分的分布 …… 187
　9.2.3 一元酸碱的滴定 …… 188
　9.2.4 多元酸（碱）、混合酸（碱）的滴定 …… 193
　9.2.5 酸碱滴定法的应用 …… 195
　*9.2.6 终点误差 …… 199
　*9.2.7 非水溶液中的酸碱滴定简介 …… 200
习题 9-2 …… 203
9.3 配位滴定法 …… 204
　9.3.1 EDTA 及其配合物的稳定性 …… 204
　9.3.2 配位滴定曲线 …… 207
　9.3.3 配位滴定中酸度条件的控制 …… 209
　9.3.4 金属指示剂 …… 210
　9.3.5 混合离子的分别滴定 …… 212
　9.3.6 配位滴定的方式和应用 …… 215
习题 9-3 …… 217
9.4 氧化还原滴定法 …… 218
　9.4.1 条件电极电势及其影响因素 …… 219
　9.4.2 氧化还原准确滴定条件和反应速率 …… 222
　9.4.3 氧化还原滴定曲线和终点的确定 …… 224
　*9.4.4 氧化还原预处理 …… 228
　9.4.5 常用的氧化还原滴定法 …… 229
　9.4.6 电势滴定法简介 …… 234
习题 9-4 …… 236
*9.5 沉淀溶解平衡在无机及分析化学中的应用 …… 237
　9.5.1 影响沉淀纯度的因素 …… 237
　9.5.2 沉淀的形成和沉淀条件 …… 239
　9.5.3 重量分析法 …… 241
　9.5.4 沉淀滴定法 …… 243
习题 9-5 …… 247

第10章 吸光光度法 …… 249
10.1 概述 …… 249
　10.1.1 光的基本性质 …… 249
　10.1.2 分光光度法的特点 …… 250
　10.1.3 紫外-可见吸收光谱的形成 …… 250
　10.1.4 物质有色的原因 …… 251
10.2 光吸收的基本定律 …… 252
　10.2.1 透光度和吸光度 …… 252
　10.2.2 朗伯-比尔定律（Lambert-

　　　　Beer's law) ·········· 252
　10.2.3 吸光度的加和性 ········ 253
　10.2.4 对朗伯-比尔定律的偏离 ···· 253
10.3 分光光度计的基本部件 ········ 254
10.4 显色反应和显色反应条件的选择 ·· 255
　10.4.1 对显色反应的要求 ······· 255
　10.4.2 显色反应条件的选择 ····· 256
10.5 吸光度测量条件的选择 ········ 257
　10.5.1 入射光波长的选择 ······· 257
　10.5.2 参比溶液的选择 ········· 258
　10.5.3 吸光度测量范围的选择 ···· 258
10.6 分光光度法的应用 ············ 259
　10.6.1 定性分析 ··············· 259
　10.6.2 定量分析 ··············· 259
　10.6.3 酸碱解离常数的测定 ····· 261
　10.6.4 配合物组成的测定 ······· 262
习题 ································ 262

第 11 章 元素化学 ··· 264

11.1 元素概述 ···················· 264
　11.1.1 化学元素的自然资源 ····· 264
　11.1.2 化学元素与生命 ········· 265
　11.1.3 化学元素与环境 ········· 265
11.2 s 区元素 ···················· 267
　11.2.1 s 区元素的通性 ········· 267
　11.2.2 s 区元素的重要化合物 ··· 268
11.3 p 区元素 ···················· 270
　11.3.1 p 区元素的通性 ········· 270
　11.3.2 p 区重要元素及其化合物 · 271
11.4 d 区元素 ···················· 281
　11.4.1 d 区元素的通性 ········· 282
　11.4.2 d 区重要元素及其化合物 · 283
11.5 ds 区元素 ··················· 286
　11.5.1 ds 区元素的通性 ········ 286
　11.5.2 ds 区元素的重要化合物 ·· 287
11.6 f 区元素 ···················· 289
　11.6.1 镧系元素的通性 ········· 290
　11.6.2 锕系元素概述 ··········· 291
　11.6.3 钍和铀的化合物 ········· 291
复习思考题 ························ 292
习题 ································ 292

第 12 章 无机及分析化学中常用的分离和富集方法 ······················· 294

12.1 分离程序的意义 ·············· 294
12.2 沉淀分离法 ·················· 294
　12.2.1 无机沉淀剂沉淀分离法 ··· 295
　12.2.2 有机沉淀剂沉淀分离法 ··· 296
　12.2.3 共沉淀分离法 ··········· 297
12.3 萃取分离法 ·················· 298
　12.3.1 萃取分离的基本原理 ····· 299
　12.3.2 重要的萃取体系 ········· 300
12.4 色谱分离法 ·················· 301
　12.4.1 柱上色谱分离法 ········· 301
　12.4.2 纸上色谱分离法 ········· 302
　12.4.3 薄层色谱分离法 ········· 303
12.5 离子交换分离法 ·············· 304
　12.5.1 离子交换树脂的种类和性质 ··· 304
　12.5.2 离子交换亲和力 ········· 305
　12.5.3 离子交换分离过程 ······· 306
　12.5.4 离子交换分离法的应用 ··· 306
习题 ································ 307

部分习题参考答案 ·· 308

附录 ·· 318

　附录 1　一些重要的物理常数 ·········· 318
　附录 2　某些物质的标准摩尔生成焓、标准
　　　　 摩尔生成吉布斯函数（25℃，标准态
　　　　 压力 $p^{\ominus}=100$kPa） ········ 318
　附录 3　常见弱酸和弱碱的标准解离常数 ·· 320
　附录 4　常见配离子的稳定常数
　　　　 （298.15K） ················ 321
　附录 5　常见难溶和微溶电解质的溶度
　　　　 积常数（18～25℃，$I=0$） ·· 322
　附录 6　标准电极电势（298.15K） ······ 323
　附录 7　条件电极电势（298.15K） ······ 324
　附录 8　常见的指示剂 ················ 325
　附录 9　常见化合物的分子量 ·········· 327

参考文献 ·· 330

第1章 绪 论

1.1 无机及分析化学课程的地位和作用

无机化学是化学发展最早的一门分支学科，它承担着研究所有元素的单质和化合物（碳氢化合物及其衍生物除外）的组成、结构、性质和反应的重大任务。19世纪60年代元素周期律的发现，奠定了现代无机化学的基础。20世纪40年代以后，随着原子能工业、电子工业、宇航、激光等新兴工业和尖端科学技术的发展，对有特殊性能的无机材料的需求日益增多，使无机化学得到很快的发展。特别是量子力学理论和先进的光学、电学、磁学等测试技术应用到无机化学研究，建立了化学键理论，确定了原子、分子的微观结构，并使物质的微观结构与宏观性质联系起来。尤其是近代，随着电子计算机技术的发展，人们可利用一些实验数据来估计和预测某些生物大分子的结构及其随着生物功能的完成所产生的一系列高级结构的变化。可以说，无机化学正从描述性的科学向推理性科学过渡，从定性向定量过渡，从宏观向微观深入，一个比较完整、理论化、定量化和微观化的现代无机化学新系统正在建立起来。

无机化学在继续发展本身学科的同时，也同其他学科进行交叉渗透，形成了诸如生物无机化学、无机材料化学、无机高分子化学、有机金属化学等学科，这些学科为无机化学的发展开辟了新的途径，也给无机化学带来了无限潜力。

分析化学是人们获得物质化学组成和结构信息的科学，是研究物质及其变化规律的重要方法之一，是化学学科的一个重要分支。分析化学包括成分分析和结构分析两个方面。成分分析主要可以分为定性分析和定量分析两部分。定性分析的任务是鉴定物质由哪些元素或离子所组成，对于有机物还需确定其官能团及分子结构；定量分析的任务是测定物质各组成部分的含量。在实际工作中，首先必须了解物质的定性组成，然后根据测定要求和实验条件选择适当的定量分析方法。定量分析方法分为化学分析法和仪器分析法。化学分析法是以物质的化学反应为基础的分析方法；仪器分析法则是利用特定仪器，以物质的物理和物理化学性质为基础的分析方法。在化学学科的发展及与化学有关的各科学领域中，分析化学都有着举足轻重的地位。几乎任何科学研究，只要涉及化学现象，分析化学就要作为一种手段被运用其中。

无机及分析化学课程是对原来无机和分析化学课程的基本理论、基本知识进行优化组合、有机结合而成的一门课程。无机及分析化学课程是高等工科院校化工、制药工程、应用化学、环境工程、轻工、生物工程、食品等类中有关专业及农林医院校相近专业必修的第一门化学基础课。它是培养上述几类专业工程技术人才整体知识结构及能力结构的重要组成部分，同时也是后续化学课程和专业实践的基础。

学习无机及分析化学课程的目的是通过本课程的学习，使学生获得物质结构的基础理论、化学反应和分析化学的基本原理、元素化学的基本知识，以及获得应用这些原理和知识进行定量分析的基本操作技能。树立"量"的概念，养成良好的实验习惯和严格求实的科学作风。独立进行实验，初步达到分析处理一般化学问题、选择分析方法及正确判断和表达分析结果的能力。

1.2 无机及分析化学课程的基本内容和教学基本要求

1.2.1 近代物质结构理论

这部分教学内容主要是通过研究原子结构、分子结构和晶体结构，了解物质的性质、化学变化与物质结构之间的关系。

通过氢原子光谱和玻尔理论的讨论建立近代微观粒子结构的初步概念；了解微观粒子的波粒二象性、能量量子化和统计解释。掌握四个量子数的量子化条件及其物理意义；掌握波函数、原子轨道、电子云、电子层、电子亚层、能级等概念的含义。理解s、p、d原子轨道和电子云的角度分布图。了解原子轨道的能级组，掌握核外电子的分布原则，能写出一般元素的原子核外电子分布式。理解原子结构和元素周期系的关系，元素若干性质（原子半径、电离能、电子亲和能、电负性）与原子结构的关系。

掌握离子键的形成及其特征。掌握共价键的形成条件、本质以及现代价键理论的要点；理解共价键的类型；了解键能、键长及键角等键参数。掌握杂化轨道理论的相关概念、杂化轨道的基本类型及其与空间构型的关系。了解分子轨道理论的基本要点，能用其解释第一、第二周期同核双原子分子或离子的结构和性质。理解价层电子对互斥理论的基本要点，能用其解释多原子分子或离子的空间构型。理解分子间作用力和氢键及其对物质某些性质的影响。了解金属键的形成、特性和金属键理论要点。理解晶体的基本类型、性质和特点；了解离子极化对晶体性质的影响。

掌握简单配合物的定义、组成、命名和结构特点。理解配合物价键理论的基本要点，并能用其解释配合物的磁性、杂化类型及空间构型等；了解晶体场理论的基本内容。了解配合物的一些实际应用。

1.2.2 化学平衡理论

这部分内容主要是研究化学平衡原理以及平衡移动的一般规律，具体讨论酸碱平衡、沉淀溶解平衡、氧化还原平衡和配位平衡。

掌握热力学能、焓、熵和吉布斯函数等状态函数的概念。掌握用 $\Delta_f H_m^{\ominus}$ 计算化学反应的热效应。会用 $\Delta_r G_m$ 判断化学反应的方向，并了解温度对 $\Delta_r G_m$ 的影响。掌握化学平衡的概念、化学平衡移动的规律及标准平衡常数的相关计算。了解化学反应速率的表示方法及基元反应、复杂反应等基本概念。了解浓度、温度、催化剂等对反应速率的影响；理解质量作用定律；掌握阿伦尼乌斯公式的应用。

掌握酸碱质子理论：质子酸碱的定义，共轭酸碱对的 $K_a^{\ominus}$、$K_b^{\ominus}$ 关系，能用解离常数判断弱酸（碱）的相对强弱。了解缓冲作用原理以及缓冲溶液的组成和性质，掌握缓冲溶液pH值的计算。了解活度、活度系数概念。理解同离子效应和盐效应对解离平衡的影响。掌握配位平衡，能计算配体过量时配位平衡的组成。掌握沉淀溶解平衡、溶度积规则，会运用溶度积规则判断沉淀的产生、溶解及相关计算。

了解原电池的组成，会用原电池符号表示原电池；掌握离子-电子法配平氧化还原反应方程式。理解氧化数、氧化还原反应、电极电势等概念。了解电极电势和电池电动势的概念，能用能斯特方程计算原电池的电动势及氧化还原电对的电极电势。理解电池电动势与氧化还原反应的吉布斯函数变、电极的标准电极电势与标准吉布斯函数变及氧化还原反应标准平衡常数之间的关系，并掌握有关的基本计算。掌握电极电势及电池电动势的基本应用：判断氧化还原反应进行的方向和程度、判断氧化剂和还原剂的相对强弱及计算相关反应的标准平衡常数。理解元素电势图及其相关应用。

1.2.3 元素化学

这部分内容主要是在元素周期律的基础上，研究重要元素及其化合物的结构、组成、性质的变化规律，了解常见元素及其化合物在相关领域中的应用。

掌握碱金属、碱土金属元素性质递变规律及重要化合物的性质和用途。掌握卤素的单质、卤化物、含氧酸等重要化合物的性质，掌握氯的含氧酸的酸性递变规律；熟悉卤素及其化合物各氧化态间的转化关系。掌握氧、硫的氢化物和硫的氧化物、含氧酸及含氧酸盐的性质和用途。掌握氮、磷、碳、硅、硼重要化合物的性质和用途；熟悉硅酸盐的结构特征；熟悉对角线规则及硼的缺电子性。掌握铜族元素和锌族元素重要化合物的性质和用途。熟悉d区元素单质及其化合物；了解f区元素单质及其化合物。

通过学习元素化学，应会判断一般化学反应的产物，并能正确书写化学反应方程式。

1.2.4 物质组成的化学分析法及有关理论

这部分内容是应用平衡原理和物质的化学性质，确定物质的化学成分，测定各组分的含量，即通常所说的定性分析和定量分析。

要求了解一般分析过程的基本步骤（取样、处理、测量、计算结果等）。明确有效数字的基本概念，掌握有效数字的修约规则和运算规则。掌握准确度与误差、精密度与偏差、平均偏差、标准偏差等基本概念。明确误差、精密度与准确度之间的关系。明确误差的来源及分类，了解提高分析结果准确度的方法。掌握分析数据的统计处理方法，明确分析数据统计处理的一般步骤。

掌握滴定分析中的基本概念、分类、滴定方式、滴定分析对滴定反应的要求。掌握标准溶液浓度的表示方法、标准溶液的配制及标定方法和滴定分析计算。了解各类指示剂的变色原理，掌握常用指示剂变色范围和变色点，掌握指示剂的选择与使用方法。了解各类滴定曲线的特征，掌握影响各类滴定突跃范围的因素。掌握滴定可行性判断方法及指示剂的选择方法。熟悉各类滴定法的应用，掌握相关计算。

了解重量分析法的特点、基本理论和步骤。了解沉淀形式和称量形式的概念，以及晶形沉淀和无定形沉淀的沉淀条件。

了解复杂物质的分离和富集的目的和意义。掌握各种常用的分离和富集方法的基本原理。

1.2.5 紫外-可见分光光度法

掌握分光光度法的基本概念和基本原理。了解分光光度计的构造。掌握朗伯-比尔定律及其应用。理解显色反应条件和光度测量条件的选择。掌握定量分析的基本方法。

无机及分析化学课程的基本内容可以用"结构"、"平衡"、"性质"、"应用"来表达。该课程无论对化学学科本身的发展还是对其他与化学有关的科学领域的发展都是十分重要的。因为，几乎任何科学研究，只要涉及化学现象与化学变化，无机及分析化学课程的基本理论、基本知识以及基本实验技能就都必须被运用到具体研究工作中去。可以说对该课程基本内容的掌握程度，将直接影响到后续化学课程及其他相关课程的学习。

1.3 定量分析方法简介

由于学时数和原有知识水平的限制,本课程主要讨论定量分析的各种方法。定量分析方法分为两大类,即化学分析法和仪器分析法。

1.3.1 化学分析法

化学分析法就是以化学反应为基础的分析方法,主要有重量分析法和滴定分析法两大类。

通过化学反应及一系列操作步骤使试样中的待测组分转化为另一种纯粹的、固定化学组成的化合物,再称量该化合物的重量(严格地讲,应该是质量),从而计算该待测组分的含量,这样的分析方法称为重量分析法。

用滴定管将一种已知准确浓度的试剂溶液即标准溶液,滴加到待测溶液中,直到待测组分恰好完全反应为止(这时加入标准溶液的物质的量与待测组分的物质的量符合反应式的化学计量关系),然后根据标准溶液的浓度与所消耗的体积,算出待测组分的含量,这一类分析方法统称为滴定分析法(或称容量分析法)。依据不同的反应类型,滴定分析法可分为酸碱滴定法(又称中和法)、沉淀滴定法(又称容量沉淀法)、配位滴定法和氧化还原滴定法。

重量分析法和滴定分析法通常用于高含量或中等含量组分的测定,即待测组分的含量一般在1%以上。重量分析法的准确度比较高,至今还有一些测定是以重量分析法为标准方法的,但分析速度较慢。滴定分析法操作简便、快速,测定结果的准确度也较高(在一般情况下相对误差为0.2%左右),所用仪器设备又很简单,是重要的例行测试手段之一,因此滴定分析法在生产实践和科学实验上都具有很大的实用价值。

1.3.2 仪器分析法

仪器分析法将待测物质的光、电、热、声、磁等物理量或物理化学量最终转换成为电信号,再与已知量的标准物质在相同条件下得到的电信号作比较,从而实现测量。这些物理量或物理化学量的测定一般都需要用专门的仪器设备。

利用物质的光学性质建立的测定方法称为光学分析法;利用物质的电学性质建立的测定方法称为电化学分析法。随着当代科学技术的迅速发展,新成就被不断应用于分析化学,新的测试方法及测试仪器日益增多,在此仅作简单介绍。

(1) 光学分析法

吸光光度法:基于物质对光选择性吸收而建立起来的分析方法。近年来各种光度法如双波长、三波长、示差等方法应用更多,且可在一定程度上消除杂质干扰,免去分离步骤。

红外、紫外吸收光谱分析法:用红外光或紫外光照射不同的试样,如有机化合物,可得到不同的光谱图,根据图谱能够测定有机物的结构及含量等,这类方法称为红外吸收光谱分析法和紫外吸收光谱分析法。

发射光谱分析法:利用不同的元素可以产生不同光谱的特性,通过检查元素光谱中几根灵敏而且较强的谱线("最后线")可进行定性分析。此外,还可根据谱线的强度进行定量测定,这种方法称为发射光谱分析法。

原子吸收光谱分析法:是利用不同的元素可以吸收不同波长的光的性质建立起来的分析方法。

荧光分析法:某些物质在紫外线照射下可产生荧光,在一定条件下,荧光的强度与物质的浓度成正比，用这一性质所建立的测定方法，称为荧光分析法。

(2) 电化学分析法

电重量分析法：该法是使待测组分借电解作用，以单质或氧化物形式在已知质量的电极上析出，通过称量，求出待测组分的含量。电重量分析法是最简单的电化学分析法。

电容量分析法：该法的原理与一般滴定分析法相同，但它的滴定终点不是依靠指示剂来确定，而是借溶液电导、电流或电势的改变找出，如电导滴定、电流滴定和电势滴定。

电势分析法：该方法是电化学分析法的重要分支，它的实质是通过在零电流条件下测定两电极间的电势差来进行分析测定的。从20世纪60年代开始在电势测定法的领域内研制出一类新的电极，就是"离子选择性电极"，由于这类电极对待测离子具有一定选择性，使测定简便快速。近年来修饰电极引起了人们很大的兴趣，这一类电极是用化学方法使电极表面改性，或在电极表面涂覆一层能引起某种特殊反应或功能的聚合物，以利于分析测定。

极谱分析法：该方法也属于电化学分析法。它是利用对试液进行电解时得到的电流-电压曲线（极谱图）来确定待测组分及其含量的方法。

(3) 色谱分析法

色谱法又名色层法（主要有气相色谱法和液相色谱法），是一种用以分离、分析多组分混合物的极有效的物理及物理化学分析方法。这一方法具有高效、快速、灵敏和应用范围广等特点。具有高效能的毛细管气相色谱法与高效薄层色谱法已经得到普遍应用。

近年来还发展了一些新的仪器分析方法，如质谱法、核磁共振波谱法、电子探针和离子探针微区分析法等。

仪器分析法的优点是操作简便而快速，最适用于生产过程中的控制分析，尤其在组分的含量很低时，更加需要用仪器分析法。但有的仪器价格较高，日常维护要求高，维修也比较困难。在实际工作中，一般在进行仪器分析之前，时常要用化学方法对试样进行预处理（如富集、除去干扰杂质等）；在建立测定方法过程中，要把未知物的分析结果和已知的标准作比较，而该标准则常需以化学法测定。所以化学分析法与仪器分析法是互为补充、相辅相成的。

第 2 章 定量分析化学概述

2.1 定量分析的一般过程

定量分析的过程大致包括以下几个步骤。
(1) 采样
所采取的样品必须具有代表性,能代表总体样本的组成和含量,否则分析测定结果是没有意义的。
一些矿石和化工产品可参照国标中的相应标准方法采样。
(2) 试样的储存、分解与制备
在分析之前,必须先选择合适的试样分解方法,将待测组分转化为溶液后再进行测定。在处理和保存试样的过程中,应防止试样被污染、分解或变质等。
(3) 消除干扰
试样中如存在干扰组分,通常先考虑用掩蔽法消除干扰,如果掩蔽法不能达到定量分析的要求,则必须采用适当的分离方法将干扰组分除去。
(4) 分析测定
根据试样的性质及测定要求,选择合适的方法进行测定。对标准物和成品的分析,准确度要求高,通常需用标准方法测定;对生产过程中中间控制分析,测定速率要快,一般需在线分析。在选择分析方法时,对常量组分分析一般选用化学分析法;对微量组分分析,则采用灵敏度高的仪器分析法。
(5) 分析结果的计算与表达
测定得到的原始数据需应用有效数字的运算与修约规则,计算得到测定结果,对测定结果进行可靠性分析后,最后得出结论。
最后分析的结果一般用质量分数或浓度来表示。

2.2 有效数字及其应用

2.2.1 有效数字的概念

为获得准确的分析结果,不仅要准确地测量,还要正确地记录和计算。因为记录的数据和计算的结果不仅表示数值的大小,还反映其测量的精密程度。有效数字就是实际能测量的数字。在有效数字中只有最后一位数字是欠准的,且欠准的程度为 ±1 个单位。
有效数字保留的位数应与仪器的准确度相一致。如用移液管移取 25.00mL 的样品溶液。此数值中 25.0 是准确的,最后一位数字"0"是可疑的,可能有上下一个单位的误差,即其真实体积在（25.00±0.01）mL。量取溶液体积的绝对误差为±0.01mL，相对误差为±0.04%。若将上述结果记为25.0mL，则绝对误差为±0.1mL，相对误差为±0.4%。可见记录时多记或少记一位"0"，从数学角度看关系不大，但测量精密程度无形中扩大或缩小了10倍。所以在数据中代表一定量的每一位数字都是重要的。记录数据时，必须注意数据有效数字的位数，不能随意增添或减少。

在确定各数的有效数字位数时，数字"0"具有双重意义：若作为普通数字使用，它就是有效数字；若仅起定位作用，则不是有效数字。例如：滴定管读数为20.40mL，两个"0"都是有效数字，此有效位数为四位。若改用"升"表示，则是0.02040L，这时前面的两个"0"仅起定位作用，不是有效数字，此数仍是四位有效数字。所以改变单位不会改变有效数字的位数。当需要在数的末尾加"0"作定位时，最好采用指数形式表示，否则有效数字的位数比较模糊。例如某物质的质量为25.0mg，若以"μg"为单位，则表示为$2.50\times10^4\mu g$。

2.2.2 有效数字的修约规则

国家标准GB 1.1—81中规定，有效数字的修约规则为"四舍六入五留双"。当尾数（欲舍弃数字的第一位数）≤4时舍弃；当尾数≥6时则进入；当尾数=5时，若"5"后的数字为"0"，则按"5"前面为偶数者舍弃，为奇数者进入，即使欲保留的数字为偶数；若"5"后有不为"0"的数字，则不论"5"前面为偶数或奇数均进入。

注意只允许对原测量数据一次修约到所需位数，不能分次修约。

【例2.1】 将下列数字修约为三位有效数字：

$$10.44 \quad 10.46 \quad 10.15 \quad 10.25 \quad 10.45000001$$

解： 三位：10.4　10.5　10.2　10.2　10.5

在修约有效数字时还应注意以下几点：

① 分析化学计算中分数可视为有足够有效，即不根据它来确定有效数字位数；

② 若某一数据首位有效数字大于等于8，则有效数字的位数可多算一位，如0.0978是三位有效数字，但可作四位有效数字看待；

③ 对数的有效数字位数按尾数计（小数部分才是有效数字，且全是有效数字），如pH=1.03，$pK_a^{\ominus}$(HAc)=4.74中的有效数字位数均为两位；

④ 有关化学平衡的计算，可根据具体情况保留两位或三位有效数字。pH值计算时，通常取一位或两位有效数字即可；

⑤ 在表示相对误差或偏差时，一般取一位，最多取两位有效数字，且取舍时一律采取进制，而非"四舍六入五留双"的原则。

2.2.3 有效数字的运算规则

在分析结果的计算中，每个测量值的误差都要传递到结果中。因此必须应用有效数字的运算规则，合理取舍各数据有效数字的位数。

（1）加减法

当几个数据相加或相减时，它们的和或差的有效数字位数的保留，应以各数中绝对误差最大，即小数点后位数最少的那个数为依据。

在有效数字中，小数点后位数越少，结果的绝对误差越大。

【例2.2】　　　　1.52　　　　　　　　25.64
　　　　　　　　＋)0.476　　　　　　　－)0.0121
　　　　　　　　1.996→2.00　　　　　25.6279→25.63

在加减法运算中只能确定小数点的位置,不能直接确定有效数字的位数。

(2) 乘除法

当几个数据相乘或相除时,它们的积或商的有效数字位数的保留,应以其中相对误差最大,即有效数字位数最少的那个数为依据。

在有效数字中,有效数字位数越少,结果的相对误差越大。

【例 2.3】 用有效数字运算规则计算下列各式:

(1) $2.187 \times 0.854 + 9.6 \times 10^{-2} - 0.0326 \times 0.00814$

(2) $\dfrac{0.01012 \times (25.44 - 16.21) \times 10^{-3} \times 26.962}{1.0045}$

(3) $\lg K^{\ominus'}_{ZnY^{2-}} = 16.50 - 10.60$,求 $K^{\ominus'}_{ZnY^{2-}}$

(4) $pH = 8.23$,求 $c(H^+)$

解: (1) 原式 $= 1.867_7 + 0.096 - 0.000265_4 = 1.964$

(2) 原式 $= \dfrac{0.01012 \times 9.23 \times 10^{-3} \times 26.962}{1.0045} = 2.507 \times 10^{-3}$

(3) $K^{\ominus'}_{ZnY^{2-}} = 10^{5.90} = 7.9 \times 10^{5}$

(4) $c(H^+) = 10^{-8.23} = 5.9 \times 10^{-9} (mol \cdot L^{-1})$

现在,计算器的应用很普遍,而且计算器上显示的数值位数较多,在使用计算器计算结果时,特别要注意最后计算结果有效数字的位数,应根据有关规则进行取舍保留,切记不可全部照抄计算器的所有数字或任意取舍计算结果的有效数字的位数。

2.3 定量分析中的误差问题

定量分析的目的是获得待测组分的准确含量。但是,在实际分析过程中,即使是技术熟练工,对同一试样、用同一方法、在相同条件下进行多次分析时,所测得的结果也不可能完全一致,即分析过程中误差是客观存在的。为减小误差,我们需要对测定结果进行评价,弄清误差产生的原因,采取有效措施减少误差,通过对所得数据进行归纳、取舍等一系列处理,使测定结果尽量接近真实值。

2.3.1 误差产生的原因

根据误差的性质和产生原因,可将其分为系统误差、随机误差和过失误差三类。

(1) 系统误差

系统误差(systematic error)或称可定误差(determinate error),它是由测定过程中某些经常性的、固定因素所造成的比较恒定的误差。它常使测定结果偏高或偏低,在同一测定条件下的重复测定中,误差的大小及正负可重复出现并可以测量。它主要影响分析结果的准确度,对精密度影响不大,而且可以通过适当方法校正以减小或消除之。系统误差产生的主要原因有以下几种。

① 方法误差 由于分析方法本身不够完善所造成,即使操作再仔细也无法克服。例如,重量分析中沉淀的溶解损失或吸附某些杂质而产生的误差;在滴定分析中,反应不完全、干扰离子的影响、滴定终点与化学计量点不同、副反应的存在等所产生的误差。它系统地影响测定结果,使之偏高或偏低。

② 仪器误差　由于仪器本身不准确或未经校准引入的误差。例如天平两臂不等长、砝码腐蚀和量器刻度不准确等造成的误差。

③ 试剂误差　由试剂不纯或所用的蒸馏水含有微量杂质等因素所造成的误差。

④ 主观误差　是指在正常情况下，操作人员的主观原因所造成的误差，即个人的习惯和偏向所引起的，如滴定管读数偏高或偏低；终点颜色辨别偏深或偏浅；平行测定时，主观上追求平行测定的一致性等引起的操作误差。

（2）偶然误差

偶然误差（accidental error）或称随机误差（random error）或不定误差（indeterminate error），它是由某些偶然因素所引起的误差，往往大小不等、正负不定。在正常情况下，平行测定结果不一致，甚至相差较大，这些都是属于随机误差。例如测定时外界条件（如温度、湿度、气压等）微小变化引起的误差。这类误差在测定中无法完全避免，也难找到确定的原因，它不仅影响分析结果的准确度，而且明显地影响分析结果的精密度。这类误差虽然不能完全消除，但其出现具有一定的规律性，表现为正态分布规律：正误差和负误差出现的概率相等，呈对称形式；小误差出现的概率大，大误差出现的概率小，很大的误差出现的概率极小。该规律可用正态分布曲线表示，如图 2.1 所示。图中横轴为以总体标准偏差 σ 为单位的偏差，纵轴为误差出现的概率密度。

由此分布规律可知，随着测定次数的增加，随机误差的算术平均值逐渐趋于零。因此测定结果的准确度随测定次数的增加而提高。当测定次数较少时，分析结果的随机误差随测定次数的增加迅速减小，当测定次数大于 10 次时，随机误差减小将不明显，因此平行测定 3~5 次至多 10 次即可。

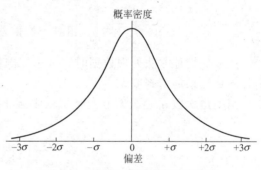

图 2.1　随机误差的正态分布曲线

（3）过失误差

过失误差又称粗差，是由于操作人员工作中的过失，如粗心或不遵守操作规程等引起的误差，如容器不洁净、加错试剂、看错砝码、丢损试液、记录错误、计算错误等。过失误差严重影响分析结果的准确性，所测数据应弃去不用。

2.3.2　误差与准确度

准确度（accuracy）是指测定值与真实值（true value）相接近的程度。准确度的高低用误差来衡量。

误差（error）表示测定结果与真实值的差异。差值越小，误差就越小，即准确度就高。误差可用绝对误差（absolute error）和相对误差（relative error）来表示。

$$\text{绝对误差 } E = \text{测定值} - \text{真实值} = x - x_{\text{T}} \tag{2.1}$$

$$\text{相对误差 } E_{\text{r}} = \frac{E}{x_{\text{T}}} \times 100\% = \frac{x - x_{\text{T}}}{x_{\text{T}}} \times 100\% \tag{2.2}$$

实际工作中，通常用多次平行测定结果的算术平均值 $\bar{x}$ 表示测定结果，所以上述公式又可表示为：

$$\text{绝对误差 } E = \bar{x} - x_{\text{T}} \tag{2.3}$$

$$相对误差\ E_r = \frac{\bar{x} - x_T}{x_T} \times 100\% \tag{2.4}$$

其中
$$\bar{x} = \frac{1}{n}\sum_{i=1}^{n} x_i = \frac{x_1 + x_2 + \cdots + x_n}{n} \tag{2.5}$$

2.3.3 精密度与偏差

精密度（precision）是指在相同条件下，用同样的方法，对同一试样进行多次平行测定时所得数值之间相互接近的程度。精密度的高低常用偏差来衡量。

偏差（deviation）是指个别测定值与测定平均值之间的差值，它也分为绝对偏差（absolute deviation）和相对偏差（relative deviation）。

$$绝对偏差\ d_i = x_i - \bar{x} \tag{2.6}$$

$$相对偏差\ d_r = \frac{d_i}{\bar{x}} \times 100\% = \frac{x_i - \bar{x}}{\bar{x}} \times 100\% \tag{2.7}$$

在实际工作中，常用平均偏差（average deviation）和相对平均偏差（relative average deviation）表示分析结果的精密度。

$$平均偏差\ \bar{d} = \frac{1}{n}\sum_{i=1}^{n} |d_i| = \frac{1}{n}\sum_{i=1}^{n} |x_i - \bar{x}| \tag{2.8}$$

$$相对平均偏差\ \bar{d}_r = \frac{\bar{d}}{\bar{x}} \times 100\% \tag{2.9}$$

用数理统计方法处理数据时，常用标准偏差（standard deviation，又称均方根偏差）来衡量测定结果的精密度。

当测定次数 n 趋于无穷大时，总体标准偏差 σ 表达如下：

$$\sigma = \sqrt{\frac{\sum_{i=1}^{n}(x_i - \mu)^2}{n}} \tag{2.10}$$

式中，μ 为无限多次测定的平均值，称总体平均值，即 $\mu = \lim_{n \to \infty} \bar{x}$。显然，在校正系统误差的情况下，$\mu$ 即为真实值。

在一般的分析工作中，测定次数是有限的，这时的标准偏差称为样本标准偏差，以 s 表示：

$$s = \sqrt{\frac{\sum_{i=1}^{n}(x_i - \bar{x})^2}{n-1}} \tag{2.11}$$

式中，$(n-1)$ 表示 n 个测定值中具有独立偏差的数目，又称自由度 f。有时也用相对标准偏差（relative standard deviation）[又称变异系数（CV）]表示测定结果的精密度。

$$CV = \frac{s}{\bar{x}} \times 100\% \tag{2.12}$$

利用标准偏差表示精密度可以反映出较大偏差的存在和测定次数的影响。例如下列两组数据，其偏差分别为：

| 甲组 | −0.73 | −0.20 | −0.14 | 0.00 | +0.11 | +0.24 | +0.30 | +0.51 |
| 乙组 | −0.37 | −0.28 | −0.27 | −0.25 | +0.18 | +0.26 | +0.31 | +0.32 |

其中 $\bar{d}_甲=0.28$，$s_甲=0.38$；$\bar{d}_乙=0.28$，$s_乙=0.29$。显然甲组的数据较为分散，其测定结果的精密度不如乙组。两组的平均偏差相等，标准偏差乙组较小，可见标准偏差比平均偏差更能灵敏地反映出大偏差的存在，因而能较好地反映测定结果的精密度。

2.3.4 误差、准确度和精密度的关系

从前面的讨论可知，系统误差是误差的主要来源，它主要影响分析结果的准确度。偶然误差主要影响分析结果的精密度。但实际工作中真实值往往是未知的，常常用测定平均值代表真实值来计算误差的大小。通常在测定中精密度高的准确度不一定好，而准确度好必须以精密度高为前提。

图 2.2 表示甲、乙、丙、丁四人分析同一试样中铁含量的结果。由图可见：甲所得结果准确度与精密度均好，结果可靠；乙的精密度虽很高，但准确度较低，存在较大的系统误差；丙的精密度与准确度均很差；丁的平均值虽也接近于真值，但几个数值彼此相差甚远，仅是由于正负误差相互抵消才使结果接近真实值。如只取 2 次或 3 次平均，结果会与真实值相差很大，这个结果不可靠。

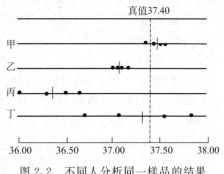

图 2.2 不同人分析同一样品的结果

由此可得：①精密度是保证准确度的先决条件，精密度差，结果不可靠，也就失去了衡量准确度的前提；②精密度高准确度不一定好，只有在消除了系统误差的情况下，才能得到精密度高、准确度也好的测量结果。

2.3.5 提高分析结果准确度的方法

（1）选择合适的分析方法

化学分析法（重量法和滴定分析法）测定的准确度高（千分之几），但灵敏度低，适用于常量（>1%）组分的分析。

仪器分析法测定的灵敏度高，但准确度较低，适用于微量（0.01%～1%）或痕量（<0.01%）组分的分析。

在实际工作中，需要根据试样的具体情况和对准确度的要求以及客观实际条件等综合考虑，选择合适的测定方法。

（2）减少测量的相对误差

选择合适的测量值的范围可减小测量的相对误差。例如在滴定分析中，可通过控制称量质量和滴定体积的大小使测量相对误差在允许范围内。如要求相对误差小于 0.1%，则试样称取量至少为 0.2g，滴定剂的体积至少为 20mL，通常控制在 20～30mL。在光度分析法中，控制取样量或样品溶液的配制方法，即控制显色溶液的浓度使吸光度 A 落在 0.15～1.0 范围内，测量的相对误差较小。

（3）检查和消除系统误差

系统误差是造成测定平均值偏离真实值的主要原因，因此检查并消除系统误差是至关重要的。

① 对照试验　在相同条件下，用含量准确已知的标准试样与待测试样同时进行测定，通过对标准试样的分析结果与其标准值的比较，可以判断测定是否存在系统误差。或者用其他可靠的分析方法与所采用的分析方法进行对照，以检验是否存在系统误差。对照试验是检查系统误差的最有效方法。

② 回收试验　在测定试样某组分含量（x_1）的基础上，加入已知量的该组分（x_s），再次测定该组分含量（x_2）。由下式计算加标回收率：

$$加标回收率 = \frac{x_2 - x_1}{x_s} \times 100\%$$

回收率越接近100%，系统误差越小。回收试验常用于微量组分或复杂样品的分析，如果回收率符合要求，则可以认为分析结果可靠，系统误差较小。

对于常量组分（$w > 0.01$），加标回收率要求在99%以上（即99%~101%）；微量组分（$0.01 < w < 0.0001$）要求在95%以上（即95%~105%）；痕量组分（$w < 0.0001$）要求在90%以上（即90%~110%）。

③ 空白试验　在不加试样的情况下，按照与测定试样相同的条件和操作步骤进行的分析试验称为空白试验，所得的结果称为空白值。从试样的分析结果中扣去此空白值，即可消除由试剂、蒸馏水及器皿引入杂质所造成的误差。空白值不宜很大，当空白值较大时，应通过提纯试剂、使用合格蒸馏水、改用其他器皿等途径减小甚至消除空白值。

④ 方法校正　用公认的标准方法进行对照试验，找出校正数据以消除方法误差。

⑤ 仪器校正　在实验前，应根据测定误差要求，对测量仪器，如砝码、滴定管、移液管、容量瓶等进行校正，以减小这些仪器引起的系统误差。

（4）减少偶然误差

适当增加测定次数可减少偶然误差，提高测定结果的准确度，一般测定次数3~5次。

（5）避免过失误差

过失误差减免的方法是在学习过程中养成严格遵守操作规程，耐心细致地进行实验的良好习惯，培养实事求是、严肃认真、一丝不苟的科学态度。

2.4　有限实验数据的统计处理

测量的目的在于获得真值，但在校正了系统误差后，进行无限次测量，测定平均值才可视为真值。而对于有限次测量数据需要进行合理的处理，才能对真值的取值范围做出科学的判断。

2.4.1　平均值的置信区间

（1）置信区间和置信度

误差是客观存在的，有限次测量所得到的平均值 $\bar{x}$ 作为测定结果总有一定的不确定性，需在一定概率下，根据 $\bar{x}$ 对真值 μ 可能的取值区间做出估计。

统计学上，把一定概率下，真值的这一取值范围称为置信区间（confidence interval），其概率称为置信度或置信水平（confidence level），常用 P 表示。置信度实际上就是人们对所作判断有把握的程度。一般来说，置信度越高，置信区间就越宽，相应判断失误的概率就越小。但置信度过高，则因置信区间过宽而使实用价值不大，故作判断时，置信度高低应合适。在分析化学中作统计推断时，通常取95%的置信度，有时也取90%或99%等置信度。

（2）平均值的置信区间

实际工作中，用一组测量值的平均值 $\bar{x}$ 表示测量结果。对有限次数的测定，总体平均值（作为真值）μ 与平均值 $\bar{x}$ 之间有如下关系：

$$\mu = \bar{x} \pm \frac{ts}{\sqrt{n}} \tag{2.13}$$

式中，s 为标准偏差；n 为测定次数；t 为在选定的某一置信度下的概率系数，可根据测定次数 n（或自由度 f）和置信度由表 2.1 中查得。

表 2.1　不同测定次数和不同置信度的 t 值

自由度 f	测定次数 n	置信度				
		50%	90%	95%	99%	99.5%
1	2	1.000	6.314	12.706	63.657	127.32
2	3	0.816	2.920	4.303	9.925	14.089
3	4	0.765	2.353	3.182	5.841	7.453
4	5	0.741	2.132	2.776	4.604	5.598
5	6	0.727	2.015	2.571	4.032	4.773
6	7	0.718	1.943	2.447	3.707	4.317
7	8	0.711	1.895	2.365	3.500	4.029
8	9	0.706	1.860	2.306	3.355	3.832
9	10	0.703	1.833	2.262	3.250	3.690
10	11	0.700	1.812	2.228	3.169	3.581
20	21	0.687	1.725	2.086	2.845	3.153
∞	∞	0.674	1.645	1.960	2.576	2.807

利用式(2.13)可以估算出在选定的置信度下，总体平均值 μ 在以测定平均值 $\bar{x}$ 为中心的多大范围内出现，该范围就是平均值的置信区间。如分析试样中某组分的含量，经 n 次测定，得到当置信度为 95% 时，其百分含量为 (28.05±0.13)%。说明该组分经 n 次测定的平均值为 28.05%，而且有 95% 的把握认为该组分的总体平均值在 27.92%~28.18% 之间。

从表 2.1 可见，相同置信度，测定次数 n 越多，t 值越小；当 n 超过 20 次以上时，其 t 值与 n 趋于 ∞ 时的 t 值相差不多。表明测定超过 20 次以上，再增加测定次数对提高测定结果的准确度已无现实意义。所以，只有在一定测定次数范围内，分析数据的可靠性才随平行测定次数的增加而增加。

2.4.2　可疑数据的取舍

一组测定数据中，常会有个别数据偏离其他数据较远，该数据称离群值（可疑值，cut-lier）。对离群值在判明它的出现是否合理前，不能轻易保留或随意舍去。

离群值的取舍实质上是区分偶然误差和过失误差的问题。若确定是由操作错误引起的数据异常，应将其舍去，否则应按偶然误差分布规律决定取舍。取舍方法很多，统计学上所用的简单方法是 Q 检验法。

当 $n=3\sim10$ 时，根据置信度的要求，按下列步骤检验离群值。

① 将各数据按从小到大的顺序排列：$x_1, x_2, \cdots, x_n$；

② 离群值为 x_n 或 x_1；

③ 计算 $Q_{计算}$：$Q_{计算} = \dfrac{x_n - x_{n-1}}{x_n - x_1}$ 或 $Q_{计算} = \dfrac{x_2 - x_1}{x_n - x_1}$；

④ 根据测定次数 n 和置信度 P，查表 2.2 得 $Q_{基准}$；

⑤ 将 $Q_{计算}$ 与 $Q_{基准}$ 相比，若 $Q_{计算} > Q_{基准}$，则弃去离群值，否则应保留。

不同置信度下舍弃可疑数据的 $Q_{基准}$ 值如表 2.2 所示。

表 2.2　不同置信度下舍弃可疑数据的 $Q_{基准}$ 值

测定次数	$Q_{0.90}$	$Q_{0.95}$	$Q_{0.99}$	测定次数	$Q_{0.90}$	$Q_{0.95}$	$Q_{0.99}$
3	0.94	0.98	0.99	7	0.51	0.59	0.68
4	0.76	0.85	0.93	8	0.47	0.54	0.63
5	0.64	0.73	0.82	9	0.44	0.51	0.60
6	0.56	0.64	0.74	10	0.41	0.48	0.57

【例 2.4】 测定某矿石中铁的含量，七次测定结果（含量/%）如下：79.58、79.45、79.47、79.50、79.62、79.38、79.80。根据 Q 检验对可疑数据进行取舍（置信度为 90%），然后求平均值、平均偏差、标准偏差和平均值的置信区间。

解：根据数据统计过程做如下处理。

① 将实验数据由小到大排序，找出可疑数据，进行 Q 检验。

整理数据得：

79.38	79.45	79.47	79.50	79.58	79.62	79.80	$\bar{x}=79.54$
−0.16	−0.09	−0.07	−0.04	+0.04	+0.08	+0.26	d_i

显然，可疑值为 79.80，进行 Q 检验。

$$Q_{计算}=\frac{79.80-79.62}{79.80-79.38}=0.43$$

查表 2.2 得 $n=7$ 时，$Q_{0.90}=0.51$，$Q_{计算}<Q_{0.90}$，所以 79.80 应予保留。

② 根据所有保留值，计算平均值、平均偏差、标准偏差。

$$\bar{x}=\frac{79.38+79.45+79.47+79.50+79.58+79.62+79.80}{7}=79.54$$

$$\bar{d}=\frac{0.16+0.09+0.07+0.04+0.04+0.08+0.26}{7}=0.11$$

$$s=\sqrt{\frac{0.16^2+0.09^2+0.07^2+0.04^2+0.04^2+0.08^2+0.26^2}{7-1}}=0.14$$

③ 计算置信度为 90% 的置信区间。

查表 2.1，置信度为 90%、$n=7$ 时，$t=1.943$，则：

$$\mu=79.54\pm\frac{1.943\times0.14}{\sqrt{7}}=79.54\pm0.10$$

【例 2.5】 某研究人员用一种标准方法分析明矾中铝的含量，前三次的分析结果（%）分别为 10.74、10.76、10.79，用 Q 检验法确定不得舍弃的第四次分析结果的界限是多少（$P=90\%$）？

解：设不得舍弃的最大值和最小值分别为 x_4 和 x_1。

当 $n=4$，$P=90\%$ 时，$Q_{基准}=0.76$。可疑值要保留，必须 $Q_{计算}<Q_{基准}$

$$Q_4=\frac{x_4-10.79}{x_4-10.74}<0.76 \quad 解得 \quad x_4<10.95$$

或

$$Q_1=\frac{10.74-x_1}{10.79-x_1}<0.76 \quad 解得 \quad x_1>10.58$$

故不应舍弃的界限是　　　　$10.58<x<10.95$

2.4.3　显著性检验

在定量分析中，常常需要对两份试样的分析结果，或对两种分析方法的结果的平均值或精密度等是否存在显著性差异做判断，这些都属于统计检验内容，称为显著性检验（significance test）或假设检验。统计检验的方法很多，在定量分析中最常用的是 t 检验和 F 检验。

（1）已知标准值的 t 检验（检查方法的可靠性）

t 检验主要用于确定样本平均值与标准值、两个样本平均值是否存在显著性差异（系统误差），或估计痕量分析结果的真实性等。

t 检验的步骤如下。

① 计算 $\bar{x}$、s、$t_{计算}$。

$$t_{计算}=\frac{|\bar{x}-\mu|}{s}\sqrt{n} \tag{2.14}$$

② 由显著性水平 $\alpha(\alpha=1-P)$ 及自由度 $f(f=n-1)$ 查表 2.1 可得临界 t 值（$t_{临界}$）。

③ 若 $t_{计算}<t_{临界}$，说明 $\bar{x}$ 与 μ 之间没有显著性差异，即 $\bar{x}$ 与 μ 之间的差异可认为是随机误差引起的正常差异，新方法可靠；若 $t_{计算}>t_{临界}$，说明 $\bar{x}$ 与 μ 之间有显著性差异，新方法存在较大系统误差，测定结果不可靠。

【例 2.6】 一种新方法用来测定试样的含铜量，用含量为 $11.7\text{mg}\cdot\text{kg}^{-1}$ 的标准试样，进行 5 次测定，所测数据为 10.9、11.8、10.9、10.3、10.0。判断新方法在 95% 的置信水平上是否可靠（是否存在系统误差）？

解：计算可得 $\bar{x}=10.8$，$s=0.7$，$t_{计算}=\dfrac{|10.8-11.7|}{0.7}\sqrt{5}=2.9$

由表 2.1 可得：当 $f=5-1=4$，$P=95\%$，$t_{临界}=2.776$

显然 $t_{计算}>t_{临界}$，说明新方法不可靠，可能存在某种系统误差。

(2) 两个样本平均值的 t 检验

不同人员用同一方法或同一人员用不同方法测定同一样品，所得结果一般不相同，其原因可能是各平均值之间确有系统误差存在，但也可能是平均值之间并无系统误差存在，只是因随机误差的影响使得各平均值有波动。因此判断两个平均值是否有显著性差异时，首先要求这两个平均值的精密度无大的差异。为此可先用 F 检验法进行判断。

F 检验又称方差比检验：

$$F_{计算}=\frac{s_{大}^{2}}{s_{小}^{2}} \tag{2.15}$$

式中，$s_{大}$、$s_{小}$ 分别表示两组数据中标准偏差较大和较小的数值。

若 $F_{计算}>F_{临界}$（$F_{临界}$ 见表 2.3），说明两组数据的精密度有显著性差异，不必继续 t 检验；若 $F_{计算}<F_{临界}$，说明两组数据的精密度无显著性差异，再进一步用 t 检验法检验 $\bar{x}_1$ 与 $\bar{x}_2$ 之间有无显著性差异。

表 2.3 置信度 $P=95\%$（$\alpha=0.05$）时 $F_{临界}$ 值

$f_{小}$	$f_{大}$									
	2	3	4	5	6	7	8	9	10	∞
2	19.00	19.16	19.25	19.30	19.33	19.36	19.37	19.38	19.39	19.50
3	9.55	9.28	9.12	9.01	8.94	8.88	8.84	8.81	8.78	8.53
4	6.94	6.59	6.39	6.26	6.16	6.09	6.04	6.00	5.96	5.63
5	5.79	5.41	5.19	5.05	4.95	4.88	4.82	4.77	4.74	4.36
6	5.14	4.76	4.53	4.39	4.28	4.21	4.15	4.10	4.06	3.67
7	4.74	4.35	4.12	3.97	3.87	3.79	3.73	3.68	3.63	3.23
8	4.66	4.07	3.84	3.69	3.58	3.50	3.44	3.39	3.34	2.93
9	4.26	3.86	3.63	3.48	3.37	3.29	3.23	3.18	3.13	2.71
10	4.10	3.71	3.48	3.33	3.22	3.14	3.07	3.02	2.97	2.54
∞	3.00	2.60	2.37	2.21	2.10	2.01	1.94	1.88	1.83	1.00

$f_{大}$ 为方差较大的自由度，$f_{小}$ 为方差较小的自由度。

$$t_{\text{计算}} = \frac{|\bar{x}_1 - \bar{x}_2|}{s_{\text{合}}} \sqrt{\frac{n_1 n_2}{n_1 + n_2}} \tag{2.16}$$

式中，$s_{\text{合}}$ 为合并标准偏差，即：

$$s_{\text{合}} = \sqrt{\frac{f_1 s_1^2 + f_2 s_2^2}{f_1 + f_2}} = \sqrt{\frac{(n_1-1)s_1^2 + (n_2-1)s_2^2}{(n_1-1)+(n_2-1)}} \tag{2.17}$$

由总自由度（$f = f_1 + f_2 = n_1 + n_2 - 2$）和显著性水平（$\alpha$）查 t 表可得 $t_{\text{临界}}$。若 $t_{\text{计算}} < t_{\text{临界}}$，说明 $\bar{x}_1$ 与 $\bar{x}_2$ 之间无显著性差异；若 $t_{\text{计算}} > t_{\text{临界}}$，说明 $\bar{x}_1$ 与 $\bar{x}_2$ 之间有显著性差异。

【例 2.7】 两人分析同一试样，得两组数据如下：

甲/%　1.26，1.25，1.22　　　　　$n_1 = 3$，$\bar{x}_1 = 1.24\%$，$s_1 = 0.021$

乙/%　1.35，1.37，1.33，1.34　　$n_2 = 4$，$\bar{x}_2 = 1.33\%$，$s_2 = 0.017$

检验两组数据间是否存在系统误差？

解： 先进行精密度检验：

$$F_{\text{计算}} = \frac{0.021^2}{0.017^2} = 1.53$$

由表 2.3 可得：当 $f_{\text{大}} = 2$、$f_{\text{小}} = 3$、$\alpha = 0.05$ 时，$F_{\text{临界}} = 9.55$。

因 $F_{\text{计算}} < F_{\text{临界}}$，故两组数据的精密度相差不大，继续进行 t 检验。

$$s_{\text{合}} = \sqrt{\frac{2 \times 0.021^2 + 3 \times 0.017^2}{2+3}} = 0.019$$

$$t_{\text{计算}} = \frac{|1.24 - 1.33|}{0.019} \sqrt{\frac{3 \times 4}{3+4}} = 6.20$$

查表 2.1 可得：当 $f = 2 + 3 = 5$，$p = 95\%$ 时，$t_{\text{临界}} = 2.571$。

由于 $t_{\text{计算}} > t_{\text{临界}}$，说明两组数据间存在系统误差。

分析数据统计处理的一般步骤是先进行可疑数据的取舍检验，而后进行 F 检验，最后进行 t 检验。

2.4.4 分析结果的数据处理和报告

在实际工作中，分析结果的数据处理是非常重要的。分析人员仅做 1～2 次测定是不能提供可靠的信息，也不会被人们所接受。因此，在实验和科学研究中，通常对试样平行测定若干次，然后再对数据进行统计处理并写出分析报告。

如果是用新方法对试样中某组分进行测试，测得一组测定数据后，通常还需进行如下工作：

① 首先对数据中的极值（极大值或极小值）进行可疑数据的检验——Q 检验。

② 考察新方法是否可行。

用标准试样在与试样相同的测试条件下进行对照试验，将测定平均值与标准值用 t 检验法进行显著性检验，若无显著性差异，则新方法可靠，否则，新方法有较大的方法误差。

对于较为复杂的试样，也可以在原试样中，加入被测标准物，测定加标回收率。由回收率的高低来判断有无系统误差的存在。

③ 计算平均值、平均偏差、标准偏差、置信区间等。

习　题

1. 下列情况分别引起什么误差？如果是系统误差，应如何消除？

(1) 砝码被腐蚀；

(2) 天平两臂不等长；

(3) 容量瓶与移液管不配套；

(4) 重量分析中共存离子被共沉淀；

(5) 滴定管读数时最后一位估计不准；

(6) 以 99% 邻苯二甲酸氢钾作基准物标定 NaOH 溶液。

2. 如何减少系统误差？如何减少随机误差？

3. 误差、准确度、精密度三者的关系如何？

4. 甲、乙、丙三人同时测定某铁矿石标样中 Fe_2O_3 的质量分数，以此来考核分析工作的质量，该标样的真实值为 50.36%，测定结果（%）如下：

甲	50.30	50.30	50.28	50.27	50.31
乙	50.40	50.30	50.25	50.21	50.23
丙	50.36	50.35	50.34	50.33	50.36

计算甲、乙、丙三人测定值的平均值、平均值的相对误差、平均偏差和相对平均偏差，对三人的分析工作给予评价。

5. 某同学用摩尔法测定食盐中氯的质量分数，实验记录如下：在万分之一精度的分析天平上称取 0.02108g 样品，用 0.09730 mol·L^{-1} AgNO$_3$ 标准溶液滴定，耗去 3.5mL。

(1) 请指出其中的错误；

(2) 怎样才能提高测定结果的准确度？

6. 试判断下列说法是否正确？

(1) 分析结果的准确度由系统误差决定，而与随机误差无关。

(2) 精密度反映分析方法或测定系统随机误差的大小。

(3) 总体平均值就是真实值。

(4) 平均值的置信区间越大，则置信度越高。

(5) 空白试验结果偏大，表明测定工作中存在明显的系统误差。

(6) pH=3.05 的有效数字是三位。

7. 测定某铜合金中铜含量，5 次平行测定结果为：27.22%，27.20%，27.24%，27.25%，27.15%，计算：

(1) 平均值，平均偏差，相对平均偏差，标准偏差，相对标准偏差。

(2) 若已知铜的标准含量为 27.20%，上述结果的绝对误差及相对误差各为多少？

8. 某同学测定 NaOH 溶液的浓度，测定结果如下（单位均为 mol·L^{-1}）：0.1031，0.1030，0.1038，0.1032。请用 Q 检验法判断 0.1038 数据可否舍弃？如果第 5 次的分析数据为 0.1032，这时 0.1038 可否舍弃？

9. 一组实验数据如下：1.50，1.51，1.68，1.20，1.63，1.72。根据 Q 检验对可疑值进行取舍（置信度为 90%），然后求出平均值、平均偏差、标准偏差和平均值的置信区间。

10. 有一标样，其标准值为 0.123%，今用一新方法测定，得 4 个数据如下（%）：0.112，0.118，0.115 和 0.119，判断新方法是否存在系统误差（置信度为 95%）？

11. 用 Karl Fischer 法（药典法）与气相色谱法测定同一冰醋酸样品中的微量水分。试用统计检验（置信度为 95%）评价气相色谱法可否用于测定冰醋酸中微量水分？测定结果如下

Karl Fischer 法（%）：0.762 0.746 0.738 0.738 0.753 0.747

气相色谱法（%）：   0.749 0.740 0.749 0.751 0.747 0.752

12. 下列数据中各包含有几位有效数字？

(1) 0.00377   (2) 25.30   (3) $\lg K_f^{\ominus}\{[Ag(CN)_2]^-\}=21.11$ (4) pH=7.00   (5) 1000

(6) $\dfrac{n(\mathrm{H_2SO_4})}{n(\mathrm{NaOH})} = \dfrac{1}{2}$

13. 按有效数字运算规则，计算下列各式的结果。

(1) $16.23 + 0.5255 + 6.30$

(2) $\dfrac{\frac{1}{2}(0.1050 \times 50.00 - 0.0983 \times 21.10) \times 10^{-3} \times 100.09}{0.2025}$

(3) $\dfrac{(30.15 - 14.52) \times 0.085}{1.25 \times 10^{-3}}$

(4) $\mathrm{pH} = 0.05$，求 $c(\mathrm{H^+})$

(5) $\mathrm{p}K_\mathrm{b}^{\ominus}(\mathrm{NH_3}) = 4.74$，求 $K_\mathrm{b}^{\ominus}(\mathrm{NH_3})$

14. 甲、乙两人同时分析某矿物中的含硫量，每次测定时称取试样3.50g，分析结果报告为：
甲 4.21%，4.22%；乙 4.209%，4.221%。哪一份报告是合理的？为什么？

第3章 化学热力学和化学动力学基础

何谓化学热力学？为此首先看看什么是热力学。热力学是研究热和功及其他各种形式的能量相互转换规律的科学。它所研究的对象是宏观物体——大量质点或大块物体所组成的物质。将热力学基本定律应用于化学领域则产生了化学热力学（chemical thermodynamics）。化学热力学主要解决化学反应中的两个问题：①化学反应中能量是如何转化的；②化学反应朝着什么方向进行及其限度如何。热力学不能告诉我们反应所需的时间和反应机理。

对于某化学反应来说，我们在知道反应进行方向的基础上，还应从理论上能够预测反应达到的最大限度以及掌握外界条件对产率大小的影响，这就是化学平衡问题，该问题属于化学热力学研究的范畴。

另一方面，人们总希望一些有利的反应进行得快些、完全些，相反地，要抑制一些不利的反应。工厂总希望在最短的时间内生产最多的产品，这就要求化学反应以尽可能快的速率进行。化学反应进行的快慢以及反应从始态到终态所经历的过程，属于化学动力学研究的范畴。

3.1 基本概念

3.1.1 化学计量系数和化学反应进度

（1）化学计量系数（stoichiometric mumber）

某化学反应方程式：

$$aA + bB = dD + eE$$

若移项表示

$$0 = -aA - bB + dD + eE$$

随着反应的进行，反应物 A、B 会不断减少，产物 D、E 会不断增加，令：

$$\nu_A = -a, \quad \nu_B = -b, \quad \nu_D = d, \quad \nu_E = e$$

代入上式得

$$0 = \nu_A A + \nu_B B + \nu_D D + \nu_E E$$

可简化得到通式：

$$0 = \sum_B \nu_B B$$

式中，B 表示计量方程式中任一物质；ν_B 为数字或简分数，称为物质 B 的化学计量系数，是量纲为 1 的量；ν_A、ν_B、ν_D、ν_E 分别为物质 A、B、D、E 的化学计量系数。根据规定，反应物的化学计量系数为负，而产物的化学计量系数为正。

化学反应方程式中的化学计量系数，仅表示反应过程中各物质的量之间转化的比例关系，并不说明在反应进程中各物质所转化的量。系统中化学反应进行了多少，需用新的量——反应进度来表示。

（2）反应进度（advancement of reaction）

反应进度是衡量一个化学反应进行程度的物理量，用 ξ 表示。

对于任一化学反应 $0 = \sum_B \nu_B B$，反应进度 ξ 定义为：

$$d\xi = dn_B/\nu_B \quad \text{或} \quad \Delta\xi = \Delta n_B/\nu_B \tag{3.1}$$

式中，n_B 为组分 B 的物质的量；ν_B 为组分 B 的化学计量系数。由该式可知，ξ 的单位为 mol。上式也可变化为：

$$dn_B = \nu_B d\xi \quad \text{或} \quad \Delta n_B = \nu_B \Delta\xi \tag{3.2}$$

$\Delta\xi = \xi_t - \xi_0$，因 $\xi_0 = 0$，所以反应进行到 t 时的反应进度 $\xi_t = \Delta\xi$。由式(3.2)可得，当 $\xi = 1\text{mol}$ 时，$\Delta n_B = \nu_B$。即当反应进度为 1mol 时，参加化学反应的各组分按反应方程式中的化学计量系数而消耗了反应物各组分的物质的量并生成了产物各组分的物质的量。

由于 ξ 与化学计量系数 ν_B 有关，而 ν_B 又与化学反应方程式书写有关，因此 ξ 与化学反应方程式写法有关。对同一反应，若化学反应方程式书写形式不同，相同反应进度时，对应的各物质的量的变化将不同。例如当 $\xi = 1\text{mol}$ 时：

化学反应方程式	$\Delta n(N_2)/\text{mol}$	$\Delta n(H_2)/\text{mol}$	$\Delta n(NH_3)/\text{mol}$
$N_2(g) + 3H_2(g) == 2NH_3(g)$	-1	-3	2
$\frac{1}{2}N_2(g) + \frac{3}{2}H_2(g) == NH_3(g)$	$-\frac{1}{2}$	$-\frac{3}{2}$	1

由于 $\Delta\xi = \Delta n_B/\nu_B$，而各组分以 ν_B 为比例发生反应，因此反应进度 ξ 的值与选用物质无关。例如某合成氨反应，始态终态各物质的物质的量如下：

$$N_2(g) + 3H_2(g) == 2NH_3(g)$$

始态 n/mol	3	8	0
终态 n/mol	1	2	4

若用 N_2 的变化来表示反应进度：$\xi = \dfrac{n_2 - n_1}{\nu} = \dfrac{1-3}{-1}\text{mol} = 2\text{mol}$

若用 H_2 的变化来表示反应进度：$\xi = \dfrac{n_2 - n_1}{\nu} = \dfrac{2-8}{-3}\text{mol} = 2\text{mol}$

若用 NH_3 的变化来表示反应进度：$\xi = \dfrac{n_2 - n_1}{\nu} = \dfrac{4-0}{2}\text{mol} = 2\text{mol}$

可见，无论选用何种物质来表示该反应的反应进度，都可得到相同的结果。

3.1.2 系统和环境

为便于研究，我们把研究对象人为地分成两部分，被划作研究对象的这一部分物质或空间称为系统（system）；系统以外并与系统密切相关的其他物质或空间称为环境（suroudings）。如研究 $BaCl_2$ 和 Na_2SO_4 在水溶液中的反应，含有这两种物质及其反应产物的水溶液是系统，溶液之外的烧杯和周围的空气等就是环境。

系统与环境之间的联系包括有能量交换与物质交换两类。按照系统和环境之间物质和能量的交换情况不同，可将系统分为以下三类：

(1) 敞开系统（open system）

系统和环境之间既有物质的交换，也有能量的交换。

(2) 封闭系统（closed system）

系统和环境之间没有物质交换，只有能量交换。

(3) 孤立系统（isolated system）

系统和环境之间既没有物质交换，也没有能量交换。

在热力学中有时为了研究问题的需要，将系统及其环境作为整体，这个整体可看做孤立系统，也称隔离系统。

注意：真正的孤立系统并不存在，因为系统与环境之间的能量交换是不可避免的。不过在实验中，我们可以尽量使这种能量交换减少到可以忽略不计的程度。

3.1.3 状态与状态函数

系统中所有物理性质和化学性质的总和即为状态（state）。系统的状态是由其一系列宏观性质所确定的。确定系统状态的宏观物理量称为状态函数（state functions）。系统的状态可由一系列状态函数来描述。例如，气体的状态可由压力（p）、体积（V）、温度（T）及各组分物质的量（n）等物理量来描述。系统的状态与状态函数有着一一对应的关系。系统状态确定，所有的状态函数都将随之确定；而当其中一个或多个状态函数改变时，系统的状态将改变。如一定量气体在一定温度下，压力增加一倍，那么体积必然变成原来的 1/2，系统由状态（T、p、V）变为状态（T、$2p$、$1/2V$）。由于状态函数之间彼此是相互关联、相互制约的，通常只要确定其中几个状态函数，其余的状态函数也就随之而定了。

状态函数的特征是当系统的状态改变时，状态函数的改变量只与系统的始态和终态有关，而与变化的具体途径无关。

3.1.4 过程与途径

当系统的状态发生变化时，我们把这种变化的经过称为过程（process）。完成这个过程的具体步骤则称为途径（path）。热力学经常遇到以下几种过程。

等压过程（isobaric process）——系统压力始终恒定不变（$\Delta p = 0$），敞口容器中进行的反应，可看做等压过程，绝大多数化学反应都是等压过程。

等容过程（isochoric process）——系统体积始终恒定不变（$\Delta V = 0$），在密闭刚性容器中进行的反应，就是等容过程。

等温过程（isothermal process）——此过程只要求系统的终态和始态温度相同（$\Delta T = 0$）。

3.2 热力学第一定律

3.2.1 热和功

热与功是系统状态发生变化时，系统与环境之间交换能量的两种不同形式。也就是说，仅当系统经历某过程时，才会以热和功的形式与环境交换能量。因此，热与功的数值不仅与系统始态、终态有关，而且还与状态变化时所经历的途径有关，即热与功不是状态函数（亦称途径函数）。系统与环境之间由于温差而引起的能量传递称为热（heat），常用符号 Q 表示。除热以外，其他各种被传递的能量叫做功（work），常用符号 W 表示。热力学中将功分为体积功和非体积功两类。体积功是由于系统体积变化时反抗外力做功而与环境交换的能量。除体积功以外的其他形式的功统称为非体积功，也称为其他功或有用功，如电功、表面功、机械功等。

根据国际最新规定，以系统的能量得失为标准，热力学规定：系统吸热，Q 为正值；系统放热，Q 为负值。环境对系统做功（系统得功），W 为正值；系统对环境做功（系统失功），W 为负值。

在本章中仅涉及体积功，它的计算是基于机械功的定义，对于定压过程：

$$W = -p_{外}(V_2 - V_1) = -p\Delta V \tag{3.3}$$

必须注意：在化学反应中，系统一般只做体积功。系统膨胀时，反抗外压是先决条件，若外压 $p = 0$，则系统不做功，此时 $W = 0$。

3.2.2 热力学能

物质之间可以有热和功两种形式的能量传递,这表明物质内部蕴藏着一定的能量。系统内部所蕴藏的总能量叫做热力学能(thermodynamic energy),也称为内能,以符号 U 表示。它主要包括分子热运动所具有的动能(内动能),分子间相互作用的势能(内势能)及分子、原子内部所蕴藏的能量。由于分子及其内部的运动很复杂,热力学能的绝对值至今还无法测定,就好像地球上任意一点的绝对高度是不可知的一样。但好在我们只关心热力学能的变化量,热力学能的变化值 ΔU 可以由热力学第一定律确定。

3.2.3 热力学第一定律

人们在长期实践的基础上得出的能量守恒与转化定律:自然界一切物质都有能量,能量有不同的形式,能从一种形式转变为另一种形式,在转变过程中能量的总量不变。将能量守恒与转化定律应用于热力学过程,就称为热力学第一定律(first law of thermodynamics)。

在封闭系统中,若环境对系统做功 W,系统从环境吸热 Q,则系统的能量必有增加。根据能量守恒与转化定律,这部分能量必然使系统的热力学能增加,即系统热力学能的改变值 ΔU 为 Q 与 W 之和:

$$\Delta U = Q + W \tag{3.4}$$

式(3.4)就是封闭系统中热力学第一定律的数学表达式,Q 和 W 分别表示变化过程中系统与环境传递或交换的热和功。式(3.4)表明系统热力学能的增量应等于环境以热的形式供给系统的能量加上环境对系统所做的功。

运用热力学第一定律时应注意:①热与功的符号规定;②单位(J 与 kJ)要统一。

例如,在某一变化中,系统放出热量为 50 J,环境对系统做功 30 J,则系统的热力学能变化为:

$$\Delta U = Q + W = -50\text{J} + 30\text{J} = -20\text{J}$$

系统的热力学能减少了 20 J。

3.3 热化学

3.3.1 反应热和反应焓变

化学反应和状态变化过程中经常伴随有吸热或放热。对一个化学反应,可将反应物看成系统的始态,将生成物看成系统的终态。当反应发生后,生成物的总热力学能与反应物的总热力学能就不相等,这种热力学能变化在反应过程中就以热和功的形式表现出来,这就是反应热产生的原因。为了定量研究化学反应过程中的热量变化,提出了反应热的概念。反应热规定:当系统发生化学变化后,使生成物的温度回到反应前反应物的温度(即等温过程),且系统只做体积功,而不做其他功时,系统放出或吸收的热量称为该反应的反应热(reaction heat),也称为反应的热效应。

由于反应热与过程有关,因此在讨论反应热时不但要明确系统的始态与终态,还应指明具体的过程。通常最重要的过程是等容过程和等压过程。

(1) 等容反应热

在等容条件下完成的化学反应称为等容反应,其热效应称为等容反应热,用符号 Q_V 表示。由热力学第一定律得:

$$\Delta U = Q_V + W$$

式中,$W = -p_{外}\Delta V$。等容反应过程中 $\Delta V = 0$,故 $W = 0$,上式变为:

$$\Delta U = Q_V \tag{3.5}$$

式(3.5)表明，等容过程中，系统吸收的热量 Q_V（右下标 V 表示等容过程）全部用来增加系统的热力学能。或者说，等容过程中，系统热力学能的减少全部以热的形式放出。虽然热不是状态函数，但在这种特定条件下，等容反应热的值也只取决于系统的始态和终态，与变化途径无关。

(2) 等压反应热

在等压条件下完成的化学反应称为等压反应，其热效应称为等压反应热，用符号 Q_p 表示。由热力学第一定律得：

$$Q_p = \Delta U - W$$

等压下，$W = -p\Delta V$，上式可变为：

$$Q_p = \Delta U + p\Delta V$$

又因为等压下 $p_1 = p_2 = p$，上式可变为：

$$Q_p = U_2 - U_1 + p_2 V_2 - p_1 V_1 = (U_2 + p_2 V_2) - (U_1 + p_1 V_1)$$

即在等压过程中，系统吸收的热量 Q_p 等于始态与终态的 $(U+pV)$ 之差。

为了方便，我们将 $(U+pV)$ 这个组合命名为"焓"(enthalpy)，用符号 H 表示：

$$H = U + pV \tag{3.6}$$

因此，计算公式可简化为：

$$Q_p = H_2 - H_1 = \Delta H \tag{3.7}$$

式(3.7)表明，在等温等压过程中，系统吸收的热量全部用于焓的增加。或者说，等温等压过程中，系统焓的减少，全部以热的形式放出，即等压反应热等于系统的焓变。

等温等压只做体积功的过程中，$\Delta H > 0$，表明系统是吸热的；$\Delta H < 0$，表明系统是放热的。焓变 ΔH 在特定条件下等于 Q_p，并不意味着焓就是系统所含的热。

因 U、p、V 均为状态函数，H 当然也为状态函数，具有能量的量纲。同热力学能一样，焓的绝对数值也无法确定。

虽然我们由等压过程引入了焓的概念，但并不是说只有等压过程才有焓这个热力学函数。由于焓是状态函数，因此无论什么过程，状态一定，系统的焓就将确定，当状态改变时，系统的焓就可能有所改变，只有在不做非体积功的等压过程中，$Q_p = \Delta H$ 才成立。

(3) 等容热效应与等压热效应的关系

由焓的定义式(3.6)可得：

$$\Delta H = \Delta U + \Delta(pV) \tag{3.8}$$

反应系统中的液体和固体，其 $\Delta(pV)$ 可忽略不计。若假定反应系统中的气体为理想气体，则上式可写为：

$$\Delta H = \Delta U + (\Delta n)_g RT \tag{3.9}$$

式中 $(\Delta n)_g$ 为反应前后气体的物质的量之差。因此化学反应的 Q_p 与 Q_V 的关系为：

$$Q_p = Q_V + (\Delta n)_g RT \tag{3.10}$$

由式(3.10)可得，当反应物和生成物都为固体和液体时，$\Delta(pV)$ 可忽略不计，此时，

$\Delta U \approx \Delta H$；而对有气体参与的化学反应，当 $(\Delta n)_g \neq 0$ 时，$\Delta U \neq \Delta H$。

(4) 摩尔反应焓与摩尔反应热力学能

某反应按给定的反应方程式进行 1mol 反应的焓变，称为摩尔反应焓 $\Delta_r H_m$（r 是英文 "reaction" 的词头），其单位为 J·mol^{-1} 或 kJ·mol^{-1}。

$$\Delta_r H_m = \frac{\Delta_r H}{\xi} \tag{3.11}$$

某反应按给定的反应方程式进行 1mol 反应的热力学能变，称为摩尔反应热力学能 $\Delta_r U_m$，以符号表示，其单位为 J·mol^{-1} 或 kJ·mol^{-1}。

$$\Delta_r U_m = \frac{\Delta_r U}{\xi} \tag{3.12}$$

$\Delta_r H_m$ 和 $\Delta_r U_m$ 的关系为：

$$\Delta_r H_m = \Delta_r U_m + \sum_{B(g)} \nu_{B(g)} RT \tag{3.13}$$

式中，$\sum_{B(g)} \nu_{B(g)}$ 为化学反应中气体组分的化学计量系数之和。

【例 3.1】 在 298.15K 和 100kPa 下，由 2.0mol H_2 完全燃烧放出 571.66kJ 的热量，假设均为理想气体，求该反应 $2H_2(g) + O_2(g) \Longrightarrow 2H_2O(l)$ 的 $\Delta_r H_m$ 和 $\Delta_r U_m$。

解： 因反应在等温等压下进行，所以 $Q_p = \Delta H = -571.66$ kJ

$$\xi = \frac{\Delta n(H_2)}{\nu(H_2)} = \frac{(0-2)\text{mol}}{-2} = 1\text{mol}$$

$$\Delta_r H_m = \frac{\Delta H}{\xi} = \frac{-571.66\text{kJ}}{1\text{mol}} = -571.66\text{kJ·mol}^{-1}$$

$$\Delta_r U_m = \Delta_r H_m - \sum_{B(g)} \nu_{B(g)} RT$$

$$= -571.66\text{kJ·mol}^{-1} - (-2-1) \times 8.314\text{J·K}^{-1}\text{·mol}^{-1} \times 298.15\text{K} \times 10^{-3}$$

$$= -564.22\text{kJ·mol}^{-1}$$

3.3.2 热化学方程式

表示化学反应与热效应关系的方程式称为热化学方程式（thermochemical equation）。例如：

$$H_2(g) + \frac{1}{2}O_2(g) \Longrightarrow H_2O(g); \quad \Delta_r H_m^{\ominus} = -241.82\text{kJ·mol}^{-1}$$

$$H_2(g) + \frac{1}{2}O_2(g) \Longrightarrow H_2O(l); \quad \Delta_r H_m^{\ominus} = -285.83\text{kJ·mol}^{-1}$$

$$2H_2(g) + O_2(g) \Longrightarrow 2H_2O(l); \quad \Delta_r H_m^{\ominus} = -571.66\text{kJ·mol}^{-1}$$

由于反应热与反应方向、反应条件、物态、物质的量等有关，因此书写时热化学方程式应注意以下几点：

① 热化学方程式须标明反应温度和压力等条件，若在 298.15K 和 100kPa，可省略不

写。由于温度对反应焓变的影响一般较小,因此常用 298.15K 时的焓变处理;

② 热化学方程式表示的是一个已经完成了的反应;

③ 各物质化学式右侧用圆括弧( )表明物质的聚集状态。可以用 g、l、s 分别代表气态、液态、固态。固体有不同晶态时,还需将晶态注明,例如 C(石墨)、C(金刚石)等。水溶液中的反应物质,则须注明其浓度,以 aq 代表水溶液,(aq,∞)代表无限稀释水溶液;

④ 反应的热效应与热化学方程式的书写有关(与物质的量有关)。

3.3.3 反应热的计算

(1) 热力学标准态

化学反应系统一般是混合物,为避免同一物质的某热力学状态函数在不同反应系统中数值不同,热力学规定了一个共同的参考状态——标准状态(standard state,简称标准态),以使同一物质在不同的化学反应中具有同一数值。

标准状态是在指定温度 T 和标准压力 $p^{\ominus}$($p^{\ominus}=100\text{kPa}$)下该物质的状态。对具体系统而言,纯理想气体的标准态是指该气体处于标准压力 $p^{\ominus}$ 下的状态;混合理想气体的标准态是指任一气体组分的分压力为标准压力 $p^{\ominus}$ 的状态;液体(或固体)物质的标准态是标准压力 $p^{\ominus}$ 下的纯液体(或纯固体);溶液中溶质的标准态,是在指定温度 T 和标准压力 $p^{\ominus}$ 下,质量摩尔浓度 $b^{\ominus}=1\text{mol}\cdot\text{kg}^{-1}$ 或 $c^{\ominus}=1\text{mol}\cdot\text{L}^{-1}$ 的状态。

由于标准态只规定了压力 $p^{\ominus}$,而没有指定温度,所以与温度有关的状态函数的标准状态应注明温度。为了便于比较,国际纯粹与应用化学联合会(IUPAC)推荐选择 298.15K 作为参考温度。所以,通常从手册或专著查到的有关热力学数据大都是 298.15K 时的数据。298.15K 时,标准态的温度条件可不注明。

注意,标准态与讨论气体定律时所提到的"标准状况"含义不同。后者是指压力为 101.325kPa、温度为 273.15K 的状况,而前者实际上只涉及浓度(或压力)项,与温度无关。它们是两个不同的概念,勿要混淆。

(2) 盖斯定律

1840 年俄籍瑞士化学家盖斯(G. H. Hess)从热化学实验中总结出一条规律,其完整表述为:任何一个化学反应,在不做其他功和处于等容或等压情况下,不论反应一步完成或分几步完成,其反应热效应总值相等,即 Q_V 或 Q_p 与途径无关。

盖斯定律的提出略早于热力学第一定律,但它实际上是第一定律的必然结论。因为对非体积功等于零的化学反应,$Q_p=\Delta H$,$Q_V=\Delta U$,而 H、U 是状态函数,因此等压或等容反应热仅决定于始态、终态,与途径无关。

盖斯定律有着广泛的应用。利用一些反应热的数据,就可以计算出另一些反应的反应热。尤其是不易直接准确测定或根本不能直接进行实验测定的反应热,常可利用盖斯定律来算得。例如,已知:

① $C(s)+O_2(g)\longrightarrow CO_2(g)$ $\qquad \Delta_r H_{m,1}^{\ominus}=-393.509\text{kJ}\cdot\text{mol}^{-1}$

② $CO(g)+\dfrac{1}{2}O_2(g)\longrightarrow CO_2(g)$ $\qquad \Delta_r H_{m,2}^{\ominus}=-282.98\text{kJ}\cdot\text{mol}^{-1}$

求反应③ $C(s)+\dfrac{1}{2}O_2(g)\longrightarrow CO(g)$ 的焓变 $\Delta_r H_{m,3}^{\ominus}$。

我们可以选择(C+O_2)和 CO_2 分别作为反应的始态和终态,从始态到终态就有两种途径:

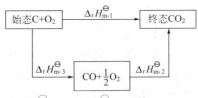

根据盖斯定律：$\Delta_r H_{m,1}^{\ominus} = \Delta_r H_{m,2}^{\ominus} + \Delta_r H_{m,3}^{\ominus}$，则：

$\Delta_r H_{m,3}^{\ominus} = \Delta_r H_{m,1}^{\ominus} - \Delta_r H_{m,2}^{\ominus} = (-393.509 \text{kJ} \cdot \text{mol}^{-1}) - (-282.98 \text{kJ} \cdot \text{mol}^{-1})$
$= -110.53 \text{kJ} \cdot \text{mol}^{-1}$

用盖斯定律计算反应热时，反应式之间可进行代数关系计算。但要注意，在计算过程中，把相同项消去时，不仅物质种类必须相同，而且状态（即物态、温度、压力）也要相同，否则不能相消。

由已知几个反应的焓变，利用盖斯定律可求某一相关反应的焓变。此类型题目的解题思路通常是：将已知焓变的这几个反应式相加（或相减），有时需乘以适当的系数得到一个总反应，此反应即为要求的反应，由反应式的组合方式可得所求反应的焓变与已知反应的焓变关系。

【例3.2】 已知298.15K时，

① $2C(\text{石墨}) + O_2(g) = 2CO(g)$ $\Delta_r H_{m,1}^{\ominus} = -221.0 \text{kJ} \cdot \text{mol}^{-1}$

② $3Fe(s) + 2O_2(g) = Fe_3O_4(s)$ $\Delta_r H_{m,2}^{\ominus} = -1118.4 \text{kJ} \cdot \text{mol}^{-1}$

求反应③ $Fe_3O_4(s) + 4C(\text{石墨}) = 3Fe(s) + 4CO(g)$ 在298.15K时的反应热。

解：①×2－②得③：$Fe_3O_4(s) + 4C(\text{石墨}) = 3Fe(s) + 4CO(g)$，则：

$\Delta_r H_{m,3}^{\ominus} = 2\Delta_r H_{m,1}^{\ominus} - \Delta_r H_{m,2}^{\ominus} = 2 \times (-221.0 \text{kJ} \cdot \text{mol}^{-1}) - (-1118.4 \text{kJ} \cdot \text{mol}^{-1})$
$= 676 \text{kJ} \cdot \text{mol}^{-1}$

（3）标准摩尔生成焓

在一定温度及标准状态下，由元素指定的参考单质生成1mol某物质时的反应焓称为物质在该温度下的标准摩尔生成焓（standard molar enthalpy of formation），用符号 $\Delta_f H_m^{\ominus}$ 表示，其单位为 $\text{kJ} \cdot \text{mol}^{-1}$，下标"f"表示生成。

由定义可知，各元素指定的参考单质的标准摩尔生成焓等于零。它们通常为常温常压下元素最稳定的单质。例如，碳的最稳定单质为石墨，硫为斜方硫等。但有少数例外，例如，磷的最稳定单质是黑磷，其次是红磷，最不稳定的是白磷，但因白磷比较常见，结构简单，易得纯净物，热力学规定磷的指定单质是白磷。

一些物质在298.15K时的 $\Delta_f H_m^{\ominus}$ 列于附录2。

水合离子的标准生成焓是相对焓值，通常选择温度为298.15K，规定水合氢离子的标准摩尔生成焓为零，即 $\Delta_f H_m^{\ominus}(H^+, aq, 298.15K) = 0$。

式中，aq是拉丁字aqua（水）的缩写；$H^+(aq)$ 表示水合氢离子。

（4）标准摩尔燃烧焓

在一定温度及标准状态下，1mol物质完全燃烧（或完全氧化）生成指定的燃烧产物时的焓变称为该物质的标准摩尔燃烧焓（standard molar enthalpy of combustion），用符号 $\Delta_c H_m^{\ominus}$ 表示，其单位为 $\text{kJ} \cdot \text{mol}^{-1}$。

通常指定物质中的碳燃烧后变为 $CO_2(g)$，H 变为 $H_2O(l)$，S 变为 $SO_2(g)$，N 变为 $N_2(g)$ 等。显然这些指定的燃烧产物的标准摩尔燃烧焓等于零。事实上，热力学规定的燃烧产物并非都是实际的最终产物，而仅仅是人为的一种指定，目的是使标准摩尔燃烧热数值统一。

(5) 标准摩尔反应焓的计算

① 由标准摩尔生成焓计算标准摩尔反应焓 任一化学反应：
$$a\text{A}+b\text{B}\Longrightarrow d\text{D}+e\text{E}$$
$$\Delta_r H_m^\ominus = \sum_B \nu_B \Delta_f H_m^\ominus(B) = -a\Delta_f H_m^\ominus(A) - b\Delta_f H_m^\ominus(B) + d\Delta_f H_m^\ominus(D) + e\Delta_f H_m^\ominus(E)$$
(3.14)

式(3.14)说明，标准摩尔反应焓等于产物的标准摩尔生成焓之和减去反应物的标准摩尔生成焓之和。

② 由标准摩尔燃烧焓计算标准摩尔反应焓
$$\Delta_r H_m^\ominus = -\sum_B \nu_B \Delta_c H_m^\ominus(B) = a\Delta_c H_m^\ominus(A) + b\Delta_c H_m^\ominus(B) - d\Delta_c H_m^\ominus(D) - e\Delta_c H_m^\ominus(E)$$
(3.15)

式(3.15)说明，标准摩尔反应焓等于反应物的标准摩尔燃烧焓之和减去产物的标准摩尔燃烧焓之和。

【例 3.3】 计算 10g NH_3 燃烧反应的热效应，NH_3 的燃烧反应为：
$$4NH_3(g) + 5O_2(g) \longrightarrow 4NO(g) + 6H_2O(g)$$

解：由附录 2 查得各物质的 $\Delta_f H_m^\ominus$，列表如下：

$$4NH_3(g) + 5O_2(g) \longrightarrow 4NO(g) + 6H_2O(g)$$

$\Delta_f H_m^\ominus /(\text{kJ·mol}^{-1})$　　−46.11　　　0　　　　90.25　　−241.818

$\Delta_r H_m^\ominus = -4 \times (-46.11\text{kJ·mol}^{-1}) - 5 \times 0 + 4 \times 90.25\text{kJ·mol}^{-1} + 6 \times (-241.818\text{kJ·mol}^{-1})$
　　　　$= -905.47 \text{kJ·mol}^{-1}$

10g NH_3 燃烧完全：$\xi = \dfrac{\Delta n(NH_3)}{\nu_{NH_3}} = \dfrac{-10\text{g}/17(\text{g·mol}^{-1})}{-4} = 0.147 \text{mol}$

$\Delta_r H = \xi \Delta_r H_m^\ominus = 0.147\text{mol} \times (-905.47\text{kJ·mol}^{-1}) = -133.1\text{kJ}$

3.4 化学反应的方向

自然界发生的一切过程都必须遵循热力学第一定律，违反热力学第一定律的过程是不可能进行的，如室温下的一杯水，环境不供给它一定的能量，它就不可能升温以至沸腾。但在不违背热力学第一定律的前提下，过程是否发生，若能发生，将又会进行到什么程度，即化学反应的方向和限度问题，则属于热力学第二定律研究的范畴。

3.4.1 化学反应的自发性

自然界发生的过程都有一定的方向性，如水总是自动地从高处流向低处；热总是自动地从高温物体传到低温物体；铁在潮湿的空气中会生锈；冰放置于室温下会融化等。

在一定条件下，不需要外界对系统做功就能自动进行的过程称为自发过程(spontaneous process)，反应的这种特性叫做自发性(spontaneity)。自发过程的逆过程是非自发的。

自发过程有如下特征：

① 自发过程不需要环境对系统做功就能自动进行，并可以用来对环境做有用功；

② 自发过程只能单向自动进行，其逆过程是非自发的（非自发不是不能成立，只不过要消耗有用功）；

③ 在一定的条件下，自发反应有一定的限度，自发过程的最大限度是系统达到平衡状态。

一个化学反应能否自发进行由什么因素决定呢？在研究各种系统的变化过程时，人们发现自然界的自发过程一般都朝着能量降低的方向进行，能量越低，系统的状态越稳定。化学反应也符合这个原理。很多的放热反应在常温常压下是自发的，如甲烷燃烧、水的生成、铁生锈等都是放热反应。早在19世纪70年代，法国化学家贝特洛（P. Bethelot）和丹麦化学家汤姆森（J. Thomson）就提出以焓变作为反应自发性的判断标准：

$\Delta_r H_m < 0$（放热反应），化学反应能自发进行

$\Delta_r H_m > 0$（吸热反应），化学反应不能自发进行

进一步的研究发现，许多吸热过程（$\Delta_r H_m > 0$）在一定条件下也能自发进行。例如温度高于0℃时，冰能自动融化为水；碳酸钙分解为氧化钙和二氧化碳的反应，常温常压下非自发，但当温度升高至1123K时，碳酸钙的分解反应就变为自发过程。显然，这些情况不能用焓变来解释。这表明在给定条件下要判断一个反应或过程能否自发进行，显然只用焓变作为自发反应的判据是不适当的。

我们再看生活中的两个实例：①将一瓶敞口氨水放在屋里，一会儿整个屋里就充满氨味；②一滴红墨水滴到一杯水中，不久红色就会充满整个杯子。

从上面的例子可以看出，系统倾向于取得最大混乱度，即系统混乱度越大，越稳定。

由此可见，影响反应自发性的因素除了反应焓变以外，还有系统的混乱度和温度。

3.4.2　化学反应的熵变

（1）熵（entropy）

熵是表示系统混乱程度的物理量，用符号"S"表示。与焓一样，熵也是状态函数，系统的熵变 ΔS 只取决于系统的始态和终态，而与途径无关。系统的混乱度越大，其熵值也越大；反之，熵值越小。系统由有序到混乱时熵值就会增加。根据热力学原理，等温可逆过程的熵变可由下式计算：

$$\Delta S = \frac{Q_r}{T} \tag{3.16}$$

式中，Q_r [下标r代表"可逆"（reversible）] 是可逆过程的热效应；T 为系统的热力学温度。

（2）热力学第二定律（second law of thermodynamics）

热力学第二定律指出了宏观过程进行的方向。同热力学第一定律一样，它也是大量经验事实的总结。

热力学第二定律的一种表达方式是：在孤立系统中的任何自发过程中，系统的熵总是增大的，这就是熵增加原理。

用熵增原理来判断过程自发性时，系统必须是孤立系统。对于封闭系统，使用熵增原理时通常需将系统和环境作为一个整体考虑。

（3）标准摩尔熵

熵是描述系统混乱度的热力学函数，系统的状态一定，其内部混乱度大小也就一定，就有一个确定的熵值。基于在0K时，任何纯净完整晶体，其组成粒子（原子、分子或离子）都处于完全有序的排列状态，热力学第三定律（third law of thermodynamics）指出：任何

纯净完美晶体在 0K 时的熵值规定为零，记为 $S_0=0$。

有了热力学第三定律，我们就能测量任何纯物质在温度 T 时熵的绝对值。如果将某纯物质从 0K 升温至 T，该过程的熵变 ΔS 为：

$$\Delta S = S_T - S_0 \tag{3.17}$$

式中，S_0 表示温度为 0K 时的熵值；S_T 表示温度为 T 时的熵值，由于 $S_0=0$，所以：

$$\Delta S = S_T \tag{3.18}$$

物质在温度 T 时的绝对熵（absolute entropy，或称规定熵）就是该物质从 0K 到温度 T 的熵变 ΔS。可见熵与热力学能和焓不同，物质的熵的绝对值是可求的。标准态下，1mol 某纯物质的熵值称为该物质的标准摩尔熵（standard molar entropy，简称标准熵），用符号 $S_m^{\ominus}$ 表示。附录 2 列出了一些单质和化合物在 298.15K 时的标准摩尔熵。注意，熵的单位为 $J \cdot mol^{-1} \cdot K^{-1}$，在 298.15K 及标准态下，稳定态单质的标准摩尔熵并不等于零，这与标准态时稳定态单质的标准摩尔生成焓不同。

热力学规定，处于标准状态的水合氢离子的标准摩尔熵为零。通常选温度为 298.15K，即 $S_m^{\ominus}(H^+, aq, 298.15K)=0$，根据实验和计算，可以求得其他水合离子的标准摩尔熵 $S_m^{\ominus}(298.15K)$。书末附录 2 列出了一些水合离子在 298.15K 时的标准摩尔熵。

根据熵的定义，不难得出物质的熵的大小应有如下规律。

① 熵与物质的聚集状态有关。同一物质所处的聚集状态不同，熵值大小顺序为气态≫液态＞固态。例如在 298.15K 时，$S_m^{\ominus}(H_2O,g)=188.825 J \cdot mol^{-1} \cdot K^{-1}$，$S_m^{\ominus}(H_2O,l)=69.91 J \cdot mol^{-1} \cdot K^{-1}$，$S_m^{\ominus}(H_2O,s)=39.33 J \cdot mol^{-1} \cdot K^{-1}$。

② 同一物质在相同的聚集状态时，其熵值随温度的升高而增大。气态物质的熵值随压力增高而减小。对反应来说：凡气体分子总数增多的反应，一定是熵增大的反应。反之，熵减小。反应前后分子数不变则熵变难以判断，但其数值一定不大，接近于零。

例如：$S_m^{\ominus}(Fe,s,298.15K)=27.28 J \cdot mol^{-1} \cdot K^{-1} < S_m^{\ominus}(Fe,s,500K)=41.2 J \cdot mol^{-1} \cdot K^{-1}$，$S_m^{\ominus}(O_2,g,100kPa)=205 J \cdot mol^{-1} \cdot K^{-1} > S_m^{\ominus}(O_2,g,600kPa)=190 J \cdot mol^{-1} \cdot K^{-1}$。

③ 聚集态相同，复杂分子比简单分子有较大的熵值。

例如 298.15K 时：$S_m^{\ominus}(O_3,g)=238.93 J \cdot mol^{-1} \cdot K^{-1}$，$S_m^{\ominus}(O_2,g)=205.138 J \cdot mol^{-1} \cdot K^{-1}$，$S_m^{\ominus}(O,g)=160.95 J \cdot mol^{-1} \cdot K^{-1}$。

④ 结构相似的物质，相对分子质量大的熵值大。

例如 298.15K 时：$S_m^{\ominus}(F_2,g)=202.78 J \cdot mol^{-1} \cdot K^{-1}$，$S_m^{\ominus}(Cl_2,g)=223.066 J \cdot mol^{-1} \cdot K^{-1}$，$S_m^{\ominus}(Br_2,g)=245.463 J \cdot mol^{-1} \cdot K^{-1}$，$S_m^{\ominus}(I_2,g)=260.69 J \cdot mol^{-1} \cdot K^{-1}$。

⑤ 相对分子质量相同，分子构型复杂的熵值大。

例如 298.15K 时：$S_m^{\ominus}(C_2H_5OH,g)=282.70 J \cdot mol^{-1} \cdot K^{-1}$，$S_m^{\ominus}(CH_3OCH_3,g)=266.38 J \cdot mol^{-1} \cdot K^{-1}$，二者分子式相同，相对分子质量相等，但二甲醚分子对称性大于乙醇。

（4）化学反应的标准摩尔熵变

由标准摩尔熵，运用下式即可计算化学反应的标准摩尔熵变：

$$\Delta_r S_m^{\ominus} = \sum_B \nu_B S_m^{\ominus}(B) \tag{3.19}$$

只有综合焓和熵这两个状态函数，并结合温度的影响，才能对反应的自发性做出正确的判断。下面我们来讨论这一问题。

3.4.3 化学反应方向的判据

3.4.3.1 吉布斯函数 G

为了确定一个过程或反应自发性判据，1878 年美国著名的物理学家吉布斯（J. W. Gibbs）提出了一个综合系统的焓变、熵变和温度三者关系的新的状态函数，称为吉布斯函数（Gibbs function），又称吉布斯自由能（Gibbs free energy），用符号 G 表示。热力学上定义：

$$G = H - TS \tag{3.20}$$

因为 H、T、S 均为状态函数，所以它们的组合 G 也为状态函数。

3.4.3.2 吉布斯公式

对于等温过程，$T_1 = T_2 = T$，设终态的吉布斯函数为 G_2，始态吉布斯函数为 G_1，则该过程的吉布斯函数变 ΔG 为：

$$\Delta G = G_2 - G_1 = (H_2 - TS_2) - (H_1 - TS_1) = (H_2 - H_1) - T(S_2 - S_1)$$

即

$$\Delta G = \Delta H - T\Delta S \tag{3.21}$$

式(3.21) 称为吉布斯公式（Gibbs equation）。

3.4.3.3 吉布斯判据

Gibbs 提出：等温等压下，不做非体积功的封闭系统，ΔG 可作为过程自发性的判据。

$\Delta G < 0$　　　　过程自发，反应可正向进行

$\Delta G > 0$　　　　过程非自发，反应可逆向进行

$\Delta G = 0$　　　　反应处于平衡状态

亦即等温等压下，不做非体积功的封闭系统，任何自发过程总是朝着吉布斯自由能（G）减少的方向进行。$\Delta G = 0$ 时，过程达到平衡，系统的吉布斯自由能降低至最小值，此即为著名的最小自由能原理。

从式(3.21)可以看出，影响过程自发性的因素有 ΔH、ΔS 和 T，其中 ΔH 越负（即放热越多）对过程自发越有利，说明自发过程倾向于降低系统的能量，ΔS 越正（即混乱度增加越多）对过程自发越有利，说明自发过程倾向于增加系统的混乱度。说明判断反应的方向，既要考虑能量变化，也要考虑熵及温度的变化。下面我们对其可能出现的四种情况进行讨论。

（1）$\Delta H < 0$，$\Delta S > 0$（放热熵增过程）

因为 T 总为正值，所以无论 ΔH、ΔS 的数值大小如何，$\Delta G < 0$，这种反应在任何温度下都可自发进行。例如反应 $2O_3(g) \rightleftharpoons 3O_2(g)$ 在任意温度下均自发。

（2）$\Delta H > 0$，$\Delta S < 0$（吸热熵减过程）

任何温度下：$\Delta G = \Delta H - T\Delta S > 0$，所以任何温度下，此反应不能自发进行。例如反应 $SO_2(g) \rightleftharpoons S(斜方) + O_2(g)$ 在任意温度下非自发。

（3）$\Delta H > 0$，$\Delta S > 0$（吸热熵增过程）

这时 ΔG 主要取决于温度 T，温度升高，$T\Delta S$ 值增大，当 $T\Delta S > \Delta H$ 时，反应可自发进行，所以温度升高，有利于反应自发进行。例如反应 $CaCO_3(s) \rightleftharpoons CO_2(g) + CaO(s)$ 常温下非自发，当温度升高至约 840℃ 以上时反应自发。

（4）$\Delta H < 0$，$\Delta S < 0$（放热熵减过程）

这种情况与③相反，随温度降低，$(-T\Delta S)$ 值减小，当温度低于某一温度时，$\Delta G < 0$，所以温度越低，有利于反应自发进行。例如反应 $NH_3(g) + HCl(g) \rightleftharpoons NH_4Cl(s)$ 常温下自发，高温非自发，高温下逆反应方向自发。水结冰的物理过程也属于这种情况。因水结冰放出热量，$\Delta H < 0$；但结冰过程中水分子变得有序，混乱度减少，$\Delta S < 0$。为了保证

$\Delta G < 0$，温度 T 不能高。在 101.325kPa 下，温度低于 273K 时水才会结冰。

3.4.3.4 标准摩尔反应吉布斯函数 $\Delta_r G_m^\ominus$ 的计算和反应方向的判断

标准态下反应方向的判断由标准摩尔反应吉布斯函数 $\Delta_r G_m^\ominus$ 的符号判断。

(1) 由标准摩尔生成吉布斯函数 $\Delta_f G_m^\ominus$ 计算 $\Delta_r G_m^\ominus$

吉布斯函数是状态函数，在化学反应中我们能够知道反应物和生成物的吉布斯函数值，就可用简单的加减法求得 ΔG。但它与热力学能、焓一样，是无法求得绝对值的。为了求算反应的 ΔG，我们可依照标准生成焓的方法处理。热力学规定：在一定温度及标准状态下，由元素指定的参考单质生成 1mol 某物质时的吉布斯函数变称为物质在该温度下的标准摩尔生成吉布斯函数（standard molar Gibbs function of formation），符号为 $\Delta_f G_m^\ominus$，其单位为 $kJ \cdot mol^{-1}$，并规定在标准状态下，各元素指定的参考单质的 $\Delta_f G_m^\ominus = 0$。一些物质在 298.15K 时的 $\Delta_f G_m^\ominus$ 列于附录 2。

对应于反应 $0 = \sum_B \nu_B B$，则：

$$\Delta_r G_m^\ominus(T) = \sum_B \nu_B \Delta_f G_m^\ominus(B, T) \tag{3.22}$$

因 $\Delta_r G_m^\ominus$ 值与温度 T 有关，故由附录 2 只能计算 298.15K 时的标准摩尔反应吉布斯函数。

【例 3.4】 查表计算反应 $2Fe^{3+}(aq) + 2I^-(aq) \rightleftharpoons 2Fe^{2+}(aq) + I_2(s)$ 在 298K 时的标准摩尔吉布斯函数变，并判断反应的自发性。

解： 由附录 2 查得有关物质的 $\Delta_f G_m^\ominus(298.15K)$，表示如下：

$$2Fe^{3+}(aq) + 2I^-(aq) \rightleftharpoons 2Fe^{2+}(aq) + I_2(s)$$

$\Delta_f G_m^\ominus / kJ \cdot mol^{-1}$ -4.6 -51.59 -78.6 0

$$\begin{aligned}\Delta_r G_m^\ominus(298.15K) &= -2\Delta_f G_m^\ominus(Fe^{3+}, aq) - 2\Delta_f G_m^\ominus(I^-, aq) + 2\Delta_f G_m^\ominus(Fe^{2+}, aq) + \Delta_f G_m^\ominus(I_2, s) \\ &= -2 \times (-4.6 kJ \cdot mol^{-1}) - 2 \times (-51.59 kJ \cdot mol^{-1}) + 2 \times (-78.6 kJ \cdot mol^{-1}) + 0 \\ &= -44.82 kJ \cdot mol^{-1}\end{aligned}$$

由于 $\Delta_r G_m^\ominus < 0$，所以在 298.15K 及标准态下反应正向自发进行。

(2) 由吉布斯公式计算 $\Delta_r G_m^\ominus$

由标准摩尔生成吉布斯函数的数据计算得 $\Delta_r G_m^\ominus$，可用来判断反应在标准态下能否自发进行。但是能查到的标准生成吉布斯函数的数据一般都是 298.15K 时的数据，那么在其他温度下，某一化学反应能否自发进行？为此我们需要了解温度 T 对 ΔG 的影响。

一般来说温度变化时，ΔH、ΔS 变化不大，而 ΔG 却变化很大。因此，当温度变化不太大时，可近似地把 ΔH、ΔS 看作不随温度而变的常数。这样，只要求得 298.15K 时的 $\Delta_r H_m^\ominus(298.15K)$ 和 $\Delta_r S_m^\ominus(298.15K)$，利用如下近似公式就可求算温度 T 时的 $\Delta_r G_m^\ominus(T)$：

$$\Delta_r G_m^\ominus(T) = \Delta_r H_m^\ominus(T) - T\Delta_r S_m^\ominus(T) \approx \Delta_r H_m^\ominus(298.15K) - T\Delta_r S_m^\ominus(298.15K) \tag{3.23}$$

如果温度对反应方向有影响，即温度的高低决定 $\Delta_r G_m^\ominus$ 的正负时，必然有一温度 T 值与 $\Delta_r G_m^\ominus = 0$ 相对应，系统处于平衡状态，温度稍有改变，反应方向发生逆转，这一温度被称为转变温度。可表示为：

$$T_{转化} = \frac{\Delta_r H_m^\ominus(T)}{\Delta_r S_m^\ominus(T)} \approx \frac{\Delta_r H_m^\ominus(298.15K)}{\Delta_r S_m^\ominus(298.15K)}$$

【例3.5】 试分别计算石灰石（$CaCO_3$）热分解反应在298.15K和1000K两个温度下的标准摩尔吉布斯函数变 $\Delta_r G_m^{\ominus}(298.15K)$ 和 $\Delta_r G_m^{\ominus}(1000K)$，并分析该反应的自发性。

解：化学方程式为 $CaCO_3(s) \rightleftharpoons CaO(s) + CO_2(g)$

$\Delta_f G_m^{\ominus}$/(kJ·mol^{-1})	−1128.79	−604.03	−394.359
$\Delta_f H_m^{\ominus}$/(kJ·mol^{-1})	−1206.92	−635.09	−393.509
$S_m^{\ominus}$/(J·mol^{-1}·K^{-1})	92.9	39.75	213.74

① $\Delta_r G_m^{\ominus}(298.15K)$ 的计算

方法一：利用 $\Delta_f G_m^{\ominus}(298.15K)$ 数据计算

$$\Delta_r G_m^{\ominus}(298.15K) = -\Delta_f G_m^{\ominus}(CaCO_3,s) + \Delta_f G_m^{\ominus}(CaO,s) + \Delta_f G_m^{\ominus}(CO_2,g)$$
$$= [-(-1128.79)+(-604.03)+(-394.359)]kJ·mol^{-1}$$
$$= 130.401 kJ·mol^{-1}$$

方法二：利用吉布斯公式计算：

$$\Delta_r H_m^{\ominus}(298.15K) = -\Delta_f H_m^{\ominus}(CaCO_3,s) + \Delta_f H_m^{\ominus}(CaO,s) + \Delta_f H_m^{\ominus}(CO_2,g)$$
$$= [-(-1206.92)+(-635.09)+(-393.509)] kJ·mol^{-1}$$
$$= 178.321 kJ·mol^{-1}$$

$$\Delta_r S_m^{\ominus}(298.15K) = -S_m^{\ominus}(CaCO_3,s) + S_m^{\ominus}(CaO,s) + S_m^{\ominus}(CO_2,g)$$
$$= (-92.9+39.75+213.74)J·mol^{-1}·K^{-1}$$
$$= 160.59 J·mol^{-1}·K^{-1}$$

$$\Delta_r G_m^{\ominus}(298.15K) = \Delta_r H_m^{\ominus}(298.15K) - T\Delta_r S_m^{\ominus}(298.15K)$$
$$= (178.321 - 298.15 \times 160.59 \times 10^{-3}) kJ·mol^{-1} = 130.441 kJ·mol^{-1}$$

② $\Delta_r G_m^{\ominus}(1000K)$ 的计算

$$\Delta_r G_m^{\ominus}(1000K) \approx \Delta_r H_m^{\ominus}(298.15K) - T\Delta_r S_m^{\ominus}(298.15K)$$
$$= (178.321 - 1000 \times 160.59 \times 10^{-3}) kJ·mol^{-1}$$
$$= 17.731 kJ·mol^{-1}$$

③ 反应自发性的分析

以上计算结果表明：298.15K 及 1000K 下反应均是非自发的。

转化温度：$\Delta_r G_m^{\ominus}(T) \approx \Delta_r H_m^{\ominus}(298.15K) - T\Delta_r S_m^{\ominus}(298.15K) < 0$

代入数据： $178.321 - T \times 160.59 \times 10^{-3} < 0$

解得： $T > 1110.4K$（837.3℃）

3.4.3.5 非标准态摩尔反应吉布斯函数 $\Delta_r G_m$ 的计算和反应方向的判断

(1) 反应商 J

对于任一反应 $aA + bB \rightleftharpoons dD + eE$

若为气相反应：$J = \dfrac{[p(D)/p^{\ominus}]^d [p(E)/p^{\ominus}]^e}{[p(A)/p^{\ominus}]^a [p(B)/p^{\ominus}]^b} = \prod_B \left(\dfrac{p_B}{p^{\ominus}}\right)^{\nu_B}$

若为溶液中的离子反应：$J = \dfrac{[c(D)/c^{\ominus}]^d [c(E)/c^{\ominus}]^e}{[c(A)/c^{\ominus}]^a [c(B)/c^{\ominus}]^b} = \prod_B \left(\dfrac{c_B}{c^{\ominus}}\right)^{\nu_B}$

纯固态或液态是否为标准态对反应的 $\Delta_r G_m$ 影响很小，故它们不出现在反应商 J 中。有水参加的反应,若反应过程中水大量过剩,因而其量变化甚微,浓度可近似看作常数,水的浓度一般不必写入反应商 J 表达式中;否则,水的浓度应写入反应商 J 表达式中。

例:$CaCO_3(s) \rightleftharpoons CaO(s) + CO_2(g)$ $J = p(CO_2)/p^{\ominus}$

$MnO_2(s) + 2Cl^- + 4H^+ \rightleftharpoons Mn^{2+} + Cl_2(g) + 2H_2O(l)$ $J = \dfrac{[c(Mn^{2+})/c^{\ominus}][p(Cl_2)/p^{\ominus}]}{[c(Cl^-)/c^{\ominus}]^2[c(H^+)/c^{\ominus}]^4}$

(2) 化学反应的等温方程式

事实上很多化学反应在非标准态下进行。根据热力学推导,摩尔反应吉布斯函数存在如下关系:

$$\Delta_r G_m(T) = \Delta_r G_m^{\ominus}(T) + RT\ln J \tag{3.24}$$

此式称为化学反应的等温方程式 (reaction isotherm),式中 J 为反应商。

(3) 分压定律和分体积定律

分压力 p_B (partial pressure):相同温度下组分气体单独占有与混合气体相同体积时所产生的压力。

分体积 V_B (partial volume):组分气体具有与混合气体相同温度和压力时所占有的体积。

分压定律 (law of partial pressure):

$$p = \sum_B \dfrac{n_B RT}{V} = \sum_B p_B \text{(混合气体的总压等于所有组分气体的分压之和)} \tag{3.25}$$

$$p_B = x_B p \text{(组分气体的分压等于总压与摩尔分数之积)} \tag{3.26}$$

分体积定律 (law of partial volume):

$$V = \sum_B \dfrac{n_B RT}{p} = \sum_B V_B \text{(混合气体的总体积等于所有组分气体的分体积之和)} \tag{3.27}$$

$$x_B = \dfrac{V_B}{V} = \varphi_B \text{(体积分数等于摩尔分数)} \tag{3.28}$$

由式(3.26) 和式(3.28) 可得 $x_B = \dfrac{p_B}{p} = \dfrac{V_B}{V}$,即:

$$p_B V = p V_B \tag{3.29}$$

式(3.29)表明当使用分压计算时,必须使用总体积;而使用分体积计算时,则应使用总压。

(4) 非标准态下的反应方向的判断

由非标准状态下的摩尔反应吉布斯函数 $\Delta_r G_m$ 的符号判断。

【例 3.6】 试通过计算说明在 1000K 下当 CO_2 的分压为 100Pa 时,石灰石 ($CaCO_3$) 的热分解反应能否自发?

解:利用例 3.5 的计算结果,由化学反应的等温方程式可得:

$\Delta_r G_m(1000K) = \Delta_r G_m^{\ominus}(1000K) + RT\ln[p(CO_2)/p^{\ominus}]$

$= [17.731 + 8.314 \times 1000 \times 10^{-3}\ln(100 \times 10^{-3}/100)] kJ \cdot mol^{-1}$

$= -39.7 kJ \cdot mol^{-1} < 0$

可见,石灰石 ($CaCO_3$) 热分解反应在 1000 K 下,当 CO_2 的分压由 $p^{\ominus}$ 降低至 100 Pa 时,反应由非自发变成了自发。

可见反应的自发性与反应本性、反应条件都有关系。

【例 3.7】 1000K,$C(s) + 2H_2(g) \rightleftharpoons CH_4(g)$ $\Delta_r G_m^{\ominus} = 19.397 kJ \cdot mol^{-1}$,现有与 C 混合的气体混合物,其组成为 $\varphi(H_2) = 0.80$,$\varphi(N_2) = 0.10$,$\varphi(CH_4) = 0.10$,

(1) 1000K、100kPa 时反应的 $\Delta_r G_m$，CH_4 能否合成？

(2) 1000K 下，压力需增加至多少时，CH_4 才能合成？

解：(1) $p_B = x_B p = \varphi_B p$

$$J = \frac{p(CH_4)/p^\ominus}{[p(H_2)/p^\ominus]^2} = \frac{(0.10 \times 100/100)}{(0.80 \times 100/100)^2} = 0.1563$$

$$\Delta_r G_m = \Delta_r G_m^\ominus + RT\ln J = 19.397 \text{kJ·mol}^{-1} + 8.314 \text{J·mol}^{-1}·K^{-1} \times 1000K \times \ln 0.1563$$

$$= 3.964 \text{kJ·mol}^{-1} > 0$$

所以，反应不能正向进行，即 CH_4 不能合成。

(2) 设总压力需增大至 p。

反应要正向进行，需 $\Delta_r G_m < 0$，则：

$$19.397 + 8.314 \times 1000 \times 10^{-3} \times \ln \frac{(0.10p/100)}{(0.80p/100)^2} < 0$$

解得：　　　　　　　　　　　$p > 161.1 \text{kPa}$

即在 1000K 下，总压力增至 161.1kPa 以上，CH_4 才能合成。

3.5　化学平衡

3.5.1　可逆反应和化学平衡

几乎所有的化学反应都表现出可逆性，但各个化学反应的可逆程度却有很大的差别。即使同一反应，在不同的条件下，表现出的可逆性也是不同的。根据吉布斯函数判据，当 $\Delta_r G_m = 0$ 时，反应达最大限度，处于平衡状态。化学平衡的建立是以可逆反应为前提的。可逆反应（reversible reaction）是指在一定的条件下，既能向正方向进行又能向逆方向进行的反应。例如在密闭容器中，一定温度下，氢气和碘蒸气反应生成气态碘化氢：

$$H_2(g) + I_2(g) \rightleftharpoons 2HI(g)$$

在一定的条件下，H_2 和 I_2 能化合生成 HI，同时 HI 又能分解为 H_2 和 I_2。对这样的反应，在强调可逆时，在反应式中常用"$\rightleftharpoons$"代替等号。

绝大多数化学反应都具有可逆性，都可在不同程度上达到平衡。

从动力学角度看，反应开始时，反应物浓度较大，产物浓度较小，所以正反应速率大于逆反应速率。随着反应的进行，反应物浓度不断减小，产物浓度不断增大，所以正反应速率不断减小，逆反应速率不断增大。当正、逆反应速率相等时，系统中各物质的浓度不再发生变化，反应达到了平衡。

化学平衡有如下三个特征。

① 化学平衡是 $\Delta_r G_m = 0$ 时的状态　从热力学看，当反应 $\Delta_r G_m < 0$ 时，反应有正向进行的驱动力，随着反应进行，$\Delta_r G_m$ 负值减小，最后达到 $\Delta_r G_m = 0$，即正向驱动力完全消失；同理，当反应 $\Delta_r G_m > 0$ 时，反应有逆向进行的驱动力，随着逆向反应进行，$\Delta_r G_m$ 正值减小，最后也达到 $\Delta_r G_m = 0$，即逆向驱动力完全消失。所以化学平衡是正向和逆向驱动力都完全消失的状态。

② 化学平衡是一种动态平衡　表面上看来反应似乎已停止，实际上正、逆反应仍在进

行，只不过在单位时间内，反应物正反应消耗的分子数恰好等于由逆反应生成的分子数。

③ 化学平衡是有条件的平衡　当外界条件改变时，原有的平衡被破坏，在新的条件下建立新的平衡。

3.5.2 平衡常数及其相关计算

化学平衡的建立是以可逆反应为前提的。为了定量地研究化学平衡，必须找出平衡时，反应系统内各组分之间的关系，平衡常数就是判断可逆反应进行程度的定量依据。

(1) 经验平衡常数

在一定温度下，可逆反应进行的程度总是遵循一种内在的规律：即可逆反应无论从正反应开始，或是从逆反应开始，最后达到平衡时，系统中各物质的平衡浓度相对稳定，且生成物的浓度以方程式中化学计量系数为幂指数的乘积，除以反应物的浓度以方程式中化学计量系数的绝对值为幂指数的乘积是一个常数，这一常数被称为经验平衡常数，用符号 K 表示。

对于可逆反应　　　$aA(g)+bB(g) \rightleftharpoons dD(g)+eE(g)$

以浓度表示的浓度平衡常数：$K_c = \dfrac{[c(D)]^d[c(E)]^e}{[c(A)]^a[c(B)]^b} = \prod\limits_B (c_B)^{\nu_B}$

以压力表示的压力平衡常数：$K_p = \dfrac{[p(D)]^d[p(E)]^e}{[p(A)]^a[p(B)]^b} = \prod\limits_B (p_B)^{\nu_B}$

表达式中的 $c(B)$ 或 $p(B)$ 均是各物质平衡时的浓度或分压。

以上 K_c 或 K_p 都是由实验得到的。因此，又称为实验平衡常数，其数值和量纲与浓度或分压的单位有关。

(2) 标准平衡常数 $K^{\ominus}$ (standard equilibrium constant)

平衡常数也可由化学反应的等温方程式导出，根据式(3.24)：

$$\Delta_r G_m = \Delta_r G_m^{\ominus} + RT\ln J$$

反应达平衡时，$\Delta_r G_m = 0$，并且反应商 J 项中各物质的浓度或分压均为平衡浓度或分压，亦即 $J = K^{\ominus}$。此时：

$$\Delta_r G_m^{\ominus} + RT\ln K^{\ominus} = 0$$

得　　　$\Delta_r G_m^{\ominus} = -RT\ln K^{\ominus}$　　　(3.30)

即　　　$\ln K^{\ominus} = \dfrac{-\Delta_r G_m^{\ominus}}{RT}$ 或 $K^{\ominus} = e^{-\frac{\Delta_r G_m^{\ominus}}{RT}}$　　　(3.31)

式(3.31) 中的 $K^{\ominus}$ 称为标准平衡常数，是量纲为 1 的量，对给定反应而言，$K^{\ominus}$ 仅与温度有关，与各物质的起始浓度或压力无关。

$K^{\ominus}$ 的表达式与反应商 J 的表达式相似，不同之处在于 $K^{\ominus}$ 的表达式中组分的浓度或分压均为平衡时的浓度或分压。

式(3.31) 表明化学反应的限度 ($K^{\ominus}$) 和反应温度 T 及 $\Delta_r G_m^{\ominus}$ 之间的关系：只要求得 T 温度时的 $\Delta_r G_m^{\ominus}$，就可以求得该反应在 T 温度下的标准平衡常数 $K^{\ominus}$。从上述公式还可以看出，在一定温度下，某一反应的 $\Delta_r G_m^{\ominus}$ 代数值越小，$K^{\ominus}$ 值越大，表示反应程度越大；反之，如果反应的 $\Delta_r G_m^{\ominus}$ 代数值越大，$K^{\ominus}$ 值越小，反应程度越小或基本上不能进行。

由式(3.24) 和式(3.30) 可得：

$$\Delta_r G_m = \Delta_r G_m^{\ominus} + RT\ln J = -RT\ln K^{\ominus} + RT\ln J = RT\ln \dfrac{J}{K^{\ominus}}$$

上面是化学反应等温方程式的各种形式。

（3）化学平衡的相关计算

平衡常数可以用来计算有关物质的浓度和某一反应物的平衡转化率（又称理论转化率或最高转化率）以及从理论上求算欲达到一定转化率所需的合理原料配比等问题。某一反应物的平衡转化率是指化学反应达平衡时，该反应物转化为生成物的百分数，是理论上能达到的最大程度（以 α 表示）：

$$\alpha = \frac{\text{达平衡时某反应物已转化的量}}{\text{该反应物的起始量}} \times 100\% \tag{3.32}$$

转化率与平衡常数不同，转化率与反应系统的起始状态有关，而且必须明确指出是反应物中哪种物质的转化率。

【例3.8】 已知反应 $CO(g) + H_2O(g) \rightleftharpoons CO_2(g) + H_2(g)$，在1123K时，$K^{\ominus}$ 为1.0，现将 2.0 mol CO 和 3.0 mol H_2O 混合，并在该温度下达平衡，试计算CO的转化率。

解： 设平衡时系统内 CO_2 物质的量为 x，则：

$$CO(g) + H_2O(g) \rightleftharpoons CO_2(g) + H_2(g)$$

起始 n/mol　　　2.0　　　3.0　　　0　　　0
平衡 n/mol　　 2.0−x　 3.0−x　 x　 x

利用公式 $p_B = n_B RT/V$，将平衡时各物质的分压代入 $K^{\ominus}$ 表达式中：

$$K^{\ominus} = \frac{\left[\dfrac{n(CO_2)RT/V}{p^{\ominus}}\right]\left[\dfrac{n(H_2)RT/V}{p^{\ominus}}\right]}{\left[\dfrac{n(CO)RT/V}{p^{\ominus}}\right]\left[\dfrac{n(H_2O)RT/V}{p^{\ominus}}\right]} = \frac{n(CO_2)n(H_2)}{n(CO)n(H_2O)}$$

将数值代入上式

$$\frac{x^2}{(2.0-x)(3.0-x)} = 1.0$$

解方程得　　　　　　　　　　$x = 1.2$

CO 的转化率　　　　　　$\alpha(CO) = \dfrac{1.2\,\text{mol}}{2.0\,\text{mol}} \times 100\% = 60\%$

3.5.3　多重平衡规则

如果某反应可以由几个反应相加（或相减）得到，则该反应的平衡常数等于几个反应平衡常数之积（或商），这种关系就称为多重平衡规则（rule of multiple equilbrium）。利用此规则，可用已知反应的平衡常数求未知的相关反应的平衡常数，而无需一一通过实验测定。

【例3.9】 已知下列反应在1123K时的标准平衡常数：

① $C(石墨) + CO_2(g) \rightleftharpoons 2CO(g)$　　　　$K_1^{\ominus} = 1.3 \times 10^{14}$

② $CO(g) + Cl_2(g) \rightleftharpoons COCl_2(g)$　　　　$K_2^{\ominus} = 6.0 \times 10^{-3}$

计算反应③ $C(石墨) + CO_2(g) + 2Cl_2(g) \rightleftharpoons 2COCl_2(g)$ 在1123K时的 $K_3^{\ominus}$。

解： 反应式③＝反应式①＋2×反应式②，则：

$$K_3^{\ominus} = K_1^{\ominus} \times (K_2^{\ominus})^2 = 1.3 \times 10^{14} \times (6.0 \times 10^{-3})^2 = 4.7 \times 10^9$$

在使用多重平衡规则时，要求所有化学反应都是在同一温度下进行。

3.5.4　影响化学平衡的因素

一切平衡都只是相对的、暂时的，当外界条件改变时，旧的平衡被破坏，并在新的条件下建立新的平衡状态。系统由一个平衡点转变到另一个新的平衡点。在建立新平衡时，反应物和生成物的浓度和原来平衡时是不同的。这种因条件改变从旧的平衡状态转变到新的平衡状态的过程称为化学平衡的移动（shift of chemical equilibrium）。

影响化学平衡移动的因素有浓度、压力和温度等。这些因素对化学平衡的影响，可以用1887年法国化学家勒沙特列（Le Chatelier）提出的平衡移动原理来判断：假如改变平衡系统的条件之一，如温度、压力或浓度，平衡就向减弱这个改变的方向移动。例如，在下列的平衡系统中：

$$N_2(g) + 3H_2(g) \rightleftharpoons 2NH_3(g) \qquad \Delta_r H_m^{\ominus} = -92.2 \text{kJ} \cdot \text{mol}^{-1}$$

升高系统温度	平衡向左移动
增加 H_2 的浓度或压力	平衡向右移动
减小 NH_3 的浓度或压力	平衡向右移动
减小系统总压力	平衡向左移动

但是勒沙特列只能做出定性的判断。当两种或两种以上外界条件同时改变时，勒沙特列原理就不能做出判断，这时可用 $\Delta_r G_m$ 判断反应方向（或平衡移动方向）。

$$\Delta_r G_m = \Delta_r G_m^{\ominus} + RT\ln J = -RT\ln K^{\ominus} + RT\ln J = RT\ln \frac{J}{K^{\ominus}}$$

由上式可以看出：$\Delta_r G_m$ 的正负号取决于 J 和 $K^{\ominus}$ 的相对大小。

对等温等压，非体积攻为零的化学反应：

$$\Delta_r G_m = RT\ln \frac{J}{K^{\ominus}} \begin{Bmatrix} < \\ = \\ > \end{Bmatrix} 0 \text{ 时}, \quad J \begin{Bmatrix} < \\ = \\ > \end{Bmatrix} K^{\ominus}, \quad \begin{matrix} \text{正向自发} \\ \text{平衡状态} \\ \text{正向非自发，逆向自发} \end{matrix}$$

对任意状态下进行的反应，判断反应自发性通常是用 J 和 $K^{\ominus}$ 的关系来代替较复杂的 $\Delta_r G_m$ 计算，这样既简单又方便。因为对某一化学反应来说，当温度一定时，$K^{\ominus}$ 必为一定值，而 J 可直接由各组分的浓度或分压来计算。

在某些情况下，也可用 $\Delta_r G_m^{\ominus}$ 粗略判断反应的自发方向。因为 $\Delta_r G_m$ 值主要由 $\Delta_r G_m^{\ominus}$ 决定，受 J 的影响较小。对等温等压下的任意反应，一般认为：

当 $\Delta_r G_m^{\ominus} < -40 \text{kJ} \cdot \text{mol}^{-1}$ 时，反应能自发进行；

当 $\Delta_r G_m^{\ominus} > 40 \text{kJ} \cdot \text{mol}^{-1}$ 时，反应不能自发进行；

当 $-40 \text{kJ} \cdot \text{mol}^{-1} < \Delta_r G_m^{\ominus} < 40 \text{kJ} \cdot \text{mol}^{-1}$ 时，需根据反应条件进行具体分析判断。

3.5.4.1 浓度（或分压）对化学平衡的影响

浓度、压力对平衡的影响体现在反应商 J 的变化上，$K^{\ominus}$ 并无变化。对于已达平衡的系统，如果增加反应物的浓度（或气体分压）或减少生成物的浓度（或气体分压），则使 $J < K^{\ominus}$，平衡即向正反应方向移动，移动的结果使 J 增大，直到 J 重新等于 $K^{\ominus}$，系统又建立起新的平衡。反之，如果减少反应物的浓度或增加生成物的浓度，则 $J > K^{\ominus}$，平衡向逆反应方向移动。

【例 3.10】 反应 $C_2H_4(g) + H_2O(g) \rightleftharpoons C_2H_5OH(g)$，在773K时 $K^{\ominus} = 0.015$，试分别计算该温度和总压力为1000kPa时，下面两种情况下 C_2H_4 的平衡转化率：

(1) C_2H_4 与 H_2O 物质的量之比为 1:1；

(2) C_2H_4 与 H_2O 物质的量之比为 1:10。

解：(1) 设 C_2H_4 的平衡转化率为 α_1，则：

	$C_2H_4(g)$	$+ H_2O(g)$	$\rightleftharpoons C_2H_5OH(g)$
起始 n/mol	1	1	0
平衡 n/mol	$1-\alpha_1$	$1-\alpha_1$	α_1

平衡时系统总物质的量为 $2-\alpha_1$，若以 p 代表系统的总压力，则平衡时：

$$p(C_2H_4)=\frac{1-\alpha_1}{2-\alpha_1}p; \quad p(H_2O)=\frac{1-\alpha_1}{2-\alpha_1}p; \quad p(C_2H_5OH)=\frac{\alpha_1}{2-\alpha_1}p$$

$$K^{\ominus}=\frac{p(C_2H_5OH)/p^{\ominus}}{[p(C_2H_5OH)/p^{\ominus}][p(C_2H_5OH)/p^{\ominus}]}=\frac{\frac{\alpha_1}{2-\alpha_1}p/p^{\ominus}}{\left(\frac{1-\alpha_1}{2-\alpha_1}p/p^{\ominus}\right)\left(\frac{1-\alpha_1}{2-\alpha_1}p/p^{\ominus}\right)}$$

将数据代入得 $0.015=\frac{\alpha_1(2-\alpha_1)}{(1-\alpha_1)^2}\times\frac{100}{1000}$

解得 $\alpha_1=0.067$

因此，C_2H_4 的平衡转化率为 6.7%。

(2) 设 C_2H_4 的平衡转化率为 α_2，则：

$$C_2H_4(g)+H_2O(g)\rightleftharpoons C_2H_5OH(g)$$

起始 n/mol 1 10 0
平衡 n/mol $1-\alpha_2$ $10-\alpha_2$ α_2

平衡时系统总物质的量为 $11-\alpha_2$，若以 p 代表系统的总压力，则平衡时：

$$p(C_2H_4)=\frac{1-\alpha_2}{11-\alpha_2}p; \quad p(H_2O)=\frac{10-\alpha_2}{11-\alpha_2}p; \quad p(C_2H_5OH)=\frac{\alpha_2}{11-\alpha_2}p$$

$$K^{\ominus}=\frac{p(C_2H_5OH)/p^{\ominus}}{[p(C_2H_5OH)/p^{\ominus}][p(C_2H_5OH)/p^{\ominus}]}=\frac{\frac{\alpha_2}{11-\alpha_2}p/p^{\ominus}}{\left(\frac{1-\alpha_2}{11-\alpha_2}p/p^{\ominus}\right)\left(\frac{10-\alpha_2}{11-\alpha_2}p/p^{\ominus}\right)}$$

将数据代入得 $0.015=\frac{\alpha_2(11-\alpha_2)}{(1-\alpha_2)(10-\alpha_2)}\times\frac{100}{1000}$

解得 $\alpha_2=0.12$

因此，C_2H_4 的平衡转化率为 12%。

增加反应物 H_2O 的物质的量，使得 C_2H_4 的转化率由 6.7% 提高至 12%。

在实际生产中，通常采取增加廉价反应物或是将产物取走的方法，使平衡右移来提高反应的理论转化率。

3.5.4.2 压力对化学平衡的影响

压力对化学平衡的影响与浓度或分压的影响相似，不同在于它同时改变所有气体组分的分压。

对于气相反应 $aA(g)+bB(g)\rightleftharpoons dD(g)+eE(g)$

在一定温度下达到平衡时 $J=K^{\ominus}=\frac{[p(D)/p^{\ominus}]^d[p(E)/p^{\ominus}]^e}{[p(A)/p^{\ominus}]^a[p(B)/p^{\ominus}]^b}$

当系统的总压力增至原来的 2 倍时，系统体积将减至原来的 1/2，则各组分气体的分压力均增至原来的 2 倍，反应商为：

$$J=\frac{[2p(D)/p^{\ominus}]^d[2p(E)/p^{\ominus}]^e}{[2p(A)/p^{\ominus}]^a[2p(B)/p^{\ominus}]^b}=2^{\sum\limits_{B(g)}\nu_{B(g)}}\cdot K^{\ominus}$$

式中，$\sum\limits_{B(g)}\nu_{B(g)}=-a-b+d+e$，为各气体组分的化学计量系数之和，即反应前后气体组分的量的变化值。

若 $\sum_{B(g)}\nu_{B(g)} > 0$，则 $J > K^{\ominus}$，$\Delta_r G_m > 0$，增加系统的压力，平衡向左移动；

若 $\sum_{B(g)}\nu_{B(g)} = 0$，则 $J = K^{\ominus}$，$\Delta_r G_m = 0$，增加压力使系统总体积减小，平衡不移动；

若 $\sum_{B(g)}\nu_{B(g)} < 0$，则 $J < K^{\ominus}$，$\Delta_r G_m < 0$，增加压力使系统总体积减小，平衡向右移动。

综上所述，在等温下增加压力使系统总体积减小，平衡向气体分子总数减小的方向移动；减小压力使系统总体积增大，平衡向气体分子总数增加的方向移动；若反应前后气体分子总数不变，则改变压力，平衡不发生移动。

若引入"惰性"气体（不参与反应的气体），则①等温等容下，对平衡无影响；②等温等压下，"惰性"气体的引入使系统体积增大，平衡向气体分子总数增加的方向移动。

压力对固体和液体状态的影响很小，因此压力的改变对液相和固相反应的平衡系统基本不发生影响。故在研究多相反应的化学平衡系统时，只需考虑气态物质反应前后分子数的变化即可。

3.5.4.3 温度对化学平衡的影响

温度对化学平衡的影响与浓度和压力的影响有着本质的不同。温度的影响会引起 $K^{\ominus}$ 的改变，从而使平衡发生移动。

(1) 定性影响

在等压条件下，升高平衡系统的温度，吸热反应方向的平衡常数增大，平衡将向着吸热反应方向移动；降低平衡系统的温度，放热反应方向的平衡常数增大，平衡将向着放热反应方向移动。

(2) 定量影响

由式 $\Delta_r G_m^{\ominus} = \Delta_r H_m^{\ominus} - T\Delta_r S_m^{\ominus}$ 和 $\Delta_r G_m^{\ominus} = -RT\ln K^{\ominus}$ 得：

$$\ln K^{\ominus} = \frac{-\Delta_r H_m^{\ominus}}{RT} + \frac{\Delta_r S_m^{\ominus}}{R} \tag{3.33}$$

$K_1^{\ominus}$，$K_2^{\ominus}$ 分别是 T_1，T_2 时的标准平衡常数，$\Delta_r H_m^{\ominus}$，$\Delta_r S_m^{\ominus}$ 不随温度而变化，则：

$$\ln K_1^{\ominus} = \frac{-\Delta_r H_m^{\ominus}}{RT_1} + \frac{\Delta_r S_m^{\ominus}}{R} \tag{3.33a}$$

$$\ln K_2^{\ominus} = \frac{-\Delta_r H_m^{\ominus}}{RT_2} + \frac{\Delta_r S_m^{\ominus}}{R} \tag{3.33b}$$

式(3.33b)−式(3.33a) 得：$\ln\dfrac{K_2^{\ominus}}{K_1^{\ominus}} = \dfrac{\Delta_r H_m^{\ominus}}{R}\left(\dfrac{T_2 - T_1}{T_1 T_2}\right)$ (3.34)

式(3.34) 也是范特霍夫公式的另一种形式。

由式(3.34) 易得：升高温度，吸热反应方向的 $K^{\ominus}$ 增大，化学平衡向吸热反应方向移动；降低温度，放热反应方向的 $K^{\ominus}$ 增大，化学平衡向放热反应方向移动。

式(3.34) 是表述了 $K^{\ominus}$ 与 T 关系的重要方程式。当已知化学反应的 $\Delta_r H_m^{\ominus}$ 时，只要知道 T_1 温度下的 $K_1^{\ominus}$，即可利用式(3.34) 求 T_2 温度下的 $K_2^{\ominus}$。此外，也可由已知两温度下的平衡常数，求反应的 $\Delta_r H_m^{\ominus}$。

【例3.11】 试计算反应 $CO_2(g) + 4H_2(g) \rightleftharpoons CH_4(g) + 2H_2O(g)$ 在 800K 时的 $K^{\ominus}$。

解：欲利用式(3.31) 计算 800K 时的 $K^{\ominus}$，必须先知道另一温度时的 $K^{\ominus}$。为此，可利用附录2的数据求 298K 时的 $K_{298K}^{\ominus}$ 和 $\Delta_r H_m^{\ominus}$。由附录2可得：

$$CO_2(g) + 4H_2(g) \rightleftharpoons CH_4(g) + 2H_2O(g)$$

$\Delta_f H_m^{\ominus}/\text{kJ} \cdot \text{mol}^{-1}$ -393.509 0 -74.81 -241.818

$\Delta_f G_m^{\ominus}/\text{kJ} \cdot \text{mol}^{-1}$ -394.359 0 -50.72 -228.572

$\Delta_r H_m^{\ominus}(298K) = -(-393.509 \text{kJ} \cdot \text{mol}^{-1}) - 4 \times 0 + (-74.81 \text{kJ} \cdot \text{mol}^{-1}) + 2 \times (-241.818 \text{kJ} \cdot \text{mol}^{-1})$
$= -164.9 \text{kJ} \cdot \text{mol}^{-1}$

$\Delta_r G_m^{\ominus}(298K) = -(-394.359 \text{kJ} \cdot \text{mol}^{-1}) - 4 \times 0 + (-50.72 \text{kJ} \cdot \text{mol}^{-1}) + 2 \times (-228.572 \text{kJ} \cdot \text{mol}^{-1})$
$= -113.5 \text{kJ} \cdot \text{mol}^{-1}$

$$\ln K_{298K}^{\ominus} = -\frac{\Delta_r G_m^{\ominus}(298K)}{RT} = \frac{113.5 \times 10^3 \text{J} \cdot \text{mol}^{-1}}{8.314 \text{J} \cdot \text{mol}^{-1} \cdot \text{K}^{-1} \times 298K} = 45.81$$

将上述数据代入式(3.34)，则：

$$\ln K_{800K}^{\ominus} - 45.81 = \frac{-164.9 \times 10^3}{8.314}\left(\frac{800-298}{298 \times 800}\right) = -41.76$$

$$\ln K_{800K}^{\ominus} = 45.81 - 41.76 = 4.05, \text{ 即 } K_{800K}^{\ominus} = 57$$

也可由式 $K^{\ominus} = e^{-\frac{\Delta_r G_m^{\ominus}}{RT}}$ 计算，其中 $\Delta_r G_m^{\ominus}(800K) \approx \Delta_r H_m^{\ominus}(298.15K) - T\Delta S_m^{\ominus}(298.15K)$。

3.5.4.4 催化剂对化学平衡的影响

因为催化剂只改变反应的活化能，不改变反应的热效应，因此不影响平衡常数的数值，即催化剂只能改变平衡到达的时间而不能改变化学平衡。

3.6 化学反应速率

3.6.1 化学反应速率及其表示法

一个化学反应开始后，反应物的数量随时间而不断降低，生成物的数量则不断增加。为了描述化学反应进行快慢的程度，可以用反应物物质的量随时间不断降低来表示，也可用生成物物质的量随时间不断增加来表示。但由于反应式中生成物和反应物的化学计量系数往往不同，所以，用不同物质的物质的量的变化率来表示转化速率时，其数值就不一致，如以反应进度表示，则反应速率将与所选取的组分无关。

(1) 平均转化速率

转化速率 (rate of conversion) 指的是反应进度随时间的变化率。

如某反应在时间 t_1 时反应进度为 ξ_1，在时间 t_2 时反应进度为 ξ_2，则在 $t_1 \sim t_2$ 时间间隔内平均转化速率 $\bar{J}$ 为：

$$\bar{J} = \frac{\xi_2 - \xi_1}{t_2 - t_1} = \frac{\Delta \xi}{\Delta t} = \frac{1}{\nu_B}\frac{\Delta n_B}{\Delta t} (\text{因为 } \Delta \xi = \frac{\Delta n_B}{\nu_B}) \tag{3.35}$$

式中，ν_B 为化学计量系数（对反应物取负值，生成物取正值）；Δn_B 为 B 物质的量的变化；Δt 为时间的变化，单位为 s、min、h 等。

(2) 平均反应速率

对于等容反应（大多数反应，特别是溶液反应属于这类反应），由于反应过程体积始终保持不变，还可用单位体积内的转化速率来描述反应的快慢，并称之为反应速率 (rate of reaction)，用符号 v 表示，则平均反应速率 $\bar{v}$ 为：

$$\bar{v} = \frac{\bar{J}}{V} = \frac{1}{\nu_B} \frac{\Delta n_B}{V \Delta t} = \frac{1}{\nu_B} \frac{\Delta c_B}{\Delta t} \tag{3.36}$$

式中，Δc_B 为物质 B 的浓度的变化，$mol \cdot L^{-1}$。

(3) 瞬时反应速率（简称反应速率 v）

瞬时反应速率是 Δt 趋近于零时的平均反应速率的极限值，即：

$$v = \lim_{\Delta t \to 0} \frac{1}{\nu_B} \frac{\Delta c_B}{\Delta t} = \frac{1}{\nu_B} \frac{dc_B}{dt} \tag{3.37}$$

这样定义的反应速率 v 的单位为 [浓度]·[时间]$^{-1}$，通常取 $mol \cdot L^{-1} \cdot s^{-1}$。

对于一般反应 $\qquad aA + bB \longrightarrow dD + eE$

$$v = -\frac{1}{a}\frac{dc_A}{dt} = -\frac{1}{b}\frac{dc_B}{dt} = \frac{1}{d}\frac{dc_D}{dt} = \frac{1}{e}\frac{dc_E}{dt}$$

对于气相反应，可用气体的分压代替浓度。

用反应进度定义反应速率不必指明所选用的物质。但由于反应进度与化学计量方程式有关，所以，在表示反应速率时，就必须注明相应的化学计量方程式。

【例 3.12】 在测定 $K_2S_2O_8$ 与 KI 反应速率的实验中，测得开始浓度和 90s 末浓度数据如下：

$$S_2O_8^{2-}(aq) + 3I^-(aq) \longrightarrow I_3^-(aq) + 2SO_4^{2-}(aq)$$

始态（$mol \cdot L^{-1}$）:	0.077	0.077	0	0
终态（$mol \cdot L^{-1}$）:	0.074	0.068	0.003	0.006

计算反应开始后 90s 内的平均速率。

解： 分别以 $S_2O_8^{2-}$、I^-、I_3^-、SO_4^{2-} 的浓度变化来表示反应速率：

$$\bar{v}(S_2O_8^{2-}) = \frac{1}{\nu_{S_2O_8^{2-}}} \frac{\Delta c(S_2O_8^{2-})}{\Delta t} = -\frac{0.074 - 0.077}{90 - 0} = 3.3 \times 10^{-5} (mol \cdot L^{-1} \cdot s^{-1})$$

$$\bar{v}(I^-) = \frac{1}{\nu_{I^-}} \frac{\Delta c(I^-)}{\Delta t} = -\frac{1}{3} \times \frac{0.068 - 0.077}{90 - 0} = 3.3 \times 10^{-5} (mol \cdot L^{-1} \cdot s^{-1})$$

$$\bar{v}(I_3^-) = \frac{1}{\nu_{I_3^-}} \frac{\Delta c(I_3^-)}{\Delta t} = \frac{0.003 - 0}{90 - 0} = 3.3 \times 10^{-5} (mol \cdot L^{-1} \cdot s^{-1})$$

$$\bar{v}(SO_4^{2-}) = \frac{1}{\nu_{SO_4^{2-}}} \frac{\Delta c(SO_4^{2-})}{\Delta t} = \frac{1}{2} \times \frac{0.006 - 0}{90 - 0} = 3.3 \times 10^{-5} (mol \cdot L^{-1} \cdot s^{-1})$$

在此例中可以看出，同一反应在同一条件下只有一种反应速率。我们知道，反应进度是一个衡量化学反应进行程度的物理量，反应进度变化 $\Delta \xi$ 与反应式中物质的选择无关，反应速率指的是单位体积内反应进度随时间的变化率，用单位时间的反应系统任意物质的浓度变化的正值来表示。

3.6.2 浓度对反应速率的影响

反应速率主要取决于反应物质的本性。另外也受外界条件的影响，如浓度、温度和催化剂等。本节首先讨论浓度对反应速率的影响。

(1) 基元反应

化学反应方程式只告诉我们反应物与最后的生成物，并没有告诉我们反应是如何进行的。讨论反应物浓度与反应速率的关系，首先要知道什么是基元反应。例如反应：

① $H_2(g) + I_2(g) \longrightarrow 2HI(g)$

这个反应看似简单，但它并不是 $H_2(g)$ 与 $I_2(g)$ 一步碰撞就能完成的，而是按下列两步进行：

② $I_2 \longrightarrow 2I\cdot$（快）

③ $2I\cdot + H_2 \longrightarrow 2HI$（慢）

即 2 个 I 原子与 H_2 分子碰撞才能形成 HI 分子。

这种反应以数步完成的历程又称反应机理（reaction mechanism），机理中的每一步反应称为基元反应又称元反应（elementary reaction），也称为简单反应，即反应物分子在碰撞中一步直接转化为生成物分子的反应。在基元反应中，同时参加碰撞的反应物粒子（分子、原子、离子或自由基）的数目称为反应分子数（molecularity of reaction）。反应分子数等于基元反应中各反应物的系数之和。上述反应中，②为单分子反应，③为三分子反应。双分子反应最为常见，单分子反应次之，三分子反应为数较少，至今尚未发现四分子及以上的基元反应。

非基元反应或复杂反应（complex reaction）指的是由若干个基元反应组成的反应。非基元反应也称总包反应或简称为总反应。反应①是非基元反应。通常遇到的化学反应大多为非基元反应，基元反应为数甚少。例如下面④、⑤、⑥反应目前认为是基元反应。

④ $SO_2Cl_2 \longrightarrow SO_2 + Cl_2$

⑤ $NO_2 + CO \longrightarrow NO + CO_2$

⑥ $2NO_2 \longrightarrow 2NO + O_2$

（2）质量作用定律

基元反应的反应速率与反应物浓度之间的关系较为简单，对此人们在大量实验的基础上总结出一条规律：基元反应的反应速率与反应物浓度以方程式中化学计量系数的绝对值为乘幂的乘积成正比。这就是质量作用定律（law of mass action）。上述④、⑤、⑥三个基元反应的反应速率可表示为：

$$v_4 = k_4 c(SO_2Cl_2)$$

$$v_5 = k_5 c(NO_2) c(CO)$$

$$v_6 = k_6 c^2(NO_2)$$

根据以上三个典型反应，可以归纳出一般基元反应的速率方程，对一般的基元反应：

$$a\mathrm{A} + b\mathrm{B} \longrightarrow d\mathrm{D} + e\mathrm{E}$$

则该基元反应的速率方程为：

$$v = k c_A^a c_B^b \tag{3.38}$$

上述表达反应物浓度与反应速率关系的式子，叫做反应的速率方程（rate equation）或动力学方程。c_A、c_B 分别表示反应物 A 和反应物 B 的浓度，单位为 $mol\cdot L^{-1}$。k 叫速率常数（rate constant），k 的物理意义是反应物的浓度都等于单位浓度时的反应速率，不同的反应有不同的 k 值，同一反应的 k 值随温度、催化剂和溶剂等而改变。

书写速率方程时应注意以下几点。

① 稀溶液中溶剂参加化学反应，其速率方程中不必列出溶剂的浓度。因其浓度变化甚微，可合并到速率常数中。纯固体或液体的浓度也不必表示。

② 不能从速率方程的形式判断反应是否为基元反应，例如上述生成 HI 的反应。

反应②为快反应，很快达到平衡：$\dfrac{(c_{I\cdot}/c^{\ominus})^2}{(c_{I_2}/c^{\ominus})} = k_1$（$k_1$ 是一常数）

反应③反应是各步反应中最慢的一步，称为决速步骤，它决定了整个反应的速率，故

$$v = k_2 c_{H_2} c_I^2 = k_2 c_{H_2} k_1 c_{I_2} = k c_{H_2} c_{I_2}$$

从形式上看，速率方程符合质量作用定律，但该反应不是基元反应。

③ 对恒容条件下的气相反应，常用压力代替浓度表示速率方程。

（3）非基元反应速率方程的确定

对于非基元反应，质量作用定律只适用于非基元反应中的每一步基元反应，因此不能根据总反应式直接书写速率方程。

对一般的非基元反应：$aA + bB \longrightarrow dD + eE$，其速率方程的一般式为：

$$v = k c_A^x c_B^y \tag{3.39}$$

浓度项上的指数 x、y 称为反应的分级数，分别表示反应物 A、B 的浓度对反应速率的影响程度，其值越大，反应速率受相应组分浓度的影响越大。分级数之和 $x + y = n$ 称为反应的总级数，简称为反应级数（order of reaction）。对于基元反应来说，各反应物的级数分别等于方程式中该组分前的系数，而对于非基元反应，反应级数需要通过实验确定。反应级数既可以是正整数，也可以是零、分数，甚至是负数。

反应速率是以 $mol \cdot L^{-1} \cdot s^{-1}$ 为单位的。因此速率常数的单位与反应级数有关，零级反应速率常数的单位为 $mol \cdot L^{-1} \cdot s^{-1}$，一级反应速率常数的单位为 s^{-1}，二级反应速率常数的单位为 $L \cdot mol^{-1} \cdot s^{-1}$，而 n 级反应速率常数的单位为 $L^{(n-1)} \cdot mol^{-(n-1)} \cdot s^{-1}$。从反应速率常数的单位，可以推测反应级数。

由实验来确定速率方程的方法很多，这里介绍一种较简单的方法——改变物质数量比例法。实验时，保持 A 的浓度不变，测得反应速率随 B 的浓度的变化率，由此可确定 y。用同样的方法，保持 B 的浓度不变，测得反应速率随 A 的浓度的变化率，由此可确定 x。

【例 3.13】 测定反应：$2H_2 + 2NO \longrightarrow 2H_2O + N_2$，在一定温度下的实验数据列表如下，试确定该反应的速率方程。

实验标号	起始浓度		形成 N_2 的起始速率
	$c(H_2)/mol \cdot L^{-1}$	$c(NO)/mol \cdot L^{-1}$	$v/mol \cdot L^{-1} \cdot s^{-1}$
1	1.00×10^{-3}	6.00×10^{-3}	3.19×10^{-3}
2	2.00×10^{-3}	6.00×10^{-3}	6.36×10^{-3}
3	3.00×10^{-3}	6.00×10^{-3}	9.56×10^{-3}
4	6.00×10^{-3}	1.00×10^{-3}	0.48×10^{-3}
5	6.00×10^{-3}	2.00×10^{-3}	1.92×10^{-3}
6	6.00×10^{-3}	3.00×10^{-3}	4.30×10^{-3}

解：设速率方程为 $v = k c^x(H_2) c^y(NO)$

对比实验 1、2、3，当 $c(NO)$ 保持一定时，若 $c(H_2)$ 扩大 2 倍或 3 倍，则反应速率相应扩大 2 倍或 3 倍。这表明反应速率和 $c(H_2)$ 成正比：

$$v \propto c(H_2)，即 x = 1$$

对比实验 4、5、6，当 $c(H_2)$ 保持一定时，若 $c(NO)$ 扩大 2 倍或 3 倍，则反应速率相应扩大 4 倍或 9 倍。这表明反应速率和 $c^2(NO)$ 成正比：

$$v \propto c^2(NO)，即 y = 2$$

一并考虑 $c(H_2)$ 和 $c^2(NO)$ 对反应速率的影响，得：

$$v = k c(H_2) c^2(NO)$$

利用表中数据，可求出反应速率常数 k。

将实验 1 的数据代入速率方程 $v = k c(H_2) c^2(NO)$ 中：

$$k=\frac{3.19\times10^{-3}\text{mol·L}^{-1}\text{·s}^{-1}}{(1.00\times10^{-3}\text{mol·L}^{-1})\times(6.00\times10^{-3}\text{mol·L}^{-1})^2}=8.86\times10^4\text{L}^2\text{·mol}^{-2}\text{·s}^{-1}$$

在该反应条件下，速率方程为 $v=8.86\times10^4\text{L}^2\text{·mol}^{-2}\text{·s}^{-1}c(H_2)c^2(NO)$

在等温条件下，反应速率常数 k 不因反应物浓度的改变而变化。因此应用速率方程可以求出在该温度下，任意反应物浓度的反应速率。

3.6.3 温度对反应速率的影响

温度是影响反应速率的主要因素之一，反应速率随温度的变化规律主要有以下几种。

① 反应速率随温度升高呈指数形式加速［见图 3.1(a)］；

② 反应初期反应速率随温度变化不明显，当温度上升至某一临界值时，反应速率突然猛增，趋于无限，以致爆炸［见图 3.1(b)］；

③ 酶催化和某些多相催化反应速率随温度升高，反应速率先加快，温度太高时，催化剂活性降低，反应速率反而减小［见图 3.1(c)］；

④ 反应速率随温度的升高单调下降，如反应 $2NO+O_2 \longrightarrow 2NO_2$［见图 3.1(d)］，这种类型的反应较少。

实验表明，大部分的化学反应速率和温度的关系和图 3.1(a) 相符。对于第一种情况，范托夫和阿伦尼乌斯分别建立了反应速率与温度的定量关系式。

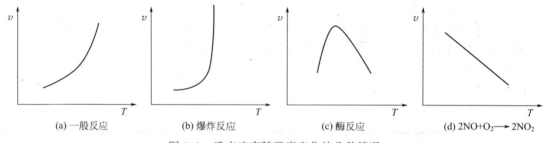

图 3.1 反应速率随温度变化的几种情况

(1) 范托夫规则

这是一个近似的经验规则，在不需要精确数据或缺少完整数据时，不失为一种粗略估计温度对反应速率影响的方法。

以 v_T 表示温度 T 时的反应速率，v_{T+10} 表示 $T+10$K 的反应速率，则：

$$\frac{v_{T+10}}{v_T}=2\sim4 \tag{3.40}$$

此值 2~4，称为化学温度系数 γ，在温度变化范围不大时，可视为常数。若温度变化为 $T+m\times10$K 时，则：

$$\frac{v_{T+m\times10}}{v_T}=\gamma^m \tag{3.41}$$

(2) 阿伦尼乌斯经验式

瑞典物理化学家阿伦尼乌斯在总结大量事实的基础上于 1889 年提出如下关系式，此式称为阿伦尼乌斯公式：

$$k=A\text{e}^{-\frac{E_a}{RT}} \tag{3.42}$$

式中，A 是指前因子（又称频率因子，对指定反应来说为常数）；E_a 是反应的活化能（activation energy）。写成对数形式：

$$\ln\frac{k}{[k]} = \ln\frac{A}{[A]} - \frac{E_a}{RT} \tag{3.43}$$

从式(3.43)中可以看出，k 受 E_a 与 T 的影响是相当明显的，k 与温度 T 呈指数关系，温度的微小变化将导致 k 值较大的变化。阿伦尼乌斯公式不仅适用于一般的均相反应，也适用于非均相反应（包括催化反应），但对链反应往往不能应用。对于基元反应和非基元反应也都可以应用。

根据阿伦尼乌斯公式，可由不同的方法求得 E_a。

① 作图法 由实验先测定某一反应在不同温度的 k 值，然后，由 $\ln k/[k]$ 对 $1/T$ 作图，则直线的截距为 $\ln A/[A]$，斜率为 $-E_a/R$，可分别求出 A 与 E_a。

② 公式法 若某反应在温度 T_1 时速率常数为 k_1，在温度 T_2 时速率常数为 k_2，则：

$$\ln\left(\frac{k_1}{[k]}\right) = -\frac{E_a}{RT_1} + \ln\left(\frac{A}{[A]}\right) \qquad ①$$

$$\ln\left(\frac{k_2}{[k]}\right) = -\frac{E_a}{RT_2} + \ln\left(\frac{A}{[A]}\right) \qquad ②$$

②－①，得

$$\ln\frac{k_2}{k_1} = \frac{E_a}{R}\left(\frac{1}{T_1} - \frac{1}{T_2}\right) = \frac{E_a}{R}\left(\frac{T_2 - T_1}{T_1 T_2}\right) \tag{3.44}$$

利用式(3.44)，可由已知两温度下的速率常数求算活化能，若活化能已知，也可由一温度下的速率常数，求算另一温度下的速率常数。

实验中测出一组数据时，我们可用公式法和作图法两种不同的方法求出 E_a 值，这两种方法求出的 E_a 值会有所差别，作图法的准确率要高一些，因为作图法起到求平均值的作用。

【例 3.14】 实验测得二级反应 $H_2(g) + I_2(g) \longrightarrow 2HI(g)$，在不同温度下的速率常数如下表，试计算反应的活化能 E_a 和指前因子 A。

温度 T/K	速率常数 k/L·mol^{-1}·s^{-1}	温度 T/K	速率常数 k/L·mol^{-1}·s^{-1}
556	4.45×10^{-5}	666	1.41×10^{-2}
575	1.37×10^{-4}	700	6.43×10^{-2}
629	2.52×10^{-3}	781	1.35

解：计算下表：

$(1/T)\times10^3$/K^{-1}	1.80	1.74	1.59	1.50	1.43	1.28
$\ln k$	－10.0	－8.90	－5.98	－4.26	－2.74	0.300

$\ln k$ 对 $1/T$ 作图，由图可以求出，斜率为 -19.81×10^3，y 轴截距为 25.58。

$$E_a = -8.314\,\text{J·mol}^{-1}\cdot\text{K}^{-1} \times (-19810\,\text{K}) = 164.7\times10^3\,(\text{J·mol}^{-1})$$

$$\ln A = 25.58 \qquad A = 1.27\times10^{11}\,\text{L·mol}^{-1}\cdot\text{s}^{-1}$$

由以上讨论可以得出以下几点结论：

a. 对于特定的化学反应而言，在浓度一定的情况下，反应速率取决于反应的速率常数 k，后者又与温度和反应的活化能等因素有关；

b. 一般说来，活化能 E_a 为正值，所以，同一个化学反应，升高温度，反应的速率常数 k 增大（这与升高温度，对吸热反应化学反应的平衡常数增大，放热反应平衡常数减小不同），反应速率加快；

c. 由于不同的化学反应的活化能 E_a 不同，所以升高相同的温度，对不同的化学反应，

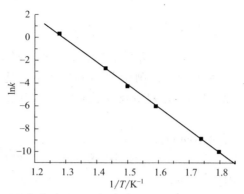

反应速率增大的程度不同，活化能大的反应速率增加的倍数比活化能小的化学反应的速率增加的倍数要大，即升高温度将使活化能大的化学反应的速率升高得更明显；

d. 对于可逆反应而言，温度对正逆反应的影响是一致的，只不过变化幅度不同。

3.6.4 反应物浓度和反应时间的关系（速率方程的积分形式）

速率方程式只反映了反应速率如何随浓度而变，而不能体现在某一特定时间反应物或生成物的实际浓度。从实用的观点看，后面这种关系尤为重要。反应级数不同，时间与浓度关系的方程式就不同。下面分别讨论零级、一级简单反应级数的反应物浓度与时间的关系。

（1）零级反应

反应速率与反应物浓度无关的反应称为零级反应（zeroth order reaction）。其速率方程为：

$$-\frac{dc_A}{dt}=k \tag{3.45}$$

生物化学反应中，底物（受生化催化剂酶作用的化合物称为底物）浓度很高时的酶促反应都属于零级反应。

上式按时间 $0\sim t$ 进行定积分：

$$-\int_{c_{A0}}^{c_A} dc_A = \int_0^t k\,dt \tag{3.46}$$

得 c_A 的表达式为：

$$c_A = c_{A0} - kt \tag{3.47}$$

当反应物 c_A 为初始浓度 c_{A0} 的一半时有：$t_{1/2} = c_{A0}/(2k)$

零级反应的特征如下：

① 零级反应速率常数的量纲为 [浓度][时间]$^{-1}$；
② 以 c_A 对 t 作图得一条直线，直线的斜率为 $-k$；
③ 零级反应的 $t_{1/2}$ 与反应物的初始浓度成正比。

除了零级、一级反应外，还有二级、三级反应。三级反应较少。关于二级、三级反应反应物浓度和反应时间的关系会在以后课程中学习。

（2）一级反应

反应速率与反应物浓度的一次方成正比的反应称为一级反应（first order reaction）。一级反应方程式的形式可表示为 $A \xrightarrow{k} P$。放射性元素的蜕变、某些分子的重排，以及诸如五氧化二氮的分解、蔗糖的水解等均为一级反应。一级反应的速率方程为：

$$-\frac{dc_A}{dt} = kc_A \tag{3.48}$$

将式(3.48)分离变量后积分：

得
$$-\int_{c_{A_0}}^{c_A} \frac{\mathrm{d}c_A}{c_A} = k\int_0^t \mathrm{d}t$$

$$\ln\frac{c_A}{c_{A_0}} = -kt \tag{3.49}$$

或
$$\ln\frac{c_A}{[c]} = \ln\frac{c_{A_0}}{[c]} - kt \tag{3.50}$$

式中，c_{A_0}、c_A 分别为反应物 A 的初始浓度和时刻 t 时的浓度。

如果假定反应物 A 经过时间 t 后的转化率为 x_A，即：

$$x_A = \frac{c_{A_0} - c_A}{c_{A_0}} \quad \text{或} \quad \frac{c_{A_0}}{c_A} = \frac{1}{1-x_A} \tag{3.51}$$

将式(3.51)代入式(3.49)可得：

$$\ln\frac{1}{1-x_A} = kt \tag{3.52}$$

由式(3.52)可见，对于一级反应，反应达一定转化率所需时间与起始浓度无关。当转化率达到 1/2（即反应物消耗一半）时所需的时间称为半衰期（half life），以 $t_{1/2}$ 表示。由式(3.49)得：

$$t_{1/2} = \frac{\ln 2}{k} = \frac{0.693}{k} \tag{3.53}$$

一级反应的特征如下：
① 一级反应速率常数的量纲为 [时间]$^{-1}$；
② 以 $\ln\{c_A/[c]\}$ 对 t 作图为一直线，直线的斜率是 $-k/[k]$；
③ 一级反应的 $t_{1/2}$ 与反应物的初始浓度无关。
某反应若符合三个特征中的任一个，均可确定该反应为一级反应。

3.6.5 反应速率理论简介

实验结果证明，化学反应速率的大小，同自然界中任何事物的变化规律一样，取决于两个方面，即内因和外因。

内因：即反应物的本性。如无机物间的反应一般比有机物的反应快得多；对无机反应来说，分子之间进行的反应一般较慢，而溶液中离子之间进行的反应一般较快。

外因：即外界条件，如浓度、温度、催化剂等外界条件。

为了说明"内因"和"外因"对化学反应速率影响的实质，提出了碰撞理论和过渡状态理论，下面从微观分子的角度去加以定性的阐述。

(1) 碰撞理论（collision theory）

化学反应的发生总是伴随着电子的转移或重新分配，这种转移或重新分配似乎只有通过相关原子的接触才可能实现。

1918 年，美国的路易斯提出了双分子反应的碰撞理论，其理论要点如下：
① 原子、分子或离子只有相互碰撞才能发生反应，或者说碰撞是反应发生的先决条件；
② 反应物分子碰撞的频率越高，反应速率越大。只有少部分碰撞能导致化学反应，大多数反应物微粒之间的碰撞是弹性碰撞。

下面以碘化氢气体的分解为例，对碰撞理论进行讨论。反应方程式为：

$$2HI(g) \longrightarrow H_2(g) + I_2(g)$$

根据气体分子运动论的理论计算，单位时间内分子碰撞的次数是非常大的，通过理论计算,浓度为 10^{-3} mol·L^{-1} 的 HI 气体在 773K 时,如果每次碰撞都发生反应,反应速率应约为 3.8×10^4 mol·L^{-1}·s^{-1}。但实验测得,在这种条件下实际反应速率约为 6×10^{-9} mol·L^{-1}·s^{-1},两者相差 10^{13} 倍!这个数据告诉我们:在为数众多的碰撞中,大多数碰撞并不引起反应,是无效的弹性碰撞。只有极少数碰撞可以发生化学反应,是有效的碰撞。能导致化学反应的碰撞称为有效碰撞。

发生有效碰撞的基本条件是:

① 相互碰撞的分子必须具有足够的能量。由于相互碰撞的分子的周围负电荷之间存在着强烈的电性排斥力,因此,只有能量足够大的分子在碰撞时,才能以足够大的动能去克服上述的电性排斥力,而导致原有化学键的断裂和新化学键的形成。我们把具有较高的能量能发生有效碰撞的分子称为活化分子(activated molecule)。活化分子的平均能量(E_m^*)与反应物分子的平均能量(E_m)之差叫做活化能 E_a,即:

$$E_a = E_m^* - E_m$$

E_a 单位为 kJ·mol^{-1},一般化学反应的活化能约在 $40\sim400$ kJ·mol^{-1} 之间。活化能 E_a 是具有平均能量的 1mol 反应的反应物分子变成活化分子所需吸收的最低能量。

图 3.2 表示在某一温度 T 时,气体分子能量的分布情况。纵坐标表示某单位能量区间的分子分数。E_m 表示气体分子能量的平均值,E_0 表示活化分子中具有最低能量的数值,E_m^* 表示活化分子能量的平均值。从图可以看出,活化能越大,活化分子数所占的百分数就越小,单位时间内有效碰撞的次数越少,反应速率越慢;反之,活化能越小,活化分子所占的百分数就越大,反应速率越快。曲线下的总面积表示分子总数,阴影面积与总面积之比即为活化分子所占的比例。能量是有效碰撞的一个必要条件,但不是充分条件。

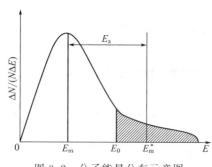

图 3.2 分子能量分布示意图

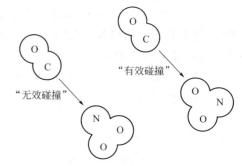

图 3.3 分子碰撞的不同取向

② 互相碰撞的分子在空间彼此间的取向必须适当。只有具有较高能量的分子,在适当的空间取向下发生碰撞,反应才能发生。例如:

$$NO_2(g) + CO(g) \longrightarrow NO(g) + CO_2(g)$$

只有当 CO 分子中的碳原子与 NO_2 中的氧原子相互碰撞时,才有可能发生反应;而碳原子与氮原子相互碰撞的这种取向,则不会发生氧原子的转移(见图 3.3)。

碰撞理论直观、明了,易为初学者所接受,但模型过于简单。把分子简单地看成没有内部结构的刚性球体,要么碰撞发生反应,要么发生弹性碰撞。

(2) 过渡状态理论(transition state theory)

碰撞理论比较直观,应用于简单反应中较为成功。但对于涉及结构复杂的分子的反应,这个理论适应性较差。随着原子结构和分子结构理论的发展,20 世纪 30 年代,艾林(Eyring)在量子力学和统计学的基础上提出了化学反应速率的过渡态理论。

过渡态理论认为，当两个具有足够能量的反应物分子相互接近时，分子中的化学键要经过重排，能量要重新分配。在反应过程中，要经过一个中间的过渡状态（transition state），即反应物分子先形成活化配合物（activated complex）。因此过渡状态理论也称为活化配合物理论（activated complex theory）。

① 由反应物分子变为产物分子的化学反应并不是简单的几何碰撞，而是旧键的破坏与新键的形成过程。

② 当具有足够能量的分子以适当的空间取向靠近时，要进行化学键重排，能量重新分配，形成一个过渡状态的活化配合物。如：

$$A+B-C \longrightarrow [A\cdots B\cdots C]^{\neq} \longrightarrow A-B+C$$

在活化配合物中，原有化学键被削弱但未完全断裂，新的化学键开始形成但尚未完全形成（均用虚线表示）。

③ 过渡状态的活化配合物是一种不稳定状态。反应物分子的动能暂时变为活化配合物的势能，因此，活化配合物一方面可以分解为生成物，另一方面也可以分解为反应物。

在整个反应过程中，势能的变化如图 3.4 所示。

图中 E_1 表示反应物分子的平均势能，E_2 表示产物分子的平均势能，E^* 表示过渡态分子的平均势能。$E_a(正) = E^* - E_1$；$E_a(逆) = E^* - E_2$；$\Delta U = E_a(正) - E_a(逆)$。

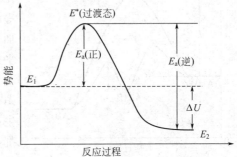

图 3.4 反应历程势能变化示意图

从图 3.4 可以看出，不论是放热反应还是吸热反应，反应物分子必须先爬过一个能垒反应才能进行。图 3.4 还告诉我们，如果正反应是经过一步即完成的反应，则其逆反应也可经过一步完成，而且正、逆两个反应经过同一活化配合物中间体，这就是微观可逆性原理。

以上的反应速率理论，可用来解释浓度和温度对反应速率的影响。在一定温度下，增加反应物的浓度可以加快反应速率。这个结论可以用活化分子概念加以解释。在一定温度下，对某一化学反应来说，单位体积内反应物的活化分子数与反应物分子总数（即该反应物的浓度）成正比。所以增加反应物的浓度，单位体积内的活化分子数也必然相应地增多，从而增加了单位时间、单位体积内反应物分子间的有效碰撞次数，导致反应速率加快。反应温度升高不仅可以使反应物分子的运动速率增大，从而使单位时间内反应物分子间的碰撞次数增加，更重要的是，温度升高，使较多的具有平均能量的普通分子获得能量而变成活化分子，从而使单位体积内活化分子的百分数增大，结果使单位时间有效碰撞次数增大，反应速率也就相应地增大。

碰撞理论与过渡状态理论是互相补充的两种理论。过渡状态理论吸收了碰撞理论中合理的部分，给活化分子一个明确的模型，将反应中涉及的物质的微观结构与反应速率理论结合起来，这是比碰撞理论先进的一面，能从分子内部结构及内部运动的角度讨论反应速率。但许多反应的活化配合物的结构无法从实验上加以确定，加上计算方法过于复杂，致使这一理论的应用受到限制。

3.6.6 催化剂对反应速率的影响

催化剂又称为触媒，是能增加化学反应速率，而本身的组成、质量和化学性质在反应前后保持不变的物质。凡能加快反应速率的催化剂叫正催化剂；凡能减慢反应速率的催化剂叫负催化剂，负催化剂常称为抑制剂。若不特别说明，提到的催化剂都是指正催化剂。

虽然在反应前后原则上催化剂的组成、化学性质不发生变化，但实际上催化剂是参与了化学反应，改变了原来反应的途径，因而改变了反应的活化能，只是在后来又被"复原"了。

例如反应：A+B⟶AB　　　活化能为 E_a

当有另一物质 Z 存在时，改变了反应的历程，使上面的反应分为两步：

(1) A+Z⟶AZ　　　活化能为 E_1

(2) AZ+B⟶AB+Z　　　活化能为 E_2

如果 E_1、E_2 均小于 E_a，则 Z 就是该反应的正催化剂，可使反应速率加快。

如图 3.5 所示，有催化剂参加的新的反应历程和无催化剂时的原反应历程相比，活化能降低了。

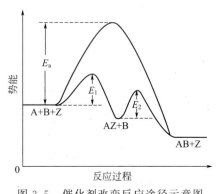

图 3.5　催化剂改变反应途径示意图

从图 3.5 可以看出，加入催化剂后，正反应的活化能降低的数值，与逆反应的活化能降低的数值是相等的。这表明催化剂不仅加快正反应的速率，同时也加快逆反应的速率。因此，催化剂只能缩短反应达到平衡的时间，而不能改变化学平衡的位置。

催化剂只能加速热力学认为可能进行的反应。从图 3.5 可以看出，催化剂的存在并不能改变反应物和生成物的相对能量，即反应过程中系统的始态和终态都不发生改变，只是具体途径发生变化，故催化剂并没有改变反应的 $\Delta_r H_m$ 和 $\Delta_r G_m$。这说明，对热力学上认为不可能进行的反应，使用任何催化剂都是徒劳的。

某种催化剂只对某些反应起催化作用，对于不同的化学反应往往采用不同的催化剂，这称之为反应选择性。另外，如果相同的反应物选用不同的催化剂，则可能得到不同的产物，这称之为产物选择性。

习　题

1. 什么类型的化学反应 Q_p 等于 Q_V？什么类型的化学反应 Q_p 大于 Q_V？什么类型的化学反应 Q_p 小于 Q_V？
2. 反应 $H_2(g)+I_2(g)\Longrightarrow 2HI(g)$ 的 $\Delta_r H_m^\ominus$ 是否等于 $HI(g)$ 的标准生成焓 $\Delta_f H_m^\ominus$？为什么？
3. 分辨如下概念的物理意义：

    (1) 封闭系统和孤立系统

    (2) 功、热和能

    (3) 热力学能和焓

    (4) 生成焓和反应焓

    (5) 过程的自发性

4. 判断以下说法是否正确？尽量用一句话给出你的判断根据。

    (1) 碳酸钙的生成焓等于 $CaO(s)+CO_2(g)\Longrightarrow CaCO_3(s)$ 的反应焓。

    (2) 单质的生成焓等于零，所以它的标准熵也等于零。

5. 试估计单质碘升华过程的焓变和熵变的正负号。

6. 已知下列数据：

    (1) $2Zn(s)+O_2(g)\Longrightarrow 2ZnO(s)$　　　$\Delta_r H_m^\ominus(1)=-696.0 \text{kJ}\cdot\text{mol}^{-1}$

(2) $S(斜方) + O_2(g) = SO_2(g)$ $\Delta_r H_m^{\ominus}(2) = -296.9 \text{kJ} \cdot \text{mol}^{-1}$

(3) $2SO_2(g) + O_2(g) = 2SO_3(g)$ $\Delta_r H_m^{\ominus}(3) = -196.6 \text{kJ} \cdot \text{mol}^{-1}$

(4) $ZnSO_4(s) = ZnO(s) + SO_3(g)$ $\Delta_r H_m^{\ominus}(4) = 235.4 \text{kJ} \cdot \text{mol}^{-1}$

求 $ZnSO_4(s)$ 的标准摩尔生成焓。

7. 已知 $CS_2(l)$ 在 101.3kPa 和沸点温度（319.3K）时气化吸热 $352 \text{J} \cdot \text{g}^{-1}$。求 $1 \text{mol } CS_2(l)$ 在沸点温度时气化过程的 ΔU、ΔH、ΔS。

8. 反应 $C_3H_8(g) + 5O_2(g) = 3CO_2(g) + 4H_2O(l)$ 在敞开容器系统中燃烧，测得其 298K 的恒压反应热为 $-2220 \text{kJ} \cdot \text{mol}^{-1}$，试计算：

(1) 反应的 $\Delta_r H_m$ 是多少？

(2) 反应的 $\Delta_r U_m$ 是多少？

9. 欲使下列反应自发进行，升温有利还是降温有利？

(1) $2N_2(g) + O_2(g) \longrightarrow 2N_2O(g)$ $\Delta_r H_m^{\ominus} = 163 \text{kJ} \cdot \text{mol}^{-1}$

(2) $Ag(s) + \frac{1}{2}Cl_2(g) \longrightarrow AgCl(s)$ $\Delta_r H_m^{\ominus} = -127 \text{kJ} \cdot \text{mol}^{-1}$

(3) $HgO(s) \longrightarrow Hg(l) + \frac{1}{2}O_2(s)$ $\Delta_r H_m^{\ominus} = 91 \text{kJ} \cdot \text{mol}^{-1}$

(4) $H_2O_2(l) \longrightarrow H_2O(l) + \frac{1}{2}O_2(g)$ $\Delta_r H_m^{\ominus} = -98 \text{kJ} \cdot \text{mol}^{-1}$

10. 1mol 理想气体，经过等温膨胀、等容加热、等压冷却三步，完成一个循环后回到原态。整个过程吸热 100kJ，求此过程的 W 和 ΔU。

11. 炼铁高炉尾气中含有大量的 SO_3，对环境造成极大污染。人们设想用生石灰 CaO 吸收 SO_3 生成 $CaSO_4$ 的方法消除其污染。已知下列数据：

	$CaSO_4(s)$	$CaO(s)$	$SO_3(g)$
$\Delta_f H_m^{\ominus}/\text{kJ} \cdot \text{mol}^{-1}$	-1434.1	-635.09	-395.72
$S_m^{\ominus}/\text{J} \cdot \text{mol}^{-1} \cdot \text{K}^{-1}$	107	39.75	256.76

通过计算说明这一设想能否实现？

12. 高炉炼铁是用焦炭将 Fe_2O_3 还原为单质铁。试通过热力学计算说明还原剂主要是 CO 而非焦炭。相关反应为：

$$2Fe_2O_3(s) + 3C(s) = 4Fe(s) + 3CO_2(g)$$
$$Fe_2O_3(s) + 3CO(g) = 2Fe(s) + 3CO_2(g)$$

13. 通过热力学计算说明为什么人们用氟化氢气体刻蚀玻璃，而不选用氯化氢气体？相关反应如下 [已知 $\Delta_f G_m^{\ominus}(SiF_4) = -1572.7 \text{kJ} \cdot \text{mol}^{-1}$]：

$$SiO_2(石英) + 4HF(g) = SiF_4(g) + 2H_2O(l)$$
$$SiO_2(石英) + 4HCl(g) = SiCl_4(g) + 2H_2O(l)$$

14. 根据热力学计算说明，常温下石墨和金刚石谁更为有序？[已知 $\Delta_f H_m^{\ominus}$（金刚石）$= 1.897 \text{kJ} \cdot \text{mol}^{-1}$，$\Delta_f G_m^{\ominus}$（金刚石）$= 2.900 \text{kJ} \cdot \text{mol}^{-1}$]

15. NO 和 CO 是汽车尾气的主要污染物，人们设想利用下列反应消除其污染：

$$2CO(g) + 2NO(g) = 2CO_2(g) + N_2(g)$$

试通过热力学计算说明这种设想的可能性。

16. 白云石的主要成分是 $CaCO_3 \cdot MgCO_3$，欲使 $MgCO_3$ 分解而 $CaCO_3$ 不分解，加热温度应控制在什么范围？[已知 $\Delta_f H_m^{\ominus}(MgCO_3) = -1112.94 \text{kJ} \cdot \text{mol}^{-1}$，$S_m^{\ominus}(MgCO_3) = 92.9 \text{J} \cdot \text{mol}^{-1} \cdot \text{K}^{-1}$]

17. 如 12 题所示，高炉炼铁是用焦炭将 Fe_2O_3 还原为单质铁。试通过热力学计算说明，采用同样的方法能否用焦炭将铝土矿还原为金属铝？相关反应为：

$$2Al_2O_3(s) + 3C(s) = 4Al(s) + 3CO_2(g)$$
$$Al_2O_3(s) + 3CO(g) = 2Al(s) + 3CO_2(g)$$

18. 比较下列各组物质熵值的大小：
    (1) 1mol O₂(298K, 1×10⁵Pa) 与 1mol O₂(303K, 1×10⁵Pa)；
    (2) 1mol H₂O(s, 273K, 10×10⁵Pa) 与 1mol H₂O(l, 273K, 10×10⁵Pa)；
    (3) 1g H₂(298K, 1×10⁵Pa) 与 1mol H₂(298K, 1×10⁵Pa)；
    (4) 1mol O₃(298K, 1×10⁵Pa) 与 1mol O₂(298K, 1×10⁵Pa)。

19. 试判断下列过程熵变的正负号：
    (1) 溶解少量食盐于水中；
    (2) 水蒸气和炽热的炭反应生成 CO 和 H₂；
    (3) 冰融化变为水；
    (4) 石灰水吸收 CO_2；
    (5) 石灰石高温分解。

20. 回答下列问题：
    (1) 反应系统中各组分的平衡浓度是否随时间变化？是否随反应物起始浓度变化？是否随温度变化？
    (2) 有气相和固相参加的反应，平衡常数是否与固相的存在量有关？
    (3) 有气相和溶液参加的反应，平衡常数是否与溶液中各组分的量有关？
    (4) 经验平衡常数与标准平衡常数有何区别和联系？
    (5) 在 $\Delta_r G_m^{\ominus} = RT \ln K^{\ominus}$ 中 R 的取值和量纲如何？
    (6) 平衡常数改变后，平衡是否移动？平衡移动后，平衡常数是否改变？
    (7) 对 $\Delta_r G_m^{\ominus} > 0$ 的反应，是否在任何条件下正反应都不能自发进行？
    (8) $\Delta_r G_m^{\ominus} = 0$，是否意味着反应一定处于平衡态？

21. 写出下列反应的标准平衡常数表达式：
    (1) $Zn(s) + 2H^+(aq) \rightleftharpoons Zn^{2+}(aq) + H_2(g)$
    (2) $AgCl(s) + 2NH_3(aq) \rightleftharpoons [Ag(NH_3)_2]^+(aq) + Cl^-(aq)$
    (3) $CH_4(g) + 2O_2(g) \rightleftharpoons CO_2(g) + 2H_2O(l)$
    (4) $HgI_2(s) + 2I^-(aq) \rightleftharpoons [HgI_4]^{2-}(aq)$
    (5) $H_2S(aq) + 4H_2O_2(aq) \rightleftharpoons 2H^+(aq) + SO_4^{2-}(aq) + 4H_2O(l)$

22. 373K 时，光气分解反应 $COCl_2(g) \rightleftharpoons CO(g) + Cl_2(g)$ 的平衡常数 $K^{\ominus} = 8.0 \times 10^{-9}$，$\Delta_r H_m^{\ominus} = 108.6 \text{kJ·mol}^{-1}$，试求：
    (1) 373K 下反应达平衡后，总压为 202.6kPa 时 $COCl_2$ 的解离度；
    (2) 反应的 $\Delta_r S_m^{\ominus}$。

23. 根据下列数据计算 373K 时 CO 与 CH_3OH 合成醋酸的标准平衡常数。

项 目	CO(g)	CH_3OH(g)	CH_3COOH(g)
$\Delta_f H_m^{\ominus}/\text{kJ·mol}^{-1}$	−110.525	−200.66	−434.84
$S_m^{\ominus}/\text{J·mol}^{-1}\text{·K}^{-1}$	197.674	239.81	282.61

24. 反应 $CaCO_3(s) \rightleftharpoons CaO(s) + CO_2(g)$ 在 1037K 时平衡常数 $K^{\ominus} = 1.16$，若将 1.0mol $CaCO_3$ 置于 10.0L 容器中加热至 1037K。问达平衡时 $CaCO_3$ 的分解分数是多少？

25. 在 523K、101.325kPa 条件下，PCl_5 发生下列分解反应：
    $$PCl_5(g) \rightleftharpoons PCl_3(g) + Cl_2(g)$$
    平衡时，测得混合气体的密度为 2.695g·L⁻¹。试计算 $PCl_5(g)$ 的解离度及反应的 $K^{\ominus}$ 与 $\Delta_r G_m^{\ominus}$。

26. 在 323K、101.3kPa 时，$N_2O_4(g)$ 的分解率为 50.0%。问当温度保持不变、压力变为 1013kPa 时，$N_2O_4(g)$ 的分解率为多少？

27. 已知下列物质在 298K 时的标准摩尔生成吉布斯函数分别为：

项　目	NiSO$_4$·6H$_2$O(s)	NiSO$_4$(s)	H$_2$O(g)
$\Delta_f G_m^{\ominus}$/kJ·mol^{-1}	−2221.7	−773.6	−228.4

(1) 计算反应 NiSO$_4$·6H$_2$O(s) $\rightleftharpoons$ NiSO$_4$(s)+6H$_2$O(g) 在298K时的标准平衡常数 $K^{\ominus}$。

(2) 求算298K时水在固体 NiSO$_4$·6H$_2$O 上的平衡蒸气压。

28. 在一定温度和压强下，1L 容器中 PCl$_5$(g) 的分解率为 50%。若改变下列条件，PCl$_5$(g) 的分解率如何变化？

(1) 减小压强使容器的体积增大1倍；

(2) 保持容器体积不变，加入氮气使系统总压强增大1倍；

(3) 保持系统总压强不变，加入氮气使容器体积增大1倍；

(4) 保持体积不变，逐渐加入氯气使系统总压强增大1倍。

29. 以下说法是否正确？说明理由。

(1) 某反应的速率常数的单位是 L·mol^{-1}·s^{-1}，该反应是一级反应。

(2) 化学动力学研究反应的快慢和限度。

(3) 活化能大的反应速率常数受温度的影响大。

(4) 反应历程中的定速步骤决定了反应速率，因此在定速步骤前发生的反应和在定速步骤后发生的反应对反应速率都毫无影响。

(5) 反应速率常数是温度的函数，也是浓度的函数。

30. 当温度不同而反应物起始浓度相同时，同一个反应的起始速率是否相同？速率常数是否相同？反应级数是否相同？活化能是否相同？

31. 当温度相同而反应物起始浓度不同时，同一个反应的起始速率是否相同？速率常数是否相同？反应级数是否相同？活化能是否相同？

32. 哪一种反应的速率与浓度无关？哪一种反应的半衰期与浓度无关？

33. 高温时 NO$_2$ 分解为 NO 和 O$_2$，在592K，速率常数是 4.98×10^{-1} L·mol^{-1}·s^{-1}，在656K，其值变为 4.74 L·mol^{-1}·s^{-1}，计算该反应的活化能。

34. 如果某反应的活化能为 117.15 kJ·mol^{-1}，问在什么温度时反应的速率常数 k 值是 400K 时速率常数值的2倍。

35. 在某温度时反应 2NO+2H$_2$ $\longrightarrow$ N$_2$+2H$_2$O 的机理为：

(1) NO+NO $\longrightarrow$ N$_2$O$_2$　　　　　　（快）

(2) N$_2$O$_2$+H$_2$ $\longrightarrow$ N$_2$O+H$_2$O　　（慢）

(3) N$_2$O+H$_2$ $\longrightarrow$ N$_2$+H$_2$O　　　（快）

试确定总反应速率方程。

36. 反应 H$_2$PO$_2^-$+OH$^-$ $\longrightarrow$ HPO$_3^{2-}$+H$_2$ 在373K时的有关实验数据如下：

初始浓度		$-\dfrac{dc(H_2PO_2^-)}{dt}$/mol·L^{-1}·min^{-1}
$c(H_2PO_2^-)$/mol·L^{-1}	$c(OH^-)$/mol·L^{-1}	
0.10	1.0	3.2×10^{-5}
0.50	1.0	1.6×10^{-4}
0.50	4.0	2.56×10^{-3}

(1) 计算该反应的级数，写出速率方程；

(2) 计算反应温度下的速率常数。

37. 假设基元反应 A $\longrightarrow$ 2B 正反应的活化能为 E_a(正)，逆反应的活化能为 E_a(逆)。问：

(1) 加入正催化剂后正、逆反应的活化能如何变化？

(2) 如果加入的催化剂不同，活化能的变化是否相同？

(3) 改变反应物的初始浓度，正、逆反应的活化能如何变化？

(4) 升高反应温度，正、逆反应的活化能如何变化？

38. 判断下列叙述正确与否？
    (1) 反应级数就是反应分子数；
    (2) 含有多步基元反应的复杂反应，实际进行时各基元反应的表观速率相等；
    (3) 活化能大的反应一定比活化能小的反应速率慢；
    (4) 速率常数大的反应一定比速率常数小的反应快；
    (5) 催化剂只是改变了反应的活化能，本身并不参加反应，因此其质量和性质在反应前后保持不变。

第 4 章 酸碱平衡和沉淀溶解平衡

从本章起，我们将依次讨论水溶液中的酸碱平衡、沉淀溶解平衡、氧化还原平衡和配位平衡。这些平衡在化学、化工生产及生活中都有重要的应用。水溶液中的平衡有以下几个特点：①反应的活化能较低（一般$<40kJ\cdot mol^{-1}$），反应速率快（有些氧化还原反应速率较慢）；②由于是溶液中发生的反应，压力对反应的影响甚微，可忽略不考虑；③反应热效应较小，温度对平衡常数的影响也可不予考虑。所以，对于这类反应，我们主要着重考虑化学平衡问题。

4.1 酸碱平衡

酸和碱是两类重要的化学物质，酸碱平衡是水溶液中重要的平衡系统。本章以酸碱质子理论来讨论水溶液中的酸碱平衡及其影响因素，讨论酸碱平衡系统中有关组分的浓度计算以及缓冲溶液的性质、组成及其应用。

在实践中人们对酸碱概念讨论已经历了 200 多年。最初是从感性上认识酸碱，人们把有酸味，能使蓝色石蕊变红的物质叫酸；有涩味，使红色石蕊变蓝的叫碱。这种认识太片面，没有触及酸和碱的本质。随着生产和科学的发展，人们提出了一系列的酸碱理论，其中比较重要的有阿伦尼乌斯（S. A. Arrhenius）的酸碱电离理论（1887 年）、富兰克林（E.C. Franklin）的酸碱溶剂理论（1905 年）、布朗斯特（J. N. Brönsted）和劳莱（T. M. Lowry）的酸碱质子理论（1923 年）、路易斯（G. N. Lewis）的酸碱电子理论（1923 年）及皮尔逊（R. G. Pearson）的软硬酸碱理论（1963 年）。

1887 年阿伦尼乌斯提出了电离理论：电解质在水溶液中解离出的正离子全部是 H^+ 的化合物叫酸，解离出的阴离子全部是 OH^- 的化合物叫碱。酸碱中和反应的实质是 H^+ 和 OH^- 结合生成水。该理论从物质的化学组成上揭示了酸碱的本质，是人们对酸碱认识由现象到本质的一次质的飞跃，对化学的发展起了很大作用，而且至今仍然普遍应用。

但这个理论也有缺陷，首先并不是只有含 OH^- 的物质才具有碱性，如氨的水溶液也显碱性。酸碱电离理论另一个缺陷是将酸碱概念局限于水溶液中，由于科学的进步和生产的发展，越来越多的反应在非水溶液中进行，对于非水系统的酸碱性，该理论也无能为力。

例如气态氨与氯化氢迅速反应生成氯化铵，这个酸碱中和反应并没有水的生成。尽管如此，该理论仍然用得十分广泛，毕竟水是最常用的一种溶剂，而且，按此理论定义的酸碱，如 H_2SO_4、HCl、HNO_3、H_3PO_4、NaOH、KOH 等覆盖了最重要的酸碱工业产品。后来提出酸碱溶剂理论很少被应用；电子理论和软硬酸碱理论在配位化学及有机化学中有较多应用；而质子理论既可适用于水溶液系统，又可适用于非水溶液系统和气相反应系统，为此本节主要讨论酸碱质子理论的有关问题。

4.1.1 酸碱质子理论

(1) 酸碱定义

酸碱质子理论认为：凡能给出质子（H^+）的分子或离子都是酸（acid），例如 HCl、H_2SO_4、NH_4^+、HCO_3^-、H_2O、$[Al(H_2O)_6]^{3+}$ 等，它们都能给出质子，都是酸；凡能接受质子的分子或离子都是碱（base），例如 NaOH、NH_3、HPO_4^{2-}、Ac^-、$[Al(OH)(H_2O)_5]^{2+}$ 等都是碱，它们都能与质子结合。即酸是质子给予体（proton donor），碱是质子接受体（proton acceptor）。

根据定义，酸、碱可以是分子、负离子或正离子。酸给出质子后余下的部分就是碱；碱接受质子后就成为酸。它们的相互关系可以表示为：

$$酸 \rightleftharpoons H^+ + 碱$$
$$HAc \rightleftharpoons H^+ + Ac^-$$
$$NH_4^+ \rightleftharpoons H^+ + NH_3$$
$$HCO_3^- \rightleftharpoons H^+ + CO_3^{2-}$$
$$H_2O \rightleftharpoons H^+ + OH^-$$
$$H_3O^+ \rightleftharpoons H^+ + H_2O$$
$$[Al(H_2O)_6]^{3+} \rightleftharpoons H^+ + [Al(OH)(H_2O)_5]^{2+}$$

酸碱之间的这种关系称为酸碱的共轭关系。上述方程式中左边的酸是右边碱的共轭酸（conjugate acid），反过来，右边碱是左边酸的共轭碱（conjugate base），相应的一对酸碱称为共轭酸碱对（conjugate acid-base pair），但这种共轭酸碱对的半反应并不能单独存在。因为酸并不能自动给出质子，而必须同时存在一个能接受质子的物质——碱时，酸才能变成共轭碱；反之，碱也必须从另外一种酸接受质子后才能变成共轭酸。可见酸碱反应的实质是质子的传递，是两对共轭酸碱对相互作用的结果。例如：

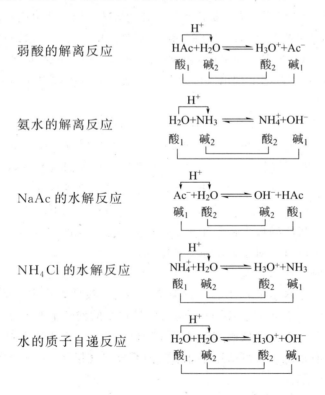

从以上反应可以看出：在酸碱反应中至少同时存在两对共轭酸碱对，质子传递的方向总是从给出质子能力强的酸传递给接受质子能力强的碱。在水溶液的酸碱反应中，溶剂水的作用比较特殊，它既可以作为酸给出质子，也可以作为碱接受质子，像这种既能给出质子作为酸，也能接受质子作为碱的物质被称为两性物质（ampholyte）。在酸碱质子理论中，无论是酸、碱的解离反应，还是盐的水解反应，其反应的实质都是与溶剂水之间发生了质子的转移。

(2) 酸碱强度与酸碱解离常数

酸碱的强弱主要取决于物质的本性，其次与溶剂的性质有关。例如 HAc 在水溶液中是弱酸，但在液氨中的酸性却较强，这是因为液氨接受 H^+ 的能力较水强。又如 HCl 在水中完全解离，是"强酸"；但它在冰醋酸中只能部分解离，是"弱酸"，这是由于水的碱性比醋酸强，水比醋酸更易接受 H^+。可以看出：溶质的酸碱性强弱与溶剂的酸碱性有关。溶质的酸性随溶剂碱性的增强而增强；溶质的碱性将随溶剂酸性的增强而增强。

水是酸碱反应系统的常用溶剂，下面将着重讨论水溶液中酸碱强度。酸碱在水溶液中表现出来的相对强弱可用解离常数（ionization constant）来表征。

弱酸 HA 在水溶液中的解离反应：

$$HA + H_2O \rightleftharpoons H_3O^+ + A^-$$

标准平衡常数的表达式为：

$$K_a^\ominus = \frac{[c(H_3O^+)/c^\ominus][c(A^-)/c^\ominus]}{c(HA)/c^\ominus}$$

因为 $c^\ominus = 1 \text{mol·L}^{-1}$，在计算中 $c^\ominus$ 不会影响数值，只会影响量纲，只要记住：$K^\ominus$ 的量纲为 1，而浓度的单位一般都是 mol·L^{-1}，因此，在水溶液解离平衡的计算中忽略 $c^\ominus$，不会难以确定单位，同时水合质子 H_3O^+ 简写为 H^+，这样就得到了更为简洁的表达式：

$$K_a^\ominus = \frac{[H^+][A^-]}{[HA]} \tag{4.1}$$

$K_a^\ominus$ 称为酸的解离常数，$K_a^\ominus$ 越大，酸在水中给出质子的能力越强，酸性就越强。

本教材中凡涉及水溶液中的解离平衡，其 $K^\ominus$ 表达式中 $c^\ominus$ 均按此处理方式予以略去。

弱碱 A^- 在水溶液中的解离反应：

$$A^- + H_2O \rightleftharpoons HA + OH^-$$

$$K_b^\ominus = \frac{[HA][OH^-]}{[A^-]} \tag{4.2}$$

$K_b^\ominus$ 称为碱的解离常数，$K_b^\ominus$ 越大，碱在水中接受质子的能力越强，碱性就越强。

一般把 $K_a^\ominus$ 小于 10^{-2} 的酸称为弱酸；弱碱也可按着 $K_b^\ominus$ 值的大小分类。$K_a^\ominus$ 和 $K_b^\ominus$ 既然都是平衡常数，当然都与温度有关，但由于弱电解质解离的热效应不大，所以温度变化对 $K_a^\ominus$ 和 $K_b^\ominus$ 值的影响较小。为了便于计算时查找，298K 时某些一元弱酸、弱碱的解离常数列于附录 3 中。

水的质子自递反应：

$$H_2O + H_2O \rightleftharpoons H_3O^+ + OH^-$$

其标准平衡常数表达式为：

$$K_w^\ominus = [H^+][OH^-] \tag{4.3}$$

式中，$K_w^\ominus$ 称为水的离子积。由于水的质子自递反应为吸热反应，因此，水的离子积随温度的升高而增大。不同温度下水的离子积常数列于表 4.1。

表 4.1　不同温度下水的离子积常数

T/K	$K_w^\ominus$	T/K	$K_w^\ominus$	T/K	$K_w^\ominus$
273	1.03×10^{-16}	295	1.00×10^{-14}	323	5.60×10^{-14}
283	3.60×10^{-15}	298	1.27×10^{-14}	333	1.26×10^{-13}
291	7.40×10^{-15}	303	1.89×10^{-14}	353	3.40×10^{-13}
293	8.60×10^{-15}	313	3.80×10^{-14}	373	7.40×10^{-13}

从表 4.1 中可以看出，温度对 $K_w^\ominus$ 有着明显的影响，$K_w^\ominus$ 的数值随着温度的升高而增大。通常认为在室温时，$K_w^\ominus=1.0\times10^{-14}$。

就共轭酸碱对 HA-A$^-$ 来说，酸 HA 的 $K_a^\ominus$ 与其共轭碱 A$^-$ 的 $K_b^\ominus$ 之间存在如下关系：

$$K_a^\ominus K_b^\ominus = \frac{[H^+][A^-]}{[HA]} \cdot \frac{[HA][OH^-]}{[A^-]} = [H^+][OH^-] = K_w^\ominus \tag{4.4}$$

或

$$pK_a^\ominus + pK_b^\ominus = pK_w^\ominus$$

这里的"p"表示负对数。例如 $pH=-\lg[H^+]$，$pK_a^\ominus=-\lg K_a^\ominus$，$pK_b^\ominus=-\lg K_b^\ominus$。

式(4.4)描述了一对共轭酸碱对 $K_a^\ominus$ 及 $K_b^\ominus$ 的关系。由此式可见，一个酸的酸性越强，则其共轭碱的碱性越弱；反之，一个酸的酸性越弱，则其共轭碱的碱性就越强。

对于多元酸，它们在水中的解离是逐级进行的，例如：

$$H_2CO_3 + H_2O \rightleftharpoons H_3O^+ + HCO_3^- \qquad K_{a_1}^\ominus$$

$$HCO_3^- + H_2O \rightleftharpoons H_3O^+ + CO_3^{2-} \qquad K_{a_2}^\ominus$$

其中 $K_{a_1}^\ominus \gg K_{a_2}^\ominus$。

不难导出，对于二元酸 H_2A 及其对应的二元碱 A^{2-}，它们的解离常数之间有如下关系：

$$K_{a_1}^\ominus K_{b_2}^\ominus = K_{a_2}^\ominus K_{b_1}^\ominus = [H^+][OH^-] = K_w^\ominus$$

同样可以推出，对于三元酸 H_3A 及其对应的三元碱 A^{3-} 之间有：

$$K_{a_1}^\ominus K_{b_3}^\ominus = K_{a_2}^\ominus K_{b_2}^\ominus = K_{a_3}^\ominus K_{b_1}^\ominus = [H^+][OH^-] = K_w^\ominus$$

因此，利用共轭酸碱对之间的对应关系，可由已知酸（或碱）的 $K_a^\ominus$（或 $K_b^\ominus$）求得其对应共轭碱（或酸）的 $K_b^\ominus$（或 $K_a^\ominus$）。

从以上的讨论可见，酸与碱是相对的，又是统一的。它们之间的强弱有一定的依赖关系，强酸的共轭碱是弱碱，强碱的共轭酸是弱酸；反之，弱酸的共轭碱是强碱，弱碱的共轭酸是强酸。因此，我们常常可以比较酸的强弱，再由此来确定其共轭碱的相对强弱。

酸碱的相对强弱确定以后，我们就可以判断酸碱反应的方向。酸碱反应总是由强酸与强碱反应生成相应的弱碱和弱酸。如：

$$\underset{\text{较强的酸}}{H_3PO_4} + \underset{\text{较强的碱}}{NH_3} \longrightarrow \underset{\text{较弱的碱}}{H_2PO_4^-} + \underset{\text{较弱的酸}}{NH_4^+}$$

酸碱质子理论拓展了酸碱概念，使人们加深了对酸碱的认识。它包括了所有显示酸碱性的物质，但是对于酸仍然限制在含氢的物质上，故酸碱反应也就只能局限于包含质子转移的反应。

1923 年美国科学家路易斯又提出了另一种酸碱概念："凡是能给出电子对的分子、离子或原子团都叫做碱，凡是能接受电子对的分子、离子或原子团都叫做酸"。这一概念使酸碱反应不再是质子的转移反应，而是电子的转移，是碱性物质提供电子对与酸性物质生成配位共价键的反应，这种酸碱理论又称酸碱电子理论。酸碱电子理论以电子的授受关系来说明酸碱的反应，更能体现物质的本质，而且由于化合物中配位键普遍存在，因此路易斯酸碱的范围更加广泛，故又被称为广义酸碱理论（theory of generalized acids and bases）。该理论最大的缺点是无统一的强弱顺序，不易确定酸碱的相对强度，酸碱反应的方向难以判断。

为了克服这些缺点，20世纪60年代，人们又根据酸碱得失电子的难易程度，将酸分为软、硬酸，碱分为软、硬碱，以体现酸碱的特性，并总结出软硬酸碱规则。总之，各酸碱理论各有其优缺点。一般在处理水溶液系统中的酸碱问题时，可采用质子理论或电离理论；处理有机化学和配位化学中的问题时，则需借助路易斯酸碱概念；讨论无机化合物的一些性质时，又常借用软硬酸碱规则。作为化学工作者，应该了解酸碱概念的演变过程，掌握多种主要的酸碱理论及其应用范围。

4.1.2 酸碱溶液的pH计算

4.1.2.1 质子条件式

H^+浓度的计算方法是从精确的数量关系出发，根据具体条件，分清主次，合理取舍，使其成为易于计算的简化形式。计算的依据有物料平衡式、电荷平衡式和质子条件式，常用的是质子条件式。

酸碱反应的实质是质子的传递。反应达到平衡时，酸给出质子的总数和碱得到质子的总数必然相等。用来表示在质子转移反应中得失质子数相等的数学表达式，称为质子条件式（proton balance equation），又称质子等衡式，用PBE表示。

列出质子条件式的步骤是：①选择质子参考水准（或称零水准），即在溶液中大量存在并且参加质子转移的组分和溶剂作为参考水准；②将溶液中的其他共轭酸碱组分与参考水准比较，所有得到质子的产物分别用其平衡浓度乘以得质子的数量，相加后写在等式的一边，所有失质子的产物分别用其平衡浓度乘以失去的质子数量，相加后写在等式的另一边，即得到质子条件式。在质子条件式中，不出现作为参考水准的物质。

【例4.1】 写出一元弱酸HA的水溶液的质子条件式。

解：先选零水准，大量存在并参与质子转移反应的物质是HA和H_2O，因此选它们作为零水准，质子转移情况为：

$$\text{零水准}$$
$$HA \xrightarrow{-H^+} A^-$$
$$H_3O^+ \xleftarrow{+H^+} H_2O \xrightarrow{-H^+} OH^-$$

式中，H_3O^+（简写为H^+）是溶液中H_2O获得质子后的产物，将它写在零水准的一边，而A^-和OH^-为HA和H_2O失去质子后产物，写在零水准的另一边。根据得失质子数目相等原则，列出质子条件式：

$$[H^+]=[A^-]+[OH^-]$$

【例4.2】 写出$NaNH_4HPO_4$溶液的质子条件式。

解：选NH_4^+、HPO_4^{2-}、H_2O为参考水准，溶液中质子转移反应为：

$$\text{零水准}$$
$$NH_4^+ \xrightarrow{-H^+} NH_3$$
$$H_2PO_4^- \xleftarrow{+H^+} HPO_4^{2-} \xrightarrow{-H^+} PO_4^{3-}$$
$$H_3PO_4 \xleftarrow{+2H^+}$$
$$H_3O^+ \xleftarrow{+H^+} H_2O \xrightarrow{-H^+} OH^-$$

质子条件式为：$[H_2PO_4^-]+2[H_3PO_4]+[H^+]=[NH_3]+[PO_4^{3-}]+[OH^-]$

由此可见：质子条件式中既考虑了酸式解离（$HPO_4^{2-} \longrightarrow PO_4^{3-}$），又考虑了碱式解离，同时又考虑了 H_2O 的质子自递作用，因此，质子条件式反映了酸碱平衡系统中得失质子的严密的数量关系，它是处理酸碱平衡的依据。

【例 4.3】 写出含有浓度为 c_1 的 HAc 和浓度为 c_2 的 NaAc 水溶液的质子条件式。

解：在这一共轭系统中 H_2O、HAc 和 Ac^- 都参与质子转移，但 HAc 和 Ac^- 为共轭酸碱对，互为失（得）质子后的产物，因此不能把共轭酸碱对的两个组分都选作零水准，而只能选择其中的一种。

若选择 H_2O 和 HAc 为参考水准，则：

$$HAc \xrightarrow{-H^+} Ac^-$$

$$H_3O^+ \xleftarrow{+H^+} H_2O \xrightarrow{-H^+} OH^-$$

$$\begin{cases} [H^+]=[OH^-]+[Ac^-]_{HAc} \\ [Ac^-]=[Ac^-]_{HAc}+c_2 \end{cases}$$

则质子条件式为 $\qquad [H^+]+c_2=[OH^-]+[Ac^-]$

若选择 Ac^- 和 H_2O 为参考水准，则：

$$HAc \xleftarrow{+H^+} Ac^-$$

$$H_3O^+ \xleftarrow{+H^+} H_2O \xrightarrow{-H^+} OH^-$$

$$\begin{cases} [H^+]+[HAc]_{Ac^-}=[OH^-] \\ [HAc]=c_1+[HAc]_{Ac^-} \end{cases}$$

则质子条件式为 $\qquad [H^+]+[HAc]=[OH^-]+c_1$

由此可见，无论选择 HAc 还是选择 Ac^- 作为参考水准，所得到的质子条件式只是同一平衡式的不同表达式，通过物料平衡式 $[HAc]+[Ac^-]=c_1+c_2$ 可以得出它们是一致的，是可以相互变换成另一表达式的。

4.1.2.2 一元弱酸（碱）溶液 pH 的计算

对于一元弱酸 HA 溶液，质子条件式为：

$$[H^+]=[A^-]+[OH^-]$$

上式说明一元弱酸中的 $[H^+]$ 来自两部分：弱酸的解离（相当于式中的 $[A^-]$ 项）和水的解离（相当于式中的 $[OH^-]$ 项）。

将 $[A^-]=\dfrac{K_a^{\ominus}[HA]}{[H^+]}$ 和 $[OH^-]=\dfrac{K_w^{\ominus}}{[H^+]}$ 代入上式得：

$$[H^+]=\frac{K_a^{\ominus}[HA]}{[H^+]}+\frac{K_w^{\ominus}}{[H^+]}$$

即 $\qquad [H^+]=\sqrt{K_a^{\ominus}[HA]+K_w^{\ominus}} \qquad (4.5)$

上式为计算一元弱酸溶液 $[H^+]$ 中的精确公式。

由于计算所用常数本身即有百分之几的误差，因此这类分析计算通常允许有 5% 的误差，在实际工作中也没有必要精确求解，所以，可根据具体情况作合理近似处理，主要有以下三种情况。

① 若 $cK_a^{\ominus} \geqslant 10K_w^{\ominus}$（$c$ 为弱酸 HA 的总浓度），则 $[HA]=c-[A^-] \approx c-[H^+]$，且式

中 $K_w^{\ominus}$ 项可忽略（忽略水的解离）。精确式可简化为近似式：

$$[H^+]=\sqrt{K_a^{\ominus}(c-[H^+])}$$

即
$$[H^+]=\frac{1}{2}[-K_a^{\ominus}+\sqrt{(K_a^{\ominus})^2+4cK_a^{\ominus}}] \tag{4.6}$$

② 若 $c/K_a^{\ominus}\geqslant 105$，则弱酸的解离度很小，可认为 $[HA]\approx c$，则精确式可简化为另一种近似式：

$$[H^+]=\sqrt{cK_a^{\ominus}+K_w^{\ominus}} \tag{4.7}$$

③ 若 $c/K_a^{\ominus}\geqslant 105$，且 $cK_a^{\ominus}\geqslant 10K_w^{\ominus}$，则精确式可进一步简化为：

$$[H^+]=\sqrt{cK_a^{\ominus}} \tag{4.8}$$

此式为常用的最简式。

同理可推得一元弱碱 A^- 溶液中 OH^- 浓度的计算公式，只是需要将式（4.5）～式（4.8）及使用条件中的 $[H^+]$ 和 $K_a^{\ominus}$ 相应地换成 $[OH^-]$ 和 $K_b^{\ominus}$，所得公式即可适用于一元弱碱 A^- 溶液中 OH^- 浓度的计算。

4.1.2.3 两性物质溶液 pH 的计算

在计算两性物质溶液的酸度时，要同时考虑它的酸性和碱性两种性质。

以 NaHA 为例，质子条件为：

$$[H_2A]+[H^+]=[A^{2-}]+[OH^-]$$

将平衡常数 $K_{a_1}^{\ominus}$、$K_{a_2}^{\ominus}$ 代入上式，得：

$$\frac{[H^+][HA^-]}{K_{a_1}^{\ominus}}+[H^+]=\frac{K_{a_2}^{\ominus}[HA^-]}{[H^+]}+\frac{K_w^{\ominus}}{[H^+]}$$

即
$$[H^+]=\sqrt{\frac{K_{a_1}^{\ominus}(K_{a_2}^{\ominus}[HA^-]+K_w^{\ominus})}{K_{a_1}^{\ominus}+[HA^-]}}$$

或表示为
$$[H^+]=\sqrt{\frac{K_{a_2}^{\ominus}[HA^-]+K_w^{\ominus}}{1+\frac{[HA^-]}{K_{a_1}^{\ominus}}}} \tag{4.9}$$

式(4.9)为精确计算式。

用上式计算非常复杂，多数情况下也没有必要精确计算，可根据实际情况作合理简化处理。

一般 HA^- 给出质子与接受质子的能力都比较弱，其酸式和碱式解离均可忽略，可认为 $[HA^-]\approx c$。

① 若 $cK_{a_2}^{\ominus}\geqslant 10K_w^{\ominus}$，可略去 $K_w^{\ominus}$ 项，则得近似计算式：

$$[H^+]=\sqrt{\frac{cK_{a_2}^{\ominus}}{1+\frac{c}{K_{a_1}^{\ominus}}}} \tag{4.10}$$

② 若 $c/K_{a_1}^{\ominus}\geqslant 10$，则可略去上式分母中的次要项 1，经整理可得：

$$[H^+]=\sqrt{\frac{cK_{a_2}^{\ominus}+K_w^{\ominus}}{\frac{c}{K_{a_1}^{\ominus}}}} \tag{4.11}$$

③ 若 $cK_{a_2}^{\ominus} \geq 10K_w^{\ominus}$ 且 $c/K_{a_1}^{\ominus} \geq 10$，则：

$$[H^+] = \sqrt{K_{a_1}^{\ominus} K_{a_2}^{\ominus}} \tag{4.12}$$

此式为常用的最简式。

4.1.2.4 其他酸碱溶液 pH 的计算

其他酸碱溶液 pH 的计算，可采用一元弱酸和两性物质溶液 pH 计算途径和思路作类似处理，此处不再一一推导。在实际工作中，溶液的 pH 的计算要求精度不是很高，可直接用最简式进行计算。各种酸碱溶液的 pH 计算最简式如下。

（1）一元弱酸（碱）

$$[H^+] = \sqrt{cK_a^{\ominus}} \quad \text{或} \quad [OH^-] = \sqrt{cK_b^{\ominus}}$$

如 HAc、HF、NH_4Cl、$NH_2OH \cdot HCl$、$NH_3 \cdot H_2O$、C_5H_5N、NaAc 及 KCN 等。

（2）多元弱酸（碱）

按一元酸碱近似处理：

$$[H^+] = \sqrt{cK_{a_1}^{\ominus}} \quad \text{或} \quad [OH^-] = \sqrt{cK_{b_1}^{\ominus}}$$

如 H_2S、$H_2C_2O_4$、Na_2CO_3 及 K_3PO_4 等。

（3）两性物质

可分为以下几种情况考虑。

① 二元酸式盐 NaHA：$[H^+] = \sqrt{K_{a_1}^{\ominus} K_{a_2}^{\ominus}}$。如 $NaHCO_3$、NaHS 及 $NaHC_2O_4$ 等。

② 多元酸式盐 NaH_2A：$[H^+] = \sqrt{K_{a_1}^{\ominus} K_{a_2}^{\ominus}}$；$Na_2HA$：$[H^+] = \sqrt{K_{a_2}^{\ominus} K_{a_3}^{\ominus}}$。如 NaH_2PO_4、Na_2HPO_4 等。

③ 弱酸弱碱盐 AB：$[H^+] = \sqrt{K_a^{\ominus} K_a^{\ominus\prime}} = \sqrt{K_a^{\ominus}(A^+) K_a^{\ominus\prime}(HB)}$

$$\begin{cases} K_a^{\ominus} \text{ 为 } A^+ \text{ 的 } K_a^{\ominus} \\ K_a^{\ominus\prime} \text{ 为 } B^- \text{ 的共轭酸 HB 的 } K_a^{\ominus} \end{cases}$$

如 NH_4Ac、NH_4F 等。

（4）缓冲溶液

共轭酸碱对（HA-A^-）

$$[H^+] = K_a^{\ominus} \frac{c_a}{c_b} \tag{4.13}$$

如 HAc-NaAc、NH_4Cl-NH_3 等。

【例 4.4】 计算 $0.10 \text{mol} \cdot L^{-1}$ 一氯乙酸（$CH_2ClCOOH$）溶液的 pH。

解： 查附录 3 得一氯乙酸 $pK_a^{\ominus} = 2.86$，$cK_a^{\ominus} = 0.10 \times 10^{-2.86} \gg 10K_w^{\ominus}$，因此水解离的 $[H^+]$ 项可忽略，又由于 $c/K_a^{\ominus} = 0.10/10^{-2.86} = 72 < 10^5$，说明酸的解离不能忽略，不能用总浓度近似地代替平衡浓度，用近似计算公式(4.6)计算：

$$[H^+] = \frac{1}{2}[-K_a^{\ominus} + \sqrt{(K_a^{\ominus})^2 + 4cK_a^{\ominus}}]$$

$$= \frac{1}{2}[-10^{-2.86} + \sqrt{(10^{-2.86})^2 + 4 \times 0.10 \times 10^{-2.86}}] = 0.011(\text{mol} \cdot L^{-1})$$

即 pH=1.96，最简式求得：pH=1.89。

【例 4.5】 计算 $0.010 \text{mol} \cdot L^{-1}$ 的酒石酸溶液的 pH。

解： 查附录 3 得酒石酸：$K_{a_1}^{\ominus} = 9.1 \times 10^{-4}$，$K_{a_2}^{\ominus} = 4.3 \times 10^{-5}$。

按一元酸处理，$cK_{a_1}^{\ominus}=0.010\times9.1\times10^{-4}\gg10K_w^{\ominus}$，因此水解离的[H$^+$]项可忽略，又由于$c/K_{a_1}^{\ominus}=0.010/(9.1\times10^{-4})=11<105$，故采用近似式(4.6)计算：

$$[H^+]=\frac{1}{2}[-K_a^{\ominus}+\sqrt{(K_a^{\ominus})^2+4cK_a^{\ominus}}]$$

$$=\frac{1}{2}[-9.1\times10^{-4}+\sqrt{(9.1\times10^{-4})^2+4\times0.010\times9.1\times10^{-4}}]$$

$$=2.6\times10^{-3}(\text{mol}\cdot\text{L}^{-1})$$

即pH=2.59，最简式求得：pH=2.52。

【例4.6】 在0.10mol·L^{-1}的盐酸中通入H$_2$S至饱和，求溶液中S^{2-}的浓度。（已知常温、常压下H$_2$S的溶解度为0.10mol·L^{-1}）

解： 查附录3得H$_2$S：$K_{a_1}^{\ominus}=1.3\times10^{-7}$，$K_{a_2}^{\ominus}=7.1\times10^{-15}$。

盐酸完全解离，H$_2$S解离出的H$^+$可忽略，故[H$^+$]=0.10mol·L^{-1}。

设[S^{2-}]为 x mol·L^{-1}，则：

$$\text{H}_2\text{S} \rightleftharpoons 2\text{H}^+ + \text{S}^{2-} \qquad K^{\ominus}=K_{a_1}^{\ominus}K_{a_2}^{\ominus}$$

平衡浓度/mol·L^{-1} 0.10   0.10 x

$$K^{\ominus}=\frac{[\text{H}^+]^2[\text{S}^{2-}]}{[\text{H}_2\text{S}]}=\frac{0.10^2 x}{0.10}=1.3\times10^{-7}\times7.1\times10^{-15}$$

解得 $\qquad x=9.2\times10^{-21}$

即 $\qquad [\text{S}^{2-}]=9.23\times10^{-21}\text{mol}\cdot\text{L}^{-1}$

结果表明，由于0.10mol·L^{-1}盐酸的存在，使[S^{2-}]大大降低了。

在H$_2$S饱和溶液中，可通过控制溶液的酸度来控制浓度中的[S^{2-}]。由于金属硫化物的溶解度相差较大，在实际工作中可通过控制酸度沉淀分离金属离子。酸度与[S^{2-}]的关系为：

$$[\text{H}^+]^2[\text{S}^{2-}]=K_{a_1}^{\ominus}K_{a_2}^{\ominus}[\text{H}_2\text{S}] \qquad (4.14)$$

$$=1.3\times10^{-7}\times7.1\times10^{-15}\times0.10=9.2\times10^{-23}$$

【例4.7】 试计算0.050mol·L^{-1} Na$_2$HPO$_4$溶液的pH。

解： 由附录3得：H$_3$PO$_4$的$pK_{a_1}^{\ominus}=2.12$，$pK_{a_2}^{\ominus}=7.20$，$pK_{a_3}^{\ominus}=12.36$。

$cK_{a_3}^{\ominus}=0.050\times10^{-12.36}=2.2\times10^{-14}<10K_w^{\ominus}$，$K_w^{\ominus}$不能略去；

$c/K_{a_2}^{\ominus}=0.050/10^{-7.20}\gg10$，可略去"1"项。故用式(4.11)计算：

$$[\text{H}^+]=\sqrt{\frac{cK_{a_3}^{\ominus}+K_w^{\ominus}}{\dfrac{c}{K_{a_2}^{\ominus}}}}=\sqrt{\frac{0.050\times10^{-12.36}+10^{-14.00}}{\dfrac{0.05}{10^{-7.20}}}}=2.0\times10^{-10}\ (\text{mol}\cdot\text{L}^{-1})$$

即pH=9.70，最简式求得：pH=9.78。

【例4.8】 将2.0mol·L^{-1}的HAc溶液和2.0mol·L^{-1}的NaAc溶液等体积混合后，(1)计算此缓冲溶液的pH；(2)计算在90mL该缓冲溶液中加入10mL 0.1mol·L^{-1}的HCl后，溶液的pH为多少？(3)计算在90mL该缓冲溶液中加入10mL 0.1mol·L^{-1}的NaOH后，溶液的pH为多少？

解： (1)等体积混合后浓度减为原来的一半：$c(\text{NaAc})=1.0$mol·L^{-1}，$c(\text{HAc})=1.0$mol·L^{-1}；查附录3知：HAc的$pK_a^{\ominus}=4.74$。由式(4.13)得：

$$\text{pH}=pK_a^{\ominus}-\lg\frac{c_a}{c_b}=4.74$$

（2）加入 HCl：$H^+ + Ac^- \longrightarrow HAc$，使 HAc 浓度稍有增加，$Ac^-$ 浓度稍有减小，则：

$$c_a = \frac{1.0 \times 90}{100} + \frac{0.1 \times 10}{100} = 0.91 \text{ (mol·L}^{-1}\text{)}, \quad c_b = \frac{1.0 \times 90}{100} - \frac{0.1 \times 10}{100} = 0.89 \text{ (mol·L}^{-1}\text{)}$$

$$pH = pK_a^\ominus - \lg\frac{c_a}{c_b} = 4.74 - \lg\frac{0.91}{0.89} = 4.73$$

（3）加入 NaOH：$HAc + OH^- \longrightarrow Ac^- + H_2O$，使 Ac^- 浓度稍有增加，HAc 浓度稍有减小，则：

$$c_a = \frac{1.0 \times 90}{100} - \frac{0.1 \times 10}{100} = 0.89 \text{ (mol·L}^{-1}\text{)}, \quad c_b = \frac{1.0 \times 90}{100} + \frac{0.1 \times 10}{100} = 0.91 \text{ (mol·L}^{-1}\text{)}$$

$$pH = pK_a^\ominus - \lg\frac{c_a}{c_b} = 4.74 - \lg\frac{0.89}{0.91} = 4.75$$

由计算说明：在上述的缓冲溶液中，加入盐酸或（氢氧化钠）溶液 pH 仅改变 0.01 单位。但若是将缓冲溶液变为纯水，加入盐酸或（氢氧化钠）溶液 pH 将改变 5 个单位。

4.1.3 同离子效应与缓冲溶液

（1）同离子效应与盐效应

在弱电解质溶液中，加入含有与弱电解质相同离子的强电解质，使弱电解质的解离度降低的现象称为同离子效应（same ion effect）。如在 HAc 溶液中加入盐酸或 NaAc，HAc 的解离度将减小。这是因为[H^+]或 Ac^- 是 HAc 的解离反应的产物，产物的浓度增加，解离平衡将逆向移动，故 HAc 的解离度将减小。

在弱电解质的溶液中，加入与平衡无关的易溶强电解质，弱电解质解离度略有增大的现象称为盐效应（salt effect）。产生盐效应的原因是因为强电解质的存在会使溶液的离子强度增大，离子间相互牵制作用增强，使弱电解质的组分离子相互接触形成分子的机会减少，其结果使弱电解质的解离度增大。更准确地说，是由于强电解质的加入，使离子自由活动的有效浓度减小所致。

在发生同离子效应的同时，必伴有盐效应的发生，但同离子效应影响要大得多，在一般情况下，可忽略盐效应。

（2）缓冲溶液的概念

从例 4.8 可见在 HAc 和 NaAc 混合溶液中加入少量强酸、强碱时，混合溶液的 pH 基本保持不变。这种能对抗外来少量强酸、强碱或适当倍数的稀释而保持其 pH 基本不变的作用称为缓冲作用（buffer action）。具有缓冲作用的溶液称为缓冲溶液（buffer solution），缓冲溶液由共轭酸及其相应的共轭碱组成，可以是弱酸及其共轭碱，也可以是弱碱及其共轭酸，不同强度的酸式盐也可组成缓冲溶液，如 HAc-NaAc、$NH_3·H_2O$-NH_4Cl、NaH_2PO_4-Na_2HPO_4 等。

（3）缓冲溶液作用原理

由前面的讨论可知，共轭酸碱对组成的缓冲溶液的 pH 的计算公式为：

$$[H^+] = K_a^\ominus \frac{c_a}{c_b}$$

下面以 HAc-NaAc 溶液为例，说明其缓冲作用原理。这种缓冲溶液中同时含有大量的抗碱组分（HAc）和大量的抗酸组分（Ac^-），并存在如下平衡：

$$HAc \underset{\text{外加适量酸，平衡向左移动}}{\overset{\text{外加适量碱，平衡向右移动}}{\rightleftharpoons}} H^+ + Ac^-$$

当外加少量强酸时，H^+ 与抗酸组分 Ac^- 结合成 HAc，使 HAc 浓度略有增加，Ac^- 浓度略有减少，两者的浓度比基本不变，溶液 pH 变化不大；当外加少量强碱时，OH^- 与抗碱组分 HAc 反应，使 HAc 浓度略有减少，Ac^- 浓度略有增加，两者的浓度比基本不变，因而溶液 pH 仍然能保持基本不变；若将溶液适当倍数稀释，两组分浓度同等倍数减少，其比值保持不变，溶液的 pH 不变。

（4）缓冲溶液的选择和配制

在实际工作中选用缓冲溶液时，其选择原则为：

① 缓冲溶液对反应过程应没有干扰；

② 需要控制的 pH 应在缓冲溶液的缓冲范围内；

③ 缓冲溶液应有足够的缓冲容量，即缓冲组分浓度要适当大且比较接近。当 $c_a : c_b \approx 1$ 时，缓冲容量（或称缓冲能力）最大，此时 pH$\approx$p$K_a^\ominus$，称为缓冲溶液的最佳缓冲 pH。在实际工作中，总浓度一般在 0.05～0.5mol·L^{-1} 之间。

缓冲溶液起缓冲作用的 pH 范围约在 p$K_a^\ominus \pm 1$，各种不同的共轭酸碱，由于它们的 $K_a^\ominus$ 值不同，组成的缓冲溶液所能控制的 pH 也不同。

配制缓冲溶液时，先根据缓冲 pH 的范围，选择适当的缓冲对，然后通过计算确定配制方法，必要时通过酸度计精确测定 pH。

【例 4.9】 欲配制 pH = 4.50 的缓冲溶液 100mL，需用 0.50mol·L^{-1} NaAc 和 0.50mol·L^{-1} HAc 溶液各多少毫升？

解：设需 0.50mol·L^{-1} HAc 体积为 V(mL)，则需 0.50mol·L^{-1} NaAc(100mL$-V$)，当两者混合后，浓度分别为：

$$c(\text{HAc}) = \frac{0.50V}{100} \qquad c(\text{NaAc}) = \frac{0.50(100-V)}{100}$$

将数据代入式(4.13)：

$$10^{-4.50} = 10^{-4.74} \times \frac{0.50V/100}{0.50(100-V)/100}$$

解得 $\qquad\qquad\qquad\qquad V = 64\text{mL}$

需 0.50mol·L^{-1} NaAc 溶液为：100mL$-$64mL$=$36mL。

【例 4.10】 用 1.0mol·L^{-1} 氨水和固体 NH$_4$Cl 为原料，如何配制 500mL pH 为 9.0，其中氨水浓度为 0.20mol·L^{-1} 的缓冲溶液？

解：由附录 3 查得 p$K_b^\ominus$(NH$_3$·H$_2$O) = 4.74，故 NH$_4^+$ 的 p$K_a^\ominus$ = 14.00$-$4.74 = 9.26。

将数据代入式(4.13)：

$$10^{-9.0} = 10^{-9.26} \times \frac{c(\text{NH}_4^+)}{0.20}$$

解得 $\qquad\qquad\qquad c(\text{NH}_4^+) = 0.36\text{mol·L}^{-1}$

$m(\text{NH}_4\text{Cl}) = c(\text{NH}_4^+)VM(\text{NH}_4\text{Cl}) = 0.36\times 0.500\times 53.49 = 9.6(\text{g})$

需 1.0mol·L^{-1} 氨水的体积为 $V(\text{NH}_3\cdot\text{H}_2\text{O}) = 0.20\times 500/1.0 = 100(\text{mL})$

配制方法：先将 9.6g NH$_4$Cl 固体溶于少量水中，然后加入 100mL 1.0mol·L^{-1} 氨水，稀释至 500mL，摇匀后即得 pH 为 9.0 的缓冲溶液。

（5）缓冲溶液在医学上的意义

人体内各种体液的 pH 具有十分重要的意义，它们均控制在一个狭小范围内，因为只有在这个范围内，机体的各项生理活动才能正常进行。正常人血液的 pH 在 7.35～7.45 这样一个狭小的范围内，若血液 pH 改变超过 0.4 单位，会有生命危险。

在体内许多代谢的结果都有酸产生，这些代谢产生的酸或碱进入血液并没有引起 pH 发生明显的变化，这说明血液具有足够的缓冲作用。

血液之所以具有缓冲作用，是因为血液是一种很好的缓冲溶液。血液中存在下列缓冲系：

血浆中　　H_2CO_3-HCO_3^-，$H_2PO_4^-$-HPO_4^{2-}，H_nP-$H_{n-1}P$（H_nP 代表蛋白质）；

红细胞中　　H_2b-Hb^-（H_2b 代表蛋白质），H_2bO_2-HbO_2^-（H_2bO_2 氧合血红蛋白），H_2CO_3-HCO_3^-，$H_2PO_4^-$-HPO_4^{2-}。

当人体内各组织和细胞在代谢中产生的酸进入血液时，血液中缓冲系 H_2CO_3-HCO_3^- 中的共轭碱 HCO_3^- 就和 H^+ 反应，转变为其共轭酸 H_2CO_3 及 CO_2，溶解的 CO_2 转变为气相 CO_2 从肺部呼出，维持 pH 基本不变。如果代谢产生的碱进入血液，则 H_2CO_3 解离平衡向右移动，从而抑制 pH 的升高。红细胞中以血红蛋白和氧合血红蛋白这两对缓冲系的作用为主，其缓冲作用和 H_2CO_3-HCO_3^- 缓冲作用的原理相似。总之，血液 pH 能保持正常范围，是多种缓冲对的缓冲作用以及有效的生理调节作用的结果。

此外，缓冲溶液在工业、农业、化学、生物学等方面都有很重要的应用。例如土壤溶液是很好的缓冲溶液，它是由碳酸及其共轭碱、腐殖酸及共轭碱组成的缓冲对，这有利于微生物的正常活动和农作物的发育生长。在工业生产中，缓冲溶液在测定、化学分离中也有广泛的应用。

*4.2　强电解质溶液

4.2.1　离子氛的概念

强电解质在水溶液中完全解离，理论上的解离度应为 100%，但一些实验结果表明，其解离度小于 100%，如表 4.2 所示。

表 4.2　$0.10 mol·L^{-1}$ 某些强电解质的实测解离度

电解质	HCl	HNO_3	H_2SO_4	KOH	NaOH	KCl	NH_4Cl	$CuSO_4$
α/%	92	92	58	89	84	86	88	40

对强电解质来说，实验求得的解离度称为表观解离度（apparent ionization）。为了阐明强电解质在溶液中的实际情况，1923 年德拜（P. Debye）和休克尔（E. Hückel）提出了电解质离子相互作用理论。

该理论的主要论点是：强电解质在水溶液中完全解离成离子，但离子在水溶液中并不完全自由。由于静电引力作用，带相反电荷的离子相互吸引，距离近的吸引力大；带同种电荷的离子相互排斥，距离近的排斥力大。因此，距阳离子越近的地方，阳离子越少，阴离子越多；距阴离子越近的地方，阴离子越少，阳离子越多。总的结果是，任何一个离子都好像被一层球形对称的带相反电荷的离子所包围着。这层在中心阳离子或阴离子周围所构成的球体，叫做离子氛（ionic atmosphere）。因此，每一个正离子周围有一个带负电的离子氛，同样在每一个负离子周围也有一个带正电荷的离子氛。离子氛的形成，使溶液中离子的行动受到了限制。倘若给电解质溶液通电，这时正离子应该向负极移动，但它的"离子氛"却向正极移动。这样，正离子向负极迁移的速度显然比没有"离子氛"的离子慢些，因此溶液的导电性就比理论上要低一些，这也是相当于溶液中离子数目的减少。

因此强电解质的解离度的意义与弱电解质的不同,弱电解质的解离度能真实反映解离的程度,而强电解质的解离度只能反映离子间相互牵制作用的相对强弱,其解离度称为表观解离度。

4.2.2 活度和活度系数

由于强电解质溶液中存在离子氛,每个离子不能完全自由地运动,其表观解离度与理论解离度有一定的差别,前者总是小于后者。为解释这种差别,路易斯提出了活度的概念。活度(activity)是指电解质溶液中离子的有效浓度,它等于溶液中离子的实际浓度乘上一个校正系数,这个校正系数叫做活度系数(activity coefficient)。

$$\alpha = \gamma_B c_B$$

γ_B 称为溶质 B 的活度系数。一般来说,$\gamma_B < 1$,所以 $\alpha < c_B$。显然,溶液越稀,离子间的距离越远,离子间的牵制作用越小,活度与浓度的差别越小。当溶液的浓度很小时,活度接近浓度,此时 γ_B 接近于 1。可见,活度系数反映了溶液中离子的相互牵制作用的程度。对于液态和固态的纯物质以及稀水溶液中的水,其活度均视为 1。在近似计算中,通常把中性分子的活度系数视为 1。对于弱电解质溶液,由于其解离度很小,离子浓度很小,其活度系数也视为 1,弱电解质的活度与浓度基本上相等。在稀溶液中,我们在进行计算时一般用浓度代替活度。

4.3 沉淀溶解平衡

严格来说,在水中绝对不溶的物质是不存在的。物质在水中溶解性的大小常以溶解度来衡量。通常大致可以把溶解度(solubility)小于 $0.01g \cdot (100g\ H_2O)^{-1}$ 的物质称为难溶物质;溶解度在 $0.01 \sim 0.1 g \cdot (100g H_2O)^{-1}$ 的物质称为微溶物质;其余的则称为易溶物质。

在科学实验和化工生产中,经常要利用沉淀反应来制取一些难溶化合物,或者鉴定和分离某些离子。因此,了解有关沉淀的形成、溶解、转化及其影响因素是很有意义的。

4.3.1 溶度积常数 $K_{sp}^{\ominus}$

对于难溶物质 $BaCO_3$ 来说,构成这一难溶物质的组分 Ba^{2+} 和 CO_3^{2-} 称为构晶离子。在一定温度下将 $BaCO_3$ 投入水中时,由于受到极性水分子的作用,会大大削弱了固体中的 Ba^{2+} 和 CO_3^{2-} 间的吸引力,使得部分 Ba^{2+} 和 CO_3^{2-} 离开 $BaCO_3$ 固体表面,以水合离子的形式进入水中,这一过程称为溶解。另一方面,进入水中的水合离子在溶液中碰到 $BaCO_3$ 固体表面时,又能重新回到固体表面,这一过程就称为沉淀。

溶解与沉淀的过程是相互矛盾的过程。当难溶物质投入水中的初期,溶液中水合 Ba^{2+} 和 CO_3^{2-} 的浓度极低,溶解速率较大,这时溶液是未饱和的。随着溶解的不断进行,溶液中水合构晶离子的浓度逐渐加大,水合 Ba^{2+} 和水合 CO_3^{2-} 返回 $BaCO_3$ 固体表面的趋势逐渐加大,即沉淀的速率逐渐加大。当溶解速率与沉淀速率相等时,便达到一种动态平衡,这时的溶液就是饱和溶液(saturated solution)。未溶解的 $BaCO_3$ 固体与溶液中水合 Ba^{2+} 和水合 CO_3^{2-} 间存在着如下平衡:

$$BaCO_3(s) \rightleftharpoons Ba^{2+}(aq) + CO_3^{2-}(aq)$$

当 $BaCO_3$ 溶解或沉淀达到平衡时，构晶离子平衡浓度幂的乘积也是一个常数，用 $K_{sp}^{\ominus}$ 表示：

$$K_{sp}^{\ominus}=[Ba^{2+}][CO_3^{2-}]$$

$K_{sp}^{\ominus}$ 称为溶度积常数，简称溶度积（solubility product，sp）。

严格地讲，溶度积应该是饱和溶液中各离子活度的乘积。一般手册中所提供的有关数据是实验测得的活度积常数，但由于大多数难溶电解质溶解度很小，溶液中离子浓度极稀，活度积常数与溶度积常数相差不大。

与其他平衡常数相同，$K_{sp}^{\ominus}$ 与难溶物的本性以及温度等有关。它的大小可以用来衡量难溶物质生成或溶解能力的强弱。$K_{sp}^{\ominus}$ 越大，表明该难溶物质的溶解度越大，要生成该沉淀就越困难；$K_{sp}^{\ominus}$ 越小，表明该难溶物质的溶解度越小，要生成该沉淀就越容易。在进行相对比较时，对同类型难溶物质，如 $BaSO_4$ 与 $AgCl$，$K_{sp}^{\ominus}$ 越大，其溶解度就越大。

4.3.2 溶解度和溶度积的换算

溶解度和溶度积都可以用来表示物质的溶解能力，两者之间可以进行相互换算，在溶解度和溶度积的相互换算时应注意，所采用的浓度单位应为 $mol \cdot L^{-1}$。另外，由于难溶物质的溶解度很小，溶解度在以 $mol \cdot L^{-1}$ 为单位和以 $g \cdot (100g\,水)^{-1}$ 为单位间进行换算时可以认为其饱和溶液的密度等于纯水的密度。

设 $A_mB_n(s)$ 的溶解度为 s：

$$A_mB_n(s) \rightleftharpoons mA^{n+}(aq) + nB^{m-}(aq)$$

起始浓度/$mol \cdot L^{-1}$ 0   0

平衡浓度/$mol \cdot L^{-1}$ ms ns

则 $\quad K_{sp}^{\ominus}=[A^{n+}]^m[B^{m-}]^n=(ms)^m(ns)^n=m^m \cdot n^n \cdot s^{m+n}$

$$s=\sqrt[m+n]{\frac{K_{sp}^{\ominus}}{m^m n^n}} \quad (4.15)$$

式（4.15）适用于溶解度很小的难溶强电解质在纯水中的溶解度和溶度积之间的换算，且组分离子在水溶液中不水解，也不形成"离子对"。

由式（4.15）可得，对于同类型难溶化合物，溶度积大的，以"$mol \cdot L^{-1}$"为单位的溶解度也大，因此可以根据溶度积的大小来直接比较它们溶解度的相对大小。例如 $BaSO_4$ 和 $AgCl$（同为 MA 型，一个分子在溶液中都解离出两个离子）。但是，对于不同类型的难溶化合物，不能简单地根据它们的 $K_{sp}^{\ominus}$ 来判断它们溶解度的相对大小。例如，虽然 $K_{sp}^{\ominus}(AgCl) > K_{sp}^{\ominus}(Ag_2CrO_4)$，但在纯水中，$Ag_2CrO_4$ 的溶解度较 $AgCl$ 的大。

【例 4.11】 298K，$AgCl$ 的溶解度为 $1.79 \times 10^{-3}\,g \cdot L^{-1}$，试求该温度下 $AgCl$ 的溶度积。

解：由附录 9 查得 $AgCl$ 的分子量为 143.32。

$$AgCl(s) \rightleftharpoons Ag^+(aq) + Cl^-(aq)$$

$$[Ag^+]=[Cl^-]=s(AgCl)=\frac{1.79 \times 10^{-3}\,g \cdot L^{-1}}{143.32\,g \cdot mol^{-1}}=1.25 \times 10^{-5}\,mol \cdot L^{-1}$$

所以 $\quad K_{sp}^{\ominus}(AgCl)=[Ag^+][Cl^-]=(1.25 \times 10^{-5})^2=1.56 \times 10^{-10}$

【例 4.12】 已知室温下，Ag_2CrO_4 的溶度积是 2.0×10^{-12}，求算 Ag_2CrO_4 的溶解度（单位：$g \cdot L^{-1}$）为多少？

解：由附录 9 查得 Ag_2CrO_4 的摩尔质量为 $331.73\,g \cdot mol^{-1}$。

设 Ag_2CrO_4 的溶解度为 $s(mol·L^{-1})$，由式(4.15) 得：

$$s=\sqrt[3]{\frac{K_{sp}^{\ominus}(Ag_2CrO_4)}{4}}=\sqrt[3]{\frac{2.0\times10^{-12}}{4}}\,mol·L^{-1}=7.9\times10^{-5}\,mol·L^{-1}$$

所以 Ag_2CrO_4 的溶解度为 $7.9\times10^{-5}\,mol·L^{-1}\times331.73\,g·mol^{-1}=2.6\times10^{-2}\,g·L^{-1}$

4.3.3 影响难溶电解质溶解度的因素

了解影响沉淀溶解平衡的主要因素，才能有效控制沉淀溶解度的大小，使沉淀进行相对完全或实现沉淀的溶解。

(1) 同离子效应的影响

实践证明，加入适当过量的沉淀剂，会使难溶电解质的溶解度减小，因而使沉淀更加完全。在难溶电解质的饱和溶液中，加入含有共同离子的易溶强电解质，可使难溶电解质的溶解度降低，这种作用叫做同离子效应，可通过计算来说明。

【例 4.13】 已知 $BaSO_4$ 的 $K_{sp}^{\ominus}=1.1\times10^{-10}$。试比较 $BaSO_4$ 在 250mL 纯水以及在 250mL $0.010\,mol·L^{-1}\,SO_4^{2-}$ 溶液中的溶解损失。

解： ① 纯水中 MA 型难溶化合物，$s_0=\sqrt{K_{sp}^{\ominus}}=\sqrt{1.1\times10^{-10}}\,mol·L^{-1}$

$BaSO_4$ 在 250mL 纯水的溶解损失为：

$$m_0=s_0VM(BaSO_4)=\sqrt{1.1\times10^{-10}}\,mol·L^{-1}\times0.250L\times233.39\,g·mol^{-1}=6.1\times10^{-4}\,g$$

② 设在 SO_4^{2-} 溶液中溶解度为 s

$$BaSO_4(s)\rightleftharpoons Ba^{2+}(aq)+SO_4^{2-}(aq)$$

起始浓度/$mol·L^{-1}$　　　　　　　　　0　　　　　　0.010
平衡浓度/$mol·L^{-1}$　　　　　　　　s　　　$s+0.010\approx0.010$

$$K_{sp}^{\ominus}=[Ba^{2+}][SO_4^{2-}]=s\cdot0.010=1.1\times10^{-10}$$

解得　　　　　　　　　　$s=1.1\times10^{-8}\,mol·L^{-1}$

$BaSO_4$ 在 250mL SO_4^{2-} 溶液中的溶解损失为：

$$m=sVM(BaSO_4)=1.1\times10^{-8}\,mol·L^{-1}\times0.250L\times233.39\,g·mol^{-1}=6.4\times10^{-7}\,g$$

计算结果表明，在相同温度下，$BaSO_4$ 在 $0.010\,mol·L^{-1}\,SO_4^{2-}$ 溶液中的溶解度比在纯水中低得多。因此，在利用沉淀反应来分离和鉴定某些离子时，应适当加入过量的沉淀剂，使沉淀反应趋于完全。从上例还可以看出，溶解损失是客观存在的。一般来说，定性分析中，溶液中残留离子的浓度不超过 $10^{-5}\,mol·L^{-1}$ 时可认为沉淀完全。定量分析中，溶液中残留离子的浓度不超过 $10^{-6}\,mol·L^{-1}$ 时可认为沉淀完全。

(2) 盐效应的影响

加入适当过量沉淀剂会使沉淀趋于完全，但是并非沉淀剂过量越多越好。实验结果表明，加入太过量的沉淀剂，由于增大了溶液中电解质的总浓度，反而使难溶电解质的溶解度稍有增大。这种因加入过多强电解质而使难溶电解质的溶解度增大的效应，叫做盐效应。具体例子见表 4.3。

表 4.3　$PbSO_4$ 在 Na_2SO_4 溶液中的溶解度

Na_2SO_4 浓度/$mol·L^{-1}$	0	0.01	0.04	0.10	0.20
$PbSO_4$ 溶解度/$mol·L^{-1}$	1.5×10^{-4}	1.6×10^{-5}	1.3×10^{-5}	1.6×10^{-5}	2.3×10^{-5}

由表 4.3 可见，用 $NaSO_4$ 沉淀 Pb^{2+} 时，开始同离子效应占主导作用，$PbSO_4$ 溶解度较水中的溶解度低并逐渐减小。当 Na_2SO_4 浓度大于 $0.04\,mol·L^{-1}$ 后，盐效应的作用开始抵

消同离子效应，占一定的统治地位，$PbSO_4$ 溶解度反而增大。一般只有当强电解质浓度大于 $0.05mol·L^{-1}$ 时，盐效应才会较为显著，特别是非同离子的其他电解质存在，否则一般可以忽略。沉淀反应时，一般沉淀剂只能适当过量，通常以过量 20%～50% 为宜。

（3）酸效应的影响

溶液的酸度给沉淀溶解度带来的影响称为酸效应。

如在 $Pb(NO_3)_2$ 溶液中加入 Na_2CO_3 或通入 CO_2 气体，两者都有 $PbCO_3$ 沉淀生成，但用 Na_2CO_3 会使 Pb^{2+} 沉淀更完全。这是因为通 CO_2 生成 H_2CO_3 溶液解离出的 CO_3^{2-} 很少，且在生成 $PbCO_3$ 沉淀的同时，又引起 $c(H^+)$ 增大，更抑制了 H_2CO_3 的解离，使 CO_3^{2-} 浓度更小，因而沉淀不完全。

另外，用相同浓度的 Na_2CO_3 和 $(NH_4)_2CO_3$ 作沉淀，前者比后者具有更强的沉淀效力，因为 $(NH_4)_2CO_3$ 的水解度比 Na_2CO_3 大，减少了 CO_3^{2-} 浓度，所以沉淀效果差。

（4）配位效应的影响

构晶离子因形成配合物给沉淀溶解度带来的影响称为配位效应（complexation effect）。例如，用 NaCl 溶液沉淀 Ag^+，当溶液中 Cl^- 浓度过高时就会发生这种现象。

表 4.4　AgCl 在 NaCl 溶液中的溶解度

过量 NaCl/mol·L^{-1}	AgCl 溶解度/mol·L^{-1}	过量 NaCl/mol·L^{-1}	AgCl 溶解度/mol·L^{-1}
0	$1.25×10^{-5}$	$3.6×10^{-2}$	$1.9×10^{-6}$
$3.4×10^{-3}$	$7.2×10^{-7}$	$3.5×10^{-1}$	$1.7×10^{-5}$
$9.2×10^{-3}$	$9.1×10^{-7}$	$5.0×10^{-1}$	$2.8×10^{-5}$

由表 4.4 可见，当溶液中 Cl^- 浓度在一定范围内时，同离子效应使得 AgCl 沉淀的溶解度随 Cl^- 浓度的升高而明显降低；但是，当 Cl^- 浓度过高时，由于 Cl^- 能与 Ag^+ 结合，形成 AgCl 分子，进一步结合，形成 $[AgCl_2]^-$ 等配离子，故 AgCl 沉淀的溶解度急剧增大。

$$AgCl(s) \rightleftharpoons Ag^+(aq) + Cl^-(aq)$$
$$AgCl(aq) + Cl^-(aq) \rightleftharpoons [AgCl_2]^-(aq)$$

一般来说，若沉淀的溶解度越大，则形成的配离子越稳定，配位效应的影响就越严重。有些难溶物质的溶解，就是利用了这种效应。例如，AgCl 沉淀在氨水中的溶解：

$$AgCl(s) + 2NH_3 \rightleftharpoons [Ag(NH_3)_2]^+ + Cl^-$$

（5）氧化还原效应的影响

由于氧化还原反应的发生使沉淀溶解度发生改变的现象就称为氧化还原效应（redox effect）。

例如，CuS 难溶于非氧化性稀酸，易溶于具有氧化性的硝酸中：

$$CuS(s) \rightleftharpoons Cu^{2+}(aq) + S^{2-}(aq)$$
$$3S^{2-} + 2NO_3^- + 8H^+ \rightleftharpoons 3S\downarrow + 2NO\uparrow + 4H_2O$$

正因为 S^{2-} 被 HNO_3 氧化为 S，使构晶离子 S^{2-} 的浓度显著降低，导致构晶离子浓度幂的乘积小于 $K_{sp}^{\ominus}(CuS)$，从而使 CuS 沉淀溶解。

（6）其他因素的影响

① 温度的影响　大多数沉淀物质的溶解过程为吸热过程。因此，一般沉淀的溶解度是随温度的升高而增大的。

② 溶剂的影响　一般无机物沉淀在有机溶剂中的溶解度要比在水中的溶解度小。

③ 沉淀颗粒大小的影响　一般来说，对于同一种沉淀，颗粒越小，溶解度越大。

④ 沉淀结构的影响　许多沉淀在刚生成的亚稳态晶型沉淀经放置一段时间后转变成稳定晶型，溶解度往往会大大降低。例如，CoS 沉淀初生时为 α 型，其 $K_{sp}^{\ominus}$ 为 4.0×10^{-21}，经放置后转变为 β 型，$K_{sp}^{\ominus}$ 为 2.0×10^{-25}。

4.3.4　溶度积规则及其应用

在第 3 章中讨论了通过反应商 J 和平衡常数 $K^{\ominus}$ 来判断反应进行的方向，这一规则同样适用于难溶电解质的沉淀溶解平衡。只不过在这里 J 为离子浓度幂次方的乘积，故也称之为离子积（ionic product），而 $K^{\ominus}$ 为溶度积 $K_{sp}^{\ominus}$。

对任一沉淀反应　　　$A_m B_n(s) \rightleftharpoons m A^{n+}(aq) + n B^{m-}(aq)$

$$J = c^m(A^{n+}) c^n(B^{m-}) \tag{4.16}$$

由化学反应定温方程式可得：

当 $J > K_{sp}^{\ominus}$ 时，$\Delta_r G_m > 0$，反应将向左进行，溶液为过饱和状态，将生成沉淀；

当 $J = K_{sp}^{\ominus}$ 时，$\Delta_r G_m = 0$，为饱和溶液，达到动态平衡；

当 $J < K_{sp}^{\ominus}$ 时，$\Delta_r G_m < 0$，反应朝溶解的方向进行，溶液为未饱和状态，将无沉淀析出，若有固体物质存在则会发生溶解。

这一规则就称为溶度积规则（the rule of solubility product）。利用它，可以通过控制溶液的离子浓度，使沉淀生成或溶解。

4.3.4.1　沉淀的生成

根据溶度积规则，要从溶液中沉淀出某一离子时，需加入适量沉淀剂，使其离子积 J 大于 $K_{sp}^{\ominus}$，该离子便会从溶液中沉淀出来。

【例 4.14】 已知 BaF_2 的 $K_{sp}^{\ominus} = 1.84 \times 10^{-7}$。现将 20.0 mL 0.050mol·L^{-1} $BaCl_2$ 溶液与 30.0 mL 0.050mol·L^{-1} KF 溶液混合，问有无 BaF_2 沉淀生成？

解：
$$c(Ba^{2+}) = \frac{0.050 \times 20.0}{50.0} = 2.0 \times 10^{-2} \ (\text{mol·L}^{-1})$$

$$c(F^-) = \frac{0.050 \times 30.0}{50.0} = 3.0 \times 10^{-2} \ (\text{mol·L}^{-1})$$

$$J = c(Ba^{2+}) c^2(F^-) = 2.0 \times 10^{-2} \times (3.0 \times 10^{-2})^2 = 1.8 \times 10^{-5} > K_{sp}^{\ominus}$$

所以有 BaF_2 沉淀生成。

4.3.4.2　沉淀的溶解

根据溶度积规则，只要设法降低溶液中离子浓度，使 $J < K_{sp}^{\ominus}$，则沉淀就会溶解。沉淀溶解的方法有以下几种。

(1) 酸碱溶解法

利用酸、碱或某些盐类（如铵盐）与难溶电解质组分离子结合成弱电解质（弱酸、弱碱或 H_2O），以溶解某些弱酸盐、弱碱盐或氢氧化物等难溶物的方法，称为酸碱溶解法。

① 难溶弱酸盐在强酸中的溶解：

$$MA(s) + 2H^+ \rightleftharpoons M^{2+} + H_2A \qquad K^{\ominus} = \frac{K_{sp}^{\ominus}}{K_{a_1}^{\ominus} K_{a_2}^{\ominus}}$$

② 难溶氢氧化物在酸中的溶解：

$$Cu(OH)_2(s) + 2H^+ \rightleftharpoons Cu^{2+} + 2H_2O \qquad K^{\ominus} = \frac{K_{sp}^{\ominus}}{(K_w^{\ominus})^2}$$

有些 $K_{sp}^{\ominus}$ 较大的氢氧化物可以溶解在弱酸性的铵盐溶液中，如 $Mg(OH)_2$、$Mn(OH)_2$ 等，例如：

$$Mg(OH)_2(s) + 2NH_4^+ \rightleftharpoons Mg^{2+} + 2NH_3 \cdot H_2O \qquad K^{\ominus} = \frac{K_{sp}^{\ominus}}{(K_b^{\ominus})^2}$$

由溶解反应的平衡常数可得，难溶化合物的 $K_{sp}^{\ominus}$ 越大，生成的弱电解质越弱，溶解反应越易进行。如 ZnS、MnS 等可溶解在稀盐酸中，而 CuS、HgS 等 $K_{sp}^{\ominus}$ 太小，即使浓盐酸也不能有效降低 S^{2-} 的浓度使其溶解。

【例 4.15】 在 100mL 0.10mol·L⁻¹ MgSO₄ 溶液中加入 100mL 0.10mol·L⁻¹ 氨水，问有无 $Mg(OH)_2$ 沉淀生成？若有沉淀生成，需在此混合溶液中加入多少克的 $NH_4Cl(s)$ 才能使生成的 $Mg(OH)_2$ 完全溶解？

解：由于是等体积混合，各组分浓度均减少一半，即：

$$c(Mg^{2+}) = c(NH_3 \cdot H_2O) = 5.0 \times 10^{-2} \text{mol} \cdot L^{-1}$$

（1）混合后未发生沉淀反应前：

$$c(OH^-) = \sqrt{cK_b^{\ominus}} = \sqrt{5.0 \times 10^{-2} \times 10^{-4.74}} = 9.5 \times 10^{-4} \text{ (mol·L}^{-1}\text{)}$$

$$J = c(Mg^{2+})c^2(OH^-) = 5.0 \times 10^{-5} \times (9.5 \times 10^{-4})^2 = 4.5 \times 10^{-8} > K_{sp}^{\ominus} = 1.8 \times 10^{-11}$$

所以，有 $Mg(OH)_2$ 沉淀生成。

（2）设欲使沉淀完全溶解，需加入 NH_4Cl 的浓度至少达 x。

解法一：先由溶度积规则计算出 $c(OH^-)$ 须满足的条件，再由 $NH_3 \cdot H_2O$ 的解离平衡计算所需加入的 NH_4Cl 的质量。

$$c(Mg^{2+})c^2(OH^-) < K_{sp}^{\ominus}$$

$$c(OH^-) < \sqrt{\frac{K_{sp}^{\ominus}}{c(Mg^{2+})}} = \sqrt{\frac{1.8 \times 10^{-11}}{5.0 \times 10^{-2}}} \text{mol} \cdot L^{-1} = 1.9 \times 10^{-5} \text{mol} \cdot L^{-1}$$

	$NH_3 \cdot H_2O$	$\rightleftharpoons$	NH_4^+	+	OH^-
起始浓度/mol·L⁻¹	5.0×10^{-2}		0		0
平衡浓度/mol·L⁻¹	$5.0 \times 10^{-2} - 1.9 \times 10^{-5} \approx 5.0 \times 10^{-2}$		x		1.9×10^{-5}

$$\frac{1.9 \times 10^{-5} x}{5.0 \times 10^{-2}} = 1.8 \times 10^{-5}$$

$$x = 4.7 \times 10^{-2} \text{mol} \cdot L^{-1}$$

$$m(NH_4Cl) = 4.7 \times 10^{-2} \text{mol} \cdot L^{-1} \times 0.200L \times 53.49 \text{g} \cdot \text{mol}^{-1} = 0.50\text{g}$$

解法二：直接由沉淀的溶解反应（双重平衡）入手进行计算。

$$Mg(OH)_2(s) + 2NH_4^+ \rightleftharpoons Mg^{2+} + 2NH_3 \cdot H_2O$$

平衡浓度/mol·L⁻¹ x 5.0×10^{-2} 5.0×10^{-2}

$$K^{\ominus} = \frac{[Mg^{2+}][NH_3 \cdot H_2O]^2}{[NH_4^+]^2} = \frac{[Mg^{2+}][OH^-]^2}{[NH_4^+]^2[OH^-]^2/[NH_3 \cdot H_2O]^2} = \frac{K_{sp}^{\ominus}}{(K_b^{\ominus})^2}$$

$$\frac{(5.0 \times 10^{-2})(5.0 \times 10^{-2})^2}{x^2} = \frac{1.8 \times 10^{-11}}{(1.8 \times 10^{-5})^2}$$

$$x = 4.7 \times 10^{-2} \text{mol} \cdot L^{-1}$$

$$m(NH_4Cl) = 0.50\text{g}$$

【例 4.16】 要使 0.10mol β-NiS(s) 完全溶于 1L 盐酸中，求所需盐酸的最低浓度。

解：设所需盐酸的最低浓度为 x。

$$NiS + 2H^+ \rightleftharpoons Ni^{2+} + H_2S \quad K^\ominus = K_{sp}^\ominus/(K_{a_1}^\ominus K_{a_2}^\ominus)$$

起始浓度/mol·L^{-1} x 0   0
变化浓度/mol·L^{-1} -0.20 0.10   0.10
平衡浓度/mol·L^{-1} $x-0.20$ 0.10   0.10

$$\frac{0.10 \times 0.10}{(x-0.20)^2} = \frac{1 \times 10^{-24}}{1.1 \times 10^{-7} \times 7.1 \times 10^{-15}}$$

$$x = 2.35 \text{ mol·L}^{-1}$$

要使 0.10 mol β-NiS(s) 完全溶于 1L 盐酸中，所需盐酸的最低浓度为 2.35 mol·L^{-1}。

(2) 氧化还原溶解法

此法的原理是通过氧化还原反应降低难溶电解质组分离子的浓度，使难溶电解质溶解。如 CuS 难溶于非氧化性稀酸，但易溶于有氧化性的硝酸：

$$3CuS + 2NO_3^- + 8H^+ \rightleftharpoons 3Cu^{2+} + 2NO\uparrow + 3S\downarrow + 4H_2O$$

由于 S^{2-} 被 HNO_3 氧化为 S，S^{2-} 浓度降低，使 $J < K_{sp}^\ominus$，故 CuS 沉淀被溶解。

(3) 配位溶解法

此法的原理是通过加入配位剂，使难溶电解质的组分离子形成稳定的配离子，降低了难溶电解质组分离子的浓度，因而溶解。

$$Cu(OH)_2(s) + 4NH_3·H_2O \rightleftharpoons [Cu(NH_3)_4]^{2+} + 2OH^- + 4H_2O$$

$$PbI_2 + 2I^- \rightleftharpoons [PbI_4]^{2-}$$

$$AgCl + 2NH_3 \rightleftharpoons [Ag(NH_3)_2]^+ + Cl^-$$

对于溶解度很小的 HgS 沉淀，必须用王水才能溶解。这是因为必须同时降低 Hg^{2+} 与 S^{2-} 的浓度，方能使离子积足够低，满足离子积小于 $K_{sp}^\ominus$(HgS) 的条件，使沉淀溶解。

$$3HgS + 2HNO_3 + 12HCl = 3H_2[HgCl_4] + 2NO\uparrow + 3S\downarrow + 4H_2O$$

4.3.4.3 分步沉淀

如果溶液中同时存在多种可能沉淀的离子，向混合液中滴加沉淀剂时，由于溶液中每一离子的起始浓度不同，难溶电解质的溶度积不同，所需的沉淀剂浓度将不相同，所需沉淀剂浓度低的离子将优先沉淀，这种现象称为分步沉淀 (step sedimentation)。

利用分步沉淀原理可进行混合离子分离。实际工作中应用较多的是利用硫化物和氢氧化物沉淀分离金属离子。因为它们的溶度积一般相差较大，可通过调节溶液的 pH 来控制 S^{2-} 和 OH^- 的浓度，从而使金属离子得以分离。

混合离子分离原则 $\begin{cases} \text{先沉淀者沉淀完全：} J = K_{sp}^\ominus \; (c \leq 10^{-5} \text{ mol·L}^{-1}) \\ \text{后沉淀者不沉淀：} J < K_{sp}^\ominus \; (c = c_0) \end{cases}$

一般来说，当溶液中存在几种离子，若是同类型的难溶物质，则它们的溶度积相差越大，混合离子就越易实现分离。此外，沉淀的顺序也与溶液中各种离子的浓度有关。若两种难溶物质的溶度积相差不大时，则适当地改变溶液中被沉淀离子的浓度，也可以使沉淀的顺序发生改变。

【例 4.17】 计算欲使 0.010 mol·L^{-1} Fe^{3+} 开始沉淀及沉淀完全时的 pH。

解：由附录 5 查得：$K_{sp}^\ominus[Fe(OH)_3] = 4 \times 10^{-38}$

① 开始沉淀时，$J = c(Fe^{3+})c^3(OH^-) > K_{sp}^\ominus$

$$c(OH^-) > \sqrt[3]{\frac{K_{sp}^\ominus}{c(Fe^{3+})}} = \sqrt[3]{\frac{4 \times 10^{-38}}{0.010}} \text{ mol·L}^{-1} = 1.6 \times 10^{-12} \text{ mol·L}^{-1}$$

所以 $pOH < 11.80$，$pH > 2.20$

② 沉淀完全时，$J = c(Fe^{3+})c^3(OH^-) = K_{sp}^{\ominus}$，其中 $c(Fe^{3+}) \leq 10^{-5}$ mol·L^{-1}，则：

$$c(OH^-) = \sqrt[3]{\frac{K_{sp}^{\ominus}}{c(Fe^{3+})}} \geq \sqrt[3]{\frac{4 \times 10^{-38}}{10^{-5}}} \text{ mol·L}^{-1} = 1.6 \times 10^{-11} \text{ mol·L}^{-1}$$

所以 $pOH \leq 10.80$，$pH \geq 3.20$

欲使 0.010 mol·L^{-1} Fe^{3+} 开始沉淀及沉淀完全时的 pH 分别为 2.20 和 3.20。

【例 4.18】 某溶液中含有 Pb^{2+} 和 Ba^{2+}，①若它们的浓度均为 0.10 mol·L^{-1}，问加入 Na$_2$SO$_4$ 试剂，哪一种离子先沉淀？两者能否分离？②若 Pb^{2+} 的浓度为 0.0010 mol·L^{-1}，Ba^{2+} 的浓度仍为 0.10 mol·L^{-1}，两者能否分离？

解：① 沉淀 Pb^{2+} 所需的 SO$_4^{2-}$ 浓度为：

$$c(SO_4^{2-}) > \frac{K_{sp}^{\ominus}(PbSO_4)}{c(Pb^{2+})} = \frac{1.6 \times 10^{-8}}{0.10} \text{ mol·L}^{-1} = 1.6 \times 10^{-7} \text{ mol·L}^{-1}$$

沉淀 Ba^{2+} 所需的 SO$_4^{2-}$ 浓度为：

$$c(SO_4^{2-}) > \frac{K_{sp}^{\ominus}(BaSO_4)}{c(Ba^{2+})} = \frac{1.1 \times 10^{-10}}{0.10} \text{ mol·L}^{-1} = 1.1 \times 10^{-9} \text{ mol·L}^{-1}$$

由于沉淀 Ba^{2+} 所需的 SO$_4^{2-}$ 浓度低，所以 Ba^{2+} 先沉淀。

当 PbSO$_4$ 也开始沉淀时：

$$c(SO_4^{2-}) = \frac{K_{sp}^{\ominus}(PbSO_4)}{c(Pb^{2+})} = \frac{K_{sp}^{\ominus}(BaSO_4)}{c(Ba^{2+})}$$

$$\frac{c(Ba^{2+})}{c(Pb^{2+})} = \frac{K_{sp}^{\ominus}(BaSO_4)}{K_{sp}^{\ominus}(PbSO_4)} = \frac{1.1 \times 10^{-10}}{1.6 \times 10^{-8}} = 6.88 \times 10^{-3}$$

这时溶液中 $c(Ba^{2+}) = 6.88 \times 10^{-3} \times 0.10 = 6.88 \times 10^{-4}$ (mol·L^{-1})

很显然，PbSO$_4$ 开始沉淀时，溶液中 Ba^{2+} 的浓度大于 10^{-5} mol·L^{-1}，故两者不能分离。

② 当 PbSO$_4$ 开始沉淀时，$\frac{c(Ba^{2+})}{c(Pb^{2+})} = 6.88 \times 10^{-3}$

这时溶液中 $c(Ba^{2+}) = 6.88 \times 10^{-3} \times 0.0010$ mol·L^{-1} = 6.88×10^{-6} mol·L$^{-1} < 10^{-5}$ mol·L^{-1} 可见，在这种条件下，BaSO$_4$ 已沉淀完全，两种离子能够分离。

【例 4.19】 在 0.10 mol·L^{-1} Co^{2+} 溶液中含有少量 Cu^{2+} 杂质，试确定用 H$_2$S 饱和溶液沉淀分离除 Cu^{2+} 的氢离子浓度条件。[已知 H$_2$S 饱和溶液浓度为 0.10 mol·L^{-1}，$K_{sp}^{\ominus}(CoS) = 4.0 \times 10^{-21}$，$K_{sp}^{\ominus}(CuS) = 6 \times 10^{-36}$]

解：由例 4.6 所得公式(4.14)得，在 H$_2$S 饱和溶液中，

$$[H^+]^2[S^{2-}] = K_{a_1}^{\ominus} K_{a_2}^{\ominus}[H_2S] = 9.2 \times 10^{-23}$$

(1) Co^{2+} 不形成 CoS 沉淀所需的 S^{2-} 浓度为：

$$c(S^{2-}) < \frac{K_{sp}^{\ominus}(CoS)}{c(Co^{2+})} = \frac{4.0 \times 10^{-21}}{0.10} \text{ mol·L}^{-1} = 4.0 \times 10^{-20} \text{ mol·L}^{-1}$$

$$c(\mathrm{H}^+)=\sqrt{\frac{K_{a_1}^{\ominus}K_{a_2}^{\ominus}[\mathrm{H_2S}]}{c(\mathrm{S}^{2-})}}>\sqrt{\frac{9.2\times10^{-23}}{4.0\times10^{-20}}}\,\mathrm{mol\cdot L^{-1}}=4.8\times10^{-2}\,\mathrm{mol\cdot L^{-1}}$$

(2) Cu^{2+} 沉淀完全时所需的 S^{2-} 浓度为：

$$c(\mathrm{S}^{2-})=\frac{K_{sp}^{\ominus}(\mathrm{CuS})}{c(\mathrm{Cu}^{2+})}\geqslant\frac{6.3\times10^{-36}}{10^{-5}}\,\mathrm{mol\cdot L^{-1}}=6.3\times10^{-31}\,\mathrm{mol\cdot L^{-1}}$$

$$c(\mathrm{H}^+)\leqslant\sqrt{\frac{9.2\times10^{-23}}{6.3\times10^{-31}}}\,\mathrm{mol\cdot L^{-1}}=1.2\times10^4\,\mathrm{mol\cdot L^{-1}}$$

因此，控制溶液的 H^+ 浓度在 $4.8\times10^{-2}\sim1.2\times10^4\,\mathrm{mol\cdot L^{-1}}$ 范围内，就可以用硫化物分步沉淀将 Cu^{2+} 杂质从 Co^{2+} 溶液中除去。实际只需控制 H^+ 浓度大于 $4.8\times10^{-2}\,\mathrm{mol\cdot L^{-1}}$ 即可。

4.3.4.4 沉淀的转化（inversion of precipitation）

一种沉淀借助于某一试剂的作用，转化为另一种沉淀的过程，称为沉淀的转化。

沉淀的转化在生产和科研中常有应用。例如，锅炉中的锅垢，其中含有 $\mathrm{CaSO_4}$ 较难清除，可以用 $\mathrm{Na_2CO_3}$ 溶液处理，使 $\mathrm{CaSO_4}$ 转化为疏松可溶于酸的 $\mathrm{CaCO_3}$ 沉淀，这样锅垢容易清除。该反应方程式如下：

$$\mathrm{CaSO_4(s)+CO_3^{2-}(aq)\rightleftharpoons CaCO_3(s)+SO_4^{2-}(aq)}$$

转化反应的完全程度同样可以用平衡常数加以衡量：

$$K^{\ominus}=\frac{[\mathrm{SO_4^{2-}}]}{[\mathrm{CO_3^{2-}}]}=\frac{K_{sp}^{\ominus}(\mathrm{CaSO_4})}{K_{sp}^{\ominus}(\mathrm{CaCO_3})}=\frac{9.1\times10^{-6}}{2.9\times10^{-9}}=3.14\times10^3$$

从平衡常数表达式可以看出，这一转化反应向右进行的趋势较大。一般来说，由溶解度较大的沉淀转化为溶解度较小的沉淀。那么溶解度较小的能否转化为溶解度较大的沉淀呢？这种转化是有条件的，即两种沉淀的溶解度不能相差太大，否则不能发生转化。若两者溶解度相差太大，以致易溶的沉淀剂的浓度大得无法达到时，则难溶的沉淀就不能转化为易溶的沉淀。例在含有 HgS 的饱和溶液中，加入可溶性的 $\mathrm{Mn(II)}$ 盐，就不能实现沉淀的转化。

【例 4.20】 在 $1.0\mathrm{L}\,\mathrm{Na_2CO_3}$ 溶液中溶解 $0.010\mathrm{mol}$ 的 $\mathrm{CaSO_4}$，问 $\mathrm{Na_2CO_3}$ 的初始浓度应为多少？

解：由上题可知：$\dfrac{[\mathrm{SO_4^{2-}}]}{[\mathrm{CO_3^{2-}}]}=\dfrac{K_{sp}^{\ominus}(\mathrm{CaSO_4})}{K_{sp}^{\ominus}(\mathrm{CaCO_3})}=3.14\times10^3$

设 $\mathrm{Na_2CO_3}$ 的初始浓度为 $x\,\mathrm{mol\cdot L^{-1}}$，则：

$$\mathrm{CaSO_4(s)+CO_3^{2-}(aq)\rightleftharpoons CaCO_3(s)+SO_4^{2-}(aq)}$$

起始浓度/$\mathrm{mol\cdot L^{-1}}$	x	0
变化浓度/$\mathrm{mol\cdot L^{-1}}$	-0.010	0.010
平衡浓度/$\mathrm{mol\cdot L^{-1}}$	$x-0.010$	0.010

$$\frac{0.010}{x-0.010}=3.14\times10^3$$

$$x=0.010\,\mathrm{mol\cdot L^{-1}}$$

所以 $\mathrm{Na_2CO_3}$ 的初始浓度为 $0.010\,\mathrm{mol\cdot L^{-1}}$。

习 题

1. 写出下列物质的共轭酸：
$$S^{2-} 、 SO_4^{2-} 、 H_2PO_4^- 、 HSO_4^- 、 NH_3 、 NH_2OH 、 C_5H_5N$$

2. 写出下列物质的共轭碱：
$$H_2S 、 HSO_4^- 、 H_2PO_4^- 、 H_2SO_4 、 NH_3 、 NH_2OH \cdot H^+ 、 [Al(H_2O)_6]^{3+}$$

3. 根据酸碱质子理论，按由强到弱的顺序排列下列各碱：
$$NO_2^- 、 SO_4^{2-} 、 HCOO^- 、 HSO_4^- 、 Ac^- 、 CO_3^{2-} 、 S^{2-} 、 ClO_4^-$$

4. pH＝7.00 的水溶液一定是中性水溶液吗？请说明原因。

5. 常温下水的离子积 $K_w^\ominus = 1.0 \times 10^{-14}$，是否意味着水的解离平衡常数 $K^\ominus = 1.0 \times 10^{-14}$？

6. 判断下列过程溶液 pH 的变化（假设溶液体积不变），说明原因。

   (1) 将 $NaNO_2$ 加入到 HNO_2 溶液中；

   (2) 将 $NaNO_3$ 加入到 HNO_3 溶液中；

   (3) 将 NH_4Cl 加入到氨水中；

   (4) 将 $NaCl$ 加入到 HAc 溶液中。

7. 写出下列溶液的质子条件式：

   (1) $NH_3 \cdot H_2O$；(2) $NaHCO_3$；(3) Na_2CO_3；(4) NH_4HCO_3；(5) $NH_4H_2PO_4$

8. 已知 $0.010 mol \cdot L^{-1}$ H_2SO_4 溶液的 pH＝1.84，求 HSO_4^- 的解离常数 $K_{a_2}^\ominus$。

9. 已知 $0.10 mol \cdot L^{-1}$ HCN 溶液的解离度为 0.0063%，求溶液的 pH 和 HCN 的解离常数。

10. 已知 $0.10 mol \cdot L^{-1}$ H_3BO_3 溶液的 pH＝5.11，试求解离常数 $K_a^\ominus$。

11. 在 291K，101kPa 时，硫化氢在水中的溶解度是 2.61 体积/1 体积水。已知 291K 时，氢硫酸的解离常数为 $K_{a_1}^\ominus = 1.3 \times 10^{-7}$，$K_{a_2}^\ominus = 7.1 \times 10^{-15}$。

    (1) 求饱和 H_2S 水溶液的物质的量浓度；

    (2) 求饱和 H_2S 水溶液中 H^+、HS^-、S^{2-} 的浓度和 pH；

    (3) 当用盐酸将饱和 H_2S 水溶液的 pH 调至 2.00 时，溶液中 HS^- 和 S^{2-} 的浓度又为多少？

12. 将 10g P_2O_5 溶于热水生成磷酸，再将溶液稀释至 1.00L，求溶液中各组分的浓度。（已知 298K 时，H_3PO_4 的解离常数为 $K_{a_1}^\ominus = 7.6 \times 10^{-3}$，$K_{a_2}^\ominus = 6.3 \times 10^{-8}$，$K_{a_3}^\ominus = 4.4 \times 10^{-13}$）

13. 欲用 $H_2C_2O_4$ 和 NaOH 配制 pH＝4.19 的缓冲溶液，问需 $0.100 mol \cdot L^{-1}$ $H_2C_2O_4$ 溶液 $0.100 mol \cdot L^{-1}$ NaOH 溶液的体积比。（已知 298K 时，$H_2C_2O_4$ 的解离常数为 $K_{a_1}^\ominus = 5.9 \times 10^{-2}$，$K_{a_2}^\ominus = 6.4 \times 10^{-5}$）

14. 1.0L $0.20 mol \cdot L^{-1}$ 盐酸和 1.0L $0.40 mol \cdot L^{-1}$ 的醋酸钠溶液混合，试计算：

    (1) 溶液的 pH；

    (2) 向混合溶液中加入 10mL $0.50 mol \cdot L^{-1}$ 的 NaOH 溶液后的 pH；

    (3) 向混合溶液中加入 10mL $0.50 mol \cdot L^{-1}$ 的 HCl 溶液后的 pH；

    (4) 混合溶液稀释 1 倍后溶液的 pH。

15. 计算 298K 时，下列溶液的 pH：

    (1) $0.20 mol \cdot L^{-1}$ 氨水和 $0.20 mol \cdot L^{-1}$ 盐酸等体积混合；

    (2) $0.20 mol \cdot L^{-1}$ 硫酸和 $0.40 mol \cdot L^{-1}$ 硫酸钠溶液等体积混合；

    (3) $0.20 mol \cdot L^{-1}$ 磷酸和 $0.20 mol \cdot L^{-1}$ 磷酸钠溶液等体积混合；

    (4) $0.20 mol \cdot L^{-1}$ 草酸和 $0.40 mol \cdot L^{-1}$ 草酸钾溶液等体积混合。

16. 通过计算说明当两种溶液等体积混合时，下列哪组溶液可以用作缓冲溶液？

    (1) $0.200 mol \cdot L^{-1}$ NaOH-$0.100 mol \cdot L^{-1}$ H_2SO_4；

    (2) $0.100 mol \cdot L^{-1}$ HCl-$0.200 mol \cdot L^{-1}$ NaAc；

(3) 0.100mol·L^{-1} NaOH-0.200mol·L^{-1} HNO_2；

(4) 0.200mol·L^{-1} HCl-0.100mol·L^{-1} $NaNO_2$；

(5) 0.200mol·L^{-1} NH_4Cl-0.200mol·L^{-1} NaOH。

17. 在 20mL 0.30mol·L^{-1} $NaHCO_3$ 溶液中加入 0.20mol·L^{-1} Na_2CO_3 溶液后，溶液的 pH 变为 10.00。求加入 Na_2CO_3 溶液的体积。（已知 298K 时，H_2CO_3 的解离常数为 $K_{a_1}^{\ominus}=4.2 \times 10^{-7}$，$K_{a_2}^{\ominus}=5.6 \times 10^{-11}$）

18. 写出下列各沉淀溶解平衡的 $K_{sp}^{\ominus}$ 表达式：

    (1) $Hg_2C_2O_4(s) \rightleftharpoons Hg_2^{2+}(aq) + C_2O_4^{2-}(aq)$

    (2) $Ag_2SO_4(s) \rightleftharpoons 2Ag^+(aq) + SO_4^{2-}(aq)$

    (3) $Ca_3(PO_4)_2(s) \rightleftharpoons 3Ca^{2+}(aq) + 2PO_4^{3-}(aq)$

    (4) $Fe(OH)_3(s) \rightleftharpoons Fe^{3+}(aq) + 3OH^-(aq)$

    (5) $CaHPO_4(s) \rightleftharpoons Ca^{2+}(aq) + H^+(aq) + PO_4^{3-}(aq)$

19. 根据粗略估计，按 $[Ag^+]$ 逐渐增大的顺序排列下列饱和溶液。

    $Ag_2SO_4(K_{sp}^{\ominus}=1.4 \times 10^{-5})$ $AgCl(K_{sp}^{\ominus}=1.8 \times 10^{-10})$

    $Ag_2CrO_4(K_{sp}^{\ominus}=2.0 \times 10^{-12})$ $AgI(K_{sp}^{\ominus}=9.3 \times 10^{-17})$

    $Ag_2S(K_{sp}^{\ominus}=2 \times 10^{-49})$ $AgNO_3$

20. 解释下列事实：

    (1) AgCl 在纯水中的溶解度比在盐酸中的溶解度大；

    (2) $BaSO_4$ 在硝酸中的溶解度比在纯水中的溶解度大；

    (3) Ag_3PO_4 在硝酸中的溶解度比在纯水中的大；

    (4) PbS 在盐酸中的溶解度比在纯水中的大；

    (5) Ag_2S 易溶于硝酸但难溶于硫酸；

    (6) HgS 难溶于硝酸但易溶于王水。

21. 回答下列两个问题：

    (1) "沉淀完全"的含义是什么？沉淀完全是否意味着溶液中该离子的浓度为零？

    (2) 两种离子完全分离的含义是什么？

22. 根据下列给定条件求溶度积常数：

    (1) $FeC_2O_4·2H_2O$ 在 1L 水中能溶解 0.10g；

    (2) $Ni(OH)_2$ 在 pH=9.00 的溶液中的溶解度为 $1.6 \times 10^{-6} \text{mol·L}^{-1}$。

23. 向浓度为 0.10mol·L^{-1} 的 $MnSO_4$ 溶液中逐滴加入 Na_2S 溶液，通过计算说明 MnS 和 $Mn(OH)_2$ 何者先沉淀？｛已知 $K_{sp}^{\ominus}(MnS)=2.0 \times 10^{-10}$，$K_{sp}^{\ominus}[Mn(OH)_2]=1.9 \times 10^{-13}$｝

24. 试求 $Mg(OH)_2$ 在 1.0L 1.0mol·L^{-1} NH_4Cl 溶液中的溶解度。｛已知 $K_b^{\ominus}(NH_3)=1.8 \times 10^{-5}$，$K_{sp}^{\ominus}[Mg(OH)_2]=1.8 \times 10^{-11}$｝

25. 向含有 Cd^{2+} 和 Fe^{2+} 浓度均为 0.020mol·L^{-1} 的溶液中通入 H_2S 达饱和，欲使两种离子完全分离，则溶液的 pH 应控制在什么范围？［已知：$K_{sp}^{\ominus}(CdS)=8 \times 10^{-27}$，$K_{sp}^{\ominus}(FeS)=6 \times 10^{-18}$，常温常压下，饱和 H_2S 溶液的浓度为 0.10mol·L^{-1}，H_2S 的解离常数为 $K_{a_1}^{\ominus}=1.3 \times 10^{-7}$，$K_{a_2}^{\ominus}=7.1 \times 10^{-15}$］

26. 通过计算说明分别用 Na_2CO_3 溶液和 Na_2S 溶液处理 AgI 沉淀，能否实现沉淀的转化［已知 $K_{sp}^{\ominus}(Ag_2CO_3)=8.1 \times 10^{-12}$，$K_{sp}^{\ominus}(AgI)=9.3 \times 10^{-17}$，$K_{sp}^{\ominus}(Ag_2S)=2 \times 10^{-49}$］

27. 在 1L 0.10mol·L^{-1} $ZnSO_4$ 溶液中含有 0.010mol 的 Fe^{2+} 杂质，加入过氧化氢将 Fe^{2+} 氧化为 Fe^{3+} 后，调节溶液 pH 使 Fe^{3+} 生成 $Fe(OH)_3$ 沉淀而除去，问如何控制溶液的 pH？｛已知 $K_{sp}^{\ominus}[Zn(OH)_2]=1.2 \times 10^{-17}$，$K_{sp}^{\ominus}[Fe(OH)_3]=4 \times 10^{-38}$｝

28. 常温下，欲在 1L 醋酸溶液中溶解 0.10mol MnS，则醋酸的初始浓度（单位：mol·L^{-1}）至少为多少？{已知 $K_{sp}^{\ominus}$[MnS]$=2\times10^{-10}$，HAc 的解离常数 $K_a^{\ominus}=1.8\times10^{-5}$，H$_2$S 的解离常数为 $K_{a_1}^{\ominus}=1.3\times10^{-7}$，$K_{a_2}^{\ominus}=7.1\times10^{-15}$}

29. 在 0.1L 浓度为 0.20mol·L^{-1} 的 MnCl$_2$ 溶液中，加入 0.1L 含有 NH$_4$Cl 的氨水溶液（0.10mol·L^{-1}），若不使 Mn(OH)$_2$ 沉淀，则氨水中含 NH$_4$Cl 多少克？

第5章 氧化还原反应

根据反应过程中是否有氧化数的变化或电子转移，化学反应可基本上分为两大类：有电子转移或氧化数变化的氧化还原反应和没有电子转移或氧化数变化的非氧化还原反应，酸碱反应、沉淀反应和配位反应都是非氧化还原反应。氧化还原反应对于制备新物质、获取化学热能和电能具有重要的意义，与我们的衣、食、住、行及工农业生产、科学研究都密切相关。据不完全统计，化工生产中约50%以上的反应都涉及氧化还原反应。实际上，整个化学的发展就是从氧化还原反应开始的。所以，有必要对其机理、应用等做深入的探讨，使之得到更广泛的应用。

5.1 氧化还原的基本概念和反应方程式的配平

5.1.1 氧化数

1970年，国际纯粹和应用化学联合会较严格地定义了氧化数的概念：氧化数（oxidation number）是指某元素一个原子的表观电荷数（apparent charge number），这个电荷数是假设把每一个化学键中的电子指定给电负性更大的原子而求得的。

在离子化合物中，元素的氧化数等于其离子实际所带的电荷数。对于共价化合物，元素的氧化数是假设把化合物中的成键电子都指定归于电负性更大的原子而求得，这时氧化数是元素的形式电荷，它按一定规则得到，不仅可以有正、负值、零还可以有分数。

确定氧化数一般有如下的经验规则：

① 在单质中元素的氧化数为零；

② 在中性分子中各元素氧化数的代数和等于零；在多原子离子中各元素氧化数的代数和等于该离子所带电荷数；

③ 氢在化合物中的氧化数一般为+1，仅在与活泼金属生成的离子型氢化物（如 NaH、CaH_2）中为-1；

④ 氧在化合物中的氧化数一般为-2，在过氧化物（如 H_2O_2、Na_2O_2 等）中为-1，在超氧化物（如 KO_2）中为-1/2，在 OF_2 中为+2，在 O_2F_2 中为+1；

⑤ 碱金属和碱土金属在化合物中的氧化数分别为+1和+2；氟的氧化数总是-1。

【例 5.1】 计算 $Na_2S_2O_3$、Fe_3O_4 中硫和铁的氧化数。

解： 设 S 在 $Na_2S_2O_3$ 中的氧化数为 x，$2\times(+1)+2x+3\times(-2)=0$，$x=+2$；

设 Fe 在 Fe_3O_4 中的氧化数为 x，$3x+4\times(-2)=0$，$x=+8/3$。

5.1.2 氧化和还原

根据氧化数的概念，在一个反应中，氧化数升高的过程称为氧化（oxidation），氧化数降低的过程称为还原（reduction），反应中氧化过程和还原过程同时发生。在化学反应过程中，元素的原子或离子在反应前后氧化数发生变化的一类反应称为氧化还原反应（redox reaction）。任何氧化还原反应都可以看做由两个半反应组成，一个是氧化半反应，另一个是还原半反应。

在氧化还原反应中，若一种反应物组成元素的氧化数升高（氧化），则必有另一种反应物的组成元素氧化数降低（还原）。氧化数升高的物质叫做还原剂（reducing agent），还原剂使另一种物质还原，本身被氧化，它的反应产物叫做氧化产物。氧化数降低的物质叫做氧化剂（oxidizing agent），氧化剂使另一种物质氧化，本身被还原，它的反应产物叫做还原产物。

5.1.3 氧化还原反应方程式的配平

氧化还原反应往往比较复杂，参加反应的物质也比较多，配平氧化还原方程式的常用方法有两种：氧化数法和离子电子法。氧化数法比较简便，人们乐于选用；离子电子法却能更清楚地反映水溶液中氧化还原反应的本质。无论采取什么方法，配平时均要遵循下列原则：

① 反应过程中氧化剂得到的电子数必须等于还原剂失去的电子数，即氧化剂的氧化值降低总数必等于还原剂的氧化值升高总数；

② 反应前后各元素的原子总数相等。

（1）氧化数法

氧化数法就是高中化学里介绍的化合价升降法。

以 $HClO$ 把 Br_2 氧化成 $HBrO_3$ 而本身被还原成 HCl 为例，说明氧化数法配平的步骤。

① 在箭号左边写反应物的化学式，右边写生成物的化学式：

$$HClO + Br_2 \longrightarrow HBrO_3 + HCl$$

② 计算氧化剂中原子氧化数的降低值及还原剂中原子氧化数的升高值，并根据氧化数降低总值和升高总值必须相等的原则，找出氧化剂和还原剂前面的系数：

$$Cl：+1 \longrightarrow -1 \quad 氧化值降低 2 \ \Big| \times 5$$
$$2Br：2(0 \longrightarrow +5) \quad 氧化数升高 10 \ \Big| \times 1$$

$$5HClO + Br_2 \longrightarrow HBrO_3 + 5HCl$$

③ 配平除氢和氧元素外各种元素的原子数（先配平氧化数有变化元素的原子数，后配平氧化数没有变化元素的原子数）：

$$5HClO + Br_2 \longrightarrow 2HBrO_3 + 5HCl$$

④ 配平氢元素，并找出参加反应（或生成）水的分子数。

$$5HClO + Br_2 + H_2O \Longleftrightarrow 2HBrO_3 + 5HCl$$

⑤ 最后核对氧，确定该方程式是否配平。

等号两边都有 6 个氧原子，证明上面的方程式确已配平。

（2）离子-电子法

其配平的一般步骤如下。

① 根据实验事实或反应规律写出未配平的离子反应方程式。

② 将未配平的离子反应方程式分解成两个半反应，并分别加以配平，使每一半反应的原子数和电荷数相等。

这一步的关键是原子数的平衡，而原子数平衡的关键又在 O 原子数的平衡。配平半反应时，在已使氧化数有变化的元素的原子数相等后，如果 O 原子数不同，可以根据介质的酸碱性，分别在半反应方程式中加 H^+、OH^- 或 H_2O，利用水的解离平衡使反应式两边的 O 原子数目相等。不同介质条件下配平 O 原子的经验规则见表 5.1。

表 5.1 配平氧原子的经验规则

介质条件	比较方程式两边氧原子数	配平时左边应加入物质	生成物
酸性	左边多 n 个 O	$2n$ 个 H^+	n 个 H_2O
	左边少 n 个 O	n 个 H_2O	$2n$ 个 H^+
中性或碱性	左边多 n 个 O	n 个 H_2O	$2n$ 个 OH^-
	左边少 n 个 O	$2n$ 个 OH^-	n 个 H_2O

H 原子数的平衡比较简单。如果是酸性介质，哪一边 H 原子数少，就在哪一边添上相同数目的 H^+；如果是中性或碱性介质，哪一边 H 原子数多，就在哪一边添上相同数目的 OH^-，然后在另一边加上相同数目的 H_2O 来平衡。

H、O 元素配平时需注意：酸性介质中不能出现 OH^-，碱性介质中不能出现 H^+。

③ 根据得失电子数相等的原则，以适当系数分别乘以两个半反应，然后相加就得到一个配平的离子反应方程式。

④ 如果要写出分子反应方程式，可以根据实际参与反应的物质，添加适合的阳离子或阴离子，必要时还可引入不参与反应并尽量不新增元素的酸或碱，将离子反应式改为分子反应式。

【例 5.2】 将 $FeSO_4$ 溶液加入到酸化后的 $KMnO_4$ 溶液中，$KMnO_4$ 的紫色褪去，完成并配平该化学反应方程式。

解：分别写出两个半反应主要产物：$\begin{cases} MnO_4^- \longrightarrow Mn^{2+} \\ Fe^{2+} \longrightarrow Fe^{3+} \end{cases}$

配平两个半反应：

$$\begin{aligned} MnO_4^- + 8H^+ + 5e^- &\longrightarrow Mn^{2+} + 4H_2O \quad |\times 1 \\ +)\quad Fe^{2+} - e^- &\longrightarrow Fe^{3+} \quad\quad\quad\quad\quad\quad |\times 5 \end{aligned}$$

合并整理得：$MnO_4^- + 8H^+ + 5Fe^{2+} \rightleftharpoons Mn^{2+} + 5Fe^{3+} + 4H_2O$

【例 5.3】 配平反应方程式：$ClO^- + [Cr(OH)_4]^- \longrightarrow Cl^- + CrO_4^{2-}$

解：此反应在碱性介质中进行，先配平两个半反应：

$$\begin{aligned} ClO^- + H_2O + 2e^- &\longrightarrow Cl^- + 2OH^- \quad\quad\quad |\times 3 \\ +)\quad [Cr(OH)_4]^- + 4OH^- - 3e^- &\longrightarrow CrO_4^{2-} + 4H_2O \quad |\times 2 \end{aligned}$$

合并整理得：$3ClO^- + 2[Cr(OH)_4]^- + 2OH^- \rightleftharpoons 3Cl^- + 2CrO_4^{2-} + 5H_2O$

离子-电子法配平的优点是不必知道元素的氧化值，得到的是离子反应式，反映出水溶液中氧化还原反应的实质，但该法不适用于气相或固相反应方程式的配平。

5.2 原电池和电极电势

5.2.1 原电池

一切氧化还原反应均为电子从还原剂转移到氧化剂的过程。如将金属锌片置于 $CuSO_4$ 溶液中，就可看到锌片上开始形成浅棕色的海绵状薄层，同时 $CuSO_4$ 溶液的蓝色开始消失。这是由于发生了如下的氧化还原反应：

$$Zn(s) + Cu^{2+}(aq) \rightleftharpoons Zn^{2+}(aq) + Cu(s)$$

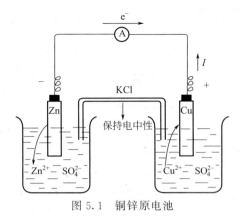

图 5.1 铜锌原电池

上述反应显然发生了电子从 Zn 转移到 Cu^{2+} 的过程，然而电子的转移没有形成有秩序的电子流，反应的化学能不能变成电能。如果设计一个装置，使 Zn 不直接把电子给予 Cu^{2+}，而是让电子经过一段导线有秩序地转移给 Cu^{2+}，这样，电子沿导线按一定方向移动，就可以获得电流，如图 5.1 所示。

两个烧杯中分别盛有 $ZnSO_4$ 溶液和 $CuSO_4$ 溶液，在 $ZnSO_4$ 溶液中插入 Zn 片，在 $CuSO_4$ 溶液插入 Cu 片，两个烧杯的溶液以盐桥相连。盐桥中装有饱和 KCl 溶液和琼脂制成的胶冻，胶冻的作用是防止管中溶液流出，而溶液中的正、负离子又可以在管内定向迁移。用金属导线将两金属片、负载及安培计串联起来，则安培计的指针发生偏移，说明回路中有了电流。

铜-锌原电池之所以能够产生电流，主要是由于 Zn 比 Cu 活泼，Zn 易放出电子成为 Zn^{2+} 而进入溶液：

$$Zn \longrightarrow Zn^{2+} + 2e^-$$

电子沿金属导线移向 Cu 片，溶液中的 Cu^{2+} 在铜片上接受电子变成金属铜而沉积下来：

$$Cu^{2+} + 2e^- \longrightarrow Cu$$

电子经由导线由 Zn 片流向 Cu 片而形成了电流。

将上述两个反应式相加，则得到 Cu-Zn 原电池的电池反应：

$$Zn + Cu^{2+} \longrightarrow Zn^{2+} + Cu$$

这个反应与锌置换铜所发生的氧化还原反应完全一样。所不同的是，在原电池中氧化剂与还原剂互不接触，氧化反应与还原反应分开进行，电子沿着金属导线定向转移，使化学能变成电能和热能。在锌置换铜的氧化还原反应中，氧化剂与还原剂互相接触，直接进行了电子的转移，因此化学能只能转变成热能。

这种能使化学能转变为电能的装置叫做原电池（primary cell）。在原电池中，电子流出的电极为负极（negative electrode，如 Zn 电极），在该电极发生氧化反应；电子流入的电极为正极（positive electrode，如 Cu 电极），在该电极发生还原反应。若原电池由两种金属电极构成，通常较活泼的金属是负极，另一金属是正极，负极金属由于失去电子成为离子进入溶液中逐渐溶解。

盐桥的作用有两个：一是它可以消除因溶液直接接触而形成的液体接界电势；二是它可使由它连接的两溶液保持电中性，从而使电池反应得以顺利进行。

在原电池中，电子总是由负极流向正极。与规定的电流方向（由正极流向负极）恰好相反。例如在 Cu-Zn 原电池中：

负极——锌电极：$Zn - 2e^- \longrightarrow Zn^{2+}$　　　氧化反应
正极——铜电极：$Cu^{2+} + 2e^- \longrightarrow Cu$　　　还原反应
电池反应：$Zn + Cu^{2+} \rightleftharpoons Cu + Zn^{2+}$　　　氧化还原反应

每一个半电池反应都是由同一种元素的不同氧化态的两种物质构成。处于低氧化态的物质可作还原剂，是还原态物质，处于高氧化态的物质可作氧化剂，是氧化态物质。由同种元素的不同氧化数的氧化型和还原型所构成的电对称为氧化还原电对（redox couple）。氧化还原电对常用"氧化型/还原型"表示，如 Cu^{2+}/Cu、Zn^{2+}/Zn。非金属单质及其相应的离子，也可以构成氧化还原电对，如 H^+/H_2、O_2/OH^- 等。

任何一个氧化还原电对，原则上都可组成电极，电极反应通常以还原反应形式表示：

$$Ox + ne^- \rightleftharpoons Red$$

式中，Ox 表示氧化态；Red 表示还原态；n 表示相互转化时得失电子数。

由氧化还原电对组成的电极结构可用电极符号表示，其间的相界面用实垂线"｜"表示。

书写电极符号时，应注意以下几点：

① 若氧化还原电对中无金属导体时，应插入惰性电极（能导电而不参与电极反应）作电极，如 Pt、石墨；

② 氧化还原电对中的气体、固体或纯液体应写在导体旁边，且其间的相界面可略去不写；

③ 参与电极反应的其他物质也应写入电极符号中。

常见的几种类型的电极及电极符号实例：

氧化还原电对	Cu^{2+}/Cu	H^+/H_2	Hg_2Cl_2/Hg	MnO_4^-/Mn^{2+}
电极符号	$Cu\|Cu^{2+}(c)$	$Pt\|H_2(p)\|H^+(c)$	$Hg\|Hg_2Cl_2\|Cl^-(c)$	$Pt\|Mn^{2+}(c_1),MnO_4^-(c_2),H^+(c_3)$
电极类型	第一类电极		第二类电极	氧化还原电极

两种不同的电极和盐桥组合起来，即构成原电池，其中每一个电极也称半电池。原电池装置可以用下列符号表示：

$$(-) \text{还原剂组成的电极} \| \text{氧化剂组成的电极} (+)$$

双垂线"‖"表示盐桥，习惯上负极写在左侧，正极写在右侧，按接触顺序依次书写。如有必要，还须注明各物质的聚集状态及压力或浓度条件。

如铜-锌原电池可表示为：

$$(-)Zn|ZnSO_4(c_1)\|CuSO_4(c_2)|Cu(+)$$

任何一个自发的氧化还原反应都可以将其设计成原电池。首先将氧化还原反应分解为两个半反应，并确定正、负极（氧化剂电对作正极，还原剂电对作负极），然后写出原电池的符号。

【例 5.4】 将下列反应设计成原电池，并写出其原电池符号：

(1) $H_2(g) + 2AgCl(s) \rightleftharpoons 2Ag(s) + 2Cl^-(aq) + 2H^+(aq)$

解： 正极：$2AgCl(s) + 2e^- \rightleftharpoons 2Ag(s) + 2Cl^-(aq)$

负极：$H_2(g) - 2e^- \rightleftharpoons 2H^+(aq)$

原电池符号：$(-)Pt|H_2(p)|H^+(c_1)\|Cl^-(c_2)|AgCl(s)|Ag(+)$

也可写成：$(-)Pt,H_2(p)|H^+(c_1)\|Cl^-(c_2)|AgCl(s),Ag(+)$

(2) $Cr_2O_7^{2-}(aq) + 14H^+(aq) + 6Fe^{2+}(aq) \rightleftharpoons 6Fe^{3+}(aq) + 2Cr^{3+}(aq) + 7H_2O$

正极：$Cr_2O_7^{2-}(aq) + 14H^+(aq) + 6e^- \rightleftharpoons 2Cr^{3+}(aq) + 7H_2O$

负极：$Fe^{2+} - e^- \rightleftharpoons Fe^{3+}$

原电池符号：$(-)Pt|Fe^{2+}(c_1),Fe^{3+}(c_2)\|Cr_2O_7^{2-}(c_3),Cr^{3+}(c_4),H^+(c_5)|Pt(+)$

5.2.2 电极电势的产生

在铜-锌原电池中，将两个电极用导线连接后就有电流产生，可见两电极之间存在着电势差，即构成原电池的两个电极的电势不等。早在1889年德国化学家能斯特（H. W. Nernst）提出了一个双电层理论（doublelayer theory），并用此理论定性地解释了电极电势产生的原因。下面以金属及其盐溶液组成的电极为例说明电极电势的产生。

金属晶体是由金属原子、金属正离子和自由电子组成。当把金属插入其盐溶液中，会同时出现两种相反的过程。一方面金属晶格中金属离子受极性水分子的吸引而形成水合离子进入溶液，另一方面金属表面的自由电子会吸引溶液中的金属离子使其沉积到金属表面。这两个过程可表示如下：

$$M(s) \underset{沉积}{\overset{溶解}{\rightleftharpoons}} M^{n+}(aq) + ne^-$$

当溶解速率与沉积速率相等时，就达到动态平衡。一般地说，在溶解和沉积过程中，由金属表面进入溶液中的金属离子总数与从溶液中沉积到金属表面的金属离子总数并不相等，这样在金属与溶液间就由于电荷不均等而产生了电势差，此电势差的大小和符号主要取决于金属的种类和溶液中金属离子的浓度以及温度。金属越活泼，溶液中金属离子的浓度越小，就会使溶解的金属离子总数超过沉积的金属离子总数，从而使金属带负电，溶液带正电 [见图5.2(a)]；反之，若金属越不活泼，溶液中金属离子的浓度越大，越易形成金属带正电，溶液带负电的情况 [见图5.2(b)]。

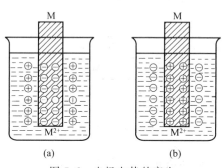

图 5.2 电极电势的产生

这种产生在金属和它的盐溶液之间的电势叫做金属的电极电势（electrode potential）。不同金属的电极电势不同，将两种电极连接后，加上盐桥，必然会有电子从低电位向高电位流动，也就产生了电流，这也就是普通原电池的工作原理。

5.2.3 电极电势的确定和标准电极电势

迄今为止，电极电势的绝对值还无法测量，因为用电位差计直接测出的是电池两极的电势差，而不是单个电极的电势。实际上，人们并不关心单个电极的绝对电极电势的大小，而更关心的是不同电极的电势相对大小，类似于在了解物质的焓（H）或吉布斯函数（G）时，更需要知道的是ΔH或ΔG，而不是其绝对值一样。为了比较不同电极的电极电势之间的相对大小，人们通常采用选择一个标准电极（standard electrode），并将其电极电势人为地规定为零，然后将任一电极与标准电极组成原电池，测定电动势，这样就可确定该电极的电极电势的相对值。

按 IUPAC 规定，采用标准氢电极（standard hydrogen electrode，SHE）为标准电极，并将其电极电势定义为零。所谓标准氢电极如图5.3所示，是把镀有一层铂黑的铂片浸入H^+浓度（严格地说应为活度）为$1mol·L^{-1}$的溶液中，在298K时，通入压力为100kPa的纯氢气让铂黑吸附并维持饱和状态，这样的电极作为标准氢电极。可用符号表示为：

$$H^+(1mol·L^{-1})|H_2(100kPa)|Pt, \quad E^{\ominus}(H^+/H_2)=0.0000V$$

E右上角的"$\ominus$"表示组成电极的各物质均处于标准态，即溶液浓度为$1mol·L^{-1}$，或气体压力为标准压力100kPa。

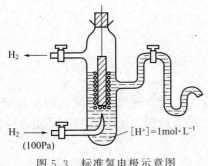
图 5.3 标准氢电极示意图

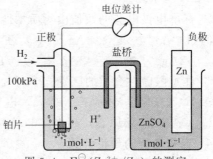
图 5.4 $E^{\ominus}(Zn^{2+}/Zn)$ 的测定

有了标准氢电极作为相对标准,欲确定某电极的电极电势,可把该电极与标准氢电极组成原电池,由于 $E^{\ominus}(H^+/H_2)=0.0000V$,这样测量该原电池的电动势($E$),即可确定欲测电极的电极电势。若待测电极处于标准态,所测得的电动势称为该电极的标准电动势(standard electrode potential),用符号 $E^{\ominus}$(氧化态/还原态)表示。

例如,欲测定锌电极的标准电极电势,则可组成下列原电池,如图 5.4 所示。

$$-)Zn|Zn^{2+}(1mol\cdot L^{-1})\|H^+(1mol\cdot L^{-1})|H_2(100kPa),Pt(+$$

测定时,根据电位差计指针的偏转方向,可以知道电流是由氢电极通过导线流向锌电极的(电子由锌电极流向氢电极)。所以锌电极为负极,氢电极为正极。25℃时,测得此原电池电动势为 0.7628V,它等于正极的标准电极电势 $E^{\ominus}(+)$ 与负极的标准电极电势 $E^{\ominus}(-)$ 之差,即:

$$E^{\ominus}=E^{\ominus}(H^+/H_2)-E^{\ominus}(Zn^{2+}/Zn)=0.7628V$$

因为 $\qquad E^{\ominus}(H^+/H_2)=0.0000V$

故 $\qquad E^{\ominus}(Zn^{2+}/Zn)=-0.7628V$

"—"号表示该电极的 $E^{\ominus}(Zn^{2+}/Zn)$ 小于 $E^{\ominus}(H^+/H_2)$,与标准氢电极组成原电池时,该电极作为负极。

在实际应用中,由于标准氢电极的制备和使用均不方便,所以常以参比电极(reference electrode)代替。最常用的参比电极有甘汞电极和氯化银电极等。它们制备简单、使用方便、性能稳定,其中有几种参比电极的标准电极电势已用标准氢电极精确测定,并且已得到公认,所以也称它们为二级标准电极。最常用的参比电极为甘汞电极(calomel electrode),其结构见图 5.5。其对应的电极反应为:

$$Hg_2Cl_2(s)+2e^-\rightleftharpoons 2Hg(l)+2Cl^-(aq)$$

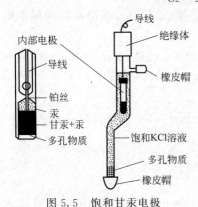
图 5.5 饱和甘汞电极

甘汞电极的电极电势与 KCl 溶液的浓度和温度有关,其中 KCl 浓度达饱和时的甘汞电极即饱和甘汞电极(saturated calomel electrode,SCE)是最常用的。298.15K 时饱和甘汞电极的电极电势为 0.2412V。

用类似方法可测得一系列电对的标准电极电势。附录 6 中列出了 298.15K 时一些常见氧化还原电对的标准电极电势 $E_A^{\ominus}$(在酸性溶液中)和 $E_B^{\ominus}$(在碱性溶液中)。它们是按电极电势的代数值递增顺序排列的,该表称为标准电极电势表。使用时应注意如下几点。

① 我国采用还原电势,电极反应写成还原反应形式:

$$Ox + ne^- \rightleftharpoons Red_。$$

② 标准电极电势的数值由物质本性决定,即不具有加和性。

例如　　$Ag^+ + e^- \rightleftharpoons Ag$　　　　　　$E^{\ominus}(Ag^+/Ag) = 0.7991V$

　　　　$2Ag^+ + 2e^- \rightleftharpoons 2Ag$　　　　　$E^{\ominus}(Ag^+/Ag) = 0.7991V$

③ 注意酸碱性介质的区别。

④ $E^{\ominus}$(氧化态/还原态)越大,电对中氧化态的氧化能力越强,还原态的还原能力越弱;$E^{\ominus}$(氧化态/还原态)越小,电对中氧化态的氧化能力越弱,还原态的还原能力越强。

5.2.4　电极电势的理论计算

由热力学原理可以导出:在等温等压下,系统吉布斯函数的减少等于系统所做的最大有用功(非体积功),即 $-\Delta_r G_m = W'_{max}$。如果某一氧化还原反应可以设计成原电池,那么在等温等压下,电池所做的最大有用功就是电功。

$$W_{电} = E \cdot q = E \cdot nF$$

则

$$\Delta_r G_m = -E \cdot q = -nFE \tag{5.1}$$

式中,F 为法拉第常数,其值为 $96485 C \cdot mol^{-1}$;n 为电池反应中转移的电子数。

在标准态下:

$$\Delta_r G_m^{\ominus} = -nFE^{\ominus} \tag{5.2}$$

式(5.1)和式(5.2)的左边是代表热力学的物理量,而右边是代表电化学的重要物理量,所以这两个公式将热力学和电化学有机地联系起来,被称为热力学和电化学的"桥梁公式"。

本书采用的是还原电势,即与标准氢电极组成原电池时,待测电极作正极,标准氢电极作负极。标准氢电极发生的电极反应为:

$$H_2(g) - 2e^- \rightleftharpoons 2H^+(aq)$$

此半反应的 $\Delta_r G_m^{\ominus}$ 为:$\Delta_r G_m^{\ominus}(-) = -\Delta_f G_m^{\ominus}(H_2) + 2\Delta_f G_m^{\ominus}(H^+, aq) = 0$

则

$$\Delta_r G_m^{\ominus} = \Delta_r G_m^{\ominus}(+) - \Delta_r G_m^{\ominus}(-) = \Delta_r G_m^{\ominus}(+) \tag{5.3}$$

又因

$$E_-^{\ominus} = E^{\ominus}(H^+/H_2) = 0.0000V$$

则

$$E^{\ominus} = E_+^{\ominus} - E_-^{\ominus} = E_+^{\ominus} \tag{5.4}$$

将式(5.3)和式(5.4)代入式(5.2),可得:

$$\Delta_r G_m^{\ominus}(+) = -nFE^{\ominus}(+) \tag{5.5}$$

或

$$E^{\ominus}(+) = -\frac{\Delta_r G_m^{\ominus}(+)}{nF} \tag{5.6}$$

式(5.6)中 $\Delta_r G_m^{\ominus}(+)$、$E^{\ominus}(+)$ 分别为待测电极的标准摩尔反应吉布斯函数和标准电极电势。利用此式可由热力学函数求得电极电势。

【例5.5】 利用热力学函数计算 $E^{\ominus}(Zn^{2+}/Zn)$ 的值。[已知 $\Delta_f G_m^{\ominus}(Zn^{2+}, aq) = -147 kJ \cdot mol^{-1}$]

解:电极反应为:　　　　$Zn^{2+}(aq) + 2e^- \rightleftharpoons Zn$

$$\Delta_r G_m^{\ominus} = -\Delta_f G_m^{\ominus}(Zn^{2+}, aq) + \Delta_f G_m^{\ominus}(Zn) = -(-147 kJ \cdot mol^{-1}) + 0 = 147 kJ \cdot mol^{-1}$$

$$E^{\ominus}(Zn^{2+}/Zn) = -\frac{\Delta_r G_m^{\ominus}}{nF} = -\frac{147 \times 10^3 J \cdot mol^{-1}}{2 mol \times 96485 C \cdot mol^{-1}} = -0.7618V$$

5.2.5　影响电极电势的因素——能斯特方程

电极反应的电势泛指任意电极的界面电势差,它不仅取决于电极中氧化还原电对的本性，还与温度、浓度或分压以及介质的酸度等因素有关。溶液中的反应一般是在常温下进行，因此温度对电极电势的影响较小，而氧化态和还原态物质的浓度变化及溶液的酸度变化，则是影响电极电势的重要因素。这种影响的关系可用能斯特方程（Nernst equation）表示，能斯特方程描述了电极电势与浓度、温度之间的关系。

设任意电极的电极反应式：

$$a\text{Ox}(氧化态) + ne^- \rightleftharpoons b\text{Red}(还原态)$$

能斯特方程为：

$$E(\text{Ox/Red}) = E^{\ominus}(\text{Ox/Red}) + \frac{RT}{nF} \ln \frac{[a(\text{Ox})]^a}{[a(\text{Red})]^b} \tag{5.7}$$

或

$$E(\text{Ox/Red}) = E^{\ominus}(\text{Ox/Red}) + \frac{2.303RT}{nF} \lg \frac{[a(\text{Ox})]^a}{[a(\text{Red})]^b} \tag{5.8}$$

式中，E 为电对在任意状态时的电极电势；$E^{\ominus}$ 为电对的标准电极电势；R 为摩尔气体常数（$8.314\text{J·mol}^{-1}\text{·K}^{-1}$）；$T$ 为热力学温度；F 为法拉第常数（96485C·mol^{-1}）；n 为电极反应中转移的电子数；$[a(\text{Ox})]^a$、$[a(\text{Red})]^b$ 分别表示电极反应式中氧化态一侧各种物质的活度幂的乘积和还原态一侧各种物质的活度幂的乘积；$[a(\text{Ox})]^a/[a(\text{Red})]^b$ 与第3章中的反应商 J 互为倒数。如果是稀溶液，$a=c/c^{\ominus}$（因 $c^{\ominus}=1\text{mol·L}^{-1}$，它不会影响计算值，为了便于计算，在能斯特方程中可不必列入）；若氧化态、还原态物质为压力较低的气体，则 $a=p_{\text{B}}/p^{\ominus}$，即用它们相对于标准态的相对压力代替能斯特方程式中的相对浓度；如果是固体或纯液体，$a=1$。

若将自然对数转变为常用对数，将 R、F、T（298.15）的数值代入，则：

$$\frac{2.303RT}{F} = \frac{2.303 \times 8.314\text{J·mol}^{-1}\text{·K}^{-1} \times 298.15\text{K}}{96485\text{C·mol}^{-1}} = 0.0592\text{V}$$

298.15K 时的能斯特方程式为：

$$E(\text{Ox/Red}) = E^{\ominus}(\text{Ox/Red}) + \frac{0.0592\text{V}}{n} \lg \frac{[a(\text{Ox})]^a}{[a(\text{Red})]^b} \tag{5.9}$$

或

$$E(\text{Ox/Red}) = E^{\ominus}(\text{Ox/Red}) + \frac{0.0592\text{V}}{n} \lg \frac{1}{J} \tag{5.10}$$

能斯特方程同样适用于原电池反应：

$$E = E^{\ominus} + \frac{0.0592\text{V}}{n} \lg \frac{1}{J} = (E^{\ominus}_+ - E^{\ominus}_-) + \frac{0.0592\text{V}}{n} \lg \frac{1}{J} \tag{5.11}$$

式中，E 为原电池电动势；$E^{\ominus}$ 为标准电池电动势；J 为原电池反应的反应商。

【例 5.6】 试写出下列电对的能斯特方程式。

① Cl_2/Cl^- ② $Cr_2O_7^{2-}/Cr^{3+}$ ③ $AgCl/Ag$

解： 先写出配平的半反应式，然后用能斯特方程。

①
$$Cl_2 + 2e^- \rightleftharpoons 2Cl^-$$

$$E = E^{\ominus}(Cl_2/Cl^-) + \frac{0.0592\text{V}}{2} \lg \frac{p(Cl_2)/p^{\ominus}}{[c(Cl^-)]^2}$$

②
$$Cr_2O_7^{2-} + 14H^+ + 6e^- \rightleftharpoons 2Cr^{3+} + 7H_2O$$

$$E = E^{\ominus}(Cr_2O_7^{2-}/Cr^{3+}) + \frac{0.0592\text{V}}{6} \lg \frac{c(Cr_2O_7^{2-})[c(H^+)]^{14}}{[c(Cr^{3+})]^2}$$

③ $AgCl + e^- \rightleftharpoons Ag + Cl^-$

$$E = E^{\ominus}(AgCl/Ag) + 0.0592V \lg \frac{1}{c(Cl^-)}$$

【例 5.7】 已知 $Ag^+ + e^- \rightleftharpoons Ag(s)$ 的 $E^{\ominus}(Ag^+/Ag) = 0.7991V$，在此半电池中加入 KCl，若沉淀达到平衡后 $c(Cl^-) = 1.00 mol \cdot L^{-1}$，求此时的电极电势。

解：半电池中 $c(Cl^-) = 1.00 mol \cdot L^{-1}$ 时，此时 $c(Ag^+)$ 为：

$$c(Ag^+) = \frac{K_{sp}^{\ominus}(AgCl)}{c(Cl^-)} = \frac{1.8 \times 10^{-10}}{1.00} mol \cdot L^{-1} = 1.8 \times 10^{-10} mol \cdot L^{-1}$$

代入能斯特方程：

$$E(Ag^+/Ag) = E^{\ominus}(Ag^+/Ag) + 0.0592V \lg c(Ag^+)$$
$$= 0.7991V + 0.0592V \lg(1.8 \times 10^{-10}) = 0.222V$$

以上计算所得的电极电势实为 AgCl-Ag 电对的标准电极电势。与 $E^{\ominus}(Ag^+/Ag)$ 相比，由于 AgCl 沉淀的生成，使电极电势降低了 0.577V。

5.3 电极电势的应用

5.3.1 判断原电池的正、负极，计算原电池的电动势

原电池中电极电势代数值较大的电对总是作为原电池的正极，而电极电势代数值较小的电对总是作为原电池的负极。原电池的电动势等于正极的电极电势减去负极的电极电势。由 $E^{\ominus}$ 与能斯特方程式可以求出某一电池的电动势。

【例 5.8】 计算下列原电池在 298K 时的电动势，并标明正负极，写出电池反应式。

$$Cd | Cd^{2+}(0.10 mol \cdot L^{-1}) \| Sn^{4+}(0.10 mol \cdot L^{-1}), Sn^{2+}(0.0010 mol \cdot L^{-1}) | Pt$$

解：由附录 6 查得 $E^{\ominus}(Cd^{2+}/Cd) = -0.403V$，$E^{\ominus}(Sn^{4+}/Sn^{2+}) = 0.154V$
将题中的相关浓度代入能斯特方程：

$$E(Cd^{2+}/Cd) = -0.403V + \frac{0.0592V}{2} \lg 0.1 = -0.433V$$

$$E(Sn^{4+}/Sn^{2+}) = 0.154V + \frac{0.0592V}{2} \lg \frac{0.1}{0.001} = 0.213V$$

电极电势高的为正极，故正极反应式为：$Sn^{4+} + 2e^- \rightleftharpoons Sn^{2+}$
电极电势低的为负极，故负极反应式为：$Cd - 2e^- \rightleftharpoons Cd^{2+}$
电池反应式为：$Sn^{4+} + Cd \rightleftharpoons Sn^{2+} + Cd^{2+}$
电池电动势　$E = E_+ - E_- = 0.213V - (-0.433V) = 0.646V$

【例 5.9】 银能从 HI 溶液中置换出 H_2 气，反应为：$2Ag + 2I^- + 2H^+ \rightleftharpoons H_2 + 2AgI \downarrow$
(1) 若将该反应组装成原电池，写出原电池符号；
(2) 若 $c(H^+) = c(I^-) = 0.1 mol \cdot L^{-1}$，$p(H_2) = 100kPa$，计算两极的电极电势和电池电动势。[已知 $E^{\ominus}(AgI/Ag) = -0.1515V$]

解：氧化剂电对 H^+/H_2 作正极，还原剂电对 AgI/Ag 作负极。
原电池符号：$-)Ag | AgI(s) | I^-(0.1 mol \cdot L^{-1}) \| H^+(0.1 mol \cdot L^{-1}) | H_2(100kPa) | Pt(+$

应用能斯特方程计算电极电势时，无论电极发生的是氧化或还原反应，电极反应一律写成还原反应形式。

AgI/Ag 电极的电极反应为：$AgI+e^- \rightleftharpoons Ag+I^-$

$$E(-)=E^{\ominus}(AgI/Ag)+\frac{0.0592V}{1}\lg\frac{1}{c(I^-)}$$

$$=-0.1515V+0.0592V\lg\frac{1}{0.1}=-0.0923V$$

电极 H^+/H_2 的电极反应为：$2H^++2e^- \rightleftharpoons H_2$

$$E(+)=E^{\ominus}(H^+/H_2)+\frac{0.0592V}{2}\lg\frac{c^2(H^+)}{p(H_2)/p^{\ominus}}$$

$$=0.0000V+\frac{0.0592V}{2}\lg\frac{0.10^2}{100/100}=-0.0592V$$

$$E=E(+)-E(-)=-0.0592V-(-0.0923V)=0.0331V$$

5.3.2 判断氧化还原反应的方向

若将一氧化还原反应设计成原电池，氧化剂得电子发生的是还原反应，还原剂失电子发生的是氧化反应，即氧化剂电对作正极，还原剂电对作负极，由式(5.1) 得：

$$\Delta_r G_m=-nFE=-nF[E(氧化剂)-E(还原剂)]$$

可见由氧化剂和还原剂电对的电极电势的相对大小可判断反应方向。其判据如下：

当 $E>0$，即 $E(氧化剂)>E(还原剂)$ 时，$\Delta_r G_m<0$，反应正向进行；

当 $E<0$，即 $E(氧化剂)<E(还原剂)$ 时，$\Delta_r G_m>0$，反应逆向进行；

当 $E=0$，即 $E(氧化剂)=E(还原剂)$ 时，$\Delta_r G_m=0$，反应达平衡。

标准态下的化学反应的方向可直接用标准电池电动势或标准电极电势来判断，否则，需要先由能斯特方程式计算出给定条件下的电池电动势或电极电势，然后再进行判断。

【例 5.10】 根据给定条件判断下列反应自发进行的方向。

(1) 标准态下根据 $E^{\ominus}$ 值，判断 $2Br^-+2Fe^{3+} \longrightarrow Br_2+2Fe^{2+}$。

(2) 实验测知 Cu-Ag 原电池 $E^{\ominus}$ 值为 0.48V

$$-)Cu|Cu^{2+}(0.052mol \cdot L^{-1}) \| Ag^+(0.50mol \cdot L^{-1}) | Ag(+$$

判断 $Cu^{2+}+2Ag \rightleftharpoons Cu+2Ag^+$。

(3) $H_2(g)+\frac{1}{2}O_2(g) \rightleftharpoons H_2O(l)$ $\Delta_r G_m^{\ominus}=-237.129 kJ \cdot mol^{-1}$。

解：(1) $E^{\ominus}(Fe^{3+}/Fe^{2+})=0.771V<E^{\ominus}(Br_2/Br^-)=1.08V$

$E^{\ominus}=E^{\ominus}(Fe^{3+}/Fe^{2+})-E^{\ominus}(Br_2/Br^-)<0$，标准态下反应逆向自发。

(2) 因 $E=0.48V>0$，故原电池反应可自发进行。

Cu-Ag 原电池对应的电池反应为：$Cu+2Ag^+ \rightleftharpoons Cu^{2+}+2Ag$

故 $Cu^{2+}+2Ag \rightleftharpoons Cu+2Ag^+$，逆向自发。

(3) 因 $\Delta_r G_m^{\ominus} \ll 0$，故 $\Delta_r G_m=\Delta_r G_m^{\ominus}+RT\ln J<0$，反应一定正向进行。

【例 5.11】 判断反应 $H_3AsO_4+2I^-+2H^+ \rightleftharpoons HAsO_2+I_2+2H_2O$ 在下列条件下的反应方向。

(1) 在标准状态下；

(2) 若溶液的 pH=7.00，其他物质均为标准状态时；

(3) 若 $c(H^+)=6mol \cdot L^{-1}$，其他物质均为标准状态时。

解：由附录 6 得：$E^{\ominus}(H_3AsO_4/HAsO_2)=0.58V$，$E^{\ominus}(I_2/I^-)=0.5355V$。

氧化剂电对的电极反应为：$H_3AsO_4+2H^++2e^- \rightleftharpoons HAsO_2+2H_2O$

还原剂电对的电极反应为：$I_2 + 2e^- \rightleftharpoons 2I^-$

(1) 因为 $E^{\ominus}(H_3AsO_4/HAsO_2) > E^{\ominus}(I_2/I^-)$，所以在标准态下，反应向右进行。

(2) pH=7.00，即 $c(H^+) = 10^{-7} \text{mol·L}^{-1}$ 时：

$$E(H_3AsO_4/HAsO_2) = E^{\ominus}(H_3AsO_4/HAsO_2) + \frac{0.0592V}{2}\lg\frac{c(H_3AsO_4)[c(H^+)]^2}{c(HAsO_2)}$$

$$= 0.58V + \frac{0.0592V}{2}\lg\frac{1\times(10^{-7})^2}{1} = 0.166V$$

在 $I_2 + 2e^- \rightleftharpoons 2I^-$ 电极反应中，无 H^+ 参与，改变溶液酸度不会影响其电对的电极电势。因为 $E(H_3AsO_4/HAsO_2) < E^{\ominus}(I_2/I^-)$，所以在 pH=7.00 时，反应向左进行。

(3) $c(H^+) = 6\text{mol·L}^{-1}$ 时：

$$E(H_3AsO_4/HAsO_2) = 0.58V + \frac{0.0592V}{2}\lg\frac{1\times(6)^2}{1} = 0.626V$$

因为 $E(H_3AsO_4/HAsO_2) > E^{\ominus}(I_2/I^-)$，所以当 $c(H^+) = 6\text{mol·L}^{-1}$ 时，反应向右进行。可见控制酸度可以控制此反应方向。在定量分析中常用 $NaHCO_3$ 控制 pH8.0 用 As(Ⅲ)滴定 I_2，在强酸性溶液中用 As(Ⅴ)滴定 I^-。

【例5.12】 根据标准电极电势判断下列每组物质能否共存？并说明理由。

(1) Fe^{3+} 和 Sn^{2+} (2) I_2 和 Sn^{2+} (3) Cl^-、Br^- 和 I^-

解： (1) $E^{\ominus}(Fe^{3+}/Fe^{2+})(0.771V) > E^{\ominus}(Sn^{4+}/Sn^{2+})(0.151V)$，$Fe^{3+}$ 能氧化 Sn^{2+}，故两者不能共存，反应方程式为：$2Fe^{3+} + Sn^{2+} \longrightarrow 2Fe^{2+} + Sn^{4+}$。

(2) $E^{\ominus}(I_2/I^-)(0.536V) > E^{\ominus}(Sn^{4+}/Sn^{2+})(0.151V)$，$I_2$ 能氧化 Sn^{2+}，故两者不能共存，反应方程式为：$I_2 + Sn^{2+} \longrightarrow 2I^- + Sn^{4+}$。

(3) 均为最低价态，它们之间不能发生氧化还原反应，故三者能共存。

由此得知，在标准状态下可用 $E^{\ominus}$ 直接判断氧化还原反应的方向。但在非标准状态下，尤其是在 $E^{\ominus} = E^{\ominus}(+) - E^{\ominus}(-) < 0.2V$ 时，必须根据计算实际情况下所得的 E 值，才能正确判断氧化还原反应进行的方向。

5.3.3 比较氧化剂和还原剂的相对强弱

电极电势的大小反映了氧化还原电对中氧化态物质和还原态物质氧化还原能力的强弱。若氧化还原电对的电极电势代数值越小，则该电对中还原态物质越易失去电子，是较强的还原剂，其对应的氧化态物质越难获得电子，是较弱的氧化剂。反之，若电极电势代数值越大，则该电对中氧化态物质是较强的氧化剂，其对应的还原态物质就是较弱的还原剂。

同反应方向的判断一样，若是处于非标准态下，由于离子浓度或溶液的酸碱性对电极电势的影响，应用能斯特方程式计算出 E 值后，再进行比较。

在实际应用中有时需对一个复杂化学系统中的某一（或某些）组分进行选择性的氧化或还原，而要求系统中其他组分不发生氧化还原反应，这就需要根据有关规律，选择合适的氧化剂或还原剂。

【例5.13】 根据标准电极电势，将下列氧化剂，按氧化能力的大小顺序排列并写出它们在酸性介质中的产物。

$KMnO_4$，$K_2Cr_2O_7$，$CuCl_2$，$FeCl_3$，H_2O_2，I_2，Br_2，F_2，PbO_2

解： 由附录6查得各电对在酸性介质中的电极电势，并按由大至小的顺序排列如下：

$E^{\ominus}(F_2/HF) > E^{\ominus}(H_2O_2/H_2O) > E^{\ominus}(MnO_4^-/Mn^{2+}) > E^{\ominus}(PbO_2/Pb^{2+}) > E^{\ominus}(Cr_2O_7^{2-}/Cr^{3+})$

    3.06V   1.77V   1.51V   1.455V   1.33V

$> E^{\ominus}(Br_2/Br^-) > E^{\ominus}(Fe^{3+}/Fe^{2+}) > E^{\ominus}(I_2/I^-) > E^{\ominus}(Cu^{2+}/Cu)$

       1.08V   0.771V   0.5355V   0.337V

所以在酸性介质中氧化能力的顺序及相应的还原产物分别为：

$$F_2 > H_2O_2 > KMnO_4 > PbO_2 > K_2Cr_2O_7 > Br_2 > FeCl_3 > I_2 > CuCl_2$$
$$HF \quad H_2O \quad Mn^{2+} \quad Pb^{2+} \quad Cr^{3+} \quad\quad Br^- \quad Fe^{2+} \quad I^- \quad Cu$$

【例 5.14】 现有含 Cl^-、Br^-、I^- 三种离子的混合溶液，欲使 I^- 氧化为 I_2，而不使 Cl^-、Br^- 氧化，在常用的氧化剂 $KMnO_4$、$K_2Cr_2O_7$ 和 $Fe_2(SO_4)_3$ 中选用哪一种能合乎要求？

解： 由附录 6 查得：$E^{\ominus}(I_2/I^-)=0.5355V$，$E^{\ominus}(Br_2/Br^-)=1.08V$，$E^{\ominus}(Cl_2/Cl^-)=1.3595V$，

$E^{\ominus}(MnO_4^-/Mn^{2+})=1.51V$，$E^{\ominus}(Cr_2O_7^{2-}/Cr^{3+})=1.33V$，$E^{\ominus}(Fe^{3+}/Fe^{2+})=0.771$。

按电极电势由高至低排序：

$E^{\ominus}(MnO_4^-/Mn^{2+}) > E^{\ominus}(Cl_2/Cl^-) > E^{\ominus}(Cr_2O_7^{2-}/Cr^{3+}) > E^{\ominus}(Br_2/Br^-) > E^{\ominus}(Fe^{3+}/Fe^{2+}) > E^{\ominus}(I_2/I^-)$
  1.51V   1.3595V   1.33V   1.08V   0.771V   0.5355V

$KMnO_4$ 溶液能将 I^-、Br^-、Cl^- 氧化成 I_2、Br_2、Cl_2；

$K_2Cr_2O_7$ 溶液能氧化 Br^-、I^-，而不能氧化 Cl^-；

$Fe_2(SO_2)_3$ 溶液只能氧化 I^- 成 I_2，而不能氧化 Br^-、Cl^-。

故按题意应选用 $Fe_2(SO_4)_3$ 作氧化剂。

如果一个系统中同时存在的几种物质都可以与同一种氧化剂或还原剂发生氧化还原反应时，氧化还原反应的先后顺序取决于参与反应的氧化剂电对和还原剂电对的电极电势的差值。两电对的电极电势差值较大的先反应，差值较小的后反应。即在一定条件下，氧化还原反应首先发生在电极电势差值较大的两个电对之间。

【例 5.15】 在含有 $FeCl_2$ 与 $CuCl_2$ 混合液中加入 Zn 粉，假设起始状态为标准态，问何种离子先被还原，当第二种离子开始被还原析出时，第一种离子是否被还原完全？

解： 由附录 6 得 $E^{\ominus}(Zn^{2+}/Zn)=-0.7628V$，$E^{\ominus}(Fe^{2+}/Fe)=-0.4402V$，$E^{\ominus}(Cu^{2+}/Cu)=0.337V$。

理论上二者都能被 Zn 还原，但 $E^{\ominus}(Fe^{2+}/Fe)-E^{\ominus}(Zn^{2+}/Zn)=0.323V$；

$E^{\ominus}(Cu^{2+}/Cu)-E^{\ominus}(Zn^{2+}/Zn)=1.10V$，所以 Cu^{2+} 首先被还原析出，随着 Cu 不断析出，$c(Cu^{2+})$ 不断降低，$E(Cu^{2+}/Cu)$ 不断减少，当 $E(Cu^{2+}/Cu)$ 值减小到与 $E^{\ominus}(Fe^{2+}/Fe)$ 相等时，Cu 与 Fe 同时析出。

即
$$E^{\ominus}(Cu^{2+}/Cu)+\frac{0.0592V}{2}\lg c(Cu^{2+})=E^{\ominus}(Fe^{2+}/Fe)$$

将相关数据代入，
$$0.337+\frac{0.0592}{2}\lg c(Cu^{2+})=-0.4402$$

解得
$$c(Cu^{2+})=5.6\times 10^{-27} \text{mol·L}^{-1} \ll 10^{-5}$$

所以，当 Fe^{2+} 开始被还原析出时，Cu^{2+} 已经被还原完全。

5.3.4 判断氧化还原反应的限度

水溶液中的氧化还原反应都是可逆反应，反应进行到一定程度就可以达到平衡。设某一氧化还原反应的标准平衡常数为 $K^{\ominus}$，由该反应设计的原电池标准电动势为 $E^{\ominus}$。则：

$$\Delta_r G_m^{\ominus}=-RT\ln K^{\ominus}=-2.303RT\lg K^{\ominus}$$

又
$$\Delta_r G_m^{\ominus}=-nFE^{\ominus}$$

故
$$\ln K^{\ominus}=\frac{nFE^{\ominus}}{RT} \tag{5.12}$$

或

$$\lg K^{\ominus} = \frac{nFE^{\ominus}}{2.303RT} \tag{5.13}$$

当 $T=298.15\text{K}$ 时,则:

$$\lg K^{\ominus} = \frac{nE^{\ominus}}{0.0592\text{V}} \tag{5.14}$$

式(5.14)说明由相应原电池的标准电动势可求算标准平衡常数为 $K^{\ominus}$。下图表明了 $K^{\ominus}$、$E^{\ominus}$ 和 $\Delta_r G_m^{\ominus}$ 三者之间的关系:

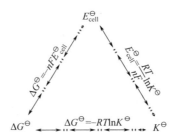

【例5.16】 计算298K时下列原电池的电动势及电池反应的标准平衡常数。

(1) $-$ Pb| Pb^{2+} (0.1mol·L^{-1}) ‖ Cu^{2+} (0.5mol·L^{-1}) | Cu (+

(2) $-$ Pt| H_2(100kPa) | H^+(0.01 mol·L^{-1})‖ H^+(1.0mol·L^{-1}) | H_2(100k Pa) | Pt (+

解:(1) ① 电池电动势可以用以下两种方法计算

解法一:先分别计算电极的电极电势。

$$E(+) = E^{\ominus}(Cu^{2+}/Cu) + \frac{0.0592\text{V}}{2}\lg c(Cu^{2+}) = 0.337\text{V} + \frac{0.0592\text{V}}{2}\lg 0.5 = 0.328\text{V}$$

$$E(-) = E^{\ominus}(Pb^{2+}/Pb) + \frac{0.0592\text{V}}{2}\lg c(Pb^{2+}) = -0.126\text{V} + \frac{0.0592\text{V}}{2}\lg 0.1 = -0.156\text{V}$$

$$E = E(+) - E(-) = 0.328\text{V} - (-0.156\text{V}) = 0.484\text{V}$$

解法二:直接对总反应用能斯特方程计算原电池的电动势。

$$Pb + Cu^{2+}(0.5\text{mol}\cdot L^{-1}) \longrightarrow Cu + Pb^{2+}(0.1\text{mol}\cdot L^{-1})$$

$$E = E^{\ominus} + \frac{0.0592\text{V}}{2}\lg\frac{1}{J} = [E^{\ominus}(Cu^{2+}/Cu) - E^{\ominus}(Pb^{2+}/Pb)] + \frac{0.0592\text{V}}{2}\lg\frac{c(Cu^{2+})}{c(Pb^{2+})}$$

$$= [0.337\text{V} - (-0.126\text{V})] + \frac{0.0592\text{V}}{2}\lg\frac{0.5}{0.1} = 0.484\text{V}$$

② 电池反应标准平衡常数的计算

$$\lg K^{\ominus} = \frac{nE^{\ominus}}{0.0592\text{V}} = \frac{2\times[0.337-(-0.126)]}{0.0592\text{V}} = 15.64$$

$$K^{\ominus} = 4.38\times10^{15}$$

(2) ① 电池电动势的计算。此电池为浓差电池,$E^{\ominus}=0$,直接对总反应用能斯特方程计算电池电动势更加简便。首先写出电池反应式

正极:H^+(1.0mol·L^{-1}) + $e^- \rightleftharpoons \frac{1}{2}H_2$(100kPa)

负极:$\frac{1}{2}H_2$(100kPa) $- e^- \rightleftharpoons H^+$(0.01mol·$L^{-1}$)

电池反应式为:H^+(1.0mol·L^{-1}) $\longrightarrow H^+$(0.01mol·L^{-1})

$$E = 0.0592V\lg\frac{1}{J} = 0.0592V\lg\frac{1.0}{0.01} = 0.1184V$$

② 电池反应标准平衡常数的计算

$$\lg K^{\ominus} = \frac{nE^{\ominus}}{0.0592V}$$

因为 $E^{\ominus} = 0$,故 $K^{\ominus} = 1$

【例 5.17】 已知反应：$2Ag^+ + Zn \rightleftharpoons 2Ag + Zn^{2+}$

(1) 开始时 Ag^+ 和 Zn^{2+} 的浓度分别为 $0.10 mol\cdot L^{-1}$ 和 $0.30 mol\cdot L^{-1}$，求 $E(Ag^+/Ag)$，$E(Zn^{2+}/Zn)$ 及 E 值。

(2) 计算反应的 $K^{\ominus}$、$E^{\ominus}$ 及 $\Delta_r G_m^{\ominus}$。

(3) 求达平衡时溶液中剩余的 Ag^+ 浓度。

解： 由附录 6 查得：$E^{\ominus}(Ag^+/Ag) = 0.7991V$，$E^{\ominus}(Zn^{2+}/Zn) = -0.7628V$

(1) $E(Ag^+/Ag) = 0.7991V + 0.0592V\lg 0.10 = 0.7399V$

$$E(Zn^{2+}/Zn) = -0.7628V + \frac{0.0592V}{2}\lg 0.30 = -0.7783V$$

$$E = E(Ag^+/Ag) - E(Zn^{2+}/Zn) = 1.5182V$$

(2) $E^{\ominus} = 0.7991V - (-0.7628V) = 1.5619V$

$$\lg K^{\ominus} = \frac{2 \times 1.5619}{0.0592} = 52.77 \qquad K^{\ominus} = 5.89 \times 10^{52}$$

$$\Delta_r G_m^{\ominus} = -nFE^{\ominus} = -2 \times 96485 \times 1.5619 J\cdot mol^{-1} = -301.4 kJ\cdot mol^{-1}$$

(3) 设平衡时 Ag^+ 浓度为 $x\ mol\cdot L^{-1}$，则：

$$2Ag^+ + Zn \rightleftharpoons 2Ag + Zn^{2+}$$

起始浓度/$mol\cdot L^{-1}$ 0.10   0.30

平衡浓度/$mol\cdot L^{-1}$ x $0.30 + 1/2(0.10 - x) \approx 0.35$

$$\frac{0.35}{x^2} = 5.89 \times 10^{52} \qquad x = 2.44 \times 10^{-27} mol\cdot L^{-1}$$

5.3.5 测定某些化学平衡常数

沉淀、弱电解质、配合物的生成，会造成溶液中的某些离子浓度降低。若将此离子与它对应的还原态或氧化态组成电对，测定其电极电势，即可计算出溶液中该离子的浓度，从而可进一步算出难溶电解质的溶度积常数、弱酸或弱碱的解离常数、配合物的稳定常数等。

【例 5.18】 已知 $Ag^+ + e^- \rightleftharpoons Ag$ $E^{\ominus} = 0.7991V$

     $AgCl(s) + e^- \rightleftharpoons Ag + Cl^-$ $E^{\ominus} = 0.2223V$，求 AgCl 的 $K_{sp}^{\ominus}$。

解法一： 将以上两电极反应组成原电池，正、负极由电极电势高低确定，则：

负极：$Ag + Cl^- \rightleftharpoons AgCl(s) + e^-$

正极：$Ag^+ + e^- \rightleftharpoons Ag$

总反应式：$Ag^+ + Cl^- \rightleftharpoons AgCl(s)$ $K^{\ominus} = (K_{sp}^{\ominus})^{-1}$

$$\lg(K_{sp}^{\ominus})^{-1} = \frac{nE^{\ominus}}{0.0592V} = \frac{1 \times [E^{\ominus}(Ag^+/Ag) - E^{\ominus}(AgCl/Ag)]}{0.0592V}$$

整理得 $E^{\ominus}(AgCl/Ag) = E^{\ominus}(Ag^+/Ag) + \frac{0.0592V}{1}\lg K_{sp}^{\ominus}$

$$\lg(K_{sp}^{\ominus})^{-1} = \frac{nE^{\ominus}}{0.0592V} = \frac{1 \times (0.7991 - 0.2223)V}{0.0592V} = 9.74$$

解得 $$K_{sp}^{\ominus}=1.8\times 10^{-10}$$

解法二： $$Ag^{+}+e^{-}\rightleftharpoons Ag$$

$$E(AgCl/Ag)=E(Ag^{+}/Ag)(\text{插入}Cl^{-}\text{溶液中})$$

$$=E^{\ominus}(Ag^{+}/Ag)+\frac{0.0592V}{1}\lg c(Ag^{+})$$

$$=E^{\ominus}(Ag^{+}/Ag)+\frac{0.0592V}{1}\lg\frac{K_{sp}^{\ominus}}{c(Cl^{-})}$$

$$=E^{\ominus}(Ag^{+}/Ag)+\frac{0.0592V}{1}\lg K_{sp}^{\ominus}+\frac{0.0592V}{1}\lg\frac{1}{c(Cl^{-})}$$

当 $c(Cl^{-})=c^{\ominus}$ 时，AgCl/Ag 电极处于标准态，因此得：

$$E^{\ominus}(AgCl/Ag)=E^{\ominus}(Ag^{+}/Ag)+\frac{0.0592V}{1}\lg K_{sp}^{\ominus}$$

即 $$E(AgCl/Ag)=E^{\ominus}(AgCl/Ag)+\frac{0.0592V}{1}\lg\frac{1}{c(Cl^{-})}$$

同样方法可推得：

$$E^{\ominus}(AgX/Ag)=E^{\ominus}(Ag^{+}/Ag)+\frac{0.0592V}{1}\lg K_{sp}^{\ominus}(AgX)$$

$$E^{\ominus}(Ag_2S/Ag)=E^{\ominus}(Ag^{2+}/Ag)+\frac{0.0592V}{2}\lg K_{sp}^{\ominus}(Ag_2S)$$

$$E^{\ominus}(CuS/Cu)=E^{\ominus}(Cu^{2+}/Cu)+\frac{0.0592V}{2}\lg K_{sp}^{\ominus}(CuS)$$

【例 5.19】 已知 $E^{\ominus}(HCN/H_2)=-0.545V$，计算 $K_a^{\ominus}(HCN)$ 的值。

解法一： 设计如下原电池测定：

$$-)Pt|H_2(100kPa)|HCN(1mol\cdot L^{-1}),CN^{-}(1mol\cdot L^{-1})\|H^{+}(1mol\cdot L^{-1})|H_2(100kPa)|Pt(+$$

正极：$H^{+}+e^{-}\rightleftharpoons \frac{1}{2}H_2$

负极：$\frac{1}{2}H_2+CN^{-}-e^{-}\rightleftharpoons HCN$

总反应：$H^{+}+CN^{-}\rightleftharpoons HCN$ $\quad K^{\ominus}=(K_a^{\ominus})^{-1}$

$$\lg(K_a^{\ominus})^{-1}=\frac{1\times[E^{\ominus}(H^{+}/H_2)-E^{\ominus}(HCN/H_2)]}{0.0592V}$$

整理得 $$E^{\ominus}(HCN/H_2)=E^{\ominus}(H^{+}/H_2)+0.0592V\lg K_a^{\ominus}(HCN)$$

代入数据，解得 $$K_a^{\ominus}(HCN)=6.2\times 10^{-10}$$

解法二： $$2H^{+}+2e^{-}\rightleftharpoons H_2$$

$$E(HCN/H_2)=E^{\ominus}(H^{+}/H_2)+\frac{0.0592V}{2}\lg\frac{c^2(H^{+})}{p(H_2)/p^{\ominus}}(\text{在}HCN\text{-}CN^{-}\text{溶液中})$$

$$=E^{\ominus}(H^{+}/H_2)+\frac{0.0592V}{2}\lg\frac{[K_a^{\ominus}c(HCN)/c(CN^{-})]^2}{p(H_2)/p^{\ominus}}$$

$$=E^{\ominus}(H^{+}/H_2)+\frac{0.0592V}{2}\lg(K_a^{\ominus})^2+\frac{0.0592V}{2}\lg\frac{[c(HCN)/c(CN^{-})]^2}{p(H_2)/p^{\ominus}}$$

当 $c(HCN)=c(CN^{-})=c^{\ominus}$，$p(H_2)=p^{\ominus}$ 时，电极处于标准态，即：

$$E^{\ominus}(\text{HCN}/\text{H}_2) = E^{\ominus}(\text{H}^+/\text{H}_2) + 0.0592\text{V}\lg K_a^{\ominus}(\text{HCN})$$

即：$E(\text{HCN}/\text{H}_2) = E^{\ominus}(\text{HCN}/\text{H}_2) + \dfrac{0.0592\text{V}}{2}\lg\dfrac{[c(\text{HCN})]^2}{(p\text{H}_2/p^{\ominus})[c(\text{CN}^-)]^2}$

类似地：$E^{\ominus}(\text{HA}/\text{H}_2) = E^{\ominus}(\text{H}^+/\text{H}_2) + 0.0592\text{V}\lg K_a^{\ominus}(\text{HA})$

5.4 元素电势图及其应用

5.4.1 元素的标准电极电势图

同一元素的不同氧化态物质的氧化或还原能力是不同的。为了突出表示同一元素不同氧化态物质的氧化、还原能力以及它们相互之间的关系，拉蒂莫尔（W. M. Latimer）建议把同一元素的不同氧化态物质按照从左到右其氧化数降低的顺序排列成以下图式（见图 5.6），并在两种氧化态物质之间的连线上标出对应电对的标准电极电势的数值。

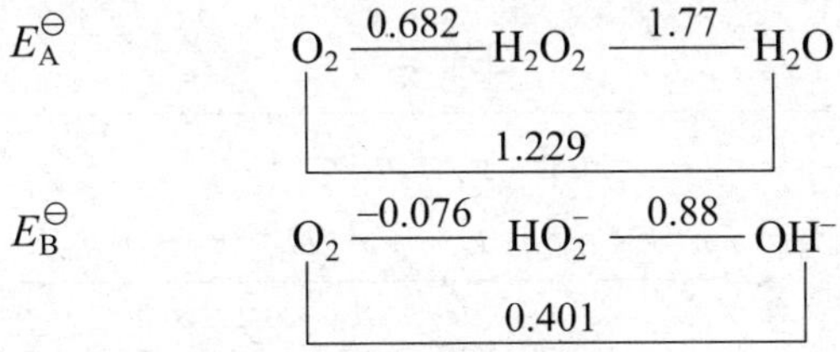

$$E_A^{\ominus} \quad \text{O}_2 \xrightarrow{0.682} \text{H}_2\text{O}_2 \xrightarrow{1.77} \text{H}_2\text{O}$$
$$\underbrace{\qquad\qquad\qquad}_{1.229}$$

$$E_B^{\ominus} \quad \text{O}_2 \xrightarrow{-0.076} \text{HO}_2^- \xrightarrow{0.88} \text{OH}^-$$
$$\underbrace{\qquad\qquad\qquad}_{0.401}$$

图 5.6 氧的元素电势图

这种表示元素各种氧化态物质之间电极电势变化的关系图叫做元素标准电极电势图（简称元素电势图或 Latimer 图），它清楚地表明了同种元素的不同氧化态其氧化、还原能力的相对大小。其中 $E_A^{\ominus}$ 与 $E_B^{\ominus}$ 中的右下角 A 与 B 各表示酸性介质与碱性介质。

5.4.2 元素电势图的应用

（1）比较元素的各氧化态的氧化还原能力

由锰的电势图（见图 5.7）可见，在酸性介质中 MnO_4^-、MnO_4^{2-}、MnO_2 和 Mn^{3+} 都是较强的氧化剂。因为它们作为电对的氧化态时，$E^{\ominus}$ 都较大。但在碱性介质中，它们的 $E^{\ominus}$ 都较小，表明它们在碱性溶液中氧化能力都较弱。在酸性介质中，电对 $\text{MnO}_4^{2-}/\text{MnO}_2$ 的 $E^{\ominus}$ 值最大（2.26V），MnO_4^{2-} 是最强的氧化剂；电对 Mn^{2+}/Mn 的 $E^{\ominus}$ 值最小（-1.18V），Mn 是最强的还原剂。

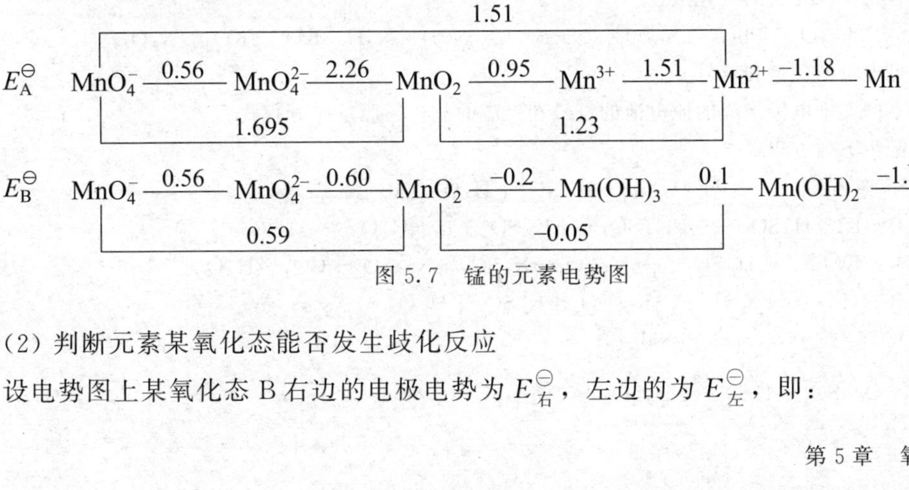

$$E_A^{\ominus} \quad \text{MnO}_4^- \xrightarrow{0.56} \text{MnO}_4^{2-} \xrightarrow{2.26} \text{MnO}_2 \xrightarrow{0.95} \text{Mn}^{3+} \xrightarrow{1.51} \text{Mn}^{2+} \xrightarrow{-1.18} \text{Mn}$$

$$E_B^{\ominus} \quad \text{MnO}_4^- \xrightarrow{0.56} \text{MnO}_4^{2-} \xrightarrow{0.60} \text{MnO}_2 \xrightarrow{-0.2} \text{Mn(OH)}_3 \xrightarrow{0.1} \text{Mn(OH)}_2 \xrightarrow{-1.55} \text{Mn}$$

图 5.7 锰的元素电势图

（2）判断元素某氧化态能否发生歧化反应

设电势图上某氧化态 B 右边的电极电势为 $E_{右}^{\ominus}$，左边的为 $E_{左}^{\ominus}$，即：

$$A \xrightarrow{E^{\ominus}_{左}} B \xrightarrow{E^{\ominus}_{右}} C$$

如果电势图上某物质右边的电极电势大于左边的电极电势,则该物质在水溶液中会发生歧化反应,即:

$$E^{\ominus}_{右} > E^{\ominus}_{左}, B \longrightarrow A + C(歧化反应)$$

$$E^{\ominus}_{左} > E^{\ominus}_{右}, A + C \longrightarrow B(不能进行歧化反应,可发生反歧化反应)$$

【例 5.20】 根据电势图,判断 Cu^+ 是否能够发生歧化反应?

解:$E^{\ominus}_A$ $\qquad Cu^{2+} \xrightarrow{0.153} Cu^+ \xrightarrow{0.521} Cu$

因为 $E^{\ominus}_{右} > E^{\ominus}_{左}$,所以在酸性溶液中 Cu^+ 不稳定,将发生下列歧化反应:

$$2Cu^+ \rightleftharpoons Cu + Cu^{2+}$$

(3) 由相邻电对的 $E^{\ominus}$ 求未知电对的 $E^{\ominus}$

设有一种元素的电位图如下:

$$A \xrightarrow[n_1]{E^{\ominus}_1} B \xrightarrow[n_2]{E^{\ominus}_2} C \xrightarrow[n_3]{E^{\ominus}_3} D \cdots \xrightarrow[n_n]{E^{\ominus}_n} X$$

$$\underbrace{\qquad\qquad\qquad\qquad\qquad}_{E^{\ominus}_{A/X}}$$

$$n_x = n_1 + n_2 + n_3 + \cdots + n_n$$

$$E^{\ominus}_{A/X} = \frac{n_1 E^{\ominus}_1 + n_2 E^{\ominus}_2 + n_3 E^{\ominus}_3 + \cdots + n_n E^{\ominus}_n}{n_1 + n_2 + n_3 + \cdots + n_n} \qquad (5.15)$$

【例 5.21】 求下列图中未知电对的值。

$$\overset{1.51}{\overbrace{MnO_4^- \xrightarrow{0.56} MnO_4^{2-} \xrightarrow{E^{\ominus}_A} MnO_2 \xrightarrow{0.95} Mn^{3+} \xrightarrow{1.51} Mn^{2+}}}$$

解:将数据代入公式(5.15)

$$1.51V = \frac{1 \times 0.56V + 2E^{\ominus}_A + 1 \times 0.95V + 1 \times 1.51V}{1 + 2 + 1 + 1}$$

解得 $\qquad\qquad E^{\ominus}_A = 2.26V$

习 题

1. 什么叫金属的电极电势?以金属-金属离子电极为例说明它是怎么产生的?
2. 举例说明什么是歧化反应。
3. 指出下列化合物中各元素的氧化数:

    Fe_3O_4 PbO_2 Na_2O_2 $Na_2S_2O_3$ NCl_3 NaH KO_2 KO_3 N_2O_4

4. 举例说明常见电极的类型和符号。
5. 写出 5 种由不同类型电极组成的原电池的符号和对应的氧化还原反应方程式。
6. 用氧化数法配平下列方程式。

    (1) $Zn + HNO_3(极稀) \longrightarrow Zn(NO_3)_2 + NH_4NO_3 + H_2O$

    (2) $K_2Cr_2O_7 + KI + H_2SO_4 \longrightarrow Cr_2(SO_4)_3 + K_2SO_4 + I_2 + H_2O$

    (3) $Na_2C_2O_4 + KMnO_4 + H_2SO_4 \longrightarrow MnSO_4 + K_2SO_4 + Na_2SO_4 + CO_2 + H_2O$

    (4) $H_2O_2 + Cr_2(SO_4)_3 + KOH \longrightarrow K_2CrO_4 + K_2SO_4 + H_2O$

    (5) $Na_2S_2O_3 + I_2 \longrightarrow Na_2S_4O_6 + NaI$

    (6) $K_2S_2O_8 + MnSO_4 + H_2O \xrightarrow{Ag^+} H_2SO_4 + KMnO_4$

7. 用离子-电子法配平下列反应方程式[(1)～(5)为酸性介质,(6)～(10)为碱性介质]。
   (1) $IO_3^- + I^- \longrightarrow I_2$
   (2) $Mn^{2+} + NaBiO_3 \longrightarrow MnO_4^- + Bi^{3+}$
   (3) $Cr^{3+} + PbO_2 \longrightarrow Cr_2O_7^{2-} + Pb^{2+}$
   (4) $C_3H_8O + MnO_4^- \longrightarrow C_3H_6O_2 + Mn^{2+}$
   (5) $HClO + P_4 \longrightarrow Cl^- + H_3PO_4$
   (6) $CrO_4^{2-} + HSnO_2^- \longrightarrow CrO_2^- + HSnO_3^-$
   (7) $H_2O_2 + CrO_2^- \longrightarrow CrO_4^{2-}$
   (8) $I_2 + AsO_2^- \longrightarrow AsO_4^{3-} + I^-$
   (9) $Si + OH^- \longrightarrow SiO_3^{2-} + H_2$
   (10) $Br_2 + OH^- \longrightarrow BrO_3^- + Br^-$

8. 根据电极电势判断在水溶液中下列各反应的产物,并配平反应方程式。
   (1) $Fe + Cl_2 \longrightarrow$
   (2) $Fe + Br_2 \longrightarrow$
   (3) $Fe + I_2 \longrightarrow$
   (4) $Fe + HCl \longrightarrow$
   (5) $FeCl_3 + Cu \longrightarrow$
   (6) $FeCl_3 + KI \longrightarrow$

9. 试将下述化学反应设计成电池,并写出原电池符号。
   (1) $Ni^{2+} + Fe \rightleftharpoons Fe^{2+} + Ni$
   (2) $H_2 + Cl_2 \rightleftharpoons 2HCl$
   (3) $Ag^+ + Br^- \rightleftharpoons AgBr$
   (4) $AgCl + I^- \rightleftharpoons AgI + Cl^-$
   (5) $MnO_4^- + 5Fe^{2+} + 16H^+ \rightleftharpoons Mn^{2+} + 5Fe^{3+} + 8H_2O$

10. 已知电极电势的绝对值是无法测量的,人们只能通过定义某些参比电极的电极电势来测量被测电极的相对电极电势。若假设 $Hg_2Cl_2 + 2e^- \rightleftharpoons 2Hg + 2Cl^-$ 电极反应的标准电极电势为0,则 $E^{\ominus}(Cu^{2+}/Cu)$、$E^{\ominus}(Zn^{2+}/Zn)$ 变为多少?

11. 已知 $NO_3^- + 3H^+ + 2e^- \rightleftharpoons HNO_2 + H_2O$ 反应的标准电极电势为0.94V,HNO_2 的解离常数为 $K_a^{\ominus} = 5.1 \times 10^{-4}$。试求下列反应在298K时的标准电极电势。
    $NO_3^- + H_2O + 2e^- \rightleftharpoons NO_2^- + 2OH^-$

12. 反应 $3A(s) + 2B^{3+}(aq) \rightleftharpoons 3A^{2+}(aq) + 2B(s)$ 在平衡时 $[B^{3+}] = 0.02 mol \cdot L^{-1}$,$[A^{2+}] = 0.005 mol \cdot L^{-1}$。
    (1) 求反应在25℃时的 $E^{\ominus}$、$K^{\ominus}$ 及 $\Delta_r G_m^{\ominus}$;
    (2) 若 $E = 0.05917V$,$[B^{3+}] = 0.1 mol \cdot L^{-1}$,求 $[A^{2+}] = ?$

13. 某酸性溶液含有 Cl^-、Br^-、I^-,欲选择一种氧化剂能将其中的 I^- 氧化而不氧化 Cl^- 和 Br^-。试根据标准电极电势判断应选择 H_2O_2、$Cr_2O_7^{2-}$、Fe^{3+} 中的哪一种?

14. 将铜片插入盛有 $0.5 mol \cdot L^{-1} CuSO_4$ 溶液的烧杯中,银片插入盛有 $0.5 mol \cdot L^{-1} AgNO_3$ 溶液的烧杯中,组成一个原电池。
    (1) 写出原电池符号和电池反应式;
    (2) 求该电池的电动势;
    (3) 将氨水加入 $CuSO_4$ 溶液中,电池电动势如何变化(定性影响)?
    (4) 将氨水加入 $AgNO_3$ 溶液中,电池电动势如何变化(定性影响)?

15. 用能斯特方程计算来说明,使 $Fe + Cu^{2+} \rightleftharpoons Fe^{2+} + Cu$ 的反应逆转是否有实现的可能性?

16. 在浓度均为 $0.10 mol \cdot L^{-1}$ 的 $CuSO_4$ 和 $AgNO_3$ 混合溶液中加入铁粉,哪种金属离子先被还原?当第二种离子开始被还原时,第一种金属离子在溶液中的浓度为多少?

17. 298K 时，向 1mol·L^{-1} 的 Ag$^+$ 溶液中滴加过量的液态汞，充分反应后测得溶液中 Hg$_2^{2+}$ 浓度为 0.311mol·L^{-1}，反应式为 2Ag$^+$ +2Hg $\rightleftharpoons$ Ag+Hg$_2^{2+}$，求 $E^{\ominus}$(Hg$_2^{2+}$/Hg)。[已知 $E^{\ominus}$(Ag$^+$/Ag)=0.7991V]

18. 实验室一般用 MnO$_2$ 与浓盐酸反应制备氯气，试计算 298K 时反应进行所需盐酸的最低浓度。{已知 $E^{\ominus}$(MnO$_2$/Mn^{2+})=1.23V，$E^{\ominus}$(Cl$_2$/Cl$^-$)=1.36V。设 Cl$_2$ 的分压为 100kPa，[Mn^{2+}]=1.0mol·L^{-1}}

19. 已知 MnO$_4^-$ +8H$^+$ +5e$^-$ $\rightleftharpoons$ Mn^{2+} +4H$_2$O　　　　$E^{\ominus}$=1.51V
　　　　　MnO$_2$ +4H$^+$ +2e$^-$ $\rightleftharpoons$ Mn^{2+} +2H$_2$O　　　　$E^{\ominus}$=1.23V
求反应 MnO$_4^-$ +4H$^+$ +3e$^-$ $\rightleftharpoons$ MnO$_2$ +2H$_2$O 的标准电极电势。

20. 已知 $E^{\ominus}$(Tl^{3+}/Tl$^+$)=1.25V，$E^{\ominus}$(Tl^{3+}/Tl)=0.72V。设计下列三个标准电池：
(1) −)Tl|Tl$^+$ ∥ Tl^{3+}|Tl(+
(2) −)Tl|Tl$^+$ ∥ Tl^{3+}, Tl$^+$|Pt(+
(3) −)Tl|Tl^{3+} ∥ Tl^{3+}, Tl$^+$|Pt(+
① 写出每一个电池对应的电池反应式；
② 计算每个电池的标准电动势 $E^{\ominus}$ 和标准自由能变化 $\Delta_r G_m^{\ominus}$。

21. 已知 $E^{\ominus}$(Cu^{2+}/Cu$^+$)=0.153V，$E^{\ominus}$(Cu$^+$/Cu)=0.521V。
(1) 已知 $K_{sp}^{\ominus}$(CuCl)=1.2×10^{-6}，求 $E^{\ominus}$(Cu^{2+}/CuCl)；
(2) 计算反应 Cu^{2+} +Cu+2Cl$^-$ $\rightleftharpoons$ 2CuCl 的标准平衡常数。

22. MnO$_2$ 可以催化分解 H$_2$O$_2$，试从相应的电极电势加以说明。
已知：MnO$_2$ +4H$^+$ +2e$^-$ $\rightleftharpoons$ Mn^{2+} +2H$_2$O　　　　$E^{\ominus}$=1.23V
　　　H$_2$O$_2$ +2H$^+$ +2e$^-$ $\rightleftharpoons$ 2H$_2$O　　　　　　　　$E^{\ominus}$=1.77V
　　　O$_2$(g)+2H$^+$ +2e$^-$ $\rightleftharpoons$ H$_2$O$_2$　　　　　　　　$E^{\ominus}$=0.68V

23. 已知盐酸、氢溴酸、氢碘酸都是强酸，通过计算说明，298K，标准态下 Ag 能从哪种酸中置换出氢气？[已知 $E^{\ominus}$(Ag$^+$/Ag)=0.799V，$K_{sp}^{\ominus}$(AgCl)=1.8×10^{-10}，$K_{sp}^{\ominus}$(AgBr)=5.0×10^{-13}，$K_{sp}^{\ominus}$(AgI)=8.9×10^{-17}]

24. 根据溴的元素电势图说明，将 Cl$_2$ 通入到 1mol·L^{-1} 的 KBr 溶液中，在标准酸溶液中 Br$^-$ 的氧化产物是什么？在标准碱溶液中 Br$^-$ 的氧化产物是什么？

$E_A^{\ominus}$(V)：BrO$_4^-$ $\xrightarrow{1.76}$ BrO$_3^-$ $\xrightarrow{1.49}$ HBrO $\xrightarrow{1.59}$ Br$_2$ $\xrightarrow{1.07}$ Br$^-$

$E_B^{\ominus}$(V)：BrO$_4^-$ $\xrightarrow{0.93}$ BrO$_3^-$ $\xrightarrow{0.54}$ BrO$^-$ $\xrightarrow{0.45}$ Br$_2$ $\xrightarrow{1.07}$ Br$^-$

25. 已知锰的元素电势图：

MnO$_4^-$ $\xrightarrow{0.564}$ MnO$_4^{2-}$ $\xrightarrow{2.26}$ MnO$_2$ $\xrightarrow{0.96}$ Mn^{3+} $\xrightarrow{?}$ Mn^{2+} $\xrightarrow{-1.17}$ Mn
　　　　　　　　　　　1.695　　　　　　　　　　　−0.277

(1) 计算 $E^{\ominus}$(Mn^{3+}/Mn^{2+}) 和 $E^{\ominus}$(MnO$_4^-$/Mn^{2+})；
(2) 指出图中哪些物质能发生歧化反应？
(3) 金属 Mn 溶于稀 HCl 或 H$_2$SO$_4$ 中的产物是 Mn^{2+} 还是 Mn^{3+}，为什么？

第6章 原子结构和元素周期律

迄今为止，人类已发现118种元素。正是这些元素的原子组成了千千万万种具有不同性质的物质，而物质的物理性质和化学性质均取决于物质的组成和结构。物质进行化学反应的基本微粒是原子。在化学反应中，原子核并不发生变化，而只涉及核外电子运动状态的改变。因此，要了解物质的性质、化学反应以及性质和结构之间的关系，首先必须了解原子内部的结构，尤其是核外电子的运动状态。本章从微观的角度来讨论物质的结构及其性质的关系。

6.1 氢原子光谱和玻尔理论

6.1.1 氢原子光谱

日光或白炽灯发出的光是一种复合光，其经过棱镜折射后，可分解成红、橙、黄、绿、青、蓝、紫等连续分布的彩色光谱，这种光谱称为连续光谱。若将一支充有低压氢气的放电管通过高压电流，氢原子受激发后发出的光通过棱镜，即可得到氢原子光谱，如图6.1所示。氢原子光谱是由一系列不连续的光谱线所组成，在可见光区可得到四条比较明显的特征谱线：H_α、H_β、H_γ、H_δ，它们的波长分别为656.2nm、486.1nm、434.0nm、410.2nm。

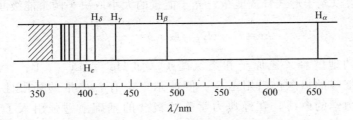

图6.1 氢原子的特征线状光谱

实际上，任何原子被火花、电弧或其他方法激发时，都可发射线状光谱，并且每种原子都具有自己的特征线状光谱，这种光谱称为原子光谱（atomic spectra），元素的原子光谱都很复杂，氢原子光谱是最简单的。

19世纪末，当人们企图从理论上解释氢原子光谱现象时，发现古典电磁理论与原子光谱的实验事实发生了尖锐的矛盾。因为根据经典电磁学理论，电子绕核旋转时必然会发射电磁波，这样，电子的能量越来越低，电子逐渐向核靠近，最后落到核上，原子毁灭；此外，绕核旋转的电子不断放出能量，因此发射出电磁波的频率应该是连续的，即产生的应是连续光谱。事实上原子既没有毁灭，产生的光谱也不是连续的，而是线状光谱。直到1913年，丹麦物理学家玻尔（N. Bohr）引用了德国物理学家普朗克的量子论，提出了玻尔原子结构理论，初步解释了原子线状光谱产生的原因和氢原子光谱的规律性。

6.1.2 原子的玻尔模型

在普朗克（M. Planck）量子理论的基础上，受卢瑟福（E. Rutherford）带核原子模型的启发，1913 年，玻尔提出了基于能量量子化的第一个原子模型，并成功地解释了氢原子结构和氢原子光谱，其要点如下：

① 定态轨道的概念　原子中，电子不是在任意轨道上绕核运动，而是在一些符合一定条件（从量子论导出的条件）的轨道上运动，即电子运动的角动量 P 必须是 $h/2\pi$ 的整数倍：

$$P = n \frac{h}{2\pi} \tag{6.1}$$

式中，h 为普朗克常数；n 为正整数。

这些轨道的能量状态不随时间而改变，因而称为定态轨道（stable orbital）。电子在定态轨道上运动时，既不吸收能量，也不发射能量。

② 轨道能级的概念　电子在不同轨道上运动时具有不同的能量，通常把这些具有不连续能量的状态称为能级（energy level）。玻尔推算出氢原子的允许能量 E 只限于下式给出的数值：

$$E = -\frac{2.179 \times 10^{-18} \text{J}}{n^2} \tag{6.2}$$

式中，n 称为量子数（quantum number），其值可取 1，2，3，…正整数。

在正常状态下，电子尽可能处于离核较近、能量较低的轨道上，这时原子所处的状态称为基态。在高温火焰、电火花或电弧作用下，基态原子中的电子因获得能量，能跃迁到离核较远、能量较高的空轨道上运动，这时原子所处的状态称为激发态。氢原子处于基态时，$n=1$；激发态时，$n \geqslant 2$。

③ 激发态原子发光的原因　当电子从能量较高（E_2）的轨道跃迁到能量较低（E_1）的轨道时，原子才会以光子形式释放能量。光子能量的大小取决于两个能级间的能量之差：

$$h\nu = E_2 - E_1 \quad \text{或} \quad \nu = \frac{E_2 - E_1}{h} \tag{6.3}$$

玻尔理论成功地解释了氢原子和类氢离子（如 He^+、Li^{2+}、Be^{3+} 等）的光谱现象，提出的原子轨道能级的概念仍沿用至今。但玻尔理论有着严重的局限性，其缺点在于未能完全冲破经典力学的束缚，在经典力学连续概念的基础上勉强引入了一些人为的量子化条件和假定。由于没有考虑电子运动的另外一个重要特性——波动性，因此玻尔理论无法解释多电子原子光谱，也不能说明氢原子光谱的精细结构和强磁场下某些谱线的分裂等现象。

6.2　原子的量子力学模型

电子等微观粒子的运动状态必须用量子力学理论来描述。量子力学是建立在微观世界的量子性和微粒运动规律的统计性这两个基本特征基础上的，能正确地反映微观粒子的运动规律。

6.2.1　微观粒子的运动特征

（1）量子性

如果某一物理量的变化是不连续的，以某一最小单位作跳跃式变化，这一物理量就是量子化的，其最小单位被称为这一物理量的量子（quantum）。例如，电量的最小单位是一个电子的电量。宏观物体所带的电量通常以库仑为单位，1 库仑的电量为 6.24×10^{18} 个电子的电量，因此当宏观物体的电量从 Q 增加到 $Q+dQ$ 时，尽管 $dQ\ll Q$，但 dQ 所包含的电子数是很大的，即从 Q 到 $Q+dQ$ 的变化可以认为是连续的。但在微观领域里，一个粒子如果是离子，离子所带的电荷只相当于一个或几个电子的电荷，即一个离子所带的电荷只能是电子电荷的整数倍。因此离子所带电荷的变化，如 $A^-\to A^{2-}\to A^{3-}$，就不能认为是连续变化，而是跳跃式地变化，呈量子化的。

对宏观物体，物理量往往是最小单位的极大倍数，因而量子化特征极不明显。而对微观粒子，量子化是其运动的一个基本特征。

(2) 波粒二象性（wave-particle duality）

1924 年，法国物理学家德布罗依（L. de Broglie）在光的波粒二象性的启发下，大胆地提出了电子、原子等实物微粒都具有波粒二象性的假设。即实物微粒除具有粒子性外，还具有波的性质，这种波称为德布罗依波或物质波（matter wave）。他预言高速运动电子的波长 λ 符合下式：

$$\lambda=\frac{h}{mv} \tag{6.4}$$

式中，m 是电子的质量；v 是电子运动的速率；h 是普朗克常数。

1927 年，戴维逊（C. T. Davisson）和革麦（L. H. Germeer）做了电子衍射实验，证实了电子具有波动性的假设。实验是将一束电子流通过衍射光栅（薄晶片）投射到有感光底片的屏幕上，得到一系列明暗相间的衍射环纹——电子衍射图，如图 6.2 所示，说明电子运动确有波动性。事实上不仅光子、电子等运动具有波动性，任何微观粒子的运动都具有波动性，即波粒二象性是微观粒子运动的基本特征。

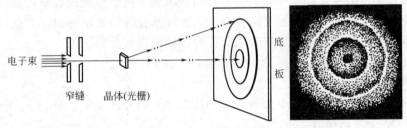

图 6.2　电子衍射实验图

(3) 微观粒子运动的统计性

由于具有波动性，微观粒子运动没有固定的轨迹，但具有按概率分布的统计性规律。微观粒子运动的统计性规律可用慢射电子衍射实验验证。

刚开始时电子的着落点毫无规律，如图 6.3(a) 所示，表明个别电子运动的轨道无法确定（波动性）。但经过一段时间后，这些逐渐增多的斑点最后就会形成和一般电子衍射实验一样的衍射环纹，如图 6.3(b) 所示。衍射强度大的地方，电子出现的概率大，而衍射强度小的地方，电子出现的概率小。衍射强度大小表示波的强度大小，即电子出现概率的大小。所以，电子运动虽然没有确定的轨道，但是它在空间运动也是遵循一定规律的——具有按概率分布的统计性。

微观粒子在空间出现的概率可以由波的强度表现出来，因此微观粒子波（物质波）又称概率波（probability waves）。

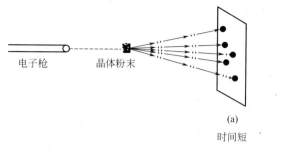

(a) 时间短　　(b) 时间长

图 6.3　慢射电子衍射实验

6.2.2　波函数和原子轨道

(1) 波函数和原子轨道

电磁波可用波函数 (wave function) ψ (psai) 来描述。1926 年奥地利物理学家薛定谔 (E. Schrödinger) 根据微观粒子波粒二象性的概念，首先提出了描述核外电子运动状态的数学表达式，建立了著名的微观粒子运动方程——薛定谔方程。它是一个二阶偏微分方程：

$$\frac{\partial^2 \psi}{\partial x^2}+\frac{\partial^2 \psi}{\partial y^2}+\frac{\partial^2 \psi}{\partial z^2}+\frac{8\pi^2 m}{h^2}(E-V)\psi=0 \tag{6.5}$$

式中，E 是系统的总能量；V 是系统的势能；m 是微观粒子的质量；h 是普朗克常数；x，y，z 为微观粒子的空间坐标。

有了薛定谔方程，原则上讲，任何系统的电子运动状态都可以求解得到。将系统的势能表达式代入薛定谔方程中，求解方程即可得到波函数 ψ 及对应的能量 E。在量子力学中，用波函数及其对应的能量来描述电子的运动状态。但是薛定谔方程很难求解，即便是单电子系统，解薛定谔方程也很复杂。至今人们也只能精确求解单电子系统的薛定谔方程，稍微复杂系统的就只能近似处理了。由于薛定谔方程的求解涉及较深的数学知识，在此仅要求了解量子力学处理原子结构问题的大致思路和求解方程得到的一些重要结论。

为求解方便，需要将直角坐标变换为球坐标，$\psi(r, \theta, \varphi)$ 是球坐标 r、θ、φ 的函数。变换关系如图 6.4 所示。

变换后的波函数 ψ 仍含有三个变量，再利用数学上的分离变量法将 $\psi(r, \theta, \varphi)$ 表示成为 $R(r)$ 和 $Y(\theta, \varphi)$ 两部分。令：

$$\psi(r,\theta,\varphi)=R(r)Y(\theta,\varphi)$$

$R(r)$ 只与电子离核半径 r 有关，称为波函数的径向部分 (radial part of wave function)，它表明 θ、φ 一定时，波函数随 r 变化的关系。$Y(\theta, \varphi)$ 只与角度 θ，φ 有关，称为波函数的角度部分 (angular part of wave function)，它表明 r 一定时，波函数随 θ、φ 变化的关系。

波函数 ψ 是量子力学中描述核外电子在空间运动状态的数学函数式，即一定的波函数表示电子的一种运动状态，量子力学常借用经典力学中描述物体运动的"轨道"概

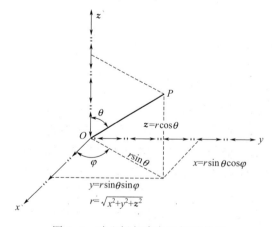

图 6.4　球坐标与直角坐标的关系

念，把波函数 ψ 称为原子轨道。因此，波函数 ψ 和原子轨道是同义语。如 ψ_{1s} 称为 1s 轨道。但应注意，这里的原子轨道的含义不同于宏观物体的运动轨道，也不同于玻尔所说的固定轨道，它指的是电子的一种空间运动状态，可以理解为电子在原子核外运动的空间范围。

解薛定谔方程时需引入三个量子数，且为使求解合理，它们的取值有如下的限制：

n（主量子数）：$n = 1, 2, 3, 4\cdots$

l（角量子数）：$l = 0, 1, 2, 3, \cdots, n-1$

m（磁量子数）：$m = 0, \pm 1, \pm 2, \pm 3, \cdots, \pm l$

凡是符合这些取值限制的波函数 ψ 都是薛定谔方程的合理解，是核外电子的一种可能的运动状态。当三个量子数组合一定时，波函数将确定。因此可用一组量子数 (n, l, m) 描述波函数。例如，$n=1$，$l=0$，$m=0$ 所描述的波函数 ψ_{100} 又称为 1s 原子轨道。

波函数 ψ 本身没有直观的物理意义，它的物理意义要通过 $|\psi|^2$ 来理解，$|\psi|^2$ 代表微观粒子在空间某处出现的概率密度。

(2) 概率密度和电子云

为了形象地表示核外电子运动的概率分布情况，化学上习惯用小黑点的疏密来表示电子出现的概率密度。小黑点较密的地方表示概率密度较大，单位体积内电子出现的概率大。用这种方法来描述电子在核外出现的概率密度分布所得的空间图像称为电子云（electron cloud）。因 $|\psi|^2$ 代表微观粒子在空间某处出现的概率密度，因此以 $|\psi|^2$ 作图，可得到电子云的近似图像。图 6.5 是基态氢原子 1s 电子云示意图。

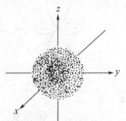

图 6.5　氢原子 1s 电子云示意图

电子云没有明确的边界，在离核很远的地方电子仍有出现的可能。基态氢原子在半径为 53pm 的球体内，电子出现的概率较大，而在离核 300pm 以外的区域，电子出现的概率极小，可以忽略不计。

实际上除 s 电子云（球形）外，要完整地用一个图形同时表达 $|\psi|^2$ 随 r、θ、φ 的变化是比较困难的，所以电子云的图像通常以径向分布和角度分布两方面分别描述。

(3) 原子轨道的角度分布图

将波函数 ψ 的角度分布部分 Y 随 θ、φ 变化作图，所得的图像称为原子轨道的角度分布图，其剖面图如图 6.6(a) 所示。

原子轨道的角度分布图表示的是原子轨道的形状及其在空间的伸展方向。图中的 "+"、"−" 不是表示正、负电荷，而是表示 Y 值是正值还是负值，用于描述原子轨道角度分布图形的对称关系。符号相同表示对称性相同；符号相反，表示对称性相反或反对称。

(4) 电子云的角度分布图

将 $|\psi|^2$ 的角度分布部分 $|Y|^2$ 随 θ、φ 的变化作图，所得到的图像作为电子云的角度分布图的近似描述。图 6.6(b) 是电子云角度分布剖面图，电子云角度分布剖面图与相应的原子轨道角度分布剖面图基本相似，但有以下不同之处：

① 原子轨道角度分布图带有正、负号，而电子云的角度分布图均为正值（习惯不标出正号）；

② 电子云的角度分布图比相应的原子轨道角度分布图要"瘦"些，这是因为 Y 值一般

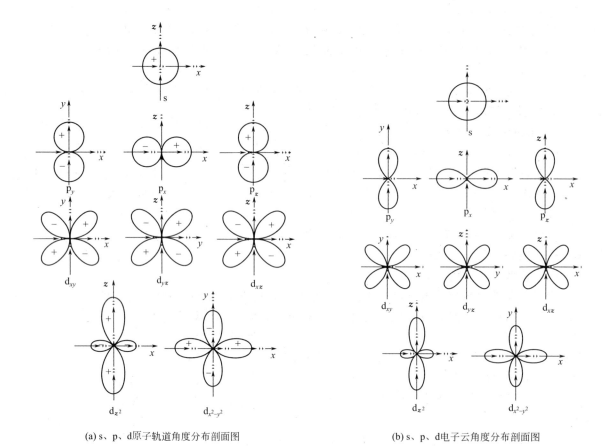

(a) s、p、d 原子轨道角度分布剖面图　　　　　(b) s、p、d 电子云角度分布剖面图

图 6.6　原子轨道和电子云的角度分布图

是小于 1 的，所以 $|Y|^2$ 的值就更小些。

6.2.3　四个量子数

求解薛定谔方程引入了主量子数 n、角量子数 l 和磁量子数 m 三个量子数。但进一步研究证明，电子还作自旋运动，还需要第四个量子数——自旋量子数 m_s。这些量子数对描述核外电子的运动状态，确定原子中电子的能量、原子轨道或电子云的形状和伸展方向，以及多电子原子核外电子的排布是非常重要的。

（1）主量子数 n（principal quantum number）

主量子数取值为 1，2，3，…，n 等正整数。用主量子数来描述原子中电子所在的电子层，它决定了电子出现最大概率区域离核的远近。n 越大，电子离核平均距离越远，能量也越高，因此 n 也是决定电子能量的主要因素。

在光谱学上也常用大写拉丁字母 K、L、M、N、O、P 来分别表示 $n=1$，2，3，4，5，6 电子层。

（2）角量子数 l（azimuthal quantum number）

角量子数取值为 0，1，2，…，$n-1$，即 l 的可能取值为 $0 \sim (n-1)$ 的正整数。用角量子数来描述电子所在的电子亚层（能级），它决定了原子轨道或电子云角度部分的形状。在多电子原子中和主量子数一起决定原子轨道的能级。

l 取值与光谱学规定的亚层符号及原子轨道的形状的对应关系为：

角量子数 l	0	1	2	3	…
亚层符号	s	p	d	f	…
原子轨道形状	圆球形	哑铃形	花瓣形	更复杂的形状	…

(3) 磁量子数 m（magnetic quantum number）

实验发现，激发态原子在外加磁场作用下，原来的一条谱线往往会分裂成若干条，这说明在同一亚层中还包含有若干个空间伸展方向不同的原子轨道。磁量子数就是用来描述原子轨道或电子云在空间的伸展方向的。

磁量子数取值为 0，±1，±2，…，±l，总共可取 $2l+1$ 个数值。

m 的每一个数值表示具有某种伸展方向的一个原子轨道或电子云。在没有外加磁场情况下，同一亚层中的原子轨道的能级是相同的，即 n、l 相同而 m 不同的原子轨道的能级是相同的。这些轨道相互之间称为等价轨道（equivalent orbital）或简并轨道（degenerate orbital），因此在同一亚层中，等价轨道共有 $2l+1$ 个。

l、m 取值和原子轨道符号对应关系为：

角量子数 l	0	1		2		
磁量子数 m	0	0	±1	0	±1	±2
原子轨道符号	s	p_z	p_x，p_y	d_{z^2}	d_{xz}，d_{yz}	d_{xy}，$d_{x^2-y^2}$

原子轨道与三个量子数的关系如下：

n	1	2		3			…	n	主层不同
l	0	0	1	0	1	2		0，…，$n-1$	亚层（形状）不同
m	0	0	0，±1	0	0，±1	0，±1，±2		0，…，±l	空间取向不同
轨道名称	1s	2s	2p	3s	3p	3d		$ns,np,nd,…$	
轨道数目	1	1	3	1	3	5		1,3,5,7,…	
轨道总数	1	1+3=4		1+3+5=9			…	n^2	

可见，每一个电子层中，原子轨道的总数为 n^2。

(4) 自旋量子数 m_s（spin quantum number）

自旋量子数不是由解薛定谔方程得到的，而是由后来实验和理论进一步研究中引入的。

m_s 取值为 $+\dfrac{1}{2}$ 和 $-\dfrac{1}{2}$，分别表示两种不同的自旋状态。

量子力学原子模型理论要点如下：

① 由于电子运动具有波粒二象性，所以电子运动没有固定的轨迹，但具有按概率分布的统计性规律；

② 可用薛氏方程描述核外电子的运动状态，波函数 ψ 是描述电子运动状态的数学表达式，方程每一个合理的解代表核外电子的某一种可能的运动状态；

③ 原子轨道是波函数的空间图像，以波函数的角度分布部分的空间图像作为原子轨道角度分布部分的近似描述；

④ 以 $|\psi|^2$ 的空间图像——电子云来表示电子在核外空间出现的概率密度；

⑤ 以四个量子数来确定核外电子的运动状态。

量子力学原子模型能够解释多电子原子光谱，因而较好地反映了核外电子层的结构、电子运动状态及规律，还能说明化学键的形成，是迄今为止为世人所公认的成功的理论。

6.3 多电子原子核外电子的分布

6.3.1 多电子原子轨道的能级

鲍林（L. Pauling）根据光谱实验结果，总结出了多电子原子轨道近似能级图，如图6.7所示。图中小圆圈表示原子轨道，它们所在位置的高低表示各轨道能级的相对高低。这样的图称为鲍林近似能级图（approximate energy level diagram），它反映了核外电子填充的一般顺序。

根据多电子原子轨道近似能级图把能量相近的能级划分为一组，称为能级组。图6.7中同一方框中的轨道属于同一能级组。通常分为七个能级组，能量依1，2，3，…能级组的顺序依次增加。

轨道名称：(1s)(2s,2p)(3s,3p)(4s,3d,4p)(5s,4d,5p)(6s,4f,5d,6p)(7s,5f,6d,7p)
能级组数： 1   2   3   4   5   6   7

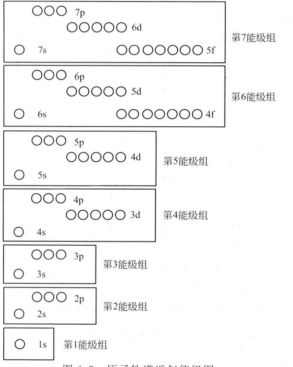

图 6.7 原子轨道近似能级图

在4、5、6、7能级组中，含有不同电子层的能级，且n值大的原子轨道能级反而小于n值小的原子轨道能级，这种现象称为能级交错（energy level overlap）。如4s能级小于3d能级，6s能级小于4f能级等。能级交错现象可用屏蔽效应和钻穿效应来解释。

一般地，相邻的两个能级组之间的能量差较大，同一能级组内各能级之间的能量差较小。这种能级组的划分是造成元素周期表中元素划分为周期的本质原因。

对鲍林近似能级图需说明以下几点：

① 它是从周期系中各元素原子轨道图中归纳出的一般规律，不可能反映每种元素原子轨道能级的相对高低，所以是近似的；

② 只能反映同一原子内各原子轨道能级的相对高低，不能比较不同元素原子轨道；

③ 只能反映同一原子外电子层中原子轨道能级的相对高低，不一定能完全反映内电子层中原子轨道能级的相对高低；

④ 电子在某一轨道上的能量，实际上与原子序数（更本质的说为核电荷数）有关。

6.3.2 基态原子中电子分布的原理

（1）泡利不相容原理（Pauli exclusion principle）

在同一个原子内没有四个量子数完全相同的电子，或者说同一个原子中没有运动状态完全相同的电子。亦即任何一个原子轨道最多能容纳两个电子，且两电子自旋方向相反。

因为每个电子层中原子轨道的总数为 n^2 个，所以每个电子层最多所能容纳的电子数为 $2n^2$ 个。

（2）能量最低原理（lowest energy principle）

多电子原子处于基态时，核外电子的排布在不违反泡利不相容原理的前提下，总是尽可能分布在能量较低的轨道，以使原子处于能量最低的状态。

（3）洪特规则（Hund's rule）

原子中核外电子在等价轨道上分布时，将尽可能分占不同的轨道，且自旋方向相同（或称自旋平行）。

例如，氮原子 2p 亚层上有三个电子，按照洪特规则，这三个电子的分布为 $2p_x^1 2p_y^1 2p_z^1$。

6.3.3 基态原子中电子的分布

（1）基态原子中核外电子的分布

作为洪特规则的特例，当等价轨道全充满（p^6、d^{10}、f^{14}）、半满（p^3、d^5、f^7）或全空状态时，电子云分布呈球状，原子结构较稳定。如原子序数为 29 的元素铜，其原子核外电子的外层排布为 $3d^{10}4s^1$，而不是 $3d^9 4s^2$，又如 $_{24}$Cr，它的外层电子分布式为 $3d^5 4s^1$，而不是 $3d^4 4s^2$，此外，Ag、Au、Mo、Pd 等也有类似情况。

根据以上电子分布的原理，可写出绝大部分元素的原子核外电子分布式（又称电子层结构或电子组态）。

几点说明如下。

① 有些元素的原子核外电子排布比较特殊，如 $_{44}$Ru，按三原则电子排布为 $1s^2 2s^2 2p^6 3s^2 3p^6 3d^{10} 4s^2 4p^6 4d^6 5s^2$，但实验测定结果为 $1s^2 2s^2 2p^6 3s^2 3p^6 3d^{10} 4s^2 4p^6 4d^7 5s^1$。在已发现的 118 元素中，只有 19 种这样"特殊"的元素，它们是 Cr、Cu、Nb、Mo、Ru、Rh、Pb、Ag、La、Ce、Gd、Pt、Au、Ac、Th、Pa、U、Np、Cm。此现象说明还有其他因素也影响核外电子的排布。

② 为简单起见，常将内层已达稀有气体的电子层结构用稀有气体加方括号表示成原子实的方法来表示，即核外电子的排布表示为"原子实＋最高能级组的电子构型"。如 $_{24}$Cr：[Ar]$3d^5 4s^1$，$_{82}$Pb：[Xe]$4f^{14}5d^{10}6s^2 6p^2$。如表 6.1 所示。

③ 在书写最高能级组的电子构型时，常习惯按电子层的顺序而非电子填充顺序书写。如 $_{24}$Cr 的第四能级组电子构型表示为 $3d^5 4s^1$。

（2）基态原子的价电子构型

价电子所在的亚层称为价层。原子的价电子构型是指价层的电子分布式，它能反映该元素原子电子层结构的特征。但价层中的电子并非全是价电子，例如 Ag 的价层电子构型为 $4d^{10}5s^1$，而其氧化数只有 +1、+2、+3，基中 Ag 的常见氧化数为 +1。

6.3.4 简单基态阳离子中电子的分布

通过对基态原子和离子内轨道能级的研究，从大量光谱数据中可得如下经验规律。

基态原子外层电子填充顺序为：$\rightarrow ns \rightarrow (n-2)f \rightarrow (n-1)d \rightarrow np$

价电子解离顺序为：$\rightarrow np \rightarrow ns \rightarrow (n-1)d \rightarrow (n-2)f$

注意：电子解离和电子填充的顺序并非恰好完全相反。

对简单基态阳离子，通常先写出其原子的电子分布，然后再按电子解离顺序依次失去若干个电子，即可得到其离子的电子分布式。如 Mn：[Ar]$3d^5 4s^2$，4s 上失去两个电子即得 Mn^{2+}：[Ar]$3d^5$。

表 6.1 基态原子的电子分布

周期序号	原子序数	元素	电子分布式	周期序号	原子序数	元素	电子分布式
一	1	H	$1s^1$		56	Ba	$[Xe]6s^2$
	2	He	$1s^2$		57	La	$[Xe]5d^16s^2$
二	3	Li	$[He]2s^1$		58	Ce	$[Xe]4f^15d^16s^2$
	4	Be	$[He]2s^2$		59	Pr	$[Xe]4f^36s^2$
	5	B	$[He]2s^22p^1$		60	Nd	$[Xe]4f^46s^2$
	6	C	$[He]2s^22p^2$		61	Pm	$[Xe]4f^56s^2$
	7	N	$[He]2s^22p^3$		62	Sm	$[Xe]4f^66s^2$
	8	O	$[He]2s^22p^4$		63	Eu	$[Xe]4f^76s^2$
	9	F	$[He]2s^22p^5$		64	Gd	$[Xe]4f^75d^16s^2$
	10	Ne	$[He]2s^22p^6$		65	Tb	$[Xe]4f^96s^2$
三	11	Na	$[Ne]3s^1$		66	Dy	$[Xe]4f^{10}6s^2$
	12	Mg	$[Ne]3s^2$		67	Ho	$[Xe]4f^{11}6s^2$
	13	Al	$[Ne]3s^23p^1$		68	Er	$[Xe]4f^{12}6s^2$
	14	Si	$[Ne]3s^23p^2$		69	Tm	$[Xe]4f^{13}6s^2$
	15	P	$[Ne]3s^23p^3$		70	Yb	$[Xe]4f^{14}6s^2$
	16	S	$[Ne]3s^23p^4$	六	71	Lu	$[Xe]4f^{14}5d^16s^2$
	17	Cl	$[Ne]3s^23p^5$		72	Hf	$[Xe]4f^{14}5d^26s^2$
	18	Ar	$[Ne]3s^23p^6$		73	Ta	$[Xe]4f^{14}5d^36s^2$
	19	K	$[Ar]4s^1$		74	W	$[Xe]4f^{14}5d^46s^2$
	20	Ca	$[Ar]4s^2$		75	Re	$[Xe]4f^{14}5d^56s^2$
	21	Sc	$[Ar]3d^14s^2$		76	Os	$[Xe]4f^{14}5d^66s^2$
	22	Ti	$[Ar]3d^24s^2$		77	Ir	$[Xe]4f^{14}5d^76s^2$
	23	V	$[Ar]3d^34s^2$		78	Pt	$[Xe]4f^{14}5d^96s^1$
	24	Cr	$[Ar]3d^54s^1$		79	Au	$[Xe]4f^{14}5d^{10}6s^1$
	25	Mn	$[Ar]3d^54s^2$		80	Hg	$[Xe]4f^{14}5d^{10}6s^2$
	26	Fe	$[Ar]3d^64s^2$		81	Tl	$[Xe]4f^{14}5d^{10}6s^26p^1$
四	27	Co	$[Ar]3d^74s^2$		82	Pb	$[Xe]4f^{14}5d^{10}6s^26p^2$
	28	Ni	$[Ar]3d^84s^2$		83	Bi	$[Xe]4f^{14}5d^{10}6s^26p^3$
	29	Cu	$[Ar]3d^{10}4s^1$		84	Po	$[Xe]4f^{14}5d^{10}6s^26p^4$
	30	Zn	$[Ar]3d^{10}4s^2$		85	At	$[Xe]4f^{14}5d^{10}6s^26p^5$
	31	Ga	$[Ar]3d^{10}4s^24p^1$		86	Rn	$[Xe]4f^{14}5d^{10}6s^26p^6$
	32	Ge	$[Ar]3d^{10}4s^24p^2$		87	Fr	$[Rn]7s^1$
	33	As	$[Ar]3d^{10}4s^24p^3$		88	Ra	$[Rn]7s^2$
	34	Se	$[Ar]3d^{10}4s^24p^4$		89	Ac	$[Rn]6d^17s^2$
	35	Br	$[Ar]3d^{10}4s^24p^5$		90	Th	$[Rn]6d^27s^2$
	36	Kr	$[Ar]3d^{10}4s^24p^6$		91	Pa	$[Rn]5f^26d^17s^2$
	37	Rb	$[Kr]5s^1$		92	U	$[Rn]5f^36d^17s^2$
	38	Sr	$[Kr]5s^2$		93	Np	$[Rn]5f^46d^17s^2$
	39	Y	$[Kr]4d^15s^2$		94	Pu	$[Rn]5f^67s^2$
	40	Zr	$[Kr]4d^25s^2$		95	Am	$[Rn]5f^77s^2$
	41	Nb	$[Kr]4d^45s^1$		96	Cm	$[Rn]5f^76d^17s^2$
	42	Mo	$[Kr]4d^55s^1$		97	Bk	$[Rn]5f^97s^2$
	43	Tc	$[Kr]4d^55s^2$		98	Cf	$[Rn]5f^{10}7s^2$
	44	Ru	$[Kr]4d^75s^1$		99	Es	$[Rn]5f^{11}7s^2$
	45	Rh	$[Kr]4d^85s^1$		100	Fm	$[Rn]5f^{12}7s^2$
五	46	Pd	$[Kr]4d^{10}$		101	Md	$[Rn]5f^{13}7s^2$
	47	Ag	$[Kr]4d^{10}5s^1$		102	No	$[Rn]5f^{14}7s^2$
	48	Cd	$[Kr]4d^{10}5s^2$		103	Lr	$[Rn]5f^{14}6d^17s^2$
	49	In	$[Kr]4d^{10}5s^25p^1$		104	Rf	$[Rn]5f^{14}6d^27s^2$
	50	Sn	$[Kr]4d^{10}5s^25p^2$		105	Db	$[Rn]5f^{14}6d^37s^2$
	51	Sb	$[Kr]4d^{10}5s^25p^3$		106	Sg	$[Rn]5f^{14}6d^47s^2$
	52	Te	$[Kr]4d^{10}5s^25p^4$		107	Bh	$[Rn]5f^{14}6d^57s^2$
	53	I	$[Kr]4d^{10}5s^25p^5$	七	108	Hs	$[Rn]5f^{14}6d^67s^2$
	54	Xe	$[Kr]4d^{10}5s^25p^6$		109	Mt	$[Rn]5f^{14}6d^77s^2$
	55	Cs	$[Xe]6s^1$		110	Ds	$[Rn]5f^{14}6d^87s^2$
					111	Rg	$[Rn]5f^{14}6d^97s^2$
					112	Cn	$[Rn]5f^{14}6d^{10}7s^2$
					113	Nh	$[Rn]5f^{14}6d^{10}7s^27p^1$
					114	Fl	$[Rn]5f^{14}6d^{10}7s^27p^2$
					115	MC	$[Rn]5f^{14}6d^{10}7s^27p^3$
					116	Lv	$[Rn]5f^{14}6d^{10}7s^27p^4$
					117	Ts	$[Rn]5f^{14}6d^{10}7s^27p^5$
					118	Og	$[Rn]5f^{14}6d^{10}7s^27p^6$

6.4 元素周期系和元素基本性质的周期性

6.4.1 原子的电子层结构与元素周期系

(1) 周期的划分

由原子核外电子分布的规律可知，原子中的最高能级组与该元素所在的周期数是相对应的。各周期与对应的能级组的关系见表 6.2。

表 6.2 周期与最高能级组的对应关系

周期	能级组	最高能级组电子构型	可容纳电子数	元素种类
1(特短周期)	1	$1s^{1\sim2}$	2	2
2(短周期)	2	$2s^{1\sim2}2p^{1\sim6}$	8	8
3(短周期)	3	$3s^{1\sim2}3p^{1\sim6}$	8	8
4(长周期)	4	$4s^{1\sim2}3d^{1\sim10}4p^{1\sim6}$	18	18
5(长周期)	5	$5s^{1\sim2}4d^{1\sim10}5p^{1\sim6}$	18	18
6(特长周期)	6	$6s^{1\sim2}4f^{1\sim14}5d^{1\sim10}6p^{1\sim6}$	32	32
7(特长周期)	7	$7s^{1\sim2}5f^{1\sim14}6d^{1\sim10}7p^{1\sim6}$	32	32

(2) 价电子构型与元素的分区

根据元素原子的价电子构型的不同，把周期表划分为 s、p、d、ds、f 五个区，如图 6.8 所示。

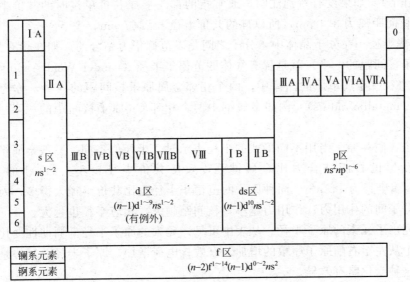

图 6.8 长式周期表元素分区示意图

各区元素原子核外电子分布的特点，如表 6.3 所示。

(3) 价电子构型与族的划分

如果最后填入电子的亚层为 s 或 p 亚层，则该元素便属于主族元素；如果最后填入电子的亚层为 d 或 f 亚层的，该元素便属于副族元素，又称过渡元素（其中填入 f 亚层的为内过渡元素）。

表 6.3　各区元素原子电子分布的特点

区	最高能级组电子构型	最后填入电子的亚层	可能参与反应的电子亚层	包括的元素
s	$ns^{1\sim 2}$	最外层 s 亚层	ns	ⅠA，ⅡA
p	$ns^2 np^{1\sim 6}$	最外层 p 亚层	$np \rightarrow ns$	ⅢA～ⅦA，零族
d	$(n-1)d^{1\sim 9}ns^{1\sim 2}$（Pd 例外）	次外层 d 亚层	$ns \rightarrow (n-1)d$	ⅢB～ⅦB，Ⅷ
ds	$(n-1)d^{10}ns^{1\sim 2}$	次外层 d 亚层	$ns \rightarrow (n-1)d$	ⅠB，ⅡB
f	$(n-2)f^{1\sim 14}(n-1)d^{0\sim 2}ns^2$	次次外层 f 亚层	$ns \rightarrow (n-1)d \rightarrow (n-2)f$	镧系；锕系

对 s、p、ds 区的元素，其族数等于最外层电子数，其中Ⅷ A 也称零族；对 d 区元素，其族数等于最外层电子数与次外层 d 电子数的和，其中 Fe、Co、Ni 三列属于Ⅷ族；对 f 区的元素都属于ⅢB 族。

由此可见，元素在周期表中的位置（周期、区、族），是由该元素最高能级组的电子构型所决定。

6.4.2　元素基本性质的周期性

元素的基本性质，如原子半径、电离能、电子亲和能、电负性等都与原子的电子层结构的周期性变化密切相关，它们在元素周期表中呈规律性的变化。

（1）原子半径

由于原子本身没有明显界面，因此原子核到最外电子层的距离实际上是难以确定的。通常所说的原子半径（atomic radius）是根据原子存在的不同形式来定义的。常用的有以下三种：

① 共价半径　两个相同原子形成共价键时，其核间距离的一半，称为原子的共价半径（covalent radius）。如果没有特别注明，通常指的都是形成共价单键时的共价半径。如单晶硅中 Si—Si 核间距离为 334 pm，所以硅的共价半径 $r=167$ pm。

② 范德华半径　在分子晶体中，分子之间是以范德华力结合的。如在稀有气体晶体中，两个相邻原子核间距的一半，就是稀有气体的范德华半径（vander Waals radius）。

③ 金属半径　金属单质的晶体中，两个相邻金属原子核间距的一半，称为该金属原子的金属半径（metallic radius）。例如金属铜中两个相邻 Cu 原子核间距的一半（128pm）为 Cu 原子的半径。

必须指出：同种原子当用不同形式的半径表示时，半径值不同。一般金属半径比共价半径大，因共价键的核间结合力比金属键强，致使共价半径较小。如 Al 的共价半径为 118pm，而金属半径为 143pm。同种原子的范德华半径也比共价半径大得多，因原子间的结合力远大于分子间的作用力；作用力越小，核间距越大，相应半径也越大。

表 6.4 列出了元素的原子半径。从表中可见，元素的原子半径呈周期性变化。

同周期中从左至右随原子序数的增加，有效核电荷增加，原子半径总趋势是减小的，但对不同周期这种变化略有差异。

在短周期中，从左向右随原子序数的增加，电子增加在同一电子层中，电子的屏蔽作用增加较小，故随原子序数增加，有效核电荷增加明显，核对外层电子的吸引明显增加，因而半径收缩的幅度较大。

在长周期中，总趋势与短周期类同，但稍有波动。同一周期 d 区过渡元素从左至右，随核电荷的增加，原子半径只是略有减小。这是因为电子最后进入次外层 $(n-1)$d 轨道，内层 d 电子对核的屏蔽作用较大，减弱了核电荷对外层电子的吸引，表现出收缩作用使原子半径略有减小。同一周期 ds 区过渡元素，$(n-1)$d 轨道电子全满，较显著屏蔽了核电荷对外层电子的引力，原子半径反而略有增大。同一周期的 f 区内过渡元素，电子增加在 $(n-2)$f 轨道上，其屏蔽作用变化更小，有效核电荷增加更不明显，故镧系元素从镧（La）到镥（Lu）原子半径减小幅度更小（称为镧系收缩），如表 6.4 所示。镧系收缩虽然幅度很小，但其影响却较大，使镧系后面的过渡元素铪（Hf）、钽（Ta）、钨（W）的原子半径与其同族相应的元素锆（Zr）、铌（Nb）、钼（Mo）的原子半径极为接近，造成 Zr 与 Hf、Nb 与 Ta、Mo 与 W 的性质十分相似，在自然界中往往共生，且难以分离。

表 6.4　原子半径　　　　　　　　　　　　单位：pm

ⅠA	ⅡA	ⅢB	ⅣB	ⅤB	ⅥB	ⅦB	Ⅷ			ⅠB	ⅡB	ⅢA	ⅣA	ⅤA	ⅥA	ⅦA	0
H																	He
32																	93
Li	Be											B	C	N	O	F	Ne
123	89											82	77	70	66	64	112
Na	Mg											Al	Si	P	S	Cl	Ar
154	136											118	117	110	104	99	154
K	Ca	Sc	Ti	V	Cr	Mn	Fe	Co	Ni	Cu	Zn	Ga	Ge	As	Se	Br	Kr
203	174	144	132	122	118	117	117	116	115	117	125	126	122	121	117	114	169
Rb	Sr	Y	Zr	Nb	Mo	Tc	Ru	Rh	Pd	Ag	Cd	In	Sn	Sb	Te	I	Xe
216	191	162	145	134	130	127	125	125	128	134	148	144	140	141	137	133	190
Cs	Ba	Hf	Ta	W	Re	Os	Ir	Pt	Au	Hg	Tl	Pb	Bi	Po	At	Rn	
235	198	144	134	130	128	126	127	130	134	144	148	147	146	146	145	220	

镧系元素：

La	Ce	Pr	Nd	Pm	Sm	Eu	Gd	Tb	Dy	Ho	Er	Tm	Yb	Lu
169	165	164	164	163	162	185	162	161	158	158	158	158	170	158

注：表内所列数值除稀有气体外，均为共价半径。数据取自 Lange's Handbook of Chemistry, 13th ed. McGraw-will, 1985。

原子半径在族中的变化：同一主族自上而下原子半径明显增大。这是因为电子层数增加的缘故。同一副族自上而下原子半径一般也增大，但增幅不大，特别是第五和第六周期的副族元素，它们的原子半径十分接近，这是因镧系收缩所致。

原子半径的周期性变化如图 6.9 所示。

原子半径越小，核电荷对外层电子的吸引力越强，元素的原子难以失去电子而易以与电子结合，非金属性强；反之原子半径大，核电荷对外层电子吸引力弱，元素原子就易于失去电子，金属性强。但必须注意，难失电子的原子，不一定就容易得电子。例如稀有气体原子得失电子都不容易。

（2）电离能

元素电离能的大小反映了原子失去电子的难易程度。电离能越大，原子失去电子需要吸收的能量越大，原子失去电子越难。

由基态的中性气态原子失去一个电子形成气态阳离子所需要的能量称为该元素的第一电离能（first ionization energy），常用符号 I_1 表示；再继续逐个失去电子所需的能量则依次称为第二、第三、…、电离能（I_2, I_3, …）。元素的电离能的大小顺序是：$I_1 < I_2 < I_3 < \cdots$，通常所讲的电离能是指第一电离能。元素的第一电离能越小，其越易失去电子，

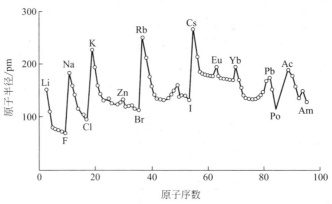

图 6.9 原子半径的周期性变化

元素的金属性就越强。但应注意，电离能的大小只能衡量气态原子失去电子变成气态离子的难易程度，至于金属在水溶液中发生化学反应形成阳离子的倾向，应该由金属的电极电势的大小衡量。

影响电离能大小的因素有原子半径、有效核电荷和电子层结构。一般来说，原子半径越小，有效核电荷越多，原子核对外层电子的吸引力越强，越不易失去电子，电离能越大。因此同一周期从左至右总的趋势是电离能逐渐增大。稀有气体由于具有稳定的电子层结构，在同一周期的元素中，电离能最大。d 区元素由于电子填入次外层，有效核电荷增加不多，原子半径减小缓慢，因此电离能增加不显著且不甚规则。虽然同一周期元素的电离能有增大趋势，但中间仍稍有起伏。例如电子层结构处于全满的 Be、Mg(ns^2) 结构或半满如 N、P (np^3) 结构比较稳定之故，所以它们的电离能不是小于而是大于它们后面相邻元素的电离能。

同一主族元素中，自上而下电离能减小。这是因为自上而下核电荷数虽然增大，当电子层数也相应增加，原子半径的增大起着主要作用，因此原子核对最外层电子的吸引力减弱，电离能逐渐减小，但副族元素电离能的变化不规则。

元素第一电离能的周期性变化如图 6.10 所示。

电离能数据除可说明金属的活泼性外，还可解释元素的常见化合价：若 $I_2 \gg I_1$，元素通常呈 +1 价；若 $I_3 \gg I_2$，常呈 +2 价；若 $I_4 \gg I_3$，常呈 +3 价……任何元素第三电离能之后的各级电离能数值都较大，即高于 +3 价的独立离子很少存在。

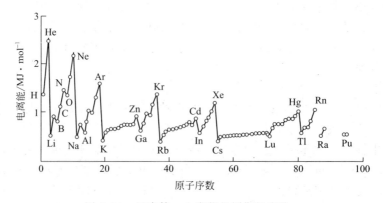

图 6.10 元素第一电离能的周期性变化

（3）电子亲和能 E_A（electron affinity）

与电离能恰好相反，元素原子的第一电子亲和能是指基态的气态原子获得一个电子，形成气态阴离子时释放出的能量，常用 E_{A1} 表示。电子亲和能也有第一、第二等，如果不加注明，都是指第一电子亲和能。元素的第一电子亲和能一般为负值，因为电子落入中性原子的核势场里势能降低，系统能量减小。但对于稀有气体原子（ns^2np^6）和第ⅡA族原子（ns^2），最外电子亚层处于全充满的稳定状态，所以它们的第一电子亲和能为正值。所有元素的第二电子亲和能都为正值。

显然，元素的第一电子亲和能代数值越小，原子就越容易得到电子，非金属性也就越强，反之，元素的第一电子亲和能代数值越大，原子就越难得到电子，非金属性也就越弱。

元素电子亲和能的测定比较困难，目前测得的数据较少，准确性也较差，有些数据是由计算所得。表 6.5 列出了主族元素的电子亲和能。

表 6.5 主族元素的电子亲和能   单位：kJ·mol^{-1}

H −72.7							He +48.2
Li −59.6	Be +48.2	B −26.7	C −121.9	N +6.75	O −141.8	F −328.0	Ne +115.8
Na −52.9	Mg +38.6	Al −42.5	Si −133.6	P −72.1	S −200.4	Cl −349.0	Ar +96.5
K −48.4	Ca +28.9	Ga −28.9	Ge −115.8	As −78.2	Se −195.0	Br −324.7	Kr +96.5
Rb −46.9	Sr +28.9	In −28.9	Sn −115.8	Sb −103.2	Te −190.2	I −295.1	Xe +77.2

注：表内数据取自科学出版社 2001 出版的，由《实用化学手册》编写组编写的《实用化学手册》。

从表 6.5 可知，无论是在周期或族中，电子亲和能的代数值一般都是随原子半径的减小而减小的。因为半径减小，核电荷对电子的吸引增大，故电子亲和能在同一周期中从左至右过渡时，总趋势减小。主族元素从上至下过渡时，总趋势增大。也应注意，电子亲和能也只是表征孤立气态原子或离子得电子的能力。

（4）元素的电负性（electronegativity）

电离能和电子亲和能各自从一个侧面反映了原子失得电子的能力。为了能比较全面地描述不同元素原子在分子中对成键电子吸引的能力，鲍林提出了元素电负性的概念。所谓电负性是指原子在分子中吸引电子的能力，他指定最活泼非金属元素原子的电负性 $\chi(F)=4.0$，然后通过计算得到其他元素原子的电负性。元素电负性的数值愈大，表示原子在分子中吸引电子的能力愈强，即非金属性愈强，如表 6.6 所示。

从表 6.6 可知，元素原子的电负性呈周期性变化。同一周期从左到右有效核电荷逐渐增大，原子半径逐渐减小，原子核在分子中吸引电子的能力逐渐增加，因而元素电负性逐渐变大，元素的非金属性也逐渐增强。同一主族从上至下随着原子半径增大电负性减小，元素的非金属性依次减小。副族元素的电负性变化规律不明显。一般说来，金属元素的电负性在 2.0 以下，非金属元素的电负性在 2.0 以上。电负性是衡量化合物所属化学键的重要标志。

还应注意：①鲍林电负性是一个相对值，量纲为1；②继鲍林之后，有不少人对该问题进行了研究，由于定义及计算方法不同，现在已经有几套元素原子电负性数据。因此，使用数据时要注意出处，尽量使用同一套电负性数据。

表 6.6 元素的电负性（χ_P）

H 2.1																
Li 1.0	Be 1.5										B 2.0	C 2.5	N 3.0	O 3.5	F 4.0	
Na 0.9	Mg 1.2										Al 1.5	Si 1.8	P 2.1	S 2.5	Cl 3.0	
K 0.8	Ca 1.0	Sc 1.3	Ti 1.5	V 1.6	Cr 1.6	Mn 1.5	Fe 1.8	Co 1.9	Ni 1.9	Cu 1.9	Zn 1.6	Ga 1.6	Ge 1.8	As 2.0	Se 2.4	Br 2.8
Rb 0.8	Sr 1.0	Y 1.2	Zr 1.4	Nb 1.6	Mo 1.8	Tc 1.9	Ru 2.2	Rh 2.2	Pd 2.2	Ag 1.9	Cd 1.7	In 1.7	Sn 1.8	Sb 1.9	Te 2.1	I 2.5
Cs 0.7	Ba 0.9	La-Lu 1.0~1.2	Hf 1.3	Ta 1.5	W 1.7	Re 1.9	Os 2.2	Ir 2.2	Pt 2.2	Au 2.4	Hg 1.9	Tl 1.8	Pb 1.9	Bi 1.9	Po 2.0	At 2.2
Fr 0.7	Ra 0.9	Ac-No 1.1~1.3														

注：表内数据取自科学出版社 2001 出版的，由《实用化学手册》编写组编写的《实用化学手册》。

习　题

1. 简单说明四个量子数的物理意义和量子化条件。
2. 定性画出 s、p、d 所有等价轨道的角度分布图。
3. 下列各组量子数哪些是不合理的？为什么？
   (1) $n=2$，$l=1$，$m=0$　　(2) $n=2$，$l=2$，$m=-1$　　(3) $n=3$，$l=0$，$m=0$
   (4) $n=3$，$l=1$，$m=+1$　(5) $n=2$，$l=0$，$m=-1$　　(6) $n=2$，$l=3$，$m=+2$
4. 用合理的量子数表示。
   (1) 3d 能级　　(2) $2p_z$ 原子轨道　　(3) $4s^1$ 电子
5. 在下列各组量子数中，恰当填入尚缺的量子数。
   (1) $n=?$，$l=2$，$m=0$，$m_s=+1/2$
   (2) $n=2$，$l=?$，$m=-1$，$m_s=-1/2$
   (3) $n=4$，$l=2$，$m=0$，$m_s=?$
   (4) $n=2$，$l=0$，$m=?$，$m_s=+1/2$
6. 下列轨道中哪些是等价轨道？
   2s，3s，$3p_x$，$4p_x$，$2p_x$，$2p_y$，$2p_z$
7. 下列各元素原子的电子分布式各自违背了什么原理？请加以改正。
   (1) 硼：$1s^2 2s^3$　　(2) 氮：$1s^2 2s^2 2p_x^2 2p_y^1$　　(3) 铍：$1s^2 2p_y^2$
8. 下列情况下可容纳的最大电子数是多少？
   (1) $n=4$ 层上　　(2) 4f 亚层上　　(3) 最大主量子数为 4 的原子中
9. 在下列电子分布中哪种属于原子的基态？哪种属于原子的激发态？哪种纯属错误？
   (1) $1s^2 2s^1 2p^2$　　(2) $1s^2 2s^1 2d^1$　　(3) $1s^2 2s^2 2p^4 3s^1$　　(4) $1s^2 2s^2 2p^6 3s^2 3p^3$　　(5) $1s^2 2s^2 2p^8 3s^1$
   (6) $1s^2 2s^2 2p^6 3s^2 3p^5 4s^1$
10. (1) 试写出 s、p、d 及 ds 区元素的价层电子构型。
    (2) 根据下列各元素的价电子构型，指出它们在周期表中所处的周期、区和族，是主族还是副族？
    (A) $3s^1$　　(B) $4s^2 4p^3$　　(C) $3d^2 4s^2$　　(D) $3d^{10} 4s^1$　　(E) $3d^5 4s^1$　　(F) $4s^2 4p^6$
11. 写出基态时可能存在的与下列各电子结构相应的原子符号和离子符号。
    (1) $1s^2 2s^2 2p^6 3s^2 3p^5$　　(2) $1s^2 2s^2 2p^6 3s^2 3p^6 3d^{10} 4s^2 4p^6 4d^8$
    (3) $1s^2 2s^2 2p^6 3s^2 3p^6 3d^{10} 4s^2 4p^6 4d^{10} 5s^2$　　(4) $1s^2 2s^2 2p^6$

12. 写出下列电子构型。
    (1) Ar 和 S^{2-} (2) Fe 和 Ni^{2+} (3) 哪一对是等电子体？为什么？

13. 试预测：
    (1) 114 号元素原子的电子分布，并指出它将属于哪个周期、哪个族？可能与哪个已知元素的最为相似？
    (2) 第七周期最后一种元素的原子序数是多少？

14. 填空题
    (1) 已知某元素 +2 价离子的电子分布式为 $1s^2 2s^2 2p^6 3s^2 3p^6 3d^{10}$，该元素在周期表中所属的分区为 _____。
    (2) 符合下列电子结构的元素，分别是哪一区的哪些（或哪一种）元素？
    (A) 外层具有 2 个 s 电子和 2 个 p 电子的元素 _____。
    (B) 外层具有 6 个 3d 电子和 2 个 4s 电子的元素 _____。
    (C) 3d 轨道全充满，4s 轨道只有 1 个电子的元素 _____。

15. 填充下表。

原子序数	电子分布式	各层电子数	周期	族	区	金属还是非金属
11						
21						
53						
60						
80						

16. 设有元素 A，电子最后填入 3p 亚层，其最低氧化数为 −1；元素 B，电子最后填入 4d 亚层，其最高氧化数为 +6。填表回答下列问题。

元素	电子分布式	原子序数	单电子数	周期	族	区
A						
B						

17. 有第四周期的 A、B、C 三种元素，其价电子数依次为 1、2、7，其原子序数按 A、B、C 顺序增大。已知 A、B 次外层电子数为 8，而 C 的次外层电子数为 18，根据结构判断：
    (1) 哪些是金属元素？
    (2) C 与 A 的简单离子是什么？
    (3) 哪一元素的氢氧化物碱性最强？
    (4) B 与 C 两元素键间能形成何种化合物？试写出化学式。

18. 元素原子的最外层仅有一个电子，该电子的量子数是：$n=4$，$l=0$，$m=0$，$m_s=+1/2$，问：
    (1) 符合上述条件的元素可以有几种？原子序数各为多少？
    (2) 写出相应元素原子的电子分布式，并指出在周期表中的位置。

19. 设有元素 A、B、C、D、E、G、M，试按下列所给的条件，推断它们的元素符号及在周期表中的位置（周期、族），并写出它们的价层电子构型。
    (1) A、B、C 为同一周期的金属元素，已知 C 有三个电子层，它们的原子半径在所属周期中为最大，并且 A>B>C；
    (2) D、E 为非金属元素，与氢化合生成 HD 和 HE，在室温时 D 的单质为液体，E 的单质为固体；
    (3) G 是所有元素中电负性最大的元素；
    (4) M 为金属元素，它有四个电子层，它的最高氧化数与氯的最高氧化数相同。

20. 有 A、B、C、D 四种元素，其价电子数依次为 1、2、6、7，其电子层数依次减少。已知 D 的电子层结构与 Ar 原子相同，A 和 B 次外层各只有 8 个电子，C 次外层有 18 个电子。试判断这四种元素。
   (1) 原子半径由小到大的顺序；
   (2) 第一电离能由小到大的顺序；
   (3) 电负性由小到大的顺序；
   (4) 金属性由弱到强的顺序；
   (5) 分别写出各元素原子最外层的 $l=0$ 的电子的量子数。

21. 不参看周期表，试推测下列每一对原子中哪一个原子具有较高的第一电离能和较大的电负性值？
   (1) 19 号和 29 号元素原子；
   (2) 37 号和 55 号元素原子；
   (3) 37 号和 38 号元素原子。

第7章 分子结构和晶体结构

19世纪初，英国化学家道尔顿（J. Dalton）提出原子论不久，人们便发现原子论与有些实验事实不符。意大利物理学家阿伏伽德罗（A. Avogadro）在仔细研究了盖·吕萨克（Joseph Louis Gay-Lussac）的气体实验后提出了分子学说。1811年他写了一篇题为"原子相对质量的测定方法及原子进入化合物的数目比例的确定"的论文，在文中他明确地提出了分子的概念，认为单质或化合物在游离状态下能独立存在的最小质点称作分子，单质分子由多个原子组成。由于原子论已深入人心，以至于直到阿伏伽德罗逝世4年后的1860年在德国卡尔斯鲁厄召开的国际化学会议上分子学说才最终得到广泛承认。此后人们开始思考原子是如何组成分子的，凝聚态是如何形成的，分子和晶体的结构如何，这种结构与物质的性质之间有什么样的关系等问题。

让我们来看一个化学反应：

$$2Na(s) + Cl_2(g) = 2NaCl(s)$$

在这个反应中，常温常压下反应前的Na为银灰色的固体、导体，且温度越高电导率越低；Cl_2是黄绿色的气体、不导电；而反应后的生成物NaCl则是白色的晶体，熔融状态下可导电，且温度越高电导率也越高。是什么导致了这种差别呢？

实际上，不同的外在性质反映了不同的内部结构，以上物质性质上的差异主要是因为它们各自内部的结合力不同。

今天我们知道，除了稀有元素之外，自然界中没有能够独立存在的原子，也就是说，原子与原子会通过相互作用形成分子或直接形成晶体，这种相互作用叫做化学键（chemical bond）。鲍林（L. Pauling）在他的《The Nature of The Chemical Bond》一书中提出了用得最广泛的化学键定义：如果两个原子（或原子团）之间的作用力强得足以形成足够稳定的、可被化学家看作独立分子物种的聚集体，它们之间就存在化学键。简单地说，化学键是指分子内部原子与原子之间的强相互作用。若原子之间形成了分子，则分子之间也存在相对较弱的相互作用，称为分子间力（intermolecular force）。

本章将在原子结构理论的基础上讨论以下四个方面的问题：原子与原子之间的强相互作用即化学键；分子与分子之间的弱相互作用即范德华力和氢键；分子或晶体的空间构型；分子及晶体结构与物质性能的关系。

7.1 离子键理论与离子晶体

1916年，德国基尔大学的化学家柯塞尔（W. Kossel）提出电价理论，他发现原子都有得到或失去电子以达到惰性气体（今称稀有气体）原子结构外层的倾向，这就是所谓的"八隅律"。他认为活泼金属的原子失去最外层少数电子，而外层电子数较多的活泼非金属原子则得到电子，如此分别形成的具有惰性气体原子外层的正、负离子靠静电作用结合起来。这种正、负离子靠静电作用而形成的化学键就称为离子键（ionic bond）或电价键。由离子键形成的化合物叫做离子型化合物（ionic compound）。离子键主要存在于离子晶体（ionic crystal）中，也可存在于气态分子中。

7.1.1 离子键的形成和特征

当电负性差异较大的活泼金属原子与活泼非金属原子相互接近时，它们之间便能够形成离子键。看一下 NaCl 的形成过程：

$$n\mathrm{Na}(3s^1) \xrightarrow[I_1 = 496 \mathrm{kJ \cdot mol^{-1}}]{-ne^-} n\mathrm{Na^+}(2s^2 2p^6)$$

$$n\mathrm{Cl}(3s^2 3p^5) \xrightarrow[E_{A1} = -348.7 \mathrm{kJ \cdot mol^{-1}}]{+ne^-} n\mathrm{Cl^-}(3s^2 3p^6)$$

$$\Bigg\} \xrightarrow{\text{静电引力}} n\mathrm{NaCl}$$

显然，NaCl 晶体形成时有能量变化，图 7.1 为其形成时的势能曲线。由图可见，当正、负离子互相靠近时，同时存在正、负离子之间的静电引力和离子外层电子之间以及原子核之间的排斥力。系统的总能量决定于离子之间的相互距离 R。当 R 较大时（$R>R_0$），电子云之间及核之间的排斥作用小，离子间以静电引力为主，势能随 R 减小而下降，即正、负离子越接近，引力越大；但当它们进一步靠近至 $R<R_0$ 时，电子云之间的排斥力占主导地位，势能随 R 减小而升高。也就是说，当 $R=R_0$ 时吸引力与排斥力达到平衡，系统能量达到最低点，正、负离子在各自平衡位置振动便形成离子键。

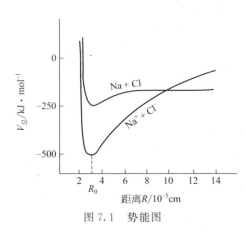

图 7.1 势能图

离子键的形成条件是元素的电负性相差要足够大。然而即使是电负性最大的非金属和电负性最小的活泼金属之间也不能形成 100% 的离子键。一般认为电负性差值在 1.7 以上时所形成的化学键以离子键为主。表 7.1 为离子键成分与电负性差值的关系。学完本章后我们就能够理解在典型的离子键与非极性共价键之间存在的键型过渡。

表 7.1 单键的离子性百分数与电负性差值 $\chi_A - \chi_B$ 之间的关系

$\chi_A - \chi_B$	离子性百分数/%	$\chi_A - \chi_B$	离子性百分数/%
0.2	1	1.8	55
0.4	4	2.0	63
0.6	9	2.2	70
0.8	15	2.4	76
1.0	22	2.6	82
1.2	30	2.8	86
1.4	39	3.0	89
1.6	47	3.2	92

由前面的讨论可知，离子键的本质是静电引力。由于离子的电场是球形对称的，一个离子可以在任意方向吸引带相反电荷的离子，因此，离子键既无方向性也无饱和性。

7.1.2 离子的性质

离子化合物的性质取决于离子键的强度，而离子键的强度又受离子性质的影响，具体来说就是受离子的电荷、半径和离子的电子构型的影响。

(1) 离子的电荷

简单正离子通常只由金属原子形成,而简单负离子通常只由非金属原子形成。它们的电荷等于在形成离子键时中性原子失去或获得电子后所具有的电荷数。至于由配位键形成的配离子的电荷,将在第8章配位化合物和配位平衡中讨论。

(2) 离子的半径

严格地讲,离子的半径无法确定,因为电子云没有明确的边界。实际应用中假定晶体中正、负离子为相互接触的球体,并将由实验(X 射线衍射法)测得的正、负离子间平均距离视为正、负离子的半径之和,如图 7.2 所示。

$$d = r_+ + r_- \tag{7.1}$$

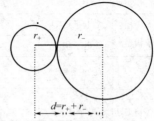

图 7.2 离子半径示意图

离子半径数据有多种,如戈尔德施米特(V.M. Goldschmidt)离子半径、鲍林离子半径等。鲍林离子半径应用较普遍,它由下式推算:

$$r = \frac{k}{z - \sigma} \tag{7.2}$$

式中,k 是决定于主量子数 n 的常数;z 为核电荷数;σ 为屏蔽常数。

鲍林推算出的一套离子半径数据列入表 7.2 中。

表 7.2 鲍林离子半径 单位:pm

离子	半径	离子	半径	离子	半径	离子	半径	离子	半径	离子	半径	离子	半径
Ag^+	126	C^{4-}	260	Fe^{2+}	76	K^+	133	Nb^{5+}	70	Se^{6+}	42	Ti^{3+}	69
Al^{3+}	50	Ca^{2+}	99	Fe^{3+}	60	Li^+	60	O^{2-}	140	S^{6+}	29	Tl^{3+}	95
As^{3+}	47	Cd^{2+}	97	F^-	136	La^{3+}	115	Pb^{2+}	121	S^{2-}	184	Tl^+	140
As^{3-}	222	Cl^{7+}	26	Ge^{4+}	53	Mn^{7+}	46	P^{3-}	212	Sb^{5+}	62	Te^{3+}	56
Au^+	137	C^{4+}	15	Ga^{3+}	62	Mn^{2+}	80	Pb^{4+}	84	Si^{4-}	270	V^{5+}	59
Br^-	195	Cl^-	181	H^-	208	Mo^{6+}	62	P^{5+}	34	Sb^{3-}	245	V^{2+}	66
Br^{7+}	39	Cr^{6+}	52	Hg^{2+}	110	Mg^{2+}	65	Rb^+	148	Sc^{3+}	81	W^{6+}	62
B^{3+}	20	Co^{2+}	74	In^{3+}	81	N^{3-}	171	Se^{2-}	198	Sr^{2+}	113	Y^{3+}	93
Bi^{5+}	74	Cr^{3+}	64	I^{7+}	50	Na^+	95	Si^{4+}	41	Te^{2-}	221	Zr^{4+}	80
Ba^{2+}	135	Cu^+	96	I^-	216	Ni^{2+}	69	Sn^{4+}	71	Ti^{4+}	68	Zn^{2+}	74
Be^{2+}	31	Cs^+	169										

离子半径的变化规律如下:

① 对同一主族具有相同电荷的离子而言,半径自上而下随电子层数增加而增大。例如:

$$r(Li^+) < r(Na^+) < r(K^+) < r(Rb^+) < r(Cs^+)$$

② 对同一周期的主族元素而言,正离子的半径从左至右随电荷数增加而减小。例如:

$$r(Na^+) > r(Mg^{2+}) > r(Al^{3+}) > r(Si^{4+})$$

③ 对同一元素而言,半径随离子电荷(代数值)升高而减小,正离子半径<原子半径<负离子半径。一般正离子半径约为 10~170pm,负离子半径约为 130~250pm。

④ 对等电子离子而言,离子半径随负电荷的降低和正电荷的升高而减小。例如:

$$r(Mg^{2+}) < r(Na^+) < r(F^-) < r(O^{2-})$$

(3) 离子的电子构型

离子的电子构型是指原子失去或得到电子后所形成的外层电子构型。总体具有如下特点：
① 元素负离子大都有稀有气体元素的电子构型；
② 正离子的电子构型呈现多样性；
③ 不同类型的正离子对同种负离子的结合力大小为：

8 电子构型的离子＜9～17 电子构型的离子＜18 或 18＋2 电子构型的离子

常见离子的电子构型列于表 7.3。

表 7.3 常见离子的电子构型

类	型	最外层电子构型	例	元素所在区域
稀有气体电子构型	2 电子构型	ns^2	Li^+、Be^{2+}	s 区
	8 电子构型	ns^2np^6	Na^+、Cl^-、O^{2-}、F^-、Sr^{2+}	p 区
非稀有气体电子构型	18 电子构型	$ns^2np^6nd^{10}$	Zn^{2+}、Cu^+、Ag^+、Hg^{2+}	ds 区
	18＋2 电子构型	$(n-1)s^2(n-1)p^6(n-1)d^{10}ns^2$	Sn^{2+}、Pb^{2+}、Sb^{3+}、Bi^{3+}	p 区
	9～17 电子构型	$ns^2np^6nd^{1\sim9}$	Cr^{3+}、Mn^{2+}、Cu^{2+}、Fe^{2+}、Fe^{3+}、V^{3+}	d 区、ds 区

7.1.3 离子晶体

7.1.3.1 晶体的基本概念

固体物质按其中原子排列的有序程度不同可分为晶体（crystal）和无定形物质（amorphous solid）两种。晶体又包括单晶体（monocrystal）和多晶体（polycrystal）。所谓单晶即结晶体内部的微粒在三维空间呈有规律、周期性的排列，是一种长程和短程都有序的结构，有一定大小的理想单晶在自然界中是极为罕见的，而且也很难在实验室中生产，而多晶是由若干不同取向的小单晶体（即晶粒）组成的一种晶体，是一种短程有序、长程无序的结构。

晶体具有规则的几何构型，这是晶体最明显的特征。在适当条件下，晶体能自发地生成有一定规则的多面体外形。围成多面体的面称为晶面，相邻晶面之间的夹角称为晶面角（interfacial anglt）。同一种晶体由于生成条件的不同，外形上可能有差别，但晶体的晶面角却不会变（晶面角守恒）。

晶体的另一特点是各向异性，例如云母的解理性（晶体在敲打、挤压等外力作用下沿特定的结晶方向裂开成较光滑面的性质称为解理性，其解理面间的键力最弱，所以利用解理面作为切割的一种手段）。

再者，晶体都有固定的熔点，而玻璃在受热时却是先软化，后黏度逐渐变小，最后变成液体。

晶体的宏观性质由晶体的微观结构决定。晶体的微观结构由劳厄（M. Laue）于 1912 年开始用 X 射线进行分析，大量事实表明晶体内部的质点的顺序和距离相对固定且有周期性重复的规律性。

为便于研究晶体中微粒（原子、离子或分子）的排列规律，法国晶体学家伯瑞维斯（A. Bravais）提出：把晶体中规则排列的微粒抽象为几何学中的点，称为结点（node），又称节点。这些结点的总和称为空间点阵（space lattice）。沿着一定方向按某种规则把结点连接起来，可以得到描述各种晶体内部结构的几何图

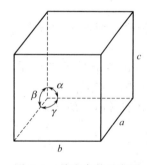

图 7.3 晶胞参数示意图

像——晶体的空间格子，简称为晶格（lattice）。在晶格中，能表现出其结构一切特征的最小重复单位称为晶胞（unit cell）。可见，晶格由晶胞在三维空间无限重复而构成。晶胞是与单位点阵相对应、存在于晶体中的实际概念，是点阵的最小重复单元。晶胞的大小和形状由六个参数决定，称为晶胞参数（parameters）或点阵参数，如图7.3所示，晶胞参数包括晶胞的三组棱长a、b、c及棱间交角α、β、γ。

任何点阵结构都可分解为某种平行六面体的单位点阵，因而按照晶胞参数之间的关系，可将晶体分为七大晶系和十四种点阵（见表7.4）。

表7.4 七大晶系

晶系	晶轴	轴间夹角	实例
立方	$a=b=c$	$\alpha=\beta=\gamma=90°$	$NaCl,CaF_2,ZnS,Cu$
四方	$a=b\neq c$	$\alpha=\beta=\gamma=90°$	$SnO_2,MgF_2,NiSO_4,Sn$
正交	$a\neq b\neq c$	$\alpha=\beta=\gamma=90°$	$K_2SO_4,BaCO_3,HgCl_2,I_2$
三方	$a=b=c$	$\alpha=\beta=\gamma\neq 90°$	$Al_2O_3,CaCO_3,As,Bi$
单斜	$a\neq b\neq c$	$\alpha=\gamma=90°,\beta\neq 90°$	$KClO_3,K_3[Fe(CN)_6],Na_2B_4O_7$
三斜	$a\neq b\neq c$	$\alpha\neq\beta\neq\gamma\neq 90°$	$CuSO_4\cdot 5H_2O,K_2Cr_2O_7$
六方	$a=b\neq c$	$\alpha=\beta=90°,\gamma\neq 120°$	SiO_2（石英）,AgI,CuS,Mg

7.1.3.2 离子晶体的结构类型及其性质

（1）离子晶体的结构类型

凡靠离子键结合而成的晶体统称为离子晶体（ionic crystal）。离子化合物在常温下均为离子晶体。在离子晶体中，晶格结点上有规则地交替排列着正、负离子，正、负离子间以离子键（静电引力）结合。由于离子键没有饱和性和方向性，离子晶体中的正、负离子按一定配位数在空间排列，因此晶体中不存在单个分子，而是一个巨大的分子，如 NaCl 只表示晶体的化学式，而不是其分子式。

虽然离子键既没有方向性，也没有饱和性，但注意，没有饱和性并不是说能与一个离子结合的相反电荷的离子数（也叫做离子的配位数）是无限的。相反，在离子化合物中，各种离子的配位数总是确定的。例如一个 Na^+ 只能与 6 个 Cl^- 结合，一个 Cl^- 也只能和 6 个 Na^+ 结合，从而形成了 6：6 型的 NaCl 离子晶体。这种离子配位数的有限性不是由于正负电荷吸引力达到了饱和，而是由于每个离子都有一定的大小，其周围的空间是有限的，在有效的静电作用力范围内，每个离子周围就只能排列有限数目的与其带相反电荷的离子，也就是说离子配位数的多少主要决定于正、负离子的半径比。

离子晶体中正、负离子在空间的排布情况多种多样，对于最简单的 AB 型离子晶体，有三种典型的空间构型：CsCl 型、NaCl 型和立方 ZnS 型。如图7.4所示。

离子晶体中，由于负离子一般比正离子大很多，使负离子的堆积成为离子晶体的主要框架，正离子可以看成是填充在负离子堆积形成的空隙中。AB 型离子晶体的三种空间构型的特点列于表7.5。

表7.5 离子晶体的三种空间构型的特点

离子半径比 r_+/r_-	配位数	晶体构型	空间构型	实 例
0.225～0.414	4	ZnS 型	正四面体	$ZnS,ZnO,BeO,BeS,CuCl,CuBr$
0.414～0.732	6	NaCl 型	正八面体	$NaCl,KCl,NaBr,CaO,MgO,CaS,BaS$
0.732～1	8	CsCl 型	立方体	$CsCl,CsBr,CsI,NH_4Cl,TiCl$

需要指出，上述规则仅适合于 AB 型离子晶体，而且在实际使用时，由于离子半径数据

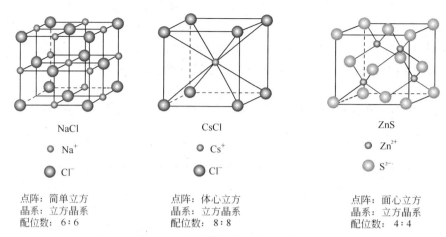

图 7.4　离子晶体的三种空间构型

不十分精确和离子相互作用的影响，使由 r_+/r_- 推测出的离子构型与实际晶体类型有时会有偏离。另外，外界条件如温度也可能影响晶格的类型，如 CsCl 在高温下的晶体构型为 NaCl 型；正、负离子间的相互极化作用也可能影响晶格的类型，参见 7.6.2。

（2）离子晶体的性质

离子晶体的性质如熔点、硬度等与离子键的强弱有关。离子键的强度一般可用晶格能来衡量。晶格能（crystal lattice energy）亦称点阵能，是指在标准状态下，拆开单位物质的量的离子晶体使其变为气态组分离子所需吸收的能量，常用 U 表示，单位为 $kJ·mol^{-1}$。有的教材把晶格能定义为：由相互远离的气态正、负离子生成 1mol 离子晶体时所释放的能量，这样定义时 U 的数值一样，但为负值。晶格能的绝对值越大，离子晶体的正、负离子间作用力越强，形成离子键的强度越大。

由于离子键的本质是静电引力，因此考察晶格能的大小可参考库仑引力公式，即晶格能的大小与离子电荷和离子间距等有关。正、负离子的电荷越多，离子间距越小，离子间的相互吸引力越强，晶格能的绝对值越大，晶体也越稳定，相应的物理性质也更突出，如硬度越大，熔点更高。表 7.6 中列出了晶格能与离子晶体的性能关系。

表 7.6　晶格能与离子晶体的性能

晶 体	NaF	NaCl	NaBr	NaI	MgO	CaO	SrO	BaO
核间距 d/pm	231	279	294	318	210	240	257	277
晶格能 U/kJ·mol^{-1}	933	770	732	686	3916	3477	3205	3042
熔点/K	1261	1074	1013	935	3073	2843	2703	2196
硬度（金刚石为10）	3.2	2.0			6.5	4.5	3.5	3.3

由于正、负离子间的静电作用力较强，破坏离子晶体需要克服这种引力，所以离子晶体物质一般熔点较高，硬度较大，难以挥发。但离子晶体物质延展性差，当受机械力作用时，晶体结构容易被破坏。

离子晶体物质一般易溶于水，其水溶液或熔融态都能导电，但在固态时晶格结点上的离子只能振动，因而不导电。

7.2 共价键理论

7.2.1 经典共价键理论

离子键理论在解释离子化合物的形成及特点时取得了成功,但却不能解释电负性相差不大的元素甚至同种元素的原子形成分子的过程。就在离子键理论提出的同一年,即 1916 年,美国化学家路易斯(G. N. Lewis)提出了共价键的概念。他认为分子中每个原子应具有稀有气体原子的稳定电子层结构,但这种结构不是靠电子的转移,而是通过原子间共用一对或若干对电子来实现的。分子的稳定性是因为成键原子通过电子共享达到了稀有气体的电子层结构,这样也服从了"八隅规则"(octet rule)或"八隅律"。双键和三键相应于两对或三对共享电子。这种分子中原子间通过共用电子对而结合成的化学键称为共价键(covalent bond)。例如,可以用下列式子(路易斯结构式)表示相关物质中原子的成键情况:

$$H-\overset{\overset{\displaystyle H}{|}}{\underset{\underset{\displaystyle H}{|}}{C}}-H \quad H-\overset{\overset{\displaystyle H}{|}}{\underset{\underset{\displaystyle H}{|}}{\ddot N}}-H \quad :\ddot O-H \quad H-\ddot{\underset{..}{C}l}: \quad \overset{..}{\underset{\underset{\displaystyle :\ddot O:}{|}}{C}}=\ddot O \quad H-C\equiv N:$$

路易斯还提出共价键极性(polarity)的概念,指出若成键两原子的电负性相等,则化学键是非极性的;否则化学键有极性,电负性较大的原子带电 δ^-,电负性较小的原子带电 δ^+。电负性相差越大,键的极性就越大。例如,H—I、H—Br、H—Cl 到 H—F,氢卤键的极性逐渐增大。如表 7.7 所示。

表 7.7 卤化氢分子中键的极性

化学键	HI	HBr	HCl	HF
电负性差	0.46	0.76	0.96	1.78
键的极性	依次增大 →			

尽管路易斯的理论给了我们一些有价值的概念和思想,并能成功地解释由相同原子组成的分子(如 H_2、Cl_2、N_2 等),以及性质相近的不同原子组成的分子(如 HCl 等)的形成,并初步揭示了共价键与离子键的区别,但路易斯理论有以下局限性:

① 不遵循"八隅规则"的分子比比皆是。例如,它不能解释为什么有些分子的中心原子最外层电子数虽然少于 8(如 BF_3)或多于 8(如 PCl_5、SF_6),但这些分子仍能稳定存在。如 B 原子的最外层只有 3 对共用电子对,在 BF_3 分子中 B 原子的价电子层结构不满 8 个电子;而在 PCl_5 分子中,P 原子的价电子层中有 5 对共用电子对,其周围电子数已超过稀有气体稳定的 8 电子结构的电子数;SF_6 分子中 S 原子的价电子层中共有 6 对共用电子对,电子数也已超过 8。

② 不能说明为什么共用电子对就能使两个原子结合成稳定分子的本质原因。因为根据经典的静电理论,同性电荷相斥,两个电子为何不相斥,反而互相配对。

③ 不能解释分子空间的几何形状。

④ 不能说明电子对的享用与提供电子的原子轨道间存在什么关系。

7.2.2 现代价键理论

1927 年,德国物理学家海特勒(W. Heitler)和伦敦(F. W. London)将量子力学用于处理 H_2 分子的结构,阐明了共价键的本质。

让我们以两个氢原子形成氢分子的情况来说明共价键的形成过程。

(1) H_2 分子的形成和共价键的本质

海特勒和伦敦用量子力学处理氢原子形成氢分子时，得到了如图 7.5 所示的 H_2 分子形成过程中的能量 E 与核间距离 R 的关系曲线图。

图 7.6 反映出两原子间通过共用电子对相连形成分子，是基于电子定域于两原子之间，形成了一个密度相对大的电子云（负电性），这就是价键理论的基础。

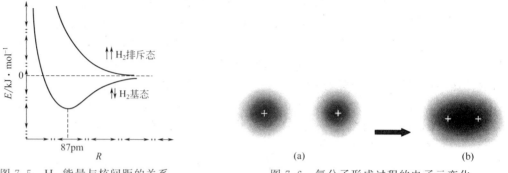

图 7.5　H_2 能量与核间距的关系　　　图 7.6　氢分子形成过程的电子云变化

由图 7.5 可见，如果 A、B 两个氢原子的未成对的单电子自旋方向相反，两个原子自远处互相靠近时，A 原子的电子不仅受自己的原子核的吸引，而且也要受到 B 原子核的吸引；同理，B 原子的电子也同时受到自己的原子核和 A 原子核的吸引。整个系统的能量要比两个氢原子单独存在时低，在核间距离达到平衡距离❶ $R_0 = 87$pm 时，系统能量达到最低点。

如果两个原子进一步靠近，由于核间斥力逐渐增大，又会使系统的能量升高。这说明两个 H 原子在平衡距离 R_0 处形成了稳定的化学键。这种状态称为 H_2 分子的基态。无论是计算值的 87pm 还是实验值的 74pm 都远远小于两个氢原子的半径之和（约 106pm），这说明两个氢原子的 1s 轨道有重叠。

如果两个氢原子的 1s 电子自旋状态相同，发生原子轨道重叠时，两个原子核间的电子云密度减小，系统的能量随着两个氢原子核间距离 R 的减小而逐渐升高，并且始终高于两个孤立存在的氢原子能量之和。因此，这种状态下两个氢原子不能形成共价键，也不可能形成稳定的氢分子，该状态称为 H_2 分子的排斥态。

基态分子和排斥态分子在电子云的分布上也有很大差别。计算表明，基态分子中两核之间的电子概率密度 $|\psi|^2$ 远远大于排斥态分子中核间的电子概率密度 $|\psi|^2$。在基态 H_2 分子中，H 原子之所以能形成共价键，是因为自旋相反的两个电子的电子云密集在两个原子核之间，从而使系统的能量降低。排斥态之所以不能成键，是因为自旋相同的两个电子的电子云在核间稀疏（概率密度几乎为 0），使系统的能量升高。

由氢分子的形成过程可见，在分子中也必须是自旋状态相反的两个电子才能占据同一个轨道空间，这与泡利不相容原理是相符合的。

量子化学对氢分子形成过程的解释说明了共价键的本质。自旋状态相反的两个单电子所在轨道发生重叠时，电子云密集在两个原子核之间，既降低了两个原子核正电荷间的排斥作用，又增加了两个原子核对密集于核间的负电荷区域的吸引，相当于用一个负电荷的桥梁将两个正电荷连接起来，有利于系统能量的降低。由此可见，共价键的本质是电性的，是原子

---

❶　实验值约为 74pm，一个氢原子的原子半径为 53pm。

轨道的重叠，是电子波的叠加。但这种电性作用是不能用经典的静电理论来解释的，它是通过量子力学用原子轨道的线性组合来说明的。

氢分子的排斥态则相当于两个氢原子轨道的相减，在两个核间出现了一个空白区，增大了两个核的排斥能，因而系统的能量升高而不能成键。

(2) 价键理论的基本要点

1930 年，斯莱特（J.C.Slater）和鲍林将海特勒和伦敦用量子力学处理 H_2 分子的结果加以推广和发展，建立了现代价键理论（valence bond theory，简称 VB 法），也称为电子配对法。该理论认为：①形成共价键时，仅成键原子的外层轨道及其中的电子参加作用；②原子相互接近时，外层能量相近、且含有自旋相反的未成对电子的轨道发生重叠，核间电子概率密度增大；③在成键的过程中，自旋相反的单电子之所以要配对或偶合，是因为配对以后会放出能量，从而使系统的能量达到最低，电子配对时放出的能量越多，形成的化学键就越稳定。

(3) 共价键的特点

在形成共价键时，互相结合的原子既未失去电子，也没有得到电子，而是共用电子，在分子中并不存在离子而只有原子，因此共价键也叫原子键。共价键有如下特点：

① 共价键结合力的本质是电性的。共价键是共用电子对形成的负电区域对两个原子核的吸引力，而不是正、负离子之间的静电库仑引力。共用电子对的数目越多，核间电子云密度越大，结合力越强。

② 共价键具有饱和性。所谓饱和性是指每个原子成键的总数或以单键连接的原子数目是一定的，这是因为共价键是由原子间轨道重叠和共用电子形成的，而每个原子能提供的轨道和单电子数目是一定的，并且成键后的电子仍需满足泡利不相容原理。由于 1 个原子的 1 个单电子只能与另 1 个单电子配对，形成 1 个共价单键，因此，1 个原子有几个单电子（包括激发后形成的单电子），便可以与几个自旋方向相反的单电子配对形成几个共价键。

③ 共价键具有方向性。共价键的方向性体现在两个方面：其一，量子力学证明，只有原子轨道符号相同部分重叠，才可能有效重叠形成共价键，异号重叠时电子云的密度会变得更加稀疏，无法形成"电子桥"，因而不能成键，这就是对称性匹配原则；其二，即使是同号重叠，也需沿着特定的方向进行。由于原子轨道在空间有一定取向，除了 s 轨道呈球形对称外，p、d、f 轨道在空间都有一定的伸展方向。在形成共价键时，除了 s 轨道和 s 轨道之间可以在任何方向上重叠外，其他的轨道重叠，只有沿着一定的方向，重叠的程度及核间电子云密度才最大，这就是最大重叠原理。

例如，在形成氯化氢分子时，H 原子的 1s 电子与 Cl 原子的 1 个未成对 $3p_x$ 电子通过 s-p 轨道重叠形成一个共价键。在图 7.7 所示的四种重叠方式中，(c) 为异号重叠；(b) 为同号重叠，但重叠较少；(d) 的同号重叠与异号重叠部分相同，正好相互抵消，这种重叠为无效重叠；只有当 H 原子的 1s 电子沿 x 轴与 Cl 原子的 $3p_x$ 轨道接近时，发生同号轨道最大限度的重叠成键，才能形成稳定的 HCl 分子，如图 7.7(a) 所示。

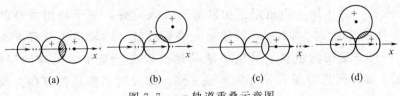

图 7.7 s-p 轨道重叠示意图

(4) 共价键的键型

成键的两个原子核间的连线称为键轴。按成键轨道与键轴之间的关系，共价键的键型主要分为两种。

① σ键：沿键轴的方向，以"头碰头"的方式发生轨道重叠，如 s-s(H_2)、s-p_x(HCl)、p_x-p_x(Cl_2) 等，轨道重叠部分是沿着键轴呈圆柱形分布的，这种键称为 σ 键，如图 7.8(a) 所示。

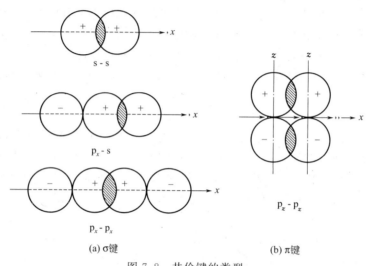

图 7.8 共价键的类型

② π键：原子轨道垂直于核间连线，以"肩并肩"（或平行）的方式发生轨道重叠。如图 7.8(b) 中的 p_z-p_z（p_y-p_y 也一样），轨道重叠部分对通过键轴的平面是反对称的，这种键称为 π 键。

例如，在 N_2 分子的结构中，就含有 1 个 σ 键和 2 个 π 键。N 原子的电子层结构为 $1s^2 2s^2 2p_x^1 2p_y^1 2p_z^1$，当 2 个 N 原子相结合时，如果两个 N 原子的 p_x 轨道沿 x 轴方向"头碰头"重叠，即形成 1 个 σ 键后，两个 N 原子的 p_y-p_y 和 p_z-p_z 轨道就没有机会再进行"头碰头"重叠了，只能以相互平行或"肩并肩"方式重叠，即形成 2 个互相垂直的 π 键，如图 7.9 所示。

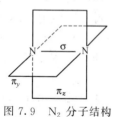

图 7.9 N_2 分子结构示意图

综上所述，σ 键的特点是：两个原子的成键轨道沿键轴的方向以"头碰头"的方式重叠，原子轨道重叠部分沿着键轴呈圆柱形对称。由于成键轨道在轴向上重叠，故成键时原子轨道发生最大限度的重叠，σ 键的键能大，稳定性高（能量低）。

π 键的特点是：两个原子轨道以"肩并肩"方式重叠，原子轨道重叠部分对通过一个键轴的平面具有镜面反对称性。π 键轨道重叠程度比 σ 键轨道重叠程度小，键能小于 σ 键的键能，所以 π 键的能量高，其电子活动性也较高，是化学反应的积极参加者。π 键稳定性低于 σ 键，所以分子总是优先形成 σ 键，即 π 键不能单独存在。两种键型的比较见表 7.8。

表 7.8　σ 键和 π 键的特征比较

键的类型	σ 键	π 键
原子轨道重叠方式	沿键轴方向相对重叠	沿键轴方向平行重叠
原子轨道重叠部位	两原子核之间,在键轴处	键轴上方和下方,键轴处为零
原子轨道重叠程度	大	小
键的强度	较大	较小
化学活泼性	不活泼	活泼

(5) 配位键——共价键的特殊形式

前面讨论的 σ 键、π 键的共用电子对都是由成键的两个原子分别提供 1 个电子形成的。此外,还有一类共价键,其共用电子对不是由成键的两个原子分别提供,而是由其中一个原子单方面提供的。这种由一个原子提供电子对为两个原子所共用而形成的共价键,称为共价配键或配位键(coordination bond)。

例如,在 CO 分子中,C 原子 ($2s^2 2p^2$) 的 2 个成单的 2p 电子可与 O 原子 ($2s^2 2p^4$) 的 2 个成单的 2p 电子形成 1 个 σ 键和 1 个 π 键之外,O 原子上一对已成对的 2p 电子还可与 C 原子上的一个 2p 空轨道形成 1 个配位键。配位键通常以一个指向接受电子对的原子的箭头"←"来表示。如 CO 的结构式可表示为 C≡O。

形成配位键的条件:

① 一个原子的价电子层中有孤电子对(又称孤对电子,指未与其他原子共享的电子对);

② 另一个原子的价电子层有可接受孤电子对的空轨道。

含有配位键的离子和化合物是很普遍的,例如:NH_4^+、$[Cu(NH_3)_4]^{2+}$、$[Ag(NH_3)_2]^+$、$[Fe(CO)_5]$ 等离子或化合物中均存在配位键。

需要说明的是配位键一定是共价键,只是一对共享的电子由某一个成键原子单方面提供。所以说配位键与共价键没有本质上的差异,如配位键也具有方向性与饱和性。

7.2.3 杂化轨道理论

电子配对法比较简明地阐述了共价键的形成过程和本质,并成功地解释了共价键的方向性、饱和性的特点,但在解释分子的空间结构时却遇到了困难,也不能解释成键数多于单电子数(BF_3、CH_4)等事实。

例如,早在 19 世纪 70 年代,荷兰化学家范托夫(J. H. Van't Hoff)就提出了碳的四面体结构学说。近代的实验测定结果也表明,CH_4 分子是一个正四面体的空间结构,C 原子位于四面体的中心,4 个 H 原子占据四面体的 4 个顶点,在 CH_4 分子中,形成了 4 个稳定的、强度相同的 C—H 键,键能为 413.4 kJ·mol^{-1},键角∠HCH 为 109°28′,如图 7.10 所示。

然而根据电子配对法理论,却不容易解释这些。因为 C 原子的电子层结构为 $1s^2 2s^2 2p_x^1 2p_y^1$,只有 2 个成单电子,所以它只能与 2 个 H 原子形成两个共价单键。当然,我们可以认为在化学反应的条件下 C 原子的 1 个 2s 电子被激发到 2p 轨道上去,这样就可以有 4 个单电子(1 个 2s 电子和 3 个 2p 电子),可以与 4 个氢原子配对形成 4 个 C—H 共价键。但若如此,所形成的 4 个 C—H 共价键必然不等同,这与实验测得的结果不符。

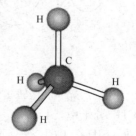

图 7.10　甲烷分子的结构示意图

为了解释多原子分子的空间结构，鲍林于1931年在价键理论的基础上，提出了杂化轨道理论（hybrid orbital theory）。下面我们就杂化的概念、杂化轨道的类型、等性与不等性杂化以及杂化轨道理论的基本论点进行介绍。

我们先介绍一下杂化的概念：杂化是指在形成分子时，由于原子的相互影响，同一原子中的若干不同类型的、但能量相近的原子轨道混合起来，重新组合成一组新轨道，这种轨道重新组合的过程叫杂化，所形成的新轨道叫杂化轨道。杂化轨道可以与其他原子轨道重叠形成化学键。

（1）sp^3 杂化

鲍林的杂化轨道理论认为，在CH_4分子形成时，C原子2s轨道中的1个电子可以被激发到空的2p轨道上去，使C原子的外电子层结构为$2s^1 2p_x^1 2p_y^1 2p_z^1$，电子激发所需要的能量可以由成键时释放出来的能量予以补偿。然后C原子的1个2s轨道和3个2p轨道进行杂化（称为sp^3杂化），组成4个新的能量相等、成分相同的杂化轨道。每个sp^3杂化轨道都含有1/4的s和3/4的p轨道成分，和纯的s或p轨道的形状不同，杂化轨道的形状是一头大，一头小。为了使电子云之间的斥力最小，所以这4个sp^3杂化轨道在空间自然呈正四面体分布，每个sp^3杂化轨道较大的一头分别指向正四面体的4个顶点，如图7.11所示。4个sp^3杂化轨道与4个H原子的1s一对一进行轨道重叠，形成4个sp^3-s的σ键。由于杂化后电子云分布更加集中，可使成键的原子轨道间的重叠部分增大，成键能力增强，因此C原子与4个H原子能结合成稳定的CH_4分子。

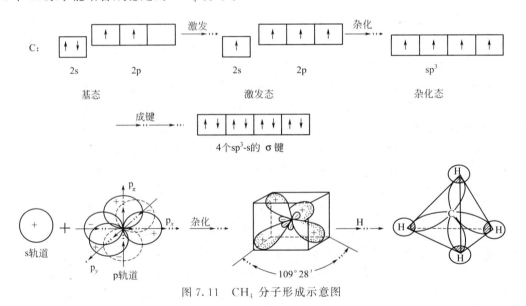

图 7.11 CH_4分子形成示意图

由于sp^3杂化轨道间的夹角为$109°28'$，所以CH_4分子具有正四面体的空间结构，在CH_4分子中，4个C—H键是完全等同的，这些与实验测定的结果完全相同。除CH_4分子外，SiH_4、CCl_4等分子也是正四面体结构，其中的中心原子（C和Si）也都是采用sp^3杂化轨道成键的。

由CH_4分子形成的过程还可以看出，在形成分子时，通常存在激发、杂化、轨道重叠、成键等过程。我们在理解杂化轨道理论时需注意以下几点：

① 原子轨道的杂化，只能在形成分子的过程中才会发生，孤立的原子是不可能发生杂化的；

② 只有能量相近的原子轨道才能发生杂化，对于非过渡元素来说，由于ns、np能级比

较接近，往往采用 sp 型杂化；

③ 另外，从理论上可以证明，几个原子轨道参加杂化就能得到几个杂化轨道，即杂化过程中轨道的数目不变；

④ 轨道杂化后，其形状变成了一头大、一头小，在成键时以较大的一头进行重叠，因而轨道杂化增加了成键能力。

（2）sp^2 杂化

sp^2 杂化轨道是由 1 个 ns 轨道和 2 个 np 轨道组合而成的，它的特点是每个 sp^2 杂化轨道都含有 1/3 的 s 和 2/3 的 p 轨道成分，杂化轨道间的夹角为 120°，呈平面三角形。BCl_3、BBr_3 等也是平面三角形结构，其中的 B 均为 sp^2 杂化。有机化合物乙烯（C_2H_4）、苯（C_6H_6）中的 C 也都采用 sp^2 杂化。

让我们看看 BF_3 分子的形成过程。B 原子的电子层结构为 $1s^2 2s^2 2p_x^1$，当 B 原子与 F 原子反应时，B 原子的一个 2s 电子被激发到 1 个空的 2p 轨道中，使 B 原子的外电子层结构为 $2s^1 2p_x^1 2p_y^1$，B 原子的 1 个 2s 轨道和 2 个 2p 轨道进行杂化，组合成 3 个 sp^2 杂化轨道。这 3 个 sp^2 杂化轨道中的每一个分别与 1 个 F 原子的具有单电子的 2p 轨道重叠形成 sp^2-p 的 σ 共价键。3 个 sp^2 杂化轨道在同一平面上，杂化轨道间夹角为 120°，所以 BF_3 分子具有平面三角形的结构，如图 7.12 所示。

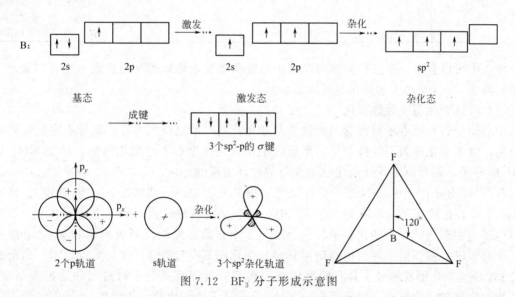

图 7.12　BF_3 分子形成示意图

（3）sp 杂化

sp 杂化轨道是由 1 个 ns 轨道和 1 个 np 轨道组合成的，它的特点是每个 sp 杂化轨道都含有 1/2 的 s 和 1/2 的 p 轨道成分，sp 杂化轨道间的夹角为 180°，呈直线形的构型。

例如气态的 $BeCl_2$ 分子的结构，Be 原子的电子层结构为 $1s^2 2s^2$，从表面上看，基态的 Be 原子似乎不能形成共价键，但在激发状态下，Be 的 1 个 2s 电子可以进入它自己的 2p 轨道上去，使 Be 原子的外电子层结构为 $2s^1 2p_x^1$，于是 Be 的 1 个 2s 轨道与 1 个 2p 轨道杂化组合，形成 2 个 sp 杂化轨道，这 2 个 sp 杂化轨道与 2 个 Cl 原子的 $3p_x$ 轨道形成 2 个 sp-p 的 σ 共价键，杂化轨道间的夹角为 180°，所以 $BeCl_2$（气态）分子为直线形，如图 7.13 所示。乙炔分子中的 C 也采用 sp 杂化，为直线形分子。

综上三种情况所述，我们把仅包括 s 和 p 轨道参加的杂化轨道类型归纳在表 7.9 中。

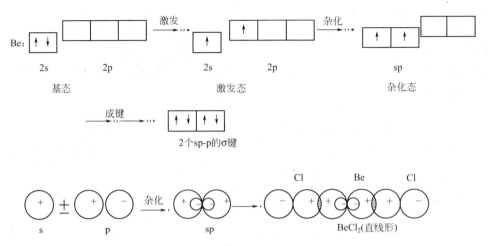

图 7.13 BeCl₂ 分子形成示意图

表 7.9 s 轨道和 p 轨道的杂化类型

杂化轨道类型	参加杂化的轨道数目		杂化轨道数目	杂化轨道成分		键角	空间结构
	s	p		s 含量	p 含量		
sp	1	1	2	1/2	1/2	180°	直线形
sp²	1	2	3	1/3	2/3	120°	平面三角形
sp³	1	3	4	1/4	3/4	109°28′	正四面体

由表中可以看出，在三种类型的杂化中，键角随着杂化轨道 s 的含量（也可以表示为 p 含量）而变，s 含量越大时键角也越大。

(4) 等性杂化与不等性杂化

中心原子若有孤电子对占有的轨道参与杂化，就可形成能量不等或成分不完全相同的杂化轨道，这类杂化称为不等性杂化，形成的杂化轨道称为不等性杂化轨道。例如 NH₃ 分子和 H₂O 分子，都是以不等性杂化轨道参与成键而形成的。

在 NH₃ 分子中，中心 N 原子的外层电子构型为 $2s^22p^3$，成键前，2s 轨道和 2p 轨道进行 sp³ 杂化，形成 4 个 sp³ 杂化轨道。其中一个杂化轨道被已成对的 2 个电子占据，3 个未成对电子占据剩余的 3 个杂化轨道，并分别与 3 个自旋方向相反的氢原子的 1s 轨道重叠形成 3 个共价键。被孤电子对占据的轨道只参与杂化而不参与成键，称为非键轨道。由前面讨论已知，sp³ 杂化形成的分子具有四面体空间构型。现因有孤电子对占据的轨道参与杂化，并占据四面体的一个顶角，因此形成的 NH₃ 分子呈三角锥构型，如图 7.14 所示。再者，由于 N 原子的孤电子对不参加成键而使电子较密集于 N 原子周围，使非键轨道比其他杂化轨道含有较多的 s 成分（＞1/4s）、含有较少的 p 成分（＜3/4p），所以形成不等性杂化。由于孤电子对与其他成键电子之间的排斥作用，致使 3 个 N—H 键之间的夹角比 109°28′ 要小，实测为 107°18′。第五主族的其他元素也能采用类似 sp³ 不等性杂化方式与 H 或卤素形成三角锥结构的分子，如 PCl₃。

H₂O 分子中 O 也采用 sp³ 不等性杂化，形成 4 个 sp³ 杂化轨道。由于 O 原子比 N 原子多一个孤电子对，使杂化的不等性更加显著，孤电子对与成键电子对之间的排斥作用更大。所以 O—H 键之间的夹角被压缩得更小（为 104°45′），形成 V 形空间构型的 H₂O 分子，这样的解释与实测结果完全符合，如图 7.15 所示。H₂S 等分子也采用类似 sp³ 不等性杂化成键，形成 V 形分子。

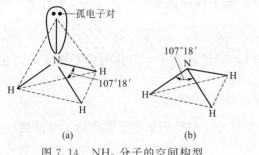
图 7.14　NH_3 分子的空间构型

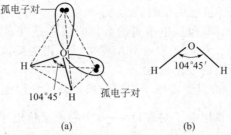
图 7.15　H_2O 分子的空间构型

应当指出，杂化轨道所形成的键要比简单原子轨道形成的键更强。虽然轨道杂化需要一定的能量，但成键时放出的能量足以补偿。在杂化时，若参加杂化的原子轨道中电子总数小于或等于原子轨道总数，则可形成等性杂化，若电子总数大于轨道总数，一定有孤电子对存在，形成不等性杂化。

* 7.2.4　价层电子对互斥理论

路易斯结构式不能反映分子或离子的立体结构，杂化轨道理论虽能较好地解释已知实验事实，但对分子结构的预见性较差。现代化学的重要基础之一是分子（包括带电荷的离子）的立体结构。现代实验手段可以测定具体分子或离子的立体结构。例如，可以根据分子或离子的振动光谱（红外光谱或拉曼光谱）来确定分子或离子的振动模式，进而确定分子的立体结构。也可以通过 X 射线衍射、电子衍射、中子衍射等技术测定结构。例如，实验测出 SO_3 分子为平面结构，O—S—O 的夹角为 120°，而 SO_3^{2-} 却是三角锥体，硫是锥顶，三个氧原子是三个锥角。又例如，SO_2 的三个原子不在一条直线上，而 CO_2 却是直线分子等。

1940 年，英国牛津大学的希吉威克（N. V. Sidgwick）和鲍威尔（H. M. Powell）就在总结测定结果的基础上提出了一种简单的方法，用以预测简单分子或离子的立体结构，又经过英国另两位化学家——英国伦敦大学学院的吉莱斯（R. J. Gillespie）和尼霍尔姆（R. S. Nyholm）在 50 年代的发展，于 1957 年提出了价层电子对互斥理论（valence shell electron pair repulsion，简称为 VSEPR）。用 VSEPR 可以方便地预测和理解分子或离子的立体结构。当然，这一理论不可能代替实验测定，也不可能没有例外。但统计表明，对于经常遇到的分子或离子，用这一理论来预言其结构，很少有例外。作为一种不需要任何计算的简单模型，应当说它是很有价值的。

VSEPR 理论认为：

① 在 AX_m 型共价分子中，中心原子 A 周围电子对排布的几何构型主要决定于中心原子 A 的价电子层中电子对的数目；

② 价层电子对包括成键电子对和未成键的孤电子对；

③ 价层电子对各自占据的位置倾向于彼此分离得尽可能远，这样电子对彼此排斥力最小，分子最稳定。

由此可以用价层电子对方便地判断分子的空间结构。例如，甲烷分子 CH_4，中心原子碳有 4 个价电子，4 个氢原子各有一个电子。这样，在中心原子周围有 8 个电子，4 个电子对。这 4 个电子对互相排斥，为使斥力最小，只能按正四面体的方式排布。这就决定了 CH_4 的正四面体结构。

利用 VSEPR 推断分子或离子的空间构型的具体步骤如下：

① 确定中心原子 A 价层电子对数目。中心原子 A 的价电子数与配位体 X 提供的共用电子数之和的一半，就是中心原子 A 价层电子对的数目。即：

$$价层电子对数目 = \frac{中心原子 A 的价电子数 + 配位原子 X 提供的共用电子数}{2}$$

例如 BF$_3$ 分子，B 原子有 3 个价电子，3 个 F 原子各提供一个电子，共 6 个电子，所以 B 原子价层电子对数为 3。

计算价层电子对的数目时应注意以下几点：

a. 氧族元素（ⅥA 族）原子作为配位原子时，不提供电子，但作为中心原子时，它提供所有的 6 个价电子。

b. 对于多原子构成的离子，其价层电子对数的计算方法为

$$价层电子对数目 = \frac{1}{2}(中心原子价电子数 + 配位原子提供的价电子数 \mp 离子电荷数)$$

（负离子取 + 号，正离子取 - 号）

例如，NH$_4^+$ 中 N 的价层电子对数 $= \frac{5+4-1}{2} = 4$，PO$_4^{3-}$ 中 P 的价层电子对数 $= \frac{5+0+3}{2} = 4$。

c. 如果价层电子数出现奇数电子，可把单电子视为电子对。例如 NO$_2$ 分子中 N 原子有 5 个价电子，O 原子不提供电子。中心原子 N 价层电子总数为 5，当作 3 对电子看待。

② 确定价层电子对的空间构型。由于价层电子对之间的相互排斥作用，它们趋向于尽可能相互远离。于是价层电子对的空间构型与价层电子对数目的关系如下表所示：

价层电子对数目	2	3	4	5	6
价层电子对构型	直线	三角形	四面体	三角双锥	八面体

这样，已知价层电子对的数目，就可确定它们的空间构型。

③ 确定分子的空间构型。价层电子对有成键电子对和孤电子对之分。中心原子周围配位原子（或原子团）数，就是成键电子对数，价层电子对总数减去成键电子对数，即为孤电子对数。根据成键电子对数和孤电子对数，便可确定分子的空间构型。例如，NH$_3$ 分子中 N 原子的价层电子对数 $=(5+3)/2=4$，价层电子对构型为四面体；成键电子对数 $=3$（等于 N 原子周围配位原子 H 的个数），孤电子对数为 $=4-3=1$。四面体的一个顶点被孤电子对占据，因而 NH$_3$ 分子的空间构型为三角锥。

中心原子 A 的价层电子对数目、电子对的构型、成键电子对数、孤电子对数、电子对的排列方式及分子的空间构型之间的关系见表 7.10。

利用表 7.10 判断分子空间构型时应注意以下几点：

① 如果在价层电对中出现孤电子对，电子对空间构型还与下列斥力顺序有关：

孤电子对-孤电子对 > 孤电子对-成键电子对 > 成键电子对-成键电子对

即在同一个分子内，孤电子对与孤电子对之间的斥力最大，孤电子对与成键电子对之间的斥力次之，成键电子对与成键电子对之间的斥力最小。所以孤电子对的存在会改变成键电子对的分布方向。正因为如此，上述具有三角锥结构的 NH$_3$ 分子中，三个 N—H 键间的夹角小于正常四面体的 109°28′。同样道理，价层电子对空间构型为正三角形的 SnBr$_2$，其键角应小于 120°，H$_2$O 分子中 O—H 键角也应小于 109°28′。

② 当分子中有双键、三键等重键时，双键的两对电子和三键的三对电子只能作为一对电子处理；或者说，在确定中心原子的价电子层电子对总数时，不包括 π 键电子。换言之，π 键电子的存在不会改变分子的基本形状，但会对键角有一定影响。有重键存在时，斥力大小的顺序为：

三键 > 双键 > 单键

因此，单键的键角较小，双键或三键的键角较大。例如，甲醛 HCHO 分子：

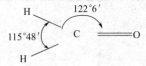

使用价层电子对互斥理论和杂化轨道理论在判断分子的几何构型方面可以得到大致相同的结果，而且价层电子对互斥理论应用起来更为简单。但是应该注意的是，要得到分子结构，尤其是键角的确切信息，仍需依赖实验方法；而且价层电子对互斥理论不能说明键的形成过程及形成原理，也不能说明键的相对稳定性。

表 7.10 中心原子的价层电子对构型与分子构型

价层电子对数目	电子对的空间构型	成键电子对数	孤电子对数	电子对的排列方式	分子的空间构型	实 例
2	直线	2	0		直线	$BeCl_2$, CO_2, $HgCl_2$
3	三角形	3	0		三角形	BF_3, SO_3
		2	1		V形	$SnBr_2$, $PbCl_2$, SO_2
4	四面体	4	0		四面体	CH_4, CCl_4, SO_4^{2-}
		3	1		三角锥	NH_3, PCl_3, SO_3^{2-}
		2	2		V形	H_2O, ClO_2^-
5	三角双锥	5	0		三角双锥	PCl_5, AsF_5
		4	1		变形四面体	SF_4, $TeCl_4$
		3	2		T形	ClF_3, BrF_3
		2	3		直线形	XeF_2, I_3^-

续表

价层电子对数目	电子对的空间构型	成键电子对数	孤电子对数	电子对的排列方式	分子的空间构型	实　例
6	八面体	6	0		八面体	SF_6,$[FeF_6]^{3-}$
		5	1		四角锥	IF_5,$[SbF_5]^{2-}$
		4	2		正方形	XeF_4,ICl_4^-

7.2.5 分子轨道理论

价键理论认为单电子会倾向于配对成键，但成键电子是奇数的分子为什么也较稳定？另外，实验测定，O_2 分子是顺磁性的，说明它的分子中有未成对电子存在（有关分子的磁性与未成对电子的关系将在第 8 章中讲解）。但按价键理论，电子经两两配对形成双键后，O_2 分子中应没有单电子存在，这与实验事实不符。还有，价键理论认为形成共价键的电子只限于在 2 个相邻原子间的小区域里运动，缺乏对分子作为一个整体的全面考虑。因此对有些多原子分子，特别是对有机化合物分子结构的解释较为困难。

1932 年，美国化学家莫利肯（R. S. Mulliken）和德国物理学家洪特（F. Hund）提出的分子轨道理论（molecular orbital theory，简称 MO 法）着眼于分子的整体，比较全面地反映了分子内部电子的运动状态，能较好地解释前面那些理论解释不了的问题。

(1) 分子轨道理论的要点

① 在分子中，电子不从属于某些特定的原子，而是在遍及整个分子范围内运动，组成分子的电子也像组成原子的电子一样，处于一系列不连续的运动状态中。在原子中，电子的空间运动状态叫原子轨道；在分子中，电子的空间运动状态叫分子轨道。和原子轨道一样，分子轨道也可以用相应的波函数 ψ 来描述。

② 每一个分子轨道 ψ_i 都有其相应的能量 E_i 和图像。按照分子轨道能量的大小，可以排列出分子轨道的近似能级图。

③ 分子轨道由能量相近的不同原子轨道线性组合而成，形成的分子轨道的数目同参与组合的原子轨道的数目相同。

④ 分子轨道中电子的分布也遵从原子轨道中电子分布同样的原则，即：

a. 泡利不相容原理　每个分子轨道上最多只能容纳 2 个电子，而且自旋方向必须相反；

b. 能量最低原理　分子中的电子优先占据能量最低的分子轨道；

c. 洪特规则　如果分子中有多个等价或简并的分子轨道（即能量相同的轨道），则电子尽可能占据更多的等价轨道，并且自旋平行，等价轨道半充满后，电子才开始配对。

(2) 分子轨道的形成

当两个原子轨道 ψ_a 和 ψ_b 组合成两个分子轨道 ψ_1 和 ψ_2 时，由于波函数 ψ 的符号有正、负之分，因此原子轨道 ψ_a 和 ψ_b 有两种可能的组合方式：两个波函数的符号相同或相反。

同号的波函数（均为＋或均为－）互相组合时，两个波函数相加，两个波峰叠加的结果是在两核之间的电子云密度增加，得到成键分子轨道，其能量比原子轨道的能量低。

异号的波函数互相组合时，两个波函数相减，使波削弱或抵消，结果是两核之间的电子云密度减小或等于零，得到反键分子轨道，其能量比原子轨道的能量高。

$$\psi_1 = c_1(\psi_a + \psi_b) \tag{7.3}$$
$$\psi_2 = c_2(\psi_a - \psi_b) \tag{7.4}$$

式(7.3)和式(7.4)表示了两种组合方式，式中，c_1、c_2 为常数；ψ_1 为成键分子轨道（bonding molecular orbital）；ψ_2 为反键分子轨道（antibonding molecular orbital）。

原子轨道两两重叠后形成的分子轨道总是成对出现的，其中一半为成键分子轨道，它们的能量比原来的原子轨道的能量低，另一半为反键分子轨道，它们的能量比原来的原子轨道的能量高。不同类型的原子轨道线性组合（重叠）可以得到不同类型的分子轨道。按照重叠的方式，可以将分子轨道分为两大类：① "头对头" 形成的 σ 分子轨道，如图 7.16(a)～(c) 所示；② "肩并肩" 重叠形成的 π 分子轨道，如图 7.16(d) 所示。

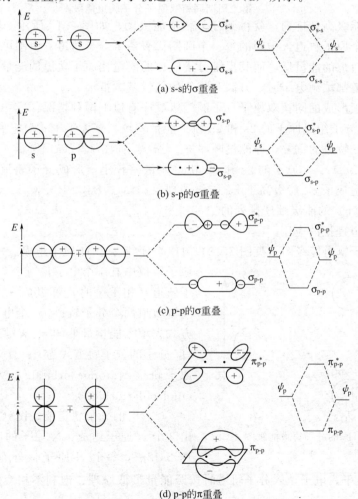

图 7.16 分子轨道的形成过程

(3) 同核双原子分子的分子轨道能级图

分子轨道与原子轨道一样，都有相应的能量，分子轨道的能级顺序主要来自光谱实验。

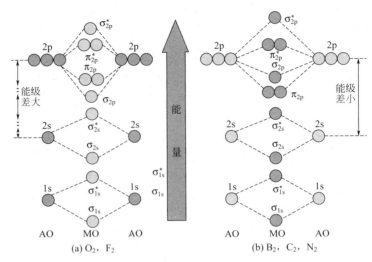

图 7.17 第二周期同核双原子分子轨道能级图

将各分子轨道按能级高低排列,就得到分子轨道能级图,如图 7.17 所示。图中,两边的每一个圆圈代表一个原子轨道,中间的每一个圆圈代表一个分子轨道。由图可见,成键分子轨道的能量比原子轨道的能量低,而其反键分子轨道的能量比原子轨道的能量高。当这一对成键和反键分子轨道都填满电子时,升高和降低的能量基本抵消。

第二周期元素形成的同核双原子分子的能级顺序有以下两种情况:

① O_2 和 F_2 分子组成原子的 2s 和 2p 轨道能量差较大(大于 15eV),形成分子轨道时,不会发生 2s 与 2p 轨道的重叠,即能量顺序 $\pi_{2p} > \sigma_{2p}$,如图 7.17(a) 所示。

② Li、Be、B、C、N 原子的 2s 和 2p 轨道能量差较小,形成分子轨道时,2s 和 2p 轨道间相互作用,造成了 σ_{2p} 能级高于 π_{2p} 能级的现象。Li_2、Be_2、B_2、C_2、N_2 的分子轨道能级图是按图 7.17(b) 的能级顺序排列的。

(4) 分子轨道理论的应用

① H_2 的分子轨道能级图(见图 7.18) H_2 分子由 2 个 H 原子组成。每个 H 原子在 1s 原子轨道中有 1 个电子,当 2 个 H 原子的 1s 原子轨道互相重叠时,可组成 σ_{1s} 成键轨道和 σ_{1s}^* 反键轨道两个分子轨道。2 个电子以自旋相反的方式先填入能量最低的 σ_{1s} 成键分子轨道。所以 H_2 分子的分子轨道式为 $(\sigma_{1s})^2$。图中的 AO 为原子轨道(atomic orbital),MO 为分子轨道(molecular orbital)。

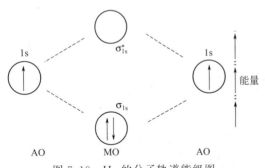

图 7.18 H_2 的分子轨道能级图

② N_2 的分子轨道能级图(见图 7.19) N_2 由 2 个 N 原子组成,N 原子的电子层结构式为 $1s^2 2s^2 2p^3$,每个 N 原子核外有 7 个电子,N_2 分子共有 14 个电子,电子填入分子轨道时按照能量最低原理、泡利不相容原理和洪特规则应为:

$$(\sigma_{1s})^2 (\sigma_{1s}^*)^2 (\sigma_{2s})^2 (\sigma_{2s}^*)^2 (\pi_{2p_y})^2 (\pi_{2p_z})^2 (\sigma_{2p_x})^2$$

成键的 σ_{2s} 轨道与反键的 σ_{2s}^* 轨道,各填满 2 个电子,能量降低和升高互相抵消,对成键没有贡献。对成键有贡献的实际只是 $(\pi_{2p_y})^2$ $(\pi_{2p_z})^2$ $(\sigma_{2p_x})^2$ 三对电子,即形成 2 个 π 键和 1 个 σ 键,由于 N_2 分子中存在三键,所以 N_2 分子具有特殊的稳定性。

③ O_2 的分子轨道能级图(见图 7.20) O_2 由 2 个 O 原子组成,O 原子的电子层结构式为 $1s^2 2s^2 2p^4$,每个 O 原子核外有 8 个电子,O_2 分子中共有 16 个电子。O_2 的分子轨道式为:

$$(\sigma_{1s})^2 (\sigma_{1s}^*)^2 (\sigma_{2s})^2 (\sigma_{2s}^*)^2 (\sigma_{2p_x})^2 (\pi_{2p_y})^2 (\pi_{2p_z})^2 (\pi_{2p_y}^*)^1 (\pi_{2p_z}^*)^1$$

在 O_2 的分子轨道中,实际对成键有贡献的是 $(\sigma_{2p_x})^2 (\pi_{2p_y})^2 (\pi_{2p_z})^2 (\pi_{2p_y}^*)^1 (\pi_{2p_z}^*)^1$,$(\sigma_{2p_x})^2$ 构成 O_2 分子中的 1 个 σ 键;$(\pi_{2p_y})^2 (\pi_{2p_y}^*)^1$ 构成 1 个三电子 π 键,$(\pi_{2p_z})^2 (\pi_{2p_z}^*)^1$ 构成另一个三电子 π 键;所以 O_2 分子的结构式为:

$$:\overset{..}{\underset{..}{O}}-\overset{..}{\underset{..}{O}}:$$

O_2 的分子轨道能级图所示的结果表明,O_2 分子中存在着 2 个成单电子,所以 O_2 分子具有顺磁性,这已经被实验结果证明了。O_2 具有顺磁性是电子配对法无法解释的,但是用分子轨道理论处理 O_2 结构时,则是自然得出的结论。

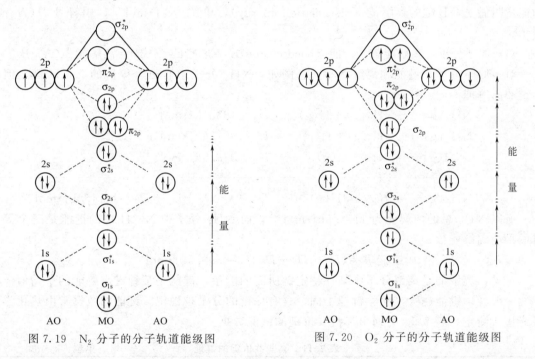

图 7.19 N_2 分子的分子轨道能级图   图 7.20 O_2 分子的分子轨道能级图

O_2 中存在着 1 个 σ 键和 2 个三电子 π 键,可以预期 O_2 分子是比较稳定的,但由于反键 π 轨道中存在 2 个成单电子,三电子 π 键的键能只有单键键能的一半,所以 2 个三电子 π 键的键能才相当于 1 个单键,因此 O_2 分子中的键仅相当于双键。可以预期 O_2 分子中的键没有 N_2 分子中的键那样牢固,实验结果也证明了这一点。

7.2.6 键参数

键参数(bond parameter)是用来表征化学键性质的物理量,包括键级、键能、键角、键长、键的极性等,用它们可以定性或半定量地解释分子的一些性质。键参数可以由实验直接或间接测定,也可以由分子的运动状态通过理论计算求得。

(1) 键级

在电子配对法中,通常以键的数目表示键级;在分子轨道理论中,则以成键电子数与反键电子数之差的一半（即净成键电子对数）来表示分子的键级（bond order）。即：

$$键级 = (成键电子数 - 反键电子数)/2 \tag{7.5}$$

键级的大小说明了相邻两个原子间成键的强度。一般来说，由同一周期和同一区（如 s 区或 p 区）的元素组成的双原子分子，键级越大，键越牢固，分子也越稳定。例如：

H_2 的分子轨道式为 $(\sigma_{1s})^2$，其键级 $=(2-0)/2=1$，说明 H_2 分子能稳定存在；

He_2 的分子轨道式为 $(\sigma_{1s})^2(\sigma_{1s}^*)^2$，其键级 $=(2-2)/2=0$，说明 He_2 分子不能存在；

N_2 的分子轨道式为 $(\sigma_{1s})^2(\sigma_{1s}^*)^2(\sigma_{2s})^2(\sigma_{2s}^*)^2(\pi_{2p_y})^2(\pi_{2p_z})^2(\sigma_{2p_x})^2$，键级 $=(10-4)/2=3$ 或 $(8-2)/2=3$，说明 N_2 分子很稳定；

O_2 的分子轨道式：$(\sigma_{1s})^2(\sigma_{1s}^*)^2(\sigma_{2s})^2(\sigma_{2s}^*)^2(\sigma_{2p_x})^2(\pi_{2p_y})^2(\pi_{2p_z})^2(\pi_{2p_y}^*)^1(\pi_{2p_z}^*)^1$，键级 $=(10-6)/2=2$，所以 O_2 中的键没有 N_2 中的键牢固。同理，O_2^- 的键级为 1.5，O_2^{2-} 的键级为 1.0，而 O_2^+ 的键级则为 2.5。

（2）键能

在标准状态下，将 1mol 理想的气态分子 AB，解离成理想的气态 A 原子和 B 原子所需的能量叫做 A—B 键的离解能（dissociation energy），单位为 $kJ \cdot mol^{-1}$，用符号 $D(A—B)$ 表示。

对双原子分子，离解能就是键能（bond energy）E：键能 $E(A—B) =$ 离解能 $D(A—B)$。

对多原子分子，键能和离解能不同。例如，NH_3 分子中有三个等价的 N—H 键，但每个键的离解能不同：

$NH_3(g) = NH_2(g) + H(g)$ $D_1 = 435.1 kJ \cdot mol^{-1}$

$NH_2(g) = NH(g) + H(g)$ $D_2 = 397.5 kJ \cdot mol^{-1}$

$NH(g) = N(g) + H(g)$ $D_3 = 338.9 kJ \cdot mol^{-1}$

$NH_3(g) = N(g) + 3H(g)$ $D(总) = D_1 + D_2 + D_3 = 1171.5 kJ \cdot mol^{-1}$

所以 NH_3 总的离解能为 $1171.5 kJ \cdot mol^{-1}$，而 NH_3 分子中 N—H 键的键能是三个等价键的平均离解能：

$$键能\ E = (D_1 + D_2 + D_3)/3 = 390.5 kJ \cdot mol^{-1}$$

可见，离解能是离解分子中某一特定键所需的能量，键能是某种键离解能的平均值。

一般说，键能越大，化学键越牢固，含有该键的分子越稳定。键能的数据常由热化学法或光谱法测定。表 7.11 中列出某些共价键的键能数据。

表 7.11   某些共价键的键能   单位：$kJ \cdot mol^{-1}$

键	键能	键	键能	键	键能
H—H	432.0	B—B	293	N—F	283
F—F	154.8	F—H	565	P—F	490
Cl—Cl	239.7	Cl—H	428.02	As—F	406
Br—Br	190.16	Br—H	362.3	Sb—F	402
I—I	148.95	I—H	294.6	O—Cl	218
O—O	约 142	O—H	458.8	S—Cl	255
O=O	493.59	S—H	363.5	N—Cl	313
S—S	268	Se—H	276	P—Cl	326
Se—Se	172	Te—H	238	As—Cl	321.7
Te—Te	126	N—H	386	C—Cl	327.2
N—N	167	P—H	约 322	Si—Cl	381

续表

键	键能	键	键能	键	键能
N═N	418	As—H	约247	Ge—Cl	348.9
N≡N	941.69	C—H	411	N—O	201
P—P	201	Si—H	318	N═O	607
As—As	146	Ge—H	—	C—O	357.7
Sb—Sb	1217	Sn—H	—	C═O	798.9
Bi—Bi	—	B—H	—	Si—O	452
C—C	345.6	C—F	485	C═N	615
C═C	602	Si—F	318	C≡N	887
C≡C	835.1	B—F	613.1	C═S	573
Si—Si	222	O—F	189.5		

(3) 键长

成键两原子核间的平衡距离叫做键长 (bond length)。键长对确定分子的几何构型以及键的强弱有重要的影响。通常键长越长,共价键越弱,形成的分子越活泼;键长越短,共价键越牢固,形成的分子越稳定。理论上用量子力学近似方法可以算出键长,对复杂分子常由光谱或衍射等方法测定键长。常见共价键的键长见表7.12。

表7.12 单键、双键、三键的键能与键长

共价键	键数	键长/pm	共价键	键数	键长/pm
C—C	1	154	N—N	1	145
C═C	2	134	N═N	2	125
C≡C	3	120	N≡N	3	110

(4) 键角

成键两原子核间的连线叫键轴。分子中相邻两个共价键键轴之间的夹角叫键角 (bond angle)。键角反映了分子的空间构型。例如,实验测得 H_2O 分子中,两个 O—H 键之间夹角为 $104°45'$,说明水分子是 V 形结构而不是直线形。一般说来,已知分子的键长和键角,分子的几何构型就确定了。

再如,已知 CO_2 分子的键长是 116.2pm,O—C—O 键角为 $180°$,则知 CO_2 分子是一个直线形的非极性分子,它的一些物理性质就可以预测。因此键长和键角是确定分子空间构型的重要参数。另外,键角对多原子分子的极性也有重要影响。

一些分子的键长、键角、极性和分子构型见表7.13。

表7.13 一些分子的键长、键角、极性和分子构型

分子式	键长/pm	键角	分子极性	分子构型
CO_2	116.2	$180°$	非极性	直线形
H_2O	98	$104°45'$	极性	V 形
NH_3	101.9	$107°18'$	极性	三角锥
CH_4	109.3	$109°28'$	非极性	正四面体

(5) 键的极性

根据键的极性 (bond polarity),共价键可分为非极性共价键 (nonpolar covalent bond) 和极性共价键 (polar covalent bond) 两种。

如果形成共价键的两个原子完全相同,它们对电子的吸引能力相同,成键电子对处于两原子核的正中间,共价键的正负电荷重心重合,这种共价键是非极性共价键。例如,H_2、

Cl_2、N_2 等同核双原子分子中的共价键就是非极性共价键。

如果形成共价键的两个原子不同,因电负性不同,它们对共用电子对的吸引能力不同,成键电子对偏向电负性大的原子使其带部分负电荷、偏离电负性小的原子使其带部分正电荷,共价键中正负电荷重心不重合,这种共价键叫做极性共价键。例如,在 HCl 分子中,成键的电子云偏向 Cl 原子一边,使 Cl 原子带部分负电荷,H 原子带部分正电荷,所以 H—Cl 键是极性共价键。

在极性共价键中,成键原子的电负性差值越大,键的极性也越大。例如,卤化氢分子中键的极性对比如下表:

卤化氢中的键	H—I	H—Br	H—Cl	H—F
电负性差	0.46	0.76	0.96	1.78
极性大小		极性增大 →		

如果成键的两原子电负性相差很大,共用电子对强烈的偏移以至于完全转移到电负性大的原子上,就形成了离子键。例如,Na 原子的电负性 0.93,Cl 原子的电负性 3.16,相差 2.23,结果形成 Na^+ 和 Cl^- 的离子键。那么,电负性差值达到什么程度,极性键就转变为离子键呢?这个问题我们在本章第一节中已做了回答:在离子键和共价键之间没有一条绝对分明和固定不变的界限。一般地,当两个原子电负性差值约为 1.7 时,单键的离子性和共价性各约为 50%,所以当两个原子电负性差值大于 1.7 时,可认为它们形成的是离子键;而当两个原子电负性差值小于 1.7 时,则形成的是共价键。因此,从键的极性看,离子键是最强的极性键,极性共价键是由离子键到非极性共价键之间的一种过渡状态。

离子键→极性共价键→非极性共价键

由此可见,离子键理论和共价键理论并不是彼此完全无关的,而是各自描述了价键的某一个方面,它们彼此是互相补充的。在许多化合物中,既存在离子键,也存在着极性共价键。例如 NaOH,在 Na^+ 与 OH^- 之间的键是离子键,而 O 与 H 之间的键是极性共价键。

7.3 分子间力与氢键

除原子与原子间强烈的化学键力外,分子与分子间还存在着一种比化学键力弱得多的作用力,称为分子间力。分子间力是在 19 世纪后期,由范德华在研究实际气体与理想气体的偏差时提出来的,因此也叫做范德华力。范德华力包括取向力、诱导力和色散力三种。

7.3.1 分子的极性和分子的变形性

上一节曾讲到化学键的极性,分子也有极性和非极性之分。我们可以把整个分子的正电荷和负电荷分别抽象成一个点,称为正、负电荷的中心。如果正、负电荷的中心重合,这样的分子称为非极性分子(nonpolar molecule);反之,如果正负电荷的中心不重合,就会在分子内形成"两极",一端带负电,另一端带正电,这样的分子称为极性分子(polar molecule),如图 7.21 所示。那么,化学键的极性与分子的极性有什么关系呢?

对于双原子分子来说,分子的极性取决于化学键的极性。同核双原子分子(如 Cl_2、N_2)正负电荷的中心重合,分子无极性;异核双原子分子正负电荷的中心不重合而形成"两极",因而为极性分子,电负性差愈大,分子的极性愈大,故分子极性:HF>HCl>

HBr＞HI。

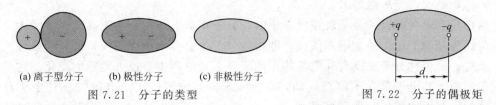

(a) 离子型分子　(b) 极性分子　(c) 非极性分子

图 7.21　分子的类型　　　　　　图 7.22　分子的偶极矩

由多个不同原子组成的分子（如 SO_2、CO_2、CH_4、$CHCl_3$ 等）是否为极性分子不仅决定于元素的电负性（或是键的极性），而且决定于分子的空间构型。例如，SO_2、CO_2 中 S=O 键、C=O 都是极性键，SO_2 为 V 形结构，因而 SO_2 是极性分子；而 CO_2 是直线形结构，O 原子位于 C 原子的两端，键的极性相互抵消，正负电荷中心重合，所以，CO_2 是非极性分子。这类由极性共价键组成的、由于空间高度对称而成为非极性分子的直线形如 CO_2、CS_2、$BeCl_2$，平面三角形如 BF_3、BCl_3，正四面体形如 CH_4、CCl_4、SiF_4，三角双锥形如 PCl_5 等，八面体形如 SF_6 等。

分子极性的强弱，可以用偶极矩（dipole moment）μ 表示。分子偶极矩定义为：偶极长（极性分子正负电荷中心间的距离）d 与偶极电荷（极性分子正负电荷中心所带电荷）q 的乘积，如图 7.22 所示。

$$\mu = qd \tag{7.6}$$

偶极矩是矢量，方向从正电荷指向负电荷，数值可通过实验测定，单位为 C·m，也常用 D（Debye，德拜，$1D = 3.336 \times 10^{-30}$ C·m）表示。偶极矩说明了分子中电荷的分布，对推断分子的空间构型有重要作用。偶极矩的大小体现了分子极性的强弱：偶极矩越大，分子极性越强，偶极矩为 0 的分子为非极性分子。表 7.14 列出了一些物质的偶极矩。

表 7.14　一些物质的偶极矩

分子式	偶极矩/D	分子式	偶极矩/D
H_2	0	CS_2	0
O_2	0	H_2O	1.85
N_2	0	H_2S	1.10
Cl_2	0	SO_2	1.60
HF	1.92	NH_3	1.66
HCl	1.03	CH_4	0
HBr	0.79	CH_3Cl	1.87
HI	0.38	CH_2Cl_2	1.54
CO_2	0	$CHCl_3$	1.02
CO	0.12	CCl_4	0

极性分子的正、负电荷重心不重合，分子中始终存在着正极端和负极端。极性分子固有的偶极叫做永久偶极或固有偶极。

分子之所以有极性和非极性之分，本质上是由于分子中电子云分布的对称与不对称。电子云的分布要受到外电场的影响：把非极性分子放在电场中，在外电场的作用下，分子中正电荷部分必向电场负极移动，负电荷部分向电场正极移动，分子外形发生改变，原来重合的正负电荷中心发生分离，这个过程叫做分子的极化（polarization）。由于分子的极化使原来的非极性分子变成了极性分子，产生了偶极。这种偶极是在外加电场的诱导下产生的，因此称为诱导偶极（inductive dipole）。外加电场使分子变形的作用称为极化作用或极化力（polarization force)。分子在外加电场下发生变形的能力称为分子的变形性（deformability）。分子的体积越大，变形性越大。

当把具有永久偶极的分子放在电场中时，分子正负电荷中心的距离进一步增大，在原来的永久偶极基础上产生一个附加偶极，即极性分子也要产生诱导偶极，使分子极性增强。

此外，非极性分子在没有外电场的作用下，正负电荷重心也可能发生变化。这是因为分子内部的原子和电子都在不停地运动，在某一瞬间，分子的正负电荷中心发生不重合的现象，这时所产生的偶极叫做瞬间偶极（instantaneous dipole）。瞬间偶极的大小同分子的变形性有关，分子越大，越容易变形，瞬间偶极也越大。

7.3.2 分子间作用力的种类

分子间作用力实际上是一种电性的吸引力，可分为以下三种：

（1）取向力（orientation force）

发生在极性分子与极性分子之间。极性分子一端带正电，一端带负电，形成偶极。当两个极性分子相互接近时，同极相斥，异极相吸，两个分子必将发生相对转动。这种偶极子的相互转动，使其相反的极相对，叫做"取向"。这种由于极性分子的取向而产生的分子间的作用力，叫做取向力。

（2）诱导力（inductive force）

发生在极性分子与非极性分子之间，或极性分子与极性分子之间。在极性分子和非极性分子间，由于极性分子的影响，使非极性分子的电子云与原子核发生相对位移，产生诱导偶极，与原极性分子的固有偶极相互吸引，这种诱导偶极与固有偶极之间产生的作用力叫诱导力。同样，极性分子间既有取向力，又有诱导力。

（3）色散力（dispersion force）

非极性分子的偶极矩为零，它们之间似乎不应有相互作用力，其实不然。例如，常温下非极性的 Br_2 为液体，I_2 为固体。这些物质能维持某种聚集态，说明在它们的分子间同样存在一种相互作用力：非极性分子相互接近时，由于电子不断运动和原子核的不断振动，经常发生电子云和原子核之间的瞬时相对位移，产生瞬间偶极。这种瞬间偶极又会诱导邻近分子也产生和它相吸引的瞬间偶极。瞬间偶极间的不断重复，使得分子间始终存在着引力，因其计算公式与光色散公式相似而称为色散力。同样，极性分子之间，极性分子与非极性分子也都存在瞬间偶极，因而也都存在色散力。

表 7.15 列出了一些常见分子的三种分子间作用力的大小。可见，分子间力具有以下特点：

① 分子间力是存在于分子之间的一种电性作用力，其本质是静电作用，分子间力既没有方向性也没有饱和性；

② 分子间力的大小通常只有几到几十个千焦每摩尔，比化学键能小得多，后者通常为几百个千焦每摩尔；

③ 三种分子间作用力均为近程力，作用范围很小，并随距离的增加而迅速减小；

④ 三种分子间力存在的范围不同，色散力存在于所有分子之间，范围最广；诱导力次之，存在于极性分子与极性分子、极性分子与非极性分子之间；取向力存在的范围最窄，只存在于极性分子与极性分子之间；

⑤ 色散力在所有分子间力中是主要的，诱导力在各种分子间都是比较小的，取向力只有在极性很大的分子间才占优势。因此，在比较分子间作用力的大小时，首先应考虑色散力。色散力随分子变形性的增大而增大。在成键类型相同的情况下，分子的变形性往往随分

子体积、原子量、分子量的增大而增大。

表 7.15　三种分子间作用力的分布　　　　　　　　　单位：kJ·mol^{-1}

分子	取向力	诱导力	色散力	总和
H_2	0.000	0.000	0.17	0.17
Ar	0.000	0.000	8.49	8.49
CO	0.0029	0.0084	8.74	8.75
HI	0.025	0.113	25.86	25.98
HBr	0.686	0.502	21.92	23.09
HCl	3.305	1.004	16.82	21.13
NH_3	13.31	1.548	14.94	29.58
H_2O	36.38	1.929	8.996	47.28

7.3.3　分子间作用力与物质性质的关系

分子间作用力对物质的聚集状态、熔点、沸点、溶解度等物理性质都有重要的影响。

（1）分子间作用力与物质熔、沸点的关系

气体分子能够凝结为液体和固体，是分子间力作用的结果。分子间作用力大，常态下物质以固体形态存在；分子间作用力小，常态下物质就以气体形态存在。随着分子间作用力的增加，物质的熔、沸点逐渐升高。例如，卤族元素的单质 F_2、Cl_2、Br_2、I_2，随着相对分子质量增加，分子变形性增强，色散力增大。所以常温下，F_2、Cl_2 为气态，Br_2 为液态，I_2 为固态，其熔、沸点也逐渐升高（见表 7.16）。稀有气体，一些简单的对称分子，以及有机化合物的同系物的熔、沸点都随分子量的增大而升高，也是分子间作用力增大的结果。

表 7.16　卤素单质的熔、沸点

物质	F_2	Cl_2	Br_2	I_2
熔点/℃	−219.6	−101	−7.2	113.5
沸点/℃	−188.1	−34.6	58.78	184.4

（2）分子间作用力与物质溶解度的关系

液体的互溶以及固态、气态的非电解质在液体中的溶解度都与分子间作用力有密切的关系。极性相似者分子间作用力较大，其溶解度也大，反之亦然。如 H_2O 为极性分子，分子间力以取向力为主。CCl_4 为非极性分子，分子间力以色散力为主。由于二者内部分子间的作用力均大于 CCl_4 与 H_2O 之间的作用力，故互溶性差。而 NH_3 和 H_2O 都是极性分子，I_2 和 CCl_4 都是非极性分子，故 NH_3 和 H_2O、CCl_4 和 I_2 可以互溶。这就是"相似相溶"经验规律的来源。

7.3.4　氢键

根据分子间作用力与物质熔、沸点的关系可知，同族元素氢化物的熔、沸点应随着相对分子质量的增大而升高，但 H_2O、HF、NH_3 等物质却不符合这个规律。它们的熔、沸点是本族氢化物中最高的，如图 7.23 所示。这种反常现象是由于 H_2O、HF、NH_3 分子间除了分子间作用力外，还存在一种特殊的作用力——氢键。

（1）氢键的形成

氢原子与一个电负性较大的 X 原子以共价键结合后，共价键中的共用电子对强烈地偏向于 X 原子，使氢原子带部分正电荷，成为几乎裸露的质子，它可以吸引与其靠近的另一

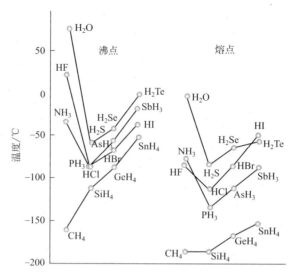

图 7.23　ⅣA～ⅦA 元素的氢化物熔沸点递变情况

个电负性较大、带有孤电子对的 Y 原子，形成 X—H⋯Y 结构，H 原子与 Y 原子之间的结合力就称为氢键（hydrogen bond）。H 和 Y 原子间常用虚线连接。与氢原子结合的 X、Y 原子可以相同、也可以不同，但要求 X、Y 都必须是电负性较大、半径较小的原子，如 N、O、F 原子。氢键可以在相同的或不同的分子之间形成，叫做分子间氢键，例如 HF 分子间、H_2O 分子与 NH_3 分子间都可形成分子间氢键；氢键也可在一个分子内部形成，叫做分子内氢键，如邻硝基苯酚分子、硝酸分子、水杨醛分子内都可以形成分子内氢键，如图 7.24 所示。

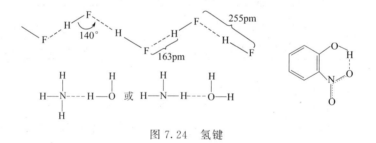

图 7.24　氢键

（2）氢键的特点

① 氢键有饱和性。氢原子半径比 X、Y 原子半径小得多，当 H 原子与一个 Y 原子形成氢键 X—H⋯Y 后，H 原子周围的空间已被占满，X、Y 原子电子云的排斥作用将阻碍另一个 Y 原子与氢原子靠近成键。也就是说 H 原子只能与一个 Y 原子形成氢键，即氢键具有饱和性。

② 氢键有方向性。X—H 与 Y 形成分子间氢键时，3 个原子总是尽可能沿直线分布，这样可使 X 与 Y 尽量远离，使两原子间电子云的排斥作用力最小、系统能量最低、形成的氢键最强，所以氢键具有方向性。但应注意，氢键的方向性和饱和性与共价键的方向性和饱和性是有区别的，氢键的方向性和饱和性更多的是由于空间位阻效应决定的。

氢键的本质是具有方向的电性作用。氢键的强弱可用氢键的键能来衡量。氢键的键能是指 X—H⋯Y—R 被分解为 X—H 和 Y—R 时所需要的能量，其数值远小于共价键，比分子间力稍大。因此，不能认为氢键是一种化学键。如 H_2O 分子中 O—H 键的键能为 462.8

$kJ \cdot mol^{-1}$,O—H----O 中氢键的键能仅为 $18.83 kJ \cdot mol^{-1}$。氢键的键长是指 X—H----Y 中 X、Y 原子核间的距离,也比共价键大得多。几种常见氢键的键能和键长见表 7.17。

表 7.17 几种常见氢键的键能和键长

氢键	键能 /kJ·mol^{-1}	键长/pm	化合物	氢键	键能 /kJ·mol^{-1}	键长/pm	化合物
F—H----F	28.0	255	HF	N—H----F	20.9	268	NH$_4$F
O—H----O	18.8	276	冰	N—H----O	16.2	286	CH$_3$CONHCH$_3$(在 CCl$_4$ 中)
	25.94	266	甲醇,乙醇	N—H----N	5.4	338	NH$_3$

③ 氢键的强弱与 X、Y 原子的半径和电负性有关。X、Y 原子半径越小,电负性越大,形成的氢键越强。F 原子电负性最大,半径也较小,因此形成的氢键最强;O 原子次之,Cl 原子的电负性也较大,与 N 原子相当,但由于其原子半径比 N 大得多,所以 Cl 原子形成的氢键很弱,而 Br 和 I 根本就不能形成氢键。还要注意一点的是,在分子中,原子的电负性很大程度要受相邻原子的影响。例如,C—H 中的 H 一般是不能形成氢键的,可在 N≡C—H 中,由于 N 原子的影响,使 C 的电负性增大,就能够形成 C—H----N 氢键了。常见氢键的强弱顺序为:

$$F—H----F > O—H----O > O—H----N > N—H----N > O—H----Cl$$

(3) 氢键对物质性质的影响

虽然氢键的键能不大,但对物质的物理化学性质会产生很大的影响,在人类和动植物体的生理、生化过程中也起着十分重要的作用。

① 对熔、沸点的影响。若能形成分子间氢键,物质的熔、沸点要升高。这是因为液体气化或固体熔化,除需克服分子间作用力外,还必须增加额外的能量以破坏分子间氢键。如 H_2O、NH_3、HF 的熔、沸点均比邻近同族氢化物要高,就是因为分子间形成了较强的氢键。若形成的是分子内氢键,往往会削弱分子间作用力,使物质熔、沸点降低。例如,形成分子间氢键的间硝基苯酚和对硝基苯酚的熔点分别为 96℃ 和 114℃,而形成分子内氢键的邻硝基苯酚的熔点则为 45℃。

② 对物质溶解度的影响。氢键的形成对物质的溶解度也有较大的影响。如果溶质与溶剂分子能形成分子间氢键,则溶质的溶解度常较大。例如,乙醇可与 H_2O 以任意比例互溶,NH_3 在水中的溶解度很大等。如果溶质分子形成分子内氢键,则该溶质在极性溶剂中溶解度较小,而在非极性溶剂中溶解度相对较大,如邻硝基苯酚在水中的溶解度小于对硝基苯酚,在苯中正好相反,邻硝基苯酚的溶解度大于对硝基苯酚。

氢键的形成对物质的黏度、表面张力、热容等很多性质都有影响,在此不再详述。

7.4 原子晶体和分子晶体

7.4.1 分子晶体

一些共价键型非金属单质和化合物分子,如卤素、氢、卤化氢、二氧化碳、水、氨、甲烷等,都是由一定数目的原子通过共价键结合而成的(极性或非极性)共价分子。它们的相对分子质量可测定,且有恒定的数值。在一般情况下,它们常以气体、易挥发的液体或易熔化易升华的固体存在,这种在晶格结点上排列的是中性分子,分子间依靠范德华力和氢键相互连接所形成的晶体叫做分子晶体（molecular crystal）。大多数非金属单质（如卤素、氧、氮）和它们的化合物（如卤化氢、氨和水）以及绝大多数有机化合物在固态时均为分子晶体。稀有气体的晶体中，晶格结点上排列的虽是原子，但这些原子间不形成化学键，属于单原子分子晶体。

例如 Cl_2、Br_2、I_2、CO_2、NH_3、HCl 等，它们在常温下是气体、液体或易升华的固体，但是在降温凝聚后的固体都是分子晶体。

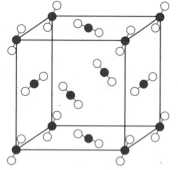

图 7.25 干冰的晶体结构

图 7.25 为干冰的晶体结构，其晶格结点上排列着 CO_2 分子，CO_2 分子之间以分子间力结合，而分子内 C 原子和 O 原子之间则以共价键联系。干冰（固体 CO_2）能吸收外界大量的热直接升华成气态 CO_2，因而可作为制冷剂，尤其与氯仿、乙醚、丙酮等有机物混合时，制冷效果特佳，可使温度降至 -73 ℃。

在分子晶体的化合物中，存在着单个分子。由于分子间的作用力较弱，只需较少的能量就能破坏其晶体结构，因而分子晶体的硬度小、熔点低、沸点也低，在固体或熔化状态通常不导电，是性能良好的绝缘材料。若干极性强的分子晶体（如 HCl）溶解在极性溶剂（如水）中，因发生电离而导电。

由于分子间作用力没有方向性和饱和性，所以对于那些球形和近似球形的分子，通常也采用配位数高达 12 的最紧密堆积方式组成分子晶体，这样可以使能量降低。最典型的球形分子是 1985 年才发现的 C_{60} 分子，它的外形像足球，亦称足球烯，如图 7.26 所示。60 个 C 原子组成一个笼状的多面体圆球，球面有 20 个六元环、12 个五元环，每个顶角上的 C 原子与周围 3 个 C 原子相连，形成 3 个 σ 键。各 C 原子剩余的轨道和电子共同组成离域大 π 键。这个球烯 C_{60} 分子内碳碳间是共价键结合，而分子间以范德华力结合成分子晶体。经 X 射线衍射法确定，球烯 C_{60} 也是面心立方密堆积结构，每个立方面心晶胞中含有 4 个 C_{60} 分子。与一般分子晶体不同，球烯分子晶体具有一些特殊的性质，由于微小 C_{60} 球体间作用力弱，它可作为极好润滑剂，其衍生物或添加剂有可能在超导、半导体、催化剂、功能材料等许多领域得到广泛应用。

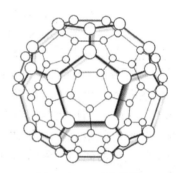

图 7.26 C_{60} 结构图

分子晶体的主要特点是：组成晶格的质点是分子（极性或非极性），分子以微弱的分子间力结合在一起，因此分子晶体的熔、沸点低，硬度小。

7.4.2 原子晶体

原子晶体（atomic crystal）又称为共价晶体（covalent crystal）。在原子晶体中，组成晶胞的质点是原子，原子与原子间以共价键相结合。与分子晶体的区别是，分子晶体中质点为中性分子，分子内靠共价键结合，分子间靠范德华力和氢键相连；而原子晶体中不存在独立的小分子，其质点为中性原子，原子与原子间靠共价键直接构成由"无限"数目原子组成的巨型分子，整个晶体就是一个分子，且没有确定的相对分子质量。例如，在金刚石晶体中，每一个 C 原子通过 4 个 sp^3 杂化轨道与其他 4 个碳原子以共价键相连接。每个碳原子处于与它直接相连的 4 个碳原子所组成的正四面体中心，连接成一个大分子。图 7.27 为金刚石的晶体结构。金刚砂（SiC）的结构与金刚石相似，只是 C 骨架结构中有一半位置为 Si 所取代，形成 C—Si 交替的空间骨架。石英（SiO_2）结构中 Si 和 O 以共价键相结合，每一个 Si 原子周围有 4 个 O 原子排列成以 Si 为中心的正四面体，许许多多的 Si—O 四面体通过 O 原子相互连接形成巨大分子。图 7.28 为 SiO_2 的晶体结构。

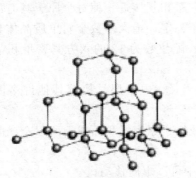

图 7.27 金刚石的晶体结构

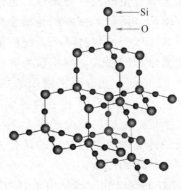

图 7.28 SiO_2 的晶体结构

原子晶体的主要特点是：原子间不再以紧密堆积为特征，它们之间是通过具有方向性和饱和性的共价键相连接，特别是通过成键能力很强的杂化轨道重叠成键使它的键能接近 400 $kJ·mol^{-1}$。所以原子晶体的构型和性质都与共价键性质密切相关。原子晶体中配位数比离子晶体少。由于共用电子对所组成的共价结合力强，所以这类晶体熔点高，硬度很大，例如金刚石熔点高达 3750℃，硬度也最大（莫氏硬度为 10），都显著高于离子晶体。原子晶体一般不导电，熔化时也不导电，在常见溶剂中不溶解，延展性差，是热的不良导体。单质 Si、单质 Ge、SiC、AlN、SiO_2 等都是原子晶体。Si、SiC 等有半导体的性质，可有条件地导电。

在工业上，原子晶体多被用于作耐磨、耐熔和耐火材料。如金刚石和金刚砂是最重要的磨料；SiO_2 则是应用最为广泛的耐火材料；石英和它的变体，如水晶、紫晶、燧石和玛瑙等，是贵重工业材料和饰品材料；而 SiC、立方 BN、Si_3N_4 等是性能良好的高温结构材料。

7.5 金属键和金属晶体

周期表中五分之四的元素为金属元素。除汞在室温下是液体外，所有金属在室温都是晶体，其共同特征是：具有金属光泽，优良的导电、导热性，富有延展性等。金属的特性是由金属内部特有的化学键的性质决定的。在解释金属中原子或离子之间的结合力时，一般有两种理论：自由电子理论（又称改性共价键理论）和金属能带理论。

7.5.1 改性共价键理论

由于金属元素的电负性较小，电离能较小，原子核对价电子的吸引能力较弱，而且大部分的金属原子价电子数也比较少，因而外层价电子容易脱离原子核的束缚而游离出来，这些电子不断在原子和离子间进行交换，不再属于某一固定的金属原子，而是在整个金属体中自由运动，因此将其称为自由电子或离域电子。自由电子在三维空间中运动，将金属原子或离子"胶合"起来，就形成了金属晶体，这种自由电子与金属原子或离子之间的作用力就叫做金属键。由于金属键可看作是由许多原子和离子共用许多电子而形成的，因此，也称为改性共价键。对于金属键，有一种形象的说法："金属原子和金属离子的紧密堆积体沉浸在自由电子的海洋中"。

由于自由电子属于整块金属所有,所以在金属晶体中也没有单个的独立分子,一块金属就是一个巨型分子。

由于金属键是既没有方向性、也没有饱和性的离域键,所以金属晶体总是倾向于使金属原子紧密堆积。所谓紧密堆积是指金属原子尽可能趋向于相互接近,使每个原子具有尽可能大的配位数。紧密堆积将降低系统的能量,使晶体趋于稳定,绝大多数金属单质晶体具有以下三种紧密堆积的形式:配位数为 8 的体心立方晶格;配位数为 12 的六方紧密堆积晶格和配位数为 12 的面心立方紧密堆积晶格。

金属键的强弱和自由电子的多少有关,也和离子半径、电子层结构等其他许多因素有关。一般来说,金属的价电子多,半径小,则熔点高,硬度大。

金属晶体是依靠自由电子的结合力,使金属原子或离子紧密堆积而成,所以金属晶体具有以下一些特殊的性质:

① 良好的导电性　这是由于自由电子在外加电场中可以定向移动;

② 良好的导热性　自由电子热运动的加剧会不断和金属原子或离子碰撞而交换能量,使热能在晶体中迅速传递;

③ 良好的延展性　由于自由电子的自由流动性,金属原子或离子发生相对位移时,在一定限度内不会破坏金属键,因而金属往往都具有良好的机械加工性能,例如展性最好的金,可压成 0.0001mm 厚度的金箔;

④ 常具有银白色的金属光泽　这是因为自由电子能吸收各种频率的可见光而后又几乎全部发射出来;

⑤ 一般都具有较高的熔、沸点,较高的硬度和较大的密度,但差异也很明显。例如金属锇(Os)的密度高达 22.557g·cm^{-3},而金属锂(Li)的密度只有 0.534g·cm^{-3};钨(W)的熔点为 3410℃,而汞的熔点只有 -38.87℃。

*7.5.2　金属能带理论

金属键的量子力学模型叫做能带理论,是在分子轨道理论的基础上发展起来的现代金属键理论,其要点如下。

在金属晶体中,配位数高达 8 或 12,也就是说,1 个金属原子要被 8 个或 12 个相邻原子所包围。这样的高配位,电子必须是离域的,即所有电子为整个金属大分子所共有,不再属于某个原子。

能带理论把金属晶体看成一个大分子,这个分子由晶体中所有原子组合而成。由于各原子的原子轨道之间的相互作用便组成一系列相应的分子轨道,其数目与形成它的原子轨道数目相同。根据分子轨道理论,一个气态双原子分子 Li$_2$ 的分子轨道如图 7.29 所示。σ_{2s} 成键轨道填 2 个电子,σ_{2s}^* 反键轨道没有电子。现在若有 n 个 Li 原子聚积成金属晶体,则各价电子波函数将相互叠加而组成 n 条分子轨道,其中 $n/2$ 条的分子轨道有电子占据,另外 $n/2$ 条是空的,如图 7.30 所示。

由于金属晶体中原子数目 n 极大,所以这些分子轨道之间的能级间隔极小,几乎连成一片形成能带(Energy Band)。其结果是:n 个金属 Li 原子的 1s 原子轨道相互叠加而成 1s 能带;n 个金属 Li 原子的 2s 原子轨道相互叠加而成 2s 能带;n 个金属 Li 原子的 2p 原子轨道相互叠加而成 2p 能带。

由已充满电子的原子轨道所形成的低能量能带称为满带(filled band),如 Li 的 1s 能带。由未充满电子的能级所组成的高能量能带称为导带(conductive band),如 Li 的 2s 能

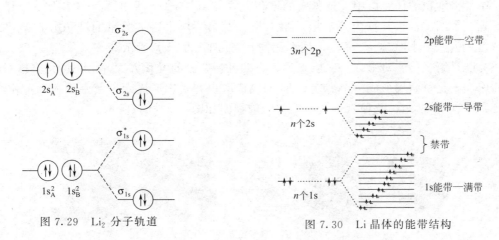

图 7.29 Li$_2$ 分子轨道　　　　图 7.30 Li 晶体的能带结构

带。满带顶至导带底之间的能量差（E_g）很大，电子不易逾越，故又称为禁带（forbidden band）。没有电子的能带称为空带（empty band），如 Li 的 2p 能带。

能带间的关系有以下三种情况：

① 金属导体的价电子能带是半满的，能够导电（如 Li、Na 等），或者价电子能带虽全满，但可与能量间隔不大的空带发生部分重叠，当外电场存在时，价电子可跃迁到相邻的空轨道，因而能导电，如图 7.31 所示；

② 绝缘体中的价电子都处于满带，满带与相邻带之间存在禁带，能量间隔大（$E_g \geqslant$ 5eV），故不能导电（如金刚石）；

③ 半导体的价电子也处于满带（如 Si、Ge），其与相邻的空带间距小（$E_g < 3$eV），低温时是电子的绝缘体，高温时电子能激发跃过禁带而导电，所以半导体的导电性随温度的升高而升高，而金属却因升高温度、原子振动加剧、电子定向运动受阻等原因，使得金属导电性下降。图 7.32 反映了以上三种情况。

应用金属能带理论也能解释金属晶体的其他性质。电子在能带中跃迁，能量变化的覆盖范围相当广泛，放出各种波长的光，故大多数金属呈银白色；受外力时，金属能带不受破坏，所以金属晶体具有延展性；一般说金属单电子多时，金属键强，熔点高，硬度大，如 W 和 Re、K 和 Na 单电子少，金属键弱，熔点低，硬度小。

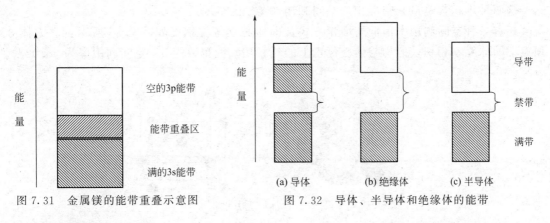

图 7.31 金属镁的能带重叠示意图　　　　图 7.32 导体、半导体和绝缘体的能带

7.5.3 金属晶体

金属晶体中离子是以紧密堆积的形式存在的。可用刚性球模型来讨论堆积方式。

在紧密堆积的任一层中，最紧密的堆积方式是，一个球与周围 6 个球相切，在中心的周围形成 6 个凹位，将其算为第一层。第二层：对第一层来讲最紧密的堆积方式是将球对准 1、3、5 位（若对准 2、4、6 位，情形相同），如图 7.33(a) 所示。

关键是第三层。对第一、二层来说，有两种最紧密的堆积方式。第一种是将球对准第一层的球，于是每两层形成一个周期，即 ABAB 堆积方式，形成六方紧密堆积，配位数为 12（同层 6，上下各 3），此种六方紧密堆积的前视图如图 7.33(b) 所示。

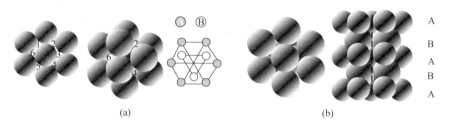

图 7.33 六方密堆积的堆积方式及晶体结构图

另一种是将球对准第一层的 2、4、6 位，不同于 AB 两层的位置，这是 C 层。第四层再排 A，于是形成 ABCABC 三层一个周期，得到面心立方密堆积，配位数 12。堆积顺序如图 7.34(a) 所示，晶体结构的前视图如图 7.34(b) 所示。

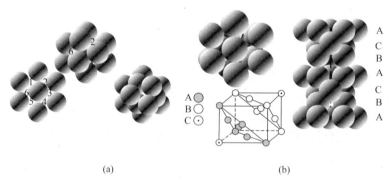

图 7.34 面心立方密堆积

这两种堆积都是最紧密堆积，空间利用率为 74.05%。

还有一种空间利用率稍低的堆积方式，即体心立方堆积。如图 7.35 所示：立方体 8 个顶点上的球互不相切，但均与体心位置上的球相切，配位数为 8，空间利用率为 68.02%。

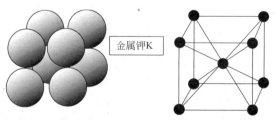

图 7.35 体心立方堆积

六方密堆积的金属有ⅢB、ⅣB；面心立方密堆积的金属有ⅠB，Ni，Pd，Pt；体心立方堆积的金属有ⅠA、ⅤB、ⅥB。

7.5.4 晶体类型小结

以上我们讨论了离子、分子、原子、金属四种基本类型的晶体。为了便于比较,将已经学过的四种基本类型晶体的结构与性质的关系归纳于表 7.18 中。

表 7.18 四种基本类型晶体的比较

晶体类型	离子晶体	原子晶体	分子晶体	金属晶体
结合力	离子键	共价键	分子间力和氢键	金属键
基本质点	阴阳离子	原子	分子或原子	原子、正离子、自由电子
熔、沸点	较高	高	低	一般较高、差异大
硬度	硬而脆	高硬度	低	一般较硬、差异大
导电性	不导电	不导电	不导电	良好导体
导热性	不良	不良	不良	良好导热性
实例	$NaCl、MgO、$ $NH_4Cl、KNO_3$	金刚石、 $Si、SiO_2$	$HCl、冰、I_2、$ $CO_2(s)、N_2(s)$	$Au、Ag、Cu、Fe$

晶体除了上述四种基本类型外,还有一类混合键型的晶体,在这类晶体中,存在着多种结合力。

例如图 7.36 所示,石墨是典型的层状结构晶体,在石墨晶体中,每个碳原子以 3 个 sp^2 杂化轨道与相邻的 3 个碳原子形成 3 个 sp^2-sp^2 重叠的 σ 键,键角为 120°,它们无限延伸扩展就形成了蜂巢样的正六边形平面层状结构,每个碳原子还有一个垂直于杂化轨

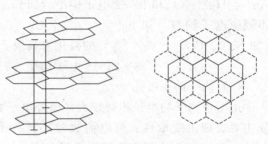

图 7.36 石墨晶体的层状结构

道平面的、有一个电子的 2p 轨道,这些相互平行的 2p 轨道可以相互重叠形成一个覆盖整个晶体的离域大 π 键,离域大 π 键中的电子可以在整个碳原子组成的平面层上运动。这些电子比较自由,可以在整个 C 原子平面移动,相当于金属中的自由电子,所以石墨能导热、导电。石墨中层与层之间相隔较远,以分子间作用力相结合,所以石墨片层之间容易滑动。在同一平面层中的碳原子结合力很强,所以石墨的熔点高,化学性质稳定。由此可见石墨晶体兼有原子晶体、金属晶体和分子晶体的特征,是一种混合型晶体。

自然界存在的硅酸盐式的链状晶体,其基本结构是由一个硅原子和四个氧原子组成的硅氧四面体 [SiO_4]。根据其连接方式不同,可以形成三维网络状、层状、链状等多种晶体构型,例如石棉就是典型的链状晶体。

实际晶体中的原子排列并不是完全理想状态,其中存在有许多类型不同的缺陷。尽管这些缺陷很少,但对晶体的导电性、光学、力学和力学性能以及化学反应活性等性质都有明显的影响,甚至会出现一些新的功能特性。可以说,没有缺陷的晶体是不存在的,而对这些缺陷的防止或利用涉及许多新技术领域。详细的讨论已超出本书的范围。

7.6 离子的极化

7.6.1 离子极化

分子极化的概念在离子系统中同样适用。离子是带电的,任何一个离子对另一个离子来说都相当于一个外加电场。因此,当离子相互靠近时,任何一个离子都有使其他离子变形的

能力,我们把离子的这种使其他离子变形的能力称为离子的极化力(polarization force)。每个离子也总是会在其他离子的极化作用下发生变形,产生诱导偶极,即离子的变形性(deformability)。由此可见,离子的极化是相互的,但在离子的相互极化中,正负离子所表现出来的极化力和变形性各有侧重。

(1) 离子的极化力

在离子的相互极化中,正离子半径较小,变形的能力弱,因此主要表现出极化力,即表现出使其他离子变形的能力。影响正离子极化力的主要因素有离子电荷、离子半径和离子外层电子构型。

① 离子电荷 离子所带电荷越多,产生的电场越强,极化力越强。如极化力:$Al^{3+}>Mg^{2+}>Na^+$。

② 离子半径 离子的电荷相同,外层电子构型相似时,离子半径越小,极化力越强。例如同族元素,相同电荷的离子,从上到下离子极化力越来越小。如极化力:$Be^{2+}>Mg^{2+}>Ca^{2+}$。

③ 离子的外层电子构型 不同构型的离子,极化能力也不同。一般2电子结构的离子由于半径很小,常具有很强的极化作用,如 H^+、Li^+、Be^{2+} 等;18电子构型(如 Cu^+、Ag^+、Hg^{2+} 等)和18+2电子构型(如 Sn^{2+}、Pb^{2+}、Bi^{3+} 等)的极化力也很强;9~17的不规则电子构型(如 Fe^{2+}、Cu^{2+}、Cr^{3+}、Co^{2+}、Mn^{2+} 等)的极化力次之;8电子构型(如 Na^+、Ca^{2+}、Mg^{2+} 等)的极化力最弱。即各种电子构型正离子极化力顺序为:

$$18+2,18电子构型>9\sim17电子构型>8电子构型$$

(2) 离子的变形性

由于负离子的半径相对较大,核外电子数多于核内质子数,核外电子云较易发生变形,故主要表现出变形性。但电荷数较小、离子半径较大的正离子的变形性也不可忽略,如 Ag^+、Hg^+ 等。决定离子变形性的主要因素还是离子半径、离子电荷和离子的外层电子构型。

① 离子半径 离子半径是决定离子变形性大小的首要因素。具有类似电子构型的离子,半径越大,变形性越大,如变形性:$F^-<Cl^-<Br^-<I^-$,$Li^+<Na^+<K^+<Rb^+$。

② 离子电荷 离子的电子构型相同时,负离子电荷越多,变形性越大;而正离子的电荷越多,变形性越小,如变形性:$O^{2-}>F^->Na^+>Mg^{2+}>Al^{3+}>Si^{4+}$。

③ 离子的外层电子构型 对于正离子,当其半径相近,电荷相同时,离子变形性的大小由离子的外层电子构型决定,各种电子构型离子的变形性顺序为:

$$18+2,18电子构型>9\sim17电子构型>8电子构型>2电子构型$$

复杂负离子的变形性一般较小,例如 ClO_4^-、NO_3^- 等复杂离子的变形性都比较小。几种常见负离子的变形性顺序为:

$$ClO_4^-<F^-<NO_3^-<OH^-<CN^-<Cl^-<Br^-<I^-$$

根据上述规律,当正离子与负离子相互极化时,一般主要考虑正离子的极化力引起负离子变形。但如果正离子的极化力和变形性都较大时(例如9~17型、18型和18+2型的正离子),则变了形的负离子由于极化力增大也能引起正离子变形,正离子变形后产生诱导偶极,又反过来加强对负离子的极化,这种相互极化的结果,增大了正负离子的极化,其增加的极化作用叫附加极化作用。离子间的附加极化作用加大了离子之间的引力,从而影响到化合物的结构和性质。一般,正离子所含d电子数越多,电子层数越多,附加极化作用越大。

7.6.2 离子极化对物质结构和性质的影响

随着离子极化的增强,离子间的核间距缩短,会引起化学键型的变化,键的性质可能从离子键逐步过渡到共价键，即经过一系列中间状态的极化键，最后可转变为极性较小的共价键。离子间的相互极化越强，附加极化作用越大，含共价键的成分越多，键的极性也就越弱，键长越短。由此可见，离子极化使离子键向共价键过渡，离子键和共价键之间没有本质的区别，极性共价键可看作是离子键向共价键过渡的一种中间状态，见图 7.37。正如 7.1 节所述，绝对的离子键是没有的，即使是电负性相差最大的 Cs 和 F 原子所形成的离子键，键的离子性也只有 92%，还有 8% 的共价键成分。

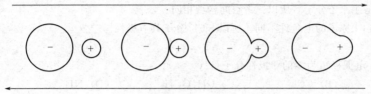

图 7.37　离子极化对键型的影响

例如 AgF、AgCl、AgBr 和 AgI，离子的附加极化逐渐增强，AgF 属典型的离子键，AgCl 和 AgBr 属过渡型，到 AgI 已属共价键了。

离子极化对离子化合物的晶体构型也有影响，随着离子极化的加强，离子相互靠近，离子核间距离减小，离子周围空间缩小，使离子化合物向较小的配位数方向变化。如 AgCl、AgBr 为 NaCl 型晶体，配位数为 6，而 AgI 就变为 ZnS 型晶体，配位数为 4。

离子极化对物质化学键型和晶体结构的影响，最终反映在物质性质的变化上。离子极化作用越强，物质越表现出共价化合物的性质，物质的热稳定性越差，如 CuI_2 由于发生强烈的离子相互极化，常温下就分解为 CuI 和 I_2，但 $CuCl_2$ 却很稳定，加热到 993℃ 才开始分解。

离子的极化能力越强，物质的熔、沸点就越低。例如，在 $BeCl_2$、$MgCl_2$、$CaCl_2$ 等化合物中，Be^{2+} 离子半径最小，又是 2 电子构型，因此 Be^{2+} 有很大的极化能力，使 Cl^- 发生比较显著的变形，Be^{2+} 和 Cl^- 之间的键有较显著的共价性。因此 $BeCl_2$ 具有较低的熔、沸点。$BeCl_2$、$MgCl_2$、$CaCl_2$ 的熔点依次为 410℃、714℃、782℃。又如 $FeCl_2$ 的熔点为 672℃，$FeCl_3$ 的熔点为 306℃，是因为 Fe^{3+} 所带电荷比 Fe^{2+} 多，极化力强的缘故；CdF_2 的熔点（1100℃）比 CdI_2 的熔点（388℃）高得多，也是由于 I^- 的变形性大于 F^-，CdI_2 中的离子相互极化大于 CdF_2。

离子的极化作用越强，物质的水解程度越大。例如 NaCl、$MgCl_2$、$AlCl_3$ 三种物质，从左到右，正离子电荷逐渐增多，半径逐渐减小，极化力逐渐增强，所以 NaCl 在水中不水解，$MgCl_2$ 水解较少，$AlCl_3$ 的水解程度很大。

离子的极化能力越强，物质的颜色越深。例如 AgCl 为白色，AgBr 为浅黄色，AgI 为黄色；$HgCl_2$ 为白色，HgI_2 为红色；K_2CrO_4 为黄色，而 Ag_2CrO_4 为红色等。

习　　题

一、是非题

1. 原子在基态时没有未成对电子，就一定不能形成共价键。

2. 由于 CO_2、H_2O、H_2S、CH_4 分子中都含有极性键，因此皆为极性分子。
3. 基态原子中单电子的数目等于原子可形成的最多共价键数目。
4. 由不同种元素组成的分子均为极性分子。
5. 通常所谓的原子半径，并不是指单独存在的自由原子本身的半径。
6. 按照分子轨道理论，O_2^{2-}、O_2、O_2^+ 和 O_2^- 的键级分别为 1、2、2.5 和 1.5，因此它们的稳定性次序为 $O_2^{2-} > O_2 > O_2^+ > O_2^-$。
7. 由于 Fe^{3+} 的极化力大于 Fe^{2+}，所以 $FeCl_2$ 的熔点应低于 $FeCl_3$。
8. 共价键主要有 σ 键和 π 键两种。
9. NH_3 和 BF_3 都是 4 原子分子，所以二者空间构型相同。
10. 由于 Si 原子和 Cl 原子的电负性不同，所以 $SiCl_4$ 分子具有极性。

二、选择题

1. 在下列分子中，电偶极矩为零的非极性分子是（　　）。
   (A) H_2O　　　(B) CCl_4　　　(C) CH_3OCH_3　　　(D) NH_3

2. 下列物质中，共价成分最大的是（　　）。
   (A) AlF_3　　　(B) $FeCl_3$　　　(C) $FeCl_2$　　　(D) $SnCl_2$

3. 下列物质中，沸点最高的是（　　）。
   (A) H_2Se　　　(B) H_2S　　　(C) H_2Te　　　(D) H_2O

4. 下列物质中，变形性最大的是（　　）。
   (A) O^{2-}　　　(B) S^{2-}　　　(C) F^-　　　(D) Cl^-

5. 下列物质中，顺磁性物质是（　　）。
   (A) O_2^{2-}　　　(B) N_2　　　(C) B_2　　　(D) C_2

6. 估计下列物质中属于分子晶体的是（　　）。
   (A) BBr_3，熔点 −46℃
   (B) KI，熔点 880℃
   (C) Si，熔点 1423℃
   (D) NaF，熔点 995℃

7. 下列晶体熔化时，只需克服色散力的是（　　）。
   (A) Ag　　　(B) NH_3　　　(C) SiO_2　　　(D) CO_2

8. AgI 在水中的溶解度比 AgCl 小，主要是由于（　　）。
   (A) 晶格能 AgCl>AgI
   (B) 电负性 Cl>I
   (C) 变形性 $Cl^- < I^-$
   (D) 极化力 $Cl^- < I^-$

9. 如果正离子的电子层结构类型相同，在下述情况中极化力较大的是（　　）。
   (A) 离子的半径大、电荷多
   (B) 离子的半径小、电荷多
   (C) 离子的半径大、电荷少
   (D) 离子的半径小、电荷少

10. 由于 NaF 的晶格能较大，所以可以预测它的（　　）。
    (A) 溶解度小　　　(B) 水解度大　　　(C) 电离度小　　　(D) 熔、沸点高

11. 下列物质中溶解度相对大小关系正确的是（　　）。
    (A) $Cu_2S > Ag_2S$　　(B) $AgI > AgCl$　　(C) $Ag_2S > Cu_2S$　　(D) $CuCl > NaCl$

12. 下列化合物的离子极化作用最强的是（　　）。
    (A) CaS　　　(B) FeS　　　(C) ZnS　　　(D) Na_2S

13. 下列物质中熔点高低关系正确的是（　　）。
    (A) NaCl>NaF　　(B) BaO>CaO　　(C) $H_2S > H_2O$　　(D) $SiO_2 > CO_2$

14. 某物质具有较低的熔点和沸点，且又难溶于水，这种物质可能是（　　）。
    (A) 原子晶体
    (B) 非极性分子型物质
    (C) 极性分子型物质
    (D) 离子晶体

三、简答题

1. C—C、N—N、N—Cl 键的键长分别为 154pm、145pm、175pm，试粗略估计 C—Cl 键的键长。

2. 已知 H—F、H—Cl、H—Br 及 H—I 键的键能分别为 569kJ·mol^{-1}、431kJ·mol^{-1}、366kJ·mol^{-1} 及 299kJ·mol^{-1}。试比较 HF、HCl、HBr 及 HI 气体分子的热稳定性。

3. 根据电子配对法，写出下列各物质的分子结构式。

$$BBr_3 \quad CS_2 \quad SiH_4 \quad PCl_5 \quad C_2H_4$$

4. 写出下列物质的分子结构式并指明 σ 键、π 键。

$$HClO \quad BBr_3 \quad C_2H_2$$

5. 指出下列分子或离子中的共价键哪些是由成键原子的未成对电子直接配对成键？哪些是由电子激发后配对成键？哪些是配位键？

$$HgCl_2 \quad PH_3 \quad NH_4^+ \quad [Cu(NH_3)_4]^{2+} \quad AsF_5 \quad PCl_5$$

6. 根据电负性数据，在下列各对化合物中，判断哪一个化合物内键的极性相对较强些？

(1) ZnO 与 ZnS　(2) NH_3 与 NF_3　(3) AsH_3 与 NH_3　(4) IBr 与 ICl　(5) H_2O 与 OF_2

7. 按键的极性由强到弱的顺序重新排列以下物质。

$$O_2 \quad H_2S \quad H_2O \quad H_2Se \quad Na_2S$$

8. 试用杂化轨道理论，说明下列分子的中心原子可能采取的杂化类型，并预测其分子或离子的几何构型。

$$BBr_3 \quad PH_3 \quad H_2S \quad SiCl_4 \quad CO_2 \quad NH_4^+$$

9. 用价层电子对互斥理论推测下列离子或分子的几何构型。

$$PbCl_2 \quad BF_3 \quad NF_3 \quad PH_4^+ \quad BrF_5 \quad SO_4^{2-} \quad NO_2^- \quad XeF_4 \quad CHCl_3$$

10. 应用同核双原子分子轨道能级图，从理论上推断下列分子或离子是否可能存在，并指出它们各自成键的名称和数目，写出价键结构式或分子结构式。

$$H_2^+ \quad He_2^+ \quad C_2 \quad Be_2 \quad B_2 \quad N_2^+ \quad O_2^+$$

11. 通过计算键级，比较下列物质的结构稳定性。

$$O_2^+ \quad O_2 \quad O_2^- \quad O_2^{2-} \quad O_2^{3-}$$

12. 根据分子轨道理论说明：

(1) He_2 分子不存在；

(2) N_2 分子很稳定，且具有反磁性；

(3) O_2^- 具有顺磁性。

13. 根据键的极性和分子的几何构型，判断下列分子哪些是极性分子？哪些是非极性分子？

Ne　Br_2　HF　NO　H_2S（V形）　CS_2（直线形）　$CHCl_3$（四面体）　CCl_4（正四面体）　BF_3（平面三角形）　NF_3（三角锥形）

14. 判断下列每组物质中不同物质分子之间存在着何种分子间力？

(1) 苯和四氯化碳　(2) 氨气和水　(3) 硫化氢和水

15. 下列物质中，试推测何者熔点最低？何者最高？

(1) NaCl　KBr　KCl　MgO

(2) N_2　Si　NH_3

16. 写出下列各种离子的电子分布式，并指出它们各属于何种电子构型。

$$Fe^{3+} \quad Ag^+ \quad Ca^{2+} \quad Li^+ \quad S^{2-} \quad Pb^{2+} \quad Pb^{4+} \quad Bi^{3+}$$

17. 试推测下列物质分别属于哪一类晶体？

物质	B	LiCl	BCl_3
熔点/℃	2300	605	−107.3

18. (1) 试推测下列物质可形成何种类型的晶体？

$$O_2 \quad H_2S \quad KCl \quad Si \quad Pt$$

(2) 下列物质熔化时，要克服何种作用力？

$$AlN \quad Al \quad HF(s) \quad K_2S$$

19. 根据所学晶体的结构知识，填出下表。

物质	晶格结点上的粒子	晶格结点上粒子间的作用力	晶体类型	预测熔点（高或低）
N_2				
SiC				
Cu				
冰				
$BaCl_2$				

20. 将下列两组离子分别按离子极化力及变形性由小到大的顺序重新排列。

　　(1) Al^{3+}　　Na^+　　Si^{4+}

　　(2) Sn^{2+}　　Ge^{2+}　　I^-

21. 试按离子极化作用由强到弱的顺序重新排列以下物质。

$$MgCl_2 \quad SiCl_4 \quad NaCl \quad AlCl_3$$

22. 比较下列每组化合物中离子极化作用的强弱，并预测溶解度的相对大小。

　　(1) ZnS　　CdS　　HgS

　　(2) PbF_2　　$PbCl_2$　　PbI_2

　　(3) CaS　　FeS　　ZnS

第8章 配位化合物和配位平衡

配位化合物（coordination compound，complex，简称配合物）的发现可以追溯到 1693 年发现的铜氨配合物以及 1704 年发现的普鲁士蓝等。但配位化学作为化学学科的一个重要分支是从 1793 年法国化学家塔萨厄特（B. M. Tassaert）无意中发现 $CoCl_3·6NH_3$ 开始的。Tassaert 是一位分析化学家，他在从事钴的重量分析的研究过程中，偶因 NaOH 用完而用 $NH_3·H_2O$ 代替加入到 $CoCl_2$ 溶液中，但结果发现加入过量氨水后，得不到 $Co(OH)_2$ 沉淀，因而无法称重。次日又析出了橙黄色晶体，分析其组成为 $CoCl_3·6NH_3$。

在这种化合物发现后的近百年中，很多科学家都力求对这种化合物的结构做出科学的解释，但直到 1893 年瑞士年仅 26 岁的化学家维尔纳（A. Werner）在德国的《无机化学学报》上发表了"对于无机化合物结构的贡献"一文，创立了配位学说以后才弄清这些问题。沃尔纳成为配位化学的奠基人，在 1913 年他因对 Co(Ⅲ)、Cr(Ⅲ) 旋光活性配合物的研究而获得了诺贝尔化学奖。

近年来配位化学发展非常迅速，在生命科学、新材料、尖端科技等领域都与配合物化学有着密切的关系。配位化学家可以设计出许多高选择性的配位反应来合成有特殊性能的配合物，应用于工业、农业、科技等领域，促进各领域的发展。

8.1 配位化合物的基本概念

8.1.1 配位化合物的定义

要给配合物下一个严谨的定义是比较困难的，但可以从简单化合物和配合物的对比中找到一个粗略的定义。

一些简单化合物如 HCl、NH_3、H_2O 等分子是成键原子间以共用电子对形式结合形成共价化合物，AgCl、NaOH、K_2SO_4、$Al_2(SO_4)_3$ 等则是由离子键结合而成，这些简单化合物都符合经典的化合价理论。由简单化合物可以形成"分子化合物"，如：

$$AgCl + 2NH_3 = [Ag(NH_3)_2]Cl$$
$$CuSO_4 + 4NH_3 = [Cu(NH_3)_4]SO_4$$
$$HgI_2 + 2KI = K_2[HgI_4]$$

在它们的形成过程中，既没有电子的得失和氧化值的变化，也没有形成共用电子对的共价键，这类"分子化合物"是不符合经典的化合价理论的。

根据现代结构理论可知，像 $[Ag(NH_3)_2]Cl$、$[Cu(NH_3)_4]SO_4$、$K_2[HgI_4]$ 这类"分子化合物"是由配位键结合的，统称为配合物。

可以说，配合物是由中心离子（或原子）和配位体（阴离子或分子）以配位键的形式结合而成的复杂离子（或分子），通常称这种复杂离子（或分子）为配位单元。凡是含有配位单元的化合物都称配合物。

多数配离子既能存在于晶体中，也能存在于水溶液中。但是也有些配离子只能存在于固态、气态或特殊溶剂中，溶于水后便会解离为组分物质。例如复盐 $LiCl \cdot CuCl_2 \cdot 3H_2O$ 和 $KCl \cdot CuCl_2$ 在晶体中存在 $[CuCl_3]^-$ 配离子，溶于水便解离，它们仍然属于配合物。但是有些复盐例如光卤石 $LiCl \cdot MgCl_2 \cdot 6H_2O$ 和明矾 $K_2SO_4 \cdot Al_2(SO_4)_3 \cdot 24H_2O$，在晶体或水溶液中均不存在配离子，它们不属于配合物。

根据定义，NH_4^+ 和 SO_4^{2-} 固然也可以看作是配离子，但是习惯上并不把 NH_4Cl 和 Na_2SO_4 之类的化合物看成是配合物。

由于配位化合物种类繁多，新颖的、特殊的配位化合物层出无穷，要给出一个适合所有种类的配位化合物定义是困难的。

8.1.2 配位化合物的组成

一般配合物往往由两部分组成，一部分是复杂的配离子，另一部分是与配离子保持电荷平衡的简单离子。如前所述，配合物的性质主要决定于配离子，为了便于区分配离子和简单离子，就将配离子用"[ ]"括起来称为内界（innersphere），又称为配位个体（coordination unity），与内界保持电荷平衡的其他简单离子以及结晶水分子就称为外界（outersphere），如图 8.1 所示。中性配合物只有内界没有外界，如 $[CoCl_3(NH_3)_3]$、$[Ni(CO)_4]$ 等。

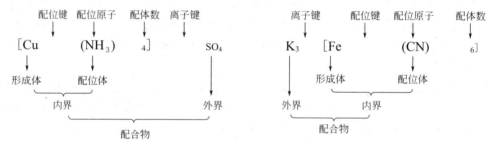

图 8.1 配合物的组成

（1）形成体（中心离子或原子）

配合物的内界总是由两部分组成，即形成体（中心离子或原子）和配位体。绝大多数元素的原子都可以作为中心离（原）子，但最常见的为具有空轨道的过渡元素的金属阳离子（少数为中性原子），例如 Cu^{2+}、Ag^+ 等。非金属元素的原子也可以作为中心离（原）子，例如 B 和 Si 可以形成 $[BF_4]^-$、$[SiF_6]^{2-}$ 等。

（2）配位体和配位原子

配合物中直接与中心离子结合的中性分子或阴离子称配位体，例如 NH_3、CN^- 等。配位体中直接与中心离子结合的原子称配位原子（coordination atom，通常为电负性较大的具有孤电子对的非金属元素原子，与中心离子以配位键结合），例如 NH_3 中的 N 原子、CN^- 中的 C 原子等。

根据一个配体中能提供的配位原子的数目，将配体分成单齿配体和多齿配体。在单齿配体中只有一个配位原子与中心离子（或原子）形成一个配位键，其组成比较简单，往往是一些无机物。多齿配体含两个或两个以上配位原子，它们与中心离子或原子可形成多个配位键，其组成常较复杂，多数是有机分子。例如 $NH_2—CH_2—CH_2—NH_2$（乙二胺，简写为 en）含有两个相同配位原子 N，$C_2O_4^{2-}$（草酸根，简写为 OX）含有两个相同的配位原子 O，$NH_2—CH_2—COO^-$（氨基乙酸根）含有两个不同的配位原子 N、O，它们均属于双齿配体，乙二胺四乙酸（EDTA）则是六齿配体。结构如下：

$$\begin{array}{c} HOOCH_2C \qquad\qquad CH_2COOH \\ \diagdown \qquad\qquad\qquad\qquad \diagup \\ NCH_2CH_2N \\ \diagup \qquad\qquad\qquad\qquad \diagdown \\ HOOCH_2C \qquad\qquad CH_2COOH \end{array}$$

这类多齿配体能与中心离子（原子）形成环状结构，有点像螃蟹的双螯钳住东西起螯合作用一样，因此这种多齿配体也称为螯合剂，多齿配体与中心离子形成的配合物称为螯合物。

常见的配体及名称见表 8.1。

表 8.1 常见的配体及名称

	中性分子配体	配位原子	阴离子配体	配位原子	阴离子配体	配位原子
单齿配体	H_2O 水	O	F^- 氟	F	CN^- 氰根	C
	NH_3 氨	N	Cl^- 氯	Cl	NO_2^- 硝基	N
	CO 羰基	C	Br^- 溴	Br	ONO^- 亚硝酸根	O
	NO 亚硝酰基	N	I^- 碘	I	SCN^- 硫氰酸根	S
	CH_3NH_2 甲胺	N	OH^- 羟基	O	NCS^- 异硫氰酸根	N
	C_5H_5N 吡啶(Py)	N	NH_2^- 氨基	N	$S_2O_3^{2-}$ 硫代硫酸根	O

	分子式	名称	缩写符号
多齿配体	$-O-\overset{\overset{O}{\|\|}}{C}-\overset{\overset{O}{\|\|}}{C}-O-$	草酸根	OX
	$H_2NH_2CCH_2NH_2$	乙二胺	en
	邻菲罗啉结构式	邻菲罗啉	o-phen
	联吡啶结构式 或	联吡啶	bpy
	$(HOOCCH_2)_2NCH_2CH_2N(CH_2COOH)_2$	乙二胺四乙酸	H_4EDTA

还有一类配体它们虽然也具有两个或多个配位原子，但在一定条件下，仅有一个配位原子与中心离子配位，这类配体称为两可配体（ambident），又称异性双位（基）配体。例如：亚硝酸根 ONO^-（配位原子为 O）与硝基 NO_2^-（配位原子为 N）就是两可配体。

（3）中心离子的配位数

配合物中直接与中心离子（或原子）相键合的配位原子的数目称为中心离子的配位数（coordination number）。

由单齿配体与中心离子配位形成的配合物，中心离子的配位数与配体的数目相等；由多齿配体与中心离子配位形成的配合物，中心离子的配位数大于配体的数目，因此配位数与配体的齿数有关。例如 $[Cu(NH_3)_4]^{2+}$ 中 Cu^{2+} 的配位数为 4，$[Cu(en)_2]^{2+}$ 中 Cu^{2+} 的配位数也为 4。

影响配位数的因素很多也很复杂。通常情况下，主要的影响因素有中心离子的氧化数、半径及配体的体积、大小等。

① 中心离子的氧化数越高，配位数往往越大。如 Ag^+、Cu^+、Au^+ 等离子的特征配位数为 2，Cu^{2+}、Zn^{2+}、Hg^{2+}、Co^{2+}、Ni^{2+} 等离子的特征配位数为 4，Fe^{3+}、Co^{3+}、Al^{3+}、Cr^{3+} 等离子的特征配位数为 6。

② 中心离子的半径越大，配位数往往越大。如 $[BF_4]^-$ 中，中心离子的配位数是 4，$[AlF_6]^{3-}$ 中，中心离子的配位数是 6。

③ 对于中心离子与单齿配体形成的配合物来讲，配体的体积越大，中心离子的配位数越小。如 $[AlF_6]^{3-}$ 中，中心离子的配位数是 6，$[AlCl_4]^-$ 中，中心离子的配位数是 4。

以上影响配位数的因素要综合考虑，另外配位数还受中心离子和配位体之间的相互作用以及配合物生成时的外界条件（温度、浓度等）的影响。例如温度升高，由于热振动的原因，使配位数减少。配体的浓度增大，利于形成高配位数的配合单元，例如 SCN^- 与 Fe^{3+} 可以形成配位数为 1~6 的配合单元。总之确定配位数要根据实验事实。

(4) 配离子的电荷

在配合物中，绝大多数是带电荷的配离子形成的配盐。配离子的电荷等于中心离子和配位体电荷的代数和，例如 $[Fe(CN)_6]^{4-}$ 的电荷是：$+2+(-1)\times 6 = -4$。由于整个配盐是中性的，因此也可以由外界离子的电荷数来确定配离子的电荷，例如 $K_3[Fe(CN)_6]$ 中，外界有 3 个 K^+，从而可进一步推断配离子的电荷为 -3。

8.1.3 配位化合物的命名

配位化合物的命名一般分习惯命名法与系统命名法。

(1) 习惯命名法

少数配合物可以用习惯命名法。例如，$K_4[Fe(CN)_6]$ 叫做黄血盐或亚铁氰化钾，$K_3[Fe(CN)_6]$ 叫做红血盐或铁氰化钾。

(2) 系统命名法

配合物的系统命名法服从一般无机化合物的命名原则。如果配合物的酸根是一个简单的阴离子，则称"某化某"。如 $[CoCl_2(NH_3)_4]Cl$，称一氯化二氯•四氨合钴(Ⅲ)。如果酸根是一个复杂阴离子，则称为"某酸某"。如 $[Cu(NH_3)_4]SO_4$，称为硫酸四氨合铜(Ⅱ)。若外界为氢离子，配阴离子的名称之后用酸字结尾。如 $H[PtCl_3(NH_3)]$，称为三氯•一氨合铂(Ⅱ)酸。它的盐如 $K[PtCl_3(NH_3)]$ 则称三氯•一氨合铂(Ⅱ)酸钾。

配合物的命名比一般无机化合物的命名更复杂之处在于配合物的内界，内界的命名一般遵从如下原则。

① 每种配体的数目用数字一、二、三……写在该种配体名称的前面；当配体不止一种时，不同配体之间用圆点（•）分开，配体顺序为：阴离子配体在前，中性分子配体在后；中心离子（中心离子的氧化数要用罗马数字表示出来）与配体之间加一合字连起来。

$K_4[Fe(CN)_6]$ 六氰合铁(Ⅱ)酸钾

$[Cr(OH)(H_2O)_5](OH)_2$ 氢氧化一羟基•五水合铬(Ⅲ)

$H_2[SiF_6]$ 六氟合硅(Ⅳ)酸

② 同种类配体的名称按配位原子元素符号的英文字母顺序排列。

$[Co(NH_3)_5(H_2O)]Cl_3$ 三氯化五氨•一水合钴(Ⅲ)

③ 配体中既有无机配体又有有机配体，则无机配体排在前，有机配体排在后。

④ 较复杂的配体名称，配体要加括号以免混淆。

[PtCl$_2$(Ph$_3$P)$_2$]　　　　　　　二氯·二（三苯基膦）合铂(Ⅱ)

⑤ 配位原子相同，配体中原子个数少的在前。

[Pt(NO$_2$)(NH$_3$)(NH$_2$OH)(Py)]Cl　一氯化一硝基·一氨·一羟氨·一吡啶合铂(Ⅱ)

⑥ 配体中原子个数相同，则按和配位原子直接相连的其他原子的元素符号的英文字母顺序排列。

[Pt(NH$_2$)(NO$_2$)(NH$_3$)$_2$]　　　　　　一氨基·一硝基·二氨合铂(Ⅱ)

NO$_2^-$ 与 NH$_2^-$ 相比，NH$_2^-$ 在前。

8.1.4 配位化合物的类型

配合物有多种分类方法，按中心离子数可以分为单核配合物和多核配合物，按配体种类可以分为水合配合物、氨合配合物等，按成键类型可以分为经典配合物和特殊配合物等。

我们现在从配合物的整体考虑，将它们分为简单配合物、螯合物和特殊配合物三种。

(1) 简单配合物

由单齿配体和中心原子所形成的配合物称为简单配合物（simple coordination compound）。我们平常所见的配合物绝大多数属于此类。

(2) 螯合物

同一个配体以两个或两个以上的配位原子（即多齿配体）和同一"中心原子"配位而形成一种环状结构的配合物，称为螯合物（chelate）。这个名称是因为同一配体的双齿好像一对蟹钳螯住中心原子。

例如：NH$_2$CH$_2$CH$_2$NH$_2$ 与铜盐化合，产物如下：

$$\left[\begin{array}{c}CH_2H_2N\\CH_2H_2N\end{array}Cu\begin{array}{c}NH_2CH_2\\NH_2CH_2\end{array}\right]^{2+}$$

NH$_2$CH$_2$CH$_2$NH$_2$ 中两个相同的配位原子 N 均能同时与 Cu^{2+} 配位，形成两个由五个原子构成的五元环。环状结构是螯合物的特点，对螯合物的稳定性有重要意义。在多齿配体中最为常见的有机配位剂是乙二胺四乙酸二钠盐（EDTA 二钠盐），常表示为 Na$_2$H$_2$Y，配位时为 Y^{4-}，其结构如下：

$$\begin{array}{c}^-OOCH_2C\\^-OOCH_2C\end{array}\ddot{N}-CH_2-CH_2-\ddot{N}\begin{array}{c}CH_2COO^-\\CH_2COO^-\end{array}$$

它的配位原子有 6 个，即 4 个氧原子和 2 个氮原子，可和绝大多数金属离子形成稳定的螯合物，常形成 5 个五元环，例如其与钙离子形成的配合物结构式如下：

(3) 特殊配合物

下面介绍的这几类配合物之所以叫特殊配合物，是因为它们的形成用经典的共价键理论一般很难解释。但是它们具有很重要的意义，前沿配合物的研究有很多属于这一领域。

① 金属羰基配合物　指金属原子与 CO 结合的产物。这些化合物中中心原子的氧化数都很低，有的甚至为 0，如 $[Ni(CO)_4]$；有的呈负氧化数，如 $Na[Co(CO)_4]$；有的呈正氧化数，如 $[Mn(CO)_5Br]$。

金属羰基配合物的熔、沸点一般不高，较易挥发，不溶于水，易溶于有机溶剂，广泛应用于金属提纯和配位催化领域。

② 簇状配合物（簇合物）　指一个配位个体中至少含有两个金属原子，并含有金属-金属键的配合物。多个金属原子互相成键形成 M_2、M_3（平面三角形）、M_4（四面体）、M_6（八面体形）、M_8（立方体形）的原子簇。在这类化合物中，金属原子簇形成核心，配位体通过多种形式化学键与原子簇结合。

许多过渡金属元素，如周期表中ⅤB、ⅥB、ⅦB、Ⅷ族金属元素都能形成原子簇化合物，例如，Mo、W、Nb、Ta 等金属可形成含有 M_6 的原子簇化合物。Mo 和 W 的二卤化物实际上其化学式应为 $[M_6X_8]X_4$，因为在它们的结构中，存在八面体 M_6 金属原子簇，八个 X 原子处在 M_6 八面体的面中心的法线上，每个 X 原子和三个 M 原子形成多中心桥键，其结构如图 8.2 所示。

③ 有机金属配合物　或称金属有机配合物，为有机基团与金属原子之间生成碳-金属键的化合物。这种配合物金属原子与碳原子之间的键合方式通常有两种形式：一种为金属原子与碳原子直接以 σ 键键合，例如 $[(CH_3)_6Al_2]$、C_6H_5HgCl、$HC\equiv CAg$ 等；另一种为金属原子与碳原子之间形成不定域配位键，例如二茂铁 $[Fe(C_5H_5)_2]$（环戊二烯基铁），其结构如图 8.3 所示。金属铁原子被夹在两个平行的碳环之间（铁原子与碳环之间存在不定域键），像一个三明治一样，所以形象地称为夹心配合物。

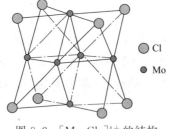

图 8.2　$[Mo_6Cl_8]^{4+}$ 的结构

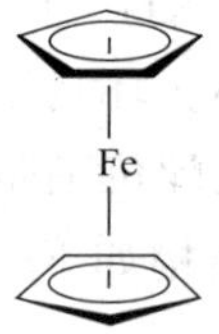

图 8.3　二茂铁 $[Fe(C_5H_5)_2]$ 的结构

④ 大环配合物　为环骨架上含有 O、N、S、P 或 As 等多个配位原子的多齿配体所生成的环状配合物。

血红素是 Fe^{2+} 的卟啉大环配合物，它与呼吸作用有密切关系，化学结构式见图 8.4。植物体内的叶绿素是 Mg^{2+} 与卟啉形成的大环螯合物，是进行光合作用的重要物质。

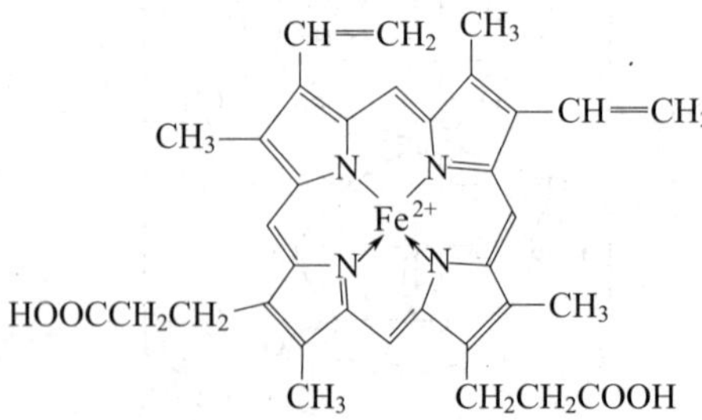

图 8.4　肌红蛋白结构中原卟啉与 Fe^{2+} 的配合

8.2 配位化合物的化学键理论

1893年,年仅26岁的瑞士化学家沃尔纳(A. Werner)首先提出了配位键的概念,建立了配位键理论,由此成为配位化学的奠基人并获得了诺贝尔化学奖。1931年,鲍林将杂化轨道理论用于配合物的形成,提出了价键理论;之后,随着新型配合物的合成,人们又相继建立了晶体场理论、配位场理论、分子轨道理论等。下面主要介绍价键理论和晶体场理论。

8.2.1 价键理论

8.2.1.1 价键理论的要点

配合物价键理论认为:形成配合物时,形成体(M)在配体(L)的作用下进行杂化,用空的杂化轨道接受配体提供的孤电子对,以 σ 配位键(M←:L)的方式结合,即形成体的杂化轨道与配位原子的某个孤电子对的原子轨道相互重叠形成配位键。其基本要点如下:

① 中心离子(或原子)的价层上有空轨道,配体有可提供孤电子对的配位原子;

② 中心离子(或原子)价层上的空轨道首先杂化,杂化类型决定于中心离子的价层电子构型和配体的数目及配位能力的强弱;

③ 中心离子(或原子)的杂化轨道与配位原子中的孤电子对的原子轨道重叠成键,形成配合物;

④ 配合物的空间构型取决于中心离子(或原子)的杂化轨道类型。

8.2.1.2 中心离子的杂化轨道

在配位键的形成过程中,中心离子需提供一定数目经杂化的能量相同的空轨道以接受配体提供的孤电子对,中心离子所提供的空轨道的数目,由中心离子的配位数决定,因而中心离子杂化类型与配位数有关。

(1) 配位数为2的中心离子的杂化类型

2配位的配离子,中心离子需要提供2个空的杂化轨道。以 $[Ag(NH_3)_2]^+$ 为例,Ag^+ 的价层电子构型为 $4d^{10}$,5s 和 5p 轨道能量相近,且是空的。当 Ag^+ 和 2 个 NH_3 分子形成配离子时,Ag^+ 中空的 1 个 5s 轨道和 1 个 5p 轨道杂化,形成的 2 个等价的 sp 杂化轨道接受由 2 个 NH_3 中 N 原子提供的孤电子对。因此 $[Ag(NH_3)_2]^+$ 配离子的空间构型为直线形。

$[Ag(NH_3)_2]^+$ 的中心离子 Ag^+ 的价层电子构型为:

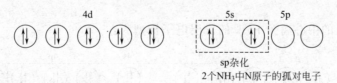

(2) 配位数为4的中心离子的杂化类型

4配位的配离子,中心离子需要提供4个空的杂化轨道。以 $[Ni(NH_3)_4]^{2+}$ 和 $[Ni(CN)_4]^{2-}$ 为例,Ni^{2+} 的价层电子构型为 $3d^8$,当 Ni^{2+} 和 NH_3 形成配离子时,Ni^{2+} 的空的 1 个 4s 和 3 个 4p 轨道杂化,形成 4 个等价的 sp^3 杂化轨道来接受 4 个 NH_3 中 N 原子提供的孤电子对。因此 $[Ni(NH_3)_4]^{2+}$ 配离子具有正四面体构型。

$[Ni(NH_3)_4]^{2+}$ 的中心离子 Ni^{2+} 的价层电子构型为:

sp³杂化
4个NH₃中N原子的孤对电子

Ni^{2+}和CN^-形成配离子时，在配体CN^-的作用下，Ni^{2+}中3d电子发生了重排，2个未成对电子合并到一个d轨道上，空出1个3d轨道与1个4s轨道和2个4p轨道进行杂化，构成4个等价的dsp^2杂化轨道来接受CN^-中C原子提供的孤电子对。由于4个dsp^2杂化轨道指向平面正方形的四个顶点，所以$[Ni(CN)_4]^{2-}$具有平面正方形构型。

$[Ni(CN)_4]^{2-}$的中心离子Ni^{2+}的价层电子构型为：

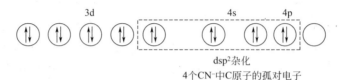

dsp²杂化
4个CN⁻中C原子的孤对电子

$[Cu(NH_3)_4]^{2+}$的空间构型为平面正方形，中心离子Cu^{2+}也是以dsp^2杂化轨道成键的。

配位数为4的配离子，中心离子可形成sp^3和dsp^2两种杂化类型。

(3) 配位数为6的中心离子的杂化类型

6配位的配离子，中心离子需要提供6个空杂化轨道。以$[FeF_6]^{3-}$和$[Fe(CN)_6]^{3-}$为例，Fe^{3+}的价层电子构型为$3d^5$，当Fe^{3+}和F^-形成配离子时，Fe^{3+}利用外层空的1个4s轨道、3个4p轨道和2个4d轨道形成sp^3d^2杂化轨道与6个配体F^-成键。由于6个sp^3d^2杂化轨道指向八面体的六个顶点，所以$[FeF_6]^{3-}$配离子为正八面体构型。

$[FeF_6]^{3-}$的中心离子Fe^{3+}的价层电子构型为：

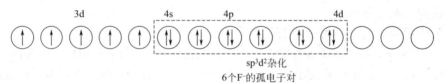

sp³d²杂化
6个F⁻的孤电子对

Fe^{3+}和CN^-形成配离子时，在配体CN^-的作用下，Fe^{3+}中3d电子发生了重排，5个电子有4个电子成对，1个电子未成对，空出2个3d轨道，加上外层1个4s轨道和3个4p轨道进行杂化，形成6个等价的d^2sp^3杂化轨道与6个配体CN^-成键，所以$[Fe(CN)_6]^{3-}$也为正八面体构型。

$[Fe(CN)_6]^{3-}$的中心离子Fe^{3+}的价层电子构型为：

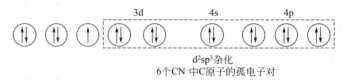

d²sp³杂化
6个CN⁻中C原子的孤电子对

配位数为6的配离子，中心离子可形成d^2sp^3和sp^3d^2两种杂化类型。

8.2.1.3 价键理论的应用

(1) 判断配合物的空间构型

配合物的空间构型取决于中心离子（或原子）的杂化轨道类型，如表8.2所示。

表 8.2　杂化轨道与配合物空间构型的关系

配位数	空间构型	配合物	杂化方式	配离子类型
2	直线形	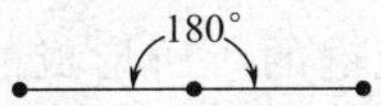 $[Ag(NH_3)_2]^+$ $[Cu(NH_3)_2]^+$ $[Ag(CN)_2]^-$ $[AgBr_2]^-$	sp	外轨型
3	平面三角形	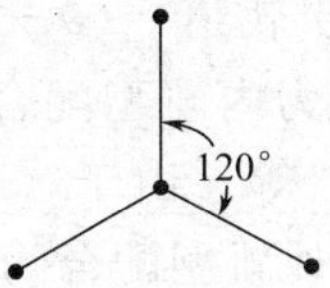 $[HgI_3]^-$ $[CuCl_3]^-$	sp^2	外轨型
4	正四面体	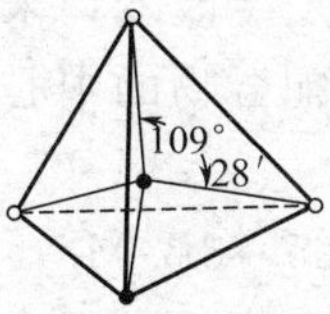 $[BF_4]^-$ $[HgCl_4]^{2-}$ $[Zn(NH_3)_4]^{2+}$	sp^3	外轨型
4	平面正方形	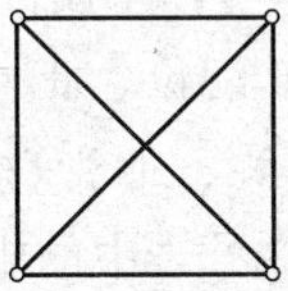 $[PtCl_2(NH_3)_2]$ $[Ni(CN)_4]^{2-}$ $[Cu(NH_3)_4]^{2+}$	dsp^2	内轨型
5	三角双锥	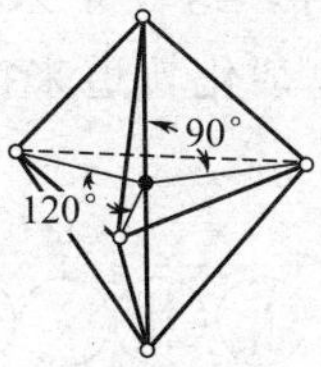 $[CuCl_5]^{3-}$ $[Fe(CO)_5]$ $[Ni(CN)_5]^{3-}$	dsp^3	内轨型
6	八面体	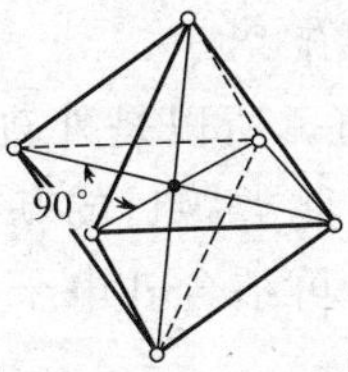 $[Co(NH_3)_6]^{3+}$ $[Fe(CN)_6]^{3-}$	d^2sp^3	内轨型
6	八面体	$[Co(NH_3)_6]^{2+}$ $[SiF_6]^{2-}$ $[AlF_6]^{3-}$	sp^3d^2	外轨型

（2）判断配合物的磁性

磁性是配合物的一个重要性质。物质的磁性与组成物质的原子、分子或离子中的电子自旋运动有关。如果物质中正自旋电子数和反自旋电子数相等（即电子皆已配对），电子自旋所产生的磁效应相互抵消，该物质就表现为反磁性。当物质中正、反自旋电子数不相等（即有成单电子），总磁效应不能相互抵消，该物质就表现为顺磁性。所以物质的磁性强弱（用磁矩 μ 表示）与物质内部未成对电子数的多少有关。磁矩 μ 与未成对电子数（n）有如下的近似关系：

$$\mu=\sqrt{n(n+2)}(B.M.)$$

式中，μ 以玻尔磁子（B.M.）为单位。

$n=1\sim 5$ 时的磁矩估算值为：

n	1	2	3	4	5
μ/B.M.	1.73	2.83	3.87	4.90	5.92

物质磁性可由磁天平测得,因此可以根据实验测得的磁矩,推算配离子中未成对电子数,继而推测中心离子的 d 电子分布、杂化类型及配离子的空间构型。

(3) 内、外轨型配合物

当形成体全以最外层轨道(ns、np、nd)杂化成键的,所形成的配位键称为外轨配键,对应的配合物称为外轨型配合物(outer-orbital coordination compound),如 $[Ni(NH_3)_4]^{2+}$、$[FeF_6]^{3-}$ 等。当形成体还使用了次外层轨道 $[(n-1)d,ns,np]$ 杂化成键的,所形成的配位键称为内轨配键,对应的配合物称为内轨型配合物(inner-orbital coordination compound),如 $[Ni(CN)_4]^{2-}$、$[Fe(CN)_6]^{3-}$ 等。由于 $(n-1)d$ 轨道比 nd 轨道的能量低,所以一般内轨型配合物中的配位键较强,比外轨型配合物稳定,在水溶液中较难解离为简单离子。内轨型配合物因中心离子的电子构型发生改变,未成对电子数减少,甚至电子完全成对,磁矩降低甚至为零,呈反磁性。外轨型配合物的中心离子仍保持原有的电子构型,未成对电子数不变,磁矩较大。

【例 8.1】 实验测得 $[Fe(H_2O)_6]^{3+}$ 的磁矩 $\mu=5.88$ B.M.,试据此数据推测配离子:①空间构型;②未成对电子数;③中心离子杂化轨道类型;④属内轨型还是外轨型配合物?

解:① 由题给出配离子的化学式可知该配离子为 6 配位、正八面体空间构型。

② 按 $\mu=\sqrt{n(n+2)}=5.88$ B.M.,可解得 $n=4.96$,非常接近 5,一般按求得的 n 取其最接近的整数,即为未成对电子数,所以 $[Fe(H_2O)_6]^{3+}$ 中的未成对电子数应为 5。

③ 根据未成对电子数为 5,对 $[Fe(H_2O)_6]^{3+}$ 而言,这 5 个未成对电子必然自旋平行分占 Fe^{3+} 的 5 个 d 轨道,所以中心离子只能采取 sp^3d^2 杂化轨道来接受 6 个配体 H_2O 中氧原子提供的孤电子对,其价层电子构型为:

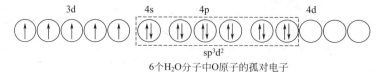

6 个 H_2O 分子中 O 原子的孤对电子

④ 配体的孤电子对进入中心离子的 sp^3d^2 杂化轨道,所以是外轨型配合物。

由实验测得的磁矩可推测中心离子的杂化类型。解此类题目的基本思路如下:

先由磁矩求得中心离子价层 d 轨道上的单电子数,再结合 d 电子数推测出形成配位键后中心离子的 d 电子分布,由配位数即可推测出杂化类型。

推测过程中需注意:

① 参加杂化的轨道必须是空的(以接受配体提供的孤电子对形成 σ 配位键),所以若 d 轨道参加杂化,则成键后 d 轨道必须空出一个(形成 dsp^2 或 dsp^3 杂化)或两个(形成 d^2sp^2 杂化)。

② 内轨配合物的稳定性大于外轨配合物。

③ 形成内轨配合物时 d 电子一般需重排。

鲍林的价键理论成功地说明了配合物的结构、磁性和稳定性。但有其局限性,如不能说明为什么许多配离子都具有特征颜色,也不能很好地说明为什么 CN^-、CO 等配体常形成内轨型配合物,而 X^-、H_2O 配体常形成外轨型配合物,虽然可由磁矩推算单电子数,但无法确定单电子位置,如 $[Cu(H_2O)_4]^{2+}$ 为平面正方形构型,原 3d 上的单电子被激发到 4p 轨道上,但仍很稳定。究其原因主要是该理论只考虑了中心离子的杂化情况,而未考虑到配体对中心离子的影响。但因为配合物的价键理论比较简单,通俗易懂,对初步掌握配合物结构仍是一个较为重要的理论。

*8.2.2 晶体场理论

晶体场理论是一种静电作用理论,是1929年由物理学家皮塞(H. Behe)和范弗雷克(J. H. van vleck)先后提出的,但直到50年代以后,才为化学界公认并用于处理配合物的化学键问题。

8.2.2.1 晶体场理论的基本要点

① 中心离子和配体阴离子(或极性分子)之间的相互作用,类似离子晶体中阳、阴离子之间(或离子与偶极分子之间)的静电排斥和吸引,而不形成共价键。

② 中心离子的5个能量相同的d轨道由于受周围配体负电场不同程度的排斥作用,能级发生分裂,有些轨道能量升高,有些轨道能量降低。

③ 由于d轨道能级的分裂,d轨道上的电子将重新分布,使体系能量降低,变得比未分裂时稳定,即给配合物带来了额外的稳定化能。

下面我们以正八面体场为例介绍中心离子d轨道能级的分裂情况。

8.2.2.2 正八面体场中d轨道能级的分裂

配体作用前,作为中心离子的5个d轨道虽然空间取向不同,但具有相同的能量(E_0)。如果该离子处在一个带负电荷的球形场中心,则中心离子的5个d轨道都垂直地指向球壳,并受到球形场平均电场的静电排斥,各个d轨道的能量都升高到E_s,由于受到静电排斥的程度相同,因而能级并不发生分裂。

如果有6个相同的配体L,各沿着±x、±y、±z坐标轴接近中心离子,形成八面体配离子时,带正电的中心离子与作为配体的阴离子(或极性分子带负电的一端)相互吸引;但同时中心离子d轨道上的电子受到配体的排斥,5个d轨道的能量相应于前面所述的E_s皆升高。由于$d_{x^2-y^2}$和d_{z^2}轨道处于和配体迎头相碰的位置,因而这两个d轨道中的电子受到静电斥力较大,能量升高。d_{xy}、d_{yz}和d_{xz}这三个轨道正好插在配体的空隙中间,因而处于这些轨道中的电子受到静电排斥力较小,它们的能量相应比前两个轨道的能量低,但仍比中心离子处于自由状态时d轨道能量高。即在配体的影响下,原来能量相等的d轨道能级分裂为两组:一组为能量较高的$d_{x^2-y^2}$和d_{z^2}轨道,将它们称为d_γ(或e_g)轨道,二者的能量相等;另一组为能量较低的d_{xy}、d_{yz}、d_{xz}轨道,将它们称为d_ε(或t_{2g})轨道,三者的能量相等。见图8.5。

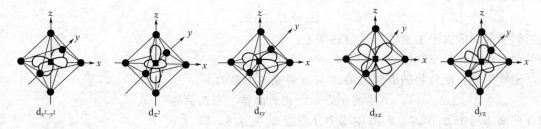

图8.5 正八面体场对5个d轨道的作用

必须指出:①配体场越强,d轨道能级分裂程度越大;②在不同构型的配合物中,中心离子d轨道能级分裂情况不同。正八面体场中心离子价层d轨道的分裂情况见图8.6。

根据量子力学中"重心不变"原理,d轨道在分裂过程中总能量保持不变,即:

$$2E_{e_g} + 3E_{t_{2g}} = 0$$

而t_{2g}和e_g能量差等于分裂能:

$$E_{e_g} - E_{t_{2g}} = \Delta_o$$

由上两式可解得:

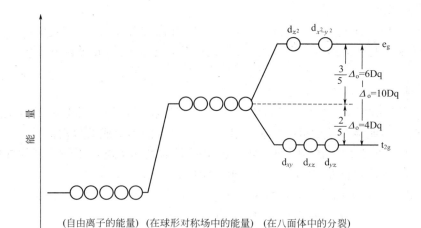

图 8.6　正八面体场中心离子价层 d 轨道的分裂情况

图中 Δ_o 表示正八面体场中心离子轨道的分裂能（division energy），
下标"o"代表正八面体（octahedral）

$$E_{t_{2g}} = -\frac{2}{5}\Delta_o = -0.4\Delta_o$$

$$E_{e_g} = +\frac{3}{5}\Delta_o = +0.6\Delta_o$$

把 Δ_o 分为 10 份，以 Dq 为单位，则得：$E_{t_{2g}} = -4\mathrm{Dq}$，$E_{e_g} = +6\mathrm{Dq}$。

不同配合物的分裂能是不同的，因此 Dq 并不是一个固定的能量单位。如 $[Fe(CN)_6]^{3-}$ 的分裂能远远大于 $[FeF_6]^{3-}$ 的分裂能，即前者 Dq 代表的能量值大于后者 Dq 代表的能量值。

8.2.2.3　分裂能及其影响因素

中心离子的 d 轨道受不同构型配体电场的影响，发生能级分裂，分裂后最高能级与最低能级之差称为分裂能，以 Δ 表示，分裂能可通过配合物的光谱实验测得。如正八面体场中的分裂能 Δ_o：

$$\Delta_o = E_{e_g} - E_{t_{2g}}$$

影响分裂能大小的主要因素分述如下。

(1) 配合物的空间构型

通常来讲，配合物的空间构型 Δ 与分裂能的关系如下：

平面正方形＞正八面体＞正四面体

如在四面体场中 Δ_t 仅为正八面体场中分裂能 Δ_o 的 4/9，即：

$$\Delta_t = 4/9\Delta_o$$

(2) 配体的性质

同种中心离子，与不同配体形成相同构型的配离子时，其分裂能 Δ 随配体场强弱不同而变化。表 8.3 列出 Cr^{3+} 与不同配体形成正八面体配离子时分裂能的大小。由表 8.3 可看出，Cl^- 作为配体时 Δ_o 值小，即它对中心离子 3d 电子的排斥作用较小；CN^- 作配体时，Δ_o 值大，即在 CN^- 的八面体场中，中心离子 3d 电子强烈地被 CN^- 排斥。显然 Cl^- 为弱场配体，CN^- 为强场配体。配体场强愈强，Δ_o 值就愈大。配体场强的强弱顺序排列如下：

$$I^- < Br^- < S^{2-} < SCN^- \sim Cl^- < F^- < OH^- < ONO^- < C_2O_4^{2-} < H_2O < NCS^-$$

＜EDTA＜NH_3＜en＜NO_2^-＜CN^-＜CO

这个顺序是从配合物的光谱实验确定的，称为光谱化学序列。光谱化学序列中大体上可以将 H_2O、NH_3 作为分界弱场配体（如 I^-、Br^-、Cl^-、F^- 等）和强场配体（如 NO_2^-、CN^- 等）的界限。

从此序列可以看出，按配位原子来说，Δ 的大致顺序为：

卤素＜氧＜氮＜碳

表 8.3 不同配体的晶体场分裂能

配离子	$[CrCl_6]^{3-}$	$[CrF_6]^{3-}$	$[Cr(H_2O)_6]^{3+}$	$[Cr(NH_3)_6]^{3+}$	$[Cr(en)_3]^{3+}$	$[Cr(CN)_6]^{3-}$
分裂能 Δ_o/kJ·mol^{-1}	158	182	208	258	262	314

（3）中心离子的性质

同种配体与同一过渡元素中心离子形成的配合物，中心离子正电荷越多，其 Δ 值越大。这是由于随着中心离子正电荷的增多，配体更靠近中心离子，中心离子外层 d 电子与配体之间的斥力增大，从而使 Δ 值增大。

例如，$[Co(NH_3)_6]^{3+}$ 为高自旋而 $[Cr(NH_3)_6]^{2+}$ 为低自旋配合物。

同种配体与相同氧化数同族过渡金属离子形成配合物时，其 Δ 值随中心离子在周期表中所处的周期数而递增。这主要是因为二、三过渡系金属离子的 d 轨道比较扩展，受配体场的作用较为强烈所致。

8.2.2.4 电子成对能和配合物高、低自旋的预测

在八面体场中，中心离子的 d 轨道能级分裂为两组（t_{2g} 和 e_g），由于 t_{2g} 轨道比 e_g 轨道能量低，按照能量最低原理，电子将优先分布在 t_{2g} 轨道上。

对于具有 $d^{1\sim3}$ 构型的离子，当其形成八面体配合物时，根据能量最低原理和洪特规则，d 电子应分布在 t_{2g} 轨道上。例如 Cr^{3+}（d^3 构型）的 3 个 d 电子分布方式只有一种。

具有 d^4 构型的离子（如 Cr^{2+}、Mn^{3+} 等），其第 4 个电子可进入 e_g 轨道，形成自旋平行电子数相对较多的高自旋配合物（high-spin coordination compound），此时需要克服分裂能 Δ_o；这个电子也可进入已被 d 电子占据的 t_{2g} 轨道之一，并和原来占据该轨道的电子成对，形成自旋平行电子数相对较少的低自旋配合物（low-spin coordination compound），此时需要克服电子成对能（P）。所谓电子成对能（P），是指当一个轨道上已有一个电子时，如果另有一个电子进入该轨道与之成对，为克服电子间的排斥作用所需要的能量。

如 Δ_o＜P，电子较难成对，而尽可能占据较多的 d 轨道，保持较多的自旋平行电子，形成高自旋型配合物。

如 Δ_o＞P，电子尽可能占据能量低的 t_{2g} 轨道而自旋配对，成单电子数减少，形成低自旋型配合物。

具有 d^5、d^6、d^7 构型的离子的 d 电子也有高自旋和低自旋两种分布方式，而具有 d^8、d^9、d^{10} 构型的离子，其 d 电子分别只有一种分布方式，无高低自旋之分。

由以上讨论可知，中心离子 d 轨道上的电子究竟按哪种方式分布，取决于分裂能 Δ_o 和电子成对能 P 的相对大小。在强场配体（如 CN^-）作用下，分裂能 Δ_o 值较大，此时 Δ_o＞P，易形成低自旋配合物。在弱场配体（如 H_2O、F^-）作用下，分裂能 Δ_o 值较小，此时 Δ_o＜P，则易形成高自旋配合物。

除上述两种情况外，少数情况下 Δ_o 和 P 相近，这时高自旋和低自旋两种状态具有相近的能量，在外界条件（如温度、溶剂）的影响下，这两种状态可以互变。

【例 8.2】 已知下列配离子的分裂能和中心离子的电子成对能。给出中心离子 d 电子在 t_{2g} 和 e_g 轨道上的分布情况,并估算配合物的磁矩。

配离子	分裂能 Δ/kJ·mol^{-1}	电子成对能 P/kJ·mol^{-1}
$[Fe(H_2O)_6]^{2+}$	124	210
$[Fe(CN)_6]^{4-}$	395	210

解: 由 Fe 原子核外电子分布可知: Fe^{2+} 的价电子层上有 6 个 3d 电子。

由 Δ 与 P 相对大小可判断配合物是高自旋和低自旋,进而给出 d 电子排布式并估算磁矩数值。

$$\begin{array}{cc}
\underline{\uparrow}\ \underline{\uparrow}\ e_g & \underline{\quad}\ \underline{\quad}\ e_g \\
\underline{\uparrow\downarrow}\ \underline{\uparrow}\ \underline{\uparrow}\ t_{2g} & \underline{\uparrow\downarrow}\ \underline{\uparrow\downarrow}\ \underline{\uparrow\downarrow}\ t_{2g} \\
[Fe(H_2O)_6]^{2+} & [Fe(CN)_6]^{4-} \\
\Delta_o < P & \Delta'_o > P
\end{array}$$

$[Fe(H_2O)_6]^{2+}$: e_g 与 t_{2g} 轨道上共有 4 个单电子, $\mu = \sqrt{n(n+2)} = \sqrt{4 \times 6} = 4.90$ B.M.

$[Fe(CN)_6]^{4-}$: t_{2g} 轨道上 6 个电子全部配对, 故 $\mu = \sqrt{n(n+2)} = \sqrt{0 \times 2} = 0$ B.M.

8.2.2.5 晶体场稳定化能与配合物的稳定性

由于晶体场效应,中心离子轨道能级分裂,d 电子进入分裂后的 d 轨道比未分裂的 d 轨道时总能量要降低,总能量降低值即称为晶体场稳定化能(CFSE, crystal field stabilization energy)。晶体场稳定化能越负(代数值越小),该配合物越稳定。

晶体场稳定化能与中心离子的 d 电子数、晶体场的场强和配合物的几何构型有关。

根据 t_{2g} 和 e_g 的相对能量和分布的电子数,可以计算配合物的稳定化能。

对于正八面体配合物,若 d 电子的分布为 $t_{2g}^m e_g^n$,且比自由离子多 p 对成对电子,则 CFSE 为:

$$CFSE = m \times (-0.4\Delta_o) + n \times 0.6\Delta_o + pP$$

由于正八面体场中每一个 t_{2g} 和 e_g 轨道上的电子相对能量分别为 $-4Dq$ 和 $6Dq$,则:

$$CFSE = m \times (-4Dq) + n \times 6Dq + pP$$

【例 8.3】 计算例 8.2 中两个配合物的 CFSE。

解: $[Fe(H_2O)_6]^{2+}$: $t_{2g}^4 e_g^2$

$$CFSE = 4 \times (-0.4\Delta_o) + 2 \times 0.6\Delta_o = -0.4\Delta_o$$

$[Fe(CN)_6]^{4-}$: $t_{2g}^6 e_g^0$

$$CFSE' = 6 \times (-0.4\Delta'_o) + 2P = -2.4\Delta'_o + 2P = -2(\Delta'_o - P) - 0.4\Delta'_o$$

因 $(\Delta'_o - P) < 0, \Delta_o < \Delta'_o$

故 $CFSE' < CFSE$

分别代入数据求得: $CFSE = -0.4 \times 124$ kJ·mol$^{-1} = -49.6$ kJ·mol^{-1}

$CFSE' = -2.4\Delta'_o + 2P = -2.4 \times 395 + 2 \times 210$ kJ·mol$^{-1} = -528$ kJ·mol^{-1}

稳定性: $[Fe(H_2O)_6]^{2+}$(外轨) $< [Fe(CN)_6]^{4-}$(内轨)。

8.2.2.6 晶体场理论的应用举例

(1) 说明配合物的磁性

由于电子成对能 P 和分裂能 Δ 可通过光谱实验数据求得,从而可推测配合物中心离子的

d电子分布及自旋状态。例如 Co^{3+}（d^6 构型）与弱场配体 F^- 形成 $[CoF_6]^{3-}$，测知其 Δ_o = 155kJ·mol^{-1}，根据 $\Delta_o < P$，可推知中心离子 Co^{3+} 的 d 电子处于高自旋状态。未成对电子有 4 个。若再应用价键理论，根据 μ 与 n 的关系，还可估算 $[CoF_6]^{3-}$ 的磁矩为 4.90B.M.。

由于分裂能随中心离子正电荷的增多而增大，因此高氧化数的中心离子易形成低自旋配合物，低氧化数的中心离子易形成高自旋配合物，低自旋的配合物稳定性通常较大。例如 $[Co(NH_3)_6]Cl_3$ 为低自旋，而 $[Co(NH_3)_6]Cl_2$ 为高自旋。$[Co(NH_3)_6]Cl_2$ 不稳定，在空气中就能被氧化，生成 $[Co(NH_3)_6]Cl_3$，$[Co(NH_3)_6]Cl_3$ 在 200℃时不分解，在热的浓 HCl 中也不分解。

(2) 说明配合物的颜色

晶体场理论能较好地解释配合物的颜色。例如在水溶液中过渡元素水合离子为配离子，其中心离子在配体水分子的影响下，d 轨道能级分裂。如 d 轨道没有填满电子，当配离子吸收可见光区某一部分波长的光时，d 电子可从能级低的 d 轨道跃迁到能级较高的 d 轨道（例如八面体场中由 t_{2g} 轨道跃迁到 e_g 轨道），这种跃迁称为 d-d 跃迁。发生 d-d 跃迁所需的能量即为轨道的分裂能 Δ_o。吸收光的波长越短，表示电子被激发而跃迁所需要的能量越大，即分裂能 Δ 值越大。例如 $[Ti(H_2O)_6]^{3+}$，中心离子 Ti^{3+} 因吸收光能 d 电子发生 d-d 跃迁，其吸收光谱显示最大吸收峰在 490nm 处（蓝绿光），最少吸收的光区为紫外区和红区，所以它呈现与蓝绿光相应的补色——紫红色。

对于不同的中心离子，有时虽然配体相同（例如都是水分子），但因 t_{2g} 与 e_g 能级差不同，d-d 跃迁时吸收不同波长的可见光，因而呈现为不同颜色。如果中心离子 d 轨道全空（d^0）或全满（d^{10}），则不可能发生上面所讨论的那种 d-d 跃迁，故其水合离子是无色的（如 $[Zn(H_2O)_6]^{2+}$、$[Sc(H_2O)_6]^{3+}$ 等）。

8.2.2.7 晶体场理论的局限性

晶体场理论能较好地解释配合物的构型、稳定性、磁性、颜色等，因而从 20 世纪 50 年代以来，有了很大的发展。但是它假设配体是点电荷或偶极子，只考虑中心离子与配体间的静电作用。因此，对 $[Ni(CO)_4]$，$[Fe(C_5H_5)_2]$ 类电中性原子配合物无法说明。另外晶体场理论也不能完全满意地解释光谱化学序列，如为什么 NH_3 分子的场强比卤素阴离子强，以及为什么 CN^- 及 CO 配体场强最强等。

可以坚信，所有这些问题会随着配合物化学键理论的发展得以解决，这也要求广大化学工作者为此做出不懈的努力。

8.3 配位平衡

实验证明中心原子与配体形成的配离子反应为可逆反应，最终达到化学平衡。这种在水溶液中存在的配离子的生成反应与解离反应间的平衡称为配位平衡（complex equilibrium）。

8.3.1 配位平衡常数

(1) 稳定常数和不稳定常数

将氨水加到 $CuSO_4$ 溶液中生成深蓝色的 $[Cu(NH_3)_4]^{2+}$，这类反应称为配位反应。若在 $[Cu(NH_3)_4]^{2+}$ 溶液中再加入 Na_2S 溶液，便有黑色 CuS 沉淀生成，证明 $[Cu(NH_3)_4]^{2+}$ 溶液中还有少量 Cu^{2+} 存在。这说明 Cu^{2+} 和 NH_3 配位反应的同时还存在着 $[Cu(NH_3)_4]^{2+}$ 的解离反应。生成速率等于解离速率时，在溶液中建立了如下配位平衡：

$$Cu^{2+} + 4NH_3 \underset{\text{解离}}{\overset{\text{配合}}{\rightleftharpoons}} [Cu(NH_3)_4]^{2+}$$

正反应是配离子的生成反应，与之相对应的标准平衡常数称为配离子的生成平衡常数（equilibrium constant of formation），用符号 $K_f^{\ominus}$ 表示。$K_f^{\ominus}$ 是配离子稳定性的量度，$K_f^{\ominus}$ 越大，表示配离子在水溶液中越稳定。逆反应是配离子的解离反应，与之相对应的标准平衡常数称为配离子的解离平衡常数（equilibrium constant of disintegration），用符号 $K_d^{\ominus}$ 表示。$K_d^{\ominus}$ 是配离子不稳定性的量度：相同配位数的配离子，$K_d^{\ominus}$ 越大，配离子的解离程度越大，配离子在水溶液中越不稳定。因而 $K_f^{\ominus}$ 和 $K_d^{\ominus}$ 又可分别称为稳定常数（stable constant）和不稳定常数（unstable constant），分别表示为：

$$K_f^{\ominus} = K_{\text{稳}}^{\ominus} = \frac{\{c[Cu(NH_3)_4^{2+}]/c^{\ominus}\}}{[c(Cu^{2+})/c^{\ominus}][c(NH_3)/c^{\ominus}]^4} \xrightarrow{\text{简写}} \frac{[Cu(NH_3)_4^{2+}]}{[Cu^{2+}][NH_3]^4}$$

$$K_d^{\ominus} = K_{\text{不稳}}^{\ominus} = \frac{[c(Cu^{2+})/c^{\ominus}][c(NH_3)/c^{\ominus}]^4}{\{c[Cu(NH_3)_4^{2+}]/c^{\ominus}\}} \xrightarrow{\text{简写}} \frac{[Cu^{2+}][NH_3]^4}{[Cu(NH_3)_4^{2+}]}$$

显然，$K_f^{\ominus}$ 和 $K_d^{\ominus}$ 互为倒数关系：

$$K_f^{\ominus} = \frac{1}{K_d^{\ominus}}$$

常见配离子的标准稳定常数见附录 4。

（2）逐级稳定常数与积累稳定常数

金属离子 M 与配位剂 L 形成 ML_n 型配合物，这类配合物是分步形成的。每步都有配位平衡及相应的平衡常数，其平衡常数称为逐级稳定常数 $K_n^{\ominus}$（stepwise stability constant）。

每级的配位反应及逐级稳定常数分别为：

分级配合反应   逐级稳定常数

$$M + L \rightleftharpoons ML \qquad K_1^{\ominus} = \frac{[ML]}{[M][L]}$$

$$ML + L \rightleftharpoons ML_2 \qquad K_2^{\ominus} = \frac{[ML_2]}{[ML][L]}$$

$$\vdots \qquad\qquad\qquad \vdots$$

$$ML_{n-1} + L \rightleftharpoons ML_n \qquad K_n^{\ominus} = \frac{[ML_n]}{[ML_{n-1}][L]}$$

将逐级稳定常数依次相乘，可得到各级累积稳定常数 $\beta_n^{\ominus}$（cumulative stability constant）：

$$\beta_1^{\ominus} = K_1^{\ominus} = \frac{[ML]}{[M][L]}$$

$$\beta_2^{\ominus} = K_1^{\ominus} K_2^{\ominus} = \frac{[ML_2]}{[M][L]^2}$$

$$\vdots$$

$$\beta_n^{\ominus} = K_1^{\ominus} K_2^{\ominus} \cdots K_n^{\ominus} = \frac{[ML_n]}{[M][L]^n}$$

最后一级累积稳定常数就是配合物的总的稳定常数 $K_f^{\ominus}$。

8.3.2 配离子溶液中相关离子浓度的计算

在实际工作中，配位剂加入量往往是过量的，金属离子绝大多数处在最高配体数状态，故其他较低级配离子可忽略不计。如果只求简单金属离子的浓度，只需按总的 $K_f^{\ominus}$ 或 $K_d^{\ominus}$ 进行计算。

【例 8.4】 在 100mL 0.04mol·L^{-1} AgNO$_3$ 溶液中加入 100mL 2.00mol·L^{-1} NH$_3$·H$_2$O，计算平衡时溶液中的 Ag$^+$ 浓度。{已知 $K_f^{\ominus}([Ag(NH_3)_2]^+)=1.12\times10^7$}

解：设平衡时 $[Ag^+]=x$ mol·L^{-1}。

$$Ag^+ \quad + \quad 2NH_3 \quad \rightleftharpoons \quad [Ag(NH_3)_2]^+$$

起始浓度/mol·L^{-1} 0.04/2   2.0/2   0

平衡浓度/mol·L^{-1} x $1.0-2(0.02-x)\approx 0.96$ $0.02-x\approx 0.02$

由 $K_f^{\ominus}=\dfrac{[Ag(NH_3)_2^+]}{[Ag^+][NH_3]^2}$ 得：

$$[Ag^+]=\frac{[Ag(NH_3)_2^+]}{K_f^{\ominus}[NH_3]^2}=\frac{0.02}{1.12\times10^7\times(0.96)^2}\text{mol·L}^{-1}=1.9\times10^{-9}\text{mol·L}^{-1}$$

结果表明，在 AgNO$_3$ 溶液中，由于加入了氨水，溶液中 Ag$^+$ 浓度大大减小了。

【例 8.5】 比较在含有 0.1mol·L^{-1} 的氨水、0.1mol·L^{-1} $[Ag(NH_3)_2]^+$ 溶液中，和在含有 0.1mol·L^{-1} CN$^-$、0.1mol·L^{-1} $[Ag(CN)_2]^-$ 溶液中的 Ag$^+$ 浓度各为多少？

解：在 NH$_3$ 和 $[Ag(NH_3)_2]^+$ 的混合溶液中，

$$[Ag^+]=\frac{[Ag(NH_3)_2^+]}{K_f^{\ominus}([Ag(NH_3)_2^+])\cdot[NH_3]^2}=\frac{0.1}{1.12\times10^7\times(0.1)^2}\text{mol·L}^{-1}=8.9\times10^{-7}\text{mol·L}^{-1}$$

同理：在 $[Ag(CN)_2]^-$ 和 CN$^-$ 混合溶液中，

$$[Ag^+]=\frac{[Ag(CN)_2^-]}{K_f^{\ominus}([Ag(CN)_2^-])\cdot[NH_3]^2}=\frac{0.1}{1.26\times10^{21}\times(0.1)^2}\text{mol·L}^{-1}=7.9\times10^{-21}\text{mol·L}^{-1}$$

通过计算说明，在水溶液中 $[Ag(CN)_2]^-$ 远比 $[Ag(NH_3)_2]^+$ 稳定，当两种配离子浓度相同时，K_f 大的 $[Ag(CN)_2]^-$ 溶液中游离的 Ag$^+$ 浓度小。因此同类型的配离子，即配位体数目相同的配离子，不存在其他副反应时，可直接根据 $K_f^{\ominus}$ 值比较配离子稳定性的大小。当配体的数目不同时，必须通过计算才能判断配离子的稳定性。

8.3.3 配位平衡的移动

如果在同一溶液中具有多重平衡关系，且各种平衡是同时发生的，则其浓度必须同时满足几个平衡条件，这样溶液中一种组分浓度的变化，就会引起配位平衡的移动。

8.3.3.1 配位平衡与酸碱平衡

由于很多配体本身是弱酸阴离子或弱碱，如 F$^-$、CN$^-$、SCN$^-$ 和 NH$_3$ 以及有机酸根离子，都能与 H$^+$ 结合形成难解离的弱酸，因此，溶液酸度的改变有可能使配位平衡移动。当溶液中 H$^+$ 浓度增加时，H$^+$ 便和配体结合成弱电解质分子或离子，从而导致配体浓度降低，使配位平衡向解离方向移动，弱酸越弱，现象越明显。此时溶液中配位平衡与酸碱平衡同时存在，是配位平衡与酸碱平衡之间的竞争反应。例如：

$$[FeF_6]^{3-}(aq) \rightleftharpoons Fe^{3+}(aq)+6F^-(aq)$$

平衡移动方向 ↓ $+$

           $6H^+(aq)$

           $\updownarrow$

           ↓ $6HF(aq)$（弱酸）

又如，向深蓝色的 $[Cu(NH_3)_4]^{2+}$ 溶液中加入少量稀硫酸，溶液会变成浅蓝色。这是因为：

$$[Cu(NH_3)_4]^{2+}(aq) \rightleftharpoons Cu^{2+}(aq) + 4NH_3(aq)$$
$$+$$
$$4H^+(aq)(H_2SO_4)$$
$$\rightleftharpoons$$
$$4NH_4^+(aq)$$

（平衡移动方向）

对任意一个配离子 $ML_x^{(n-x)+}$（中心离子为 M^{n+}，配位体为 L^-），$K_d^\ominus$ 越大，生成的酸（HL）越弱，则反应：

$$ML_x^{(n-x)+} + xH^+ \rightleftharpoons M^{n+} + xHL$$

的平衡常数越大，配离子越易被酸解离。

当溶液中 H^+ 浓度降低到一定值时，有些金属离子可能会水解生成氢氧化物沉淀，也使配位平衡向解离方向移动。可见要得到稳定的配离子溶液的酸度要合适。

8.3.3.2　配位平衡与沉淀溶解平衡

（1）配离子 $\xrightarrow{沉淀剂}$ 沉淀

向 $[Ag(NH_3)_2]^+$ 溶液中加入少量 KI 溶液，可观察到黄色沉淀 AgI 产生。这是由于中心离子 Ag^+ 与 I^- 生成 AgI 沉淀而使配离子受到破坏，从而使配位平衡向配离子解离的方向移动：

$$[Ag(NH_3)_2]^+(aq) \rightleftharpoons Ag^+(aq) + 2NH_3(aq)$$
$$+$$
$$I^-(aq)$$
$$\rightleftharpoons$$
$$AgI(s)$$

（平衡移动方向）

又如，向 $[FeF_6]^{3-}$ 溶液中加强碱使溶液的酸度降低，则：

$$[FeF_6]^{3-}(aq) \rightleftharpoons Fe^{3+}(aq) + 6F^-(aq)$$
$$+$$
$$3OH^-(aq)$$
$$\rightleftharpoons$$
$$Fe(OH)_3(s)$$

（平衡移动方向）

【例 8.6】 若在例 8.4 中的 $AgNO_3$ 和 $NH_3 \cdot H_2O$ 混合溶液中加入 0.002 mol 的 NaCl(s)（忽略体积的变化），有无 AgCl 沉淀生成？

解： $c(Ag^+) = 1.9 \times 10^{-9}$ mol·L^{-1}

$c(Cl^-) = 0.002/0.200$ mol·L^{-1} $= 0.01$ mol·L^{-1}

$J = 1.9 \times 10^{-9} \times 0.01 = 1.9 \times 10^{-11} < K_{sp}^\ominus(AgCl) = 1.8 \times 10^{-10}$

所以无 AgCl 沉淀生成。

（2）沉淀 $\xrightarrow{配位剂}$ 配离子

在有些沉淀中加入可以和金属离子形成稳定配离子的试剂，可使沉淀溶解。例如：

$$AgCl(s) + 2NH_3(aq) \rightleftharpoons [Ag(NH_3)_2]^+(aq) + Cl^-(aq)$$

$$K^\ominus = K_f^\ominus[Ag(NH_3)_2^+] K_{sp}^\ominus(AgCl)$$

【例 8.7】 在室温下，如在 100 mL 的 0.1 mol·L^{-1} $AgNO_3$ 溶液中，加入等体积、同浓

度的 NaCl，即有 AgCl 沉淀析出。要阻止沉淀析出或使它溶解，问需加入氨水的最低浓度为多少？这时溶液中 $[Ag^+]$ 为多少？

解：可不考虑 NH_3 与 H_2O 之间的质子转移反应，并认为由于大量 NH_3 的存在，AgCl 溶于氨水后全部生成 $[Ag(NH_3)_2]^+$。

设 NH_3 的平衡浓度为 x mol·L^{-1}，则有：

$$AgCl(s) + 2NH_3 \rightleftharpoons [Ag(NH_3)_2]^+ + Cl^-$$

起始浓度/mol·L^{-1}　　　　　　　x　　　　　　　0　　　　　　　0

平衡浓度/mol·L^{-1}　$x-0.050\times 2=x-0.10$　　0.050　　　　0.050

该反应的平衡常数为：

$$K^\ominus = \frac{[Ag(NH_3)_2^+][Cl^-]}{[NH_3]^2} = \frac{[Ag(NH_3)_2^+]}{[NH_3]^2[Ag^+]} \cdot [Cl^-][Ag^+] = K_f^\ominus([Ag(NH_3)_2^+])K_{sp}^\ominus(AgCl)$$

$$\frac{0.050\times 0.050}{(x-0.10)^2} = 1.12\times 10^7 \times 1.8\times 10^{-10}$$

$$x = 1.21 \text{mol·L}^{-1}$$

即需加入氨水的最低浓度为 1.21mol·L^{-1}，则平衡时 $[NH_3]=x-0.10=1.11$（mol·L^{-1}）

$$\frac{0.050}{[Ag^+](1.11)^2} = 1.12\times 10^7$$

解得平衡时，$[Ag^+]=4.1\times 10^{-9}$ mol·L^{-1}

如果本题溶液中加入 KBr，假定其浓度为 0.050mol·L^{-1}，$c(Ag^+)c(Br^-)=4.1\times 10^{-9}\times 0.050=2.1\times 10^{-10} > K_{sp}^\ominus(AgBr)=5.0\times 10^{-13}$，故必然会有 AgBr 沉淀析出。

由沉淀平衡与配位平衡之间的关系可以看出：究竟是发生配位反应还是发生沉淀反应，这取决于配位剂和沉淀剂能力的大小以及它们的浓度，它们的能力大小主要看稳定常数和溶度积，难溶化合物的 $K_{sp}^\ominus$ 和配离子的 $K_f^\ominus$ 越大，表示难溶化合物越易溶解，越易形成配离子，反应朝配位平衡方向移动；反之，$K_{sp}^\ominus$ 和 $K_f^\ominus$ 越小，表示配离子越易被破坏，越易形成沉淀，反应朝沉淀平衡方向移动。也就是谁能把中心离子的浓度降得越低，反应就向哪个方向进行。

8.3.3.3 配位平衡与氧化还原平衡

配位反应的发生可使溶液中金属离子的浓度降低，从而改变金属离子的氧化能力、氧化还原反应的方向，或者阻止某些氧化还原反应的发生，或者使通常不能发生的氧化还原反应得以进行。例如，Fe^{3+} 可以氧化 I^-，但是当有 F^- 存在时，Fe^{2+} 反而可将 I_2 还原为 I^-。这是由于 Fe^{3+} 和 F^- 生成稳定的 $[FeF_6]^{3-}$，Fe^{3+} 浓度大大降低，使电对 Fe^{3+}/Fe^{2+} 的电极电势大大降低，从而降低了 Fe^{3+} 的氧化能力，增强了 Fe^{2+} 的还原能力。

总反应式为：　　　　$2Fe^{2+} + I_2 + 12F^- \rightleftharpoons 2[FeF_6]^{3-} + 2I^-$

【例 8.8】 已知 $E^\ominus(Cu^{2+}/Cu)=0.337V$，$K_f^\ominus\{[Cu(NH_3)_4]^{2+}\}=4.8\times 10^{12}$。求 $E^\ominus\{[Cu(NH_3)_4]^{2+}/Cu\}$

解：此电极反应式为：$[Cu(NH_3)_4]^{2+} + 2e^- \rightleftharpoons Cu + 4NH_3$

$$E\{[Cu(NH_3)_4]^{2+}/Cu\} = E^\ominus\{[Cu(NH_3)_4]^{2+}/Cu\} + \frac{0.0592V}{2}\lg\frac{[Cu(NH_3)_4^{2+}]}{[NH_3]^4}$$

将 Cu^{2+}/Cu 电极插在 $[Cu(NH_3)_4]^{2+}$ 和 NH_3 混合液中即组成 $[Cu(NH_3)_4]^{2+}/Cu$ 电极。

$$E\{[Cu(NH_3)_4]^{2+}/Cu\} = E^\ominus(Cu^{2+}/Cu) + \frac{0.0592V}{2}\lg c(Cu^{2+})$$

其中，$[Cu^{2+}]=\dfrac{[Cu(NH_3)_4^{2+}]}{K_f^\ominus \cdot [NH_3]^4}$，当电极处于标准态时，$[Cu(NH_3)_4^{2+}]=[NH_3]=c^\ominus$，此时 $[Cu^{2+}]=\dfrac{1}{K_f^\ominus}$，则

$$E^\ominus\{[Cu(NH_3)_4]^{2+}/Cu\}=E^\ominus(Cu^{2+}/Cu)+\dfrac{0.0592\text{V}}{2}\lg\dfrac{1}{K_f^\ominus}$$

整理得：$E^\ominus\{[Cu(NH_3)_4]^{2+}/Cu\}=E^\ominus(Cu^{2+}/Cu)-\dfrac{0.0592\text{V}}{2}\lg K_f^\ominus[Cu(NH_3)_4^{2+}]$

代入数据求得：$E^\ominus\{[Cu(NH_3)_4]^{2+}/Cu\}=-0.038\text{V}$

虽然 $[Cu(NH_3)_4]^{2+}$ 与 NH_3 的浓度都为标准状态 $1\text{mol}\cdot\text{L}^{-1}$，但由于 $[Cu(NH_3)_4]^{2+}$ 的生成，使 $c(Cu^{2+})$ 下降，从而使电极电势减小，即金属离子形成配合物后，氧化性将减弱，而其金属的还原性将增强。

8.3.3.4 配位平衡之间的转化

配离子之间的转化，与沉淀之间的转化类似，反应向着更稳定的配离子方向进行。两种配离子的稳定常数相差越大，转化越完全。例如：

$$[Ag(NH_3)_2]^+ + 2CN^- \rightleftharpoons [Ag(CN)_2]^- + 2NH_3$$

$$K^\ominus=\dfrac{[Ag(CN)_2^-][NH_3]^2}{[Ag(NH_3)_2^+][CN^-]^2}=\dfrac{[Ag(CN)_2^-][NH_3]^2}{[Ag(NH_3)_2^+][CN^-]^2}\times\dfrac{[Ag^+]}{[Ag^+]}=\dfrac{K_f^\ominus([Ag(CN)_2^-])}{K_f^\ominus([Ag(NH_3)_2^+])}$$

$$K^\ominus=\dfrac{1.3\times10^{21}}{1.12\times10^7}=1.2\times10^{14}$$

平衡常数 $K^\ominus$ 值很大，说明反应向着生成 $[Ag(CN)_2]^-$ 的方向进行的趋势很大。因此，在含有 $[Ag(NH_3)_2]^+$ 的溶液中，加入足量的 CN^- 时，$[Ag(NH_3)_2]^+$ 被破坏而生成 $[Ag(CN)_2]^-$。可见，较不稳定的配合物容易转化成较稳定的配合物；反之，若要使较稳定的配合物转化为较不稳定的配合物就很难实现。

习　题

1. 试举例说明复盐与配合物，配位剂与螯合剂的区别。
2. 哪些元素的原子或离子可以作为配合物的形成体？哪些分子和离子常作为配位体？它们形成配合物时需具备什么条件？
3. 指出下列配合物中心离子的氧化数、配位数、配体数及配离子电荷。

   $[CoCl_2(NH_3)(H_2O)(en)]Cl$　　$Na_3[AlF_6]$　　$K_4[Fe(CN)_6]$　　$Na_2[CaY]$　　$[PtCl_4(NH_3)_2]$

4. 命名下列配合物，指出中心离子的氧化数和配位数。

   $K_2[PtCl_6]$　　$[Ag(NH_3)_2]Cl$　　$[Cu(NH_3)_4]SO_4$　　$K_2Na[Co(ONO)_6]$　　$[Ni(CO)_4]$
   $[Co(NH_2)(NO_2)(NH_3)(H_2O)(en)]Cl$　　$K_2[ZnY]$　　$K_3[Fe(CN)_6]$

5. 根据下列配合物的名称写出它们的化学式。

   二硫代硫酸合银（Ⅰ）酸钠

   四硫氰酸根·二氨合铬（Ⅲ）酸铵

   四氯合铂（Ⅱ）酸六氨合铂（Ⅱ）

   二氯·一草酸根·一乙二胺合铁（Ⅲ）离子

   硫酸一氯·一氨·二乙二胺合铬（Ⅲ）

6. 下列配离子具有平面正方形或者八面体构型，试判断哪种配离子中的 CO_3^{2-} 为螯合剂？

   $[Co(CO_3)(NH_3)_5]^+$ $[Co(CO_3)(NH_3)_4]^+$ $[Pt(CO_3)(en)]$ $[Pt(CO_3)(NH_3)(en)]$

7. 定性地解释以下现象。

   ① 铜粉和浓氨水的混合物可用来测定空气中的含氧量。

   ② 向 $Hg(NO_3)_2$ 滴加 KI，反过来向 KI 滴加 $Hg(NO_3)_2$，滴入一滴时，都能见到很快消失的红色沉淀，分别写出反应式。

   ③ 金能溶于王水，也能溶于浓硝酸与氢溴酸的混酸。

8. 试解释下列事实：$[Ni(CN)_4]^{2-}$ 配离子为平面正方形，$[Zn(NH_3)_4]^{2+}$ 配离子为正四面体。

9. $AgNO_3$ 能从 $Pt(NH_3)_6Cl_4$ 溶液中将所有的氯沉淀为 AgCl，但在 $Pt(NH_3)_3Cl_4$ 中仅能沉淀出 1/4 的氯，试根据这些事实写出这两种配合物的结构式。

10. 有两种钴(Ⅲ)的配合物组成均为 $Co(NH_3)_5ClSO_4$，但分别只与 $AgNO_3$ 和 $BaCl_2$ 发生沉淀反应。写出两个配合物的化学结构式。

11. 举例说明何为内轨型配合物，何为外轨型配合物？

12. 一些铂的配合物可以作为活性抗癌药剂，如 cis-$PtCl_4(NH_3)_2$、cis-$PtCl_2(NH_3)_2$、cis-$PtCl_2(en)$ 等。实验测得它们都是反磁性物质，试用杂化轨道理论说明它们的成键情况，指出它们是内轨型配合物还是外轨型配合物？

13. 已知下列配合物的磁矩，根据价键理论指出各中心离子的价层电子排布、轨道杂化类型、配离子空间构型，并指出配合物属内轨型还是外轨型？

    (1) $[Mn(CN)_6]^{3-}$ ($\mu=2.8$ B.M.)；   (2) $[Co(H_2O)_6]^{2+}$ ($\mu=3.88$ B.M.)；

    (3) $[Pt(CO)_4]^{2+}$ ($\mu=0$)；   (4) $[Cd(CN)_4]^{2-}$ ($\mu=0$)。

14. 工业上为了防止锅炉结垢，常用多磷酸盐来加以处理，试说明原因。

15. 举例说明何为高自旋配合物，何为低自旋配合物？

16. 影响晶体场中心离子 d 轨道分裂能的因素有哪些？试举例说明。

17. 已知下列配合物的磁矩，指出中心离子的未成对电子数，给出中心 d 轨道分裂后的能级图及电子排布情况，求算相应的晶体场稳定化能。

    (1) $[CoF_6]^{3-}$ ($\mu=4.9$ B.M.)；   (2) $[Co(NO_2)_6]^{4-}$ ($\mu=1.8$ B.M.)；

    (3) $[Mn(SCN)_6]^{4-}$ ($\mu=6.1$ B.M.)；   (4) $[Fe(CN)_6]^{3-}$ ($\mu=2.3$ B.M.)。

18. 实验测得配离子 $[Co(NH_3)_6]^{3+}$ 是反磁性的，问：

    (1) 它属于什么几何构型？根据价键理论判断中心离子采取什么杂化状态？

    (2) 根据晶体场理论说明中心离子轨道的分裂情况，计算配合物的晶体场稳定化能。

19. 已知下列配离子的分裂能和中心离子的电子成对能。给出中心离子 d 电子在 t_{2g} 和 e_g 轨道上的分布情况，并估算配合物的磁矩。

配离子	分裂能(Δ/kJ·mol^{-1})	电子成对能(P/kJ·mol^{-1})
$[Fe(H_2O)_6]^{2+}$	124	210
$[Fe(CN)_6]^{4-}$	395	210
$[Co(NH_3)_6]^{3+}$	275	251
$[Co(NH_3)_6]^{2+}$	121	269
$[Cr(H_2O)_6]^{3+}$	208	—
$[Cr(H_2O)_6]^{2+}$	166	281

20. 为什么 $[Zn(H_2O)_6]^{2+}$、$[Sc(H_2O)_6]^{3+}$ 等配离子几乎是无色的？

21. 试解释氯化铜溶液随 Cl^- 浓度的增大，颜色由浅蓝色变为绿色再变为土黄色的原因。

22. 下列说法中哪些不正确？说明理由。

    (1) 某一配离子的 $K_f^{\ominus}$ 值越小，该配离子的稳定性越差；

    (2) 某一配离子的 $K_d^{\ominus}$ 值越小，该配离子的稳定性越差；

    (3) 对于不同类型的配离子，$K_f^{\ominus}$ 值大者，配离子越稳定；

(4) 配合剂浓度越大，生成的配离子的配位数越大。

23. 向含有 $[Ag(NH_3)_2]^+$ 的溶液中分别加入下列物质：(1) 稀 HNO_3；(2) $NH_3 \cdot H_2O$；(3) Na_2S 溶液。试问下列平衡的移动方向：
$$[Ag(NH_3)_2]^+ \rightleftharpoons Ag^+ + 2NH_3$$

24. AgI 在下列相同浓度的溶液中，溶解度最大的是哪一个？
$$KCN \quad Na_2S_2O_3 \quad KSCN \quad NH_3 \cdot H_2O$$

25. 已知 Ag^+ 与吡啶的配位反应为：$Ag^+ + 2py \rightleftharpoons [Ag(py)_2]^+$，$K_f^\ominus\{[Ag(py)_2]^+\} = 2.24 \times 10^4$。如起始时 $AgNO_3$ 浓度为 $0.1 \text{mol} \cdot L^{-1}$，吡啶浓度为 $1.0 \text{mol} \cdot L^{-1}$，求平衡时各组分离子的浓度。

26. 10mL $0.10 \text{mol} \cdot L^{-1}$ $CuSO_4$ 溶液与 10mL $6.0 \text{mol} \cdot L^{-1}$ $NH_3 \cdot H_2O$ 混合达平衡，计算溶液中 Cu^{2+}、$NH_3 \cdot H_2O$、$[Cu(NH_3)_4]^{2+}$ 的浓度各是多少？若向此混合溶液中加入 0.010mol $NaOH$ 固体，问是否有 $Cu(OH)_2$ 沉淀生成？

27. 在 50.0mL $0.10 \text{mol} \cdot L^{-1}$ $AgNO_3$ 溶液中加入密度为 $0.932 \text{g} \cdot mL^{-1}$ 含 NH_3 18.2% 的氨水 30.0mL 后，用水稀释至 100.0mL。
(1) 求算溶液中 Ag^+、$[Ag(NH_3)_2]^+$ 和 NH_3 的浓度；
(2) 向此溶液中加入 0.0010mol 固体 KCl，有无 AgCl 沉淀析出？如欲阻止 AgCl 沉淀生成，在原来 $AgNO_3$ 和氨水的混合溶液中，NH_3 的最低浓度应是多少？
(3) 如加入同样量的固体 KBr，有无 AgBr 沉淀生成？如欲阻止 AgBr 沉淀生成，在原来 $AgNO_3$ 和 NH_3 水的混合溶液中，NH_3 的最低浓度应是多少？根据 (2)、(3) 的计算结果，可得出什么结论？

28. 欲使 0.10mol 的 AgBr 固体完全溶解在 1.0L 的 $Na_2S_2O_3$ 溶液中，$Na_2S_2O_3$ 的最初浓度应为多少？

29. 在 100mL $0.15 \text{mol} \cdot L^{-1}$ $AgNO_3$ 溶液加入 50mL $0.10 \text{mol} \cdot L^{-1}$ KI 溶液，是否有 AgI 沉淀产生？若在此混合溶液中加入 100mL $0.20 \text{mol} \cdot L^{-1}$ KCN 溶液，是否有 AgI 沉淀产生？

30. 计算下列反应的平衡常数，并判断反应进行的方向：
(1) $[HgCl_4]^{2-} + 4I^- \rightleftharpoons [HgI_4]^{2-} + 4Cl^-$
(2) $[Cu(CN)_2]^- + 2NH_3 \cdot H_2O \rightleftharpoons [Cu(NH_3)_2]^+ + 2CN^- + 2H_2O$
(3) $[Fe(SCN)_2]^+ + 6F^- \rightleftharpoons [FeF_6]^{3-} + 2SCN^-$

31. 利用半反应 $Cu^{2+} + 2e^- \rightleftharpoons Cu$ 和 $[Cu(NH_3)_4]^{2+} + 2e^- \rightleftharpoons Cu + 4NH_3$ 的标准电极电势（-0.065V），计算配位反应 $Cu^{2+} + 4NH_3 \rightleftharpoons [Cu(NH_3)_4]^{2+}$ 的平衡常数。

32. 已知下列原电池：$-)Zn|Zn^{2+}(1.0 \text{mol} \cdot L^{-1}) \| Cu^{2+}(1.0 \text{mol} \cdot L^{-1})|Cu(+$
(1) 如向左边半电池中通入过量 NH_3，使平衡后的游离 NH_3 和 $[Zn(NH_3)_4]^{2+}$ 的浓度均为 $1.0 \text{mol} \cdot L^{-1}$，试求此时左边电极的电极电势。
(2) 如向右边半电池中加入过量 Na_2S，使平衡后的 $[S^{2-}] = 1.0 \text{mol} \cdot L^{-1}$，试求此时右边电极的电极电势。
(3) 写出经 (1) 和 (2) 处理后的原电池的电池符号、电极反应和电池反应。
(4) 计算处理后的原电池的电动势。

第 9 章 化学分析法

9.1 滴定分析法概论

滴定分析法又称容量分析法，它和重量分析法一起最早被应用于分析，所以又称为经典分析法。它们通常用于常量组分的分析。其中，滴定分析法操作简便、快速，测定结果的准确度较高（一般相对误差为 0.2%），所用仪器设备又简单，因此，在工农业生产和科学研究中应用广泛。

在滴定分析时，一般先将试样处理成溶液，然后用滴定管将一种已知准确浓度的标准溶液（standard solution，又称滴定剂）滴加到待测溶液中，直到加入的标准溶液的量和待测组分的量恰好符合滴定反应的化学计量关系为止，称反应达到了化学计量点（special point，sp），根据标准溶液的浓度及消耗体积和化学反应的计量关系求出待测组分的含量。这一类分析方法统称为滴定分析法（titrimetric analysis）。滴加标准溶液的操作过程称为滴定（titration）。在化学计量点时，反应常无易察觉的外部特征。因此，常需在待测溶液中加入指示剂（indicator），利用指示剂颜色的突变来判断。在指示剂变色时停止滴定，这一点称为滴定终点（end point，ep）。滴定终点也可用仪器分析法来确定，如电势、电导、电流等滴定法则是通过用仪器测量滴定过程中的电势、电流、电导等的变化来确定滴定终点的。实际分析操作中滴定终点与理论上的化学计量点往往有一定的差别，由此引起的误差称为终点误差（end point error）。

9.1.1 滴定方法分类

根据滴定分析所利用的化学反应类型不同，可将滴定分析法分为酸碱滴定法、配位滴定法、氧化还原滴定法和沉淀滴定法四类。

(1) 酸碱滴定法

这是一类以质子传递反应为基础的滴定分析法。对于一般的酸、碱及能与酸碱直接或间接发生质子转移的物质可用酸碱滴定法测定。例如：

强酸强碱滴定　　　　　　　$H^+ + OH^- = H_2O$
强酸滴定弱碱　　　　　　　$H^+ + A^- = HA$
强碱滴定弱酸　　　　　　　$OH^- + HA = A^- + H_2O$

(2) 配位滴定法

这是一类以配位反应为基础的滴定分析法，可用于金属离子的测定。在配位滴定中常用 EDTA 为滴定剂，其滴定反应为：

$$M^{n+} + Y^{4-} \rightleftharpoons MY^{(n-4)+}$$

(3) 氧化还原滴定法

这是一类以氧化还原反应为基础的滴定分析法。常见的氧化还原滴定法有高锰酸钾法、重铬酸钾法、碘量法等。例如：

$$2MnO_4^- + 5H_2C_2O_4 + 6H^+ \rightleftharpoons 2Mn^{2+} + 10CO_2\uparrow + 8H_2O$$

$$Cr_2O_7^{2-} + 6Fe^{2+} + 14H^+ \rightleftharpoons 2Cr^{3+} + 6Fe^{3+} + 7H_2O$$

(4) 沉淀滴定法

这是一类以沉淀反应为基础的滴定分析法，可用于 Ag^+、CN^-、SCN^- 及卤素等离子的测定。如"银量法"：

$$Ag^+ + X^- \rightleftharpoons AgX \quad (X^-: Cl^-, Br^-, I^-, CN^-, SCN^-)$$

9.1.2 滴定分析法对化学反应的要求和滴定方式

(1) 滴定分析对滴定反应的要求

应用于滴定分析的化学反应应满足以下几个条件：

① 反应要定量完成，即反应完全程度达 99.9% 以上，没有副反应伴生；

② 反应速率要快，或有简便的方法加速反应，如果反应速率慢，会造成滴定终点不准确而产生误差，反应速率可以通过添加催化剂或加热等办法来加速；

③ 有可靠、简便的方法指示滴定终点。

凡是能同时满足上述要求的反应，都可用直接滴定方式测定。如用 HCl 滴定 NaOH，用 $K_2Cr_2O_7$ 滴定 Fe^{2+} 等。如果不能完全符合上述要求，可采用其他非直接滴定方式测定。

(2) 滴定方式

① 直接滴定法（direct titration） 将试样处理成溶液，用标准溶液直接滴定待测液，这种滴定方式在滴定分析中最为简便，应用较多。

② 返滴定法（back titration，又称回滴法） 先准确加入已知过量的标准溶液，使之与试液中的待测物质或固体试样进行反应，待反应完全后，再用另一种标准溶液滴定剩余的标准溶液。根据两标准溶液的用量之差，计算待测物的含量。这种方式通常运用于一些待测物与滴定剂的反应速率较慢或者无适当的方法确定滴定终点的场合。例如，Al^{3+} 与 EDTA 配位反应速率很慢，可向 Al^{3+} 溶液中加入已知过量的 EDTA 标准溶液并加热煮沸，待 Al^{3+} 与 EDTA 反应完全后，用标准 Zn^{2+} 或 Cu^{2+} 溶液滴定剩余的 EDTA。

③ 置换滴定法（displacement titration） 对于某些待测物不能和标准溶液反应或反应产物不稳定或有副反应伴生的，可采用先将待测物与另一种物质反应而定量地置换出能被标准溶液滴定的物质，再用标准溶液滴定此物质。如 Ag^+ 与 EDTA 的反应不稳定，可先将 Ag^+ 和 $Ni(CN)_4^{2-}$ 反应而定量地转换出能被 EDTA 滴定的 Ni^{2+}，然后用 EDTA 滴定置换出的 Ni^{2+}，根据 EDTA 的消耗量及 Ag^+ 和 Ni^{2+} 的相当量关系即可求出 Ag^+ 的量。

④ 间接滴定法（indirect titration） 对于某些不能与标准溶液直接起反应的物质，可通过沉淀反应定量引入可用准溶液滴定的离子间接测定。如 Ca^{2+} 不能与 $KMnO_4$ 反应，可以先将 Ca^{2+} 沉淀为 CaC_2O_4，过滤并洗净后，将沉淀溶解于硫酸中，用 $KMnO_4$ 滴定其中的 $C_2O_4^{2-}$，便可间接测定 Ca^{2+} 的含量。这种滴定方式分析步骤烦琐，易引入误差，当无适当的方法测定时才采用。

9.1.3 标准溶液的配制法和浓度表示法

滴定分析中以标准溶液为滴定剂，并要通过标准溶液的浓度和用量计算待测组分的含量。因此正确地配制标准溶液，准确地确定其浓度以及对标准溶液进行妥善保存，对于提高滴定分析的准确度是至关重要的。

(1) 基准物质

能用于直接配制或标定标准溶液的物质称为基准物质(primary standard substance)。基准物质必须具备以下条件：

① 试剂的纯度足够高，含量在99.9%以上，一般使用基准试剂或优级纯试剂；
② 物质组成与化学式完全相符，若含有结晶水，其结晶水含量应与化学式相符；
③ 性质稳定，不易和空气中的 O_2 或 CO_2 等作用，不易发生风化和潮解；
④ 最好具有较大的相对分子质量，可减小称量误差。

常用的基准物质及其干燥条件见表9.1。

表9.1 常用的基准物质及其干燥条件

名　　称	主要用途	使用前的干燥方法
氯化钠(NaCl)	标定 $AgNO_3$ 溶液	500～600℃灼烧至恒重
草酸钠($Na_2C_2O_4$)	标定 $KMnO_4$ 溶液	105～110℃干燥至恒重
无水碳酸钠(Na_2CO_3)	标定 HCl、H_2SO_4 溶液	270～300℃灼烧至恒重
三氧化二砷(As_2O_3)	标定 I_2 溶液	室温干燥器中保存
邻苯二甲酸氢钾($KHC_8H_4O_4$)	标定 NaOH 溶液	105～110℃干燥至恒重
碘酸钾(KIO_3)	标定 $Na_2S_2O_3$ 溶液	130℃干燥至恒重
重铬酸钾($K_2Cr_2O_7$)	标定 $Na_2S_2O_3$ 和 $FeSO_4$ 溶液	140～150℃干燥至恒重
氧化锌(ZnO)	标定 EDTA 溶液	800℃灼烧至恒重
乙二胺四乙酸二钠	标定金属离子溶液	硝酸镁饱和溶液恒湿器中7天
溴酸钾($KBrO_3$)	标定 $Na_2S_2O_3$ 溶液	130℃干燥至恒重
硝酸银($AgNO_3$)	标定卤化物及硫氰酸盐	220～250℃干燥至恒重
碳酸钙($CaCO_3$)	标定 EDTA 溶液	110℃干燥至恒重
硼砂($Na_2B_4O_7 \cdot 10H_2O$)	标定 HCl 溶液	含 NaCl 和蔗糖饱和溶液的恒湿器
$H_2C_2O_4 \cdot 2H_2O$	标定 NaOH 溶液或 $KMnO_4$ 溶液	室温空气干燥
氯化钾(KCl)	标定 $AgNO_3$	500～600℃干燥至恒重
锌(Zn)	标定 EDTA	室温干燥器中保存
氧化锌(ZnO)	标定 EDTA	900～1000℃灼烧至恒重
铜(Cu)	标定还原剂	室温干燥器中保存

(2) 标准溶液的配制方法

① 直接法　准确称取一定质量的物质，溶解后，定量地转入容量瓶中，用蒸馏水稀释至刻度。根据称取物质的质量和容量瓶的体积，计算出该标准溶液的准确浓度。

直接法配制标准溶液的准确度主要由称量决定。分析天平每次称量有±0.0001g的误差，当用减量法称量时，欲控制称量的相对误差在±0.1%以内，基准物称取量至少应为0.2g。

直接配制法只适用于基准试剂(基准物)。

② 间接法(标定法)　先配制成近似所需浓度的溶液，再用基准物质或另一种标准溶液测定其准确浓度。这种确定标准溶液浓度的操作，称为标定(standardization)。

用于配制标准溶液的物质大多不能完全满足上述基准物的条件，这类物质必须用间接法配制标准溶液。例如 HCl、NaOH、H_2SO_4、$KMnO_4$、$Na_2S_2O_3$ 等标准溶液。

【例9.1】 试确定分别以邻苯二甲酸氢钾和草酸($H_2C_2O_4 \cdot 2H_2O$)作基准物标定 $0.1\text{mol} \cdot L^{-1}$ NaOH 溶液时，基准物的称量范围分别为多少？

解： 使标准溶液消耗体积控制在20～30mL之间所需的基准物的质量范围称为基准物的称量范围。

以邻苯二甲酸氢钾（$KHC_8H_4O_4$）作基准物时，其滴定反应式为：

$$KHC_8H_4O_4 + OH^- \Longrightarrow KC_8H_4O_4^- + H_2O$$

$$m_{KHC_8H_4O_4} = c_{NaOH} V_{NaOH} M_{KHC_8H_4O_4} = 0.1 \times V_{NaOH} \times 204.20$$

V： 0.020L   0.030L

m： 0.41g   0.61g

同理，$H_2C_2O_4 \cdot 2H_2O$ 的称量范围为：$m_{H_2C_2O_4 \cdot 2H_2O} = \dfrac{0.1 \times V_{NaOH} \times 126.07}{2}$

V： 0.020L   0.030L

m： 0.13g   0.19g

可见，采用邻苯二甲酸氢钾作基准物可减少称量上的相对误差，比选用 $H_2C_2O_4 \cdot 2H_2O$ 更适宜。

(3) 标准溶液的浓度表示法

① 物质的量浓度 物质的量浓度简称为浓度，是指单位体积溶液中所含溶质的物质的量。如 B 物质的浓度以符号 c_B 表示，即：

$$c_B = \frac{n_B}{V} = \frac{m/M_B}{V} \tag{9.1}$$

式中，V 为溶液的体积；m 为溶质的质量；M_B 为溶质 B 的摩尔质量。浓度的常用单位为 $mol \cdot L^{-1}$。

对于一定质量的物质 B，物质 B 的物质的量 n_B 随所选的基本单元不同而不同，在使用物质的量或与物质的量有关的导出量时，例如浓度、摩尔质量等，必须指明基本单元。

基本单元可以是简单的分子、离子、原子等，也可以是这些粒子的特定组合。当取简单的分子、离子、原子作基本单元时，也可略去不写。

【例 9.2】 称取 $0.3010g K_2Cr_2O_7$，定容为 250.0mL。计算 $c(K_2Cr_2O_7)$ 与 $c\left(\dfrac{1}{6}K_2Cr_2O_7\right)$。

解：$c(K_2Cr_2O_7) = \dfrac{\dfrac{m}{M(K_2Cr_2O_7)}}{V} = \dfrac{\dfrac{0.3010}{294.19}}{250.0 \times 10^{-3}} mol \cdot L^{-1} = 0.004093 mol \cdot L^{-1}$

$c\left(\dfrac{1}{6}K_2Cr_2O_7\right) = \dfrac{m/M\left(\dfrac{1}{6}K_2Cr_2O_7\right)}{V} = \dfrac{\dfrac{0.3010}{294.19/6}}{250.0 \times 10^{-3}} mol \cdot L^{-1} = 0.02456 mol \cdot L^{-1}$

显然可得：

$$n\left(\frac{1}{b}A\right) = bn(A) \text{ 或 } c\left(\frac{1}{b}A\right) = bc(A) \tag{9.2}$$

② 滴定度 滴定度（T）指每毫升标准溶液所相当的待测物的质量，以符号 $T_{\text{待测物}/\text{滴定剂}}$ 表示，单位为 $g \cdot mL^{-1}$。此种表示法在工厂或科学研究的例行分析中经常使用，计算快捷、直观。例如 $T_{NaOH/H_2SO_4} = 0.04000 g \cdot mL^{-1}$，表示每毫升 H_2SO_4 标准溶液恰能与 $0.04000g$ NaOH 反应。

9.1.4 滴定分析中的基本计算

9.1.4.1 待测物的物质的量 n_A 与滴定剂的物质的量 n_B 之间的化学计量关系

(1) 直接滴定法

设标准溶液 B 与待测物 A 之间发生的滴定反应为：

$$aA + bB \Longrightarrow cC + dD$$

当滴定达化学计量点时，a mol A 恰与 b mol B 作用完全，即 $n_A : n_B = a : b$。则：

$$n_A = \frac{a}{b} n_B, \quad n_B = \frac{b}{a} n_A \tag{9.3}$$

若待测物是溶液，其体积为 V_A，浓度为 c_A，到达化学计量点时，用去浓度为 c_B 的滴定剂的体积为 V_B，则：

$$c_A V_A = \frac{a}{b} c_B V_B \tag{9.4}$$

（2）间接滴定法

待测物 A 与标准溶液 B 不直接反应，此时需了解测定过程，找出待测物 A 与直接和标准溶液反应的物质的量之间的关系，从而确定 $(aA \sim bB)$。

【例 9.3】 以 $KBrO_3$ 基准物标定 $Na_2S_2O_3$ 溶液的浓度。

解：测定过程为：$KBrO_3$ 在酸性溶液中与过量的 KI 反应析出 I_2，析出的 I_2 用 $Na_2S_2O_3$ 溶液滴定。相关反应方程式如下：

$$BrO_3^- + 6I^- + 6H^+ \rightleftharpoons 3I_2 + 3H_2O + Br^-$$

$$I_2 + 2S_2O_3^{2-} \rightleftharpoons 2I^- + S_4O_6^{2-}$$

综合两个反应式可知： $KBrO_3 \sim 3I_2 \sim 6Na_2S_2O_3$

所以 $n_{Na_2S_2O_3} = 6 n_{KBrO_3}$

9.1.4.2 "等物质的量"的计算原则

根据相关化学反应首先确定滴定剂与待测组分的基本单元，使滴定剂消耗的物质的量与待测组分消耗的物质的量相等。

设待测物 A 和标准溶液 B 之间的相当量关系为：

$$aA \sim bB$$

即 $bn_A = an_B$。显然，只有当待测组分 A 与滴定剂 B 的基本单元分别取 $\frac{1}{b}A$ 和 $\frac{1}{a}B$ 时，两组分消耗的物质的量才能相等，即 A 与 B 之间等物质的量的关系为：

$$n\left(\frac{1}{b}A\right) = n\left(\frac{1}{a}B\right) \tag{9.5}$$

酸碱滴定中，基本单元的选取以一个质子转移为基准；配位滴定中，以与 EDTA 等物质的量反应为基准；氧化还原滴定中，以一个电子的转移为基准。

例如 $H_2SO_4 \sim 2NaOH$：$n\left(\frac{1}{2}H_2SO_4\right) = n(NaOH)$

以 $KBrO_3$ 标定 $Na_2S_2O_3$：$n\left(\frac{1}{6}KBrO_3\right) = n(Na_2S_2O_3)$

用 $KMnO_4$ 法测定 Ca^{2+}：$n\left(\frac{1}{5}KMnO_4\right) = n\left(\frac{1}{2}Ca\right)$

9.1.4.3 待测组分质量分数的计算

若称取试样质量为 m_s，测得待测物的质量为 m_A，则待测物 A 的质量分数：

$$w_A = \frac{m_A}{m_s} \times 100\% = \frac{n_A M_A}{m_s} \times 100\% = \frac{\frac{a}{b} n_B M_A}{m_s} \times 100\% = \frac{\frac{a}{b} c_B V_B M_A}{m_s} \times 100\% \tag{9.6}$$

此式为滴定分析中计算待测物百分含量的一般通式。

也可根据待测组分 A 对标准溶液 B 的滴定度 $T_{A/B}$ 计算待测物 A 的质量分数：

$$w_A = \frac{T_{A/B} V_B}{m_s} \times 100\% \qquad (9.7)$$

【例 9.4】 试推导 c_B 与 $T_{A/B}$ 之间的换算关系。

解：设待测物 A 和标准溶液 B 之间的相当量关系为：

$$aA \sim bB$$
$$a\,\text{mol} \quad b\,\text{mol}$$

$$1\text{mL B}: \frac{T_{A/B}}{M_A}\text{mol} \quad c_B \times 10^{-3}\text{mol}$$

交叉相乘，整理可得：

$$T_{A/B} = \frac{a}{b} c_B M_A \times 10^{-3} \qquad (9.8)$$

【例 9.5】 称取硼砂基准物（$Na_2B_4O_7 \cdot 10H_2O$）0.4710g，以甲基红为指示剂，用 HCl 溶液滴定至终点时，HCl 消耗 24.20mL。求 HCl 溶液的浓度。

解：滴定反应为 $Na_2B_4O_7 + 2HCl + 5H_2O = 4H_3BO_3 + 2NaCl$

$$c_{HCl} = \frac{2 \times \frac{0.4710\text{g}}{381.37\text{g} \cdot \text{mol}^{-1}}}{24.20 \times 10^{-3}\text{L}} = 0.1021\text{mol} \cdot \text{L}^{-1}$$

【例 9.6】 已知 $K_2Cr_2O_7$ 溶液的浓度为 $0.01500\text{mol} \cdot \text{L}^{-1}$，计算 Fe 和 Fe_2O_3 对 $K_2Cr_2O_7$ 溶液的滴定度。

解：$K_2Cr_2O_7$ 和 Fe^{2+} 的滴定反应为：

$$Cr_2O_7^{2-} + 6Fe^{2+} + 14H^+ = 2Cr^{3+} + 6Fe^{3+} + 7H_2O$$

各物质间的当量关系为：

$$3Fe_2O_3 \sim 6Fe \sim 6Fe^{2+} \sim K_2Cr_2O_7$$

$$T_{Fe/K_2Cr_2O_7} = 6c_{K_2Cr_2O_7} \times M_{Fe} \times 10^{-3} = 6 \times 0.01500 \times 55.85 \times 10^{-3}\text{g} \cdot \text{mL}^{-1}$$
$$= 0.005026\text{g} \cdot \text{mL}^{-1}$$
$$T_{Fe_2O_3/K_2Cr_2O_7} = 3 \times 0.01500 \times 159.7 \times 10^{-3}\text{g} \cdot \text{mL}^{-1} = 0.007186\text{g} \cdot \text{mL}^{-1}$$

习题 9-1

1. 能用于滴定分析的化学反应必须具备哪些条件？
2. 基准物应具备哪些条件？基准物的称量范围如何估算？
3. 下列物质中哪些可以用直接法配制标准溶液？哪些只能用间接法配制？
   H_2SO_4 KOH $KMnO_4$ $K_2Cr_2O_7$ KIO_3 $Na_2S_2O_3 \cdot 5H_2O$
4. 什么是滴定度？滴定度与物质的量浓度之间如何换算？
5. 什么是"等物质的量规则"，运用时基本单元如何选取？
6. 已知浓硝酸的相对密度为 1.42，含 HNO_3 约为 70%，求其物质的量浓度。如欲配制 1.0L、$0.25\text{mol} \cdot \text{L}^{-1}$ HNO_3 溶液，应取这种浓硝酸多少毫升？
7. 已知密度为 $1.05\text{g} \cdot \text{mL}^{-1}$ 的冰醋酸（含 HAc 99.6%），求其物质的量浓度。如欲配制 $0.10\text{mol} \cdot \text{L}^{-1}$ HAc 溶液 500mL，应取冰醋酸多少毫升？
8. 用同一 $KMnO_4$ 标准溶液分别滴定体积相等的 $FeSO_4$ 和 $H_2C_2O_4$ 溶液，消耗的 $KMnO_4$ 标准溶液体积相等，试问 $FeSO_4$ 和 $H_2C_2O_4$ 两种溶液浓度的比例关系为多少？
9. 假如有一邻苯二甲酸氢钾试样，其中邻苯二甲酸氢钾含量约为 90%，其余为不与酸反应的惰性杂质，现用浓度为 $1.000\text{mol} \cdot \text{L}^{-1}$ 的 NaOH 标准溶液滴定，欲使滴定时碱液消耗体积在 25mL 左右，则：
   (1) 需称取上述试样多少克？
   (2) 若以 $0.01000\text{mol} \cdot \text{L}^{-1}$ 的 NaOH 标准溶液滴定，情况又如何？

(3) 通过（1）、（2）计算结果说明为什么在滴定分析中滴定剂的浓度常采用 $0.1\sim 0.2\text{mol}\cdot\text{L}^{-1}$？

10. 欲配制 250mL 下列溶液，它们对于 HNO_2 的滴定度均为 $4.00\text{mg } HNO_2\cdot\text{mL}^{-1}$，问各需称取多少克？

  (1) KOH   (2) $KMnO_4$

9.2 酸碱滴定法

9.2.1 酸碱指示剂

9.2.1.1 酸碱指示剂的变色原理

  酸碱滴定中一般是利用酸碱指示剂颜色的突然变化来指示滴定终点的。酸碱指示剂本身是有机弱酸或弱碱，当溶液的 pH 值改变时，因质子的转移使指示剂的酸式和共轭碱式之间发生互变，从而使指示剂发生颜色的改变。例如酚酞为无色的二元弱酸，当溶液中的 pH 值渐渐升高时，酚酞先解离出一个 H^+ 形成无色的离子，然后再解离出第二个 H^+，并发生结构的改变，成为具有共轭体系醌式结构的红色离子。酚酞的解离过程可表示如下：

（结构式图：无色分子（内酯式）⇌ 无色分子 ⇌ 无色离子 ⇌ 红色离子 ⇌ 无色离子）

上述结构的变化可用下列简式表示：

$$\text{无色分子} \underset{H^+}{\overset{OH^-}{\rightleftharpoons}} \text{无色离子} \underset{H^+}{\overset{OH^-}{\rightleftharpoons}} \text{红色离子} \overset{\text{浓碱}}{\rightleftharpoons} \text{无色离子}$$

  这个变化过程是可逆的。当 H^+ 浓度增大时，平衡自右往左方向移动，酚酞变成无色分子；当 OH^- 浓度增大时，平衡自左向右移动，当 pH 值约为 8 时酚酞呈现红色，但在浓碱液中酚酞的结构由醌式又变为羧酸盐式，呈现为无色。酚酞指示剂在 pH=8.0～10.0 时，它由无色逐渐变为红色。常将指示剂颜色变化的 pH 值区间称为"变色范围"。

  又如甲基橙是一种有机弱碱，它在溶液中存在着如下式所示的平衡：

（结构式图：黄色（偶氮式）⇌ 红色（醌式））

  黄色的甲基橙分子，在酸性溶液中获得一个 H^+ 转变成为红色阳离子。

  由平衡关系可见，当溶液中 H^+ 浓度增大时，反应向右移动，甲基橙主要以醌式存在，呈现红色；当溶液中 OH^- 浓度增大时，则平衡向左移动，以偶氮式存在，呈现黄色。当溶液的 pH<3.1 时甲基橙为红色，pH>4.4 则为黄色。因此 pH=3.1～4.4 为甲基橙的变色范围。

9.2.1.2 酸碱指示剂的变色范围

  为了进一步说明指示剂颜色变化与酸度的关系，现以 HIn 表示指示剂酸式，以 In^- 代表指示剂碱式，在溶液中指示剂的解离平衡用下式表示：

$$HIn \rightleftharpoons H^+ + In^-$$

由平衡常数得：

$$\frac{[\text{In}^-]}{[\text{HIn}]} = \frac{K_{\text{HIn}}^{\ominus}}{[\text{H}^+]} \tag{9.9}$$

当 $\dfrac{[\text{In}^-]}{[\text{HIn}]} \geqslant 10$ 时，$\text{pH} \geqslant \text{p}K_{\text{HIn}}^{\ominus} + 1$，指示剂呈现为碱色；

当 $\dfrac{[\text{In}^-]}{[\text{HIn}]} \leqslant \dfrac{1}{10}$ 时，$\text{pH} \leqslant \text{p}K_{\text{HIn}}^{\ominus} - 1$，指示剂呈现为酸色。

当 $\dfrac{[\text{In}^-]}{[\text{HIn}]} = 1$ 时，$\text{pH} = \text{p}K_{\text{HIn}}^{\ominus}$，指示剂呈现为酸色和碱色的中间颜色，此时 $\text{pH} = \text{p}K_{\text{HIn}}^{\ominus}$，称为指示剂的理论变色点。

由上述讨论可知，指示剂的理论变色范围为 $\text{pH} = \text{p}K_{\text{HIn}}^{\ominus} \pm 1$，为 2 个 pH 值单位。但实际观察到的大多数指示剂的变化范围通常为 1~2 个 pH 值单位，且指示剂的理论变色点不是变色范围的中间点。这是由于人们对不同颜色的敏感程度的差别造成的。常用的酸碱指示剂及其变色范围列于附录 8.1 中。

9.2.1.3 混合指示剂

在酸碱滴定中，有时需要将滴定终点控制在很窄的 pH 值范围内，此时可采用混合指示剂。混合指示剂是利用颜色的互补作用，使指示剂变色更敏锐，变色范围变窄，有利于滴定终点的判断。混合指示剂有两类：一类是由两种或两种以上的指示剂混合而成，例如，溴甲酚绿（$\text{p}K_a^{\ominus} = 4.9$）和甲基红（$\text{p}K_a^{\ominus} = 5.2$）两者按 3∶1 混合后，在 pH<5.1 的溶液中呈酒红色，而在 pH>5.1 的溶液中呈绿色，且变色非常敏锐。另一类混合指示剂是在某种指示剂中加入另一种惰性染料组成。例如，采用中性红与亚甲基蓝混合而配制的指示剂，当配比为 1∶1 时，混合指示剂在 pH=7.0 时呈现蓝紫色，其酸色为蓝紫色，碱色为绿色，变色也很敏锐。

常用的几种混合指示剂列于附录 8.2 中。

9.2.1.4 影响指示剂变色范围的因素

(1) 指示剂的用量

无论是对单一指示剂还是混合指示剂，用量过多（或浓度过高）都会使终点变色迟钝，而且本身也会多消耗滴定剂。因此，在不影响指示剂变色敏锐性的前提下，一般以用量少一些为佳。

(2) 温度

温度的变化会引起指示剂解离常数和水的质子自递常数发生变化，因而指示剂的变色范围亦随之改变，对碱性指示剂的影响较酸性指示剂更为明显。例如 18℃ 时，甲基橙的变色范围为 3.1~4.4；而 100℃ 时，则为 2.5~3.7。

(3) 溶剂

不同的溶剂具有不同的介电常数和酸碱性，因而也会影响指示剂的解离常数和变色范围。例如，甲基橙在水溶液中 $\text{p}K_{\text{HIn}}^{\ominus} = 3.4$，在甲醇中则为 3.8。溶剂不同，必然会引起变色范围的改变。

(4) 滴定程序

滴定程序与指示剂的选用也有关系，如果指示剂使用不当，也会影响其变色的敏锐性。例如，由于人的眼睛对红色较黄色敏感，甲基橙由黄色变为橙色易于观察，因此使用甲基橙指示终点时通常用酸滴定碱，而非碱滴定酸。

9.2.2 酸碱溶液中各组分的分布

由酸碱在水溶液中的解离反应可知,在酸碱平衡系统中常常同时存在多种存在型体,这些存在型体的平衡浓度将随溶液 H^+ 浓度的变化而变化。某存在型体的平衡浓度在总浓度 c 或分析浓度(analytical concentration,为各种存在型体的平衡浓度的总和)中所占的分数称为该存在型体的分布系数,用符号 δ 表示。分布系数的大小与酸碱的性质及溶液的 pH 有关。知道了分布系数和分析浓度,便可求得各种存在型体的平衡浓度,这在分析化学中是很重要的。

9.2.2.1 一元弱酸溶液中各种存在型体的分布

一元弱酸 HA,在水溶液中有 HA 和 A^- 两种存在型体。设它们的总浓度为 c,HA 的平衡浓度为 [HA], A^- 的平衡浓度为 $[A^-]$,即 $c=[HA]+[A^-]$。以 δ_{HA} 和 δ_{A^-} 分别代表 HA 和 A^- 的分布系数,则:

$$\delta_{HA}=\frac{[HA]}{c}=\frac{[HA]}{[HA]+[A^-]}=\frac{1}{1+\frac{[A^-]}{[HA]}}=\frac{1}{1+\frac{K_a^\ominus}{[H^+]}}=\frac{[H^+]}{[H^+]+K_a^\ominus} \quad (9.10)$$

$$\delta_{A^-}=\frac{[A^-]}{c}=\frac{[A^-]}{[HA]+[A^-]}=\frac{K_a^\ominus}{[H^+]+K_a^\ominus} \quad (9.11)$$

式中,$K_a^\ominus$ 为 HA 的解离常数。

显然,各存在型体分布系数之和等于 1,即 $\delta_{HA}+\delta_{A^-}=1$。

分布系数 δ 与溶液 pH 值的关系曲线称分布曲线。因此,计算出不同 pH 值时的 δ_{HAc} 和 δ_{Ac^-} 值,以 pH 值为横坐标,δ 为纵坐标,可得分布曲线,图 9.1 是 HAc 各存在型体的分布曲线。由图可见,当 $pH=pK_a^\ominus$ 时,$\delta_{HAc}=\delta_{Ac^-}=0.5$;当 $pH<pK_a^\ominus$ 时,HAc 为主要存在型体;当 $pH>pK_a^\ominus$ 时,Ac^- 为主要存在型体。

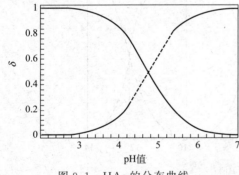

图 9.1 HAc 的分布曲线

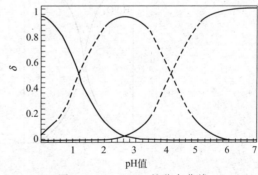

图 9.2 $H_2C_2O_4$ 的分布曲线

9.2.2.2 多元弱酸溶液中各种存在型体的分布

二元弱酸 H_2A 在溶液中有 H_2A、HA^- 和 A^{2-} 三种存在型体,它们的总浓度为 c,则:

$$c=[H_2A]+[HA^-]+[A^{2-}]$$

同理可推得:

$$\delta_{H_2A}=\frac{[H_2A]}{c}=\frac{[H^+]^2}{[H^+]^2+[H^+]K_{a_1}^\ominus+K_{a_1}^\ominus K_{a_2}^\ominus} \quad (9.12)$$

$$\delta_{HA^-}=\frac{[HA^-]}{c}=\frac{[H^+]K_{a_1}^\ominus}{[H^+]^2+[H^+]K_{a_1}^\ominus+K_{a_1}^\ominus K_{a_2}^\ominus} \quad (9.13)$$

$$\delta_{A^{2-}} = \frac{[A^{2-}]}{c} = \frac{K_{a_1}^{\ominus} K_{a_2}^{\ominus}}{[H^+]^2 + [H^+] K_{a_1}^{\ominus} + K_{a_1}^{\ominus} K_{a_2}^{\ominus}} \tag{9.14}$$

图 9.2 是 $H_2C_2O_4$ 各存在型体的分布曲线。由该图可见：

当 pH<p$K_{a_1}^{\ominus}$时，溶液中 $H_2C_2O_4$ 为主要存在型体；

当 p$K_{a_1}^{\ominus}$<pH<p$K_{a_2}^{\ominus}$时，溶液中 $HC_2O_4^-$ 为主要存在型体；

当 pH>p$K_{a_2}^{\ominus}$时，溶液中 $C_2O_4^{2-}$ 为主要存在型体；

在 pH 值为 2.5~3.5 时，三种存在型体共存，分布曲线有交叉，即草酸的两级解离共存。因此当用强碱滴定时，两级 H^+ 不能分步滴定。

对三元酸 H_3A，同理可推导出各存在型体的分布系数：

$$\delta_{H_3A} = \frac{[H_3A]}{c} = \frac{[H^+]^3}{[H^+]^3 + [H^+]^2 K_{a_1}^{\ominus} + [H^+] K_{a_1}^{\ominus} K_{a_2}^{\ominus} + K_{a_1}^{\ominus} K_{a_2}^{\ominus} K_{a_3}^{\ominus}} \tag{9.15}$$

$$\delta_{H_2A^-} = \frac{[H_2A^-]}{c} = \frac{[H^+]^2 K_{a_1}^{\ominus}}{[H^+]^3 + [H^+]^2 K_{a_1}^{\ominus} + [H^+] K_{a_1}^{\ominus} K_{a_2}^{\ominus} + K_{a_1}^{\ominus} K_{a_2}^{\ominus} K_{a_3}^{\ominus}} \tag{9.16}$$

$$\delta_{HA^{2-}} = \frac{[HA^{2-}]}{c} = \frac{[H^+] K_{a_1}^{\ominus} K_{a_2}^{\ominus}}{[H^+]^3 + [H^+]^2 K_{a_1}^{\ominus} + [H^+] K_{a_1}^{\ominus} K_{a_2}^{\ominus} + K_{a_1}^{\ominus} K_{a_2}^{\ominus} K_{a_3}^{\ominus}} \tag{9.17}$$

$$\delta_{A^{3-}} = \frac{[A^{3-}]}{c} = \frac{K_{a_1}^{\ominus} K_{a_2}^{\ominus} K_{a_3}^{\ominus}}{[H^+]^3 + [H^+]^2 K_{a_1}^{\ominus} + [H^+] K_{a_1}^{\ominus} K_{a_2}^{\ominus} + K_{a_1}^{\ominus} K_{a_2}^{\ominus} K_{a_3}^{\ominus}} \tag{9.18}$$

图 9.3 是 H_3PO_4 各存在型体的分布曲线。

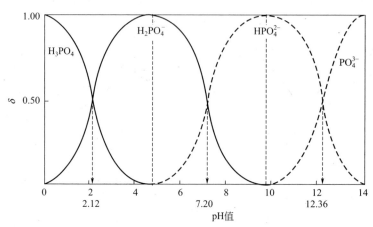

图 9.3 H_3PO_4 的分布曲线

对磷酸，由于相邻两级的解离常数相差较大，分布曲线没有交叉，即相邻两级质子的解离反应基本上无干扰，因此当用强碱滴定时，可以分步滴定。

9.2.3 一元酸碱的滴定

9.2.3.1 滴定曲线和滴定突跃

（1）滴定曲线

在滴定过程中，溶液性质随着滴定剂的加入不断变化，以滴定剂的加入量（体积或滴定分数）为自变量，溶液中某种可测量性质为函数作图，所得到的曲线称为滴定曲线（titration curve）。滴定曲线是滴定过程形象、直观的表示，它反映溶液性质从量变到质变的变化规律。在滴定分析中，一般以下列参数表示溶液的性质：酸碱滴定——pH（氢离子浓度的负对数）；配位滴定和沉淀滴定——pM（金属离子浓度的负对数）；氧化还原滴定——电极电势（E）。绘制滴定曲线的数据，可由实验测定（例如电势滴定法），也可根据理论计算得到，二者略有差异。

（2）滴定突跃

滴定突跃（titration jump）是指计量点前后一定的误差范围内（滴定分析的相对误差一般在±0.1%之内，即指滴定百分数在99.9～100.1范围内），溶液中某种可测量性质的急剧变化区间称为滴定突跃范围。

例如酸碱滴定中 pH 突跃范围是指滴定剂加入量从不足 0.1%（滴定分数为 99.9%）到过量 0.1%（滴定分数为 100.1%）时，滴定溶液的 pH 的急剧变化区间。

为便于准确滴定，总希望获得较大的突跃范围。由滴定曲线可得影响突跃范围的因素，由此确定直接滴定的条件。另外，选择适当的指示剂来指示滴定终点，也需要计算计量点溶液的性质和滴定突跃。

（3）酸碱指示剂的选择

从理论上讲，若指示剂的变色范围处于或部分处于滴定突跃范围内，则滴定误差一般不会超过允许的误差范围。或者说，凡变色点处于滴定突跃范围内的指示剂均可选用。由于滴定突跃理论计算较复杂，在许多情况下，只计算计量点溶液性质，为了减小滴定误差，应使指示剂的变色点尽量与之靠近，并以此作为指示剂的选择原则。

9.2.3.2 强酸强碱之间的滴定

强酸强碱之间的滴定反应为：

$$H^+ + OH^- \rightleftharpoons H_2O$$

滴定反应的平衡常数为：

$$K_t^{\ominus} = \frac{1}{K_w^{\ominus}} = 1.0 \times 10^{14}$$

$K_t^{\ominus}$ 愈大，滴定反应进行得愈完全。强酸强碱之间的滴定反应很完全。

以 0.1000mol·L^{-1} NaOH 溶液滴定 20.00mL 0.1000mol·L^{-1} HCl 溶液为例，滴定过程中的 pH 值可分为如下四个阶段进行计算。

① 滴定开始前，溶液的 pH 值取决于 HCl 溶液的起始浓度：

$$[H^+] = 0.1000 \text{mol·L}^{-1}, \quad pH = 1.00$$

② 滴定开始至化学计量点前，溶液的 pH 值取决于剩余 HCl 的浓度：

$$[H^+] = \frac{c(HCl)V(HCl) - c(NaOH)V(NaOH)}{V(HCl) + V(NaOH)}$$

$$= \frac{V(HCl) - V(NaOH)}{V(HCl) + V(NaOH)} \times 0.1000 \text{mol·L}^{-1}$$

例如滴定到 99.9%（不足 0.1%）时，即加入 19.98mL NaOH 溶液时（离化学计量点约差半滴），还剩余 0.02mL HCl，溶液中的 [H$^+$] 为：

$$[H^+] = \frac{20.00 - 19.98}{20.00 + 19.98} \times 0.1000 \text{mol·L}^{-1} = 5.00 \times 10^{-5} \text{mol·L}^{-1} \quad pH = 4.30$$

③ 化学计量点时，即加入 20.00mL NaOH 溶液，完全反应生成 NaCl 溶液。

$$pH_{sp} = 7.00$$

④ 化学计量点后，溶液的 pH 值取决于过量的 NaOH 的浓度：

$$[OH^-] = \frac{c(NaOH)V(NaOH) - c(HCl)V(HCl)}{V(HCl) + V(NaOH)}$$

$$= \frac{V(\text{NaOH}) - V(\text{HCl})}{V(\text{HCl}) + V(\text{NaOH})} \times 0.1000 \text{mol} \cdot \text{L}^{-1}$$

例如滴定到100.1%（过量0.1%）时，即加入20.02mL NaOH 溶液时（离化学计量点约多半滴），还剩余0.02mL NaOH，溶液中的[OH⁻]为：

$$[\text{OH}^-] = \frac{20.02 - 20.00}{20.00 + 20.02} \times 0.1000 \text{mol} \cdot \text{L}^{-1} = 5.0 \times 10^{-5} \text{mol} \cdot \text{L}^{-1}$$

$$\text{pOH} = 4.30 \quad \text{pH} = 9.70$$

滴定的突跃范围为4.30～9.70。

如此逐一计算，把计算所得结果列于表9.2中。

表9.2　用 0.1000mol·L⁻¹ NaOH 溶液滴定 20.00mL 0.1000mol·L⁻¹ HCl 溶液

加入 NaOH 溶液/mL	剩余盐酸溶液/mL	过量 NaOH 溶液/mL	pH 值
0.00	20.00		1.00
18.00	2.00		2.28
19.80	0.20		3.30
19.98	0.02		A　4.30
20.00	0.00	0.00	7.00
20.02		0.02	B　9.70
20.20		0.20	10.70
22.00		2.00	11.70
40.00		20.00	12.50

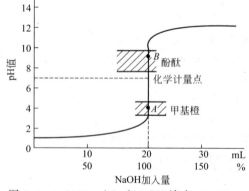

图 9.4　0.1000mol·L⁻¹ NaOH 滴定 20.00mL 0.1000mol·L⁻¹ HCl 的滴定曲线

以 NaOH 溶液的加入量为横坐标，对应溶液的 pH 值为纵坐标，绘制滴定曲线，如图9.4所示。从图9.4和表9.2可以看出，在滴定开始时，溶液的 pH 值升高十分缓慢；随着滴定的不断进行，pH 值的升高逐渐增快；在化学计量点附近的 pH 值发生急剧变化，曲线上从 A 点到 B 点，NaOH 溶液的加入量相差仅 0.04mL（不过1滴左右），而溶液的 pH 值却从4.30突然升高到9.70，增加5.4个 pH 值单位。可见强酸强碱之间的滴定突跃很大。pH 值突跃以后，溶液就由酸性变成碱性，突跃后的 pH 值变化又开始变得缓慢。

根据化学计量点附近的 pH 值突跃，就可选择指示剂。显然，在化学计量点附近变色的指示剂如溴百里酚蓝、苯酚红等可以正确指示化学计量点的到达。实际上，凡是在 pH 值突跃范围内变色的指示剂都可以相当正确地指示化学计量点，滴定误差都在允许的范围内，例如甲基橙、甲基红、酚酞等。

滴定范围还与酸碱浓度有关，如图9.5所示。酸碱溶液越浓，滴定突跃范围越大；酸碱溶液越稀，滴定突跃范围越小，指示剂的选择就越受到限制。当用 0.01mol·L⁻¹ NaOH 溶液滴定 0.01mol·L⁻¹ HCl 溶液时，从图9.5中可以看出，用甲基橙作指示剂就不合适。

由上例的计算过程可得，对强酸强碱之间的滴定，当酸碱浓度增大（或减少）10倍时，滴定突跃将增大（或减少）2 个 pH 值单位。

9.2.3.3 一元弱酸的滴定

一元弱酸的滴定反应为：

$$OH^- + HA \rightleftharpoons A^- + H_2O$$

滴定反应常数为：

$$K_t^\ominus = \frac{K_a^\ominus}{K_w^\ominus}$$

显然，弱酸的 $K_a^\ominus$ 越大，滴定反应越完全。

以 0.1000 $mol \cdot L^{-1}$ NaOH 溶液滴定 20.00mL 0.1000 $mol \cdot L^{-1}$ HAc 溶液为例，测定过程中的 pH 值计算过程如下。

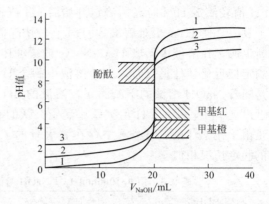

图 9.5　不同浓度 NaOH 溶液滴定
不同浓度 HCl 溶液的滴定曲线

1—$c(NaOH) = 1.000 mol \cdot L^{-1}$；2—$c(NaOH) = 0.1000 mol \cdot L^{-1}$；3—$c(NaOH) = 0.01000 mol \cdot L^{-1}$

① 滴定开始前，溶液是 0.1000 $mol \cdot L^{-1}$ HAc 溶液，此时：

$$[H^+] = \sqrt{cK_a^\ominus} = \sqrt{0.1000 \times 10^{-4.74}} = 10^{-2.87} (mol \cdot L^{-1}) \qquad pH = 2.87$$

② 滴定开始至化学计量点以前，这时未反应的 HAc 和反应产物 Ac^- 组成缓冲溶液，缓冲溶液的 $[H^+]$ 计算公式为：

$$[H^+] = K_a^\ominus \frac{c(HAc)}{c(Ac^-)} = K_a^\ominus \frac{n(HAc)}{n(Ac^-)}$$

如果滴入的 NaOH 溶液为 19.98 mL，即滴定分数为 99.9% 时，这时：

$$[H^+] = K_a^\ominus \cdot \frac{n(HAc)}{n(Ac^-)} = 10^{-4.74} \times \frac{0.02}{19.98} mol \cdot L^{-1} = 10^{-7.74} mol \cdot L^{-1} \qquad pH = 7.74$$

③ 化学计量点时，溶液是 0.05000 $mol \cdot L^{-1}$ Ac^- 溶液，此时：

$$[OH^-] = \sqrt{K_b^\ominus c} = \sqrt{\frac{K_w}{K_a^\ominus} \cdot c} = \sqrt{\frac{1.0 \times 10^{-14}}{1.8 \times 10^{-5}} \times 0.05000} \, mol \cdot L^{-1}$$

$$= 5.2 \times 10^{-6} mol \cdot L^{-1}$$

$$pOH = 5.28 \qquad pH = 8.72$$

化学计量点时溶液显碱性。

④ 化学计量点后，这时溶液是 NaOH 和 NaAc 的混合溶液，NaAc 的碱性很弱，与强碱 NaOH 相比，其对 $[OH^-]$ 的贡献可忽略不计。例如加入 20.02mL NaOH，即滴定分数为 100.1% 时，此时：

$$[OH^-] = \frac{0.02 \times 0.1000 mol \cdot L^{-1}}{20.00 + 20.02}$$

$$= 5.0 \times 10^{-5} mol \cdot L^{-1}$$

$$pOH = 4.30 \qquad pH = 9.70$$

滴定的突跃范围为 7.74～9.70。

如此逐一计算，把计算结果列于表 9.3 中，并根据计算结果绘制滴定曲线，见图 9.6 中的曲线 I。

由表 9.3 和图 9.6 中的曲线 I 可以看出，由于 HAc 是弱酸，滴定开始前溶液中 $[H^+]$ 就较低，

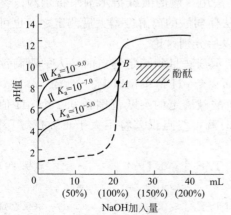

图 9.6　NaOH 溶液滴定不同
弱酸溶液的滴定曲线

pH 值较滴定 HCl 时高。滴定开始后 pH 值较快地升高，这是由于中和生成的 Ac^- 产生同离子效应，使 HAc 更难解离，$[H^+]$ 较快降低。但在继续滴入 NaOH 溶液后，由于 NaAc 不断生成，在溶液中形成 HAc-NaAc 的缓冲体系，pH 值增加较慢，使这一曲线较为平坦。当滴定接近化学计量点时，由于溶液中剩余 HAc 已经很少，溶液的缓冲能力已逐渐减弱，于是随着 NaOH 溶液的不断滴入，溶液的 pH 值升高逐渐变快，到达化学计量点时，在其附近出现一个较小的 pH 值突跃。滴定突跃的 pH 值范围为 7.74～9.70，处于碱性范围内，这是由于化学计量点时溶液中存在着大量的 Ac^-，它是弱碱。计量点后的 pH 值变化与强酸的滴定情况相似。

表 9.3　用 0.1000mol·L^{-1} NaOH 溶液滴定 20.00mL 0.1000mol·L^{-1} HAc 溶液

加入 NaOH 溶液/mL	剩余 HAc 溶液/mL	过量 NaOH 溶液/mL	pH 值
0.00	20.00		2.87
18.00	2.00		5.71
19.80	0.20		6.76
19.98	0.02		A　7.74
20.00	0.00	0.00	8.72
20.02		0.02	B　9.70
20.20		0.20	10.70
22.00		2.00	11.70
40.00		20.00	12.50

根据化学计量点附近 pH 值的突跃范围，用酚酞或百里酚蓝指示剂是合适的，用百里酚酞指示剂也可以。由于弱酸的滴定突跃位于碱性区，不能使用酸性区变色的指示剂。

9.2.3.4　一元酸碱准确滴定的条件

由以上弱酸滴定过程 pH 值的计算可得，突跃范围的下限（计量点前）的 pH 值随解离常数的增大而增大。突跃范围的上限（计量点后）的 pH 值随滴定剂浓度的增大而增大，即弱酸的滴定突跃范围与弱酸解离常数及酸碱的浓度均有关系。

由图 9.6 可见，当被滴定的酸解离常数为 10^{-7} 左右，计量点附近的 pH 值突跃较小（曲线 Ⅱ 所示），若被滴定的酸更弱（例如 H_3BO_3，解离常数为 10^{-9} 左右），计量点附近并无 pH 值突跃出现（如曲线 Ⅲ 所示），在水溶液中就无法用一般的酸碱指示剂来指示滴定终点，或者简单地说滴定难以直接进行。但是可以在设法使弱酸的离解度增大后测定之，也可以用非水滴定法以及电势滴定法等测定之，这些将在以后分别讨论。

目视分辨滴定终点的极限是 $|\Delta pH|=0.2$，即用指示剂法目测滴定终点时，人的眼睛欲准确分辨终点颜色的变化，溶液 pH 值的变化至少在 0.2 个 pH 值单位以上。

一般地，当待测物 HA 满足 $cK_a^\ominus \geq 10^{-8}$ 时，将使酸碱滴定的突跃范围在 0.2 个 pH 值单位以上，若使用的指示剂能在突跃范围内变色，此时滴定终点误差将不大于 $\pm 0.1\%$。因此一元弱酸的直接（准确）滴定条件为：

$$cK_a^\ominus \geq 10^{-8} \quad (|\Delta pH| \geq 0.2, |T.E.| \leq 0.1\%) \tag{9.19}$$

同理，一元弱碱的直接（准确）滴定条件为：

$$cK_b^\ominus \geq 10^{-8} \quad (|\Delta pH| \geq 0.2, |T.E.| \leq 0.1\%) \tag{9.20}$$

凡是满足以上条件的一元弱酸（碱），都可直接（准确）滴定。

直接（准确）滴定是指在水溶液中，用指示剂目视分辨终点的方法，用标准溶液直接滴定并准确测定其含量。

【例 9.7】 浓度为 0.05mol·L^{-1} 的硼砂溶液能否用直接滴定法测定？

解： 硼砂 $\quad\quad Na_2B_4O_7 + 5H_2O \rightleftharpoons 2NaH_2BO_3 + 2H_3BO_3$

H_3BO_3：$cK_a^{\ominus} = 0.1 \times 10^{-9.24} < 10^{-8}$，不能直接用碱标准液准确滴定。

$H_2BO_3^-$：$cK_b^{\ominus} = 0.1 \times 10^{-(14-9.24)} > 10^{-8}$，能直接用酸标准液准确滴定。

硼砂可直接用 HCl 标准溶液滴定。

计量点时产物为 H_3BO_3：$[H^+] = \sqrt{0.1 \times 10^{-9.24}} = 10^{-5.12}$ $\quad pH_{sp} = 5.12$

可选甲基红为指示剂。

可见，较强的一元弱酸（碱），可用强碱（酸）直接滴定，但其对应的共轭碱（酸）由于不能满足 $cK_i^{\ominus} \geqslant 10^{-8}$ 将不能用直接滴定法测定。如 NH_4Cl，由于 NH_4^+（$pK_a^{\ominus} = 9.26$）很难满足 $cK_a^{\ominus} \geqslant 10^{-8}$，不能直接用碱标准溶液滴定，但可用蒸馏法或甲醛法间接测定，反之，不能直接滴定的极弱酸（碱）所对应的共轭碱（酸）是较强的碱（酸），可直接滴定法测定。

9.2.4 多元酸（碱）、混合酸（碱）的滴定

9.2.4.1 多元酸（碱）的滴定

常见的多元酸大多是弱酸，在水溶液中的解离反应是分步进行的。当用强碱滴定多元酸时，酸碱反应和解离反应一样也是分步进行的。例如，H_3PO_4 与 NaOH 的酸碱反应：

$$H_3PO_4 + OH^- \rightleftharpoons H_2PO_4^- + H_2O$$

$$H_2PO_4^- + OH^- \rightleftharpoons HPO_4^{2-} + H_2O$$

$$HPO_4^{2-} + OH^- \rightleftharpoons PO_4^{3-} + H_2O$$

实际上是否能如上述三个反应式所示，待 H_3PO_4 完全反应后，生成的 $H_2PO_4^-$ 才开始反应；$H_2PO_4^-$ 完全反应后，生成的 HPO_4^{2-} 才开始反应呢？这就是多元酸的分步滴定问题。因此对多元酸的滴定，不仅要考虑能否直接滴定，还要考虑各级 H^+ 在滴定时相互间有无影响（即能否分步滴定）。

n 元酸第 i 级（$i \neq n$）H^+ 的分步滴定条件为：

$$\frac{K_{a(i)}^{\ominus}}{K_{a(i+1)}^{\ominus}} \geqslant 10^4 \quad\quad (|\Delta pH| \geqslant 0.2, |T.E.| \leqslant 1\%) \quad\quad (9.21)$$

分步滴定时计量点附近的突跃取决于 $K_{a(i)}^{\ominus}/K_{a(i+1)}^{\ominus}$ 的比值。比值越大，突跃越大；比值越小，突跃越小。若 $K_{a(i)}^{\ominus}/K_{a(i+1)}^{\ominus} \geqslant 10^4$，相邻的两级 H^+ 在滴定时相互间基本上无影响（即能分步滴定）。如果再同时满足 $cK_{a(i)}^{\ominus} \geqslant 10^{-9}$，用强碱滴定时，在第 i 个化学计量点附近可产生 pH 值突跃（$|\Delta pH| \geqslant 0.2$），此时滴定分析的误差不大于 1%。

对于多元酸的滴定，若要选择性滴定多元酸的某一级 H^+，只有同时满足准确滴定条件和分步滴定条件，在化学计量点附近才能产生 pH 值突跃，该级 H^+ 才能直接用标准碱溶液准确分步滴定。由于相邻两级 H^+ 的相互影响，化学计量点附近的 pH 值突跃一般都比较小，通常宜选用混合酸碱指示剂来指示滴定终点，因突跃计算较复杂，通常以计量点时 pH 值来选择指示剂。

对于 n 元酸的第 n 级 H^+ 的滴定，因无干扰存在，其滴定和一元酸相似。

多元弱碱的滴定原理同多元弱酸相似。

下面以二元酸为例说明。

① 若 $cK_{a_1}^{\ominus} \geqslant 10^{-9}$，第一级 H^+ 可被准确滴定。若 $K_{a_1}^{\ominus}/K_{a_2}^{\ominus} \geqslant 10^4$，在第一计量点附

可产生一个滴定突跃,第一级 H^+ 可被准确分步滴定;若 $K_{a_1}^{\ominus}/K_{a_2}^{\ominus}<10^4$,在第一计量点附近不能产生滴定突跃,第一级 H^+ 不能分步滴定。

② 若 $cK_{a_2}^{\ominus} \geqslant 10^{-8}$,在第二计量点附近可产生一个滴定突跃,第二级 H^+ 可被准确滴定。

③ 若 $cK_{a_2}^{\ominus} \geqslant 10^{-8}$,且 $K_{a_1}^{\ominus}/K_{a_2}^{\ominus}<10^4$,仅在第二计量点附近产生一个滴定突跃,两级 H^+ 同时被准确滴定。

例如亚硫酸,$K_{a_1}^{\ominus}=1.3\times10^{-2}$,$K_{a_2}^{\ominus}=6.3\times10^{-8}$,$K_{a_1}^{\ominus}/K_{a_2}^{\ominus}>10^4$,能用 NaOH 溶液滴定,并有两个突跃,滴定至第一化学计量点附近,产生第一个突跃,滴定产物为 $NaHSO_3$;滴定至第二化学计量点附近,产生第二个突跃,滴定产物为 Na_2SO_3。

例如氢硫酸(H_2S),$K_{a_1}^{\ominus}=1.3\times10^{-7}$,$K_{a_2}^{\ominus}=7.1\times10^{-15}$,$K_{a_1}^{\ominus}/K_{a_2}^{\ominus}>10^4$,虽能用 NaOH 溶液滴定,但仅在第一计量点附近产生一个突跃,滴定产物为 NaHS。

例如草酸($H_2C_2O_4$),$K_{a_1}^{\ominus}=5.9\times10^{-2}$,$K_{a_2}^{\ominus}=6.4\times10^{-5}$,$K_{a_1}^{\ominus}/K_{a_2}^{\ominus}<10^4$,第一计量点时不能产生突跃,只有第二计量点时才产生突跃。因此,在用 NaOH 溶液滴定时,仅在第二计量点附近产生一个突跃(两级 H^+ 同时被滴定),滴定产物为 $Na_2C_2O_4$。许多有机弱酸,如酒石酸、琥珀酸、柠檬酸等,由于相邻解离常数之比都太小,不能分步滴定,但又因最后一级常数都大于 10^{-7},因此能用 NaOH 溶液一起滴定两个或多个 H^+,形成一个突跃。

根据上述原则,当用 NaOH 溶液滴定 H_3PO_4 时,因 $cK_{a_1}^{\ominus}>10^{-9}$,$K_{a_1}^{\ominus}/K_{a_2}^{\ominus}>10^4$;且 $cK_{a_2}^{\ominus} \geqslant 10^{-9}$,$K_{a_2}^{\ominus}/K_{a_3}^{\ominus}>10^4$,因此能分步滴定得到两个突跃,但第二化学计量点突跃不够明显,又因为 $cK_{a_3}^{\ominus}<10^{-8}$,第三计量点无突跃,即磷酸第一、二级均能准确分步滴定,但不能直接滴定至生成正盐。

例如:以 $0.1000 mol \cdot L^{-1}$ 的 HCl 滴定 $0.1000 mol \cdot L^{-1}$ 的 Na_2CO_3 溶液为例进行讨论。

Na_2CO_3:$pK_{b_1}^{\ominus}=14.00-pK_{a_2}^{\ominus}=3.75$,$pK_{b_2}^{\ominus}=14.00-pK_{a_1}^{\ominus}=7.62$

因为 $cK_{b_1}^{\ominus}>10^{-9}$,$K_{b_1}^{\ominus}/K_{b_2}^{\ominus}=10^{3.87}\approx10^4$

所以 Na_2CO_3 只能勉强滴定至 HCO_3^- 终点,突跃较小,终点颜色较难掌握,滴定误差较大。$pH_{sp_1}=1/2(pK_{a_1}^{\ominus}+pK_{a_2}^{\ominus})=8.32$,选混合指示剂(甲酚红+百里酚蓝)。

因为 $cK_{b_2}^{\ominus}\approx10^{-8}$

所以,第二计量点附近有突跃(较小),滴定产物为 H_2CO_3(饱和浓度为 $0.04 mol \cdot L^{-1}$)。

$pH_{sp_2}=1/2(pc+pK_{a_1}^{\ominus})=3.89$,选甲基橙或溴酚蓝为指示剂均可。但由于这时易形成 CO_2 的过饱和溶液,滴定过程中生成的 H_2CO_3 只能慢慢地转变为 CO_2,这就使溶液的酸度增大,终点出现过早,且变色不明显,往往不易掌握终点。因此,在滴定快达到化学计量点时,应剧烈地摇动溶液,以加快 H_2CO_3 的分解,或在近终点时,加热煮沸溶液以除去 CO_2,待溶液冷却后再继续滴定至终点。

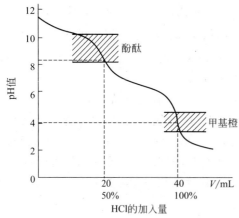

图 9.7　HCl 溶液滴定 Na_2CO_3 溶液的滴定曲线

HCl 滴定 Na_2CO_3 溶液的滴定曲线如图 9.7

所示。

9.2.4.2 混合酸（碱）的滴定

(1) HA＋HB（HA 的酸性较强）

第一步：滴定 HA，HA 的分步滴定条件为：

$$\frac{c_{HA}K_{HA}^{\ominus}}{c_{HB}K_{HB}^{\ominus}} \geq 10^4 \qquad (|\Delta pH| \geq 0.2, |T.E.| \leq 1\%) \tag{9.22}$$

HA 的准确滴定条件与二元酸的第一组 H^+ 相似。第二步：滴定 HB，其滴定和一元酸相似。

(2) HCl＋HB（强酸与弱酸）

第一步：滴定 HCl，HCl 的分步滴定条件为：

$$\frac{c_{HCl}^2}{c_{HB}K_{HB}^{\ominus}} \geq 10^4 \qquad (|\Delta pH| \geq 0.2, |T.E.| \leq 1\%) \tag{9.23}$$

第二步：滴定 HB，其滴定和一元酸相似。

混合碱的滴定同混合酸相似。

从以上讨论可见，滴定曲线生动地体现了由量变到质变的变化规律。在酸碱滴定中，酸碱强弱程度不同而具有不同的滴定曲线。因此，只有了解在滴定过程中，特别是化学计量点前后，即不足 0.1% 和过量 0.1% 时的 pH 值，才能选用最合适的指示剂，达到准确测定的目的。

9.2.5 酸碱滴定法的应用

9.2.5.1 酸碱标准溶液的配制和标定

酸碱滴定法中最常用的标准溶液是 $0.1mol·L^{-1}$ HCl 溶液和 $0.1mol·L^{-1}$ NaOH 溶液。

(1) 盐酸标准溶液

HCl 标准溶液通常用间接法配制，即将浓盐酸稀释成近似要求浓度的溶液，然后以适当基准物质加以标定。标定 HCl 溶液的基准物质，最常用的是无水 Na_2CO_3 和硼砂。

无水 Na_2CO_3 容易获得纯品，价格也便宜，但因吸水性很强，在使用前需在 270～300℃烘 1h，保存在干燥器中。

用 Na_2CO_3 标定 HCl 时，通常选用甲基橙（变色范围 3.1～4.4）作指示剂，滴定反应为：

$$Na_2CO_3 + 2HCl = 2NaCl + H_2O + CO_2$$

但因滴定突跃较小，滴定误差较大。用甲基橙为指示剂，以 Na_2CO_3 标定 $c_{HCl} \leq 0.1mol·L^{-1}$ 的 HCl 溶液时，终点颜色变化不敏锐。为了获得可靠的结果，可以用 HCl 溶液滴定到接近终点时，即甲基橙开始变色时，将溶液煮沸 2min，驱除 CO_2。冷却，溶液将依旧呈黄色，然后继续滴定至橙色，此时即为终点。

如果标定的 HCl 溶液浓度较高，如 $c_{HCl} > 0.2mol·L^{-1}$ 时，终点时颜色变化敏锐，结果准确。

用 Na_2CO_3 标定 HCl 的主要缺点是摩尔质量较小，称量误差较大。

硼砂（$Na_2B_4O_7·10H_2O$） 硼砂和 HCl 的滴定反应为：

$$Na_2B_4O_7 + 5H_2O + 2HCl = 4H_3BO_3 + 2NaCl$$

化学计量点 pH 值约为 5.1，用甲基红（变色范围 pH=4.4～6.2）作指示剂，滴定的精密度和准确度均相当好。

$Na_2B_4O_7·10H_2O$ 含有 10 分子结晶水，作为基准物质的优点是摩尔质量大、不吸水和容易纯制。但在干燥的空气中易失去部分结晶水。因此，应保存在相对湿度为 60%（蔗糖和食盐的饱和溶液）的恒湿器中，以免其组成与化学式不符合。

(2) NaOH 标准溶液

市售固体 NaOH 容易吸潮，也容易吸收空气中的 CO_2，因此只能用间接法配制 NaOH 标准溶液，然后再用基准物质来标定。标定 NaOH 溶液的基准物质很多，如邻苯二甲酸氢钾（$KHC_8H_4O_4$）、草酸（$H_2C_2O_4·2H_2O$）和苯甲酸等，其中最常用的是邻苯二甲酸氢钾。

NaOH 会吸收空气中的 CO_2 使其溶液中含有少量 Na_2CO_3。含有 CO_3^{2-} 的 NaOH 标准溶液在滴定强酸时并无妨碍，但在滴定弱酸或用弱酸性的基准物质来标定其浓度时，将引入一定的误差。

可用不同方法配制不含 CO_3^{2-} 的标准碱溶液。最常用的方法如下。

① 浓碱法　先配制 NaOH 饱和溶液（约 50%）的浓溶液。此时 Na_2CO_3 溶解度很小，待 Na_2CO_3 沉降后，吸取上层澄清液，再用煮沸除去 CO_2 的去离子水稀释至所需浓度。

② 漂洗法　由于 NaOH 固体一般只在其表面形成一薄层 Na_2CO_3，因此亦可称取较多的 NaOH 固体于烧杯中，用少许蒸馏水洗涤，以洗去表面的 Na_2CO_3，洗涤 2~3 次，倾去洗涤液，留下固体 NaOH，配成所需浓度的碱溶液。为了配制不含 CO_3^{2-} 的碱溶液，所用蒸馏水应不含 CO_2。

③ 沉淀法　在 NaOH 溶液中加少量 $Ba(OH)_2$ 或 $BaCl_2$，则沉淀为 $BaCO_3$，沉淀后取上层清液稀释之。

NaOH 溶液能侵蚀玻璃，因此最好储存在塑料瓶中。储存 NaOH 标准溶液应避免与空气接触，以免吸收 CO_2。

9.2.5.2　酸碱滴定法的应用

酸碱滴定法主要用于测定具有酸性或碱性的物质。应用时主要思路为：

可行性判断 { 可 —— 计算 pH_{sp} —— 选择指示剂 / 否 —— 能否采用其他措施，创造可以滴定的条件 }

可行性判断是酸碱滴定首要解决的问题。若待测物满足直接滴定条件，则计算化学计量点时的 pH_{sp}，选择合适的指示剂，即可进行测定。否则需设法创造条件或采用其他方法进行测定。

【例 9.8】 混合碱的测定——双指示剂法

工业品烧碱（NaOH）中常含有 Na_2CO_3，纯碱（Na_2CO_3）中也常含有 $NaHCO_3$，这两种工业品都为混合碱。

（1）测定原理

称取一定质量的试样 m_s(g)，溶解于水后，用 HCl 标准溶液滴定。先以酚酞为指示剂，用 HCl 标准溶液滴定至溶液红色恰好消失，这是第一终点，HCl 消耗的体积记为 $V_{酚}$(mL)；然后加入甲基橙指示剂，继续用 HCl 溶液滴定由黄色恰变为橙色，这是第二终点，HCl 消耗的体积记为 $V_{甲}$(mL)。

先分析每一组分单独存在时，用两种指示剂滴定时的反应产物。

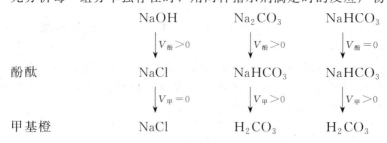

(2) 组成的判断

由 $V_{酚}$ 和 $V_{甲}$ 的相对大小关系可判断混合碱的组成，并计算各组分的含量。

关系	$V_{酚}>V_{甲}>0$	$V_{酚}=V_{甲}>0$	$V_{甲}>V_{酚}>0$	$V_{酚}=0,V_{甲}>0$	$V_{酚}>0,V_{甲}=0$
组成	$NaOH+Na_2CO_3$	Na_2CO_3	$Na_2CO_3+NaHCO_3$	$NaHCO_3$	$NaOH$

(3) 组分含量的计算

$NaOH$ 与 Na_2CO_3 化合物：

$$w_{NaOH}=\frac{c_{HCl}(V_{酚}-V_{甲})\times 10^{-3}M_{NaOH}}{m_s}\times 100\%$$

$$w_{Na_2CO_3}=\frac{c_{HCl}V_{甲}\times 10^{-3}M_{Na_2CO_3}}{m_s}\times 100\%$$

$NaHCO_3$ 与 Na_2CO_3 化合物：

$$w_{NaHCO_3}=\frac{c_{HCl}(V_{甲}-V_{酚})\times 10^{-3}M_{NaHCO_3}}{m_s}\times 100\%$$

$$w_{Na_2CO_3}=\frac{c_{HCl}V_{酚}\times 10^{-3}M_{Na_2CO_3}}{m_s}\times 100\%$$

【例 9.9】 硼酸的测定

硼酸（H_3BO_3）是一种极弱的弱酸（$K_a^{\ominus}=5.7\times 10^{-10}$），因 $cK_a^{\ominus}<10^{-8}$，故不能用标准碱溶液直接滴定，但是 H_3BO_3 可与某些多羟基化合物，如乙二醇、丙三醇、甘露醇等反应生成配合酸，增加酸的强度。

$$2\begin{matrix}R-C-OH\\R-C-OH\end{matrix}+H_3BO_3\rightleftharpoons H\left[\begin{matrix}R-C-O\quad O-C-R\\ \quad\quad B\\R-C-O\quad O-C-R\end{matrix}\right]+3H_2O$$

这种配合酸的离解常数在 10^{-6} 左右，因而使弱酸得到强化，用 NaOH 标准溶液滴定时化学计量点的 pH 值在 9 左右，可用酚酞或百里酚酞指示终点。

【例 9.10】 氮的测定

用酸碱滴定法可测定蛋白质、生物碱、土壤、肥料等含氮化合物中氮的含量。测定时，通常将试样经适当处理，将各种氮的化合物分解并转化为简单的 NH_4^+，然后进行测定。常用的方法有蒸馏法和甲醛法两种。

(1) **方法一：蒸馏法**

置铵盐试样于蒸馏瓶中，加入过量 NaOH 溶液后加热煮沸，蒸馏出的 NH_3 吸收在过量的 HCl 或 H_2SO_4 标准溶液中，过量的酸用 NaOH 标准溶液回滴，用甲基红指示终点，测定过程的反应式如下：

$$NH_4^+ + OH^- = NH_3\uparrow + H_2O$$

$$NH_3 + HCl = NH_4^+ + Cl^-$$

$$NaOH + HCl（剩余）= NaCl + H_2O$$

也可用硼酸溶液吸收蒸馏出的 NH_3，生成的 $H_2BO_3^-$ 是较强的碱，可用标准酸溶液滴定，用甲基红和溴甲酚绿混合指示剂指示终点。使用该方法吸收 NH_3 的改进方法，仅需配制一种标准溶液，测定过程的反应式如下：

$$NH_3 + H_3BO_3 \Longrightarrow NH_4^+ + H_2BO_3^-$$

$$HCl + H_2BO_3^- \Longrightarrow H_3BO_3 + Cl^-$$

蒸馏法虽然较费时，但是准确度高。通常作为铵盐测定的标准方法。

(2) **方法二**：甲醛法

较为简便的 NH_4^+ 测定方法是甲醛法，甲醛与 NH_4^+ 有如下反应：

$$4NH_4^+ + 6HCHO \Longrightarrow (CH_2)_6N_4H^+ + 3H^+ + 6H_2O$$

生成物 $(CH_2)_6N_4H^+$ 是六亚甲基四胺的共轭酸，可用碱直接滴定。计算结果时应注意反应中 4 个 NH_4^+ 反应后生成 4 个可与碱作用的 H^+，因此当用 NaOH 滴定时，NH_4^+ 与 NaOH 的化学计量关系为 1∶1。由于反应产物六亚甲基四胺是一种极弱的有机弱碱，可用酚酞作指示剂，溶液出现淡红色即为终点。

甲醛法简便、快捷，准确度比蒸馏法稍差，可满足工、农业生产要求，应用较广。

有机氮的测定——凯氏定氮法

凯氏定氮法是丹麦化学家凯达尔（J. Kjeldahl）于 1883 年提出的湿法定量测定含氮有机化合物中氮的方法。方法是首先将试样放入凯氏烧瓶中，加入浓硫酸及催化剂（硒、汞或铜盐）加热分解消解试样，使试样中的氮转化为铵态氮（硫酸铵），然后以蒸馏法测定铵态氮。在分析含有硝基或偶氮基的化合物时，消解时必须加入适当的还原剂，才能转化为铵态氮。该方法的准确度较高，不但能进行常量分析，也适于进行微量分析，广泛用于食品、肥料、土壤、植物及生物试样中氮的测定。由于食品、谷物、饲料等中的氮多是以蛋白质形态存在的，故以上述测定的氮含量乘 6.25（不同物质有不同系数），得出粗蛋白含量。

消化分解有机物时，是将试样与浓硫酸共煮，并加入硫酸钾提高沸点，以促进分解过程，使有机物转化成 CO_2 或 H_2O，所含的氮在硫酸铜或汞盐催化下成为 NH_4^+，即：

$$C_mH_nN \xrightarrow{H_2SO_4、K_2SO_4、CuSO_4} CO_2\uparrow + H_2O + NH_4^+$$

溶液以过量的 NaOH 碱化后，再以蒸馏法测定 NH_4^+。

凯氏定氮法是酸碱滴定在有机物分析中的重要应用，尽管该法在定氮过程中，消化与蒸馏操作较为费时，而且已有更快的测定蛋白质的方法，也有氨基酸自动分析仪商品出售，但是该法仍然是含氮量和蛋白质含量的通常检验方法。2008 年三鹿奶粉事件，就是不法分子向牛奶中加入三聚氰胺，以造成牛奶中蛋白含量提高的假象。

9.2.5.3 酸碱滴定法结果计算示例

【例 9.11】 称取含有惰性杂质的混合碱试样 0.3010g，以酚酞为指示剂，用 0.1060 mol·L^{-1} HCl 溶液滴定至终点，用去 20.10mL，继续用甲基橙为指示剂，滴定至终点时又用去 HCl 溶液 27.60mL，问试样由何种成分组成（除惰性杂质外），各成分含量为多少？

解：双指示剂法测定混合碱，因 $V_甲 > V_酚 > 0$，故混合碱由 Na_2CO_3 和 $NaHCO_3$ 所组成。

$$w_{Na_2CO_3} = \frac{c_{HCl} \times V_酚 \times 10^{-3} \times M_{Na_2CO_3}}{m_s} \times 100\%$$

$$= \frac{0.1060 \times 20.10 \times 10^{-3} \times 105.99}{0.3010} \times 100\% = 75.02\%$$

$$w_{NaHCO_3} = \frac{c_{HCl} \times (V_甲 - V_酚) \times 10^{-3} \times M_{NaHCO_3}}{m_s} \times 100\%$$

$$=\frac{0.1060\times(27.60-20.10)\times10^{-3}\times84.01}{0.3010}\times100\%=22.19\%$$

【例 9.12】 称取粗铵盐 1.2034g，加过量 NaOH 溶液，经蒸馏产生的氨吸收在 100.00mL 的 0.2145 mol·L^{-1} 的 HCl 溶液中，过量的 HCl 用 0.2214 mol·L^{-1} 的 NaOH 标准溶液返滴定，用去 3.04 mL，计算试样中 NH$_3$ 的含量。

解：
$$w_{NH_3}=\frac{(c_{HCl}V_{HCl}-c_{NaOH}V_{NaOH})\times10^{-3}\times M_{NH_3}}{m_s}\times100\%$$
$$=\frac{(0.2145\times100.00-0.2214\times3.04)\times10^{-3}\times17.03}{1.2034}\times100\%=29.40\%$$

【例 9.13】 称取纯 CaCO$_3$ 0.5000g，溶于 50.00mL HCl 溶液中，多余的酸用 NaOH 标准溶液回滴，消耗 6.20mL NaOH 溶液。1.000mL NaOH 溶液相当于 1.010mL HCl 溶液。求两种溶液的浓度。

解： CaCO$_3$~2HCl~2NaOH $\qquad n_{HCl}=2n_{CaCO_3}$
与 CaCO$_3$ 反应的 HCl 溶液的实际体积为：
$$50.00\text{mL}-6.20\times1.010\text{mL}=43.74\text{mL}$$
$$c_{HCl}=\frac{2\times\frac{0.5000}{100.09}\text{mol}}{43.74\times10^{-3}\text{L}}=0.2284\text{mol·L}^{-1}$$
$$c_{NaOH}=c_{HCl}\times1.010=0.2284\times1.010\text{mol·L}^{-1}=0.2307\text{mol·L}^{-1}$$

【例 9.14】 已知试样可能含有 Na$_3$PO$_4$、Na$_2$HPO$_4$、NaH$_2$PO$_4$ 或它们的混合物，以及其他不与酸作用的物质。今称取试样 2.000g，溶解后用甲基橙指示终点，以 0.5000 mol·L^{-1} HCl 溶液滴定时需用 32.00mL。同样质量的试样，当用酚酞指示终点，需用 HCl 溶液 12.00mL。求试样中各组分的质量分数。

解： 因 $V_{酚}>0$，混合碱一定有 Na$_3$PO$_4$，因此混合碱为 Na$_3$PO$_4$ 和 Na$_2$HPO$_4$。
当用 HCl 滴定到酚酞变色时，发生的反应为：
$$Na_3PO_4+HCl=\!=\!=Na_2HPO_4+NaCl$$
$$w_{Na_3PO_4}=\frac{c_{HCl}V_{酚}\times10^{-3}\times M_{Na_3PO_4}}{m_s}\times100\%$$
$$=\frac{0.5000\times12.00\times10^{-3}\times163.94}{2.000}\times100\%=49.17\%$$

当另取试样以 HCl 滴定到甲基橙变色时，除了发生上述反应外，还发生了如下反应：
$$Na_2HPO_4+HCl=\!=\!=NaH_2PO_4+NaCl$$
此时 Na$_3$PO$_4$ 被 HCl 滴定到 NaH$_2$PO$_4$，中和 Na$_3$PO$_4$ 所消耗的 HCl 体积为 $2V_{酚}$，因此中和 Na$_2$HPO$_4$ 所消耗的 HCl 体积为 $V_{甲}-2V_{酚}$。
$$w_{Na_2HPO_4}=\frac{c_{HCl}(V_{甲}-2V_{酚})\times10^{-3}\times M_{Na_2HPO_4}}{m_s}\times100\%$$
$$=\frac{0.5000\times(32.00-2\times12.00)\times10^{-3}\times141.96}{2.000}\times100\%=28.40\%$$

*9.2.6 终点误差

滴定分析中，由于滴定终点（ep）与化学计量点（sp）不一致所引起的误差称终点误差，以 T.E. 表示。

$$\text{T.E.}=\frac{\text{终点时过量或不足量滴定剂的物质的量}}{\text{化学计量点时应加入滴定剂的物质的量}}\times100\% \qquad (9.24)$$

或 $$\text{T.E.} = \frac{\text{终点时剩余被滴物的物质的量}}{\text{开始时被滴物的物质的量}} \times 100\% \qquad (9.25)$$

例如，以 $0.1 \text{mol} \cdot \text{L}^{-1}$ NaOH 溶液滴定 $0.1 \text{mol} \cdot \text{L}^{-1}$ HCl 溶液，若滴定终点在化学计量点后，此时存在过量的 NaOH，设它的浓度为 c，溶液的质子条件式为：

$$[\text{OH}^-] = [\text{H}^+] + c$$

即过量 NaOH 的浓度为：

$$c = [\text{OH}^-] - [\text{H}^+]$$

此时，过量的 NaOH 浓度应当从 $[\text{OH}^-]$ 中减去水解离产生的 OH^-，而水解离的 OH^- 浓度和 $[\text{H}^+]$ 相等，故：

$$\text{T.E.} = \frac{\text{过量 NaOH 的物质的量}}{\text{计量点时应加入 NaOH 的物质的量}} \times 100\% = \frac{\text{过量 NaOH 的物质的量}}{\text{计量点时 HCl 的物质的量}} \times 100\%$$

$$= \frac{([\text{OH}^-]_{ep} - [\text{H}^+]_{ep}) V_{ep}}{c_{\text{HCl,sp}} V_{sp}} \times 100\% = \frac{[\text{OH}^-]_{ep} - [\text{H}^+]_{ep}}{c_{\text{HCl,sp}}} \times 100\%$$

终点在化学计量点后，滴定剂加多了，误差为正值。如实际滴定中，用酚酞作指示剂，酚酞变红，即滴定终点时溶液 pH 值为 9.0，则滴定误差为：

$$\text{T.E.} = \frac{(10^{-5} - 10^{-9}) \text{mol} \cdot \text{L}^{-1}}{0.05 \text{mol} \cdot \text{L}^{-1}} \times 100\% = +0.02\%$$

若滴定终点在化学计量点前，此时有部分 HCl 未被中和，溶液的质子条件式为：

$$[\text{H}^+] = [\text{OH}^-] + c_{\text{HCl}}$$

此时，未被中和的 HCl 的浓度为：

$$c_{\text{HCl}} = [\text{H}^+] - [\text{OH}^-]$$

$$\text{T.E.} = -\frac{\text{未被中和的 HCl 的物质的量}}{\text{化学计量点时 HCl 的物质的量}} \times 100\% = \frac{-([\text{H}^+]_{ep} - [\text{OH}^-]_{ep}) V_{ep}}{c_{\text{HCl,sp}} V_{sp}} \times 100\%$$

$$= \frac{([\text{OH}^-]_{ep} - [\text{H}^+]_{ep}) V_{ep}}{c_{\text{HCl,sp}} V_{sp}} \times 100\% = \frac{[\text{OH}^-]_{ep} - [\text{H}^+]_{ep}}{c_{\text{HCl,sp}}} \times 100\%$$

滴定终点在化学计量点前，滴定剂加少了，误差为负值。如实际滴定中，用甲基橙作指示剂，如果滴定至溶液变黄时，pH 值为 4.4，则滴定误差为：

$$\text{T.E.} = \frac{(10^{-9.6} - 10^{-4.4}) \text{mol} \cdot \text{L}^{-1}}{0.05 \text{mol} \cdot \text{L}^{-1}} \times 100\% = -0.08\%$$

实际上无论滴定终点在化学计量点前或后，计算滴定误差的公式相同，计算结果符号相反。若是用 HCl 滴定 NaOH，其终点误差为：

$$\text{T.E.} = \frac{[\text{H}^+]_{ep} - [\text{OH}^-]_{ep}}{c_{\text{NaOH,sp}}} \times 100\%$$

上述用代数计算终点误差的方法，同样可用于弱酸（碱）和多元酸（碱）的滴定，只是具体计算式不同。

*9.2.7 非水溶液中的酸碱滴定简介

对于一些在水中解离常数很小的弱酸或弱碱以及在水中溶解度较小的有机酸、碱，在水溶液中滴定无法进行。如果采用各种非水溶剂（non-aqueous solvent，包括有机溶剂与不含水的无机溶剂）作为滴定介质，常常可以克服这些困难，从而扩大酸碱滴定的应用范围。非水滴定包括酸碱滴定、氧化还原滴定、配位滴定及沉淀滴定等方法，它们在有机分析中得到了广泛的应用。本节只对非水溶液中的酸碱滴定加以讨论。

9.2.7.1 溶剂的分类、性质和作用

在非水溶液酸碱滴定中，常用的溶剂有甲醇、乙醇、冰醋酸、二甲基甲酰胺、丙酮和苯等，种类很多。通常根据溶剂的酸碱性，定性地将它们分为两大类。

(1) 两性溶剂 (amphiprotic solvent)

这类溶剂既具有酸性，又具有碱性。当溶质是较强的酸时，这类溶剂显碱性；当溶质是较强的碱时，这类溶剂显酸性。两性溶剂最大的特点是溶剂分子之间有质子的转移，即质子自递反应。根据两性溶剂给出和接受质子能力的不同，可进一步将它们分为以下三类：

① 中性溶剂　其酸碱性与水相似，大多数醇如甲醇、乙醇、异丙醇等都属于这一类；

② 酸性溶剂　其给出质子的能力比水强，而接受质子的能力比水弱，如甲酸、冰醋酸、硫酸等；

③ 碱性溶剂　其接受质子的能力比水强，而给出质子的能力比水弱，如乙二胺、丁胺、乙醇胺等。

(2) 惰性溶剂 (inert solvent)

不具有酸碱性或酸碱性很弱。溶剂分子之间没有质子自递反应，如苯、氯仿、四氯化碳、丙酮、甲基异丁酮等。在惰性溶剂中，质子转移反应直接发生在试样与滴定剂之间。

两性溶剂发生质子自递作用，若以 SH 表示两性溶剂，其质子自递反应为：

$$SH + SH \rightleftharpoons SH_2^+ + S^-$$

　　　　　　　　　　（溶剂化质子）（溶剂阴离子）

溶剂的质子自递常数为：

$$K_s = [SH_2^+][S^{2-}] \tag{9.26}$$

例如溶剂水的质子自递作用：

$$H_2O + H_2O \rightleftharpoons H_3O^+ + OH^- \quad pK_s = pK_w = 14.0$$

在非水介质中凡是两性溶剂都有质子自递作用，如：

$$C_2H_5OH + C_2H_5OH \rightleftharpoons C_2H_5OH_2^+ + C_2H_5O^- \quad pK_s = 19.1$$

常见几种溶剂的 pK_s 及介电常数列于表 9.4 中。

表 9.4　常见几种溶剂的 pK_s 及介电常数 ε (25℃)

溶剂	pK_s	ε	溶剂	pK_s	ε
水	14.00	78.5	乙腈	28.5	36.5
甲醇	16.7	31.5	甲基异丁酮	>30	13.1
乙醇	19.1	24.0	二甲基甲酰胺	—	36.7
甲酸	6.22	58.5	吡啶	—	12.3
醋酸	14.45	6.13	二氧六烷	—	2.21
醋酸酐	14.5	20.5	苯	—	2.30
乙二胺	15.3	14.2	三氯甲烷	—	4.81

K_s 对滴定突跃范围有影响，下面将水和乙醇两种溶剂进行比较：

溶剂	H_2O ($pK_s = 14.0$)	C_2H_5OH ($pK_s = 19.1$)
碱	OH^-	$C_2H_5O^-$
酸	H_3O^+	$C_2H_5OH_2^+$
化学计量点前	pH=4	pH*=4
化学计量点后	pH=14−4=10	pH*=19.1−4=15.1
ΔpH	6	11.1

可见 K_s 越小，突跃范围越大，终点越敏锐。

溶剂的 K_s 是非水溶剂的一个重要性质，它决定了酸碱滴定反应的完全程度，K_s 愈小，滴定反应进行得愈完全。也提供了混合酸碱有无连续滴定的可能性，例如，在甲基异丁酮介质中（$pK_s>30$），用氢氧化四丁基铵作为滴定剂，可分别滴定 $HClO_4$ 和 H_2SO_4，而这两种酸在水溶液中均为强酸，是不能分别滴定的。

在水中，$HClO_4$、H_2SO_4、HCl、HNO_3 的稀溶液均为强酸，因为水的碱性相对这四种酸而言较强，它们的质子全部被水分子夺取，即全部转换为 H_3O^+：

$$HClO_4 + H_2O \longrightarrow H_3O^+ + ClO_4^-$$

$$H_2SO_4 + H_2O \longrightarrow H_3O^+ + HSO_4^-$$

$$HCl + H_2O \longrightarrow H_3O^+ + Cl^-$$

$$HNO_3 + H_2O \longrightarrow H_3O^+ + NO_3^-$$

H_3O^+ 成为水溶液中能够存在的最强的酸的形式，使这四种酸的酸度全部被拉平到水合质子 H_3O^+ 强度的水平，这就是拉平效应（leveling effect），而水称为拉平溶剂，又称均化性溶剂。

如果上述四种酸存在于冰醋酸介质中，醋酸为酸性溶剂，其对质子的亲和力较弱，这四种酸的质子不能全部被醋酸分子夺取：

$$HClO_4 + HAc \rightleftharpoons H_2Ac^+ + ClO_4^-$$

$$H_2SO_4 + HAc \rightleftharpoons H_2Ac^+ + HSO_4^-$$

$$HCl + HAc \rightleftharpoons H_2Ac^+ + Cl^-$$

$$HNO_3 + HAc \rightleftharpoons H_2Ac^+ + NO_3^-$$

这四种酸的强度就显示出差异，实验证明，强度顺序为：

$$HClO_4 > H_2SO_4 > HCl > HNO_3$$

这种能区分酸碱强度的作用称为区分效应，醋酸溶剂称为区分溶剂。

在非水滴定中，利用溶剂的拉平效应可测定各种酸或碱的总浓度；利用溶剂的区分效应，可以分别测定酸或碱的含量。

可见，在水溶液中不能直接滴定的弱酸或弱碱，通过选择适当的溶剂使其强度增加即可完成滴定，例如，滴定弱碱应选择酸性溶剂，常用冰醋酸的高氯酸溶液。测定强度不同的酸或碱，宜选用酸碱性皆弱的溶剂，如惰性溶剂及 pK_s 大的溶剂，例如，甲基异丁酮对高氯酸、盐酸、水杨酸、醋酸和苯酚有良好的区分效应。

9.2.7.2 非水滴定条件的选择

在非水滴定中，溶剂的选择至关重要。在选择溶剂时，溶剂的酸碱性、介电常数和形成氢键的能力等都要考虑到，但首先要考虑的是溶剂的酸碱性，因为它直接影响滴定反应的完全程度。

溶剂的选择原则一般是溶剂的 K_s 要小，即 pK_s 值要大。滴定弱碱应当选择碱性弱的溶剂，最常用的是冰醋酸，它的碱性很弱，K_s 比水稍小。滴定弱酸要选择酸性弱的溶剂，常用的有乙二胺、正丁胺等。另外选择的溶剂对试样及反应产物的溶解度要大。

滴定剂的选择一般是滴定弱碱应选用强酸作滴定剂，通常用高氯酸的冰醋酸溶液。因高氯酸的酸性最强，滴定过程中生成的高氯酸盐具有较大的溶解度。高氯酸和冰醋酸中含有的水分，应加入适量的醋酸酐去除。高氯酸的冰醋酸溶液浓度常用邻苯二甲酸氢钾为基准物标定其浓度。滴定终点可采用电势滴定法或指示剂法，常用的指示剂为结晶紫、甲基紫、中性红等。在非水介质中滴定弱酸时，应选用强碱作滴定剂。常选用甲醇钠、乙醇钠的苯-甲醇溶液或氢氧化四丁基铵的甲醇-甲苯溶液为滴定剂。标定碱的基准物常用苯甲酸,可选用百里酚蓝、偶氮紫、邻硝基苯胺等作指示剂。

习题 9-2

1. 酸碱指示剂的选择原则是什么?
2. 某一 NaOH 溶液吸收了少量的 CO_2,分别以甲基橙和酚酞为指示剂测定强酸时,对测定结果的准确度有何影响?若用其来测定某弱酸,情况又如何?
3. 用下列基准物标定 HCl 溶液的浓度,标定结果准确度如何?
   (1) 在 110℃ 烘过的 Na_2CO_3;
   (2) 在相对湿度为 30% 的容器内保存的硼砂。
4. 用下列基准物标定 NaOH 溶液的浓度,标定结果准确度如何?
   (1) 部分风化的 $H_2C_2O_4 \cdot 2H_2O$;
   (2) 含有少量中性杂质的 $H_2C_2O_4 \cdot 2H_2O$。
5. 试确定下述浓度均为 $0.1 mol \cdot L^{-1}$ 的物质,能否直接滴定?如果能,选用何种指示剂?
   (1) HCOOH (2) NH_2OH (3) NH_4Cl (4) NaAc (5) 硼砂
6. 试确定浓度均为 $0.1 mol \cdot L^{-1}$ 的下列多元酸或混合酸水溶液能否准确分步滴定或分别滴定?
   (1) H_2S (2) 柠檬酸 (3) 氯乙酸+乙酸 (4) $H_2SO_4 + H_3BO_3$
7. $0.1 mol \cdot L^{-1} H_3A$ 能否用 $0.1 mol \cdot L^{-1}$ NaOH 溶液直接滴定,如能直接滴定,有几个突跃?并求出计量点的 pH 值,应选择什么指示剂?(已知 $pK_{a_1}^{\ominus}=2.0$,$pK_{a_2}^{\ominus}=6.0$,$pK_{a_3}^{\ominus}=12.0$)
8. 有四种未知物,它们可能是 NaOH、Na_2CO_3、$NaHCO_3$ 或它们的混合物,如何把它们区别开来,并分别测定它们的质量分数?说明理由。
9. 如何配制不含 Na_2CO_3 的 NaOH 标准溶液?
10. 用 $0.5000 mol \cdot L^{-1}$ HCl 溶液滴定 20.00mL $0.5000 mol \cdot L^{-1}$ 一元弱碱 B ($pK_b^{\ominus}=6.00$),计算化学计量点时的 pH 值为多少?化学计量点附近的滴定突跃为多少?应选择何种指示剂指示滴定终点?
11. 用 $0.2000 mol \cdot L^{-1}$ NaOH 溶液滴定 $0.2000 mol \cdot L^{-1}$ 邻苯二甲酸氢钾溶液,化学计量点时的 pH 值为多少?化学计量点附近的滴定突跃为多少?应选择何种指示剂指示滴定终点?
12. 分析不纯 $CaCO_3$(其中不含干扰物质)时,称取试样 0.3000g,加入浓度为 $0.2500 mol \cdot L^{-1}$ 的 HCl 标准溶液 25.00mL。煮沸除去 CO_2,用浓度为 $0.2012 mol \cdot L^{-1}$ NaOH 溶液返滴过量的酸,消耗了 5.84mL。计算试样中 $CaCO_3$ 的质量分数。
13. 称取混合碱试样 0.5400g,溶于水后用 $0.1000 mol \cdot L^{-1}$ 盐酸溶液滴定至酚酞终点,消耗 HCl 15.00mL,继续用盐酸溶液滴定至甲基橙终点,又耗去 HCl 37.00mL,问此溶液中含哪些碱性物质,含量各为多少?
14. 称取混合碱试样 0.5895g,溶于水后用 $0.3000 mol \cdot L^{-1}$ HCl 滴定至酚酞变色时,用去 HCl 24.08mL,加甲基橙后继续用 HCl 溶液滴定,又消耗 HCl 12.02mL,计算试样中各组分的质量分数。
15. 某试样仅含 NaOH 和 Na_2CO_3,质量为 0.3515g 的该试样需 35.00mL $0.1982 mol \cdot L^{-1}$ HCl 溶液滴定至酚酞变色,那么还需加入多少毫升上述 HCl 溶液可达到以甲基橙为指示剂的终点?并计算试样中 NaOH 和 Na_2CO_3 的质量分数。
16. 称取某浓 H_3PO_4 试样 2.000g,用水稀释定容为 250.0mL,移取 25.00mL,以 $0.1000 mol \cdot L^{-1}$ NaOH 标准溶液 20.04mL 滴定至甲基红变为橙黄色,计算试样中 H_3PO_4 的质量分数。
17. 某磷酸盐试液需用 12.25mL 标准盐酸溶液滴定至酚酞终点,继续滴定需再加 36.75mL 盐酸溶液滴定至甲基橙终点,计算溶液的 pH 值。
18. 有一纯的有机酸 400mg,用 $0.1000 mol \cdot L^{-1}$ NaOH 溶液滴定,滴定曲线表明该酸为一元酸,加入 32.80mL NaOH 溶液时达终点。当加入 16.40mL NaOH 溶液时,pH 值为 4.20。根据上述数据求:
    (1) 酸的 $pK_a^{\ominus}$;(2) 酸的相对分子质量;(3) 如酸只含 C、H、O,写出符合逻辑的经验式(本题中,

19. 称取硅酸盐试样 0.1000g，经熔融分解，沉淀出 K_2SiF_6，然后过滤、洗净，水解产生的 HF 用 $0.1477 mol·L^{-1}$ NaOH 标准溶液滴定，以酚酞为指示剂，耗去 NaOH 标准溶液 24.72mL，计算试样中 SiO_2 的质量分数。
20. 计算用 $0.1000 mol·L^{-1}$ HCl 溶液滴定 $0.1000 mol·L^{-1}$ NH_3 溶液时，(1) 用酚酞为指示剂，滴定至 pH=8.5 为终点时的终点误差；(2) 用甲基橙为指示剂，滴定至 pH=4.0 为终点时的终点误差。

9.3 配位滴定法

配位滴定法（complexometric titration）是以配位反应为基础的滴定分析方法。常用来测定多种金属离子或间接测定其他离子。用于配位滴定的反应必须符合完全、定量、快速和有适当指示剂来指示终点等要求。因此，配位滴定要求在一定的反应条件下，形成的配合物要相当稳定；配位数必须固定。由于一般无机配位剂与金属离子形成的配合物稳定性较差，且存在逐级配位现象，各级稳定常数相差较小，溶液中常常同时存在多种形式的配离子，很难定量配位和计算。另外，滴定过程中的突跃不明显，也使终点判断困难。因此，一般无机配位剂很少用于滴定分析。大多数有机配合物无上述不足，常用于配位滴定。最常用的配位剂是氨羧配位剂，它们能和金属离子形成稳定的螯合物。目前配位滴定中最重要、应用最广泛的是乙二胺四乙酸及其二钠盐。

9.3.1 EDTA 及其配合物的稳定性

乙二胺四乙酸（ethylene diamine tetraacetic acid），简称 EDTA，其结构式为：

$$\begin{array}{c} HOOCH_2C \\ HOOCH_2C \end{array} \!\!\!\! N-CH_2-CH_2-N \!\!\!\! \begin{array}{c} CH_2COOH \\ CH_2COOH \end{array}$$

分子中含有 2 个氨基氮和 4 个羧基氧共 6 个配位原子，几乎能与所有金属离子配合形成稳定的螯合物。用它作标准溶液，可以滴定几十种金属离子，现在所说的配位滴定一般就是指 EDTA 滴定。

9.3.1.1 EDTA 的性质

从结构式可以看出，EDTA 是一个四元酸，通常用符号 H_4Y 表示。由于它在水中的溶解度很小（室温下，每 100mL 水中能溶解 0.02g），难溶于酸和一般有机溶剂，但易溶于氨水和 NaOH 溶液，并生成相应的盐，所以在实践中，常用它的二钠盐 $Na_2H_2Y·2H_2O$，也简称 EDTA。后者溶解度较大（室温下，每 100mL 水中能溶解 11.1g），饱和水溶液的浓度约为 $0.3 mol·L^{-1}$，溶液的 pH 约为 4.8，是应用最广的配位滴定剂。

当溶液酸度很高时，两个氨基氮原子可再接受 H^+，形成 H_6Y^{2+}，相当于六元酸，有六级解离常数：$K_{a_1}^{\ominus}=10^{-0.9}$，$K_{a_2}^{\ominus}=10^{-1.6}$，$K_{a_3}^{\ominus}=10^{-2.1}$，$K_{a_4}^{\ominus}=10^{-2.8}$，$K_{a_5}^{\ominus}=10^{-6.2}$，$K_{a_6}^{\ominus}=10^{-10.3}$。

由于分步解离，EDTA 在溶液中以多种形式存在（H_6Y^{2+}、H_5Y^+、H_4Y、H_3Y^-、H_2Y^{2-}、HY^{3-}、Y^{4-}）。很明显，加碱可以促进它的解离，所以溶液的 pH 越高，其解离度就越大，当 pH<1 时，主要以 H_6Y^{2+} 形式存在；当 pH>10.3 时，EDTA 几乎完全解离，以 Y^{4-} 形式存在。

9.3.1.2 EDTA 与金属离子的配位反应特点

① 普遍性　EDTA 几乎能与所有的金属离子发生配位反应，生成稳定的螯合物。

EDTA广泛配合的性能给配位滴定的广泛应用提供了可能，但同时导致实际滴定中组分之间的相互干扰。

② 组成一定 在一般情况下，EDTA与金属离子形成的配合物都是1:1的螯合物。一般情况下反应通式为：M+Y $\rightleftharpoons$ MY，这给分析结果的计算带来很大的方便。

③ 稳定性高 EDTA与金属离子所形成的配合物一般都具有五元环的结构，所以稳定常数大，稳定性高。

④ 可溶性 EDTA与金属离子形成的配合物一般都可溶于水，使滴定能在水溶液中进行。

此外，EDTA与无色金属离子配位时，一般生成无色配合物，与有色金属离子则生成颜色更深的配合物。例如 Cu^{2+} 显浅蓝色，而 CuY^{2-} 显深蓝色；Ni^{2+} 显浅绿色，而 NiY^{2-} 显蓝绿色。

9.3.1.3 EDTA与金属离子配合物的稳定性

EDTA与金属离子的配位反应可简写为（略去电荷）：

$$M + Y \rightleftharpoons MY$$

其稳定常数为

$$K_{MY}^{\ominus} = \frac{[MY]}{[M][Y]} \tag{9.27}$$

一些常见金属离子与EDTA的配合物的稳定常数参见表9.5。

表9.5 常见金属离子与EDTA的配合物的稳定常数
（20℃，溶液离子强度 $I=0.1 \text{mol} \cdot \text{kg}^{-1}$）

阳离子	$\lg K_{MY}^{\ominus}$	阳离子	$\lg K_{MY}^{\ominus}$	阳离子	$\lg K_{MY}^{\ominus}$
Na^+	1.66	Ce^{3+}	15.98	Cu^{2+}	18.80
Li^+	2.79	Al^{3+}	16.3	Ti^{3+}	21.3
Ag^+	7.32	Co^{2+}	16.31	Hg^{2+}	21.8
Ba^{2+}	7.86	Pt^{2+}	16.4	Sn^{2+}	22.1
Sr^{2+}	8.73	Cd^{2+}	16.46	Th^{4+}	23.2
Mg^{2+}	8.69	Zn^{2+}	16.50	Cr^{3+}	23.4
Be^{2+}	9.20	Pb^{2+}	18.04	Fe^{3+}	25.1
Ca^{2+}	10.69	Y^{3+}	18.09	U^{4+}	25.8
Mn^{2+}	13.87	VO_2^+	18.1	Bi^{3+}	27.94
Fe^{2+}	14.33	Ni^{2+}	18.60	Co^{3+}	36.0
La^{3+}	15.50	VO^{2+}	18.8		

9.3.1.4 影响EDTA与金属离子配合物稳定性的外界因素

在EDTA滴定中，将被测金属离子M与EDTA配合生成MY的反应称为主反应，而将反应物M、Y及产物MY与溶液中其他组分发生的反应称为副反应。主反应和副反应之间的平衡可用下式表示。式中，L为其他配位剂，N为干扰离子。

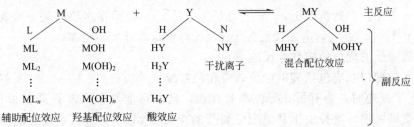

若M或Y发生了副反应，则不利于主反应的进行；若MY发生了副反应，如生成酸式

配合物 MHY，或生成碱式配合物 MOHY，这些配合物统称为混合配合物，则有利于主反应的进行。但这种混合配合物大多不太稳定，可以忽略不计。任何一个副反应都会对主反应产生影响，也会使 MY 的稳定性受到影响。在众多的影响因素中，一般主要考虑酸效应和金属离子的配位效应。

(1) EDTA 的酸效应和酸效应系数 $\alpha_{Y(H)}$

H_4Y 在强酸溶液中（两氨基）可再接受两个 H^+，形成的六元酸 H_6Y^{2+} 在溶液中有六级解离平衡。因此 EDTA 在水溶液中有 H_6Y^{2+}、H_5Y^+、H_4Y、H_3Y^-、H_2Y^{2-}、HY^{3-}、Y^{4-} 七种存在型体。在这七种型体中只有 Y^{4-} 可直接与金属离子配合。

由于 H^+ 的存在，H^+ 与 Y 之间发生了副反应，使 Y 参加主反应能力降低的现象称为酸效应（acid effect）。酸效应的大小可用 $\alpha_{Y(H)}$ 来衡量。$\alpha_{Y(H)}$ 表示未参加配位主反应的 EDTA 各种存在型体的总浓度 [Y'] 与能参加配位主反应的 Y^{4-} 的平衡浓度 [Y] 之比，其数学表达式为：

$$\alpha_{Y(H)} = \frac{[Y']}{[Y]} = \frac{[Y^{4-}]+[HY^{3-}]+[H_2Y^{2-}]+[H_3Y^-]+[H_4Y]+[H_5Y^+]+[H_6Y^{2+}]}{[Y^{4-}]}$$

$$= 1 + \frac{[H^+]}{K_{a_6}^{\ominus}} + \frac{[H^+]^2}{K_{a_6}^{\ominus} K_{a_5}^{\ominus}} + \frac{[H^+]^3}{K_{a_6}^{\ominus} K_{a_5}^{\ominus} K_{a_4}^{\ominus}} + \frac{[H^+]^4}{K_{a_6}^{\ominus} K_{a_5}^{\ominus} K_{a_4}^{\ominus} K_{a_3}^{\ominus}}$$

$$+ \frac{[H^+]^5}{K_{a_6}^{\ominus} K_{a_5}^{\ominus} K_{a_4}^{\ominus} K_{a_3}^{\ominus} K_{a_2}^{\ominus}} + \frac{[H^+]^6}{K_{a_6}^{\ominus} K_{a_5}^{\ominus} K_{a_4}^{\ominus} K_{a_3}^{\ominus} K_{a_2}^{\ominus} K_{a_1}^{\ominus}}$$

(9.28)

可见，酸效应系数随溶液 pH 的增大而减小。酸度越高，$\alpha_{Y(H)}$ 越大，酸效应越严重。如果 H^+ 与 Y 之间未发生副反应，即未参加配位反应的 EDTA 全部以 Y^{4-} 形式存在，则 $\alpha_{Y(H)} = 1$。

不同 pH 时的 $\lg\alpha_{Y(H)}$ 见表 9.6。

表 9.6　不同 pH 时的 $\lg\alpha_{Y(H)}$

pH	$\lg\alpha_{Y(H)}$	pH	$\lg\alpha_{Y(H)}$	pH	$\lg\alpha_{Y(H)}$
0.0	23.64	3.8	8.85	7.5	2.78
0.4	21.32	4.0	8.44	8.0	2.27
0.8	19.08	4.4	7.64	8.5	1.77
1.0	18.01	4.8	6.84	9.0	1.28
1.4	16.02	5.0	6.45	9.5	0.83
1.8	14.27	5.4	5.69	10.0	0.45
2.0	13.51	5.8	4.98	11.0	0.07
2.4	12.19	6.0	4.65	12.0	0.01
2.8	11.09	6.4	4.06	13.0	0.00
3.0	10.60	6.8	3.55		
3.4	9.7	7.0	3.32		

由表 9.6 可见，多数情况下，[Y'] 总是大于 [Y]，说明在多数情况下酸效应总是存在的。只有在 pH≥12 时，$\alpha_{Y(H)}$ 才接近等于 1，此时可认为 [Y']=[Y]。

(2) 金属离子的配位效应和副反应系数 α_M

金属离子的配位效应包括辅助配位效应和羟基配位效应。

当 M 与 Y 反应时，如有另一配位剂 L 存在，且 L 可能与金属离子 M 反应形成配合物，主反应就会受到影响。这种由于其他配位剂 L 的存在使 M 与 Y 进行主反应能力降低的现象称为辅助配位效应，其中 L 称为辅助配位剂。

当水溶液酸度较低时，金属离子常因水解形成羟基配合物，该副反应也会对主反应产生影响，这种由 OH^- 与金属离子形成羟基配合物的副反应称为羟基配位效应。

由辅助配位剂 L 所引起的辅助配位效应，其副反应系数用 $\alpha_{M(L)}$ 表示：

$$\alpha_{M(L)} = \frac{[M]+[ML]+[ML_2]+\cdots+[ML_n]}{[M]} = 1+\beta_1[L]+\beta_2[L]^2+\cdots+\beta_n[L]^n \quad (9.29)$$

由 OH^- 所引起的羟基配位效应，其副反应系数用 $\alpha_{M(OH)}$ 表示：

$$\alpha_{M(OH)} = \frac{[M]+[M(OH)]+\cdots+[M(OH)_n]}{[M]} = 1+\beta_1[OH^-]+\cdots+\beta_n[OH^-]^n \quad (9.30)$$

若溶液中这两种配合效应同时存在，则 M 的总副反应系数 α_M 应包括 $\alpha_{M(L)}$ 和 $\alpha_{M(OH)}$，即：

$$\alpha_M = \frac{[M']}{[M]} = \frac{[M]+[ML]+\cdots+[ML_n]+[M(OH)]+\cdots+[M(OH)_n]}{[M]}$$

故 $\alpha_M = \alpha_{M(OH)} + \alpha_{M(L)} - 1$ \quad (9.31)

（3）条件稳定常数 $K_{MY}^{\ominus\prime}$

设配位反应达平衡时，未参加主反应的 M 的总浓度为 [M′]，未参加主反应的 Y 的总浓度为 [Y′]，MY 的总浓度为 [MY′]，则可以得到以总浓度表示的配合物的稳定常数即条件稳定常数 $K_{MY}^{\ominus\prime}$：

$$K_{MY}^{\ominus\prime} = \frac{[MY']}{[M'][Y']} = K_{MY}^{\ominus} \frac{\alpha_{MY}}{\alpha_M \alpha_{Y(H)}} \quad (9.32)$$

式中，α_{MY} 为 MY 的混合配位效应副反应系数。

混合配位效应一般情况下可忽略。由于在实际滴定分析过程中溶液酸度总是高于金属离子的水解酸度，当无辅助配位效应时，可只考虑酸效应，此时：

$$K_{MY}^{\ominus\prime} = \frac{[MY]}{[M][Y']} = \frac{K_{MY}^{\ominus}}{\alpha_{Y(H)}} \quad (9.33)$$

$$\lg K_{MY}^{\ominus\prime} = \lg K_{MY}^{\ominus} - \lg \alpha_{Y(H)} \quad (9.34)$$

$\lg K_{MY}^{\ominus\prime}$ 随 pH 的增加而增大。

$K_{MY}^{\ominus\prime}$ 的大小可比较真实地反映有副反应存在时主反应进行的程度。

9.3.2 配位滴定曲线

在配位滴定中，随着滴定剂 EDTA 的加入，溶液中金属离子的浓度逐渐减小，在化学计量点附近，pM 发生急剧变化，若以加入滴定剂 EDTA 的体积 V 为横坐标，pM 为纵坐标，作 pM-V_{EDTA} 图，即可得到配位滴定的滴定曲线。

由 9.3.1 的讨论可见，在配位滴定中，除了主反应外，还有不同的副反应存在，而后者对 EDTA 与金属离子 M 的配合物 MY 的稳定性又有着较为显著的影响，因此，表征在滴定条件下 MY 稳定性时，应使用条件稳定常数 $K_{MY}^{\ominus\prime}$。

现以 pH=10.0 时，用 0.01000 mol·L^{-1} EDTA 溶液滴定 20.00mL 0.01000 mol·L^{-1} Ca^{2+} 溶液为例，讨论滴定过程中金属离子浓度的变化情况。

由表 9.5 查得 $\lg K_{CaY^{2-}}^{\ominus} = 10.69$，由表 9.6 查得 pH=10.0 时，$\lg \alpha_{Y(H)} = 0.45$。

pH=10.00 时，$\lg K_{CaY^{2-}}^{\ominus\prime} = \lg K_{CaY^{2-}}^{\ominus} - \lg \alpha_{Y(H)} = 10.69 - 0.45 = 10.24$。

$$K_{CaY^{2-}}^{\ominus\prime} = 10^{10.24} = 1.8 \times 10^{10}$$

① 未滴定前：$c_{Ca^{2+}} = 0.01000 \text{mol·}L^{-1}$，pCa=2.0。

② 滴定开始至化学计量点前，近似地以剩余 Ca^{2+} 浓度来计算 pCa（忽略 CaY^{2-} 解离）。如滴定分数为 99.9% 时，加入 19.98mL EDTA：

$$c_{Ca^+} = \frac{0.02 \times 0.01000 \text{mol} \cdot L^{-1}}{20.00+19.98} = 5.0 \times 10^{-6} \text{mol} \cdot L^{-1} \quad pCa=5.30$$

③ 化学计量点（滴定分数为 100%）时，加入 20.00mL EDTA，Ca^{2+} 与 EDTA 恰好完全配合生成 CaY^{2-}。Ca^{2+} 浓度由 CaY^{2-} 解离平衡计算，设平衡时 Ca^{2+} 浓度为 x：

$$Ca^{2+} + Y^{4-} \rightleftharpoons CaY^{2-}$$

平衡浓度/$mol \cdot L^{-1}$ \quad x \quad x \quad 0.005000

$$\frac{0.005000}{x \cdot x} = 1.8 \times 10^{10}$$

$$x = 5.3 \times 10^{-7} \quad pCa = 6.30$$

④ 化学计量点后，Ca^{2+} 浓度由 CaY^{2-} 解离平衡计算，如滴定分数为 100.1% 时，加入 20.02mL EDTA 溶液，此时 EDTA 溶液过量，其过量浓度为：

$$Y'_{过量} = \frac{0.02 \times 0.01000 \text{mol} \cdot L^{-1}}{20.00+20.02} = 5.0 \times 10^{-6} \text{mol} \cdot L^{-1}$$

设平衡时 Ca^{2+} 浓度为 x：

$$Ca^{2+} + Y^{4-} \rightleftharpoons CaY^{2-}$$

平衡浓度/$mol \cdot L^{-1}$ \quad x \quad $x+5.0 \times 10^{-6} \approx 5.0 \times 10^{-6}$ \quad $0.005000-x \approx 0.005000$

$$\frac{0.00500}{x \cdot (5.0 \times 10^{-6})} = 1.8 \times 10^{10} \quad x = 5.6 \times 10^{-8} \quad pCa = 7.30$$

pH=10.0 时，滴定突跃为 5.30～7.30。

如此逐一计算，以 pCa 为纵坐标，加入 EDTA 标准溶液的百分数（或体积）为横坐标作图，即得到用 EDTA 标准溶液滴定 Ca^{2+} 的滴定曲线。

同理，当 pH 值改变时，用同样的方法可以求出不同 pH 值下的滴定曲线，如图 9.8 所示。

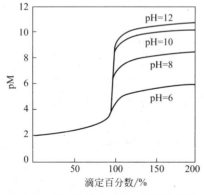

图 9.8　EDTA 滴定 Ca^{2+} 的滴定曲线

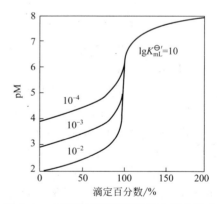

图 9.9　金属离子浓度对滴定曲线的影响

从图 9.8 可知，滴定曲线突跃范围随溶液 pH 值增大而增大，这是由于 pH 值增大，$K^{\ominus'}_{CaY^{2-}}$ 增大，CaY^{2-} 越稳定，解离的 Ca^{2+} 浓度越小，pCa 越大。

金属离子起始浓度对滴定突跃也有影响，这和酸碱滴定中酸（碱）浓度影响突跃范围相似。金属离子起始浓度越小，滴定曲线的起点越高，突跃范围就越小，如图 9.9 所示。

若金属离子还存在辅助配位效应或水解效应，计量点前的突跃范围的影响会更为复杂。

9.3.3 配位滴定中酸度条件的控制

配位滴定中的酸度条件的控制是通过 EDTA 的酸效应和金属离子水解生成沉淀的影响来确定的。根据酸效应可确定滴定允许的最低 pH 值，由金属离子水解生成沉淀可确定滴定允许的最高 pH 值。

9.3.3.1 酸效应曲线

金属离子准确滴定的条件是由配位滴定的误差要求和终点判断的准确度决定的。

金属离子准确滴定的条件为：

$$c_M K_{MY}^{\ominus \prime} \geq 10^6 \ (|T.E.| \leq 0.1\%, |\Delta pM| \geq 0.2) \tag{9.35}$$

其意义是：以 EDTA 滴定金属离子 M，假设终点检测误差的低限是 ± 0.2 pM，如果要满足滴定分析准确度的要求（相对误差在 $\pm 0.1\%$ 以内），那么被滴定的金属离子浓度和条件稳定常数的乘积至少应等于 10^6。

当金属离子浓度 $c_M = 0.01 \ mol \cdot L^{-1}$ 时，则：

$$K_{MY}^{\ominus \prime} \geq 10^8 \quad \text{或} \quad \lg K_{MY}^{\ominus \prime} \geq 8 \tag{9.36}$$

由式(9.34) 得

$$\lg K_{MY}^{\ominus \prime} = \lg K_{MY}^{\ominus} - \lg \alpha_{Y(H)} \geq 8$$

$$\lg \alpha_{Y(H)} \leq \lg K_{MY}^{\ominus} - 8$$

$$[\lg \alpha_{Y(H)}]_{max} = \lg K_{MY}^{\ominus} - 8 \tag{9.37}$$

$[\lg \alpha_{Y(H)}]_{max}$ 对应的 pH 值即为金属离子准确滴定所允许的最小 pH 值。

将各种金属离子的 $\lg K_{MY}^{\ominus}$ 代入上式，即可求出对应的最大 $\lg \alpha_{Y(H)}$，由表 9.6 可查得与它对应的最小 pH 值。将金属离子的 $\lg K_{MY}^{\ominus}$（或对应的 $\lg \alpha_{Y(H)}$）与最小 pH 值绘成曲线，称为 EDTA 的酸效应曲线（acid effective curve）或林邦（Ringbom）曲线，如图 9.10 所示。由图 9.10 可以查出单独滴定某种金属离子时允许的最小 pH 值。

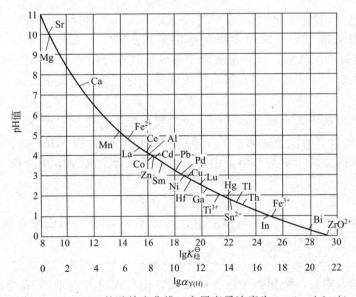

图 9.10 EDTA 的酸效应曲线（金属离子浓度为 $0.01 \ mol \cdot L^{-1}$）

9.3.3.2 配位滴定 pH 值的选择

在实际分析工作中所采用的 pH 值要比最小 pH 值稍大一些，以使配位反应进行得更完全。不过，pH 值并非越大越好，因为过浓的 OH^- 会导致金属离子水解或生成羟基配位化合物。最大 pH 值通常是由金属离子氢氧化物的溶度积求得。

【例 9.15】 在一定条件下，用 $0.01000\ mol\cdot L^{-1}$ EDTA 滴定 $0.01000\ mol\cdot L^{-1}\ Cu^{2+}$ 溶液，计算准确滴定的最小 pH 值和最大 pH 值。

解：(1) 酸效应

由表 9.5 查得：$lgK^{\ominus}_{CuY^{2-}} = 18.80$

$$[lg\alpha_{Y(H)}]_{max} = 18.80 - 8 = 10.80$$

由表 9.6 查得 pH = 2.8 时，$lg\alpha_{Y(H)} = 11.09$；pH = 3.0 时，$lg\alpha_{Y(H)} = 10.60$

2.8	pH_{min}	3.0
11.09	10.80	10.60

由内插法

$$\frac{pH_{min} - 2.8}{3.0 - 2.8} = \frac{10.80 - 11.09}{10.60 - 11.09}$$

解得 $\quad pH_{min} \approx 2.9$

(2) 水解效应

查附录 5 得：$K^{\ominus}_{sp}[Cu(OH)_2] = 2.2 \times 10^{-20}$

$Cu(OH)_2$ 不沉淀

$$c(OH^-) < \sqrt{\frac{2.2 \times 10^{-20}}{0.010}} = 1.5 \times 10^{-9} \quad pOH > 8.83 \quad pH < 5.2$$

滴定的适宜 pH 值条件为 $\quad 2.9 < pH < 5.2$

实际工作中，常用缓冲溶液来调节滴定系统的 pH 值，使滴定系统的 pH 值基本保持不变，既保证了滴定的准确度，又不至生成氢氧化物沉淀。

9.3.4 金属指示剂

9.3.4.1 金属指示剂的变色原理

配位滴定法中最常用的是使用金属指示剂来指示终点。金属指示剂（metallochromic indicator）是一些有机配位剂，可与金属离子形成与其本身颜色显著不同的配合物而指示滴定终点。由于它能够指示出溶液中金属离子浓度的变化情况，故称金属离子指示剂，简称金属指示剂。

下面以直接滴定法中，金属指示剂的变色过程来说明其变色原理。

以 In 代表金属指示剂，与金属离子（M）形成 1∶1 配合物 MIn。

滴定前，加入的金属指示剂与溶液中的金属离子配合生成 MIn 配合物：

$$M + In \rightleftharpoons MIn$$
$$\quad\quad 甲色 \quad 乙色$$

滴定开始至计量点前，EDTA 与溶液中金属离子 M 配合，形成配合物 MY，此时溶液部仍呈现 MIn（乙色）的颜色：

$$M + Y \rightleftharpoons MY$$

当滴定至计量点附近，金属离子浓度已很低，EDTA 进而夺取 MIn 中的 M，将指示剂 In 释放出来，此时溶液的颜色由乙色变为甲色，指示终点到达：

$$MIn + Y \rightleftharpoons MY + In$$
$$乙色 \quad\quad\quad\quad 甲色$$

金属指示剂应该具备以下条件。

① 在滴定条件下，指示剂与金属离子形成配合物的颜色与游离指示剂的颜色应有显著的差异。

许多金属指示剂不仅具有配位性，而且本身往往是多元酸或多元碱，在溶液中有多种存在型体。因此随溶液 pH 值的不同，指示剂的存在型体将不同，指示剂呈现的颜色也将不同。如铬黑 T（简称 EBT）指示剂，它是一个三元酸，第一级完全解离，第二级和第三级只能部分解离（$pK_{a_1}^{\ominus}=6.3$，$pK_{a_2}^{\ominus}=11.6$），溶液中的解离平衡如下：

$$H_2In^- \rightleftharpoons HIn^{2-} \rightleftharpoons In^{3-}$$

红色　　　　蓝色　　　　橙色
pH<6.0　　8.0～11.0　　pH>12.0

铬黑 T 与金属离子形成的配合物为酒红色，显然，铬黑 T 只有在 pH=8～11 时进行滴定，终点的颜色变化才能敏锐（酒红色与蓝色色差大），铬黑 T 指示剂必须在 pH=8～11 时使用。

因此金属指示剂都有其适宜的使用 pH 值范围。实际测定时的 pH 值应在指示剂的适宜 pH 值范围内。

② 指示剂与金属离子形成配合物的显色反应必须灵敏、快速、有良好的变色可逆性和一定的选择性。

③ 显色配合物的稳定性要适当。既要有足够的稳定性（$\lg K_{MIn}^{\ominus\prime} \geqslant 5$），又要比 MY 的稳定性要小。如果稳定性过低，将导致滴定终点提前，且变色范围变宽，颜色变化不敏锐；如果稳定性过高，将导致终点拖后，甚至使 EDTA 无法夺取 MIn 中的 M，使得滴定到达化学计量点时也不发生颜色突变，无法指示终点。实践证明，通常要求两者的稳定常数之比大于 100，即：$\lg K_{MY}^{\ominus\prime} - \lg K_{MIn}^{\ominus\prime} > 2$。

④ 金属离子指示剂要易溶于水，物理和化学性质稳定，以利于储藏和使用。

9.3.4.2 使用指示剂中注意的问题

（1）指示剂的封闭现象

某些金属离子与指示剂形成的配合物（MIn）比相应的金属离子与 EDTA 配合物（MY）更稳定，显然此指示剂不能用作滴定该金属离子的指示剂。但在滴定其他金属离子时，若溶液中存在这些金属离子，则溶液一直呈现这些金属离子与指示剂形成的配合物 MIn 的颜色，即使到了化学计量点也不变色，这种现象称为指示剂的封闭（blocking of indicator）现象。例如在 pH=10 时，以铬黑 T 为指示剂滴定 Ca^{2+}、Mg^{2+} 总量时，Al^{3+}、Fe^{3+}、Cu^{2+}、Co^{2+}、Ni^{2+} 会封闭铬黑 T，使终点无法确定。这时就必须将它们分离或加入少量三乙醇胺（掩蔽 Al^{3+}、Fe^{3+}）和 KCN（掩蔽 Ca^{2+}、Co^{2+}、Ni^{2+}）以消除干扰。

（2）指示剂的僵化现象

有些指示剂本身或金属离子与指示剂形成的配合物在水中的溶解度太小，使滴定剂与金属指示剂的配合物间的置换反应缓慢，终点拖长，这种现象称为指示剂的僵化（ossification of indicator）现象。解决办法是加入有机溶剂或加热以增大其溶解度，从而加快反应速率，使终点变色明显。例如用 PAN 作指示剂时，经常加入乙醇或在加热条件下进行滴定。

金属指示剂大多为含双键的有色化合物，易被日光、空气、氧化剂所分解而变质，在水溶液中多不稳定，故最好现用现配。有时也采取用惰性盐类配成固体的混合物以便于保存。

常见金属离子滴定的 pH 值条件、常用的金属指示剂及缓冲溶液见表 9.7。

表 9.7 常见金属离子滴定的 pH 值条件、常用的金属指示剂及缓冲溶液

M^{n+}	Bi^{3+}	Fe^{3+}	Cu^{2+}	Zn^{2+}	Pb^{2+}	Ca^{2+}		Mg^{2+}	Al^{3+}
适宜 pH 值	1.0	1.5~2.2	4.0~6.0	4.0~6.0	5.0~6.0	10.0	12~13	10.0	返滴定置换滴定
指示剂	XO PAN	ssal	PAN	XO PAN	XO PAN	EBT 酸性铬蓝 K	NN	EBT 酸性铬蓝 K	XO PAN
缓冲溶液	硝酸	强酸	HAc-Ac⁻ 六亚甲基四胺	HAc-Ac⁻ 六亚甲基四胺	六亚甲基四胺	氨缓冲溶液	NaOH	氨缓冲溶液	六亚甲基四胺

注:ssal 指磺基水杨酸;NN 指钙指示剂;XO 指二甲酚橙。

9.3.5 混合离子的分别滴定

前面已讨论到:用 EDTA 滴定单一金属离子 M 时,只要满足 $\lg c_M K_{MY}^{\ominus\prime} \geq 6$,滴定误差 $\leq \pm 0.1\%$,可以实现单一金属离子的准确滴定。对于多种离子(两种或两种以上)共存的系统,由于 EDTA 能和多种金属离子形成稳定的配合物,要用 EDTA 溶液滴定其中的一种离子,其他离子在滴定时可能产生干扰,因此判断能否进行分别滴定,是配位滴定中极为重要的问题。

当溶液中有 M、N 两种金属离子,浓度分别为 c_M 和 c_N,与 EDTA 形成配合物的稳定常数分别为 $K_{MY}^{\ominus}$ 和 $K_{NY}^{\ominus}$,且 $K_{MY}^{\ominus} > K_{NY}^{\ominus}$。若滴定时允许误差为 $\pm 0.5\%$,终点判断的准确度 ΔpM 为 0.3,则滴定金属离子 M 时,金属离子 N 不干扰的条件是:

$$\frac{c_M K_{MY}^{\ominus}}{c_N K_{NY}^{\ominus}} \geq 10^5 \tag{9.38}$$

此式是存在干扰离子时,选择滴定 M 的可行性判据。

由该式可见,当干扰离子(N)共存时,选择滴定 M 是否可行,既与常数比 $K_{MY}^{\ominus}/K_{NY}^{\ominus}$ 有关,也与浓度比 c_M/c_N 有关。

若 $c_M \approx c_N$,则:

$$\frac{K_{MY}^{\ominus}}{K_{NY}^{\ominus}} \geq 10^5 \quad 或 \quad \Delta \lg K^{\ominus} = \lg K_{MY}^{\ominus} - \lg K_{NY}^{\ominus} \geq 5 \tag{9.39}$$

下面分别讨论提高配位滴定选择性常用的几种方法。

9.3.5.1 用控制酸度的方法进行分步滴定

假如金属离子没有副反应,通过控制酸度分步滴定的具体步骤如下:
① 由大到小列出各种金属离子的 $\lg K_{MY}^{\ominus}$,首先被滴定的应是 $\lg K_{MY}^{\ominus}$ 最大的金属离子;
② 判断 $\lg K_{MY}^{\ominus}$ 最大的金属离子与其最邻近的金属离子 N 间有无干扰,即计算:

$$\Delta \lg K^{\ominus} = \lg K_{MY}^{\ominus} - \lg K_{NY}^{\ominus}$$

若 $\Delta \lg K^{\ominus} \geq 5$,说明在滴定 M 时,N 离子的存在无干扰,即可在 M 被准确滴定的酸度范围内选择合适的指示剂,用 EDTA 准确滴定 M。其他离子控制酸度分别测定,以此类推。

若 $\Delta \lg K^{\ominus} < 5$,说明其他离子有干扰,即不能通过控制酸度直接测定 M,必须设法消除干扰离子 N,然后再测定 M。

【例 9.16】 已知 Pb^{2+}、Ca^{2+} 混合溶液中的 Pb^{2+}、Ca^{2+} 的浓度均为 $0.01000 \text{ mol·L}^{-1}$。
(1) Ca^{2+} 是否干扰 Pb^{2+} 的滴定?

(2) 滴定 Pb^{2+} 的适宜 pH 值范围。

解：由表 9.5 查得：$\lg K_{CaY^{2-}}^{\ominus} = 10.69$，$\lg K_{PbY^{2-}}^{\ominus} = 18.08$

(1) 因为 $\Delta\lg K^{\ominus} = 18.04 - 10.69 = 7.35 > 5$，所以 Ca^{2+} 的存在不干扰 Pb^{2+} 的滴定。

(2) 由表 9.7 可得，用六亚甲基四胺缓冲溶液调节 pH = 5~6，以 XO 或 PAN 为指示剂，用 EDTA 滴定混合液中的 Pb^{2+}。

【例 9.17】 能否用控制酸度的方法分别测定 Fe^{3+}、Al^{3+}、Ca^{2+}、Mg^{2+} 混合液中各种金属离子的含量？请写出具体的测定条件（假设各种离子浓度均为 $0.01 mol \cdot L^{-1}$）。

解：查表 9.5 可知：

	FeY^-	AlY^-	CaY^{2-}	MgY^{2-}
$\lg K_{MY}^{\ominus}$	25.1	16.3	10.69	8.69

从 $\lg K_{MY}^{\ominus}$ 的大小可知控制酸度分步滴定的顺序应为 Fe^{3+}、Al^{3+}、Ca^{2+}、Mg^{2+}。

因为 $\Delta\lg K^{\ominus} = \lg K_{FeY}^{\ominus} - \lg K_{AlY}^{\ominus} = 25.1 - 16.3 > 5$

故 Al^{3+}、Ca^{2+}、Mg^{2+} 的存在不干扰 Fe^{3+} 的测定。

由表 9.7 得：在 pH 值 1.5~2.2 时滴定 Fe^{3+}，以磺基水杨酸为指示剂。

测定 Fe^{3+} 后，继续测定的是 Al^{3+}。

因为 $\Delta\lg K^{\ominus} = \lg K_{AlY}^{\ominus} - \lg K_{CaY}^{\ominus} = 16.3 - 10.69 = 5.61 > 5$

故 Ca^{2+}、Mg^{2+} 的存在不干扰 Al^{3+} 的测定。

通常采用返滴定法测定 Al^{3+}。在 pH = 3.0 时加入过量的 EDTA 标准溶液，加热煮沸使 Al^{3+} 与 EDTA 配位完全。再用六亚甲基四胺缓冲溶液调节 pH = 5~6，以 PAN 为指示剂，用 Cu^{2+} 标准溶液回滴过量的 EDTA，由两种标准溶液的用量之差计算 Al^{3+} 的含量。

由于 Ca^{2+}、Mg^{2+} 与 EDTA 形成配合物的稳定常数相差较小，$\Delta\lg K^{\ominus} < 5$，无法用控制酸度的方法分别测定 Ca^{2+}、Mg^{2+} 的含量。Ca^{2+}、Mg^{2+} 的测定方法见例 9.18 水的硬度的测定。

9.3.5.2 用掩蔽和解蔽的方法进行分别滴定

若待测金属离子 M 的配合物与干扰离子 N 的配合物的稳定常数相差不够大（$\Delta\lg K^{\ominus} < 5$），就不能用控制酸度的方法进行分步滴定。这时可采用加入掩蔽剂（masking agent）使之与干扰离子 N 反应生成稳定的物质，降低 N 的浓度，使 N 与 EDTA 配位能力显著降低，从而消除 N 对 M 的干扰，再直接测定 M 的含量，这种方法叫做掩蔽法。

应用掩蔽法时，一般干扰离子 N 的存在量不能太大。若干扰离子 N 的量为待测离子 M 的 100 倍，则使用掩蔽的方法就很难得到满意的结果。

常用的掩蔽方法有配位掩蔽法、氧化还原掩蔽法和沉淀掩蔽法等，以配位掩蔽法用得最多。

(1) 配位掩蔽法

利用配位反应降低干扰离子的浓度，从而消除干扰的方法，称为配位掩蔽法。这是滴定分析中应用最广泛的一种方法。

例如，用 EDTA 滴定水中的 Ca^{2+}、Mg^{2+} 以测定水的总硬度时，Fe^{3+}、Al^{3+} 等离子对测定有干扰。可加入三乙醇胺与 Fe^{3+}、Al^{3+} 生成更加稳定的配合物，从而掩蔽 Fe^{3+}、Al^{3+} 等离子不至干扰测定。

配位掩蔽剂必须具备下列条件：

① 干扰离子与掩蔽剂形成的配合物应远比与 EDTA 形成的配合物稳定，且形成的配合

物应为无色或浅色，不影响终点的判定；

② 掩蔽剂不与待测离子配位，即使形成配合物，其稳定性也应远小于待测离子与 EDTA 配合物的稳定性，这样在滴定时才能被 EDTA 置换；

③ 掩蔽剂应用有一定的 pH 值范围，且应符合滴定时所要求的 pH 值范围。

一些常用的配位掩蔽剂见表 9.8。

表 9.8　一些常用的配位掩蔽剂

名　称	pH 值范围	被掩蔽的离子	备　注
KCN	pH>8	Co^{2+}、Ni^{2+}、Cu^{2+}、Zn^{2+}、Hg^{2+}、Cd^{2+}、Ag^+ 及铂系元素	剧毒！须在碱性溶液中使用
NH_4F	pH=4~6 pH=10	Al^{3+}、$Ti(IV)$、Sn^{4+}、Zr^{4+}、$W(VI)$ 等 Al^{3+}、Mg^{2+}、Ca^{2+}、Sr^{2+}、Ba^{2+} 及稀土元素	
三乙醇胺	pH=10 pH=11~12	Al^{3+}、Sn^{4+}、$Ti(IV)$、Fe^{3+} Fe^{3+}、Al^{3+} 及少量 Mn^{2+}	先在酸性溶液中加入三乙醇胺，再调 pH 值
二巯基丙醇	pH=10	Hg^{2+}、Cd^{2+}、Zn^{2+}、Bi^{3+}、Pb^{2+}、Ag^+、As^{3+}、Sn^{4+}、少量 Cu^{2+}、Co^{2+}、Ni^{2+}、Fe^{3+}	
酒石酸	氨性溶液	Fe^{3+}、Sn^{4+}、Al^{3+}	

（2）沉淀掩蔽法

利用掩蔽剂与干扰离子形成沉淀而消除干扰的方法称为沉淀掩蔽法。

例如，在 Ca^{2+}、Mg^{2+} 共存的滴定系统中测定 Ca^{2+} 时，可加入强碱 NaOH 溶液调节 pH=12~13，此时 Mg^{2+} 形成 $Mg(OH)_2$ 沉淀，消除了 Mg^{2+} 对 Ca^{2+} 的干扰，可用 EDTA 直接滴定 Ca^{2+}，NaOH 即为 Mg^{2+} 的沉淀掩蔽剂。

用于沉淀掩蔽法的沉淀反应必须具备下列条件：

① 沉淀的溶解度要小，反应完全，否则掩蔽效果不好；

② 生成的沉淀应是无色或浅色致密的，最好是晶形沉淀，吸附作用很小。否则，由于颜色深、表面积大吸附待测离子和指示剂，影响终点的观察和测定结果的准确度。

实际应用时，较难完全满足上述条件，故沉淀掩蔽法应用并不广泛。一些常用的沉淀掩蔽剂列于表 9.9 中。

表 9.9　一些常用的沉淀掩蔽剂

名　称	被掩蔽的离子	待测定的离子	pH 值范围	指示剂
NH_4F	Ca^{2+}、Sr^{2+}、Ba^{2+}、Mg^{2+}、Ti^{4+}、Al^{3+}、稀土	Zn^{2+}、Cd^{2+}、Mn^{2+}	10	铬黑 T
NH_4F	Ca^{2+}、Sr^{2+}、Ba^{2+}、Mg^{2+}、Ti^{4+}、Al^{3+}、稀土	Cu^{2+}、Co^{2+}、Ni^{2+}	10	紫脲酸铵
K_2CrO_4	Ba^{2+}	Sr^{2+}	10	MgY+铬黑 T
Na_2S 或铜试剂	Hg^{2+}、Pb^{2+}、Bi^{3+}、Cu^{2+}、Cd^{2+} 等	Ca^{2+}、Mg^{2+}	10	铬黑 T

（3）氧化还原掩蔽法

利用氧化还原反应改变干扰离子的价态，从而消除干扰的方法称氧化还原掩蔽法。

例如，用 EDTA 滴定 Bi^{3+}、Zr^{4+} 时，溶液中如果存在 Fe^{3+} 就有干扰。此时可加入抗坏血酸，将 Fe^{3+} 还原成 Fe^{2+}。由于 FeY^{2-} 的稳定常数（$\lg K^{\ominus}_{FeY^{2-}}=14.33$）比 FeY^- 的稳定常数（$\lg K^{\ominus}_{FeY^-}=25.1$）小得多，因而能够避免干扰。

常用的还原剂有抗坏血酸、羟氨、半胱氨酸等，其中有些还原剂（如 $Na_2S_2O_3$）同时又是配位剂。

有些干扰离子（如 Cr^{3+}）的高氧化态酸根阴离子（$Cr_2O_7^{2-}$）对 EDTA 滴定不发生干扰，因此可以预先将低氧化态的干扰离子氧化成高氧化态酸根阴离子，以消除干扰。

将一些离子掩蔽，对某种离子进行滴定以后，使用一种试剂（称为解蔽剂）将被掩蔽的离子从掩蔽配合物中释放出来，再进行滴定，称为解蔽（demasking）。如铜合金中 Zn^{2+} 和 Pb^{2+} 的测定：

$$\begin{cases} Zn^{2+} \\ Cu^{2+} \\ Pb^{2+} \end{cases} \xrightarrow[KCN]{pH=10.0} \begin{cases} [Zn(CN)_4]^{2-} \\ [Cu(CN)_4]^{2-} \\ Pb^{2+} \end{cases} \xrightarrow{EDTA} \begin{cases} [Zn(CN)_4]^{2-} \\ [Cu(CN)_4]^{2-} \\ PbY^{2-} \end{cases} \xrightarrow{HCHO} \begin{cases} Zn^{2+} \\ [Cu(CN)_4]^{2-} \\ PbY^{2-} \end{cases} \xrightarrow{EDTA} \begin{cases} ZnY^{2-} \\ [Cu(CN)_4]^{2-} \\ PbY^{2-} \end{cases}$$

掩蔽 Zn^{2+}、Cu^{2+}　　　　滴定 Pb^{2+}　　　　　解蔽 Zn^{2+}　　　　滴定 Zn^{2+}

9.3.5.3　化学分离法

当利用控制酸度分别滴定、掩蔽干扰离子都有困难时，只有对干扰离子进行预先分离，然后滴定。分离的方法很多，将在第 12 章详细讨论。如磷矿石中一般含 Fe^{3+}、Al^{3+}、Ca^{2+}、Mg^{2+}、PO_4^{3-} 及 F^- 等离子，其中 F^- 的干扰最为严重，它能与 Al^{3+} 生成稳定的配合物，在酸度低时 F^- 又能与 Ca^{2+} 生成 CaF_2 沉淀，因此在配位滴定中，必须首先加酸，加热，使 F^- 生成 HF 挥发逸去。如果测定中必须进行沉淀分离时，为了避免待测离子的损失，决不允许先沉淀分离大量的干扰离子后，再测定少量离子，此外，还应尽可能选用能同时沉淀多种干扰离子的试剂来进行分离，以简化分离步骤。

9.3.5.4　选用其他的氨羧配位剂滴定

除 EDTA 外，其他氨羧配位剂与金属离子形成配合物的稳定性各有其特点，可选择不同的氨羧配位剂进行滴定，以提高滴定的选择性。

EDTA 与 Ca^{2+}、Mg^{2+} 形成的配合物的稳定性相差不多，而 EGTA（乙二醇二乙醚二胺四乙酸）与 Ca^{2+}、Mg^{2+} 形成的配合物的稳定性相差较大，故可以在 Mg^{2+} 共存时，用于直接滴定 Ca^{2+}。EDTP（乙二胺四丙酸）与 Cu^{2+} 的配合物较稳定，而与 Zn^{2+}、Cd^{2+}、Mn^{2+}、Mg^{2+} 等离子的配合物稳定性就差得多。所以可在 Zn^{2+}、Cd^{2+}、Mn^{2+}、Mg^{2+} 等离子存在下用 EDTP 直接滴定 Cu^{2+}。

9.3.6　配位滴定的方式和应用

配位滴定可以采用直接滴定、返滴定、置换滴定和间接滴定等不同的方式进行，从而大大扩充了配位滴定法的应用范围，使周期表中大多数的元素都能用配位滴定法进行测定。改变滴定的方式，在有些情况下还能提高配位滴定的选择性。

9.3.6.1　直接滴定法

金属离子与 EDTA 的配位反应能满足滴定分析对反应的要求并有合适的指示剂，就可以直接进行滴定。直接滴定法方便、快速，可能引入的误差也较少。这种方法是将待测组分的溶液调节至所需酸度，加入必要的辅助试剂和指示剂，用 EDTA 标准溶液进行滴定，是配位滴定中最基本的方法。

大部分金属离子都可用直接滴定法测定，但在下列情况下，不宜采用直接滴定法：

① 待测离子与 EDTA 配合反应速率慢，或在准确滴定条件下易水解生成氢氧化物沉淀的，如 Al^{3+}、Cr^{3+} 等；

② 缺乏变色敏锐的指示剂，如 Ba^{2+}、Sr^{2+}，或对指示剂有封闭作用的离子，如 Al^{3+} 等；

③ 待测离子与 EDTA 不配合，如 PO_4^{3-}、SO_4^{2-} 等，或生成的配合物不稳定，如 K^+、Na^+ 等。

【例 9.18】 水的硬度的测定

水的硬度是指水中除碱金属外的全部金属离子浓度的总和。由于 Ca^{2+}、Mg^{2+} 的含量远比其他金属离子含量高,所以水的硬度通常以 Ca^{2+}、Mg^{2+} 的含量表示。

水的硬度是将水中的 Ca^{2+}、Mg^{2+} 的总量折合为 CaO 或 $CaCO_3$ 来表示。目前有两种表示方法,一种是以每升水含 CaO(或 $CaCO_3$)的质量来表示,单位是 $mg \cdot L^{-1}$;另一种是用度来表示,即每升水中含 10mg CaO 为 1°(1 度)。水的硬度通常分为总硬度和钙、镁硬度。

(1) 钙、镁总量的测定

移取一定体积的试样溶液 V_s(mL),用氨缓冲溶液调 pH=10.0,以 EBT 为指示剂,用 EDTA 标准溶液滴定至溶液由酒红色恰好变为纯蓝色,耗 EDTA 标准溶液 V_1(mL)。测定过程中溶液的主要组分的变化如下:

$$\begin{cases} Ca^{2+} \\ Mg^{2+} \end{cases} \xrightarrow[EBT]{pH=10.0} \begin{cases} Ca^{2+}、Mg^{2+} \\ Mg\text{-}EBT \end{cases} \xrightarrow{EDTA} \begin{cases} CaY^{2-}+MgY^{2-} \\ Mg\text{-}EBT \end{cases} \xrightarrow{EDTA} \begin{cases} CaY^{2-} \\ MgY^{2-}+EBT \end{cases}$$

(2) 钙的测定

另取相同体积的试样溶液,用 NaOH 溶液调 pH=12.0,以 NN 为指示剂,用 EDTA 标准溶液滴定至溶液由酒红色恰好变为纯蓝色,耗 EDTA 标准溶液 V_2(mL)。测定过程中溶液的主要组分的变化如下:

$$\begin{cases} Ca^{2+} \\ Mg^{2+} \end{cases} \xrightarrow[pH=12.0]{NaOH} \begin{cases} Ca^{2+} \\ Mg(OH)_2 \end{cases} \xrightarrow{NN} \begin{cases} Ca^{2+}+Ca\text{-}NN \\ Mg(OH)_2 \end{cases} \xrightarrow{EDTA} \begin{cases} CaY^{2-}+NN \\ Mg(OH)_2 \end{cases}$$

(3) 计算公式

$$水的总硬度(CaCO_3/mg \cdot L^{-1}) = \frac{c_{EDTA} V_1 M_{CaCO_3}}{V_s \times 10^{-3}}$$

$$钙硬(CaCO_3/mg \cdot L^{-1}) = \frac{c_{EDTA} V_2 M_{CaCO_3}}{V_s \times 10^{-3}}$$

$$镁硬(MgCO_3/mg \cdot L^{-1}) = \frac{c_{EDTA} (V_1-V_2) M_{MgCO_3}}{V_s \times 10^{-3}}$$

9.3.6.2 返滴定法

当待测离子与 EDTA 反应缓慢,或待测离子在滴定的 pH 值下会发生水解反应,或待测离子对指示剂有封闭作用,又找不到合适的指示剂时;无法直接滴定,可用返滴定法进行滴定。

返滴定法是在待测溶液中先加入已知过量的 EDTA 标准溶液,待测离子完全反应后,再用另外一种金属离子的标准溶液滴定剩余的 EDTA,根据两种标准溶液的浓度和用量,计算待测组分的含量。

【例 9.19】 Al^{3+} 的测定

由于以下原因不能采用直接滴定法:

① Al^{3+} 与 EDTA 配合速率缓慢,需在过量的 EDTA 存在下,煮沸才能配合完全;

② Al^{3+} 易水解,在最高酸度(pH=4.1)时,水解反应相当明显,并可能形成多核羟基配合物,如 $[Al_2(H_2O)_6(OH)_3]^{3+}$、$[Al_3(H_2O)_6(OH)_6]^{3+}$ 等,这些多核配合物不仅与 EDTA 配合缓慢,并可能影响 Al 与 EDTA 的配合比,对滴定十分不利;

③ 在酸性介质中,Al^{3+} 对常用的指示剂二甲酚橙有封闭作用。

返滴定法测定 Al^{3+} 时,先将过量的 EDTA 标准溶液加到酸性 Al^{3+} 溶液中,调节 pH=

3.5，煮沸溶液。此时酸度较高，又有过量 EDTA 存在，Al^{3+} 不会水解，煮沸又加速 Al^{3+} 与 Y 的配位反应。然后冷却溶液，并调节 pH＝5～6，以保证配位反应定量进行，再加入二甲酚橙指示剂。过量的 EDTA 用 Zn^{2+} 标准溶液进行返滴定至终点。根据两种标准溶液的浓度和用量，计算 Al^{3+} 的含量。

9.3.6.3 置换滴定法

利用置换反应置换出一定物质的量的金属离子或 EDTA，然后用标准溶液进行滴定。置换滴定法方式灵活多样，不仅能扩大配位滴定应用范围，还可以提高配位滴定选择性。

(1) 置换出金属离子（阳离子置换）

如果待测定离子 M 与 EDTA 反应不完全或所形成的配合物不稳定，这时可让 M 置换出另一种络合物 NL 中的 N：

$$M + NL \Longrightarrow ML + N$$

然后用 EDTA 溶液滴定 N，即可求得 M 的含量。

例如，Ba^{2+}、Sr^{2+} 等离子虽能与 EDTA 形成稳定的配合物，但缺少变色敏锐的指示剂。测定 Ba^{2+} 时，可先加入适当的 MY 配合物（常用 MgY^{2-} 或 ZnY^{2-}），使待测离子 Ba^{2+} 与 MY 中的 EDTA 配位，置换出其中的金属离子 M^{2+}，然后再用 EDTA 滴定 M^{2+}：

$$Ba^{2+} + MgY^{2-} \Longrightarrow BaY^{2-} + Mg^{2+}$$
$$Mg^{2+} + Y^{4-} \Longrightarrow MgY^{2-}$$

(2) 置换出 EDTA（阴离子置换）

将待测定的金属离子 M 与干扰离子全部用 EDTA 配位，加入选择性高的配位剂 L 以夺取 M，并释放出 EDTA：

$$MY + L \Longrightarrow ML + Y$$

反应完全后，释放出与 M 等物质的量的 EDTA，然后用金属离子的标准溶液滴定释放出来的 EDTA，即可求得 M 的含量。

例如，铜及铜合金中铝（GB 5212.4—1996）和水处理剂 $AlCl_3$（GB 15892—1995）测定都是先加入过量 EDTA，加热煮沸使 Al^{3+} 和 EDTA 配位反应完全，然后在 pH＝5～6 时，用二甲酚橙作指示剂，用 Zn^{2+} 标准溶液返滴定过量的 EDTA。再加入 NH_4F，使 AlY^- 转变为更加稳定的配合物 $[AlF_6]^{3-}$，释放出的 EDTA 再用 Zn^{2+} 标准溶液滴定：

$$AlY^- + 6F^- \Longrightarrow [AlF_6]^{3-} + Y^{4-}$$
$$Y^{4-} + Zn^{2+} \Longrightarrow ZnY^{2-}$$

9.3.6.4 间接滴定法

若待测离子（如 SO_4^{2-}、PO_4^{3-} 等离子）不与 EDTA 形成配合物，或待测离子（如 Na^+ 等）与 EDTA 形成的配合物不稳定，此时可以采用间接滴定。即加入一定量过量的能与 EDTA 形成稳定配合物的金属离子作沉淀剂沉淀待测离子，过量沉淀剂再用 EDTA 滴定，或将沉淀分离、溶解后，再用 EDTA 滴定其中的金属离子。

例如，测定 PO_4^{3-}，可加入一定量过量的 $Bi(NO_3)_3$，使生成 $BiPO_4$ 沉淀，再用 EDTA 滴定剩余的 Bi^{3+}。

又如，测定 Na^+，可加入醋酸铀酰锌沉淀剂，使之生成 $NaZn(UO_2)_2(Ac)_9 \cdot x H_2O$ 沉淀，将该沉淀分离、溶解后，再用 EDTA 滴定锌，间接计算出待测离子的含量。

习题 9-3

1. 酸效应曲线是怎样绘制的？它在配位滴定中有什么用途？

2. 金属指示剂的工作原理是什么？它应具备什么条件？
3. 配位滴定为什么要控制溶液的酸度？如何选择滴定时的酸度条件？
4. 用 EDTA 滴定含有少量 Fe^{3+} 的 Ca^{2+}、Mg^{2+} 时，用三乙醇胺和 KCN 都可以掩蔽 Fe^{3+}，抗坏血酸却不能掩蔽，但在滴定含有少量 Fe^{3+} 的 Bi^{3+} 时，情况则恰好相反，即抗坏血酸能掩蔽 Fe^{3+}，而三乙醇胺和 KCN 不能。请说明理由。
5. 配位滴定中，什么情况下不能采用直接滴定法？举例说明。
6. pH＝2.0 时用 EDTA 标准溶液滴定浓度均为 $0.01 mol·L^{-1}$ 的 Fe^{3+} 和 Al^{3+} 混合溶液中的 Fe^{3+} 时，试问 Al^{3+} 是否干扰滴定？
7. 不经分离测定下列混合物中各组分的含量，设计简要方案（包括滴定剂、酸度、指示剂及终点颜色变化、所需其他试剂及滴定方式等）。
   (1) Zn^{2+}、Mg^{2+} 混合液中两者的含量；
   (2) Fe^{3+}、Cu^{2+}、Ni^{2+} 混合液中各组分的含量。
8. 通过计算说明，用 $0.01 mol·L^{-1}$ EDTA 溶液滴定 $0.01 mol·L^{-1} Ca^{2+}$ 时，为什么必须在 pH＝10.0 而不能在 pH＝5.0 的条件下进行，但滴定同浓度 Zn^{2+} 时，则可以在 pH＝5.0 时进行？
9. 假设 Mg^{2+} 与 EDTA 的浓度皆为 $10^{-2} mol·L^{-1}$，(1) 在 pH＝6.0 时，Mg^{2+} 与 EDTA 配合物的条件稳定常数是多少（不考虑羟基配位效应）？在此条件下能否用 EDTA 标准溶液滴定 Mg^{2+}？(2) 求其允许滴定的最小 pH 值。
10. 欲以 $0.010 mol·L^{-1}$ EDTA 溶液滴定相同浓度的 Bi^{3+} 和 Pb^{2+} 混合液，(1) 能否用控制酸度的方法分步滴定？(2) 求滴定其中 Pb^{2+} 的 pH 值范围。
11. 取纯 $CaCO_3$ 试样 0.1005g，溶解后用 100.00mL 容量瓶定容。吸取 25.00mL，在 pH＝12.0 时，用钙指示剂指示终点，用 EDTA 标准溶液滴定，用去 24.90mL。试计算：(1) EDTA 的浓度；(2) 每毫升的 EDTA 溶液相当于多少克 ZnO、Fe_2O_3？
12. 分析铜-锌-镁合金，称取 0.5000g 试样，溶解后，用容量瓶配制成 100.0mL 试液。吸取 25.00mL，调至 pH＝6.0 时，用 PAN 作指示剂，用 $0.05000 mol·L^{-1}$ EDTA 滴定 Cu^{2+} 和 Zn^{2+} 用去 37.30mL。另外又吸取 25.00mL 试液，调至 pH＝10.0，加 KCN 以掩蔽 Cu^{2+} 和 Zn^{2+}，用同浓度 EDTA 标准溶液滴定，用去 4.14mL，然后再加甲醛解蔽 Zn^{2+}，又用同浓度 EDTA 标准溶液滴定 13.40mL。计算试样中 Cu^{2+}、Zn^{2+}、Mg^{2+} 的质量分数。
13. 用 $0.01060 mol·L^{-1}$ EDTA 标准溶液滴定水中钙和镁的含量。取 100.0mL 水样，以铬黑 T 为指示剂，在 pH＝10.0 时滴定，消耗了 EDTA 31.30mL。另取一份 100.0mL 水样，加 NaOH 使呈强碱性，用钙指示剂指示终点，继续用 EDTA 滴定，消耗 19.20mL。计算：
   (1) 水的总硬度（以 $CaCO_3/mg·L^{-1}$ 表示）。
   (2) 水中钙和镁的含量（以 $CaCO_3/mg·L^{-1}$ 和 $MgCO_3 mg·L^{-1}$ 表示）。
14. 称取干燥 $Al(OH)_3$ 凝胶 0.3986g，溶解后定容为 250.0mL，吸取 25.00mL，准确加入浓度为 $0.05140 mol·L^{-1}$ 的 EDTA 标准溶液 25.00mL，反应完全后，过量的 EDTA 溶液再用浓度为 $0.04998 mol·L^{-1}$ 的锌标准溶液回滴，用去 15.02mL，求样品中 Al_2O_3 的质量分数。
15. 称取苯巴比妥钠（$C_{12}H_{11}N_2O_3Na$，M_r＝254.2）试样 0.2014g，于稀碱溶液中加热使之溶解。冷却后用酸酸化，转入 250mL 容量瓶中，加入 25.00mL $0.03000 mol·L^{-1}$ $Hg(ClO_4)_2$ 标准溶液，稀释至刻度，放置待下述反应完毕：
$$Hg^{2+} + 2C_{12}H_{11}N_2O_3^- \Longrightarrow Hg(C_{12}H_{11}N_2O_3)_2 \downarrow$$
过滤，弃去沉淀，滤液以干烧杯盛接。移取 25.00mL 滤液，加入 10mL $0.01 mol·L^{-1}$ 的 MgY^{2-} 溶液，释放出的 Mg^{2+} 在 pH＝10.0 时以 EBT 为指示剂，用 $0.01000 mol·L^{-1}$ EDTA 滴定至终点，消耗 3.60mL，计算试样中苯巴比妥钠的质量分数。

9.4 氧化还原滴定法

氧化还原滴定法是以氧化还原反应为基础的分析方法，是滴定分析中应用最为广泛的方法之一。通常根据所用氧化剂和还原剂的不同,可将氧化还原滴定法分为高锰酸钾法、重铬酸钾法、碘量法、溴酸钾和铈量法等。

9.4.1 条件电极电势及其影响因素

水溶液中,物质氧化还原能力的强弱,可用相关电对的电极电势来衡量。电对的电极电势越高,其氧化型物质的氧化能力越强;电对的电极电势越低,则其还原型物质的还原能力越强。氧化还原反应的自发方向是强的氧化剂与强的还原剂反应生成弱的还原剂与弱的氧化剂。

9.4.1.1 条件电极电势

对于可逆氧化还原电对:

$$aOx(氧化态) + ne^- \rightleftharpoons bRed(还原态)$$

计算电对电极电势的 Nernst 方程为:

$$E(Ox/Red) = E^{\ominus}(Ox/Red) + \frac{0.0592V}{n}\lg\frac{[a(Ox)]^a}{[a(Red)]^b} \quad (298.15K)$$

式中,$a(Ox)$、$a(Red)$ 分别代表氧化型一侧和还原型一侧所有组分的活度;$E^{\ominus}(Ox/Red)$ 为电对的标准电极电势;n 为电极反应中电子转移数。

通常我们知道的是溶液中物质的浓度而不是活度,为了简化起见,常忽略溶液中离子强度的影响,以浓度代替活度进行计算。但是在实际工作中,尤其是氧化还原滴定中,溶液的离子强度较大,这种影响往往不可忽略,离子强度对活度的影响可用活度系数对平衡浓度进行校正。另外,在某些情况下,电对的氧化态或还原态还有可能发生副反应,使其存在形式改变,副反应的影响可用副反应系数对平衡浓度进行校正。

例如,在计算 HCl 溶液中 Fe(Ⅲ)/Fe(Ⅱ) 体系的电极电势时,由能斯特方程式得到:

$$E(Fe^{3+}/Fe^{2+}) = E^{\ominus}(Fe^{3+}/Fe^{2+}) + \frac{0.0592V}{1}\lg\frac{a(Fe^{3+})}{a(Fe^{2+})}$$

$$= E^{\ominus}(Fe^{3+}/Fe^{2+}) + \frac{0.0592V}{1}\lg\frac{\gamma(Fe^{3+})c(Fe^{3+})}{\gamma(Fe^{2+})c(Fe^{2+})}$$

在 HCl 溶液中,可能发生的副反应有:

$$Fe^{n+} + H_2O \rightleftharpoons [Fe(OH)]^{(n-1)+} \quad (n=2,3)$$

$$Fe^{n+} + mCl^- \rightleftharpoons [FeCl_m]^{(n-m)+} \quad (n=2,3; m=1,2,\cdots,6)$$

若用 $c(Fe^{3+})$、$c(Fe^{2+})$ 表示溶液中 Fe^{3+}、Fe^{2+} 的总浓度,则有:

$$c(Fe^{3+}) = [Fe^{3+}] + [FeOH]^{2+} + [FeCl]^{2+} + \cdots + [FeCl_6]^{3-}$$

$$c(Fe^{2+}) = [Fe^{2+}] + [FeOH]^+ + [FeCl]^+ + \cdots + [FeCl_6]^{4-}$$

此时,令:

$$\frac{c(Fe^{3+})}{[Fe^{3+}]} = \alpha_{Fe(Ⅲ)}, \quad \frac{c(Fe^{2+})}{[Fe^{2+}]} = \alpha_{Fe(Ⅱ)}$$

$\alpha_{Fe(Ⅲ)}$、$\alpha_{Fe(Ⅱ)}$ 分别为 Fe^{3+}、Fe^{2+} 的副反应系数。因此:

$$E(Fe^{3+}/Fe^{2+}) = E^{\ominus}(Fe^{3+}/Fe^{2+}) + \frac{0.0592V}{1}\lg\frac{\gamma_{Fe^{3+}}\alpha_{Fe(Ⅱ)}c(Fe^{3+})}{\gamma_{Fe^{2+}}\alpha_{Fe(Ⅲ)}c(Fe^{2+})}$$

$$= E^{\ominus}(Fe^{3+}/Fe^{2+}) + \frac{0.0592V}{1}\lg\frac{\gamma_{Fe^{3+}}\alpha_{Fe(Ⅱ)}}{\gamma_{Fe^{2+}}\alpha_{Fe(Ⅲ)}} + \frac{0.0592V}{1}\lg\frac{c(Fe^{3+})}{c(Fe^{2+})} \quad (9.40)$$

当 $c(Fe^{2+}) = c(Fe^{3+}) = 1\,mol\cdot L^{-1}$ 时,可得到:

$$E(Fe^{3+}/Fe^{2+}) = E^{\ominus}(Fe^{3+}/Fe^{2+}) + \frac{0.0592V}{1}\lg\frac{\gamma_{Fe^{3+}}\alpha_{Fe(Ⅱ)}}{\gamma_{Fe^{2+}}\alpha_{Fe(Ⅲ)}} \quad (9.41)$$

式(9.41)中，γ 与 α 在给定条件下是一定值，因而上式为常数，以 $E^{\ominus\prime}$ 表示，则：

$$E^{\ominus\prime}(\text{Fe}^{3+}/\text{Fe}^{2+}) = E^{\ominus}(\text{Fe}^{3+}/\text{Fe}^{2+}) + \frac{0.0592\text{V}}{1}\lg\frac{\gamma_{\text{Fe}^{3+}}\alpha_{\text{Fe(II)}}}{\gamma_{\text{Fe}^{2+}}\alpha_{\text{Fe(III)}}}$$

$E^{\ominus\prime}$ 称为条件电极电势〔(conditional potential)，亦称为克式量电势 (formal potential)〕。它是在特定条件下，电对氧化型和还原型物质的总浓度均为 $1\text{mol}\cdot\text{L}^{-1}$（或其浓度比为1）时，校正了外界因素（离子强度、各种副反应）影响后的实际电极电势。

引入条件电极电势后，式(9.40)可以表示成：

$$E(\text{Fe}^{3+}/\text{Fe}^{2+}) = E^{\ominus\prime}(\text{Fe}^{3+}/\text{Fe}^{2+}) + \frac{0.0592\text{V}}{1}\lg\frac{c(\text{Fe}^{3+})}{c(\text{Fe}^{2+})} \tag{9.42}$$

对于一般反应，可写成：

$$E(\text{Ox}/\text{Red}) = E^{\ominus\prime}(\text{Ox}/\text{Red}) + \frac{0.0592\text{V}}{n}\lg\frac{[c(\text{Ox})]^a}{[c(\text{Red})]^b} \tag{9.43}$$

其中

$$E^{\ominus\prime}(\text{Ox}/\text{Red}) = E^{\ominus}(\text{Ox}/\text{Red}) + \frac{0.0592\text{V}}{n}\lg\left(\frac{\gamma_{\text{Ox}}}{\alpha_{\text{Ox}}}\right)^a\left(\frac{\gamma_{\text{Red}}}{\alpha_{\text{Red}}}\right)^b \tag{9.44}$$

条件电极电势的大小，反映了在一定外界条件下氧化型（还原型）物质的氧化（还原）能力，比用标准电势更能正确地判断特定条件下氧化还原反应的方向和完全程度。引入条件电极电势之后，只需简单地将氧化型、还原型物质的分析浓度代入能斯特方程，处理实际问题比较简单，也比较符合实际情况。

条件电极电势可由电对的标准电极电势、活度系数和副反应系数计算。但当溶液中离子强度较大时，活度系数 γ 值不易求得；而当副反应很多时，求 α 值也很麻烦，所以条件电极电势一般通过实验测定。一些电对的条件电极电势见附录7。当缺少相同条件下的条件电极电势值时，也可采用条件相近的条件电极电势 $E^{\ominus\prime}$。

例如，未查到 $1.5\text{mol}\cdot\text{L}^{-1}$ H_2SO_4 溶液中 Fe(III)/Fe(II) 电对的条件电极电势 $E^{\ominus\prime}$，可以用 $1\text{mol}\cdot\text{L}^{-1}$ H_2SO_4 溶液中的 $E^{\ominus\prime}$ 值（0.68V）代替，若采用标准电极电势 $E^{\ominus}$ 值（0.771V）进行计算，则误差更大。对于无条件电势数据的氧化还原电对，只好采用标准电势做粗略的近似计算。

9.4.1.2 外界条件对条件电极电势的影响

(1) 离子强度的影响

溶液离子强度较大时，活度与浓度的差别较大，如用浓度代替活度，用能斯特方程式计算的结果与实际情况有差异。但由于各种副反应对电势的影响远比离子强度对电势的影响要大，同时离子强度的影响又难以校正，因此，一般计算时都忽略离子强度的影响。

(2) 副反应的影响

在氧化还原反应中，如果存在生成沉淀或配合物等副反应，电对的氧化态或还原态的浓度将发生较大的变化，从而导致电对电极电势改变。例如用碘化物还原 Cu^{2+} 的反应：

$$2\text{Cu}^{2+} + 2\text{I}^- = 2\text{Cu}^+(\text{aq}) + \text{I}_2(\text{s})$$

根据标准电极电势 $E^{\ominus}(\text{Cu}^{2+}/\text{Cu}^+) = 0.153\text{V}$，$E^{\ominus}(\text{I}_2/\text{I}^-) = 0.5355\text{V}$，显然，应该是 I_2 氧化 Cu^+。但是实际上上述反应向右进行得很完全，这是因为加入的 I^- 与 Cu^+ 生成难溶的 CuI 沉淀的缘故：

$$\text{Cu}^+(\text{aq}) + \text{I}^-(\text{aq}) = \text{CuI}(\text{s})$$

因此，实际反应为：

$$2\text{Cu}^{2+}(\text{aq}) + 4\text{I}^-(\text{aq}) = 2\text{CuI}(\text{s}) + \text{I}_2(\text{s})$$

【例 9.20】 试计算 Cu^{2+}/Cu^+ 电对在 $1\,mol \cdot L^{-1}\,KI$ 溶液中的条件电极电势（忽略离子强度的影响）。

解：由附录查得 $E^{\ominus}(Cu^{2+}/Cu^+) = 0.153\,V$，$K_{sp}^{\ominus}(CuI) = 1.1 \times 10^{-12}$

$$E(Cu^{2+}/Cu^+) = E^{\ominus}(Cu^{2+}/Cu^+) + \frac{0.0592\,V}{1} \lg \frac{[Cu^{2+}]}{[Cu^+]}$$

$$= E^{\ominus}(Cu^{2+}/Cu^+) + \frac{0.0592\,V}{1} \lg \frac{[Cu^{2+}]}{K_{sp}^{\ominus}(CuI)/[I^-]}$$

$$= E^{\ominus}(Cu^{2+}/Cu^+) + \frac{0.0592\,V}{1} \lg \frac{[I^-]}{K_{sp}^{\ominus}(CuI)} + \frac{0.0592\,V}{1} \lg [Cu^{2+}]$$

Cu^{2+} 未发生副反应，当 $[Cu^{2+}] = 1\,mol \cdot L^{-1}$（CuI 为固体）时，

$$E(Cu^{2+}/Cu^+) = E^{\ominus\prime}(Cu^{2+}/Cu^+) = E^{\ominus}(Cu^{2+}/Cu^+) + \frac{0.0592\,V}{1} \lg \frac{[I^-]}{K_{sp}^{\ominus}(CuI)}$$

在 $1\,mol \cdot L^{-1}\,KI$ 溶液中的条件电极电势为：

$$E^{\ominus\prime}(Cu^{2+}/Cu^+) = 0.153\,V + \frac{0.0592\,V}{1} \lg \frac{1.0}{1.1 \times 10^{-12}} = 0.87\,V$$

此时 $E^{\ominus\prime}(Cu^{2+}/Cu^+) > E^{\ominus}(I_2/I^-)$，因此 Cu^{2+} 能够氧化 I^-。

实际上，$E^{\ominus\prime}(Cu^{2+}/Cu^+)$ 即为 Cu^{2+}/CuI 电对的标准电极电势 $E^{\ominus}(Cu^{2+}/CuI)$，其电极反应为：

$$Cu^{2+} + I^- + e^- \rightleftharpoons CuI(s)$$

(3) 溶液酸度的影响

一些含氧酸根的电极反应中常有 H^+ 或 OH^- 参加反应，因此当溶液的酸度改变时，含氧酸根电对的条件电极电势将会随之改变。还有一些物质的氧化态或还原态是弱酸或弱碱，酸度的改变将影响其存在形式，也会影响条件电极电势。

【例 9.21】 计算 $pH = 8.0$ 时，$As(V)/As(III)$ 电对的条件电极电势（忽略离子强度的影响）。

解：已知 H_3AsO_4 的 $pK_{a_1}^{\ominus} = 2.25$，$pK_{a_2}^{\ominus} = 6.77$，$pK_{a_3}^{\ominus} = 11.50$，$HAsO_2$ 的 $pK_a^{\ominus} = 9.2$

$$H_3AsO_4 + 2H^+ + 2e^- \rightleftharpoons HAsO_2 + 2H_2O \qquad E^{\ominus} = 0.58\,V$$

$$E(H_3AsO_3/HAsO_2) = E^{\ominus}(H_3AsO_3/HAsO_2) + \frac{0.0592\,V}{2} \lg \frac{[H_3AsO_4][H^+]^2}{[HAsO_2]}$$

$$= E^{\ominus}(H_3AsO_3/HAsO_2) + \frac{0.0592\,V}{2} \lg \frac{c_{H_3AsO_4} \delta_{H_3AsO_4} [H^+]^2}{c_{HAsO_2} \delta_{HAsO_2}}$$

$$= E^{\ominus}(H_3AsO_3/HAsO_2) + \frac{0.0592\,V}{2} \lg \frac{\delta_{H_3AsO_4} [H^+]^2}{\delta_{HAsO_2}} + \frac{0.0592\,V}{2} \lg \frac{c_{H_3AsO_4}}{c_{HAsO_2}}$$

当 $c_{H_3AsO_4} = c_{HAsO_2} = 1\,mol \cdot L^{-1}$ 时，有

$$E^{\ominus\prime}(H_3AsO_4/HAsO_2) = E^{\ominus}(H_3AsO_4/HAsO_2) + \frac{0.0592\,V}{2} \lg \frac{\delta_{H_3AsO_4} [H^+]^2}{\delta_{HAsO_2}}$$

当 $pH = 8.0$ 时，有

$$\delta_{H_3AsO_4} = \frac{[H^+]^3}{[H^+]^3 + [H^+]^2 K_{a_1}^{\ominus} + [H^+] K_{a_1}^{\ominus} K_{a_2}^{\ominus} + K_{a_1}^{\ominus} K_{a_2}^{\ominus} K_{a_3}^{\ominus}} = 10^{-6.8}$$

$$\delta_{HAsO_2} = \frac{[H^+]}{[H^+] + K_a^\ominus} = 0.94$$

$$E^{\ominus\prime}(H_3AsO_4/HAsO_2) = 0.58V + \frac{0.0592V}{2} \lg \frac{10^{-6.8} \times (10^{-8.0})^2}{0.94} = -0.09V$$

在 pH=8 时，$E^{\ominus\prime}(H_3AsO_4/HAsO_2) = -0.09V < E(I_2/I^-)$，下列反应逆向进行。

$$H_3AsO_4 + 2H^+ + 2I^- \rightleftharpoons HAsO_2 + 2H_2O + I_2$$

9.4.2 氧化还原准确滴定条件和反应速率

(1) 条件平衡常数 $K^{\ominus\prime}$

从化学反应的一般原理及前面所学氧化还原反应知识中知，反应的完全程度可以用标准平衡常数 $K^\ominus$ 来衡量：

$$\lg K^\ominus = \frac{n_1 n_2 E^\ominus}{0.0592V}$$

若用条件电池电动势 $E^{\ominus\prime}$ 代替 $E^\ominus$，则得到条件平衡常数（conditional equilibrium constant）$K^{\ominus\prime}$：

$$\lg K^{\ominus\prime} = \frac{n_1 n_2 E^{\ominus\prime}}{0.0592V} = \frac{n_1 n_2 [E^{\ominus\prime}(\text{氧化剂}) - E^{\ominus\prime}(\text{还原剂})]}{0.0592V} \quad (9.45)$$

式中，$E^{\ominus\prime}$（氧化剂）、$E^{\ominus\prime}$（还原剂）分别为氧化剂、还原剂电对的条件电极电势；n_1、n_2 分别为两电对电极反应中转移的电子数。

显然，$E^{\ominus\prime}$ 值越大，即两电对的条件电极电势差值越大，条件平衡常数 $K^{\ominus\prime}$ 越大，反应进行得越完全。

(2) 氧化还原准确滴定条件

氧化剂、还原剂电对的条件电极电势差值 $\Delta E^{\ominus\prime}$ 相差多大时，反应才能定量完全，满足定量分析的要求呢？

若氧化还原反应为：

$$n_2 Ox_1 + n_1 Red_2 \rightleftharpoons n_1 Ox_2 + n_2 Red_1$$

对于滴定分析来说，一般允许的测定误差要不超过 0.1%，也就是说反应的完全程度应达到 99.9% 以上，即在化学计量点时：

$$\frac{c_{Red_1}}{c_{Ox_1}} \geqslant \frac{99.9}{0.1} \approx 10^3 \qquad \frac{c_{Ox_2}}{c_{Red_2}} \geqslant \frac{99.9}{0.1} \approx 10^3$$

由于

$$K^{\ominus\prime} = \left(\frac{c_{Ox_2}}{c_{Red_2}}\right)^{n_1} \left(\frac{c_{Red_1}}{c_{Ox_1}}\right)^{n_2}$$

所以

$$K^{\ominus\prime} \geqslant 10^{3(n_1+n_2)} \quad (9.46)$$

将式(9.46)代入式(9.45)，整理得：

$$E^{\ominus\prime}(\text{氧化剂}) - E^{\ominus\prime}(\text{还原剂}) \geqslant 3(n_1+n_2)\frac{0.0592V}{n_1 n_2} \quad (9.47)$$

式(9.46)、式(9.47)为氧化还原滴定的准确滴定条件。

说明：① 当 $n_1 = n_2 = 1$，$E^{\ominus\prime}$（氧化剂）$- E^{\ominus\prime}$（还原剂）$\geqslant 0.35V$。

② 一般，当 $E^{\ominus\prime}$（氧化剂）$- E^{\ominus\prime}$（还原剂）$> 0.4V$，反应完全，可能用于滴定分析。可能性能否变为现实，还需要考虑反应速率和副反应等因素。例如 K_2CrO_7 与 $Na_2S_2O_3$ 的反应，从它们的电极电势来看，反应进行完全，但 K_2CrO_7 除了将 $Na_2S_2O_3$ 氧化为 $S_4O_6^{2-}$ 外，还可将 $Na_2S_2O_3$ 部分氧化为 SO_4^{2-}，致使反应不能定量进行完全。有些氧化还原反应，虽然

反应很完全，但速率慢，若用于滴定分析，应能有适当的方法使反应加速。

③ 对改变条件，条件电极电势变化较大的，可创造条件，使 $\Delta E^{\ominus\prime}>0.4\text{V}$，则反应仍可用于滴定分析。如下列反应：

$$H_3AsO_4+2H^++2I^- \rightleftharpoons HAsO_2+2H_2O+I_2$$

可通过控制酸度控制反应方向。

(3) 氧化还原反应的速率及影响因素

在氧化还原反应中根据氧化还原电对的标准电极电势或条件电极电势，可以判断反应进行的方向、次序和程度，但这只能说明氧化还原反应进行的可能性，并不能指出反应速率的快慢。实际上，由于氧化还原反应的机理比较复杂，各种反应的反应速率的差别是很大的。虽然从理论上看有些反应是可以进行的，但实际上却几乎觉察不到反应的进行。

例如，从标准电极电势看：

$$O_2+4H^++4e^- \rightleftharpoons 2H_2O \quad E^{\ominus}(O_2/H_2O)=1.229\text{V}$$
$$Sn^{4+}+2e^- \rightleftharpoons Sn^{2+} \quad E^{\ominus}(Sn^{4+}/Sn^{2+})=0.15\text{V}$$

O_2 应该可以氧化 Sn^{2+}：

$$2Sn^{2+}+O_2+4H^+ \rightleftharpoons 2Sn^{4+}+2H_2O$$

实际上该反应进行得很慢，Sn^{2+} 在水溶液中有一定的稳定性。

因此，对于氧化还原反应，不仅要从其平衡常数来判断反应的可能性，还要从其反应速率来考虑反应的现实性。用于滴定分析中的氧化还原反应要求能够快速进行。

氧化还原反应是电子转移的反应，电子的转移往往会遇到各种阻力，例如，来自溶液中溶剂分子的阻力，物质之间的静电作用力等。氧化还原反应中由于价态的变化，也使原子或离子的电子层结构、化学键的性质以及物质组成发生了变化。例如，$Cr_2O_7^{2-}$ 被还原为 Cr^{3+} 时，MnO_4^- 被还原为 Mn^{2+} 时，离子的结构都发生了改变，这可能是导致氧化还原反应速率缓慢的主要原因。此外，氧化还原反应的历程也往往比较复杂，例如，MnO_4^- 和 Fe^{2+} 的反应就很复杂，因此氧化还原反应的速率往往较慢。

影响氧化还原反应速率的因素主要有以下几方面。

① 浓度 由于氧化还原反应的机理比较复杂，因此不能以总的氧化还原反应方程式来判断浓度对反应速率的影响。但是一般来说，增加反应物浓度可以加速反应进行。

② 温度 温度的影响比较复杂。对大多数反应来说，升高温度可以加快反应速率。

例如，MnO_4^- 和 $C_2O_4^{2-}$ 在酸性溶液中的反应：

$$2MnO_4^-+5C_2O_4^{2-}+16H^+ \rightleftharpoons 2Mn^{2+}+10CO_2+8H_2O$$

在室温下，反应速率很慢，加热能加快此反应的进行，但温度不能过高，因 $H_2C_2O_4$ 在高温时会分解，通常将溶液加热至 75~85℃。

在通过升高温度来加快反应速率时，应注意其他一些不利因素。例如 I_2 有挥发性，加热溶液会引起挥发损失；有些物质如 Fe^{2+}、Sn^{2+} 等加热时会促进它们被空气中的 O_2 所氧化，从而引起误差。

③ 催化剂 催化剂对反应速率的影响很大。

例如在酸性介质中：

$$2Mn^{2+}+5S_2O_8^{2-}+8H_2O \rightleftharpoons 2MnO_4^-+10SO_4^{2-}+16H^+$$

该反应必须有 Ag^+ 作催化剂才能迅速进行。

又如 MnO_4^- 与 $C_2O_4^{2-}$ 的反应，Mn^{2+} 的存在也能催化该反应的进行。由于 Mn^{2+} 是反应

的产物之一,故把这种反应称为自动催化反应(self-catalyzed reaction)。此反应在刚开始时,由于一般 $KMnO_4$ 溶液中 Mn^{2+} 含量极少,反应进行得很缓慢,但反应开始后一旦溶液中生成了 Mn^{2+},以后的反应就大为加快了。

④ 诱导反应　在氧化还原反应中,不仅催化剂能影响反应速率,有时还会遇到一些在一般情况下自身进行很慢的反应,由于另一个反应的发生,使它加速进行,这种反应称为诱导反应(induced reaction)。

例如,下一反应是在强酸性条件下进行的:

$$MnO_4^- + 5Fe^{2+} + 8H^+ \rightleftharpoons Mn^{2+} + 5Fe^{3+} + 4H_2O \quad (诱导反应)$$

如果反应是在盐酸溶液中进行,就需要消耗较多的 $KMnO_4$ 溶液,这是由于发生如下反应:

$$2MnO_4^- + 10Cl^- + 16H^+ \rightleftharpoons 2Mn^{2+} + 5Cl_2 + 8H_2O \quad (受诱反应)$$

当溶液中不含 Fe^{2+} 而是含其他还原剂如 Sn^{2+} 等时,MnO_4^- 和 Cl^- 的反应进行得非常缓慢,实际上可以忽略不计。但当有 Fe^{2+} 存在时,Fe^{2+} 和 MnO_4^- 之间的氧化还原反应可以加速此反应。Fe^{2+} 和 MnO_4^- 之间的反应称为诱导反应,MnO_4^- 和 Cl^- 的反应称受诱反应。Fe^{2+} 称为诱导体,MnO_4^- 称为作用体,Cl^- 称为受诱体。

诱导反应与催化反应不同。在催化反应中,催化剂参加反应后恢复其原来的状态,而在诱导反应中,诱导体(如上例中 Fe^{2+})参加反应后变成了其他物质。诱导反应的发生,是由于反应过程中形成的不稳定的中间产物具有更强的氧化能力。例如 $KMnO_4$ 氧化 Fe^{2+} 诱导了 Cl^- 的氧化,是由于 MnO_4^- 氧化 Fe^{2+} 的过程中形成了一系列的锰的中间产物 $Mn(Ⅵ)$、$Mn(Ⅴ)$、$Mn(Ⅳ)$、$Mn(Ⅲ)$ 等,它们能与 Cl^- 起反应,因而出现诱导反应。

诱导反应在滴定分析中往往是不利的,应设法防止其发生。

可见,为了使氧化还原反应能按所需方向定量、迅速地进行完全,选择和控制适当的反应条件(包括温度、酸度和添加某些试剂等)是十分重要的。

9.4.3 氧化还原滴定曲线和终点的确定

9.4.3.1 氧化还原滴定曲线

氧化还原滴定和其他滴定方法类似,随着滴定剂的不断加入,被滴定物质的氧化态和还原态的浓度逐渐改变,相关电对的电极电势也随之不断变化,并在化学计量点附近出现一个突变。若以溶液的电极电势为纵坐标,加入的标准溶液为横坐标作图,得到的曲线称为氧化还原滴定曲线。为了加深对氧化还原滴定中电极电势变化的认识,可用能斯特方程式进行近似的计算。

现以在 $1mol·L^{-1}$ H_2SO_4 介质中,以 $0.1000mol·L^{-1}$ $Ce(SO_4)_2$ 标准溶液滴定 $20.00mL$ $0.1000mol·L^{-1}$ Fe^{2+} 溶液为例,说明滴定过程中电极电势的计算方法。滴定反应为:

$$Ce^{4+} + Fe^{2+} \rightleftharpoons Ce^{3+} + Fe^{3+}$$

已知两电对的条件电极电势 $E^{\ominus\prime}(Fe^{3+}/Fe^{2+}) = 0.68V$ 和 $E^{\ominus\prime}(Ce^{4+}/Ce^{3+}) = 1.44V$。滴定过程中溶液电势变化计算如下。

① 滴定开始前　溶液中只有 Fe^{2+},只知 $[Fe^{2+}]$,无法利用能斯特方程式进行计算。

② 滴定开始到化学计量点前　溶液中存在两个电对,根据能斯特方程,两个电对的电极电势分别为:

$$E(Fe^{3+}/Fe^{2+}) = E^{\ominus\prime}(Fe^{3+}/Fe^{2+}) + 0.0592V\lg\frac{c(Fe^{3+})}{c(Fe^{2+})}$$

$$E(\text{Ce}^{4+}/\text{Ce}^{3+}) = E^{\ominus\prime}(\text{Ce}^{4+}/\text{Ce}^{3+}) + 0.0592\text{Vlg}\frac{c(\text{Ce}^{4+})}{c(\text{Ce}^{3+})}$$

随着滴定剂的加入，两个电对的电极电势不断变化且保持相等，故溶液中各平衡点的电势可选便于计算的任一电对进行计算。

在化学计量点前，Fe^{2+} 过量，滴入的 Ce^{4+} 几乎完全被还原为 Ce^{3+}，Ce^{4+} 的浓度极小，不易直接求得，因而用电对 $\text{Fe}^{3+}/\text{Fe}^{2+}$ 计算溶液的电势。

当滴定分数为 99.9% 时，即加入 19.98mL Ce^{4+} 溶液时，

$$E(\text{Fe}^{3+}/\text{Fe}^{2+}) = E^{\ominus\prime}(\text{Fe}^{3+}/\text{Fe}^{2+}) + 0.0592\text{Vlg}\frac{c(\text{Fe}^{3+})}{c(\text{Fe}^{2+})}$$

$$= 0.68\text{V} + 0.0592\text{Vlg}\frac{99.9\%}{0.1\%} = 0.86\text{V}$$

③ 化学计量点时　当加入 20.00mL Ce^{4+} 溶液时，反应正好到达化学计量点，$c(\text{Ce}^{4+})$ 和 $c(\text{Fe}^{2+})$ 都很小，不易直接单独按某一电对来计算电极电势，而要由两个电对的能斯特方程式联立求得。

下面从反应的一般形式推导计算公式。

对于一般可逆对称（对称电对是指电极反应中氧化型和还原型的系数相同的电对，而不对称电对是指电极反应中氧化型和还原型的系数不相同的电对，如 $\text{Cr}_2\text{O}_7^{2-}/\text{Cr}^{3+}$、$\text{I}_2/\text{I}^-$）氧化还原反应：

$$n_2\text{Ox}_1 + n_1\text{Red}_2 \Longrightarrow n_1\text{Ox}_2 + n_2\text{Red}_1$$

化学计量点时两电对的电极电势分别为：

$$\text{Ox}_1 + n_1\text{e}^- \Longrightarrow \text{Red}_1 \qquad E_{\text{sp}} = E_1^{\ominus\prime} + \frac{0.0592\text{V}}{n_1}\lg\frac{c_{\text{Ox}_1}}{c_{\text{Red}_1}}$$

$$\text{Ox}_2 + n_2\text{e}^- \Longrightarrow \text{Red}_2 \qquad E_{\text{sp}} = E_2^{\ominus\prime} + \frac{0.0592\text{V}}{n_2}\lg\frac{c_{\text{Ox}_2}}{c_{\text{Red}_2}}$$

分别乘以 n_1、n_2 然后相加，得：

$$(n_1 + n_2)E_{\text{sp}} = n_1 E_1^{\ominus\prime} + n_2 E_2^{\ominus\prime} + 0.0592\text{Vlg}\frac{c_{\text{Ox}_1} c_{\text{Ox}_2}}{c_{\text{Red}_1} c_{\text{Red}_2}}$$

由反应式可得：

$$\frac{c_{\text{Ox}_1}}{c_{\text{Red}_2}} = \frac{n_2}{n_1}, \quad \frac{c_{\text{Ox}_2}}{c_{\text{Red}_1}} = \frac{n_1}{n_2}$$

故：

$$E_{\text{sp}} = \frac{n_1 E_1^{\ominus\prime} + n_2 E_2^{\ominus\prime}}{n_1 + n_2} \tag{9.48}$$

式(9.48)为可逆对称氧化还原反应化学计量点时的电极电势计算式，它是选择氧化还原指示剂的依据。

式中 n_1、n_2 分别为两电极反应中转移的电子数，而不是方程式中其对应组分前的系数。式(9.48)只适用于对称性电对间发生的反应，若有不对称电对参与反应，E_{sp} 除了与 $E^{\ominus\prime}$、n 有关外，还与平衡时组分的浓度有关。如：

$$\text{Cr}_2\text{O}_7^{2-} + 6\text{Fe}^{2+} + 14\text{H}^+ \Longrightarrow 6\text{Fe}^{3+} + 2\text{Cr}^{3+} + 7\text{H}_2\text{O}$$

$$E_{\text{sp}} = \frac{6E_{\text{Cr}_2\text{O}_7^{2-}}^{\ominus\prime} + E_{\text{Fe}^{3+}/\text{Fe}^{2+}}^{\ominus\prime}}{6+1} + \frac{0.0592}{6+1}\lg\frac{[\text{H}^+]^{14}}{2[\text{Cr}^{3+}]}$$

例如，当加入 $0.1000 \text{mol} \cdot \text{L}^{-1}$ Ce^{4+} 20.00mL 时，反应恰好达化学计量点。此时：

$$E_{sp}=\frac{E_1^{\ominus\prime}+E_2^{\ominus\prime}}{1+1}=\frac{1.44\text{V}+0.68\text{V}}{1+1}=1.06\text{V}$$

④ 化学计量点后　此时 Ce^{4+} 过量，由于 Fe^{2+} 反应完全，溶液中 Fe^{2+} 的浓度几乎为零，按 Ce^{4+}/Ce^{3+} 电对计算溶液电势比较方便。

当滴定分数为 100.1% 时，即加入 20.02mL Ce^{4+} 溶液时，

$$E(Ce^{4+}/Ce^{3+})=E^{\ominus\prime}(Ce^{4+}/Ce^{3+})+0.0592\text{Vlg}\frac{c(Ce^{4+})}{c(Ce^{3+})}$$

$$=1.44\text{V}+0.0592\text{Vlg}\frac{0.1\%}{100\%}=1.26\text{V}$$

滴定突跃范围为 0.86~1.26V。

如按上述方法逐一计算，计算结果列于表 9.10 中。

以溶液电极电势为纵坐标、Ce^{4+} 溶液滴入的百分数为横坐标，根据表 9.10 的数据可画出该氧化还原反应的滴定曲线，如图 9.11 所示。

表 9.10　在 $1\text{mol} \cdot \text{L}^{-1}$ H_2SO_4 中，以 $Ce(SO_4)_2$ 滴定 $FeSO_4$ 溶液时电极电势的变化

滴入 Ce^{4+} 溶液/mL	滴入百分数/%	电极电势 E/V	滴入 Ce^{4+} 溶液/mL	滴入百分数/%	电极电势 E/V
1.00	5.00	0.60	19.80	99.0	0.80
2.00	10.0	0.62	19.98	99.9	0.86
4.00	20.0	0.64	20.00	100.0	1.06（突跃中点）
8.00	40.0	0.67	20.02	100.1	1.26
10.00	50.0	0.68	22.00	110.0	1.38
12.00	60.0	0.69	30.00	150.0	1.42
18.00	90.0	0.74	40.00	200.0	1.44

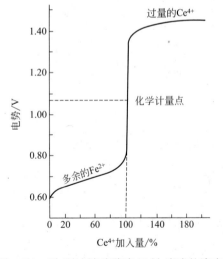

图 9.11　以 Ce^{4+} 溶液滴定 Fe^{2+} 溶液的滴定曲线（$1\text{mol} \cdot \text{L}^{-1}$ H_2SO_4 为介质）

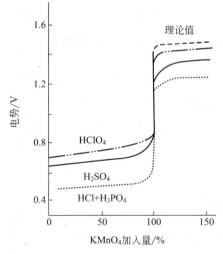

图 9.12　用 $KMnO_4$ 在不同介质中滴定 Fe^{2+} 的滴定曲线

从以上计算可知，电极电势突跃的大小与氧化剂和还原剂两电对的条件电极电势的差值有关，条件电极电势相差越大，突跃范围越大，反之差值越小，突跃范围越小。

氧化还原滴定曲线，常因滴定介质的不同而改变其位置和突跃的大小。如图 9.12 所示

是 $KMnO_4$ 溶液在不同介质中滴定 Fe^{2+} 的滴定曲线。图中曲线说明以下两点：

① 化学计量点前，曲线的位置取决于被滴物电对 Fe^{3+}/Fe^{2+} 的条件电极电势，如在 H_3PO_4 介质中，Fe^{3+} 与 PO_4^{3-} 发生配位作用生成无色 $[Fe(PO_4)_2]^{3-}$，而使 $E^{\ominus\prime}(Fe^{3+}/Fe^{2+})$ 减小，曲线位置下降，使滴定突跃范围增大，而 ClO_4^- 不与 Fe^{3+} 反应，故 $E^{\ominus\prime}(Fe^{3+}/Fe^{2+})$ 较高。所以在有 H_3PO_4 存在的 HCl 溶液中，用 $KMnO_4$ 溶液滴定 Fe^{2+} 的曲线，位置最低，滴定突跃最大。因此无论用 $Ce(SO_4)_2$、$KMnO_4$、$K_2Cr_2O_7$ 标准溶液滴定 Fe^{2+}，在 H_3PO_4 和 HCl 混合酸的介质中，终点颜色变化都较敏锐。

② 化学计量点后，溶液中存在过量的 $KMnO_4$，但实际上决定电极电势的是 $Mn(Ⅲ)/Mn(Ⅱ)$ 电对，因而曲线的位置取决于 $E^{\ominus\prime}\{Mn(Ⅲ)/Mn(Ⅱ)\}$。由于 $Mn(Ⅲ)$ 可与 PO_4^{3-}、SO_4^{2-} 等阴离子配位而降低其条件电极电势，与 ClO_4^- 则不配位，所以在 $HClO_4$ 介质中用 $KMnO_4$ 溶液滴定 Fe^{2+} 的曲线位置最高。

9.4.3.2 氧化还原滴定终点的确定

指示剂目测法确定滴定终点，通常要求化学计量点附近有 0.2V 以上的突跃。氧化还原滴定中常用的指示剂有以下三种类型。

（1）氧化还原指示剂

氧化还原指示剂是具有氧化还原性质的有机化合物，它的氧化态和还原态具有不同颜色，故能因氧化还原作用而发生颜色的变化。

例如，二苯胺磺酸钠是一种常用的氧化还原指示剂，它的氧化态呈紫红色，还原态是无色的。当用 $K_2Cr_2O_7$ 溶液滴定 Fe^{2+} 到化学计量点时，稍过量的 $K_2Cr_2O_7$ 即将二苯胺磺酸钠从无色的还原态氧化为红紫色的氧化态，指示终点的到达。

如果用 $In(Ox)$ 和 $In(Red)$ 分别表示氧化还原指示剂的氧化态和还原态，指示剂电对的电极反应为：

$$In(Ox) + ne^- \rightleftharpoons In(Red)$$

$$E = E_{In}^{\ominus\prime} + \frac{0.059}{n}\lg\frac{c_{In(Ox)}}{c_{In(Red)}}$$

式中，$E_{In}^{\ominus\prime}$ 为氧化还原指示剂的条件电极电势。由酸碱指示剂的讨论可知，氧化还原指示剂的理论变色点为 $E = E_{In}^{\ominus\prime}$（指示剂的条件电极电势），理论变色范围为 $E_{In}^{\ominus\prime} \pm \frac{0.0592V}{n}$（此范围甚小）。

附录 8.4 中列出了一些常用氧化还原指示剂的 $E_{In}^{\ominus\prime}$ 及颜色变化。

从理论上讲，若指示剂的变色范围处于或部分处于滴定突跃范围内，则滴定误差一般不会超过允许的误差范围。或者说，凡变色点处于滴定突跃范围内的指示剂均可选用。许多情况下，理论计算滴定突跃比较困难，可以只计算计量点溶液性质。为了减小滴定误差，应使指示剂的变色点尽量与之靠近，并以此作为选择指示剂的原则。但需注意，确定时主要需考虑终点颜色变化是否敏锐以及滴定误差是否满足分析的要求。

重铬酸钾法测定铁时以二苯胺磺酸钠指示剂，滴定至终点时溶液由绿色（Cr^{3+} 的颜色）变为紫色或蓝紫色。如果滴定在 $1mol·L^{-1}$ HCl 介质中进行，其突跃范围为 0.86～0.97V，在此介质中二苯胺磺酸钠的变色点 $E^{\ominus\prime}$ 为 0.84V，在突跃范围之外，终点将过早到达。若滴定在 $1mol·L^{-1}$ HCl 和 $0.25mol·L^{-1}$ H_3PO_4 的混合酸中进行，其突跃范围为 0.69～0.97V，变色点位于突跃范围之内，可避免过早到达。同时，试液中加入 H_3PO_4，使 Fe^{3+} 生成无色稳定的 $[Fe(PO_4)_2]^{3-}$，也消除了滴定产物 Fe^{3+} 的黄色的影响。

(2) 自身指示剂

有些标准溶液或被滴定物质本身有颜色，而滴定产物为无色或浅色，在滴定时就不需要另加指示剂，本身的颜色变化就能起指示剂的作用，叫做自身指示剂。

例如 $KMnO_4$ 本身显紫红色，还原产物 Mn^{2+} 则几乎无色，所以用 $KMnO_4$ 来滴定无色或浅色的还原剂时，在化学计量点后，过量 $KMnO_4$ 的浓度为 2×10^{-6} mol·L^{-1} 时溶液即呈粉红色。

(3) 专属指示剂

在氧化还原滴定中，有的物质本身不具有氧化还原性质，但能与标准溶液或待测定物质作用产生特殊的颜色，从而可以指示滴定终点。

例如，在碘量法中，使用淀粉作指示剂，碘与淀粉可生成深蓝色物质，当滴定到达化学计量点时，若 I_2 完全被还原为 I^- 时，蓝色消失，或稍微过量的 I_2（浓度为 5×10^{-6} mol·L^{-1}）即能看到蓝色，反应极灵敏。淀粉是碘量法的专属指示剂。

*9.4.4 氧化还原预处理

在氧化还原滴定中，通常将待测组分先氧化为高价状态后再用还原剂进行滴定；或者先还原为低价状态后再用氧化剂进行滴定。氧化还原滴定前使待测组分转变为一定价态的步骤称为预处理。氧化还原滴定前的预处理是一个十分重要的步骤，常因具体分析对象和分析要求的不同而各不相同。预处理的适当与否，将直接影响到滴定分析结果的准确性，因此必须引起足够的重视。

(1) 预处理氧化剂或还原剂的选择

在进行氧化还原预处理时，所选的预处理剂应符合以下条件：

① 反应速率快；

② 必须将待测组分定量地氧化或还原；

③ 反应应具有一定的选择性；

④ 过量的预处理剂易于除去。

过量的预处理剂除去的方法有：

a. 加热分解 如 $(NH_4)_2S_2O_8$、H_2O_2，可借加热煮沸分解除去；

b. 过滤 如 $NaBiO_3$ 不溶于水，可借过滤除去；

c. 利用化学反应 如用 $HgCl_2$ 可除去过量 $SnCl_2$，其反应为：

$$SnCl_2 + 2HgCl_2 \rightleftharpoons SnCl_4 + Hg_2Cl_2$$

Hg_2Cl_2 沉淀不被一般滴定剂氧化，不必过滤除去。

(2) 常用的预氧化剂及预还原剂

常用的预氧化剂和预还原剂列于表 9.11 及表 9.12 中。

表 9.11 预氧化时常用的氧化剂

氧化剂	反应条件	主要作用	除去方法
$NaBiO_3$ $NaBiO_3(s) + 6H^+ + 2e^- \rightleftharpoons Bi^{3+} + Na^+ + 3H_2O$ $E^{\ominus} = 1.80V$	室温，HNO_3 介质 H_2SO_4 介质	$Mn^{2+} \longrightarrow MnO_4^-$ $Ce^{4+} \longrightarrow Ce^{3+}$	过滤
$(NH_4)_2S_2O_8$ $S_2O_8^{2-} + 2e^- \rightleftharpoons 2SO_4^{2-}$ $E^{\ominus} = 2.05V$	酸性 Ag 作催化剂	$Ce^{4+} \longrightarrow Ce^{3+}$ $Mn^{2+} \longrightarrow MnO_4^-$ $Cr^{3+} \longrightarrow Cr_2O_7^{2-}$ $VO^{2+} \longrightarrow VO_3^-$	煮沸分解

续表

氧化剂	反应条件	主要作用	除去方法
H_2O_2 $HO_2^- + H_2O + 2e^- \rightleftharpoons 3OH^-$ $E^{\ominus} = 0.88V$	NaOH 介质 HCO_3^- 介质 碱性介质	$Cr^{3+} \longrightarrow Cr_2O_7^{2-}$ $Co^{2+} \longrightarrow Co^{3+}$ $Mn^{2+} \longrightarrow Mn^{4+}$	煮沸分解,加少量 Ni^{2+} 或 I^- 作催化剂,加速 H_2O_2 分解
高锰酸盐	焦磷酸盐和氟化物 Cr^{3+} 存在时	$Ce^{3+} \longrightarrow Ce^{4+}$ $V^{4+} \longrightarrow V^{5+}$	叠氮化钠或亚硝酸钠
高氯酸	热、浓 $HClO_4$	$V^{4+} \longrightarrow V^{5+}$ $Cr^{3+} \longrightarrow Cr^{4+}$	迅速冷却至室温,用水稀释

表 9.12 预还原时常用的还原剂

还原剂	反应条件	主要作用	除去方法
SO_2 $SO_4^{2-} + 4H^+ + 2e^- \rightleftharpoons SO_2 + 2H_2O$ $E^{\ominus} = 0.200V$	$1mol \cdot L^{-1}\ H_2SO_4$ (有 SCN^- 共存,加速反应)	$Fe^{3+} \longrightarrow Fe^{2+}$ $As^{5+} \longrightarrow As^{3+}$ $Sb^{5+} \longrightarrow Sb^{3+}$ $Cu^{2+} \longrightarrow Cu^+$	煮沸,通 CO_2
$SnCl_2$ $Sn^{4+} + 2e^- \rightleftharpoons Sn^{2+}$ $E^{\ominus} = 0.15V$	酸性,加热	$Fe^{3+} \longrightarrow Fe^{2+}$ $Mo^{6+} \longrightarrow Mo^{5+}$ $As^{5+} \longrightarrow As^{3+}$	快速加入过量的 $HgCl_2$ $Sn^{2+} + 2HgCl_2 \rightleftharpoons$ $Sn^{4+} + Hg_2Cl_2 + 2Cl^-$
锌汞齐还原剂	H_2SO_4 介质	$Cr^{3+} \longrightarrow Cr^{2+}$ $Fe^{3+} \longrightarrow Fe^{2+}$ $Ti^{4+} \longrightarrow Ti^{3+}$ $V^{5+} \longrightarrow V^{3+}$	

9.4.5 常用的氧化还原滴定法

根据所使用滴定剂的不同,可以将氧化还原滴定法分为多种,习惯以所用氧化剂的名称加以命名,主要有高锰酸钾法、重铬酸钾法、碘量法、溴酸盐法及铈量法等。下面重点介绍前三种氧化还原滴定法。

9.4.5.1 高锰酸钾法

(1) 概述

$KMnO_4$ 是一种强的氧化剂。在强酸性溶液中,与还原剂作用时,其电极反应为:

$$MnO_4^- + 8H^+ + 5e^- \rightleftharpoons Mn^{2+} + 4H_2O \qquad E^{\ominus}(MnO_4^-/Mn^{2+}) = 1.51V$$

在弱酸性、中性或碱性溶液中,$KMnO_4$ 与还原剂作,则会生成褐色的水合二氧化锰($MnO_2 \cdot H_2O$)沉淀。妨碍滴定终点的观察,所以用 $KMnO_4$ 溶液进行滴定时,一般都在强酸性溶液中进行。由于有机物与 $KMnO_4$ 在碱性介质中反应速率快,因此测定有机物的含量时,需在浓度大于 $2mol \cdot L^{-1}$ NaOH 溶液中测定。

$KMnO_4$ 氧化力强,可直接或间接测定多种无机物和有机物;还可借 $KMnO_4$ 自身的颜色指示终点,无需另加指示剂。缺点是标准溶液不够稳定,反应历程比较复杂,易发生副反应,滴定的选择性较差。若标准溶液配制、保存得当,滴定时严格控制条件,这些缺点大多可以克服。

$KMnO_4$ 法可直接滴定还原性物质,如 $FeSO_4$、$H_2C_2O_4$、H_2O_2、Sn^{2+}、As(Ⅲ)、NO_2^- 等;也可以利用间接法测定能与 $C_2O_4^{2-}$ 定量沉淀为草酸盐的金属离子(如 Ca^{2+}、

Pb^{2+}、Cd^{2+}以及稀土离子等);还可以利用返滴定法测定一些不能直接滴定的氧化性和还原性物质(如MnO_2、PbO_2、SO_3^{2-}和HCHO等)。

用H_2SO_4来控制溶液的酸度,而不用HNO_3或HCl。

(2) 标准溶液的配制与标定

市售$KMnO_4$试剂纯度一般约为99%~99.5%,其中含少量MnO_2及其他杂质。同时,蒸馏水中常含有少量的有机物质,$KMnO_4$与有机物质会发生缓慢的反应。因此,$KMnO_4$标准溶液不能直接配制。为了获得稳定的$KMnO_4$溶液,必须按下述方法配制。

称取稍多于计算用量的$KMnO_4$,溶解于一定体积的蒸馏水中,将溶液加热至沸,保持微沸约1h,使还原性物质完全氧化。用微孔玻璃漏斗过滤除去$MnO(OH)_2$沉淀,将过滤后的$KMnO_4$溶液储存于棕色瓶中,置于暗处以避免光对$KMnO_4$的催化分解。若需用浓度较稀的$KMnO_4$溶液,通常用蒸馏水临时稀释并立即标定使用,不宜长期储存。

标定$KMnO_4$溶液的基准物质很多,如$H_2C_2O_4 \cdot 2H_2O$、$Na_2C_2O_4$、$(NH_4)_2Fe(SO_4)_2 \cdot 6H_2O$、$As_2O_3$、纯铁丝等。其中,最常用的是$Na_2C_2O_4$,因为它易提纯稳定,不含结晶水,在105~110℃烘干2h,放入干燥器中冷却后,即可使用。

在H_2SO_4溶液中,MnO_4^-和$C_2O_4^{2-}$发生如下反应:

$$5H_2C_2O_4 + 2MnO_4^- + 6H^+ \Longrightarrow 2Mn^{2+} + 10CO_2\uparrow + 8H_2O$$

为了保证该反应定量、较为迅速的进行,应注意下列滴定条件的选择:

① 温度 此反应在室温下速率极慢,需将溶液加热至75~85℃滴定,但温度不宜高于90℃,以免部分$H_2C_2O_4$在酸性溶液中分解;

② 酸度 溶液保持足够的酸度,酸度过低,MnO_4^-会部分被还原成MnO_2;酸度过高,会促进$H_2C_2O_4$分解,一般在开始滴定时,溶液的酸度应控制在0.5~1mol·L^{-1} H_2SO_4;

③ 滴定速率 由于MnO_4^-和$C_2O_4^{2-}$的反应是自动催化反应,滴定开始时,加入的第一滴$KMnO_4$溶液褪色很慢,所以开始滴定要慢些,在$KMnO_4$红色未褪去之前,不要加入第二滴,等最初几滴$KMnO_4$溶液已经反应生成Mn^{2+},反应速率逐渐加快之后,滴定速率就可以稍快些,但不能让$KMnO_4$溶液像流水似地流下去,否则部分加入的$KMnO_4$溶液来不及和$C_2O_4^{2-}$反应,在热的酸性溶液中会发生分解:

$$4MnO_4^- + 12H^+ \Longrightarrow 4Mn^{2+} + 5O_2 + 6H_2O$$

④ 滴定终点 化学计量点后稍微过量的$KMnO_4$使溶液呈现粉红色而指示终点的到达。该终点不太稳定,这是由于空气中的还原性气体及尘埃等能使$KMnO_4$还原,而使粉红色消失,所以在0.5~1min内不褪色即可认为已到滴定终点。

(3) 应用示例

【例9.22】 钙的测定。

在沉淀Ca^{2+}时,若将沉淀剂$(NH_4)_2C_2O_4$直接加入中性或氨性的Ca^{2+}溶液中,生成的CaC_2O_4沉淀颗粒小,难以过滤,且含有碱式草酸钙和氢氧化钙,因此,必须选择适当的沉淀条件。

在沉淀Ca^{2+}时,为了得到易过滤、洗涤的粗晶形沉淀,应先将Ca^{2+}溶液以盐酸酸化,然后加入过量的$(NH_4)_2C_2O_4$。由于$C_2O_4^{2-}$在酸性溶液中大部分以$HC_2O_4^-$存在,$C_2O_4^{2-}$的浓度很小,此时即使Ca^{2+}浓度相当大,也不会生成CaC_2O_4沉淀。然后将溶液加热至70~80℃,在不断搅拌下滴入稀氨水,H^+逐渐被中和,$C_2O_4^{2-}$浓度缓缓增加,结果可以生成颗粒较大的CaC_2O_4晶形沉淀。最后应控制溶液的pH值在3.5~4.5之间(甲基橙呈黄色），并保温约 30min 使沉淀陈化。但对 Mg^{2+} 含量过高的试样，陈化不宜过久，以免 Mg^{2+} 发生后沉淀。放置冷却后，过滤、洗涤，将 CaC_2O_4 沉淀溶于稀硫酸中，用 $KMnO_4$ 标准溶液滴定与 Ca^{2+} 定量结合的 $C_2O_4^{2-}$，从而间接地测得 Ca^{2+} 的含量。

【例 9.23】 有机物的测定。

利用在强碱性溶液中，$KMnO_4$ 氧化有机物的反应比在强酸性条件下快的特点，可以测定有机物。例如甘油的测定方法如下：

在试液中加入一定量过量的碱性 $KMnO_4$ 标准溶液，并加入 NaOH 使溶液呈碱性，此时发生下列反应：

$$\begin{array}{c} H_2C\text{—}OH \\ HC\text{—}OH \\ H_2C\text{—}OH \end{array} + 14MnO_4^- + 20OH^- \longrightarrow 3CO_3^{2-} + 14MnO_4^{2-} + 14H_2O$$

待反应完成后，将溶液酸化，准确加入过量的 Fe^{2+} 标准溶液，把溶液中所有的高价锰离子还原为 Mn^{2+}，最后再以 $KMnO_4$ 标准溶液滴定过量的 Fe^{2+}，由两次所用 $KMnO_4$ 的量及 Fe^{2+} 的量，即可计算出甘油的含量。

此法也可用于甲酸、甲醇、甲醛、柠檬酸、酒石酸、水杨酸、苯酚、葡萄糖等有机物的测定。

【例 9.24】 水样中化学耗氧量（COD）的测定。

化学耗氧量（chemical oxygen demand，COD）是衡量水体受还原性物质（主要是有机物）污染程度的综合性指标。它是指水体中易被强氧化剂氧化的还原性物质所消耗的氧化剂的量，换算成氧的含量（以 $O_2\ mg\cdot L^{-1}$ 计）。测定时在水样 $[V_s(mL)]$ 中加入 H_2SO_4 及一定量的 $KMnO_4$ 溶液 $V_1(mL)$，置沸水浴中加热，使其中的还原性物质氧化，剩余的 $KMnO_4$ 用一定过量的 $Na_2C_2O_4$ 还原 $V(mL)$，再以 $KMnO_4$ 标准溶液 $V_2(mL)$ 返滴定过量部分。

$$4MnO_4^- + 5C + 12H^+ \Longrightarrow 4Mn^{2+} + 5CO_2\uparrow + 6H_2O$$

$$2MnO_4^- + 5C_2O_4^{2-} + 16H^+ \Longrightarrow 2Mn^{2+} + 5CO_2\uparrow + 8H_2O$$

$$COD_{Mn}(O_2\ mg\cdot L^{-1}) = \frac{\frac{5}{4}[c_{MnO_4^-}(V_1+V_2)_{MnO_4^-} - \frac{2}{5}(cV)_{C_2O_4^{2-}}] \times 32.00 \times 1000}{V_s}$$

由于 Cl^- 对此有干扰，因而本法仅适用于地表水、地下水、饮用水和生活用水的测定，含较高 Cl^- 的工业废水则应采用 $K_2Cr_2O_7$ 法测定。

9.4.5.2 重铬酸钾法

(1) 概述

$K_2Cr_2O_7$ 也是一种较强的氧化剂，在酸性溶液中，$K_2Cr_2O_7$ 与还原剂作用时被还原为 Cr^{3+}，电极反应为：

$$Cr_2O_7^{2-} + 14H^+ + 6e^- \Longrightarrow 2Cr^{3+} + 7H_2O \quad E^{\ominus}(Cr_2O_7^{2-}/Cr^{3+}) = 1.33V$$

与 $KMnO_4$ 法比较，具有以下一些优点：

① $K_2Cr_2O_7$ 容易提纯，在 140~150℃ 时干燥后，可用直接法配制标准溶液；

② $K_2Cr_2O_7$ 溶液非常稳定，曾有人发现，保存 24 年的 $0.02\ mol\cdot L^{-1}\ K_2Cr_2O_7$ 溶液，其浓度无显著改变，因此，可长期保存；

③ $K_2Cr_2O_7$ 氧化能力弱于 $KMnO_4$，选择性相对较高，指示剂为二苯胺磺酸钠或邻苯氨基苯甲酸；

④ 不受 Cl^- 还原作用的影响，可以在盐酸介质中进行滴定。

利用重铬酸钾法进行测定有直接法和间接法。一些有机试样,常在硫酸溶液中,加入过量重铬酸钾标准溶液,加热至一定温度,冷却后稀释,再用 Fe^{2+} 标准溶液返滴定。这种间接方法可以用于腐殖酸肥料中腐殖酸的分析、电镀液中有机物的测定等。

应该指出的是,使用 $K_2Cr_2O_7$ 时应注意废液处理,以防污染环境。

(2) 应用示例

【例 9.25】 铁矿石中全铁的测定。

方法如下:试样用浓热 HCl 溶解,用 $SnCl_2$ 趁热将 Fe^{3+} 还原为 Fe^{2+},过量的 $SnCl_2$ 用 $HgCl_2$ 氧化,再用水稀释,并加入 H_2SO_4-H_3PO_4 混合酸,以二苯胺磺酸钠为指示剂,用 $K_2Cr_2O_7$ 标准溶液滴定至溶液由绿色变为紫色(或蓝紫色)。加入 H_3PO_4 的目的有两个:一是降低 Fe^{3+}/Fe^{2+} 电对的条件电极电势,使二苯胺磺酸钠变色点的电极电势位于滴定的电势突跃范围内;二是使 Fe^{3+} 生成无色的 $[Fe(PO_4)_2]^{3-}$,消除 Fe^{3+} 的黄色,以利于滴定终点的观察。

此法简单快速准确,广泛应用于生产上,但由于使用的预还原剂 $HgCl_2$ 有毒,可对环境造成污染,近年来采用了一些"无汞定铁法",如 $SnCl_2$-$TiCl_3$ 法等。

9.4.5.3 碘量法 (iodometric method)

碘量法基于 I_2 的氧化性及 I^- 的还原性进行测定。由于固体 I_2 在水中的溶解度很小 (0.00133 mol·L^{-1}) 且易于挥发,通常将 I_2 溶解于 KI 溶液中,此时它以 I_3^- 形式存在,其半反应是:

$$I_3^- + 2e^- \rightleftharpoons 3I^- \qquad E^{\ominus}(I_2/I^-) = 0.5355 V$$

但为方便起见,一般仍简写为 I_2。

根据测定原理的不同,碘量法可分为直接碘量法和间接碘量法。

碘量法中使用的指示剂是淀粉,淀粉应现用现配。碘量法误差的主要来源是 I_2 的挥发损失和 I^- 容易被空气中氧所氧化,因此碘量法在应用时需注意滴定条件的控制。

(1) 直接碘量法

I_2 是一较弱的氧化剂,能直接用 I_2 标准溶液滴定的是一些较强的还原剂,如 Sn(Ⅱ)、Sb(Ⅲ)、S^{2-}、SO_3^{2-}、$S_2O_3^{2-}$、AsO_3^{3-}、抗坏血酸和还原糖等。这种方法称为直接碘量法 (direct iodimetry),又称碘滴定法。由于 I_2 的氧化能力不强,能被 I_2 氧化的物质有限,而且受溶液中 H^+ 浓度的影响较大,所以直接碘量法的应用受到一定的限制。

(2) 间接碘量法

I^- 能被氧化剂 $Cr_2O_7^{2-}$、CrO_4^{2-}、ClO_3^-、H_2O_2、NO_2^-、BrO_3^- 等定量氧化,析出的 I_2 可用 $Na_2S_2O_3$ 标准溶液滴定,这种方法称为间接碘量法 (indirect iodometry),又称滴定碘法。

凡能与 I^- 作用定量析出 I_2 的氧化性物质、能与过量 I_2 在碱性介质中作用的有机物质,以及能与 CrO_4^{2-} 生成沉淀的阳离子如 Pb^{2+}、Ba^{2+} 等,都可用间接碘量法测定,所以间接碘量法应用相当广泛。

间接碘量法的基本反应是:

$$2I^- + 2e^- \rightleftharpoons I_2$$
$$I_2 + 2S_2O_3^{2-} \rightleftharpoons 2I^- + S_4O_6^{2-}$$

间接碘量法的滴定条件如下。

① 滴定反应须在中性或弱酸性溶液中进行。

在碱性溶液中,会发生如下反应:

$$S_2O_3^{2-} + 4I_2 + 10OH^- \rightleftharpoons 2SO_4^{2-} + 8I^- + 5H_2O$$

$$3I_2 + 6OH^- \rightleftharpoons IO_3^- + 5I^- + 3H_2O$$

在强酸性溶液中，会发生如下反应：

$$S_2O_3^{2-} + 2H^+ \rightleftharpoons SO_2 + S\downarrow + H_2O$$

$$4I^- + 4H^+ + O_2 \rightleftharpoons 2I_2 + 2H_2O$$

② 加入过量的 KI，KI 与 I_2 形成 I_3^-，以减少 I_2 的挥发；提高淀粉指示剂的灵敏度；加入过量的 KI，还可加快反应速率和提高反应的完全程度。

③ 析出 I_2 后立即滴定，避免剧烈摇动，滴定最好在碘量瓶中进行。

④ 滴定前的放置：当氧化性物质与 KI 作用时，一般在暗处放置 5~10min，使其反应后，立即用 $Na_2S_2O_3$ 进行滴定（避免 I_2 挥发，I^- 被空气氧化）。

⑤ 低温、避光下进行：因为温度升高增大 I_2 的挥发性，降低淀粉指示剂的灵敏度，保存 $Na_2S_2O_3$ 溶液时，室温升高，增大细菌的活性，加速 $Na_2S_2O_3$ 的分解。光能催化 I^- 被空气中的氧所氧化，也能增大 $Na_2S_2O_3$ 溶液中的细菌活性，促使 $Na_2S_2O_3$ 分解。

⑥ 淀粉指示剂必须在临近终点时加入。

若淀粉加入过早，淀粉容易吸附 I_2，且不容易与 $Na_2S_2O_3$ 反应，从而产生误差。

（3）标准溶液的配制与标定

① 硫代硫酸钠溶液的配制与标定　硫代硫酸钠溶液必须采用间接法配制。其一是由于市售硫代硫酸钠（$Na_2S_2O_3 \cdot 5H_2O$，俗称海波）试剂一般都含少量杂质，如 S^{2-}、SO_3^{2-}、SO_4^{2-} 等，同时还容易风化、潮解；其二是因为 $Na_2S_2O_3$ 溶液在配制初期不稳定，可发生如下反应：

$$Na_2S_2O_3 + CO_2 + H_2O \rightleftharpoons NaHSO_3 + NaHCO_3 + S\downarrow$$

$$Na_2S_2O_3 \xrightarrow{\text{水中微生物}} SO_3^{2-} + S\downarrow$$

$$2Na_2S_2O_3 + O_2 \rightleftharpoons 2Na_2SO_4 + 2S\downarrow$$

因此，配制 $Na_2S_2O_3$ 溶液时，应当用新煮沸并冷却的蒸馏水，其目的在于除去水中溶解的 CO_2 和 O_2 并杀死细菌；加入少量 Na_2CO_3（约 0.02%）使溶液呈弱碱性以抑制细菌生长；溶液储于棕色瓶并置于暗处以防止光照分解。经过一段时间后应重新标定溶液，如发现溶液变得浑浊表示有硫析出，应弃去重配。

标定 $Na_2S_2O_3$ 可用 $K_2Cr_2O_7$、KIO_3、$KBrO_3$ 等基准物，都采用间接法标定。

以 $K_2Cr_2O_7$ 为例，在酸性溶液下与 KI 作用：

$$Cr_2O_7^{2-} + 6I^- + 14H^+ \rightleftharpoons 2Cr^{3+} + 3I_2 + 7H_2O$$

析出的 I_2，以淀粉为指示剂，用 $Na_2S_2O_3$ 滴定。

② 碘溶液的配制与标定　由于 I_2 的挥发性强，准确称量较困难，故采用间接配制法。先将一定量的 I_2 溶于少量 KI 溶液中，待溶解后再稀释至一定体积，然后标定。溶液储于棕色瓶中，置于暗、凉处，不与橡皮等有机物接触，否则溶液浓度将发生变化。

碘溶液常用 As_2O_3 基准物标定，也可用已标定好的 $Na_2S_2O_3$ 溶液标定。As_2O_3 难溶于水，可用 NaOH 溶解成亚砷酸盐。将试液酸化后，加入 $NaHCO_3$ 调 pH=8~9，用 I_2 滴定至淀粉出现蓝色。

$$As_2O_3 + 6OH^- \rightleftharpoons 2AsO_3^{3-} + 3H_2O$$

$$HAsO_2 + 2H_2O + I_2 \rightleftharpoons H_3AsO_4 + 2H^+ + 2I^-$$

（4）应用示例

【例 9.26】 硫酸铜中铜的测定。

在待测 Cu^{2+} 溶液中加入过量 I^-，发生如下反应：

$$2Cu^{2+} + 5I^- \rightleftharpoons 2CuI\downarrow + I_3^-$$

这里 KI 既是还原剂、沉淀剂，又是配位剂。生成的 I_2（或 I_3^-）用 $Na_2S_2O_3$ 标准溶液滴定，以淀粉为指示剂，以蓝色褪去为终点。

为了促使反应实际上趋于完全，必须加入过量的 KI，但 KI 浓度太大会妨碍终点的观察。同时由于 CuI 沉淀强烈地吸附 I_2，使测定结果偏低。如果加入 KSCN，使 CuI 转化为溶解度更小的 CuSCN 溶液。

$$CuI + SCN^- \rightleftharpoons CuSCN\downarrow + I^-$$

这样不仅可以释放出被吸附的 I_2，而且反应时再生出来的 I^- 可再与未作用的 Cu^{2+} 反应。在这种情况下，可以使用较少的 KI 而能使反应进行得更完全。但 KSCN 只能在接近终点时加入，否则 SCN^- 可直接还原 Cu^{2+} 而使结果偏低：

$$6Cu^{2+} + 7SCN^- + 4H_2O \rightleftharpoons 6CuSCN\downarrow + SO_4^{2-} + HCN + 7H^+$$

若待测溶液中有 Fe^{3+} 共存，由于 Fe^{3+} 也能氧化 I^- 而干扰铜的测定，可加入 NH_4HF_2：

$$HF_2^- \rightleftharpoons HF + F^-$$

F^- 与 Fe^{3+} 生成 $[FeF_6]^{3-}$，降低了铁电对的电势，使 Fe^{3+} 不能氧化 I^-。同时，HF_2^- 实际上是一酸碱缓冲体系，调节溶液 pH=3～4，可保证间接碘量法所要求的弱酸性条件。

9.4.6 电势滴定法简介

当滴定反应平衡常数较小，滴定突跃不够明显或试液有色、浑浊，用指示剂指示终点有困难时，可以用电势滴定法进行测定。电势滴定（potentiometric titration）的基本原理是通过测量滴定过程中电极电势的变化以确定滴定的终点。

（1）方法原理和特点

电势滴定法是将一支随待测离子 M^{n+} 浓度变化而变化的电极（称为指示电极）和一支电势恒定的电极（称为参比电极）与待测溶液组成一个工作电池，然后加入滴定剂进行滴定，在滴定过程中 M^{n+}/M 电对的电极电势 $E(M^{n+}/M)$ 随 M^{n+} 浓度的变化而变化，电池电动势 E 也随之而变化，在计量点附近，由于 M^{n+} 浓度发生突变，所以电池电动势产生突跃，由此即可确定滴定终点。

可见，电势滴定法的基本原理与普通的滴定分析法并无本质的差别，其区别主要在于确定终点的方法不同，因而具有下述特点：①准确度较高，测定的相对误差可低至 0.2%；②能用于难以用指示剂判断终点的浑浊或有色溶液的滴定；③可以用于非水溶液的滴定；④能用于连续滴定和自动滴定，并适用于微量分析。

（2）电势滴定的基本仪器装置

电势滴定法所用仪器的基本装置如图 9.13 所示。它包括滴定管 1、滴定池 2、指示电极 3、参比电极 4、搅拌子 5、电磁搅拌器 6、电动势测量仪 7。

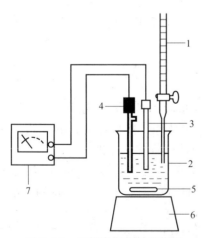

图 9.13 电势滴定的仪器装置

将待测试液以适当的形式组成原电池，在电磁搅拌下，每加入一定量的滴定剂，就测量一次溶液电动势，直到超过计量点为止。在计量点附近，电动势的变化很快，应当每加 0.1～0.2mL 滴定剂就测量一次电动势。测得一系列滴定剂用量（V）和相应的电动势（E）数值。用下述方法确定滴定终点。

（3）滴定终点的确定

在电势滴定法中，终点的确定方法主要有 E-V 曲线法、一阶微商法、二阶微商法。

【例 9.27】 以 0.100mol·L^{-1} $AgNO_3$ 滴定 10.00mL NaCl，在计量点附近 $1\sim 2\text{mL}$ 每隔 $0.1\sim 0.2\text{mL}$ 测量一次电动势，其他可间隔大些，测量数据如表 9.13 所示。

表 9.13 以 0.100mol·L^{-1} $AgNO_3$ 滴定 NaCl 溶液

$AgNO_3$ 体积/mL	E/mV	$\Delta E/\Delta V$	$\overline{V}$/mL	$\Delta^2 E/\Delta V^2$
2.00	68			
		5.0	3.00	
4.00	78			
		6.5	5.00	
6.00	91			
		7.5	7.00	
8.00	106			
		10.0	9.00	
10.00	136			
		14.0	10.50	
11.00	150			
		62.0	11.25	
11.50	181			
		110	11.55	
11.60	192			2700
		380	11.65	
11.70	230			4600
		840	11.75	
11.80	314			−6200
		220	11.85	
11.90	336			−1100
		110	11.95	
12.00	347			
		90.0	12.05	
12.10	356			
		60.0	12.15	
12.20	362			
		40.0	12.35	
12.50	374			
		22.0	12.75	
13.00	385			

① 绘 E-V 曲线法确定滴定终点　作两条与滴定曲线呈 45°夹角的切线（直线 A、B），其中分线（直线 C）与 E-V 曲线的交点即为滴定终点，如图 9.14 所示。

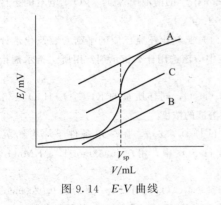

图 9.14　E-V 曲线

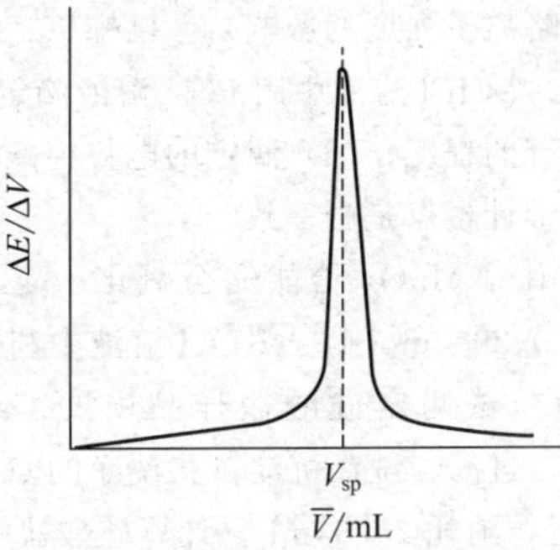

图 9.15　$\Delta E/\Delta V$-$\overline{V}$ 曲线

② $\Delta E/\Delta V$-$\overline{V}$ 曲线法确定滴定终点　曲线两侧外延相交的点即一阶微商最高点即为滴定终点，如图 9.15 所示。

$$\Delta E/\Delta V=(E_2-E_1)/(V_2-V_1) \tag{9.49}$$

③ 二阶微商法

$$\frac{\Delta^2 E}{\Delta V^2} = \frac{(\Delta E/\Delta V)_2 - (\Delta E/\Delta V)_1}{\overline{V}_2 - \overline{V}_1} \tag{9.50}$$

一阶微商最大时，二阶微商等于零。二阶微商为零的点即为滴定终点。

二阶微商法步骤：

① 选择四个连续变化的点，要求中间两点的一阶微商值最大；
② 由式(9.49)和式(9.50)计算 $\Delta E/\Delta V$、$\overline{V}$、$\Delta^2 E/\Delta V^2$；
③ 由内插法计算滴定终点 V_{sp}。

由表9.13中计算可得：

$$11.70\text{mL} \text{——} V_{sp} \text{——} 11.80\text{mL}$$
$$+4600 \text{——} 0 \text{——} -6200$$

$$\frac{V_{sp} - 11.70\text{mL}}{0 - 4600} = \frac{11.80\text{mL} - 11.70\text{mL}}{-6200 - 4600}$$

$$x = 11.70\text{mL} + 0.10\text{mL} \times \frac{0 - 4600}{-6200 - 4600} = 11.74\text{mL}$$

电势滴定法除可用于氧化还原滴定外，还可用于酸碱滴定、沉淀滴定和配位滴定。

习题 9-4

1. 处理氧化还原反应平衡时，为什么要引入条件电极电势？外界条件对条件电极电势有何影响？
2. 为什么银还原器（金属银浸于 $1\text{mol} \cdot \text{L}^{-1}$ HCl 溶液中）只能还原 Fe^{3+} 而不能还原 Ti(Ⅳ)？试由条件电极电势的大小加以说明。
3. 如何判断氧化还原反应进行的完全程度？是否平衡常数大的氧化还原反应都能用于氧化还原滴定中？为什么？
4. 影响氧化还原反应速率的主要因素有哪些？如何加速反应的完成？
5. 氧化还原滴定之前，为什么要进行预处理？对预处理所用的氧化剂或还原剂有哪些要求？
6. 间接法测定铜时，Fe^{3+} 和 AsO_4^{3-} 都能氧化 I^- 而干扰铜的测定。实验说明加入 NH_4HF_2 以使溶液 $pH \approx 3.3$，此时 Fe^{3+} 和 AsO_4^{3-} 的干扰都能消除，为什么？
7. 计算在 H_2SO_4 介质中，H^+ 浓度分别为 $1\text{mol} \cdot \text{L}^{-1}$ 和 $0.1\text{mol} \cdot \text{L}^{-1}$ 的溶液中 VO_2^+/VO^{2+} 电对的条件电极电势（忽略离子强度的影响）。[已知 $E^{\ominus}(VO_2^+/VO^{2+}) = 1.00\text{V}$]
8. 在 $1\text{mol} \cdot \text{L}^{-1}$ HCl 溶液中用 Fe^{3+} 溶液滴定 Sn^{2+}，计算：(1) 此氧化还原反应的平衡常数及化学计量点时反应进行的程度；(2) 滴定的电势突跃范围。在此滴定中应该选用什么指示剂？用所选指示剂指示的终点和化学计量点是否一致？
9. 用 30.00mL $KMnO_4$ 恰能完全氧化一定质量的 $KHC_2O_4 \cdot H_2O$，同样质量的 $KHC_2O_4 \cdot H_2O$ 又恰能被 25.20mL $0.2000\text{mol} \cdot \text{L}^{-1}$ KOH 溶液中和。计算 $KMnO_4$ 溶液的浓度。
10. 用 $KMnO_4$ 法测定硅酸盐样品中的 Ca^{2+} 含量。称取试样 0.5863g，在一定条件下，将钙沉淀为 CaC_2O_4，过滤、洗涤沉淀。将洗净的 CaC_2O_4 溶解于稀 H_2SO_4 中，用 $0.05052\text{mol} \cdot \text{L}^{-1}$ $KMnO_4$ 标准溶液滴定，消耗 25.64mL。计算硅酸盐中 Ca 的质量分数。
11. 称取软锰矿试样 0.5000g，在酸性溶液中将试样与 0.6700g 纯 $Na_2C_2O_4$ 充分反应，最后以 $0.02000\text{mol} \cdot \text{L}^{-1}$ $KMnO_4$ 溶液滴定剩余的 $Na_2C_2O_4$，至终点时消耗 30.00mL。计算试样中 MnO_2 的质量分数。
12. 将含有 PbO 和 PbO_2 的试样 1.234g，用 20.00mL $0.2500\text{mol} \cdot \text{L}^{-1}$ $H_2C_2O_4$ 溶液处理，将 Pb(Ⅳ) 还原为 Pb(Ⅱ)。溶液中和后，使 Pb^{2+} 定量沉淀为 PbC_2O_4，并过滤。滤液酸化后，用 $0.04000\text{mol} \cdot \text{L}^{-1}$ $KMnO_4$ 溶液滴定剩余的 $H_2C_2O_4$，用去 $KMnO_4$ 溶液 10.00mL。沉淀用酸溶解后，用同样的 $KMnO_4$ 溶液滴定，用去 $KMnO_4$ 溶液 30.00mL。计算试样中 PbO 及 PbO_2 的质量分数。
13. 某土壤试样 1.000g，用重量法测得试样中 Al_2O_3 及 Fe_2O_3 共 0.5000g，将该混合氧化物用酸溶解并使

铁还原为 Fe^{2+} 后，用 $0.03333\text{mol}\cdot\text{L}^{-1}$ $K_2Cr_2O_7$ 标准溶液进行滴定，用去 25.00mL $K_2Cr_2O_7$。计算土壤中 FeO 和 Al_2O_3 的质量分数。

14. 将 1.000g 钢样中铬氧化成 $Cr_2O_7^{2-}$，加入 $0.1000\text{mol}\cdot\text{L}^{-1}$ 的 $FeSO_4$ 标准溶液 25.00mL，然后用 $0.0180\text{mol}\cdot\text{L}^{-1}$ $KMnO_4$ 标准溶液 7.00mL 回滴过量的 $FeSO_4$。计算钢样中铬的质量分数。

15. 试剂厂生产的试剂 $FeCl_3\cdot 6H_2O$，根据国家标准 GB 1621—1979 规定其一级品含量不少于 96.0%，二级品含量不少于 92.0%。为了检查质量，称取 0.5000g 试样，溶于水，加浓 HCl 溶液 3mL 和 KI 2g，最后用 $0.1000\text{mol}\cdot\text{L}^{-1}$ $Na_2S_2O_3$ 标准溶液 18.17mL 滴定至终点。计算说明该试样符合哪级标准？

16. 用碘量法测定钢中的硫时，先使硫燃烧为 SO_2，再用含有淀粉的水溶液吸收，最后用碘标准溶液滴定。现称取钢样 0.500g，滴定时用去 $0.0500\text{mol}\cdot\text{L}^{-1}$ I_2 标准溶液 11.00mL。计算钢样中硫的质量分数。

17. 今有 25.00mL KI 溶液，用 $0.0500\text{mol}\cdot\text{L}^{-1}$ 的 KIO_3 溶液 10.00mL 处理后，煮沸溶液以除去 I_2。冷却后，加入过量 KI 溶液使之与剩余的 KIO_3 反应，然后将溶液调至中性。析出的 I_2 用 $0.1008\text{mol}\cdot\text{L}^{-1}$ $Na_2S_2O_3$ 标准溶液滴定，用去 21.14mL。计算 KI 溶液的浓度。

18. 将含有 $BaCl_2$ 的试样溶解后加入 K_2CrO_4 使之生成 $BaCrO_4$ 沉淀，过滤洗涤后将沉淀溶于 HCl 溶液，再加入过量的 KI 并用 $Na_2S_2O_3$ 溶液滴定析出的 I_2。若试样为 0.4392g，滴定时耗去 29.61mL $0.1007\text{mol}\cdot\text{L}^{-1}$ $Na_2S_2O_3$ 标准溶液。计算试样中 $BaCl_2$ 的质量分数。

19. 称取丙酮试样 1.000g，定容于 250mL 容量瓶中，移取 25.00mL 于盛有 NaOH 溶液的碘量瓶中，准确加入 50.00mL $0.05000\text{mol}\cdot\text{L}^{-1}$ I_2 标准溶液，放置一定时间后，加 H_2SO_4 调节溶液呈弱酸性，立即用 $0.1000\text{mol}\cdot\text{L}^{-1}$ $Na_2S_2O_3$ 溶液滴定过量的 I_2，消耗 10.00mL。计算试样中丙酮的质量分数。

提示：丙酮与碘的反应为
$$CH_3COCH_3 + 3I_2 + 4NaOH = CH_3COONa + 3NaI + 3H_2O + CHI_3$$

*9.5 沉淀溶解平衡在无机及分析化学中的应用

难溶电解质在溶液中的沉淀溶解平衡，属于多相离子平衡（polyphase ionic equilibrium）。沉淀的溶解、生成、转化和分步沉淀等变化，在物质的制备、分离、提纯、测定中有广泛的应用。利用适当方法使试样中的待测组分与其他组分分离，然后用称重的方法测定该组分的含量，叫做重量分析法。用适当的指示剂确定滴定终点，将沉淀反应设计成滴定分析，叫做沉淀滴定法。这两种分析方法的基础都是沉淀溶解平衡，故合并介绍。

9.5.1 影响沉淀纯度的因素

在重量分析中，要求获得纯净的沉淀。但当沉淀从溶液中析出时，不可避免或多或少夹杂溶液中的其他组分。因此，必须了解影响沉淀纯度的各种因素，找出减少杂质的方法，以获得符合重量分析要求的沉淀。

9.5.1.1 共沉淀

共沉淀（coprecipitation）现象是指在进行某种物质的沉淀反应时，某些可溶性的杂质被同时沉淀下来的现象。例如，将 H_2SO_4 加入 $FeCl_3$ 溶液，不会有 $Fe_2(SO_4)_3$ 沉淀出现，因为硫酸铁是易溶的。但是加 H_2SO_4 于 $BaCl_2$ 和 $FeCl_3$ 的混合液中时，却发现 $BaSO_4$ 沉淀中或多或少地混杂有 $Fe_2(SO_4)_3$，这就是说可溶盐 $Fe_2(SO_4)_3$ 被 $BaSO_4$ 沉淀带下来，Fe^{3+} 与 Ba^{2+} 发生了共沉淀。

产生共沉淀的原因是表面吸附、形成混晶、吸留和包藏等，其中主要的是表面吸附。

(1) 表面吸附

表面吸附（adsorption）是由于晶体表面离子电荷不完全等衡所造成的。这种吸附一般认为是物理吸附。例如，在 $BaSO_4$ 沉淀表面，由于表面离子电荷不完全等衡，它就要吸引溶液中带相反电荷的离子于沉淀表面，组成吸附层（adsorption layer）。为了保持电中性，吸附层还可以再吸引异电荷离子（又称为抗衡离子，counter ion）而形成较为松散的扩散层（diffusion layer），吸附层和扩散层共同组成沉淀表面的双电层（electrical double layer），构成了表面吸附化合物。

一般来说，表面吸附是有选择性的。由于沉淀剂一般是过量的，因而吸附层优先吸附的是构晶离子，其次是与构晶离子大小相近、电荷相同的离子。扩散层的吸附也具有一定的规律，在杂质离子浓度相同时，优先吸附能与构晶离子形成溶解度或解离度最小的化合物的离子；例如，$BaSO_4$ 沉淀时，若 SO_4^{2-} 沉淀剂过量，则沉淀表面主要吸附的是 SO_4^{2-}。若溶液中存在 Ca^{2+} 和 Hg^{2+}，则扩散层将主要吸附 Ca^{2+}，因为 $CaSO_4$ 的溶解度比 $HgSO_4$ 的小。如果 $BaSO_4$ 沉淀时，若 Ba^{2+} 沉淀剂过量，则沉淀表面主要吸附的是 Ba^{2+}。若溶液中存在 Cl^- 和 NO_3^-，则扩散层将主要吸附 NO_3^-，因为 $Ba(NO_3)_2$ 的溶解度比 $BaCl_2$ 的小。通常离子的价态越高，浓度越大，就越易被吸附；另外，沉淀的比表面（单位质量颗粒的表面积）越大，吸附的杂质量也越大，因此，相对而言，表面吸附是影响无定形沉淀纯度的主要原因，由于发生在沉淀的表面，所以洗涤沉淀是减少吸附杂质的有效方法。还需注意的是，对物理吸附来说，吸附过程是放热过程，而解吸附（或脱附，desorption）是吸热过程，因此溶液的温度越高，一般吸附的杂质量也就越小。

（2）形成混晶

每种晶形沉淀都具有一定的晶体结构，如果溶液中杂质离子与沉淀的构晶离子半径相近，电荷相同，所形成的晶体结构也相同的话，就容易形成混晶（mixed crystal）。例如用 SO_4^{2-} 沉淀 Ba^{2+} 时，溶液中有 Pb^{2+}，由于它们离子半径相近，晶体结构也相似，故 Pb^{2+} 将进入 $BaSO_4$ 的晶格而成为混晶析出，使 $BaSO_4$ 沉淀带有 Pb^{2+} 杂质。除 $BaSO_4$ 和 $PbSO_4$ 外，形成混晶的还有 $AgCl$ 和 $AgBr$、$MgNH_4PO_4 \cdot 6H_2O$ 和 $MgNH_4AsO_4 \cdot 6H_2O$ 等。只要溶液中有形成混晶的杂质离子存在，则在沉淀过程中必然混入这种杂质而造成混晶共沉淀。

这时用洗涤或陈化的方法净化沉淀，效果不显著。为减少混晶的生成，最好事先将这类杂质分离除去。

（3）吸留和包藏

吸留（occlusion）就是被吸附的杂质机械地嵌入沉淀之中。包藏（inclusion）常指母液机械地存留在沉淀中。这些现象的发生，是由于沉淀剂加入太快，使沉淀急速生长，沉淀表面吸附的杂质还来不及离开就被随后生成的沉淀所覆盖，使杂质或母液被吸留或包藏在沉淀内部。这类共沉淀不能用洗涤沉淀的方法将杂质除去，可以借改变沉淀条件、陈化或重结晶的方法来减免。

从带入杂质方面来看，共沉淀现象对重量分析是不利的，但利用这一现象可富集分离溶液中某些微量成分，提高痕量分析的检测限。

9.5.1.2 后沉淀

后沉淀（postprecipitation）是指某种沉淀析出后，另一种本来难以沉淀的组分在该沉淀表面继续析出沉淀的现象。这种情况大多发生在该组分形成的稳定的过饱和溶液中。例如，在 Mg^{2+} 存在下沉淀 CaC_2O_4 时，Mg^{2+} 由于形成稳定的草酸盐过饱和溶液而不立即析出。如果把草酸钙沉淀立即过滤，则发现沉淀表面上吸附少量的镁。若把含有 Mg^{2+} 的母液与草酸钙沉淀一起放置一段时间，则草酸镁的后沉淀量会显著增多。类似的现象在金属硫化物的沉淀分离中也屡有发现。

后沉淀所引入的杂质量比共沉淀要多,且随着沉淀放置时间的延长而增多。因此为防止后沉淀现象的发生,某些沉淀的陈化时间不宜过久。

9.5.1.3 获得纯净沉淀的措施

为了得到纯净的沉淀,应针对上述造成沉淀不纯的原因采取如下一些措施。

① 采用适当的分析程序和沉淀方法　如果溶液中同时存在含量相差很大的两种离子,需要沉淀分离,为了防止含量少的离子因共沉淀而损失,应该先沉淀含量少的离子。例如分析烧结菱镁矿(含 MgO 90%以上,CaO 1%左右)时,应该先沉淀 Ca^{2+}。由于 Mg^{2+} 含量太大,不能采用一般的草酸铵沉淀 Ca^{2+} 的方法,否则 MgC_2O_4 共沉淀严重。但可在大量乙醇介质中用稀硫酸将 Ca^{2+} 沉淀成 $CaSO_4$ 而分离。对一些离子采用均匀沉淀法或选用适当的有机沉淀剂,可以减少或避免共沉淀。此外,针对不同类型的沉淀,选用适当的沉淀条件,并在沉淀分离后,用适当的洗涤剂洗涤。

② 降低易被吸附离子的浓度　对于易被吸附的杂质离子,必要时应先分离除去或加以掩蔽。如沉淀 $BaSO_4$ 时,将 Fe^{3+} 预先还原成不易被吸附的 Fe^{2+}。或加乙二胺四乙酸、酒石酸使之生成稳定的配合物,以减少共沉淀。

③ 再沉淀(或称二次沉淀)　即将沉淀过滤、洗涤、溶解后,再进行一次沉淀。再沉淀时由于杂质浓度大为降低,可以减免共沉淀现象。

9.5.2 沉淀的形成和沉淀条件

为了获得纯净且易于分离和洗涤的沉淀,必须了解沉淀形成的过程和选择适当的沉淀条件。

9.5.2.1 沉淀的分类

根据沉淀颗粒的大小和外观形态,沉淀可粗略地分为两类:一类是晶形沉淀(crystalline precipitate),如 $BaSO_4$ 等;一类是无定形沉淀(amorphous precipitate),如 $Fe_2O_3 \cdot xH_2O$ 等。介于两者之间的是凝乳状沉淀(gelating precipitate),如 $AgCl$。它们之间主要的差别是颗粒大小不同,晶形沉淀的颗粒直径约为 $0.1 \sim 1 \mu m$,内部离子排列规整,结构紧密,易于沉降和洗涤;无定形沉淀的颗粒直径小于 $0.02 \mu m$,内部离子排列无序,结构松散,比表面积大,吸附作用强,不易过滤和洗涤。凝乳状沉淀的颗粒大小介于两者之间。无定形沉淀和凝乳状沉淀也可统称为非晶形沉淀。

生成的沉淀属于哪种类型,首先决定于沉淀的性质,但与沉淀的形成条件及沉淀后的处理也有密切的关系。我们总希望能得到颗粒比较大的晶形沉淀,便于过滤和洗涤,沉淀的纯度也比较高。

9.5.2.2 沉淀的形成

沉淀的形成是一个复杂的过程,可以粗略地分为晶核的生成以及晶体的长大两个基本阶段。

(1) 晶核的形成

晶核(crystal nucleus)的形成中有两种成核作用,分别为均相成核和异相成核。所谓均相成核(homogeneous nucleation),是当溶液呈过饱和状态时,构晶离子由于静电作用,通过缔合而自发形成晶核的作用。例如 $BaSO_4$ 晶核的生成一般认为就是在过饱和溶液中,Ba^{2+} 与 SO_4^{2-} 首先缔合为 $Ba^{2+}SO_4^{2-}$ 离子对,然后再进一步结合 Ba^{2+} 及 SO_4^{2-} 而形成离子群,如 $(Ba^{2+}SO_4^{2-})_2$。当离子群大到一定程度时便形成晶核。

异相成核(heterogeneous nucleation)则是溶液中的微粒等外来杂质作为晶种(crystal

seed)诱导沉淀形成的作用,例如,由化学纯试剂所配制的溶液每毫升大概至少有 10 个不溶性的微粒,它们就能起到晶核的作用。这种异相成核作用在沉淀形成的过程中总是存在的。

(2) 晶核的长大生成沉淀微粒

晶核形成之后,构晶离子就可以向晶核表面运动并沉积下来,使晶核逐渐长大,最后形成沉淀微粒。在这个过程中,有两种速率的相对大小会影响到沉淀的类型,一是聚集速率(aggregation velocity),即构晶离子聚集成晶核,进一步积聚成沉淀微粒的速率;另一则是定向速率(direction velocity),即在聚集的同时,构晶离子按一定顺序在晶核上进行定向排列的速率。哈伯(Haber)认为,若聚集速率大于定向速率,即离子很快地聚集而生成沉淀微粒,却来不及进行晶格排列,则得到无定形沉淀。相反,若定向速率大于聚集速率,即离子较缓慢地聚集成沉淀,有足够时间进行晶格排列,则得到晶形沉淀。

定向速率的大小主要取决于沉淀物质的本性,一般强极性难溶物质,如 $BaSO_4$、CaC_2O_4 等具有较大的定向速率;氢氧化物,特别是高价金属离子形成的氢氧化物,定向速率就小。而聚集速率的大小主要与沉淀时的条件有关。

根据冯·韦曼(Von Weimarn)提出的经验公式,沉淀的分散度(表示沉淀颗粒的大小)与溶液的相对过饱和度有关:

$$\text{分散度} = K \cdot \frac{c_Q - s}{s}$$

式中,K 为常数,它与沉淀的性质、温度、介质以及溶液中存在的其他物质有关;c_Q 为开始沉淀瞬间沉淀物质的总浓度;s 为开始沉淀时沉淀物质的溶解度;$c_Q - s$ 为沉淀开始瞬间的过饱和度,是引起沉淀作用的动力;$\frac{c_Q - s}{s}$ 为沉淀开始瞬间的相对过饱和度(relative supersaturation)。

由上式可知,溶液的相对过饱和度越大,分散度也越大,形成的晶核数目就越多,这时一般聚集速率就越快,将得到小晶形沉淀。相反,沉淀时溶液的相对过饱和度较小,分散度也较小,形成的晶核数目就相应较少,则晶核形成速率较慢,就将得到大晶形沉淀。

9.5.2.3 沉淀条件的选择

(1) 晶形沉淀的沉淀条件

对于晶形沉淀来说,主要考虑的是如何获得较大的沉淀颗粒,以便使沉淀纯净,易于过滤和洗涤。

沉淀反应宜在适当的稀溶液中进行,并加入沉淀剂的稀溶液。这样在沉淀作用开始时,溶液的过饱和程度不至太大,晶核生成不至太多,又有机会长大。因而得到的沉淀颗粒较大、较纯净,吸附杂质较少。但是溶液太稀时,沉淀的溶解损失较多,尤其对溶解度较大的沉淀,要使其溶解损失不超过重量分析所允许的误差范围。

在不断搅拌下,逐滴地加入沉淀剂。这样可以防止溶液局部过浓现象,以免生成大量的晶核,同时可减少包藏。

沉淀作用应该在热溶液中进行,使沉淀的溶解度略有增大,还可以增加离子扩散的速率,有助于沉淀颗粒的成长,同时也减少杂质的吸附。但在沉淀作用完毕后,应将溶液放冷,再进行过滤,以减少沉淀的溶解损失。

沉淀作用完毕后,让沉淀与溶液在一起放置一段时间,这样可使沉淀晶形完整、纯净,同时还可使微小晶体溶解,粗大晶体长大,这一过程叫做陈化。加热和搅拌可以加快陈化的进行，例如在室温下需要陈化数小时至数十小时，而加热搅拌，则陈化的时间可缩短为 1～2h，甚至几十分钟。

(2) 无定形沉淀的沉淀条件

无定形沉淀大多溶解度很小，无法控制其过饱和度，以至生成大量微小胶粒而不能长成大粒沉淀。对于这种类型的沉淀，重要的是使其聚集紧密，便于过滤，防止形成胶体溶液；同时尽量减少杂质的吸附，使沉淀纯净些。

沉淀作用应在较浓的热溶液中进行，加入沉淀剂的速度不必太慢；在浓、热溶液中离子的水化程度较小，得到的沉淀结构较紧密、含水量少，容易沉降。但也要考虑到此时吸附杂质多，为此，在沉淀完毕后迅速加入多量热水稀释并搅拌，使被吸附的一部分杂质转入溶液。

沉淀作用要在大量电解质存在下进行，以使带电荷的胶体粒子相互凝聚、沉降。通常用的电解质是灼烧时容易挥发的铵盐，如 NH_4Cl、NH_4NO_3 等，这样还有助于减少沉淀对其他杂质的吸附。

不必陈化。沉淀作用完毕后，静置数分钟，让沉淀下沉后立即过滤。因为陈化不仅不能改善沉淀的形状，反而会失去水分而使沉淀聚集得十分紧密，杂质反而难以洗净，必要时进行再沉淀。无定形沉淀吸附杂质严重，一次沉淀很难保证纯净，若准确度要求较高时，应当进行再沉淀。

(3) 均匀沉淀法

在进行沉淀反应时，尽管沉淀剂是在搅拌下缓慢加入的，但仍难避免沉淀剂在溶液中局部过浓现象。为了消除这种现象，可改用均匀沉淀法 (homogeneous precipitation)。这个方法的特点是通过缓慢的化学反应过程，逐步地、均匀地在溶液中产生沉淀剂，使沉淀在整个溶液中均匀缓慢地形成，因而生成的沉淀颗粒比较大，吸附的杂质较少，易于过滤和洗涤。

例如测定 Ca^{2+} 时，在中性或碱性溶液中加入沉淀剂 $(NH_4)_2C_2O_4$，产生的 CaC_2O_4 是细晶形沉淀；如果先将溶液酸化之后再加入 $(NH_4)_2C_2O_4$，此时草酸根以 $HC_2O_4^-$ 和 $H_2C_2O_4$ 形式存在，不会产生沉淀；然后加入尿素，加热近沸，尿素发生水解生成 NH_3：

$$CO(NH_2)_2 + H_2O \Longrightarrow CO_2 \uparrow + 2NH_3$$

生成的 NH_3 与溶液中的 H^+ 结合，酸度逐渐降低，$C_2O_4^{2-}$ 的浓度逐渐增大，最后均匀而又缓慢地析出 CaC_2O_4 沉淀。在沉淀过程中，溶液的相对过饱和度始终是比较小的，所以得到的是粗大的晶形沉淀。

9.5.3 重量分析法

重量分析法是一种通过称量物质的质量来确定被测组分含量的化学分析法。它可以分为电解法、气化法、沉淀法等。电解法是通过电解，使被测组分在电极上析出，称量电解前后电极质量的改变就能确定被测组分的含量；而气化法则是通过称量物质在烘干前后质量的改变，来测定诸如含水率、结晶水等；沉淀法一般就是将被测组分转化为沉淀物质，通过称量沉淀物质的质量进行测定的方法。本节主要介绍沉淀法。

9.5.3.1 重量分析对沉淀的要求

重量分析法的一般分析步骤为：称样；样品溶解，配成稀溶液；加入适当的沉淀剂，使被测组分沉淀析出（所得沉淀称为沉淀形式）；沉淀过滤、洗涤；在适当温度下烘干或灼烧之后，转化成称量形式，然后称量至恒重；根据称量形式的化学式和重量计算被测组分的含量。沉淀形式与称量形式可能相同，也可能不同。以 SO_4^{2-} 和 Al^{3+} 的测定为例，其分析步骤如下：

$$SO_4^{2-} + Ba^{2+} \longrightarrow BaSO_4 \xrightarrow{\text{过滤、洗涤}} \xrightarrow{800℃ \text{灼烧}} BaSO_4$$

$$Al^{3+} + NH_3 \cdot H_2O \longrightarrow Al(OH)_3 \xrightarrow{\text{过滤、洗涤}} \xrightarrow{800℃ \text{灼烧}} Al_2O_3$$

试液　　　　　　　　沉淀形式　　　　　　　　称量形式

在 SO_4^{2-} 的测定中沉淀形式与称量形式相同，而 Al^{3+} 的测定中则不相同。

(1) 对沉淀形式的要求

沉淀的溶度积要小，以保证被测组分沉淀完全。沉淀要易于过滤和洗涤，因此，要尽可能获得粗大的晶形沉淀；如果是无定形沉淀，应注意掌握好沉淀条件，改善沉淀的性质。沉淀要纯净，以免混进杂质。沉淀还要易于转化为称量形式。

(2) 对称量形式的要求

称量形式必须有确定的化学组成，这是对称量形式最重要的要求，否则无法计算分析结果。称量形式要稳定，不受空气中水分、二氧化碳和氧气的影响。称量形式的摩尔质量要大，这样，由少量的待测组分可以得到较大量的称量物质，以减少称量误差，能提高分析结果的准确度。

称量形式的质量必须通过恒重来确定。这里所指的恒重（constant weight）是指两次干燥处理后，称量形式的两次称量所得质量之差不得超过一定的允许误差。不同的应用领域对恒重的要求是不同的。对于常规的重量分析，一般不得超过分析天平的称量误差（0.2～0.3mg）。

(3) 对沉淀剂的要求

应根据上述对沉淀的要求来考虑沉淀剂的选择。此外，还要求沉淀剂应具有较好的选择性，即要求沉淀剂只能和待测组分生成沉淀，而与试液中的其他组分不起作用。例如，丁二酮肟和 H_2S 都可沉淀 Ni^{2+}，但在测定 Ni^{2+} 时常选用前者。又如沉淀 Zr^{4+} 时，选用在盐酸溶液中与锆有特效反应的苦杏仁酸作沉淀剂，这时即使有钛、铁、钒、铝、铬等十多种离子存在，也不发生干扰。

此外，还应尽可能选用易挥发或易灼烧除去的沉淀剂。这样，沉淀中带有的沉淀剂即使未洗净，也可以借烘干或灼烧而除去。一些铵盐和有机沉淀剂都能满足这项要求。许多有机沉淀剂的选择性较好，而且形成的沉淀组成固定，易于分离和洗涤，简化了操作，加快了速度，称量形式的摩尔质量也较大，因此在沉淀分离中，有机沉淀剂的应用日益广泛。

由溶度积原理可知，沉淀剂的用量影响着沉淀的完全程度。为了使某种离子沉淀得更完全，往往加入过量的沉淀剂以降低沉淀的溶解度。但是若沉淀剂过多，反而由于盐效应、酸效应或生成配合物等而使溶解度增大。因此，必须避免使用太过量的沉淀剂，一般挥发性沉淀剂以过量 50%～100% 为宜，对非挥发性的沉淀剂一般则以过量 20%～30% 为宜。

9.5.3.2 重量分析结果的计算

重量分析法是根据沉淀的重量换算成被测组分的含量。若最后称量形式与被测成分不相同时，就要进行一定的换算。

我们测定试样中钡的含量时，最后的称量形式是 $BaSO_4$。此时被测成分与最后称量形式不相同，因此必须通过称量形式与沉淀的重量换算出被测成分的重量。

例如测定钡时得到 $BaSO_4$ 沉淀 0.5051g，可以利用下列比例式求得 Ba^{2+} 的质量。

Ba^{2+}　～　$BaSO_4$

137.4　　　233.4

x　　　　0.5051g

$$x = 0.5051 \times \frac{137.4}{233.4} = 0.2974 \text{(g)}$$

以上算式中 137.4/233.4 就是将 $BaSO_4$ 换算成 Ba 的换算因数，又称化学因数，以 F 表示，它是待测组分的摩尔质量与称量形式的摩尔质量之比。在计算换算因数时，必须在待测组分的摩尔质量和称量形式的摩尔质量上乘以适当系数，使分子分母中待测元素的原子数目相等。

【例 9.28】 分析某铬矿中的 Cr_2O_3 含量时，把 Cr 转变为 $BaCrO_4$ 沉淀，设称取 0.5000g 试样，转变为 $BaCrO_4$ 的质量为 0.2530g。求此矿石中 Cr_2O_3 的质量分数。

解：由称量形式 $BaCrO_4$ 的质量换算为 Cr_2O_3 的质量，其换算因数为：

$$\frac{M_{Cr_2O_3}}{2M_{BaCrO_4}} = \frac{152.0}{2 \times 253.3} = 0.3000$$

$$w_{Cr_2O_3} = \frac{m_{称量形式} \times F}{m_s} \times 100\% = \frac{0.2530 \times 0.3000}{0.5000} \times 100\% = 15.18\%$$

9.5.4 沉淀滴定法

沉淀滴定法（precipitation titration）是以沉淀反应为基础的滴定分析方法。沉淀反应很多，但能用于沉淀滴定的反应并不多，用于沉淀滴定法的沉淀反应必需满足下列几个条件：

① 沉淀反应必须迅速、定量地进行；
② 生成的沉淀应具有恒定的组成且溶解度要很小；
③ 能够用适当的指示剂或其他方法确定终点；
④ 沉淀的吸附现象不至于引起显著的误差。

目前用得较广的是生成难溶银盐的反应，例如：

$$Ag^+ + Cl^- \Longrightarrow AgCl \downarrow$$
$$Ag^+ + SCN^- \Longrightarrow AgSCN \downarrow$$

这种利用生成难溶银盐反应的测定方法称为"银量法"，用银量法可以测定 Cl^-、Br^-、I^-、Ag^+、CN^-、SCN^- 等离子。

根据滴定终点所用指示剂不同，银量法可分为三种：莫尔法——铬酸钾作指示剂；佛尔哈德法——铁铵矾作指示剂；法扬司法——吸附指示剂。

（1）莫尔法

莫尔法是一种以 K_2CrO_4 为指示剂，在中性或弱碱性溶液中，用 $AgNO_3$ 标准溶液滴定 Cl^- 或 Br^- 的银量法。

例如，Cl^- 的测定，滴定反应为：$Ag^+ + Cl^- \Longrightarrow AgCl \downarrow$ $K_{sp}^{\ominus} = 1.8 \times 10^{-10}$

指示剂反应为：$2Ag^+ + CrO_4^{2-} \Longrightarrow Ag_2CrO_4 \downarrow$ $K_{sp}^{\ominus} = 2.0 \times 10^{-12}$

根据分步沉淀的原理，溶液中首先析出 AgCl 沉淀。当 Ag^+ 定量沉淀后，稍过量一点的滴定剂就能与 CrO_4^{2-} 形成 Ag_2CrO_4 砖红色沉淀，指示终点的到达。

使用中应注意的主要是指示剂的用量以及溶液的酸度两方面问题。

指示剂用量应适当，若加得太多，不仅溶液颜色过深影响终点的观察，而且滴定到终点时，会使溶液中剩余的 Cl^- 浓度较大，终点提前，造成负误差；若加得太少，就得加入较多的 $AgNO_3$ 标准溶液才能产生砖红色沉淀，终点推迟，由此会造成较大的正误差。因此要求 Ag_2CrO_4 沉淀应该恰好在滴定反应化学计量点时产生，根据溶度积原理可以求出化学计量点时 $[Ag^+] = 1.25 \times 10^{-5} \text{mol} \cdot L^{-1}$，而此时产生 Ag_2CrO_4 沉淀所需 CrO_4^{2-} 的浓度为

$5.8×10^{-2}$ mol·L^{-1}。在滴定时,由于 K_2CrO_4 呈黄色,当其浓度较高时颜色较深,不易判断砖红色沉淀的出现,因此指示剂的浓度略低一些为好。实验证明,CrO_4^{2-} 的浓度控制在 $5.0×10^{-3}$ mol·L^{-1} 为宜。

溶液的酸度应保持为中性或弱碱性条件(pH=6.5~10.5)。这是因为:

$$2CrO_4^{2-}+2H^+ \rightleftharpoons 2HCrO_4^- \rightleftharpoons Cr_2O_7^{2-}+H_2O$$

酸度过高时,平衡右移,CrO_4^{2-} 会转化为 $Cr_2O_7^{2-}$,导致 Ag_2CrO_4 沉淀出现过迟,甚至不出现终点。

如果溶液碱性太强,则析出 Ag_2O 沉淀:

$$2Ag^++2OH^- \rightleftharpoons Ag_2O\downarrow+H_2O$$

当试液中有铵盐存在时,要求溶液的酸度范围更窄,pH 值为 6.5~7.2。因为若溶液 pH 值较高时,便有相当数量的 NH_3 释放出来,与 Ag^+ 产生副反应,形成 $[Ag(NH_3)]^+$ 及 $[Ag(NH_3)_2]^+$,从而使 AgCl 和 Ag_2CrO_4 溶解度增大,影响滴定。

应用莫尔法应注意以下两点。

① 进行实验操作时,必须剧烈摇动,以降低对被测离子的吸附 用 $AgNO_3$ 滴定卤离子时,由于生成的卤化银沉淀吸附溶液中过量的卤离子,使溶液中卤离子浓度降低,以致终点提前而引入误差。因此,滴定时必须剧烈摇动。莫尔法可以测定氯化物和溴化物,但不适用于测定碘化物及硫氰酸盐,因为 AgI 和 AgSCN 沉淀更强烈地吸附 I^- 和 SCN^-,剧烈摇动达不到解除吸附(解吸)的目的。

② 预先分离干扰离子:能与 Ag^+ 和 CrO_4^{2-} 生成微溶化合物或配合物的阴、阳离子都干扰测定,应预先分离除去。例如 PO_4^{3-}、AsO_4^{3-}、S^{2-}、CO_3^{2-}、$C_2O_4^{2-}$ 等阴离子能与 Ag^+ 生成微溶化合物;Ba^{2+}、Pb^{2+}、Hg^{2+} 等阳离子与 CrO_4^{2-} 生成沉淀干扰测定。另外,Fe^{3+}、Al^{3+}、Bi^{3+}、Sn^{4+} 等高价金属离子在中性或弱碱性溶液中发生水解,故也不应存在。

由于上述原因,莫尔法的应用受到一定限制。只适用于用 $AgNO_3$ 直接滴定 Cl^- 和 Br^-,不能用 NaCl 标准溶液直接测定 Ag^+。因为在 Ag^+ 试液中加入 K_2CrO_4 指示剂,立即生成 Ag_2CrO_4 沉淀,用 NaCl 滴定时,Ag_2CrO_4 沉淀转化为 AgCl 沉淀是很缓慢的,使测定无法进行。

(2) 佛尔哈德法

用铁铵矾 $[NH_4Fe(SO_4)_2]$ 作指示剂的银量法称为佛尔哈德法。

在酸性溶液中以铁铵矾作指示剂,用 NH_4SCN 或 KSCN 标准溶液滴定 Ag^+。滴定过程中首先析出白色 AgSCN 沉淀,当滴定达到化学计量点时,稍过量的 NH_4SCN 溶液与 Fe^{3+} 生成红色配合物,指示滴定终点。

$$Ag^+ + SCN^- == AgSCN\downarrow$$
待测　标准溶液　　(白色)
$$Fe^{3+} + SCN^- == [Fe(SCN)]^{2+}$$
指示剂　　　　　　(红色)

用本法可以直接用 NH_4SCN 标准溶液滴定 Ag^+,还可以用返滴定法测定卤化物。操作过程是先向含卤离子的酸性溶液中加入已知过量的 $AgNO_3$ 标准溶液,加入适量的铁铵矾指示剂,用 NH_4SCN 标准溶液返滴定过量的 $AgNO_3$。滴定反应为:

$$Ag^+ + X^- == AgX\downarrow$$
$$Ag^+(过量) + SCN^- == AgSCN\downarrow (白色)$$
$$Fe^{3+} + SCN^- == [FeSCN]^{2+} (红色)$$

滴定时，溶液的酸度一般控制在 $0.1 \sim 1.0 \text{mol} \cdot \text{L}^{-1}$ 之间，这时 Fe^{3+} 主要以 $Fe(H_2O)_6^{3+}$ 的形式存在，颜色较浅。如果酸度较低，则 Fe^{3+} 水解形成颜色较深的羟基化合物或多核羟基化合物，如 $[Fe(H_2O)_5OH]^{2+}$、$[Fe_2(H_2O)_4(OH)_4]^{2+}$ 等，影响终点观察。如果酸度更低，则甚至可能析出水合氧化物沉淀。

在较高酸度下滴定是此法的一大优点，许多弱酸根离子如 PO_4^{3-}、AsO_4^{3-}、CrO_4^{2-}、CO_3^{2-} 等不干扰测定，提高了测定的选择性，比莫尔法扩大了应用范围。

实验指出，为产生能觉察到的红色，$[FeSCN]^{2+}$ 的最低浓度为 $6.0 \times 10^{-6} \text{mol} \cdot \text{L}^{-1}$。但是，当 Fe^{3+} 的浓度较高时，呈现较深的黄色，影响终点观察。由实验得出，通常 Fe^{3+} 的浓度为 $0.015 \text{mol} \cdot \text{L}^{-1}$ 时，滴定误差不会超过 0.1%。

用 NH_4SCN 直接滴定 Ag^+ 时，生成的 $AgSCN$ 沉淀强烈吸附 Ag^+，由于有部分 Ag^+ 被吸附在沉淀表面上，往往使终点提前到达，结果偏低。因此，在操作上必须剧烈摇动溶液，使被吸附的 Ag^+ 解吸出来。用返滴定法测定 Cl^- 时，终点判定会遇到困难。这是因为 $AgCl$ 的溶度积 $[K_{sp}^{\ominus}(AgCl) = 1.8 \times 10^{-10}]$ 比 $AgSCN$ 的溶度积 $[K_{sp}^{\ominus}(AgSCN) = 1.0 \times 10^{-12}]$ 大，在返滴定达到终点后，稍过量的 SCN^- 与 $AgCl$ 沉淀发生沉淀转化反应，即：

$$AgCl \downarrow + SCN^- \rightleftharpoons AgSCN \downarrow + Cl^-$$

因此，终点时出现的红色随着不断摇动而消失，得不到稳定的终点，以至多消耗 NH_4SCN 标准溶液而引起较大误差。要避免这种误差，阻止 $AgCl$ 沉淀转化为 $AgSCN$ 沉淀，通常采用以下两项措施。

① 试液加入过量的 $AgNO_3$ 后，将溶液加热煮沸使 $AgCl$ 沉淀凝聚，以减少 $AgCl$ 沉淀对 Ag^+ 的吸附。滤去沉淀，用稀 HNO_3 洗涤，然后用 NH_4SCN 标准溶液滴定滤液中过量的 $AgNO_3$。

② 在滴入 NH_4SCN 标准溶液前加入硝基苯 $1 \sim 2 \text{mL}$，用力摇动，使 $AgCl$ 沉淀进入硝基苯层中，避免沉淀与滴定溶液接触，从而阻止了 $AgCl$ 沉淀与 SCN^- 的沉淀转化反应。

用返滴定法测定溴化物和碘化物时，由于 $AgBr$ 和 AgI 的溶解度均比 $AgSCN$ 小，不发生上述沉淀转化反应，所以不必将沉淀过滤或加有机试剂。但需指出，在测定碘时，应先加 $AgNO_3$，再加指示剂，以避免 I^- 对 Fe^{3+} 的还原作用：

$$2Fe^{3+} + 2I^- \rightleftharpoons 2Fe^{2+} + I_2$$

佛尔哈德法可以测定 Cl^-、Br^-、I^-、SCN^-、Ag^+ 及有机氯化物等。

(3) 法扬司法

法扬司法（Fajans）采用吸附指示剂来确定终点。

吸附指示剂（adsorption indicator）是一些有机染料，它们的阴离子在溶液中容易被带正电荷的胶状沉淀所吸附，吸附后其结构发生变化而引起颜色变化，从而指示滴定终点的到达。

例如，用 $AgNO_3$ 标准溶液滴定 Cl^- 时，常用荧光黄作吸附指示剂，荧光黄是一种有机弱酸，可用 HFI 表示。它的离解式如下：

$$HFI \rightleftharpoons FI^-（黄绿色）+ H^+$$

荧光黄阴离子 FI^- 呈黄绿色。在化学计量点前，溶液中 Cl^- 过量，$AgCl$ 沉淀胶粒吸附构晶离子 Cl^- 而带负电荷，FI^- 受排斥而不被吸附，溶液呈黄绿色。当达到化学计量点后，稍微过量的 $AgNO_3$ 使得 $AgCl$ 沉淀胶粒吸附 Ag^+ 而带正电荷，形成 $AgCl \cdot Ag^+$。这时带正电荷的沉淀胶粒强烈吸附溶液中的 FI^-，可能在 $AgCl$ 表面上形成了荧光黄银化合物而呈淡红色，使整个溶液由黄绿色变成淡红色，指示终点的到达。此过程可示意如下：

Cl^- 过量时 　　$AgCl \cdot Cl^- + FI^-$（黄绿色）

Ag^+ 过量时 　　$AgCl \cdot Ag^+ + FI^- \xrightarrow{吸附} AgCl \cdot Ag|FI^-$（粉红色）

如果是用 NaCl 标准溶液滴定 Ag^+，则颜色变化恰好相反。

为了使终点颜色变化明显，应用吸附指示剂时要注意以下几点。

① 由于吸附指示剂的颜色变化发生在沉淀微粒表面上，因此，应尽可能使卤化银沉淀呈胶体状态，使其具有较大的表面积。为此，在滴定前应将溶液稀释，并加入糊精、淀粉等高分子化合物保护胶体，防止 AgCl 沉淀凝聚。

② 溶液的酸度要适当。常用的指示剂大多为有机弱酸，而指示剂变色是由于指示剂阴离子被吸附而引起的，因此，控制适当酸度有利于指示剂离解。如荧光黄的 $pK_a^\ominus = 7$，只能在中性或弱碱性（pH＝7～10）溶液中使用；若 pH 值较低，则主要以 HFI 形式存在，不被沉淀吸附，无法指示终点。常用的几种吸附指示剂列于表 9.14 中。

表 9.14　常用吸附指示剂

指示剂名称	待测离子	滴定剂	滴定条件(pH 值)
荧光黄	Cl^-	Ag^+	7～10
二氯荧光黄	Cl^-	Ag^+	4～6
曙红	Br^-，I^-，SCN^-	Ag^+	2～10
溴甲酚绿	SCN^-	Ag^+	4～5
甲基紫	SO_4^{2-}，Ag^+	Ba^{2+}，Cl^-	酸性溶液
二甲基二碘荧光黄	I^-	Ag^+	中性

③ 溶液中被滴定的离子的浓度不能太低，因为浓度太低时，沉淀很少，观察终点会比较困难。用 $AgNO_3$ 溶液滴定 Cl^-，用荧光黄作指示剂，Cl^- 的浓度要求在 $0.005 mol \cdot L^{-1}$ 以上。但滴定 Br^-、I^-、SCN^- 的灵敏度稍高，浓度低至 $0.001 mol \cdot L^{-1}$ 时，仍可准确滴定。

④ 应避免在强光下进行滴定，因为卤化银沉淀对光敏感，遇光易分解析出金属银，使沉淀很快转变为灰黑色，影响终点观察。

⑤ 胶体微粒对指示剂的吸附能力应略小于对被测离子的吸附能力，否则将在化学计量点前变色，但若吸附能力太差将使终点延迟。卤化银对卤化物和常用的几种吸附指示剂吸附能力大小次序如下：

I^- ＞二甲基二碘荧光黄＞Br^-＞曙红＞Cl^-＞荧光黄

因此，滴定 Cl^- 时，不能选曙红，而应选用荧光黄为指示剂。

(4) 银量法的应用

银量法可以用来测定无机卤化物，也可以测定有机卤化物，应用广泛。

例如，天然水中含氯量可以用莫尔法测定。若水样中含有磷酸盐、亚硫酸盐等阴离子，则应采用佛尔哈德法。因为在酸性条件下可消除上述离子的干扰。

银合金中银的测定采用佛尔哈德法。将银合金用 HNO_3 溶解，将银转化为 $AgNO_3$，但必须逐出氮的氧化物，否则它与 SCN^- 作用生成红色化合物而影响终点的观察。

碘化物中碘的测定采用佛尔哈德法中的返滴定法。准确称取碘化物试样，溶解后定量加入过量的 $AgNO_3$ 标准溶液，当 AgI 沉淀析出后加入适量铁铵矾指示剂，用 NH_4SCN 标准溶液返滴定过量的 $AgNO_3$。

【例 9.29】　0.5000g 不纯的 $SrCl_2$ 溶解后，加入纯 $AgNO_3$ 固体 1.7840g，过量的 $AgNO_3$ 用 $0.2800 mol \cdot L^{-1}$ 的 KSCN 标准溶液滴定，用去 25.50mL，求试样中 $SrCl_2$ 的质量分数。

解：$2AgNO_3 + SrCl_2 == 2AgCl\downarrow + Sr(NO_3)_2$ $n(SrCl_2) = \frac{1}{2}n(AgNO_3)$

与 $SrCl_2$ 反应的 $AgNO_3$ 的物质的量为：

$$\Delta n(AgNO_3) = n_{AgNO_3}^{总} - n_{AgNO_3}^{剩余} = \frac{m(AgNO_3)}{M(AgNO_3)} - c(KSCN)V(KSCN)$$

$$w(SrCl_2) = \frac{\frac{1}{2}\left(\frac{1.7840}{169.87} - 0.2800 \times 25.50\right) \times 10^{-3} \times 189.62}{0.5000} \times 100\% = 53.26\%$$

习题 9-5

1. 沉淀形式和称量形式有何区别？试举例说明之。
2. 要获得纯净而易于分离和洗涤的晶形沉淀，需采取什么措施？为什么？
3. 某溶液中含 SO_4^{2-}、Mg^{2+} 两种离子，欲用重量法测定，试拟定简要方案。
4. 什么是换算因数（或化学因数）？运用化学因数时，应注意什么问题？
5. 计算下列测定中的换算因数（列出算式即可）：

    测定物　　　　　　　称量物
    (1)　P_2O_5　　　　　　$(NH_4)_3PO_4\cdot12MoO_3$
    (2)　$MgSO_4\cdot7H_2O$　$Mg_2P_2O_7$
    (3)　FeO　　　　　　　Fe_2O_3
    (4)　Al_2O_3　　　　　　$Al(C_9H_6ON)_3$

6. 用银量法测定下列试样中 Cl^- 的含量时，选用哪种指示剂指示终点较为合适？
    (1) $BaCl_2$ (2) $NaCl + Na_3PO_4$ (3) $FeCl_2$ (4) $NaCl + Na_2SO_4$

7. 说明用下述方法进行测定是否会引入误差，如有误差则指出偏高还是偏低？
    (1) 吸取 $NaCl + H_2SO_4$ 试液后，马上以摩尔法测 Cl^-；
    (2) 中性溶液中用摩尔法测定 Br^-；
    (3) 用摩尔法测定 pH 值约为 8 的 KI 溶液中的 I^-；
    (4) 用摩尔法测定 Cl^-，但配制的 K_2CrO_4 指示剂溶液浓度过稀；
    (5) 用佛尔哈德法测定 Cl^-，但没有加硝基苯。

8. 测定 $FeSO_4\cdot7H_2O$ 中铁的含量时，把沉淀 $Fe(OH)_3$ 灼烧成 Fe_2O_3 作为称量形式。为了使得灼烧后的 Fe_2O_3 质量约为 0.2g，问应该称取样品多少克？

9. 称取某可溶性盐 0.3232g，用硫酸钡重量法测定其中的含硫量，得 $BaSO_4$ 沉淀 0.2982g。计算试样中 SO_3 的质量分数。

10. 称取 0.4670g 正长石试样，经熔样处理后，将其中 K^+ 沉淀为四苯硼酸钾 $K[B(C_6H_5)_4]$，烘干后，沉淀质量为 0.1726g，计算试样中 K_2O 的质量分数。

11. 有生理盐水 10.00mL，加入 K_2CrO_4 指示剂，以 $0.1043mol\cdot L^{-1}$ $AgNO_3$ 标准溶液滴定至出现砖红色，用去 $AgNO_3$ 标准溶液 14.58mL，计算生理盐水中 NaCl 的质量浓度。

12. 某化学家欲测量一个大水桶的容积，但手边没有可用以测量大体积液体的适当量具，他把 420g NaCl 放入桶中，用水充满水桶，混匀溶液后，取 100.0mL 所得溶液，以 $0.0932mol\cdot L^{-1}$ $AgNO_3$ 溶液滴定，达终点时用去 28.56mL。该水桶的容积是多少？

13. 称取可溶性氯化物 0.2266g，加水溶解后，加入 $0.1121mol\cdot L^{-1}$ 的 $AgNO_3$ 标准溶液 30.00mL，过量的 Ag^+ 用 $0.1183mol\cdot L^{-1}$ 的 NH_4SCN 标准溶液滴定，用去 6.50mL，计算试样中氯的质量分数。

14. 称取基准 NaCl 0.2000g 溶于水，加入 $AgNO_3$ 标准溶液 50.00mL，以铁铵矾为指示剂，用 NH_4SCN 标准溶液滴定，用去 25.00mL。已知 1.00mL NH_4SCN 标准溶液相当于 1.20mL $AgNO_3$ 标准溶液。计算 $AgNO_3$ 和 NH_4SCN 溶液的浓度。

15. 称取纯 KCl 和 KBr 的混合物 0.3074g，溶于水后用 0.1007mol·L^{-1} AgNO$_3$ 标准溶液滴定至终点，用去 30.98mL，计算混合物中 KCl 和 KBr 的质量分数。

16. 称取含有 NaCl 和 NaBr 的试样 0.5776g，用重量法测定，得到二者的银盐沉淀为 0.4403g；另取同样质量的试样，用沉淀滴定法测定，消耗 0.1074mol·L^{-1} AgNO$_3$ 溶液 25.25mL。求 NaCl 和 NaBr 的质量分数。

第10章 吸光光度法

10.1 概述

人们很早就观察到有色溶液颜色的深浅与溶液的浓度及液层厚薄成正比,并据此建立了比色分析法(凭人的肉眼判断)。随着科技的发展,光电转换装置——光电池的诞生,带动了比色分析法的发展,形成了分光光度法体系(又叫吸光光度法)——即比较同一束光线在通过溶液前后,其光强度被溶液吸收了多少,作为分析的基础。现在的分光光度分析不再局限于可见光,已发展到广义的光——电磁辐射的大部分范围。分光光度法是根据物质对光具有选择吸收的特性而建立起来的分析方法,包括比色分析法、紫外及可见分光光度法、红外分光光度法、原子吸收分光光度法等。本章主要讨论紫外-可见分光光度法。

10.1.1 光的基本性质

光是一种电磁波。根据电磁辐射产生或观察方法的不同,常将电磁波划分为几个波谱区。

① 按波长区域不同可分为:远红外光谱、红外光谱、可见光谱、紫外光谱和远紫外光谱(又称真空紫外光谱)。
② 按光谱形态不同可分为:线状光谱、带状光谱和连续光谱。
③ 按产生光谱物质类型不同可分为:原子光谱、分子光谱和固体光谱。
④ 按产生光谱的方式不同可分为:发射光谱、吸收光谱和散射光谱。
⑤ 按激发光源的不同可分为:火焰光谱、激光光谱和等离子体光谱。

表10.1列出了各波谱区名称、波长范围、跃迁类型及相应光学分析方法。

表10.1 波谱区名称

波谱区名称		波长范围	跃迁能级类型	分析方法
γ射线		$0.005 \sim 0.14$nm	原子核能级	放射化学分析法
X射线		$0.001 \sim 10$nm	内层电子能级	X射线光谱法
光学光谱区	远紫外光	$10 \sim 200$nm	价电子或成键电子能级	真空紫外光度法
	近紫外光	$200 \sim 400$nm	价电子或成键电子能级	紫外分光光度法
	可见光	$400 \sim 760$nm	价电子或成键电子能级	比色法、可见分光光度法
	近红外光	$0.760 \sim 2.50 \mu m$	分子振动能级	近红外光谱法
	中红外光	$2.5 \sim 50 \mu m$	原子振动、分子转动能级	中红外光谱法
	远红外光	$50 \sim 1000 \mu m$	分子转动、晶格振动能级	远红外光谱法
微波		$0.1 \sim 100$cm	电子自旋、分子转动能级	微波光谱法
射频		$1 \sim 1000$m	磁场中核自旋能级	核磁共振光谱法

10.1.2　分光光度法的特点

紫外-可见分光光度法（ultraviolet-visible spectrophotometry）是以紫外或可见光照射吸光物质的溶液，用仪器测量入射光吸收的程度（常用吸光度表示），由吸光度随波长变化的曲线来进行定性，或波长一定时，由吸光度与吸光物质浓度之间的关系来进行定量分析。

分光光度法具有以下特点：

① 灵敏度高　光度法常用于测定物质中的微量组分[大约$(1\sim10^{-3})$%]，对固体试样一般可测至10^{-4}%，如果对被测组分进行先期的分离富集，灵敏度还可以提高2～3个数量级；

② 准确度高　一般分光光度法测定的相对误差为2%～5%，虽然这比一般化学分析法的相对误差要大，但其绝对误差并不大，完全能够满足微量组分的测定要求，如果用精密性能更高的分光光度计测量，相对误差可低至1%～2%；

③ 操作简便快速　分光光度法所用的仪器都不复杂，操作方便，先把试样处理成溶液，一般经历显色和测量吸光度两个步骤，就可得出分析结果；

④ 应用广泛　分光光度法广泛地应用于微量分析的领域，几乎所有的无机离子和许多有机化合物都可直接或间接地用分光光度法测定，它是生产和科研部门广泛应用的一种分析方法。

10.1.3　紫外-可见吸收光谱的形成

(1) 吸收光谱曲线

图10.1为$KMnO_4$溶液的吸收光谱（absorpotion spectrum）曲线，简称为吸收曲线。吸收光谱曲线是在吸光物质浓度和液层厚度一定的条件下，让不同波长的光依次通过溶液，测量每一波长下溶液的吸光度，然后以波长为横坐标，以吸光度为纵坐标作图而得。它描述了物质对不同波长的光的吸收能力，是分光光度法中定性分析和定量分析中选择测量波长的重要依据。

从图10.1可得$KMnO_4$溶液对不同波长的光吸收程度不同。对525nm附近的黄绿色光的吸收最强，有一强吸收峰（相应的波长称为最大吸收波长，用λ_{max}表示），对紫色和红色光吸收很弱。对同一种物质，浓度不同时，吸收曲线形状相同。随着其浓度的增加，吸光度也相应增大。

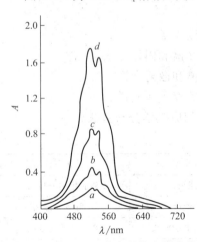

图10.1　$KMnO_4$溶液吸收光谱曲线

(2) 紫外-可见吸收光谱的形成

分子、原子或离子具有不连续的量子化能级。分子的量子化能级较原子复杂，既有电子能级，也有振动能级和转动能级。图10.2是双原子分子的能级示意图。由图可知，一个电子能级中有数个振动能级，一个振动能级中又有数个转动能级。分子在某一状态时的能量：

$$E = E_e + E_v + E_r + E_{平动} + E_{转} \approx E_e + E_v + E_r$$

式中，E_e、E_v、E_r、$E_{平动}$、$E_{转}$分别表示电子能、振动能、转动能、分子平动能、分子内各基团相对转动能。

任意两个能级间的能量差为：

$$\Delta E = \Delta E_e + \Delta E_v + \Delta E_r$$

当某物质或溶液被光照射时，如光子的能量（$h\nu$）与物质分子、离子的某两个能级的能量差 ΔE 相等时，即：

$$\Delta E = E_2 - E_1 = h\nu = hc/\lambda \quad (10.1)$$

式中，h 为普朗克常数；ν 为光频率；c 为光速；λ 为光波长。物质分子就会吸收光子，发生能级跃迁，由低能级跃迁到高能级：

M（基态）+ $h\nu \longrightarrow$ M*（激发态）

被激发的粒子约在 10^{-8} s 后又回到基态，并以热或荧光等形式释放出能量。不同的物质粒子由于结构不同而具有不同的量子化能级，其能量差也不相同，所以物质对光的吸收是选择性的。

在电子能级变化时，不可避免地伴随着分子振动和转动能级的变化。这就是为什么分子光谱通常呈宽峰状的带光谱，比线状或窄带的原子光谱复杂得多的原因。

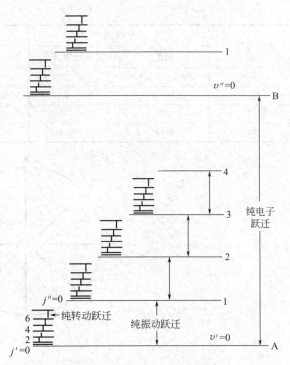

图 10.2　双原子分子能级跃迁
A，B 为电子能级，$v' = 0, 1, 2, \cdots$ 为 A 中各振动能级，
$j' = 0, 1, 2, \cdots$ 为 $v' = 0$ 振动能级中各转动能级

不同物质其吸收光谱曲线的形状和 λ_{max} 各不相同，这一特性可用作物质的初步定性分析。同一物质，在吸收峰及附近的某个波长下，吸光度随浓度的增加而增大，以 λ_{max} 处测得吸光度最大，灵敏度最高，所以吸收光谱曲线又是定量分析选择波长的依据。

电子能级间的能量差一般为 1～10eV，相当于紫外-可见光的能量。所以，电子能级跃迁而产生的吸收光谱位于紫外及可见光区。在远紫外光区，由于空气中的氧、二氧化碳和水分子等有吸收，必须在真空条件下才能进行测定，因此，远紫外吸收光谱实验技术比较困难，应用较少。

10.1.4　物质有色的原因

选择性吸收可见光的物质会呈现颜色。这与物质所吸收和透过的光的波长及人眼有关。人眼能够感觉到的光波长在 400～780nm 之间。不同波长的光呈现不同的颜色，400～780nm 分别为红、橙、黄、绿、青、蓝、紫色光。这些光按一定比例混合可得到白光。以白光通过有色溶液时某种颜色的光被吸收，另一种颜色的光则透过。可组成白色光的两种颜色光称为互补色光。如 $KMnO_4$ 溶液吸收白光中的黄绿色而呈现紫色，紫色与黄绿色为互补色。光的互补关系见表 10.2。这种互补关系也可用图 10.3 表示，同一条线的两头的两种颜色的光可互补为白光。

表 10.2　物质颜色与吸收可见光颜色的互补关系

物质颜色	吸收光		物质颜色	吸收光	
	颜色	波长范围/nm		颜色	波长范围/nm
黄绿	紫	400～450	黄	蓝	450～480

续表

物质颜色	吸收光		物质颜色	吸收光	
	颜色	波长范围/nm		颜色	波长范围/nm
橙	绿蓝（青蓝）	480～490	蓝	黄	580～610
红	蓝绿（青）	490～500	绿蓝（青蓝）	橙	610～650
紫红	绿	500～560	蓝绿（青）	红	650～760
紫	黄绿	560～580			

图 10.3　光的互补关系示意图

10.2　光吸收的基本定律

10.2.1　透光度和吸光度

当一束平行单色光通过某一均匀的吸光物质的溶液时，光的一部分被吸收，一部分透过溶液，还有一部分被容器表面反射。用 I_0 表示入射光的强度，I_a 代表吸收光的强度，I_t 代表透过光的强度，I_r 代表反射光的强度，得下式：

$$I_0 = I_a + I_t + I_r \tag{10.2}$$

在吸光光度分析中，通常选择适当的参比溶液，将参比溶液置于光学性质基本一致的比色皿中，通过仪器的调节使得参比皿的透光度为 100%，从而使 $I_r = 0$。上式可简化为：

$$I_0 = I_a + I_t \tag{10.3}$$

透过光强度和入射光强度之比称为透光率或透光度，用 T 表示，即：

$$T = \frac{I_t}{I_0} \tag{10.4}$$

透光度为 100% 即表示溶液对光没有吸收，透光度越小表示溶液对光吸收得越多。由于透光度与溶液浓度之间的非线性关系，又提出了用吸光度（A）来表示溶液对光的吸收程度，吸光度 A 的定义为：

$$A = \lg \frac{I_0}{I} = \lg \frac{1}{T} = -\lg T \tag{10.5}$$

10.2.2　朗伯-比尔定律（Lambert-Beer's law）

当一束平行单色光通过某一均匀的吸光物质的溶液时，溶液的吸光度与溶液浓度和液层厚度的乘积成正比，此即为朗伯-比尔定律，表达式为：

$$A = abc \tag{10.6}$$

式中，A 为吸光度，量纲为 1（T 为透光度）；b 为液层厚度，即光程长度，为比色皿的内宽，常以 cm 为单位；c 为溶液浓度，$g·L^{-1}$；a 为吸光系数，$L·g^{-1}·cm^{-1}$。

当 c 的单位为 $mol·L^{-1}$ 时，吸光系数称为摩尔吸光系数，用 ε 表示，单位为 $L·mol^{-1}·cm^{-1}$。式(10.6) 可变为：

$$A = \varepsilon bc \tag{10.7}$$

ε 与吸光物质本身的性质有关，是吸光物质在特定波长、温度和溶剂条件下的特征常数，数值上等于光程为 1cm、浓度为 $1mol·L^{-1}$ 的吸光物质对特定波长光的吸光度，反映了该物质吸收光的能力。摩尔吸光系数不可能直接用 $1mol·L^{-1}$ 浓度的吸光物质测量，一般是由较稀溶液的摩尔吸光系数换算得到。它可作为定性鉴定的参数，还可用来估量定量分析的灵敏度。ε 值越大，分析方法越灵敏，通常用于吸光光度分析的 ε$\geq 10^4 L·mol^{-1}·cm^{-1}$。ε 与 a 的关系为：

$$\varepsilon = Ma \tag{10.8}$$

M 为物质的摩尔质量。

【例 10.1】 配制 $2.00×10^{-5} mol·L^{-1}$ 某标准溶液，于 240nm，用 1cm 比色皿测得 $T=30\%$，求其摩尔吸光系数。

解：根据式(10.5) 和式(10.7) 得：

$$-\lg 30\% = \varepsilon \times 1.00 \times 2.00 \times 10^{-5}$$
$$\varepsilon = 2.6 \times 10^4 (L·mol^{-1}·cm^{-1})$$

朗伯-比尔定律不仅适用于溶液，也适用于均匀非散射的气体和固体；不但适用于可见光区，也适用于紫外和红外光区。

10.2.3 吸光度的加和性

在多组分系统中，如果各种吸光物质之间没有相互作用，这时系统的总吸光度等于各组分吸光度之和，即吸光度具有加和性。由此可得：

$$A = A_1 + A_2 + \cdots + A_n = \varepsilon_1 bc_1 + \varepsilon_2 bc_2 + \cdots + \varepsilon_n bc_n \tag{10.9}$$

式中，下脚标指吸光物质 1，2，…，n。

在多组分的光度分析法中，就是以此为理论基础。

10.2.4 对朗伯-比尔定律的偏离

根据朗伯-比尔定律，A 与 c 的关系应是一条通过原点的直线，称之为工作曲线或标准曲线（standard curve）。但在实际工作中，特别是当溶液浓度较高时，常会出现标准曲线不呈直线的现象，这称为偏离朗伯-比尔定律，如图 10.4 中虚线所示。若待测试液的吸光度落在工作曲线的弯曲部分，则根据吸光度计算浓度时会产生较大的误差。为了提高方法的准确度，应当了解偏离产生的原因，设法减少或避免它。

导致偏离朗伯-比尔定律的因素主要有以下几方面。

(1) 非单色入射光引起的偏离

严格地讲，比尔定律仅在入射光为单色光时才成立，而事实上一般的分光光度计中的单色器棱镜或光栅等所获得的"单色光"并不是真正的单色光，而是

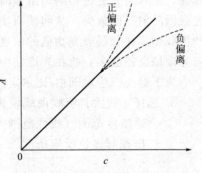

图 10.4 分光光度法工作曲线

具有较窄波长范围的复合光，这些非单色光会引起对比尔定律的偏离，它并不是由定律本身的不正确所致，而是由仪器条件的限制所导致。

假设入射光只是由两个波长为 λ_1 和 λ_2 的光所组成,

对于 λ_1:　　　　$A_1 = -\lg \dfrac{I_1}{I_{01}} = \varepsilon_1 bc$　　　　$I_1 = I_{01} 10^{-\varepsilon_1 bc}$

对于 λ_2:　　　　$A_2 = -\lg \dfrac{I_2}{I_{02}} = \varepsilon_2 bc$　　　　$I_2 = I_{02} 10^{-\varepsilon_2 bc}$

但实际上并不能分别测得 A_1 和 A_2,而只能测得总吸光度 $A_总$,即:

$$A_总 = -\lg \dfrac{I_总}{I_{0总}} = -\lg \dfrac{I_1 + I_2}{I_{01} + I_{02}} = -\lg \dfrac{I_{01} 10^{-\varepsilon_1 bc} + I_{02} 10^{-\varepsilon_2 bc}}{I_{01} + I_{02}}$$

如果 $\varepsilon_1 \approx \varepsilon_2 = \varepsilon$,则 $A_总 = \varepsilon bc$,A 与 c 呈线性关系;如果 $\varepsilon_1 \neq \varepsilon_2 \neq \varepsilon$,$A_总 \neq \varepsilon bc$,$A$ 与 c 不呈线性关系,标准曲线偏离直线,且 ε_1、ε_2 相差越大,偏离越严重。

为了克服非单色光引起的偏离,需要有比较好的单色器。棱镜和光栅的谱带宽度仅几个纳米,对于一般光度分析是足够窄的。此外,还应将入射光波长选择在被测物的最大吸收波长处。这不仅是因为在 $\lambda_{\max}$ 处测定的灵敏度最高,还由于在 $\lambda_{\max}$ 附近的一个小范围内吸收曲线较为平坦。

(2) 化学因素

事实上,朗伯-比尔定律是一个有限制性的定律,它假设吸光粒子间无相互作用。在高浓度时(通常 $c > 0.01 \mathrm{mol \cdot L^{-1}}$),由于吸收质点之间的平均距离缩小,以致每个粒子都可能影响其邻近粒子的电荷分布,这种相互作用可使它们的吸光能力发生变化。由于这种相互影响程度取决于浓度,所以朗伯-比尔定律仅适用于稀溶液。

另外,若因显色条件的变化使得吸光物质在溶液中发生了缔合、解离或溶剂化、互变异构、配合物的逐级形成等化学作用,从而形成了新的化合物或使吸光物质的浓度发生改变,都将导致对朗伯-比尔定律的偏离。例如,在水溶液中,Cr(Ⅵ)的两种离子存在如下平衡:

$$\mathrm{Cr_2O_7^{2-} + H_2O \rightleftharpoons 2CrO_4^{2-} + 2H^+}$$

如果稀释溶液或增大溶液的 pH 值,部分 $\mathrm{Cr_2O_7^{2-}}$ 就转变为 $\mathrm{CrO_4^{2-}}$,吸光粒子发生变化,从而引起对朗伯-比尔定律的偏离。若控制溶液的 pH 值使得 Cr(Ⅵ)全部以 $\mathrm{Cr_2O_7^{2-}}$ 或 $\mathrm{CrO_4^{2-}}$ 形式存在,溶液中的总浓度与吸光度之间就能符合朗伯-比尔定律。

(3) 介质不均匀引起的偏离

朗伯-比尔定律要求吸光物质的溶液是均匀的。如果溶液不均匀,例如产生胶体或发生浑浊,当入射光通过不均匀溶液时,除了被吸光物质所吸收的那部分光强以外,还将有部分光强因散射等而损失,从而使得实测的吸光度偏大(工作曲线向吸光度轴弯曲)。而且一旦产生胶体,往往是吸光物质的浓度越大,所产生的胶体的浓度也越大,散射损失也越严重,吸光度偏高得越多,故在光度法中应避免溶液产生胶体或浑浊。

为了避免产生对朗伯-比尔定律的偏离,测定时需注意:

① 选择 ε 较大且吸收曲线较为平坦的光作为测定用光,通常选 $\lambda_{\max}$;
② 合适浓度范围(线性范围内);
③ 严格控制显色反应条件。

10.3　分光光度计的基本部件

可见分光光度计和紫外-可见分光光度计是目前普及率比较高的吸光光度分析仪器。

分光光度计种类繁多，普及型号有 722 型可见分光光度计（可选波长为 400～760nm），紫外-可见分光光度计（可选波长为 200～1000nm），不同型号的仪器，基本上均由以下五大部分组成：

光源 → 单色器 → 吸收池 → 检测系统 → 显示系统

各部分简介如下：

① 光源　可见光区通常使用 6～12V 低压钨丝灯作光源，其发射波长为 360～1100nm。近紫外光区常采用氢灯或氘灯产生的 200～375nm 的连续光谱作光源。

② 单色器　即将光源发出的连续光谱分解为单色光的装置。单色器主要是由棱镜或光栅等色散元件及狭缝和透镜等组成。

③ 吸收池　也称比色皿。由无色透明的光学玻璃或石英制成，用来盛放被测溶液。可见光区吸光光度法使用玻璃制的吸收池；因为玻璃对紫外光有吸收，紫外光区分光光度法则需使用石英制的吸收池。老式仪器吸收池的规格有 0.5cm、1.0cm、2.0cm、3.0cm、5.0cm 等，现代出厂的仪器通常只配备 1.0cm 吸收池。

④ 检测系统　包括光电转换元件和指示器。常用的光电转换元件有硒光电池、光电管和光电倍增管等。光电转换元件将透过光的光强度转换成光电流，光电流的大小则由指示器（检流器）进行测量并记录。

⑤ 显示系统　仪器面板上指示的是透光度 T 和吸光度 A 而非电流值，仪器自动进行透光度 T 和吸光度 A 的换算，根据需要选择要显示的项目。

普通的分光光度计直接显示读数，中档的分光光度计采用记录仪、数字显示器或打印机记录吸光度值。高档的分光光度计采用电脑工作站控制仪器和记录、处理数据，还可通过扫描功能自动测定（绘制）吸收曲线。

10.4　显色反应和显色反应条件的选择

10.4.1　对显色反应的要求

在可见吸光光度分析中，只有少数几种溶液可以不加处理，直接用分光光度法测定。通常是利用化学反应将颜色较浅或无色的待测组分转变为在可见光范围内有较强吸收的有色物质。这种将待测组分转变为有色物质的反应叫显色反应，与待测组分形成有色化合物的试剂叫显色剂（color reagent）。为了获得较高的分析灵敏度和准确的分析结果，必须选择适当的显色反应并控制好反应条件。

常用的显色反应有配位反应和氧化还原反应两大类，其中配位反应居多。同一被测组分可与多种显色剂反应，生成不同的有色化合物。分析时，选用何种显色剂，主要从以下几个因素考虑。

① 选择性要好。显色剂最好只与被测组分发生显色反应。或者干扰离子容易被消除，或者显色剂与被测组分和干扰离子生成的有色化合物的吸收峰相隔较远。

② 灵敏度要高。灵敏度高的显色反应有利于微量组分的测定。通常要求摩尔吸光系数 $\varepsilon \geq 10^4 \text{L} \cdot \text{mol}^{-1} \cdot \text{cm}^{-1}$。

③ 有色化合物的组成恒定，化学性质稳定。这样可保证在测定过程中有色化合物的颜色稳定，吸光度基本不变，否则将影响吸光度测定的准确度及再现性。

④ 显色剂和有色化合物之间的颜色差别要大，即显色剂在测定波长处无明显吸收。这样，试剂空白一般较小。通常把两种吸光物质的最大吸收波长之差称为"对比度"，一般要求有色化合物与显色剂的对比度在60nm以上。

⑤ 显色反应的条件要易于控制。如果条件要求过于严格，难以控制，测定结果的再现性就差。

10.4.2 显色反应条件的选择

显色反应的进行是有条件的，只有控制适宜的反应条件才能使显色反应按预期方式进行，才能达到利用光度法对无机离子进行测定的目的。因此显色反应条件的选择是十分重要的，适宜的反应条件主要是通过实验来确定。

(1) 显色剂用量

反应系统的显色剂的量越多，待测组分反应越完全。但过量的显色剂有时反而会引起副反应，或试剂空白过高，对测定不利。显色剂的适宜用量常通过实验确定，其方法是将待测组分的浓度及其他条件固定，配制一系列显色剂的浓度不同的溶液，然后测定其吸光度。以吸光度 A 对显色剂浓度 c_R 作图，在吸光度最大且平稳的浓度范围内选择显色剂的用量。如图10.5中的曲线（a）和（b）中的 $a \sim b$ 区间，曲线（b）中的范围较小，要严格控制 c_R。如硫氰酸盐与钼的反应就属于这种情况：

$$[Mo(SCN)_3]^{2+} \xrightleftharpoons[-SCN^-]{+SCN^-} [Mo(SCN)_5] \xrightleftharpoons[-SCN^-]{+SCN^-} [Mo(SCN)_6]^-$$

通常控制条件测定 $[Mo(SCN)_5]$ 的吸光度。有时还会出现如图10.5(c)所示的情况，如 Fe^{3+} 与硫氰酸盐反应，生成逐级配合物 $[Fe(SCN)_n]^{3-n}(n=1,2,\cdots,6)$。这种情况显色剂的用量更加要严格控制。

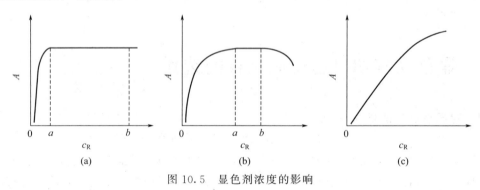

图10.5 显色剂浓度的影响

(2) 酸度

酸度对显色反应的影响很大，必须通过实验确定适宜的酸度范围。

固定其他条件不变，配制一系列 pH 值不同的溶液，分别测定它们的吸光度 A。作 A-pH 值曲线。曲线中间一段 A 较大而又恒定的平坦部分所对应的 pH 值范围就是适宜的酸度范围，可以从中选择一个 pH 值范围就是适宜的酸度范围，见图10.6中的 $a \sim b$ 区间。

(3) 显色时间

时间对显色反应的影响表现在两个方面：一方面它反映了显色反应速率的快慢，另一方面它又反映了有色化合物的稳定性。因此测定时间的选择必须综合考虑这两个方面。对于慢反应，应等反应达到平衡后再进行测定；而对于不稳定的显色配合物，则应在吸光度下降之前及时测定。当然，对那些反应速率很快，显色配合物又很稳定的系统，时间影响很小，如

图 10.7 所示。

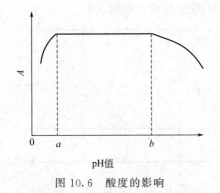

图 10.6　酸度的影响

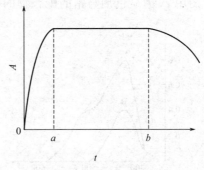

图 10.7　显色反应时间的影响

（4）温度

多数显色反应的反应速率很快,室温下即可进行。只有少数显色反应的反应速率较慢,需加热以促使其迅速完成,但温度太高可能使某些显色剂分解,故适宜的温度也应由实验确定。

（5）干扰的消除

在光度分析法中共存离子的干扰是一个经常要遇到的问题,通常可以采取以下一些措施来消除干扰。

① 控制适当的显色条件　通常是利用显色剂的酸效应来控制显色反应的完全程度。例如用双硫腙光度法测 Hg^{2+},共存的 Cd^{2+}、Pb^{2+} 等离子也能与双硫腙生成有色配合物,因而干扰 Hg^{2+} 的测定。但由于双硫腙汞配合物很稳定,可在强酸条件下测定,而 Cd^{2+}、Pb^{2+} 等离子在强酸性溶液中不能与双硫腙配合。通过控制强酸条件就可以消除 Cd^{2+}、Pb^{2+} 等离子对测 Hg^{2+} 的干扰。

② 掩蔽　加入掩蔽剂使干扰离子生成无色化合物或无色离子。如用 NH_4SCN 显色测定 Co^{2+} 时,Fe^{3+} 的干扰可借加入 NaF 使之生成无色的 $[FeF_6]^{3-}$ 而消除。

③ 分离干扰离子　如果没有有效的掩蔽方法,可采用沉淀、离子交换、色谱或溶剂萃取等分离手段除去干扰离子。其中萃取分离方法用得较多,并可直接在有机相中显色,这类方法称为萃取光度法。

此外,还可以通过选择合适的参比溶液或选择适当的入射光波长消除共存组分的干扰。

10.5　吸光度测量条件的选择

为使光度分析法有较高的灵敏度和准确度,在显色剂及显色反应条件确定后,还必须选择和控制适当的吸光度测量条件。

10.5.1　入射光波长的选择

做吸收曲线实验,由吸收曲线、共存组分性质及波长选择原则选择测定用入射光波长。

测定用入射光波长选择原则为:

① 一般选择在显色物质的吸收峰 λ_{max} 处;

② 当 λ_{max} 波长有干扰时,可选择灵敏度较高（ε 值较大）、干扰较小且此波长范围吸收曲线较为平坦（ε 值变化较小）波长的光作为测定用光。

如用 1-亚硝基-2-萘酚-3,6-磺酸显色分析钴时，显色剂与钴的配合物及显色剂在 420nm 处均有最大吸收，为了消除显色剂的干扰，一般选择 500nm 波长作为测定用光。如图 10.8 所示，图中 A 为显色剂与钴的配合物的吸收曲线，B 为显色剂的吸收曲线。

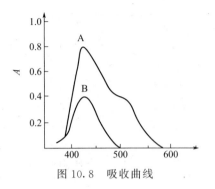

图 10.8 吸收曲线

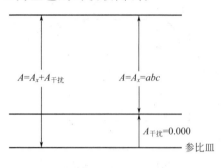

图 10.9 参比皿的作用示意图

可见，某些干扰可通过选择合适的入射光波长来消除。

10.5.2 参比溶液的选择

在吸光度的测量中，由于反射、共存试剂以及溶剂等对光的吸收，会造成透过光强度的减弱，为了使光强度的减弱仅与溶液中待测物质的浓度有关，必须进行校正。为此，采用同套的比色皿盛放参比溶液，调节仪器使参比皿的吸光度为零，透光度为 100%，此时测得溶液的吸光度 $A=A_x=abc$，则：

$$A=\lg\frac{I_0}{I}=\lg\frac{I_{参比}}{I_{试液}}$$

即吸光度的测量实际上是以通过参比皿的光强度为入射光强度。这样测得的吸光度比较真实地反映了待测物质对光的吸收程度，如图 10.9 所示。因此参比溶液在光度分析中是非常重要的。选择参比溶液的总原则是：使试液的吸光度真正反映待测物的浓度。具体原则如下：

① 如果仅待测物与显色剂的反应产物有吸收，可用纯溶剂作参比溶液；

② 如果显色剂或其他试剂略有吸收，应用空白溶液（不加试样溶液）作参比溶液；

③ 如试样中其他组分有吸收，但不与显色剂反应，则当显色剂无吸收时，可用试样溶液作参比溶液；当显色剂略有吸收时，可在试样溶液中加入适当掩蔽剂将待测组分掩蔽后再加显色剂，以此溶液作参比溶液。

可见某些干扰可通过选择合适的参比溶液来消除。

10.5.3 吸光度测量范围的选择

在分光光度法中，仪器测量的不准确（可能来源于光源不稳定、实验条件的偶然波动或读数不准确等）是误差的一个来源。在不同的吸光度范围内，相同的读数波动造成的浓度测量的相对误差相差可能较大。根据朗伯-比尔定律：

$$A=\varepsilon bc=-\lg T=-0.434\ln T$$

两边微分得：
$$\varepsilon b\mathrm{d}c=-0.434\mathrm{d}T/T$$

$$\frac{\varepsilon b\mathrm{d}c}{\varepsilon bc}=\frac{-0.434\mathrm{d}T}{-T\lg T}$$

$$\frac{\mathrm{d}c}{c}=\frac{0.434\mathrm{d}T}{T\lg T}$$

以有限值表示：

$$\frac{\Delta c}{c}=\frac{0.434\Delta T}{T\lg T} \tag{10.10}$$

式中，$\dfrac{\Delta c}{c}$ 为浓度测量的相对误差；ΔT 为透光度测量的绝对误差。

分光光度计透光度读数的波动 ΔT 一般在 $\pm 0.2\% \sim \pm 2.0\%$ 之间。图 10.10 所示的是 ΔT 为 $\pm 0.5\%$ 时的浓度测量的相对误差曲线。由图可得，当 $A = 0.434$ 或 $T = 36.8\%$ 时，浓度测量误差最小；如果测量的吸光度过低或过高，测量误差将较大；当 $A = 0.15 \sim 1.0$ 或 $T = 70\% \sim 10\%$ 时，浓度测量误差约为 $\pm 1.4\% \sim \pm 2.2\%$，一般认为这是测量误差较小的测量值范围，常将此范围称之为适宜测量范围。可通过改变待测液浓度或吸收池厚度，使吸光度读数在此适当范围内。例如，吸光度过高，可少取样或稀释，如若吸光度过低，可通过多取样或萃取富集等使吸光度测量范围落在适宜范围内。

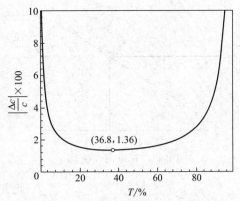

图 10.10 不同透光度下的浓度相对误差

10.6 分光光度法的应用

10.6.1 定性分析

定性分析有简单的和复杂的之分，简单的是确定样品是不是某物质或是不是含有某物质；复杂的是确定样品是什么物质。紫外-可见吸光光度法在定性分析方面的效果不是很好，一般只是确定样品是不是某物质或是不是含有某物质。

选择合适的溶剂（非极性），使用有足够纯度单色光的分光光度计，在相同的条件下测定相近浓度的待测试样和标准品的溶液的吸收光谱，然后比较二者吸收光谱特征、吸收峰数目及位置、吸收谷及肩峰所在的位置（λ）等；分子结构相同的化合物应有完全相同的吸收光谱。

如果某化合物中所含杂质在某段波长下有强吸收而该化合物没有明显吸收，则所含杂质可通过吸收光谱检查出来。

10.6.2 定量分析

在分光光度法分析样品时，往往不会是单一组成的物质，组成越复杂的样品，对试样的处理和对仪器的要求就越高，在此，只对一般试样的分析方法进行讨论。

10.6.2.1 单组分定量分析方法

对于符合朗伯-比尔定律，满足吸光度分析要求且无干扰的物质，有以下几种定量分析方法。

（1）标准曲线法

① 配制标准系列及样品发色 $c_1, c_2, \cdots, c_n, c_x$（标准系列的浓度范围需覆盖待测液浓度，且应在线性范围内）。

② 测定溶液的吸光度 $A_1, A_2, \cdots, A_n, A_x$。

③ 作标准曲线 $A\text{-}c$，由标准曲线可求得 c_x，如图 10.11 所示。

标准曲线法是光度分析中一种重要的具体定量测定方法，也是仪器分析中普遍采用的一种重要方法。

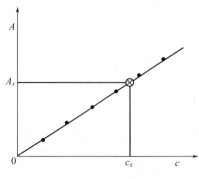

图 10.11 标准曲线法

(2) 标准对照法

已知试样溶液基本组成，配制相同介质、相近浓度的标准溶液和待测液，在同样条件下，分别测定吸光度，然后计算可得待测溶液的浓度。

$$\frac{A_x}{A_s} = \frac{\varepsilon_x b_x c_x}{\varepsilon_s b_s c_s}$$

测定条件相同，$\varepsilon_s = \varepsilon_x$，$b_x = b_s$，则

$$c_x = \frac{A_x}{A_s} c_s \tag{10.11}$$

式中，A_x，A_s 分别为待测液和标准溶液的吸光度。此方法操作简单，但误差较大。

(3) 标准加入法

已知试样溶液基本组成，难以配制相同介质的标准溶液，可先测量试样溶液的吸光度 (A_1)，然后向试样中加入一小体积 (V_s)、高浓度 (c_s) 的待测物质标准溶液，再测其吸光度 (A_2)，由两次测得的吸光度以及加入标准溶液的量计算待测组分的浓度。计算公式为：

$$c_x = \frac{A_1}{A_2 - A_1} \cdot \Delta c \tag{10.12}$$

$$\Delta c = \frac{c_s V_s}{V_x} \tag{10.13}$$

式中，V_x 为待测溶液的体积。此法可减小由于介质的不同所引起的误差。

【例 10.2】 用分光光度法测定血清中某离子 M，取血清样 5.00mL，加入各试剂后稀释至 10.0mL，测得 $A_1 = 0.435$，同样取血清样 5.00mL，加入 0.50mL、$100\mu g \cdot mL^{-1}$ 的 M 标准溶液，也加入各试剂后稀释至 10.0mL，测得 $A_2 = 0.835$，求血清中 M 的含量 ($\mu g \cdot mL^{-1}$)。

解： 由式(10.13)得：

$$\Delta c = \frac{c_s V_s}{V_x} = \frac{100 \times 0.50}{10.0} = 5.00 (\mu g \cdot mL^{-1})$$

将 Δc 代入式(10.12)得：

$$c_x = \frac{A_1}{A_2 - A_1} \cdot \Delta c = \frac{0.435}{0.835 - 0.435} \times 5.00 = 5.44 (\mu g \cdot mL^{-1})$$

所以血清中 M 的含量为 $5.44 \times 2 = 10.9 \mu g \cdot mL^{-1}$。

10.6.2.2 多组分定量分析

由于吸光度具有加和性，可不经分离同时测定某一试样溶液中两个以上的组分。混合组分的吸收光谱相互重叠的情况不同，测定方法也不相同，常见混合组分吸收光谱相干扰情况有以下三种（见图 10.12）。

① 两种吸光物质的吸收曲线相互不重叠或重叠很少，则可分别在 λ_1、λ_2 处测定组分 x 和组分 y 的浓度，两者互不干扰，如图 10.12(a) 所示。

② 两种吸光物质的吸收曲线部分重叠，如图 10.12(b) 所示。在 λ_2 处测定 c_y，此时 x 不干扰，而后在 λ_1 处测得混合组分的吸光度，根据吸光度的加和性，即可求得 c_x。

$$\begin{cases} A_{\lambda_1} = \varepsilon_{\lambda_1}^x b c_x + \varepsilon_{\lambda_1}^y b c_y \\ A_{\lambda_2} = \varepsilon_{\lambda_2}^y b c_y \end{cases} \tag{10.14}$$

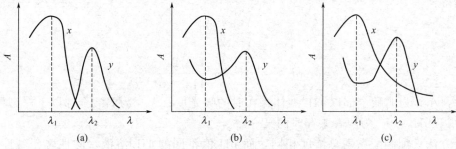

图 10.12 混合组分吸收光谱的三种相干情况示意图

式中，$\varepsilon_{\lambda_1}^x$、$\varepsilon_{\lambda_1}^y$、$\varepsilon_{\lambda_2}^y$ 分别为 x 在 λ_1 处的摩尔吸光系数、y 在 λ_1 处的摩尔吸光系数和 y 在 λ_2 处的摩尔吸光系数，其值可由已知准确浓度的单一组分 x 和 y 在两波长处测得。

③ 两吸收曲线互相重叠，但服从朗伯-比尔定律，如图 10.12(c) 所示。

在波长 λ_1、λ_2 处分别测定混合组分的总吸光度 A_{λ_1}、A_{λ_2}，然后再根据吸光度的加和性列联立方程：

$$\begin{cases} A_{\lambda_1}=\varepsilon_{\lambda_1}^x bc_x+\varepsilon_{\lambda_1}^y bc_y \\ A_{\lambda_2}=\varepsilon_{\lambda_2}^x bc_x+\varepsilon_{\lambda_2}^y bc_y \end{cases} \tag{10.15}$$

式中，$\varepsilon_{\lambda_1}^x$、$\varepsilon_{\lambda_1}^y$、$\varepsilon_{\lambda_2}^x$、$\varepsilon_{\lambda_2}^y$ 分别为组分 x 和 y 在波长 λ_1 和 λ_2 处的摩尔吸光系数，其值可由已知准确浓度的单一组分 x 和 y 在两波长处测得，解联立方程即可求出 x 和 y 组分的含量。对于更复杂的多组分系统，可用计算机处理测定结果。

【例 10.3】 设有 a 和 b 两种组分的混合物。已知 a 组分在波长 λ_1 和 λ_2 处的摩尔吸光系数分别为 $1.98\times 10^3\,\text{L}\cdot\text{mol}^{-1}\cdot\text{cm}^{-1}$ 和 $2.80\times 10^4\,\text{L}\cdot\text{mol}^{-1}\cdot\text{cm}^{-1}$，$b$ 组分在波长 λ_1 和 λ_2 处的摩尔吸光系数分别为 $2.04\times 10^4\,\text{L}\cdot\text{mol}^{-1}\cdot\text{cm}^{-1}$ 和 $3.13\times 10^2\,\text{L}\cdot\text{mol}^{-1}\cdot\text{cm}^{-1}$，用 1 cm 比色皿，在 λ_1 处测得总吸光度为 0.301，在 λ_2 处测得总吸光度为 0.398。求 a 和 b 两种组分的浓度。

解： 由式(10.15) 得：

$$\begin{cases} 0.301=1.98\times 10^3\times 1.00\times c_a+2.04\times 10^4\times 1.00\times c_b \\ 0.398=2.80\times 10^4\times 1.00\times c_a+3.13\times 10^2\times 1.00\times c_b \end{cases}$$

解方程组求得：$c_a=1.41\times 10^{-5}\,\text{mol}\cdot\text{L}^{-1}$，$c_b=1.34\times 10^{-5}\,\text{mol}\cdot\text{L}^{-1}$

10.6.3 酸碱解离常数的测定

如果一种有机化合物的酸性官能团或碱性官能团是发色团的一部分，则该物质的吸收光谱随溶液的 pH 值而改变，且可以根据不同 pH 值时所获得的吸光度测定该物质的离解常数。

例如： $\text{HL} \rightleftharpoons \text{H}^+ + \text{L}^-$ $\qquad K_a^\ominus = \dfrac{[\text{H}^+][\text{L}^-]}{[\text{HL}]}$ $\qquad c=[\text{HL}]+[\text{L}^-]$

设在某波长下，酸 HL 和碱 L^- 均有吸收，则根据吸光度的加和性：

$$A=\varepsilon_{\text{HL}}b[\text{HL}]+\varepsilon_{\text{L}^-}b[\text{L}^-]$$

由分布系数得：

$$A=\varepsilon_{\text{HL}}b\dfrac{[\text{H}^+]c}{K_a^\ominus+[\text{H}^+]}+\varepsilon_{\text{L}^-}b\dfrac{K_a^\ominus c}{K_a^\ominus+[\text{H}^+]}$$

$$A=\dfrac{[\text{H}^+]A_{\text{HL}}}{K_a^\ominus+[\text{H}^+]}+\dfrac{K_a^\ominus A_{\text{L}^-}}{K_a^\ominus+[\text{H}^+]}$$

整理得：

$$K_a^\ominus = \frac{A_{HL} - A}{A - A_{L^-}}[H^+] \tag{10.16}$$

$$pK_a^\ominus = pH + \lg\frac{A - A_{L^-}}{A_{HL} - A} \tag{10.17}$$

式中，A_{HL} 为弱酸全部以 HL 型体存在时的吸光度；A_{L^-} 为弱酸全部以 L^- 型体存在时的吸光度，(pH, A) 为两者共存时的某一点。

测定方法：配制一系列总浓度相同，而 pH 值不同的 HL 溶液（酸性区～碱性区），首先用分光光度计测定各溶液对某波长的光的吸光度，而后再用酸度计测定各溶液的 pH 值，由计算或作图的方法即可求得 $pK_a^\ominus$。

10.6.4 配合物组成的测定

分光光度法是测定配合物组成的有效方法之一。常用方法有摩尔比法、连续变化法、平衡移动法等，在此着重介绍摩尔比法（mole ratio method）。此法是固定金属离子（M）浓度，改变配位剂（R）的浓度，配制一系列 c_R/c_M 值不同的溶液，分别测定其吸光度。绘制吸光度随 c_R/c_M 的变化曲线，如图 10.13 所示。当 $c_R/c_M < n$ 时，金属离子没有完全转化为 MR_n，随着配位剂量的增加，生成的配合物不断增多；A 值渐增。当 $c_R/c_M > n$ 时，金属离子几乎全部转化为 MR_n，配位剂再增多，A 值不再改变，曲线变为水平直线。将曲线的上升部分和水平部分两直线延长，其交点所对应的横坐标比值即是配合物的组成比 n。

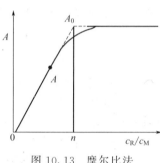

图 10.13 摩尔比法

在实际测定中，两条直线之间并非明显转折点，而是一段曲线，这是由于配合物 MR_n 离解所造成的。

显然，所生成的有色配合物越稳定，转折点就越容易得到，配合比就越好求，所以摩尔比法只适用于求稳定配合物的组成，另外，在可能形成的各级配合物中，如果 MR_1、MR_2…MR_{n-1} 等中间配合物也很稳定，则摩尔比法也不适用。只有最后一级配合物 MR_n 稳定且有色，其配位比才适用于摩尔比法测定。

在金属离子未完全配合的线性区域选择一点 A，在这一点各组分的平衡浓度按如下方法计算，得到的平衡浓度代入 $K_f^\ominus$ 表达式，即可求得配合物的稳定常数。

$$\begin{cases} A_0: A_0 = \varepsilon b[MR_n] = \varepsilon b c_M \\ A: A = \varepsilon b[MR_n] \end{cases} \longrightarrow [MR_n] = \frac{A}{A_0}c_M \longrightarrow \begin{cases} [M] = c_M - [MR_n] \\ [R] = c_R - n[MR_n] \end{cases}$$

习　　题

1. 什么是分光光度法中的吸收曲线？制作吸收曲线的目的是什么？
2. 在分光光度分析中为什么要用单色光？
3. 什么是分光光度法中的标准曲线？一般为什么不以透光度对浓度来绘制标准曲线？
4. 影响显色反应的因素有哪些？怎样选择适宜的显色条件？
5. 参比溶液有哪几类？应该如何选择？
6. 应用朗伯-比尔定律的前提条件是什么？
7. 用丁二酮肟显色分光光度法测定 Ni^{2+}，已知 50mL 溶液中含 Ni^{2+} 0.080mg。用 2.0cm 吸收池于波长 470nm 处测得 $T = 53\%$。求吸光系数 a 及摩尔吸光系数 ε。
8. 某金属离子 M 与试剂 R 形成一有色溶液，若此配合物在 650nm 处的摩尔吸光系数 ε 为 3.91×10^4 L·

mol^{-1}·cm^{-1}，用 1cm 比色皿在 650nm 处测得吸光度为 0.508，求溶液中 M 的浓度。

9. 有一浓度为 2.00×10^{-4} mol·L^{-1} 的有色溶液，在一定的吸收波长处用 3cm 比色皿测得其吸光度为 0.120，将此溶液稀释一倍，在同样波长处用 5cm 比色皿测其吸光度仍为 0.120，通过计算说明，此溶液是否符合朗伯-比尔定律。

10. 某溶液 X 符合朗伯-比尔定律，在 508nm、1cm 比色皿的条件下测得其吸光度为 0.262，在 100.0mL 该溶液中加入 1.00mL、浓度为 10.0g·L^{-1} 的 X 的标准溶液，在同样条件下测得吸光度为 0.386，求原溶液 X 的浓度（mg·L^{-1}）。

11. 某试液含 X 为 1.0mg·L^{-1} 时，用 2cm 比色皿在 480nm 处测定时吸光度为 0.420，而另一种含 X 的试液若用 1cm 比色皿测定得吸光度值为 0.300。试求 25mL 第二种溶液中含 X 多少毫克？

12. 称取维生素 C 0.050g，溶于 100mL 的稀硫酸溶液中，再量取此溶液 2.00mL 准确稀释至 100.0mL，取此溶液在 1cm 厚的石英池中，用 245nm 波长测定其吸光度为 0.551。求维生素 C 的百分含量（$a = 56$ L·g^{-1}·cm^{-1}）。

13. 某含铁约 0.2% 的试样，用邻二氮菲亚铁光度法（$\varepsilon = 1.00 \times 10^4$ L·mol^{-1}·cm^{-1}）测定。试样溶解后稀释至 100.0mL，用 1cm 比色皿在 508nm 波长下测定吸光度。
    (1) 为使吸光度测量的相对误差最小，应称取多少克的试样？
    (2) 如果欲使样品溶液的透光度测量值在 20%～65%，测定溶液应控制的铁的浓度范围为多少？

14. 用 1cm 比色皿在分光光度计上测定 H_2SO_4 介质中的吸光物质 $KMnO_4$ 和 $K_2Cr_2O_7$。测定得如下数据：

溶液	浓度/mol·L^{-1}	A_{450nm}	A_{565nm}
单独 KMnO$_4$	3.0×10^{-4}	0.080	0.410
单独 K$_2$Cr$_2$O$_7$	6.0×10^{-4}	0.260	0.000
K$_2$Cr$_2$O$_7$ + KMnO$_4$	未知	0.420	0.320

试计算未知试样中 KMnO$_4$ 和 K$_2$Cr$_2$O$_7$ 的浓度。

15. 在下列不同 pH 值的缓冲溶液中，指示剂甲基橙的浓度均为 2.0×10^{-4} mol·L^{-1}。用 1cm 比色皿在 520nm 处测得下列数据，试计算甲基橙指示剂的 $pK_a^{\ominus}$。

pH 值	0.88	1.17	2.99	3.41	3.95	4.89	5.50
A	0.890	0.890	0.692	0.552	0.385	0.260	0.260

16. 用摩尔比法测定 Mn^{2+} 与配位剂 R 形成的有色配合物的组成及稳定常数。固定 Mn^{2+} 浓度为 2.00×10^{-4} mol·L^{-1}，改变 R 的浓度时，用 1cm 比色皿在 525nm 处测得数据如下：

c_R/mol·L^{-1}	A	c_R/mol·L^{-1}	A
0.500×10^{-4}	0.112	2.50×10^{-4}	0.449
0.750×10^{-4}	0.162	3.00×10^{-4}	0.463
1.00×10^{-4}	0.216	3.50×10^{-4}	0.470
2.00×10^{-4}	0.372	4.00×10^{-4}	0.470

求：(1) 配合物的化学式；(2) 配合物在 525nm 处的 ε；(3) 配合物的稳定常数。

第 11 章 元素化学

11.1 元素概述

迄今已发现的 100 多种元素中,非金属元素有 22 种,其余均为金属元素。除氢以外,其他非金属元素都位于周期表的 p 区,占据表的右上角位置。从ⅢA 族的 B 向右下方延伸到 At,这条斜线将周期表中的元素分为金属和非金属两部分,线的右上方为非金属,左下方为金属。斜线附近的元素,如 B、Si、Ge、As、Sb、Se、Te 和 Po 等既有金属的性质又有非金属的性质,称为准金属(见图 11.1)。

族序数	ⅢA	ⅣA	ⅤA	ⅥA	ⅦA	ⅧA
价电子层构型	ns^2np^1	ns^2np^2	ns^2np^3	ns^2np^4	ns^2np^5	ns^2np^6
					(H)	He
	B	C	N	O	F	Ne
	Al	Si	P	S	Cl	Ar
	Ga	Ge	As	Se	Br	Kr
	In	Sn	Sb	Te	I	Xe
	Tl	Pb	Bi	Po	At	Rn

图 11.1 非金属元素在周期表中的位置

11.1.1 化学元素的自然资源

对人类而言,地球就是一个元素的大仓库。通常将化学元素在地壳的平均含量称为丰度(abundance)。丰度可以用质量分数(即质量 Clarke 值)表示,也可以用原子分数(即原子 Clarke 值)表示。对于同一种元素,以两种 Clarke 值表示的丰度在数值上是不同的。表 11.1 列出了原子 Clarke 值前 10 位的元素的两种 Clarke 值。

表 11.1 地壳中一些元素的原子 Clarke 值和质量 Clarke 值

元素	O	Si	H	Al	Na	Ca	Fe	Mg	K	Ti
原子 Clarke 值/%	53.8	18.2	13.5	5.55	2.26	1.67	1.64	1.60	0.80	0.16
质量 Clarke 值/%	48.6	26.3	0.76	7.73	2.74	3.45	4.75	2.00	2.47	0.42

从表中可以看出,不同元素在地壳的分布很不均衡,质量 Clarke 值最大的 10 种元素已占地壳总质量的 99.22%。其余元素的含量总共不到地壳总质量的 1%。无论是质量 Clarke 值,还是原子 Clarke 值,构成生命的重要元素 C、S、P 在地壳中的含量均不能位列前 10 位。

我国的矿产资源极为丰富,钨、锌、锑、锂、硼和稀土的储量均居世界第一,其他如锡、铀、钛、汞、铅、铁、金、银、镁、钼、硫、磷等矿产的储量居世界前列。我国是世界上拥有矿物品种比较齐全的少数几个国家之一,这对于工农业的发展奠定了雄厚的物质基础。

海洋资源是非常重要的。除了海底有丰富的矿藏,海水中含有 80 多种元素,其中多数是金属元素。海水中除了含有大量的钠、钾、镁、钙外,还含有许多稀有金属如铷、锶、锂、钡、铀等。海水中铀的总量达 40 亿吨以上,相当于陆地铀储量的 4000 倍。海水中约有 8 亿吨钼、1 亿 6 千万吨银、8 千万吨镍及 5 百万吨金。开发海洋,向海洋要宝是我们的一项重要任务。

11.1.2 化学元素与生命

人体也是由化学元素组成的,各种元素在人体中具有不同的功能,与人类的生命活动密切相关。通常将生物体中维持正常的生理功能所不可缺少的元素称为生命元素。

目前,已经在人体发现 60 多种元素,但最常见的只有 20 多种。将存在于生物体内的元素分为必需元素和非必需元素。

目前多数科学家认为生命必需元素有 28 种,占人体重量的 99.95%。其中有 11 种元素含量超过人体体重的 0.05%,通常称为常量元素,它们含量从高到低的顺序是:O、C、H、N、Ca、P、S、K、Na、Cl、Mg,其中 O、C、H、N 四种元素约占人体体重的 96%。

另外 17 种元素在人体中的含量均低于 0.01%,称为微量元素,它们是 Zn、Cu、Co、Cr、Mn、Mo、Fe、I、Se、Ni、Sn、F、Si、V、As、B、Br,17 种微量元素中有 10 种金属元素。

无论是常量元素还是微量元素,它们在人体中都有一个最佳浓度范围,高于或低于此范围可引起中毒或生命活动不正常,甚至死亡。有的元素在最佳浓度和中毒浓度之间只有一个狭窄的安全范围。

除必需元素外,还有 20~30 种普遍存在于组织之中的元素,统称为非必需元素,非必需元素又可分为两类:污染元素和有毒有害元素。随着科学的发展,很可能今天认为是非必需的有毒有害元素实际上是必需的,比如,20 世纪 70 年代以前认为有毒的 Se、Ni 现已列为必需元素。

必需元素与有害元素的界限也不是绝对的,许多元素是必需、有益还是有害,和摄入量有关,在一定范围内对人体有益,超过此范围就变成有害元素。

11.1.3 化学元素与环境

目前,环境污染主要有大气污染、土壤污染和水体污染。这里只简单介绍三大全球性的大气环境问题——臭氧层空洞、温室效应、酸雨,以及水体污染的一些元素。

(1) 臭氧层空洞

大气中的氧气在太阳光作用下可以生成臭氧,所以大气中存在 O_2 和 O_3 以及 O 原子的动态平衡。空气中的臭氧主要分布在大气层的平流层(距离地面 11~50km),由于 O_3 能吸收一定波长范围内的紫外光,从而防止这种高能紫外线对地球上生物的伤害,所以,臭氧是地球生物的保护伞。

1969 年以来,空气中的臭氧减少超过 10%,南极上空的臭氧减少更为明显,出现了"臭氧层空洞"。强烈的紫外线对生物具有破坏作用,紫外线可以抑制植物的光合作用和生长速度,破坏浮游生物的染色体和色素,所以,紫外线会影响水生食物链,使农业减产。对人体来说,过多的紫外线可以破坏人类的基因和免疫系统,也可以导致皮肤癌、白内障等多种疾病。臭氧层减少,就意味着更多的紫外线到达地面,就会导致地球气候、生态环境的改变,威胁着人类的生存。

破坏臭氧层的物质主要是人类社会和生产活动产生的氟里昂和氮的氧化物 NO_x 等。为了保护臭氧层，各国签订了《蒙特利尔公约》。

(2) 温室效应

温室效应（hothouse effect）是因为大气中的某些气体特别是 H_2O、CO_2、CH_4 等留住了一部分来自于太阳和地球表面的热量而产生的。为了维持辐射平衡，地表向外反射红外线，但是大气中的 H_2O、CO_2 等吸收地表反射的红外线，并又向各个方向释放，其结果是把部分辐射还给地球。自然温室效应是地球上生命赖以生存的必要条件，但由于社会的发展，矿物燃料（煤、石油、天然气）的燃烧量猛增，加上滥砍滥伐，使森林面积减少，致使大气中 CO_2 浓度增大。人类活动也向大气排放其他温室气体，如氟里昂、N_2O。CO_2 是头号温室气体，大气中 CO_2 浓度增大是造成全球变暖的最重要原因。在有温度记录的 130 多年里，最热的 10 个年份中有 9 个是在 1980 年以后，在过去的 100 年间，全球年平均气温上升 $0.3\sim0.6℃$，这都说明，全球变暖的趋势明显。

全球变暖使热膨胀，高山冰川、两极冰盖融化，造成海平面上升。近 100 年来，海平面上升了 $10\sim20cm$，如果海平面继续上升，会淹没低洼滨海地区。全球变暖还会增加旱灾、虫灾、森林火灾和风暴等。

(3) 酸雨

酸雨（acid rain）通常指 pH<5.6 的降水，酸雨是大气受污染的一种表现。形成酸雨的主要物质是 SO_x 和 NO_x。大量化石燃料的开采和使用，产生大量 CO_2 的同时，也会产生一定的硫和氮的氧化物，所以，煤、石油、天然气的燃烧，汽车尾气的排放，以及金属硫化物的冶炼都是产生酸雨的原因。

酸雨对环境的危害有：使水域和土壤酸化，损害农作物和林木生长，危害渔业生产（pH<4.8 时很多鱼类就会消失），腐蚀建筑物、工厂设备和文化古迹，当然也会危害人类健康。

(4) 水体污染

我国水体污染很严重，有的水源已不能用作饮水，对人民的生存和工作造成了直接危害，如不改变这种状况，对人民及后代祸害无穷。

污染水体的物质主要有下列几类：耗氧废物（人和动物排泄的废物，腐败的植物）、病原体、杀虫剂、化肥、洗涤剂、重金属元素等，其中污染水体的重金属元素主要有汞、铅、铬、镉等。

汞蒸气和大多数汞盐都有毒，有机汞化合物如甲基汞 $Hg(CH_3)_2$ 的毒性更大。水体中的汞和汞化合物主要来自有关工业生产中的排放废物。某些厌氧菌可使汞转化为甲基汞。日本发生的水俣病，就是由甲基汞引起的。甲基汞极易被人体肠道所吸收，并随血液分布到全身各组织。进入脑组织中的甲基汞被氧化成 Hg^{2+}，Hg^{2+} 难以再返回血液，逐渐富集在脑中，导致脑损伤；肾脏等也能富集 Hg^{2+}。Hg^{2+} 的富集，使人体发生慢性中毒，甚至死亡。

水体中镉污染的主要来源为冶锌厂（锌矿常含有镉元素，独立的锌矿极为少见）及镀镉厂。1955~1972 年，日本富山县锌铅冶炼厂排放的含镉废水污染了神通川水体，两岸农民利用该河水灌溉农田，收获的稻米含镉，人们食用含镉的稻米和饮用含镉水而中毒。Cd^{2+} 进入人体后，可取代骨骼中部分钙，引起骨质疏松、骨质软化等病症而使人体感到骨痛，镉中毒还引起高血压、肾脏病、癌变等。

铅和可溶性铅盐都有毒，水体中铅污染的主要来源是从冶铅厂等排出的废水。Pb^{2+} 进入人体后有 90%~95% 形成不易溶解的磷酸铅，沉积于骨骼中。铅主要损害造血系统、神经系统，能引起贫血、头痛、头晕、疲乏、记忆力减退、失眠等。对婴幼儿的影响更大，可造成婴幼儿智力低下，发育异常。

铬是人体必需的微量元素之一，成年人每天对铬的正常摄入量为20～50μg，缺铬可引起糖尿病、动脉粥样硬化症。但铬也会造成环境污染。铬有+3和+6两种价态，+3价铬可对胎儿产生致畸作用，而+6价铬有致癌作用，+6价铬的毒性比+3价铬大得多。水体中铬污染物的主要来源为电镀铬厂、有关的颜料制造厂及制革厂排放的废水。

砷及其化合物在不同程度上都有毒性，三氧化二砷 As_2O_3（不纯的俗称砒霜）有剧毒，致死量是0.06～0.2g。AsF_3 和 AsF_5 也都有剧毒。长期摄入低剂量的砷，会在体内累积发生慢性中毒，主要表现为食欲不振、头痛、四肢酸痛、脱发、肝肿大等。急性中毒常见于口服1h后发生，表现为恶心、呕吐、腹泻、脱水等，严重时出现痉挛、昏迷以致死亡。水体中砷化合物的来源有某些金属硫化物矿的冶炼厂排放的废水。

11.2 s 区元素

s 区元素包括周期表中的ⅠA族和ⅡA族，除氢外，ⅠA族元素还有锂、钠、钾、铷、铯、钫六种元素，它们合称碱金属元素，其价电子构型为 ns^1。ⅡA族元素包括铍、镁、钙、锶、钡、镭，称为碱土金属，碱土金属元素的原子价电子构型是 ns^2。因为碱金属和碱土金属元素的价电子都是 s 电子，所以，它们在元素周期表中的区域称为 s 区。

11.2.1 s 区元素的通性

（1）s 区元素的性质

碱金属和碱土金属的基本性质见表11.2和表11.3。

表11.2 碱金属的基本性质

性　　质	锂	钠	钾	铷	铯
原子序数	3	11	19	37	55
价层电子构型	$2s^1$	$3s^1$	$4s^1$	$5s^1$	$6s^1$
原子半径/pm	155	190	255	248	267
熔点/℃	180	97.8	64	39	28.5
沸点/℃	1317	892	774	688	690
密度/g·cm^{-3}	0.53	0.97	0.86	1.53	1.90
电负性	0.98	0.93	0.82	0.82	0.79
电离能 I_1/kJ·mol^{-1}	520	496	419	403	376
电极电势/V	−3.045	−2.714	−2.925	−2.925	−2.923
氧化值	+1	+1	+1	+1	+1

表11.3 碱土金属的基本性质

性　　质	铍	镁	钙	锶	钡
原子序数	4	12	20	38	56
价层电子构型	$2s^2$	$3s^2$	$4s^2$	$5s^2$	$6s^2$
原子半径/pm	112	160	197	215	222
熔点/℃	1280	651	845	769	725
沸点/℃	2970	1107	1487	1334	1140
密度/g·cm^{-3}	1.85	1.74	1.55	2.63	3.62
电负性	1.57	1.31	1.00	0.95	0.89
电离能 I_1/kJ·mol^{-1}	900	738	590	549	502
电离能 I_2/kJ·mol^{-1}	1757	1450.7	1145.4	1064.3	965.3
电极电势/V	−1.85	−2.37	−2.87	−2.89	−2.90
氧化值	+2	+2	+2	+2	+2

碱金属都是柔软的银白色金属，熔点都比较低，密度也很小，除了锂以外，其他碱金属熔点都低于100℃，锂、钠、钾的密度都小于水。因为原子半径减小，最外层电子数增多，所以，同周期碱土金属金属键明显强于碱金属，致使碱土金属熔沸点、密度、硬度明显高于碱金属。

化学性质方面，碱金属元素原子最外层都只有一个电子，次外层则是 8 电子结构（Li 次外层 2 电子），它们的原子半径在同周期元素中（惰性元素除外）最大，而有效核电荷在同周期元素中却最小，所以，碱金属元素都很容易失去最外层的这一个电子，表现出很强的金属性。显然，碱金属是同周期金属性最强的元素。

碱土金属原子最外层为 2 个电子，这两个电子也都比较容易失去，碱土金属元素金属性也都比较强。同周期的碱土金属有效核电荷比碱金属大，而原子半径要小，所以，与金属相比，同周期的碱土金属的金属性要略差些。s 区元素性质递变规律如图 11.2 所示。

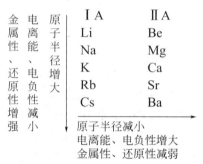

图 11.2　s 区元素性质递变规律

（2）锂、铍的特殊性和对角线规则

锂及其化合物虽然具有ⅠA 族金属的某些性质，但是许多性质与其他碱金属元素及其化合物表现出明显的差异。比如：LiCl 易溶于有机溶剂，而其他碱金属的氯化物都是典型的离子化合物，易溶于水；LiOH 受热易分解生成 Li_2O，而其他碱金属的氢氧化物则不易分解；Li^+ 的水合热特别大，所以 $E^{\ominus}(Li^+/Li)$ 负值特别大等。

同样，铍与其他的碱土金属也有明显的差异：$BeCl_2$ 是共价化合物能溶于有机溶剂，而其他碱金属的氯化物基本都是离子型的；$Be(OH)_2$ 呈两性等。

锂与其他碱金属性质差异明显，但是与镁有很多相似点：
① 镁与锂在氧气中燃烧，不形成过氧化物，都只生成正常的氧化物；
② 镁和锂的氢氧化物加热都分解为相应的氧化物；
③ 镁和锂的碳酸盐均不稳定，热分解生成相应的氧化物和放出二氧化碳气体；
④ 镁和锂的某些盐类如氟化物、碳酸盐、磷酸盐等及氢氧化物均难溶于水；
⑤ 镁和锂的氧化物、卤化物共价性较强，能溶于有机溶剂中；
⑥ 镁离子和锂离子的水合能力均较强。

同样，铍与第三主族的铝有不少相似点，硼与第四主族的硅也有明显的相似性。在周期系中，第二周期的 Li、Be、B 的性质和第三周期处于对角线位置的元素 Mg、Al、Si 相似，这种相似性称为对角线规则（diagonal element rule）。

$$\begin{matrix} Li & Be & B & C \\ & \diagdown & \diagdown & \diagdown \\ Na & Mg & Al & Si \end{matrix}$$

11.2.2　s 区元素的重要化合物

（1）氧化物

碱金属、碱土金属与氧可以形成不同类型的氧化物：正常氧化物、过氧化物、超氧化物和臭氧化物。

① 正常氧化物　Li 和 ⅡA 族金属在空气中燃烧生成正常氧化物，其他碱金属的正常氧化物可以用金属来还原其过氧化物或用其碳酸盐、硝酸盐、氢氧化物热分解得到：

$$Na_2O_2 + 2Na \stackrel{}{=\!=\!=} 2Na_2O$$

$$MCO_3 \stackrel{}{=\!=\!=} MO + CO_2 \uparrow$$

碱金属的氧化物与水反应生成相应的氢氧化物，Li_2O 与水反应很慢，Rb_2O、Cs_2O 与水反应非常剧烈。碱土金属的氧化物都难溶于水。

除 BeO 显两性外，其他氧化物都显碱性，经过煅烧的 BeO、MgO 极难与水反应，并且它们的熔点都很高，都是很好的耐火材料。

② 过氧化物　除 Be 外，其他碱金属、碱土金属都能形成离子型过氧化物，其中，Na、Ba 在空气中燃烧就可以得到过氧化物。

Na_2O_2 是最常见的过氧化物，其工业制法是将除去 CO_2 的干燥空气通入熔融钠中，控制空气流量和温度，即可得到淡黄色的 Na_2O_2。

$$2Na(熔融) + O_2 \stackrel{}{=\!=\!=} Na_2O_2$$

Na_2O_2 与水迅速反应生成 H_2O_2，反应放出大量的热，使 H_2O_2 分解：

$$Na_2O_2 + 2H_2O \stackrel{}{=\!=\!=} 2NaOH + H_2O_2$$

Na_2O_2 还能与 CO_2 反应，反应放出 O_2，所以 Na_2O_2 可用于防毒面具、高空飞行和潜水作业等。

$$2Na_2O_2 + 2CO_2 \stackrel{}{=\!=\!=} 2Na_2CO_3 + O_2$$

过氧化钠本身很稳定，加热至熔融也不分解，但是遇到棉花、木炭、铝粉等还原性物质时，很容易引起燃烧或发生爆炸，所以工业上把 Na_2O_2 列为强氧化剂，使用时要注意安全。

利用 Na_2O_2 的强氧化性，可将矿石中的铬、锰、钒等氧化为可溶性的含氧酸盐：

$$3Na_2O_2 + Cr_2O_3 \stackrel{}{=\!=\!=} 2Na_2CrO_4 + Na_2O$$

过氧化钠的主要用途是用作氧化剂、氧气发生剂、消毒剂，以及纺织和造纸业的漂白剂等。

③ 超氧化物　除 Li、Be、Mg 外，其他碱金属、碱土金属都能形成超氧化物 M^IO_2、$M^{II}(O_2)_2$，其中钾、铷、铯在过量氧气中燃烧直接可得到超氧化物：

$$K + O_2 \stackrel{}{=\!=\!=} KO_2$$

超氧化物与水反应生成 H_2O_2，同时放出 O_2。

$$2KO_2 + 2H_2O \stackrel{}{=\!=\!=} 2KOH + H_2O_2 + O_2 \uparrow$$

超氧化物与 CO_2 反应也生成 O_2，所以超氧化物也可以用作供氧剂、氧化剂。

$$2CO_2 + 4KO_2 \stackrel{}{=\!=\!=} 2K_2CO_3 + 3O_2$$

(2) 氢氧化物

碱金属和碱土金属的氢氧化物都是白色固体，它们易吸收空气中的 CO_2 变成相应的碳酸盐，也易吸收空气中的水而潮解。NaOH 和 $Ca(OH)_2$ 固体常用作干燥剂。

碱金属的氢氧化物都易溶于水，碱土金属的氢氧化物溶解度依次增大，但都比较小，$Be(OH)_2$ 和 $Mg(OH)_2$ 难溶于水，$Ca(OH)_2$ 微溶于水，溶解度最大的 $Ba(OH)_2$ 在常温时的饱和浓度也只有 $0.2 mol·L^{-1}$。

碱金属氢氧化物的碱性依次增强，其中 LiOH 是中强碱，其余的都为强碱。碱土金属的氢氧化物碱性也依次增强，$Ba(OH)_2$ 是强碱，而 $Be(OH)_2$ 是两性氢氧化物。

(3) 重要的盐类

s 区元素最重要的盐类是钾盐、钠盐和钙盐等。

在地壳中钠和钾丰度很相近，但在海水中钾盐的浓度大约只有钠盐的 1/30，这是因为不少钾盐的溶解度比钠盐小，特别是钾能与土壤、岩石中的硅铝酸根牢固结合，而溶解了的钾盐又大部分被植物所吸收。

常见的钾盐和钠盐都易溶于水，但是也有一些大阴离子的盐难溶，例如 $Na_2[Sb(OH)_6]$、$KHC_4H_4O_6$（酒石酸氢钾）等。

许多钠盐、钾盐都有吸潮性，钠盐更易吸潮，所以，尽管钠盐、钾盐性质很相似，但是有时钠盐不能代替钾盐，比如：配制火药用的 KNO_3，而不能用吸潮性强的 $NaNO_3$；分析化学用的基准试剂 $K_2Cr_2O_7$ 也不能用 $Na_2Cr_2O_7$ 代替。

Na_2CO_3 又称苏打、纯碱，是"三酸两碱"之一，全世界 Na_2CO_3 年产量早已超过 3000 万吨。因为 Na_2CO_3 的碱性来自于水解，碱性比较低，腐蚀性小，且价格低，易于制得纯品，所以工业上用碱时尽量选用纯碱。

常见的钙盐有 $CaCl_2$、$CaSO_4$ 等。$CaCl_2$ 有无水物和二水合物，无水物有强吸水性，广泛用作干燥剂，但是它可以与乙醇、氨形成加合物，如 $CaCl_2 \cdot 8NH_3$、$CaCl_2 \cdot 4C_2H_5OH$ 等，所以不能用 $CaCl_2$ 干燥乙醇、氨。$CaCl_2 \cdot 2H_2O$ 可以用作制冷剂，它与水混合可以获得 $-55℃$ 的低温。

11.3 p 区元素

在元素周期表中，p 区包括ⅢA～ⅦA 和零族，一共 6 个纵行 31 种元素，元素从金属过渡到非金属。p 区包括了除氢元素外所有的非金属元素。

11.3.1 p 区元素的通性

p 区元素原子的价层电子结构特征是 $ns^2np^{1\sim6}$，最外电子层除有 2 个 s 电子外还有 1～6 个 p 电子（He 除外）。与 s 区元素相似，p 区元素自上而下，原子半径逐渐增大，金属性逐渐增强，非金属性逐渐减弱，其中，ⅣA、ⅤA 族从典型的金属过渡到非金属。

由ⅢA～ⅦA，同周期元素原子的有效核电荷增大，半径减小，金属性渐弱，非金属性渐强，故 F 为最强的非金属元素。该区同族元素自上而下，同周期元素自右而左，形成负氧化值的能力减弱，而形成正氧化值的能力渐强，这与元素性质递变规律一致。

p 区元素除 F 外，一般都有多种氧化态，除 F 和 O 外，其最高正氧化值均等于价层电子数。过渡元素之后的 p 区元素由于 ns^2 惰性电子对效应，使金属元素的低价氧化态自下而上趋于稳定，这在ⅢA、ⅣA、ⅤA 各族表现得非常明显，尤其是第 6 周期的 Tl(+1)、Pb(+2)、Bi(+3) 均很稳定。

p 区元素有以下特点：

① 金属熔点都比较低（见表 11.4），Al 的熔点也不高，为 660℃，p 区金属与ⅡB 族的 Zn、Cd、Hg 合称为低熔点金属。这些金属相互能形成许多重要的低熔点合金，如焊锡就是 Sn-Pb 合金，保险丝是 Bi-Pb-Sn 合金，电器和消防设备上用的伍德合金是由 Bi、Pb、Sn 和 Cd 组成；

表 11.4 p 区金属元素的熔点

元素	Ga	In	Tl	Ge	Sn	Pb	Sb	Bi
t_m/℃	29.78	156.6	303.5	973.4	213.88	327.5	630.5	271.3

② p区金属与非金属交界的一些元素，如硅、锗、硒等及某些化合物具有半导体性质，超纯硅是制造半导体的重要材料，铝、镓、铟与磷、砷、锑形成的ⅢA～ⅤA族化合物也都是半导体材料；

③ p区金属的高氧化态氧化物多数有不同程度的两性；

④ 它们在自然界都以化合态存在，除铝外，多为各种组成的硫化物矿。

11.3.2 p区重要元素及其化合物

（1）稀有气体

惰性元素包括氦、氖、氩、氪、氙、氡六种元素。

空气中含有微量的稀有气体。在接近地球表面的空气中，每 $1m^3$ 空气中约含有 9.3L 氩、18L 氖、5L 氦、11mL 氪及 0.08mL 氙。氡也是放射性矿物的衰变产物，放射出来的 α 粒子在空气中放电后变成为氦原子，所以在某些矿穴中有氦的存积和放出，有些天然气中会有氦。

稀有气体都具有稳定的电子构型，一般条件下不容易得到或失去电子而形成化学键，表现出化学性质很不活泼。直到 1962 年，英国化学家 N·巴利特才利用强氧化剂 PtF_6 与氙作用，制得了第一种惰性气体的化合物 $Xe[PtF_6]$，以后又陆续合成了其他惰性气体化合物，并将它的名称改为稀有气体。

由于稀有气体的化学不活泼性，易于发光放电等性质，使其在光学、冶炼、医学上以及一些尖端工业部门中获得了广泛的应用。

例如，氦的沸点是现在已知物质中最低的，因此，液氦常被应用于超低温技术上，可以获得 0.001K 的低温。大量的氦用于火箭燃料压力系统、惰性气氛焊接和核反应堆热交换器等。

在电场的激发下，氖能产生美丽的红光，多用于照明。氪和氙也可用于制造具有特殊性能的电光源，高压长弧氙灯（俗称"人造小太阳"）便是利用氙在电场的激发下能放出强烈的白光这一特性而制成。氙灯能放出紫外线，所以在医疗上得到应用。此外，氪和氙的同位素在医学上被用于测量脑血液量和研究肺功能，计算胰岛素分泌量等方面。

（2）卤素

卤族元素包括氟、氯、溴、碘和砹五种元素。

① 卤素单质　氟的氧化性非常强，可以与所有的金属和非金属直接化合，很多反应非常激烈，甚至发生爆炸。氟很容易置换出水中的氧：

$$2F_2 + 2H_2O = 4HF + O_2$$

因为氟的氧化性最强，所以很难用化学的方法制得氟单质，制取氟的有效方法就是电解。用化学的方法制备氟单质到 1986 年才成功实现。

Cl_2 与水发生明显反应，但反应不彻底，生成 HClO，HClO 缓慢分解放出 O_2：

$$Cl_2 + H_2O \rightleftharpoons H^+ + Cl^- + HClO$$

$$2HClO = 2HCl + O_2$$

Br_2、I_2 与水不发生明显的反应。氟能够直接置换出水中的氧，而氯只能间接置换出水中的氧，可见，Cl_2 氧化性明显弱于 F_2。显然，F_2、Cl_2、Br_2、I_2 的氧化性依次减弱。

Cl_2、Br_2、I_2 在碱性溶液中很容易发生歧化反应：

$$Cl_2 + 2NaOH = NaCl + NaClO + H_2O$$

$$Br_2 + 2KOH = NaBr + KBrO + H_2O$$

$$3I_2 + 6NaOH = 5NaI + NaIO_3 + 3H_2O$$

氯气与氨气可以反应，有白烟生成，所以可以用氯气检验氨气或用氨气检验氯气：

$$3Cl_2 + 2NH_3 == 6HCl + N_2$$
$$HCl + NH_3 == NH_4Cl(白烟)$$

I_2 虽然难溶于水，但是易溶于含有 I^- 的水溶液，这是因为生成了 I_3^-：

$$I_2 + I^- == I_3^-（棕色）$$

碘是甲状腺素的重要成分，成人每天需要补充 0.15 mg 碘，但 I_2 易升华，所以加碘盐加入的不是单质碘，而是 KI 或 KIO_3。

② **卤化氢和氢卤酸** 卤化氢均为无色有强烈刺激性气体，都极易溶于水形成氢卤酸。其中，氢氟酸是弱酸，盐酸、氢溴酸、氢碘酸都是强酸，其酸性依次增强。

由于氟原子半径特别小，所以 HF 分子之间易形成氢键而发生缔合作用，所以氟化氢的熔、沸点在卤化氢中是最高的。氢氟酸是一元酸，但可以形成酸式盐 KHF_2 等，以及氢氟酸是弱酸，这都与 HF 的缔合作用有关。

氢氟酸有强烈的腐蚀性，腐蚀人的皮肤和骨骼，并且难以治愈，故在使用时须特别小心。

氢氟酸还能与二氧化硅或硅酸盐反应，生成气态的 SiF_4：

$$SiO_2 + 4HF == SiF_4\uparrow + 2H_2O$$
$$CaSiO_3 + 6HF == SiF_4\uparrow + CaF_2 + 3H_2O$$

该反应可用来蚀刻玻璃，溶解硅酸盐，因此，氢氟酸、HF 不能储于玻璃容器中，应该盛于塑料容器里。

③ **氯的含氧酸及其盐** 氯的含氧酸有次氯酸 HClO、亚氯酸 $HClO_2$、氯酸 $HClO_3$ 和高氯酸 $HClO_4$。

HClO 是弱酸，酸性比碳酸还弱，它很不稳定，只能存在于水溶液中。HClO 氧化性非常强，易见光分解生成原子态的氧，HClO 具有杀菌和漂白能力就是基于这个反应。Cl_2 之所以有漂白作用，就是由于它和水作用生成 HClO 的缘故，干燥的 Cl_2 没有漂白能力。

把 Cl_2 通入冷的碱溶液中，可生成次氯酸盐：

$$Cl_2 + 2NaOH == NaClO + NaCl + H_2O$$

$$2Cl_2 + 2Ca(OH)_2 \xrightarrow{<40℃} Ca(ClO)_2 + CaCl_2 + 2H_2O$$

漂白粉是 $Ca(ClO)_2$ 和 $CaCl_2$、$Ca(OH)_2$、H_2O 的混合物，其有效成分是 $Ca(ClO)_2$。次氯酸盐（或漂白粉）的漂白作用也主要基于 HClO 的氧化性。

$HClO_2$ 是中等强酸，热稳定性差，易分解。亚氯酸在溶液中较为稳定。

$HClO_3$ 是强酸，氧化性也很强，不稳定。氯酸盐在中性（或碱性）溶液中不具有氧化性，固体氯酸盐常温下比较稳定，但与各种易燃物（如 S、C、P）混合时，在撞击时发生剧烈爆炸，因此氯酸盐被用来制造炸药、火柴和烟火等。氯酸盐在高温下都是强氧化剂。

氯酸盐中最重要的是 $KClO_3$，$KClO_3$ 加热分解，有两种方式，当有催化剂 MnO_2 存在时，200℃时就开始按①式分解，如没有催化剂存在，在 400℃ 左右时主要按②式分解，同时，还有少量 O_2 生成：

$$① \quad 2KClO_3 \xrightarrow[200℃]{MnO_2} 2KCl + 3O_2\uparrow$$

$$② \quad 4KClO_3 \xrightarrow{400℃} 3KClO_4 + KCl$$

HClO₄ 是已知无机酸中最强酸。浓的 HClO₄ 不稳定，受热分解。HClO₄ 在储藏时必须远离有机物质，否则会发生爆炸。但 HClO₄ 的水溶液在氯的含氧酸中是最稳定的，其氧化性也远比 HClO₃ 弱。

高氯酸盐也是氯的含氧酸盐中最稳定的，不论是固体还是在溶液中都有较高的稳定性。固体高氯酸盐受热时都分解为氯化物和 O_2：

$$KClO_4 \xrightarrow{525℃} KCl + 2O_2 \uparrow$$

因此，固态高氯酸盐在高温下是强氧化剂，但氧化能力比氯酸盐为弱，可用于制造较为安全的炸药。$Mg(ClO_4)_2$ 和 $Ba(ClO_4)_2$ 是很好的吸水剂和干燥剂。NH_4ClO_4 用作火箭的固体推进剂。

氯的含氧酸的酸性、氧化性及其盐的热稳定性变化规律总结如图 11.3 所示。

图 11.3　氯的含氧酸及其盐的性质变化规律

(3) 氧族元素

氧族包括氧、硫、硒、碲和钋五种元素。

① 臭氧 O_3　臭氧比氧有更大的化学活性，它无论在酸性或碱性条件下都比氧气具有更强的氧化性，臭氧是最强的氧化剂之一。除金和铂等很不活泼金属外，它能氧化所有的金属和大多数非金属。在臭氧中，硫化铅被氧化为硫酸铅，金属银被氧化为过氧化银，碘化钾被迅速定量地氧化为碘：

$$PbS + 4O_3 = PbSO_4 + 4O_2 \uparrow$$
$$2Ag + 2O_3 = Ag_2O_2 + 2O_2 \uparrow$$
$$2KI + O_3 + H_2O = 2KOH + I_2 + O_2 \uparrow$$

基于强氧化性，臭氧可以用于饮水消毒，不但杀菌效果好，而且不会带入异味。臭氧还可以用作棉麻、纸张的漂白剂和皮毛的脱臭剂。空气中微量的臭氧不仅能杀菌，还能刺激中枢神经，加速血液循环，给人精神振奋的感觉。但空气中臭氧浓度达 1×10^{-6} 时，人将会感到疲劳头痛，即对人体健康有害。

② 过氧化氢 H_2O_2　过氧化氢分子中有一个过氧链—O—O—，其分子结构如图 11.4 所示。

纯的过氧化氢是近乎无色的黏稠液体，分子间有氢键，在固态和液态时分子缔合程度比水大，故其沸点比水高（150℃）。

H_2O_2 是一极弱的二元弱酸，可以与一些碱反应生成盐（过氧化物），例如：

$$H_2O_2 + Ba(OH)_2 = BaO_2 + 2H_2O$$

纯的 H_2O_2 溶液较稳定，但光照、加热和增大溶液的碱度都能促使其分解。某些重金属离子（Mn^{2+}、Cr^{3+}、Fe^{3+}、MnO_2 等）对 H_2O_2 的分解有催化作用。

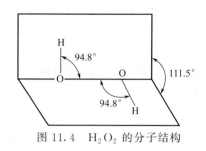

图 11.4 H₂O₂ 的分子结构

在 H_2O_2 分子中 O 的氧化数为 -1,处于中间价态,所以既有氧化性又有还原性,主要表现为氧化性,因此,H_2O_2 常用作氧化剂。H_2O_2 作为氧化剂,还原产物是水,不会给反应体系引入新的杂质,而且过量部分很容易在加热下分解成 H_2O 及 O_2,不会增加新的物质。

过氧化氢可以与水以任意比例互溶,通常所用的双氧水为含 H_2O_2 30% 的水溶液,3% H_2O_2 用作消毒剂和食品防腐剂。H_2O_2 能将有色物质氧化为无色,所以还可用来作漂白剂。

③ 硫及其重要化合物　硫有许多同素异形体,最常见的是斜方硫和单斜硫。两种硫的同素异形体都是由 S_8 环状分子组成的。

将熔融状态的硫骤然冷却,黏度大的硫来不及结晶,长链状的硫被固定下来,成为能拉伸的弹性硫,但经放置会逐渐变为晶状硫。

硫与电负性比它小的元素所形成的化合物称为硫化物。金属硫化物的特性是难溶。除了碱金属和碱土金属(BeS 难溶)以外,其他金属硫化物大多难溶于水,并具有特征的颜色。

大多数金属硫化物难溶于水。这主要是由于 S^{2-} 半径大,变形性大,在与重金属离子结合时,由于离子之间的相互极化作用,使得这些金属硫化物中的 M—S 键向共价键过渡,而使此类硫化物难溶于水。显然极化作用越强,硫化物的溶解度越小。根据硫化物在酸中的溶解情况,将其分为五类,见表 11.5。

表 11.5　硫化物的分类

易溶于水		难溶于水							
		溶于稀盐酸 (0.3 mol·L⁻¹)		难溶于稀酸					
				溶于浓盐酸		难溶于浓盐酸			
						溶于硝酸		仅溶于王水	
(NH₄)₂S (白)	MgS (白)	Al₂S₃ (白)	MnS (浅红)	SnS (褐)	Sb₂S₃ (黄红)	CuS (黑)	As₂S₃ (浅黄)	HgS (黑)	Hg₂S (黑)
Na₂S (白)	CaS (白)	Cr₂S₃ (白)	ZnS (白)	SnS₂ (黄)	Sb₂S₅ (橘红)	Cu₂S (黑)	As₂S₅ (淡黄)		
K₂S (白)	SrS (白)	Fe₂S₃ (黑)	CoS (黑)	PbS (黑)	CdS (黄)	Ag₂S (黑)	Bi₂S₃ (黑)		
	BaS (白)		FeS (黑)	NiS (黑)					

碱金属或碱土金属硫化物的溶液能溶解单质硫生成多硫化物,如:

$$Na_2S + (x-1)S \rightleftharpoons Na_2S_x$$

多硫化物的溶液一般显黄色,随着 x 值的增加由黄色、橙色而至红色。多硫化物易被氧化,实验室配制的 Na_2S 或 $(NH_4)_2S$ 溶液,放置时颜色会由无色变为黄色、橙色甚至红色，就是由于被空气氧化的缘故。所以，多硫化物溶液宜现配现用。

多硫化物在酸性溶液中很不稳定，容易生成硫化氢和硫：

$$S_x^{2-} + 2H^+ \Longrightarrow H_2S + (x-1)S$$

④ **硫酸及其盐** 硫酸是主要的化工产品之一，有很多化工生产需要硫酸作为原料。硫酸主要用于生产化肥、农药、医药、国防和轻工业等。

纯硫酸是无色的油状液体。市售浓硫酸的浓度为98%，相对密度为1.84，沸点为338℃，凝固点为10.4℃。浓H_2SO_4吸收SO_3就得发烟硫酸，发烟硫酸的氧化性比浓硫酸更强：

$$H_2SO_4 + xSO_3 \Longrightarrow H_2SO_4 \cdot xSO_3 \text{（发烟硫酸）}$$

H_2SO_4是二元酸强，它的第一步解离是完全的，但第二步解离并不完全：

$$H_2SO_4 \Longrightarrow H^+ + HSO_4^-$$

$$HSO_4^- \Longrightarrow H^+ + SO_4^{2-} \qquad K_{a_2}^\ominus = 1.0 \times 10^{-2}$$

浓H_2SO_4具有很强的吸水性。它与水混合时，形成水合物并放出大量的热，利用浓H_2SO_4的吸水能力，常用其作干燥剂。浓H_2SO_4还具有强烈的脱水性，能将有机物分子中的H和O按水的比例脱去，使有机物炭化。例如，蔗糖与浓H_2SO_4作用：

$$C_{12}H_{22}O_{11} \xrightarrow{\text{浓硫酸}} 12C + 11H_2O$$

因此，浓H_2SO_4能严重地破坏动植物组织，如损坏衣物和烧伤皮肤，在使用时应特别注意安全。

浓H_2SO_4氧化性很强，加热时氧化性更强，能氧化很多金属和非金属。浓硫酸作氧化剂时，一般还原产物是SO_2，但与活泼金属等强还原剂反应时，还原产物还也可能是S或H_2S等：

$$C + 2H_2SO_4 \xrightarrow{\triangle} CO_2 + 2SO_2\uparrow + 2H_2O$$

$$Cu + 2H_2SO_4 \Longrightarrow CuSO_4 + SO_2\uparrow + 2H_2O$$

$$3Zn + 4H_2SO_4 \Longrightarrow 3ZnSO_4 + S + 4H_2O$$

$$4Zn + 5H_2SO_4 \Longrightarrow 4ZnSO_4 + H_2S\uparrow + 4H_2O$$

硫酸能生成两类盐：正盐和酸式盐。除碱金属和氨能得到酸式盐外，其他金属只能得到正盐。酸式硫酸盐和大多数硫酸盐都易溶于水，但$PbSO_4$、$CaSO_4$等难溶于水，$BaSO_4$不溶于水也不溶于酸。多数硫酸盐还具有生成复盐的倾向，如摩尔盐$(NH_4)_2SO_4 \cdot FeSO_4 \cdot 12H_2O$、铝钾矾$K_2SO_4 \cdot Al_2(SO_4)_3 \cdot 24H_2O$等。

硫酸盐有很多重要的用途，如明矾是常用的净水剂，胆矾（$CuSO_4 \cdot 5H_2O$）是消毒杀菌剂和农药，绿矾（$FeSO_4 \cdot 7H_2O$）是农药、药物等的原料。

⑤ **硫代硫酸钠** 硫代硫酸钠（$Na_2S_2O_3 \cdot 5H_2O$）又称海波或大苏打。将硫粉溶于沸腾的亚硫酸钠溶液，可以结晶得到$Na_2S_2O_3$：

$$Na_2SO_3 + S \Longrightarrow Na_2S_2O_3$$

硫代硫酸钠易溶于水，其水溶液显弱碱性，在酸性溶液中，硫代硫酸钠迅速分解，只有在碱性溶液中，硫代硫酸钠才稳定存在：

$$S_2O_3^{2-} + 2H^+ \longrightarrow S + SO_2\uparrow + H_2O$$

$S_2O_3^{2-}$是重要配位体，能与很多重金属离子形成稳定配离子。例如溴化银不溶于水，但可溶于硫代硫酸钠溶液中：

$$2S_2O_3^{2-}\text{（适量）} + AgBr \Longrightarrow [Ag(S_2O_3)_2]^{3-} + Br^-$$

硫代硫酸钠主要用作化工生产中的还原剂，纺织工业棉织物漂白后的脱氯剂，照相行业的定影剂，还用于电镀、鞣革等行业。

(4) 氮族元素

氮族元素包括氮、磷、砷、锑、铋五种元素。氮以游离状态存在于空气中。砷、锑、铋是亲硫元素，它们在自然界中主要以硫化物矿的形式存在。

① 氨和铵盐　NH_3 是氮的重要化合物，工业上几乎所有含氮化合物都可以由它来制取。液氨和水一样能发生微弱的解离，故液氨是一种良好的非水溶剂：

$$NH_3 + NH_3 \rightleftharpoons NH_4^+ + NH_2^- \quad K_a^\ominus = 1 \times 10^{-32}$$

NH_3 的化学性质比较活泼，可以发生以下三类反应。

a. 加合反应　氨水溶液呈弱碱性，主要原因是由于 NH_3 分子中的 N 具有孤电子对，可以作为电子对的给予体与水中 H^+ 的 1s 空轨道以配位键互相结合成 NH_4^+，水中的 OH^- 因此而增多之故。

NH_3 还可以与 Ag^+、Cu^{2+} 等离子配合，形成 $[Ag(NH_3)_2]^+$、$[Cu(NH_3)_4]^{2+}$ 等配离子。

b. 氧化还原反应　NH_3 分子中的 N 处于最低氧化数 -3，所以有一定的还原性。例如，NH_3 在纯 O_2 中燃烧：

$$4NH_3 + 3O_2 \Longrightarrow 2N_2 + 6H_2O$$

在铂催化剂的作用下，NH_3 还可被氧化为 NO，这是工业上氨接触氧化法制造硝酸的基础反应：

$$4NH_3 + 5O_2 \xrightarrow{Pt,200℃} 4NO + 6H_2O$$

常温下 NH_3 能与许多强氧化剂（如 Cl_2、H_2O_2、$KMnO_4$ 等）直接发生作用，例如：

$$3Cl_2 + 2NH_3 \Longrightarrow N_2 + 6HCl$$

c. 取代反应　NH_3 分子中的 H 原子可以依次被取代，生成一系列氨的衍生物。例如，金属 Na 可与 NH_3 反应，生成氨基化钠：

$$2NH_3 + 2Na \xrightarrow{350℃} 2NaNH_2 + H_2 \uparrow$$

NH_3 还可生成亚氨基（$\rangle NH$）的衍生物，如 Ag_2NH；氮化物（$N\equiv$），如 Li_3N。

铵盐突出的性质就是不稳定性。固态铵盐加热极易分解，其分解产物因酸根不同而异。由挥发性酸组成的铵盐被加热时，NH_3 与酸一起挥发，例如：

$$NH_4Cl \xrightarrow{\triangle} NH_3 \uparrow + HCl \uparrow$$

由难挥发性酸组成的铵盐被加热时，只有 NH_3 挥发逸出，酸则残留于容器中，例如：

$$(NH_4)_2SO_4 \xrightarrow{\triangle} NH_3 \uparrow + NH_4HSO_4$$

氧化性酸组成的铵盐被加热时，分解产生的 NH_3 被氧化性酸氧化成 N_2 或氮的化合物，例如：

$$NH_4NO_3 \xrightarrow{210℃} N_2O \uparrow + 2H_2O$$

温度更高时，NH_4NO_3 还会按下列方式分解，放出的热量也更多：

$$2NH_4NO_3 \xrightarrow{>300℃} 2N_2(g) + O_2(g) + 4H_2O(g)$$

由于反应产生大量的气体和热量，如果反应在密封容器中进行，就会引起爆炸。因此硝酸铵可用于制造炸药，称为硝铵炸药。铵盐都可用作化学肥料。

② 氮的氧化物、含氧酸及其盐 氮可以形成多种氧化物，如 N_2O、NO、N_2O_3、NO_2、N_2O_5，其中最主要的是 NO 和 NO_2。

NO 是无色、有毒气体，常温下很容易氧化为 NO_2：

$$2NO+O_2 =\!=\!= 2NO_2$$

NO_2 是红棕色、有毒气体，具有特殊臭味。温度降低时聚合成无色的 N_2O_4 分子。NO_2 与水反应生成硝酸：

$$3NO_2+H_2O =\!=\!= 2HNO_3+NO$$

工业废气、燃料燃烧以及汽车尾气中都有 NO 及 NO_2，它们都污染空气，目前处理废气中氮的氧化物可用碱液进行吸收：

$$NO+NO_2+2NaOH =\!=\!= 2NaNO_2+H_2O$$

氮的含氧酸有亚硝酸（HNO_2）和硝酸，亚硝酸是一种弱酸，很不稳定，仅存在于冷的稀溶液中，浓溶液或微热时，会分解为 NO 和 NO_2：

$$2HNO_2 =\!=\!= H_2O+NO+NO_2$$

亚硝酸虽然不稳定，但亚硝酸盐却很稳定。亚硝酸盐广泛用于有机合成及食品工业中，用作防腐剂，加入火腿、午餐肉等中作为发色助剂，但要注意控制添加量，以防止产生致癌物质二甲基亚硝胺。

硝酸是工业三酸之一，在国民经济和国防工业上占有重要地位。工业上生产 HNO_3 的主要方法是氨的接触氧化法：

$$4NH_3+5O_2 \xrightarrow[\text{Pt-Rh 催化剂}]{1000℃} 4NO+6H_2O$$

NO 和 O_2 化合成 NO_2，NO_2 再和 H_2O 反应即可制得 HNO_3。

HNO_3 是强酸，纯硝酸为无色液体，易挥发，遇光和热即部分分解，分解出来的 NO_2 又溶于 HNO_3，使 HNO_3 带黄色：

$$4HNO_3 =\!=\!= 2H_2O+4NO_2\uparrow+O_2\uparrow$$

HNO_3 有强氧化性。很多非金属（C、P、S、I 等）都能被 HNO_3 氧化：

$$3C+4HNO_3 =\!=\!= 3CO_2\uparrow+4NO\uparrow+2H_2O$$

$$S+2HNO_3 =\!=\!= H_2SO_4+2NO\uparrow$$

HNO_3 作为氧化剂，主要还原产物有 NO_2、HNO_2、NO、N_2O、N_2、NH_4^+，因此，HNO_3 在氧化还原反应中，其还原产物常常是混合物。混合物中以哪种物质为主，往往取决于 HNO_3 的浓度、还原剂的强度和用量以及反应的温度。通常，浓 HNO_3 作氧化剂时，还原产物主要是 NO_2；稀 HNO_3 作氧化剂时，还原产物主要是 NO；极稀的 HNO_3 作氧化剂时，只要还原剂足够活泼，还原产物主要是 NH_4^+。例如：

$$Cu+4HNO_3(浓) =\!=\!= Cu(NO_3)_2+2NO_2\uparrow+2H_2O$$

$$3Cu+8HNO_3(稀) =\!=\!= 3Cu(NO_3)_2+2NO\uparrow+4H_2O$$

$$4Mg+10HNO_3(极稀) =\!=\!= 4Mg(NO_3)_2+NH_4NO_3+3H_2O$$

1 体积浓 HNO_3 与 3 体积浓 HCl 组成的混合酸称为王水。不溶于 HNO_3 的金和铂能溶于王水：

$$Au+HNO_3+4HCl =\!=\!= H[AuCl_4]+NO+2H_2O$$

$$3Pt+4HNO_3+18HCl =\!=\!= 3H_2[PtCl_6]+4NO+8H_2O$$

硝酸盐常温下比较稳定，但在高温时硝酸盐都会分解而显氧化性。除硝酸铵外，硝酸盐受热分解有以下三种情况。

a. 活泼金属的硝酸盐，受热分解产生亚硝酸盐和 O_2：
$$2NaNO_3 \xrightarrow{\triangle} 2NaNO_2 + O_2 \uparrow$$

b. 活泼性较小的金属的硝酸盐，受热分解得到相应的金属氧化物：
$$2Pb(NO_3)_2 \xrightarrow{\triangle} 2PbO + 4NO_2 \uparrow + O_2 \uparrow$$

c. 活泼性更小（比 Cu 差）的金属的硝酸盐，受热分解生成金属单质：
$$2AgNO_3 \xrightarrow{\triangle} 2Ag + 2NO_2 \uparrow + O_2 \uparrow$$

所有硝酸盐在高温时容易分解放出 O_2，故与可燃性物质混合会极迅速燃烧，硝酸盐可用于制造烟火与黑火药。活泼金属的硝酸盐受热分解生成亚硝酸盐，说明硝酸盐热稳定性比亚硝酸盐差。

③ 磷及其重要化合物　常见的磷的同素异形体有白磷和红磷。

白磷化学性质较活泼，轻微摩擦就会引起燃烧。白磷易溶于有机溶剂，所以必须保存在水中。白磷剧毒，致死量约为 0.1g。工业上主要用于制造磷酸。

红磷无毒，化学性质比白磷稳定得多。红磷用于安全火柴的制造，在农业上用于制备杀虫剂。

磷的活泼性远高于氮，易与氧、卤素、硫等许多非金属直接化合。

磷的氧化物主要有五氧化二磷（分子式为 P_4O_{10}）和三氧化二磷（分子式是 P_4O_6）。五氧化二磷为白雪状固体，吸水性很强，是极好的干燥剂。五氧化二磷还有脱水性，例如，可使 H_2SO_4 和 HNO_3 脱水分别变为硫酐和硝酐：

$$P_2O_5 + 3H_2SO_4 = 3SO_3 + 2H_3PO_4$$
$$P_2O_5 + 6HNO_3 = 3N_2O_5 + 2H_3PO_4$$

磷有多种含氧酸，其中最重要的是磷酸 H_3PO_4，H_3PO_4 又称正磷酸，无氧化性，是一种稳定的三元中强酸。将 H_3PO_4 加热至 210℃，两分子 H_3PO_4 失去一分子 H_2O 成焦磷酸 $H_4P_2O_7$，继续加热至 400℃，则 $H_4P_2O_7$ 又失去一分子 H_2O 成偏磷酸 HPO_3；偏磷酸与 H_2O 结合，又可回复到 H_3PO_4。

磷酸能形成磷酸正盐（如 Na_3PO_4）和两种酸式盐（如 Na_2HPO_4 和 NaH_2PO_4）。所有磷酸二氢盐都能溶于水，而在磷酸氢盐和正磷酸盐中，只有铵盐和碱金属（除 Li 外）盐可溶于水。

磷酸盐除用作化肥外，还用作洗涤剂及动物饲料的添加剂，亦用于电镀和有机合成上。磷酸盐在食品中应用甚广。磷是构成核酸、磷脂和某些酶的主要成分，因此，对一切生物来说，磷酸盐在所有能量传递过程，如新陈代谢、光合作用、神经功能和肌肉活动中都起着主要作用。

(5) 碳族元素

碳族元素包括碳、硅、锗、锡、铅五种元素。碳元素在地壳中约占 0.03%，但它却是地球上分布最广、化合物最多的元素。硅元素约占地壳的 1/4，硅在自然界主要以 SiO_2 和硅酸盐的形式存在，构成了矿物界的主体。锗是稀有元素，单质锗是主要的半导体材料。锡和铅是常见元素。

① 碳的氧化物

碳的氧化物有 CO 和 CO_2。

CO 无色、无味，因为它能和血液中携带 O_2 的血红蛋白生成稳定的配合物，使血红蛋白失去输送 O_2 的能力，故空气中的 CO 的体积分数达 0.1% 时，就会引起中毒。CO 具有还原性，是冶金工业中常用的还原剂，也是良好的气体燃料。

单从电负性考虑，一氧化碳分子应具有一定的极性。然而，实测数据表明，一氧化碳分子的偶极矩接近零。这是因为碳原子和氧原子形成双键（一个σ键和一个π键）后，碳原子最外层只有3对电子，为了保持碳原子的电子稳定构型，O单方面提供一对电子形成一个配位键。所以，一氧化碳分子中C、O之间是三键：一个σ键，两个π键。两个π键中有一个是配位键。这样，碳原子最外层还有一对孤电子对（见图11.5），这对电子可以与很多能够接受电子的物质形成配位键。譬如，CO几乎能够与所有过渡金属形成金属羰基化合物，金属羰基化合物是一类非常重要的化合物，在有机化学中占有重要地位。

因为形成配位键的一对电子完全由氧原子提供，配位键的形成使成键电子云向碳原子偏移，使CO分子极性减小，所以，一氧化碳分子的偶极矩接近零。

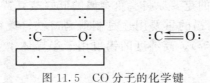

图11.5　CO分子的化学键

CO主要是碳在氧气不充分的条件下燃烧而生成的，实验室中可用浓H_2SO_4脱去甲酸中的水制备CO：

$$HCOOH \Longrightarrow CO\uparrow + H_2O$$

CO_2在空气中的体积分数约为0.03%。由于工业的高度发展，近年来大气中CO_2的含量增长很快，引起全球变暖，CO_2的排放已经成为国际上的政治问题。

CO_2不能燃烧，又不助燃，常用作灭火剂。固态CO_2称为干冰，可作制冷剂。制造啤酒和汽水等碳酸饮料需要大量CO_2。

② 碳酸和碳酸盐　碳酸是二元弱酸，蒸馏水放置在空气中，因溶入了CO_2，pH值可达5.7。碳酸能生成两类盐：碳酸盐和碳酸氢盐。

氨和碱金属（除Li外）的碳酸盐都溶于水。

一般说来，难溶碳酸盐对应的碳酸氢盐的溶解度较大，例如$Ca(HCO_3)_2$溶解度比$CaCO_3$大，但易溶碳酸盐对应的碳酸氢盐的溶解度反而小，例如，$NaHCO_3$溶解度就比Na_2CO_3要小，工业上生产Na_2CO_3就是利用$NaHCO_3$溶解度比Na_2CO_3小而产生$NaHCO_3$结晶，再将$NaHCO_3$受热分解即得Na_2CO_3。

在碳酸盐中，以钠、钾、钙的碳酸盐最为重要。Na_2CO_3俗名纯碱，工业消耗量非常大。碳酸氢盐中以$NaHCO_3$（小苏打）最为重要，在食品工业中，常用作膨松剂。

③ 二氧化硅　二氧化硅有晶形和无定形两种。无色透明的纯石英称为水晶。石英能耐高温，能透过紫外光，可用于制造耐高温的仪器和医学、光学仪器。

二氧化硅化学性质很不活泼，不溶于强酸，在室温下仅HF能与它反应：

$$SiO_2 + 4HF \Longrightarrow SiF_4\uparrow + 2H_2O$$

高温时，二氧化硅和NaOH或Na_2CO_3共熔，得硅酸钠：

$$SiO_2 + 2NaOH \xrightarrow{共熔} Na_2SiO_3 + H_2O$$

$$SiO_2 + Na_2CO_3 \xrightarrow{共熔} Na_2SiO_3 + CO_2\uparrow$$

硅酸钠与酸作用，生成硅酸：

$$Na_2SiO_3 + 2HCl \Longrightarrow H_2SiO_3 + 2NaCl$$

④ 硅酸、硅胶和硅酸盐　硅酸是一种极弱的酸。硅酸可以自行聚合，形成硅溶胶或硅凝胶。

硅溶胶是水化的二氧化硅的微粒分散于水中的胶体溶液。它广泛地应用于催化剂、黏合剂、纺织、造纸等工业。

硅凝胶如经过干燥脱水后则成白色透明多孔性的固态物质，常称硅胶。硅胶的内表面积很大，故有良好的吸水性，而且吸水后能再烘干重复使用，所以在实验室中常把硅胶作为干燥剂和高级精密仪器的防潮剂。如在硅胶烘干前，先用 $CoCl_2$ 溶液加以浸泡，则在干燥时硅胶呈无水 Co^{2+} 的蓝色，吸潮后呈 $[Co(H_2O)_6]^{2+}$ 的淡红色。硅胶吸湿变红后可经烘烤脱水后重复使用。这种变色硅胶可用以指示硅胶的吸湿状态，因此使用十分方便。

硅酸或多硅酸的盐称为硅酸盐，只有碱金属的硅酸盐可溶于水，其他的硅酸盐均不溶于水。硅酸钠是最常见的可溶性硅酸盐，其透明的浆状溶液称作水玻璃，俗称泡花碱，是纺织、造纸、制皂、铸造等工业的重要原料。重金属的硅酸盐有特征的颜色。

⑤ 锡、铅的重要化合物　锡的重要用途是制造马口铁（镀锡铁）和各种含锡合金（如青铜、轴承合金、低熔点合金等），高纯度的锡也用于半导体工业。铅能吸收放射线，可用作原子能工业的防护材料。

锡、铅都有 +2 和 +4 价，它们的氧化物有 SnO、SnO_2、PbO、Pb_3O_4、PbO_2，都不溶于水。

其中 Pb_3O_4 俗名红丹或铅丹，化学性质稳定，其组成可看成 $2PbO·PbO_2$，在玻璃、制釉和油漆工业中应用较广。

PbO_2 是棕黑色难溶于水的粉末，受热时可分解为一氧化铅和氧气。

PbO_2 是强氧化剂，在酸性条件下能将 Mn^{2+} 氧化成 MnO_4^-，能与浓硫酸反应放出氧气，与浓盐酸反应生成氯气：

$$5PbO_2 + 2Mn^{2+} + 4H^+ = 5Pb^{2+} + 2MnO_4^- + 2H_2O$$

$$PbO_2 + 4HCl(浓) = PbCl_2 + Cl_2\uparrow + 2H_2O$$

$$2PbO_2 + 2H_2SO_4(浓) = 2PbSO_4 + O_2\uparrow + 2H_2O$$

二氧化铅用于生产火柴，制作铅蓄电池等。

氯化亚锡 $SnCl_2$ 是白色易溶于水的晶体，在水溶液中由于强烈水解生成难溶的碱式氯化亚锡沉淀：

$$SnCl_2 + H_2O = Sn(OH)Cl\downarrow + HCl$$

因此，配制 $SnCl_2$ 溶液时，应将其先溶于适量的浓盐酸中抑制其水解。

+2 价锡有很强的还原性，例如，向 $HgCl_2$ 溶液中逐滴加入 $SnCl_2$ 溶液时，可生成 Hg_2Cl_2 的白色沉淀：

$$2HgCl_2 + SnCl_2 = SnCl_4 + Hg_2Cl_2\downarrow$$

当 $SnCl_2$ 过量时，亚汞盐将进一步被还原为黑色单质汞：

$$Hg_2Cl_2 + SnCl_2 = SnCl_4 + 2Hg\downarrow$$

这一反应很灵敏，常用于定性鉴定 Hg^{2+} 或 Sn^{2+}，所以配制 $SnCl_2$ 溶液时还应加入一些锡粒，以防被空气氧化。

许多铅盐都是难溶的有色物质。例如，$PbCl_2$、$PbSO_4$、$Pb(OH)_2·2PbCO_3$ 是白色的；PbS 是黑色的；PbI_2、$PbCrO_4$ 是黄色的。分析化学中，常利用生成黄色 $PbCrO_4$ 沉淀来鉴别 Pb^{2+} 的存在。

铅盐均有毒，易溶铅盐毒性更大。

（6）硼族元素

硼族元素包括硼、铝、镓、铟、铊五种元素。硼和铝最外层都是三个电子，它们以共价键形成化合物时，原子最外层形成三对共用电子，还剩一个空轨道，有接受电子的能力，这种性质称为缺电子性。缺电子性是硼和铝的重要性质。

① 硼的化合物　硼酸 H_3BO_3 为白色鳞片状晶体，微溶于冷水，易溶于热水。

硼酸是一元弱酸，硼酸的酸性是由于 B 原子的缺电子性所引起的。H_3BO_3 在溶液中能与水离解出来的 OH^- 生成加合物，使溶液的 H^+ 浓度相对升高，溶液显酸性：

$$H_3BO_3 + H_2O \rightleftharpoons \left[\begin{array}{c} OH \\ HO-B\leftarrow OH \\ OH \end{array} \right]^- + H^+$$

硼砂（$Na_2B_4O_7 \cdot 10H_2O$）是无色透明晶体，在空气中易失去部分水分子而发生风化。受热时逐步脱去结晶水，熔化后成为玻璃状物质。熔化后的硼砂能溶解许多金属氧化物，生成偏硼酸复盐，呈现出各种特征的颜色。

硼砂稍溶于冷水，易溶于热水，溶液因水解而呈碱性：

$$B_4O_7^{2-} + 7H_2O \rightleftharpoons 4H_3BO_3 + 2OH^-$$

硼砂可作消毒剂、防腐剂及洗涤剂的填料。硼砂也用于陶瓷工业，以及制造耐温度骤变的特种玻璃。硼砂在分析化学中常作为标定盐酸标准溶液的基准物。

② 铝的重要化合物　金属铝密度小，导电、导热性好，富有延展性和优良的抗腐蚀性。在金属中，铝的导电、导热能力仅次于银和铜，延展性仅次于金。由于铝的性能优良，价格便宜，所以铝在国民经济的发展中用量与日俱增，在宇航工业、电力工业、建筑工业、包装、运输等方面都被广泛应用。

Al_2O_3 有多种同质异晶的晶体，其中自然界存在的 $\alpha\text{-}Al_2O_3$ 称为刚玉，含微量 $Cr(III)$ 的称为红宝石，含有少量 $Fe(II)$、$Fe(III)$ 和 $Ti(IV)$ 的称为蓝宝石，含有少量 Fe_3O_4 的称为刚玉粉。$\alpha\text{-}Al_2O_3$ 有很高的熔点和硬度，化学性质稳定，不溶于水、酸和碱，常用作耐火、耐腐蚀和高硬度材料。$\gamma\text{-}Al_2O_3$ 硬度小，不溶于水，但能溶于酸和碱，具有很强的吸附性能，可作吸附剂及催化剂载体。

氢氧化铝是两性氢氧化物，在溶液中形成的 $Al(OH)_3$ 为白色凝胶状沉淀，并按下式以两种方式离解：

$$Al^{3+} + 3OH^- \rightleftharpoons Al(OH)_3 = H_3AlO_3 \underset{-H_2O}{\overset{+H_2O}{\rightleftharpoons}} H^+ + [Al(OH)_4]^-$$

加酸，上述平衡向左移动，生成铝盐；加碱，平衡向右移动，生成铝酸盐。

铝最常见的盐是 $AlCl_3$ 和明矾 $[KAl(SO_4)_2 \cdot 12H_2O]$。$AlCl_3$ 是缺电子体，能与电子给予体起加合作用，所以，$AlCl_3$ 作为路易斯酸在有机合成和石油工业中常用作催化剂。$AlCl_3$ 也常用作造纸工业的胶料和媒染剂等。

明矾溶于水后便发生水解，生成 $Al(OH)_3$ 胶状沉淀，能与水中的泥沙、重金属离子及有机污染物等一起沉降，因此可用作水的净化剂。$AlCl_3$ 还是有机合成中常用的催化剂。

11.4　d 区元素

在长式周期表中，从ⅢB 钪族开始到ⅡB 锌族共 10 个纵行的元素称为过渡元素。其中，ⅠB 族和ⅡB 族属于 ds 区，其余的都属于 d 区，过渡元素都是金属，故也称过渡金属。

过渡元素原子的价层电子构型为 $(n-1)d^{1\sim10}ns^{1\sim2}$，它们在原子最外层有 1～2 个 s 电子，最后一个电子填充在次外层的 d 轨道中。由于过渡元素原子电子层结构的特点，不仅决定了它们和主族元素的性质存在明显的差异，而且它们本身之间也具有许多共同的性质。

11.4.1 d 区元素的通性

(1) 原子半径

过渡元素的原子半径一般较小，且在同一周期中自左至右变化不大，这一点是与主族不同的。

(2) 氧化值

过渡元素的氧化态表现为正氧化值。此外，由于过渡元素原子的最外层 s 电子和次外层的部分或全部 d 电子都可作为价电子参与成键，所以过渡元素常具有多种氧化值。这种表现以第一过渡系最为典型，参见表 11.6。

表 11.6 第一过渡系元素的氧化值

元素	Sc	Ti	V	Cr	Mn	Fe	Co	Ni	Cu	Zn
价电子构型	$3d^1$ $4s^2$	$3d^2$ $4s^2$	$3d^3$ $4s^2$	$3d^5$ $4s^1$	$3d^5$ $4s^2$	$3d^6$ $4s^2$	$3d^7$ $4s^2$	$3d^8$ $4s^2$	$3d^{10}$ $4s^1$	$3d^{10}$ $4s^2$
氧化值	(+2) +3	+2 +3 +4	+2 +3 +4 +5	+2 +3 +6	+2 +3 +4 +6 +7	+2 +3 (+6)	+2 +3	+2 (+3)	+1 +2	+2

注：下面划有横线的表示常见的氧化值，有括号的表示很不稳定的氧化值。

(3) 单质的物理性质

过渡元素除了外层 s 电子外，还有部分 d 电子可以参与成键，从而增加了键的强度，再加上其原子半径较小，因而过渡元素单质一般具有熔点高、密度大、硬度大等特点，其中以锇 (Os)、铱 (Ir)、铂 (Pt) 的密度最大（都在 21g·cm^{-3} 以上）；钨 (W) 的熔点最高 (3407℃)；以铬 (Cr) 最硬，其硬度高达 9。

(4) 单质的化学性质

过渡金属中，ⅢB 族元素的金属性最强、最活泼，不仅能溶于酸，而且能与热水反应放出 H_2。其他过渡金属则不易被空气中氧所氧化，也不易与水反应。在与酸的反应中，第一过渡系多数金属可从非氧化性酸中置换出 H_2。在过渡金属中也有化学性质十分稳定的，如金、铂等，它们不能和酸反应，而只能溶于王水。

(5) 水合离子的颜色

过渡元素离子在水溶液中以水合离子形式存在，很多水合离子以及其他配离子常呈现各种鲜艳的颜色。水合离子的颜色与离子是否具有未成对 d 电子有着密切的关系。凡具有未成对 d 电子的水合离子，一般呈现明显的颜色，如 Co^{2+} ($3d^7$) 为粉红色、Cu^{2+} ($3d^9$) 为蓝色。没有未成对 d 电子的水合离子则没有颜色，如 Sc^{3+} ($3d^0$)、Cu^+ ($3d^{10}$) 和 Zn^{2+} ($3d^{10}$)。

(6) 配位性

过渡元素的离子（或原子）多具有未充满的 $(n-1)d$ 轨道和全空的 ns、np 及 nd 轨道，它们能量较为相近，易于形成成键能力较强的各种杂化轨道，加以半径较小，有效核电荷大等因素，所以它们有较强的吸引配体、接受孤电子对的能力，可以形成多种多样的配合物。这是过渡元素区别于主族元素的明显特点。

(7) 磁性及催化性

具有未成对电子的物质都呈现顺磁性。许多过渡元素的原子、离子及其化合物，因具有未成对电子而呈顺磁性。铁系金属（Fe、Co、Ni）能被磁场强烈吸引，并在磁场移去后仍保持其磁性，这类物质称为铁磁性物质。

过渡元素及其化合物还具有突出的催化性能。例如，合成 NH_3 用铁作催化剂，硫酸工业中用 V_2O_5 催化 SO_2 转化为 SO_3，铂-铑催化剂用于 NH_3 氧化制 NO 以制取硝酸，生命体内的特殊催化剂——酶，很多都与过渡元素相关，如维生素 B_{12} 有钴，固氮酶含有钼和铁等。过渡元素及其化合物的催化作用，也与 d 轨道电子没有充满有关。

11.4.2 d 区重要元素及其化合物

(1) 铬及其化合物

① 铬 铬具有银白色光泽，是最硬的金属，其熔沸点都很高。铬表面易形成氧化膜而呈钝态，钝化的铬不溶于冷 HNO_3、浓 H_2SO_4，甚至王水。

由于铬的光泽度好，抗腐蚀能力强，故经常镀在其他金属表面。大量的铬用于制造合金，如铬钢具有较大的硬度和较强的韧性，是机器制造业的重要原料。含铬 12% 的钢称为不锈钢，有较强的耐腐蚀性。

铬原子的价电子构型为 $3d^54s^1$，其氧化值以 +6、+3 为主。

② Cr(Ⅲ) 的化合物 三氧化二铬 Cr_2O_3 为绿色晶体，常作为绿色颜料而广泛用于油漆、陶瓷及玻璃工业。Cr_2O_3 微溶于水，具有两性：

$$Cr_2O_3 + 3H_2SO_4 = Cr_2(SO_4)_3 + 3H_2O$$

$$Cr_2O_3 + 2NaOH = 2NaCrO_2 + H_2O$$

同样，氢氧化铬 $Cr(OH)_3$ 也有两性。

在酸性介质中，Cr(Ⅲ) 还原性很弱，只有用强氧化剂（如 $K_2S_2O_8$、$KMnO_4$ 等）才能将 Cr(Ⅲ) 氧化成 Cr(Ⅵ)；但在碱性条件下还原性较强，可被 H_2O_2、Na_2O_2 氧化生成 Cr(Ⅵ) 酸盐。

$$2Cr^{3+} + S_2O_8^{2-} + 7H_2O = Cr_2O_7^{2-} + 2SO_4^{2-} + 14H^+ + 4e^-$$

$$2[Cr(OH)_4]^- + 3H_2O_2 + 2OH^- = 2CrO_4^{2-} + 8H_2O$$

③ Cr(Ⅵ) 的化合物 三氧化铬（CrO_3）为暗红色晶体，易潮解，有毒，是一种强氧化剂，一些有机物质如酒精等与 CrO_3 接触时即着火引起燃烧或爆炸。

CrO_3 溶于水中，生成铬酸（H_2CrO_4）或重铬酸（$H_2Cr_2O_7$），溶于碱生成铬酸盐：

$$CrO_3 + 2NaOH = Na_2CrO_4 + H_2O$$

铬酸盐通常具有不同的颜色，常用作颜料。例如，在可溶性铬酸盐溶液中，分别加入可溶性的 Ag^+、Pb^{2+}、Ba^{2+} 盐时，得到不同颜色的沉淀：

$$2Ag^+ + CrO_4^{2-} = Ag_2CrO_4 \downarrow \text{（砖红色）}$$

$$Pb^{2+} + CrO_4^{2-} = PbCrO_4 \downarrow \text{（黄色）}$$

$$Ba^{2+} + CrO_4^{2-} = BaCrO_4 \downarrow \text{（柠檬黄色）}$$

钾、钠的重铬酸盐都是橙红黄色的晶体，$K_2Cr_2O_7$ 俗称红矾钾，$Na_2Cr_2O_7$ 俗称红矾钠。在重铬酸盐溶液中存在着下列平衡：

$$2CrO_4^{2-} + 2H^+ \rightleftharpoons Cr_2O_7^{2-} + H_2O$$
$$\text{（黄色）} \qquad\qquad \text{（橙红色）}$$

溶液中 CrO_4^{2-} 与 $Cr_2O_7^{2-}$ 浓度的比值取决于溶液的 pH 值。在 pH<2 的酸性溶液中，主要以 $Cr_2O_7^{2-}$ 形式存在，溶液呈橙红色；在 pH>6 的溶液中，主要以 CrO_4^{2-} 形式存在，溶液呈黄色。

重铬酸盐大都易溶于水，而铬酸盐中除 K^+、Na^+、NH_4^+ 盐外，一般都难溶于水。

重铬酸盐在酸性介质中，显强氧化性，例如：

$$Cr_2O_7^{2-}+3SO_3^{2-}+8H^+ \Longrightarrow 2Cr^{3+}+3SO_4^{2-}+4H_2O$$

$$Cr_2O_7^{2-}+6Fe^{2+}+14H^+ \Longrightarrow 2Cr^{3+}+6Fe^{3+}+7H_2O$$

$K_2Cr_2O_7$ 在分析化学中常用作基准的氧化试剂，等体积的 $K_2Cr_2O_7$ 饱和溶液与浓 H_2SO_4 的混合液称为铬酸洗液，用来洗涤玻璃器皿的油污，可反复使用，当溶液变为暗绿色时，氧化能力降低，洗液失效。

铬（Ⅲ）是人体必需的微量元素，对维持人体正常的生理功能有重要作用。它是胰岛素不可缺少的辅助成分，参与糖代谢过程，促进脂肪和蛋白质的合成，对于人体的生长和发育起着促进作用。但铬的化合物有毒，铬（Ⅵ）的毒性更大。

（2）锰及其化合物

① 锰　锰为银白色金属，纯锰用途不大，但它的合金非常重要，当钢中含锰量超过1%时，称为锰钢。锰钢很坚硬，抗冲击耐磨损，可制钢轨和破碎机等。

化学性质活泼，在空气中燃烧时均生成 Mn_3O_4，常温下，锰能缓慢地溶于水：

$$Mn+2H_2O \Longrightarrow Mn(OH)_2\downarrow+H_2\uparrow$$

② 锰（Ⅱ）的化合物　Mn^{2+} 的价层电子构型为 $3d^5$，属半充满的稳定状态，故这类化合物比较稳定。比如，Mn^{2+} 在酸性溶液中非常稳定，它既不易被氧化也不易被还原。欲使 Mn^{2+} 氧化，必须用强氧化剂，如 $NaBiO_3$、PbO_2、$(NH_4)_2S_2O_8$ 等。例如：

$$2Mn^{2+}+5NaBiO_3+14H^+ \Longrightarrow 2MnO_4^-+5Bi^{3+}+5Na^++7H_2O$$

MnO_4^- 即使在很稀的溶液中，也能显出它特征的红色。因此，上述反应可用来鉴定溶液中 Mn^{2+} 的存在。

在 Mn（Ⅱ）盐溶液中加入碱，可以析出白色胶状 $Mn(OH)_2$ 沉淀：

$$Mn^{2+}+2NH_3\cdot H_2O \Longrightarrow Mn(OH)_2\downarrow+2NH_4^+$$

在碱性介质中，Mn（Ⅱ）易被氧化，故 $Mn(OH)_2$ 不稳定，溶解在水中的少量氧也能将它氧化成棕色的水合二氧化锰：

$$2Mn(OH)_2+O_2 \Longrightarrow 2MnO(OH)_2$$

③ 二氧化锰 MnO_2　MnO_2 是棕黑色粉末或晶体，难溶于水。MnO_2 在酸性介质中具有强氧化性，与浓 HCl 作用有 Cl_2 生成，和浓 H_2SO_4 作用有 O_2 生成：

$$MnO_2+4HCl \Longrightarrow MnCl_2+Cl_2\uparrow+2H_2O$$

$$MnO_2+H_2O+H_2SO_4 \Longrightarrow MnSO_4+O_2\uparrow+2H_2O$$

MnO_2 也可以被强氧化剂氧化：

$$MnO_2+2MnO_4^-+4OH^-（浓）\Longrightarrow 3MnO_4^{2-}+2H_2O$$

④ 高锰酸钾 $KMnO_4$　$KMnO_4$，紫黑色晶体，易溶于水而使溶液呈现 MnO_4^- 特有的紫红色。

$KMnO_4$ 在酸性溶液中不稳定，可以缓慢分解，光能够催化 $KMnO_4$ 的分解，所以 $KMnO_4$ 溶液应用棕色瓶盛放。

$KMnO_4$ 固体的热稳定性也较差，加热至200℃以上就能分解放出 O_2，这是实验室制备 O_2 的一种简便方法。

$KMnO_4$ 溶液具有很强的氧化性，其还原产物因溶液的酸度不同而不同。例如：在酸性溶液中，MnO_4^- 被还原成 Mn^{2+}（无色）：
$$2MnO_4^- + 5SO_3^{2-} + 6H^+ =\!=\!= 2Mn^{2+} + 5SO_4^{2-} + 3H_2O$$
在强碱性溶液中，MnO_4^- 被还原成 MnO_4^{2-}（深绿色）：
$$2MnO_4^- + SO_3^{2-} + 2OH^- =\!=\!= 2MnO_4^{2-} + SO_4^{2-} + H_2O$$
在中性或弱碱性溶液中，MnO_4^- 被还原成棕色的 MnO_2：
$$2MnO_4^- + 3SO_3^{2-} + H_2O =\!=\!= 2MnO_2\downarrow + 3SO_4^{2-} + 2OH^-$$

$KMnO_4$ 是最重要和常用的氧化剂之一，粉末状的 $KMnO_4$ 与 90% H_2SO_4 反应生成绿色油状的高锰酸酐 Mn_2O_7，它在 0℃ 以下稳定，在常温下会爆炸分解。Mn_2O_7 有强氧化性，遇有机物就发生燃烧。因此保存固体时应避免与浓 H_2SO_4 及有机物接触。

(3) 铁、钴、镍

铁、钴、镍位于周期表的第Ⅷ族，它们性质相似，合称铁系元素，它们都具有强磁性，形成的很多合金都是优良的磁性材料。

铁是自然界中分布最广泛的元素之一，在地壳中含量约5%，在金属元素中仅次于铝。在常用的金属中，钢铁算是最丰富、最重要、最价廉，无论是工农业、国防，还是日常生活，钢铁制品无处不在。然而钢铁的致命弱点是耐腐蚀性差，全世界每年将近 1/4 的钢铁制品因腐蚀而报废。

钴主要用于制造特种钢和磁性材料。钴的化合物广泛用作颜料和催化剂。维生素 B_{12} 含有钴，可防治恶性贫血。钴的放射性同位素钴60可用在放射医疗上。

镍常用作防锈保护层和货币合金及耐热组件，也常用作催化剂，镍还是不锈钢的合金元素。

① 铁的重要化合物 铁的氧化物有氧化亚铁（FeO）、氧化铁（Fe_2O_3）和四氧化三铁（Fe_3O_4）。在隔绝空气的情况下，将草酸亚铁（FeC_2O_4）加热可制得黑色的 FeO：
$$FeC_2O_4 \xrightarrow{\triangle} FeO + CO_2\uparrow + CO\uparrow$$

Fe_2O_3 红棕色，不溶于水，可以作红色颜料。Fe_3O_4 是具有磁性的黑色晶体，又称磁性氧化铁。

铁盐中，亚铁盐易被氧化，因而在保存亚铁盐溶液时，应加入一定量的酸，同时加入少量的 Fe 屑来防止氧化。亚铁盐在分析化学中是常用的还原剂，例如，莫尔盐 [$(NH_4)_2SO_4\cdot FeSO_4\cdot 6H_2O$] 常用来标定 $K_2Cr_2O_7$ 或 $KMnO_4$ 溶液的浓度。$FeSO_4$ 也用作媒染剂、鞣革剂、木材防腐剂、种子杀虫剂及制备蓝黑墨水。

Fe(Ⅲ)盐容易水解，故配制 Fe(Ⅲ)盐的溶液时，需加入一定的酸抑制其水解。$FeCl_3$ 是最重要的 Fe(Ⅲ)盐，主要用于有机染料的生产中。

Fe^{3+} 的溶液中，加入 KSCN 或 NH_4SCN，溶液即出现血红色。
$$Fe^{3+} + nSCN^- =\!=\!= [Fe(SCN)_n]^{(3-n)+}（血红色） \quad (n=1\sim 6)$$
这一反应非常灵敏，常用来检验 Fe^{3+} 的存在。

Fe(Ⅱ)盐与过量 KCN 溶液作用，生成的六氰合铁(Ⅱ)酸钾 $K_4[Fe(CN)_6]$，又称亚铁氰化钾，固体为柠檬黄色结晶，俗名黄血盐。Fe(Ⅲ)盐与过量 KCN 溶液作用，生成深红色六氰合铁(Ⅲ)酸钾 $K_3[Fe(CN)_6]$，又称铁氰化钾，俗名赤血盐。在黄血盐中通入 Cl_2 等氧化剂，可将亚铁氰化钾直接氧化成铁氰化钾。

在含有 Fe^{2+} 的溶液中加入铁氰化钾，或在 Fe^{3+} 溶液中加入亚铁氰化钾，都产生蓝色沉淀：

$$K^+ + Fe^{2+} + [Fe(CN)_6]^{3-} \Longrightarrow [KFe(CN)_6Fe]\downarrow (滕氏蓝)$$
$$K^+ + Fe^{3+} + [Fe(CN)_6]^{4-} \Longrightarrow [KFe(CN)_6Fe]\downarrow (普鲁士蓝)$$

以上两反应来鉴定 Fe^{2+} 和 Fe^{3+} 的存在。近年研究表明，这两种蓝色沉淀的组成相同，都是 $[KFe(CN)_6Fe]$。

② 钴及其重要化合物　钴是蓝白色金属，化学性质与铁很相似，但活泼性比铁差。在钴的化合物中，钴的氧化值有 +2 和 +3。

$CoCl_2$ 是常见的 Co(Ⅱ) 盐，由于所含的结晶水的数目不同而呈现多种颜色。随着温度的升高，所含结晶水逐渐减少，颜色同时也发生变化。

$$CoCl_2 \cdot 6H_2O \xrightarrow{H_2O} CoCl_2 \cdot 2H_2O \xrightarrow{H_2O} CoCl_2 \cdot H_2O \xrightarrow{H_2O} CoCl_2$$
　　（粉红）　　　　　（紫红）　　　　　（蓝紫）　　　（蓝）

利用 $CoCl_2$ 的这种性质，将少量 $CoCl_2$ 掺入硅胶干燥剂，可以指示干燥剂的吸水情况。

Co(Ⅱ)盐很稳定，但 $Co(OH)_2$ 不稳定，可被空气中的氧气氧化为 Co(Ⅲ) 的氢氧化物，而 Co(Ⅲ) 在酸性条件下是强氧化剂，能够缓慢分解水放出氧气，能氧化 HCl 生成 Cl_2：

$$2Co(OH)_3 + 6H^+ + 2Cl^- \longrightarrow 2Co^{2+} + Cl_2\uparrow + 6H_2O$$

11.5　ds 区元素

ds 区元素包括 ⅠB 族铜 Cu、银 Ag、金 Au（也称铜副族）和 ⅡB 族锌 Zn、镉 Cd、汞 Hg（也称锌副族），其价电子构型为 $(n-1)d^{10}ns^{1\sim 2}$。

11.5.1　ds 区元素的通性

（1）低活性

虽然这两个副族元素原子的最外层电子数分别与 ⅠA、ⅡA 的最外层电子数相同，但次外层电子数不同，主族原子的次外层是 8 电子结构，副族原子的次外层是 18 电子结构。由于 d 电子的屏蔽效应很小，所以核电荷对外层电子的吸引力强，结果副族元素的原子半径比相应主族元素的原子半径小，电离能高，其化学活泼性比相应主族元素的活泼性小得多。铜族元素在这一点体现的特别明显，因为受到"镧系收缩"的影响，铜族第六周期的金活泼性更差。

（2）低氧化值

第一副族元素原子的 $(n-1)d$ 和 ns 电子的能级相差不多，所以 d 电子也能部分参与反应，从而呈现 +1、+2 氧化值。第二副族元素的 d 电子有较高的稳定性，第二电离能很高，所以氧化值不大于 +2。

（3）高共价性

铜族元素和锌族元素的原子分别失去 1 个和 2 个电子后，变成外层为 18 电子构型，这种构型的离子具有较强的极化力，本身变形又大，所以它们的二元化合物有相当程度的共价性。

（4）低熔点

铜族元素和锌族元素单质的熔、沸点较其他过渡元素低，特别是锌族元素，由于其原子半径较大，次外层 d 轨道全充满，不参与形成金属键，所以熔、沸点更低。比如，汞的熔点在所有金属中最低，常温下以液态存在。

11.5.2 ds区元素的重要化合物

（1）铜及铜的化合物

铜是宝贵的工业材料，其导电能力虽然次于银，但比银便宜得多。世界上一半以上的铜用在电器、电机和电讯工业上。铜的合金在精密仪器、航天工业方面也有广泛的应用。

Cu在常温下不与干燥空气中的O_2反应，加热时生成CuO，但Cu可以被潮湿的空气所腐蚀：

$$2Cu + O_2 + H_2O + CO_2 \Longrightarrow Cu(OH)_2 \cdot CuCO_3（铜绿）$$

铜在加热的条件下能与浓硫酸反应，可以溶于硝酸。

氧化亚铜（Cu_2O）为暗红色的固体，不溶于水，有毒。它是制造玻璃和搪瓷的红色颜料，还用作船舶底漆（可杀死低级海生动物）及农业上的杀虫剂。Cu_2O对热稳定，在潮湿空气中缓慢被氧化。

氢氧化亚铜（CuOH）为黄色固体，当用NaOH处理CuCl在盐酸中的冷溶液时，生成黄色的CuOH。它极不稳定，易脱水变为Cu_2O。

氯化亚铜（CuCl）为白色固体，难溶于水，通过测定其蒸气的相对分子质量，证实它的分子式应该是Cu_2Cl_2，通常将其化学式写为CuCl。CuCl在有机合成中用作催化剂和还原剂，在石油工业中作为脱硫剂和脱色剂，肥皂、脂肪和油类的凝聚剂，也常用作杀虫剂和防腐剂。它能吸收CO而生成氯化羰基亚铜（CuCl·CO），此反应在气相分析中可用于测定混合气体中CO的含量。

氧化铜（CuO）难溶于水，可溶于稀酸。加热分解硝酸铜或碱式碳酸铜都能制得黑色的氧化铜：

$$2Cu(NO_3)_2 \Longrightarrow 2CuO + 4NO_2\uparrow + O_2\uparrow$$

$$Cu_2(OH)_2CO_3 \xrightarrow{\Delta} 2CuO + CO_2\uparrow + H_2O\uparrow$$

氢氧化铜[$Cu(OH)_2$]为浅蓝色粉末，难溶于水。60~80℃时，就能逐渐脱水而生成CuO，$Cu(OH)_2$稍有两性，易溶于酸，只溶于较浓的强碱，生成四羟基合铜(Ⅱ)配离子：

$$Cu(OH)_2 + 2OH^- \Longrightarrow [Cu(OH)_4]^{2-}$$

$CuSO_4 \cdot 5H_2O$为蓝色结晶，又名胆矾或蓝矾。在空气中慢慢风化，表面上形成白色粉状物。加热至250℃左右失去全部结晶水成为无水盐。无水$CuSO_4$为白色粉末，吸水性很强，吸水后即显出特征蓝色。可利用这一性质来检验乙醚、乙醇等有机溶剂中的微量水分，并可作干燥剂使用。

硫酸铜有多种用途，如作媒染剂、蓝色染料、船舶油漆、电镀、杀菌及防腐剂。$CuSO_4$溶液有较强的杀菌能力，可防止水中藻类生长。它和石灰乳混合制得的"波尔多液"能消灭树木的害虫。

无水氯化铜（$CuCl_2$）为黄棕色固体，易溶于水，也易溶于乙醇、丙酮等有机溶剂。$CuCl_2$溶液中存在下列平衡：

$$[Cu(H_2O)_4]^{2+} + 4Cl^- \Longrightarrow [CuCl_4]^{2-} + 4H_2O$$
$$\text{（蓝色）} \qquad\qquad \text{（黄色）}$$

所以，很稀的$CuCl_2$溶液呈蓝色，是由于主要以$[Cu(H_2O)_4]^{2+}$存在，在浓盐酸、卤化物溶液中以及很浓的溶液为黄色，是由于主要以$[CuCl_4]^{2-}$存在；在较浓的溶液中$[Cu(H_2O)_4]^{2+}$和$[CuCl_4]^{2-}$的量相当时便显示绿色。从溶液中结晶出来的氯化铜为

$CuCl_2·2H_2O$ 的绿色晶体。

铜绿和孔雀石（一种矿物宝石）的成分都是碱式碳酸铜 $[Cu_2(OH)_2CO_3]$，铜绿是铜与空气中的氧气、二氧化碳和水等物质反应生成的，又称铜锈。碱式碳酸铜还可以用作有机合成的催化剂、种子处理的杀虫剂、饲料中铜的添加剂，还可用作颜料、烟火、荧光粉激活剂等。

在固相状态Cu(Ⅰ)很稳定，因为其价层电子构型为 $3d^{10}$（d轨道为全满的稳定结构），而Cu(Ⅱ)的价层电子构型为 $3d^9$，固相中Cu(Ⅰ)比Cu(Ⅱ)更稳定。自然界存在的辉铜矿（Cu_2S）、赤铜矿（Cu_2O）都是亚铜化合物。又如 Cu_2O 的热稳定性比CuO还高：CuO在1100℃时分解成 Cu_2O 和 O_2，而 Cu_2O 在高达1800℃时才开始分解。

在溶液中，Cu(Ⅱ)化合物比较稳定，因为 Cu^{2+} 有较大的水合热，在水溶液中形成了稳定的 $[Cu(H_2O)_4]^{2+}$。Cu^+ 在水溶液中不能稳定存在，易发生歧化反应，从铜元素的电势图也可以看出这一点：

$$Cu^{2+} \xrightarrow{0.159V} Cu^+ \xrightarrow{0.52V} Cu$$

（2）银及银的化合物

银的导电、传热性居于各种金属之首，用于高级计算器及精密电子仪表中，银的单质及可溶性化合物作为杀菌药剂有奇特功效。

向可溶性银盐溶液中加入强碱，得到暗褐色 Ag_2O 沉淀：

$$2Ag^+ + 2OH^- \Longrightarrow Ag_2O\downarrow + H_2O$$

该反应可以认为先生成极不稳定的AgOH，常温下它立即脱水生成 Ag_2O。

Ag_2O 受热不稳定，加热至300℃即完全分解。Ag_2O 具有较强的氧化性，与有机物摩擦可引起燃烧，也能氧化CO、H_2O_2，本身被还原为单质银。

硝酸银（$AgNO_3$）是最重要的可溶性银盐，在干燥空气中比较稳定，潮湿状态下见光容易分解，析出单质银而变黑：

$$2AgNO_3 \Longrightarrow 2Ag + 2NO_2\uparrow + O_2\uparrow$$

$AgNO_3$ 具有氧化性，易氧化有机物，实验时，皮肤或工作服上不小心沾有 $AgNO_3$ 后，会逐渐变成黑紫色。含有 $[Ag(NH_3)_2]^+$ 的溶液能把醛或某些糖类氧化，本身被还原为单质银。例如：

$$2[Ag(NH_3)_2]^+ + HCHO + 3OH^- \Longrightarrow HCOO^- + 2Ag(s) + 4NH_3 + 2H_2O$$

工业上利用这类反应来制镜或在暖水瓶的夹层中镀银。

卤化银中，AgF易溶于水，其他的卤化银溶解度按Cl、Br、I的顺序依次降低，颜色也依此加深。卤化银光敏性比较强，从AgF到AgI，分解的趋势增大。基于卤化银的感光性，可将卤化银加进玻璃以制造变色眼镜。

（3）锌及锌的化合物

锌也是一种典型的两性金属，它的氧化物和氢氧化物都有两性，既能与酸反应，也能与碱反应，如：

$$ZnO + 2NaOH \Longrightarrow Na_2ZnO_2 + H_2O$$

$ZnCl_2$ 溶于水，因 Zn^{2+} 水解而呈酸性。$ZnCl_2$ 的浓溶液中还能够形成配位酸，使其酸性显著增强：

$$ZnCl_2 + H_2O \Longrightarrow H[ZnCl_2(OH)]$$

形成的配位酸可用来溶解金属氧化物，所以 $ZnCl_2$ 能用作焊药，清除金属表面的氧化物，便于焊接。

$ZnSO_4 \cdot 7H_2O$ 俗称皓矾，是常见的锌盐，大量用于制备锌钡白（一种优良的白色颜料），所以大量用于涂料、油墨和油漆工业。

(4) 汞及汞的化合物

汞，常温下是液体，流动性非常好，不湿润玻璃，且在 0~200℃体积膨胀系数非常均匀，适用于制造温度计和其他控制仪表，汞的密度是液体中最大的，所以可用来制血压计、气压表等。汞能溶解很多金属，形成的合金叫汞齐，汞齐在化工和冶金工业都有重要用途。

但汞有毒，进入人体后能积累在中枢神经、肝脏及肾内，对身体健康造成很大危害。

汞在室温下可以与硫粉作用，生成 HgS。所以可以把硫粉撒在有汞的地方，防止有毒的汞蒸气进入空气中。若空气中已有汞蒸气，可以把碘升华为气体，使汞蒸气与碘蒸气相遇，生成 HgI_2，以除去空气中的汞蒸气。

汞常温下很稳定，在加热条件下，能与 O_2 反应，生成红色的氧化汞：

$$2Hg + O_2 == 2HgO$$

硫化汞是最难溶的金属硫化物，它不溶于盐酸及硝酸，但溶于王水，也溶于硫化钠溶液：

$$3HgS + 12Cl^- + 2NO_3^- + 8H^+ == 3[HgCl_4]^{2-} + 3S \downarrow + 2NO \uparrow + 4H_2O$$

$$HgS + S^{2-} == [HgS_2]^{2-}$$

硫化汞的天然矿物叫做辰砂或朱砂，呈朱红色，中药用作安神镇静药。

氯化汞（$HgCl_2$）易溶于水，易升华，因而俗名升汞。$HgCl_2$ 是剧毒物质，误服 0.2~0.4g 就能致命。$HgCl_2$ 的 1:1000 的稀溶液可用作外科手术器械的消毒剂。

氯化亚汞（Hg_2Cl_2）是白色固体，难溶于水，少量的 Hg_2Cl_2 无毒。因为 Hg_2Cl_2 味略甜，俗称甘汞，为中药轻粉的主要成分。Hg_2Cl_2 也常用于制作甘汞电极。

Hg_2Cl_2 见光易分解，生成 $HgCl_2$ 和 Hg。

Hg^{2+} 易和 Cl^-、Br^-、I^-、CN^-、SCN^- 等配体形成稳定的配离子，例如，Hg^{2+} 与 I^- 反应，生成红色 HgI_2 沉淀，如果 I^- 过量，HgI_2 又溶解生成 $[HgI_4]^{2-}$：

$$Hg^{2+} + 2I^- == HgI_2 \downarrow （红色）$$

$$HgI_2 + 2I^- == [HgI_4]^{2-} （无色）$$

$[HgI_4]^{2-}$ 的碱性溶液称为奈斯勒试剂。如果溶液中有微量的 NH_4^+ 存在，滴加奈斯勒试剂，会立即生成红棕色沉淀，此反应常用来鉴定微量的 NH_4^+。

11.6 f 区元素

镧系元素和锕系元素的价电子包括倒数第三层的 f 电子，所以这些元素所在区域称为 f 区。

镧系元素包括镧(La)、铈(Ce)、镨(Pr)、钕(Nd)、钷(Pm)、钐(Sm)、铕(Eu)、钆(Gd)、铽(Tb)、镝(Dy)、钬(Ho)、铒(Er)、铥(Tm)、镱(Yb)、镥(Lu)，一共 15 种元素，其原子序数从 57~71。其中，镧系元素和第三副族的钪(Sc)、钇(Y) 共 17 种元素合称为稀土元素。

稀土元素并不"稀"，在地壳中含量比较多的有 Ce、Y、Nd、La，它们的含量与常见元素 Zn、Pb 差不多，含量比较少的 Tm、Lu、Tb、Eu 和 Ho 等也比 Ag、Hg 的含量多。由于它们在自然界比较分散加之化学性质相似,难以分离,性质又活泼,不易被还原,因此稀土元素的发现比较晚。

我国稀土储量占世界首位,现已探明我国稀土工业储量超过世界各国工业储量的总和,特别是我国内蒙古的白云鄂博的稀土储量更是十分可观。

锕系元素是原子序数 89~103 的 15 种元素:锕(Ac)、钍(Th)、镤(Pa)、铀(U)、镎(Np)、钚(Pu)、镅(Am)、锔(Cm)、锫(Bk)、锎(Cf)、锿(Es)、镄(Fm)、钔(Md)、锘(No)、铹(Lr),它们都具有放射性。在铀以后的 11 种元素均是在 1940~1962 年用人工核反应制得的,通常又称超铀元素。

11.6.1 镧系元素的通性

(1) 价电子层构型

镧系元素的价电子排布通式为 $4f^{0\sim14}5d^{0\sim1}6s^2$。由于 4f 和 5d 的能级比较接近,因而使镧系元素的光谱异常复杂,所以确切地指出镧系元素价电子中 d 电子和 f 电子数目非常困难。总体来说,镧系元素属 f 过渡元素,其外层和次外层的电子构型基本相同,不同的在 4f 轨道。因此,镧系元素及其离子的物理和化学性质十分相似,所以它们共生于自然界,难以分离和提纯。

镧系元素的价电子构型和氧化值见表 11.7。

表 11.7 镧系元素的价电子构型和氧化值

原子序数	元素、符号	价电子构型	常见氧化值
57	镧 La	$5d^1\ 6s^2$	+3
58	铈 Ce	$4f^1\ 5d^1\ 6s^2$	+2,+3,+4
59	镨 Pr	$4f^3\ 6s^2$	+3,+4
60	钕 Nd	$4f^4\ 6s^2$	+2,+3,+4
61	钷 Pm	$4f^5\ 6s^2$	+3
62	钐 Sm	$4f^6\ 6s^2$	+2,+3
63	铕 Eu	$4f^7\ 6s^2$	+2,+3
64	钆 Gd	$4f^7\ 5d^1\ 6s^2$	+3
65	铽 Tb	$4f^9\ 6s^2$	+3,+4
66	镝 Dy	$4f^{10}\ 6s^2$	+3,+4
67	钬 Ho	$4f^{12}\ 6s^2$	+3
68	铒 Er	$4f^{12}\ 6s^2$	+3
69	铥 Tm	$4f^{13}\ 6s^2$	+2,+3
70	镱 Yb	$4f^{14}\ 6s^2$	+2,+3

(2) 氧化值

+3 氧化态是镧系元素的特征化合价,只有少数元素表现出+4、+2 氧化态是稳定的。少数+4 氧化态的固体氧化物已经制得,但只有 Ce(Ⅳ) 能存在于溶液中,且是很强的氧化剂。虽然制得一些+2 氧化态的固体化合物,但溶于水很快氧化为+3 氧化态,只有 Eu^{2+} 和 Yb^{2+} 存在于溶液中,都是强还原剂。

镧系元素氧化值见表 11.7。

(3) 原子半径

镧系元素新增加的电子深居内层,故屏蔽作用比较大,有效核电荷随原子序数的增加仅略有增加,致使原子半径减小缓慢。镧系元素原子半径随原子序数增大而缓慢减小的现象称为**镧系收缩**(lanthanide contraction)。

由于镧系收缩,使ⅣB族中的 Zr 和 Hf、ⅤB族中的 Nb 和 Ta、ⅥB族中的 Mo 和 W 在原子半径和离子半径上较接近，化学性质也相似，造成这三对元素在分离上的困难。

（4）离子的颜色

一些镧系金属三价离子具有很漂亮的不同颜色，如果阴离子为无色，在结晶盐和水溶液中都保持特征颜色。离子的颜色通常与未成对电子数有关，当三价离子具有 f^n 和 f^{14-n} 电子构型时，它们的颜色是相同或相近的。La^{3+}、Lu^{3+} 没有颜色，这可能是由于 La^{3+}（$4f^0$）和 Lu^{3+}（$4f^{14}$）比较稳定和没有未成对电子的缘故。

（5）金属性

镧系金属都是活泼金属，它们的活性介于镁和钙之间，仅次于碱金属和某些碱土金属，可以与酸反应放出氢气。随着原子序数增加，金属性逐渐减弱。

11.6.2 锕系元素概述

锕系元素都有放射性。由于 5f 和 6d 的能量比 4f 和 5d 能量更为接近，所以更难确定准确的价电子构型。

锕系前面部分元素（Tt~Am）存在多种氧化态，Am 以后的元素在水溶液中氧化态是 +3。这是因前面元素 5f→6d 跃迁所需的能量比镧系 4f→5d 跃迁要少一些，所以提供更多成键电子的倾向要大些。锕系元素的氧化值见表 11.8。

表 11.8 锕系元素的氧化值

原子序数	元素	符号	氧化值
89	锕	Ac	+3
90	钍	Th	+3,+4
91	镤	Pa	+3,+4,+5
92	铀	U	+3,+4,+5,+6
93	镎	Np	+3,+4,+5,+6,+7
94	钚	Pu	+3,+4,+5,+6,+7
95	镅	Am	+2,+3,+4,+5,+6
96	锔	Cm	+3,+4
97	锫	Bk	+3,+4
98	锎	Cf	+2,+3
99	锿	Es	+2,+3
100	镄	Fm	+2,+3
101	钔	Md	+2,+3
102	锘	No	+2,+3
103	铹	Lr	+3

与镧系收缩相类似，锕系元素也存在收缩现象，但锕系收缩比镧系收缩得大一些，尤其是前几个元素（Ac、Th、Pa、U）更为显著。

锕系金属是活泼金属，目前已制得的锕系金属有 Ac、Ta、Pa、U、Np、Pu、Am、Cm、Bk、Cf 十种，Cf 以后的金属元素均未得到。因为这些元素的半衰期很短，不易得到单质，化合物来源也很困难，而且有很强的放射性。所以，能大批量生产的只有 Th、U 和 Pu，可以"千克"计，Th、U 的年使用量以"吨"计，Pa、Np、Pu、Am 的使用是以"克"计，价值昂贵。从 Cm 以后使用量逐渐减少，Cm 是以"毫克"计。随着原子序数增加，单位质量的放射性强度也增加。

11.6.3 钍和铀的化合物

钍在自然界主要存在于独居石中。钍主要用于原子能工业，因为钍 232 为中子照射后可蜕变为裂变原料铀 233。

钍的特征氧化态为+4、+3，在水溶液中 Th^{4+} 能稳定存在，其重要化合物有二氧化钍（ThO_2）和硝酸钍 $[Th(NO_3)_4 \cdot 5H_2O]$。

天然存在的铀有三种同位素：99.2% ^{238}U、0.7% ^{235}U、痕量 ^{234}U。^{235}U 可作为核反应堆的核材料。铀是一种活泼金属，铀能形成多种氧化态（+3、+4、+5、+6）的化合物，其中以+6氧化态的化合物最为重要。

铀的氧化物中，比较重要的有 UO_2、U_3O_8、UO_3。铀的氟化物最重要的是 UF_6。UF_6 是唯一具有挥发性的铀化合物，利用 $^{238}UF_6$ 和 $^{235}UF_6$ 蒸气扩散速率的差别，使其分离而得到纯铀 235 核燃料。

复习思考题

1. 请解释以下事实：
   (1) 电解熔融氯化钠制备金属钠时，为什么所有原料都必须经过严格干燥？
   (2) 盛 NaOH 溶液的玻璃瓶为什么不能用玻璃塞？
   (3) 漂白粉长期暴露于空气中为什么会失效？
   (4) 为什么 NH_4F 一般盛在塑料瓶中？
2. 碳和硅为同族元素，为什么碳的氢化物种类比硅的氢化物种类多得多？
3. 铝是活泼金属，为什么铝单质能广泛应用而不被腐蚀？
4. 能否用加热 $AlCl_3 \cdot 6H_2O$ 的方法制备无水 $AlCl_3$，为什么？
5. 为什么说氢气是最理想的能源？
6. 酸雨是怎样形成的？
7. 试比较 Cu(Ⅰ) 和 Cu(Ⅱ) 在水溶液和固态时的稳定性。
8. 什么是镧系收缩？为什么存在镧系收缩现象？

习 题

1. 选择题
   (1) 下列物质中沸点最高的是（　　）。
   (A) H_2O　　　　　(B) H_2S　　　　　(C) H_2Se　　　　　(D) H_2Te
   (2) 下列氢氧化物的还原性最强的是（　　）。
   (A) $Fe(OH)_2$　　　(B) $Co(OH)_2$　　　(C) $Ni(OH)_2$　　　(D) $Fe(OH)_3$
   (3) 下列硫化物能溶于稀盐酸的是（　　）。
   (A) FeS　　　　　(B) CuS　　　　　(C) Ag_2S　　　　(D) HgS
   (4) 下列离子易被空气中的氧氧化的是（　　）。
   (A) Mn^{2+}　　　　(B) Cr^{3+}　　　　(C) Ni^{2+}　　　　(D) Sn^{2+}
   (5) 下列浓酸中，可以用来和 KI(s) 反应制取较纯 HI(g) 的是（　　）。
   (A) 浓 HCl　　　(B) 浓 H_2SO_4　　　(C) 浓 H_3PO_4　　　(D) 浓 HNO_3
   (6) 欲除去 $ZnSO_4$ 溶液中少量的 Cu^{2+}，最好加入（　　）。
   (A) NaOH　　　(B) Na_2S　　　(C) Zn　　　(D) H_2S
   (7) 下列酸中酸性最强的是（　　）。
   (A) 硼酸　　　(B) 硅酸　　　(C) 磷酸　　　(D) 醋酸
2. 写出下列物质的化学式
   胆矾_____；石膏_____；绿矾_____；芒硝_____；皓矾_____；摩尔盐_____；明矾_____；硼砂_____；水玻璃_____。
3. 解释下列现象或事实：
   (1) I_2 在水中的溶解度小，而在 KI 溶液中或在苯中的溶解度大；

(2) Cl_2 可从 KI 溶液中置换出 I_2，I_2 也可以从 $KClO_3$ 溶液中置换出 Cl_2。

4. 完成下列反应：
   (1) $NO_3^- + Fe^{2+} + H^+ \longrightarrow$
   (2) $MnO_2 + HBr \longrightarrow$
   (3) $Na_2SiO_3 + CO_2 + H_2O \longrightarrow$
   (4) $NaNO_2 + KI + H_2SO_4 \longrightarrow$
   (5) $NO_2^- + MnO_4^- + H^+ \longrightarrow$
   (6) $SiO_2 + Na_2CO_3 \longrightarrow$

5. 写出下列反应产物并配平方程式：
   ①次氯酸钠水溶液中通入 CO_2；
   ②碘化钾加到含有稀硫酸的碘酸钾的溶液中。

6. 写出下列各硝酸盐热分解的反应方程式：
   KNO_3、$Cu(NO_3)_2$、$AgNO_3$、$Zn(NO_3)_2$

7. 回答下列问题：
   (1) 高空大气层中臭氧为什么能对地面生物起到保护作用？
   (2) 硅单质虽有类似于金刚石的结构，但其熔点、硬度却比金刚石差得多，请解释。
   (3) HF 的特殊性质及其原因。
   (4) 实验室为何不能长久保存 H_2S、Na_2S 和 Na_2SO_3 溶液？
   (5) 为什么说 H_3BO_3 是一元酸？它与酸碱质子理论里的质子酸有何不同？
   (6) 为什么碱土金属比相邻的碱金属的熔点高、硬度大？

第 12 章 无机及分析化学中常用的分离和富集方法

12.1 分离程序的意义

在实际工作中，遇到的样品往往含有多种组分，在测定试样中某一组分时共存组分或大量基体可能对测定发生干扰，此时必须选择适当的方法来消除其干扰。为了消除干扰，比较简单的方法是控制分析条件或使用适当的掩蔽剂。当采用这些方法不能完全消除干扰时，则必须用分离的方法使待测组分与干扰组分分离。

有时试样中待测组分含量极微而测定方法的灵敏度不够高，这时必须先将待测组分进行富集，然后进行测定。例如，汞及其化合物属剧毒物质，我国饮用水标准 Hg^{2+} 的含量不能超过 $0.001 mg \cdot L^{-1}$，这样低的含量常低于测定方法的检测限而难以测定，因此，需通过适当的方法分离富集，然后再进行测定，这样才能得到准确的结果。

分离和富集在分析化学中占有十分重要的地位。分离（spearation）是消除干扰最根本最彻底的方法，富集（enrichment）是微量组分分析和痕量组分分析中因分析方法和分析仪器的灵敏度所限而能保证分析结果具有较高准确度的常用基本方法，因此分离和富集是分析化学中极具活力的一个重要领域，是各种分析方法中必不可少的重要步骤。本章重点介绍沉淀分离法、溶剂萃取分离法、色谱分离法和离子交换分离法，重点掌握各种方法的原理、特点及应用。

分析中对分离的要求是：干扰组分减少至不再干扰被测组分的测定；被测组分在分离过程中的损失要小到可忽略不计。后者常用回收率来衡量。

待测组分 A 的回收率为：

$$R_A = \frac{Q_A}{Q_A^0} \times 100\%$$

式中，Q_A^0 为样品中 A 的总量；Q_A 为分离后所测得的量。

回收率越大，分离效果越好。但在实际工作中，随被测组分的含量不同，对回收率有不同的要求。

常量组分（$w>1\%$）：回收率应在 99% 以上，即要求在 99%～101% 之间；
微量组分（$0.01\%<w<1\%$）：回收率应在 95% 以上，即要求在 95%～105% 之间；
痕量组分（$w<0.01\%$）：回收率应在 90% 以上，即要求在 90%～110% 之间。有些情况下，如待测组分的含量太低时，回收率在 80%～120% 之间亦符合要求。

12.2 沉淀分离法

沉淀分离法是一种经典的分离方法，目前在化学分析中仍很常用。它是利用沉淀反应有选择性地沉淀某些离子,而其他离子则留于溶液中,从而达到分离的目的。沉淀分离法的主要依据是溶度积规则。沉淀分离中所用的沉淀剂有无机沉淀剂、有机沉淀剂。痕量组分的分离富集常采用共沉淀分离法。

12.2.1 无机沉淀剂沉淀分离法

无机沉淀剂很多,形成沉淀的类型也很多,主要有以下几种。

(1) 氢氧化物沉淀分离法

大多数金属离子都能生成氢氧化物沉淀,氢氧化物沉淀的形式和溶液中的[OH^-]有直接关系。由于各种氢氧化物沉淀的溶度积有很大差别,因此可以通过控制酸度使某些金属离子相互分离。常用的沉淀剂有氢氧化钠、氨水、ZnO 悬浮溶液、六亚甲基四胺等。

一些金属氢氧化物沉淀的 pH 值列在表 12.1 中。

表 12.1 某些氢氧化物开始沉淀和沉淀完全的 pH 值

氢氧化物	pH 值				
	开始沉淀		沉淀完全 (残留离子浓度<10^{-5}mol·L^{-1})	沉淀开始溶解	沉淀完全溶解
	原始浓度 1mol·L^{-1}	原始浓度 0.01mol·L^{-1}			
$Sn(OH)_4$	0	0.5	1	13	>14
$TiO(OH)_2$	0	0.5	2.0		
$Sn(OH)_2$	0.9	2.1	4.7	10	13.5
$ZrO(OH)_2$	1.3	2.3	3.8		
$Fe(OH)_3$	1.5	2.3	4.1	14	
$Al(OH)_3$	3.3	4.0	5.2	7.8	10.8
$Cr(OH)_3$	4.0	4.9	6.8	12	>14
$Zn(OH)_2$	5.4	6.4	8.0	10.5	12~13
$Fe(OH)_2$	6.5	7.5	9.7	13.5	
$Co(OH)_2$	6.6	7.6	9.2	14.1	
$Ni(OH)_2$	6.7	7.7	9.7		
$Cd(OH)_2$	7.2	8.2	9.7		
$Mn(OH)_2$	7.8	8.8	10.4	14	
$Mg(OH)_2$	9.4	10.4	12.4		
$Pb(OH)_2$		7.2	8.7	10	13
稀土氢氧化物		6.8~8.5	约 9.5		

氢氧化物沉淀分离法的缺点是选择性较差,且所得沉淀往往为胶状沉淀,共沉淀现象较为严重,沉淀不够纯净。为改善沉淀的性能,减少共沉淀现象,常采用"小体积沉淀法",即在尽量小的体积和尽量高的浓度,同时在加入大量无干扰作用的盐的情况下进行沉淀。这样形成的沉淀含水分较少,结构紧密,而且大量无干扰作用的盐的加入减少了沉淀对其他组分的吸附,提高了分离效率。

(2) 硫化物沉淀分离法

能形成硫化物沉淀的金属离子约 40 余种,主要是根据金属硫化物溶度积的大小控制[S^{2-}],使金属离子相互分离,以此为依据建立了"H_2S 体系"分组方案。常用的沉淀剂为 H_2S,溶液中 S^{2-} 与溶液的 H^+ 之间存在下列平衡:

$$H_2S \underset{-H^+}{\overset{+H^+}{\rightleftharpoons}} HS^- \underset{-H^+}{\overset{+H^+}{\rightleftharpoons}} S^{2-}$$

因此溶液中的[S^{2-}]与溶液的酸度有关,控制适当的酸度,亦即控制了[S^{2-}],就可进行硫化物沉淀分离。

与氢氧化物沉淀分离相似,硫化物沉淀分离的选择性也不高,大多数沉淀也是胶状沉淀,共沉淀现象严重,而且有时还存在后沉淀现象,故分离效果也不十分理想。尽管如此,硫化物沉淀法在分离和除去某些重金属离子方面仍很有效。若用硫代乙酰胺作为沉淀剂,利用其在酸性或碱性条件下水解反应产生的 H_2S 或 S^{2-} 进行均匀沉淀,可使沉淀性质和分离效果有所改善。硫代乙酰胺在酸性或碱性溶液中的反应式为:

$$CH_3CSNH_2 + 2H_2O + H^+ \rightleftharpoons CH_3COOH + H_2S + NH_4^+$$

$$CH_3CSNH_2 + 3OH^- \rightleftharpoons CH_3COO^- + S^{2-} + NH_3\uparrow + H_2O$$

(3) 其他无机沉淀剂

① 硫酸 用于 Ca^{2+}、Sr^{2+}、Ba^{2+}、Pb^{2+}、Ra^{2+} 等金属离子的分离。$CaSO_4$ 溶解度较大,加适量乙醇降低其溶解度。

② HF 或 NH_4F 用于 Ca^{2+}、Sr^{2+}、Mg^{2+}、Th(Ⅳ)、稀土金属离子的分离。

③ 磷酸 用于 Zr(Ⅳ)、Hf(Ⅳ)、Th(Ⅳ)、Bi^{3+} 等金属离子的分离。

12.2.2 有机沉淀剂沉淀分离法

由于利用有机沉淀剂进行沉淀分离具有选择性较好、灵敏度较高、生成的沉淀性能好等优点,因此有机沉淀剂得到迅速的发展。有机沉淀剂种类繁多,根据沉淀反应的机理可简单分为生成螯合物、生成离子缔合物和生成三元配合物的沉淀剂等三种类型。

(1) 生成螯合物的沉淀剂

能形成螯合物沉淀的有机沉淀剂,至少具有两个分析功能团。酸性官能团,如—COOH、—OH、—SH、—SO_3H 等,这些官能团中的 H^+ 可被金属离子置换;碱性官能团,如—NH_2、—NH—、 $\diagdown$N—、 $\diagdown$C=O、 $\diagdown$C=S 等,这些官能团具有未被共用的电子对,可与金属离子形成配位键。在这两种基团的共同作用下,形成微溶性的螯合物。

例如,丁二酮肟 $\left(\begin{array}{c} CH_3-C=N-OH \\ | \\ CH_3-C=N-OH \end{array}\right)$ 是选择性较高的沉淀剂,在金属离子中只有 Ni^{2+}、Pd^{2+}、Pt^{2+}、Fe^{2+} 能形成沉淀。

在氨性溶液中,丁二酮肟与 Ni^{2+} 生成红色螯合物沉淀,沉淀组成恒定,烘干后即可称重,常用于重量法测镍。铁、铝、铬等离子在氨性溶液中能生成水合氧化物沉淀,可加入柠檬酸或酒石酸掩蔽。

在弱酸性或弱碱性溶液中 8-羟基喹啉 $\left(\begin{array}{c} \text{[quinoline ring]} \\ OH \end{array}\right)$ 能与许多金属离子形成沉淀。沉淀组成恒定,烘干后即可称重。

8-羟基喹啉选择性较差,目前已合成了一些选择性较高的 8-羟基喹啉衍生物,如 2-甲基-8-羟基喹啉,可在 pH=5.5 时沉淀 Zn^{2+} 或在 pH=9 时沉淀 Mg^{2+},Al^{3+} 均不发生沉淀反应。

(2) 形成离子缔合物的沉淀剂

正、负离子通过静电引力作用相结合而形成的化合物称为离子缔合物。有些相对分子质量较大的有机试剂,在水溶液中解离成带正电荷和负电荷的大体积的离子,这些离子能与带相反电荷的离子反应后,可生成溶解度很小的离子缔合物沉淀。

例如，四苯硼酸钠 $\left[\left(C_6H_5\right)_4B\right]^-Na^+$ 能与 K^+、NH_4^+、Rb^+、Ag^+ 等生成离子缔合物沉淀，常用于 K^+ 的测定。四苯硼酸负离子与 K^+ 的反应：

$$K^+ + B(C_6H_5)_4^- \Longrightarrow KB(C_6H_5)_4 \downarrow$$

$KB(C_6H_5)_4$ 的溶解度很小，组成恒定，烘干后即可直接称量，所以 $NaB(C_6H_5)_4$ 是测定 K^+ 的较好沉淀剂。

(3) 形成三元配合物的沉淀剂

被沉淀的组分与两种不同的配体形成三元混配配合物或三元离子缔合物。例如在 HF 溶液中，BF_4^- 及二安替比林甲烷及其衍生物生成的三元离子缔合物即属于此类：

(R 可以是 H，C_3H_7，C_6H_5)

此类反应选择性好，灵敏度高，组成稳定，相对分子质量大，作为重量分析法的称量形式也较适合，近年来的应用发展较快。

将沉淀分离中某些常用的有机和无机沉淀剂列于表 12.2 中（表中右栏为共存的元素，加下划线者为被沉淀的元素）。

表 12.2 沉淀分离中常用的沉淀剂

沉淀剂	沉淀条件	被沉淀的元素 / 溶液中不被沉淀的元素
硫化氢	盐酸 $0.2 \sim 0.5\,mol \cdot L^{-1}$	<u>Cu Ag Cd Hg Pb Bi Sb As Sn Rh Ge Mo Se Te Au Pt Pd</u> Al Cr Mn Fe Ni Co Zn V Tl In W
氨水-氯化铵	小体积沉淀	<u>Al Cr Fe Mn Hg Pb Bi Ti Zr U Si Sb As Sn</u> Ni Co Zn Cu Ag Cd V W Mo Ca Sr Ba Ge Ga Mg
氢氧化钠-氯化钠	小体积沉淀	<u>Fe Mn Co Ni Ti Zr Th Cu Ag Cd Hg Bi U In</u> Al Cr Zn Pb Sb Sn P V Ge Ga W Mo Be
六亚甲基四胺铜试剂	小体积沉淀	<u>Cu Ag Cd Hg Pb Bi Co Zn U Fe Ti Zr Cu Al Mn In Tl Sb Ni Sn</u> Mo V Ca Sr Ba Mg
苯甲酸铵	pH=3.8	<u>Cu Pb Sn Ti U Fe Cr Al Ce Sn Zr</u> Ba Cd Ce Co Fe Li Mn Mg Hg Ni Sr V Zn
铜铁试剂	强酸性溶液	<u>W Fe Ti V Zr Bi Mo Nb Pd Ta Sn U(IV)</u> K Na Ca Sr Ba Mg Al Ag Co Cu Mn Ni P U(VI) Cr Zn
辛可宁	酸性溶液 $0.15 \sim 3.9\,mol \cdot L^{-1}$	<u>Zr Mo Pt W</u>

12.2.3 共沉淀分离法

在试样中加入某种离子，与沉淀剂形成沉淀，利用该沉淀作为载体（也称共沉淀剂），将痕量组分定量地共沉淀下来，然后将沉淀溶解在少量溶剂中，以达到分离和富集的目的，这种方法称为共沉淀分离法。在重量分析中，共沉淀现象是一种消极因素，在分离富集中，却能利用共沉淀现象来分离和富集微量组分。

利用共沉淀进行分离富集，主要有以下三种情况。

(1) 利用吸附作用进行共沉淀分离

例如微量的稀土离子，用草酸难以使它沉淀完全。若预先加入 Ca^{2+}，再用草酸沉淀，则利用生成的 CaC_2O_4 作载体，可将稀土离子的草酸盐吸附而共同沉淀下来。

在这种分离方法中，常用的载体有 $Fe(OH)_3$、$Al(OH)_3$、$MnO(OH)_2$ 或硫化物等胶状沉淀，由于胶状沉淀比表面大，吸附能力强，有利于痕量组分的共沉淀富集。例如，以 $Fe(OH)_3$ 作载体，在 pH=8～9 时，可以共沉淀痕量的 Al^{3+}、Bi^{3+} 等；以 $MnO(OH)_2$ 作载体，在弱酸性溶液中可共沉淀饮用水中痕量的 Pb^{2+} 等。利用表面吸附作用进行共沉淀通常选择性不高，而且引入较多的载体离子，对后续的分析有时会造成困难。

(2) 利用生成混晶进行共沉淀分离

在沉淀时，若两种离子的半径相似，所形成的沉淀晶体结构相同，则它们极易形成混晶而共同析出。例如，海水中亿万分之一的 Cd^{2+}，可以利用 $SrCO_3$ 作载体，生成 $SrCO_3$ 和 $CdCO_3$ 混晶而富集。这种共沉淀分离的选择性比吸附共沉淀法高。常见的混晶体有 $BaSO_4$-$RaSO_4$、$BaSO_4$-$PbSO_4$、$Mg(NH_4)PO_4$-$Mg(NH_4)AsO_4$、$ZnHg(SCN)_4$-$CuHg(SCN)_4$ 等。

(3) 利用有机沉淀剂进行共沉淀分离

有机共沉淀剂的作用机理与无机共沉淀剂不同，一般认为有机共沉淀剂的共沉淀富集作用是由于形成固溶体。例如，在含有痕量 Zn^{2+} 的微酸性溶液中，加入 NH_4SCN 和甲基紫，则 $Zn(SCN)_4^{2-}$ 配阴离子和甲基紫阳离子生成难溶的沉淀，而甲基紫阳离子和 SCN^- 所生成的化合物也难溶于水，是共沉淀剂，就与前者形成固溶体而一起沉淀下来。常用的共沉淀剂还有结晶紫、甲基橙、亚甲基蓝、酚酞、β-萘酚等。

由于有机共沉淀剂一般是大分子物质，其离子半径大，表面电荷密度较小，吸附杂质离子的能力较弱，因而选择性较好。又由于它是大分子物质，分子体积大，形成沉淀的体积也较大，有利于痕量组分的共沉淀。另外，存在于沉淀中的有机共沉淀剂经灼烧后可除去，不会影响后续的分析。

共沉淀分离中常用的一些载体及被共沉淀的元素，列于表 12.3 中。

表 12.3 共沉淀分离中常用的一些载体

载 体	共沉淀的元素	载 体	共沉淀的元素
HgS	Zn Ga Ge Ag Cd In Tl Pb Bi	Te	Au Ag Pt Pd Hg
CuS	Zn Ga Ge Ag Cd In Tl Pb Bi Te Rh Pd Sn Sb Pt Au Hg	硅胶	Nb Ta
		ThC_2O_4	稀土
CdS	Fe Cu Hg	甲基紫-SCN^-	Cu Zn Mo U
$Al(OH)_3$ 或 $Fe(OH)_3$	Be P Ti V Cr F Co Ni Zn Ga Ge Ir Nb Mo Ra Rh Sn La Eu Hf W Zr Pt Bi U Sb	甲基紫-单宁	Ba Ti Sn Hf Nb Ta Mo W
		8-羟基喹啉-β-萘酚	Ag Cd Co Ni
MnO_2	Al Cr Fe In Sb Sn	双硫腙-2,4-二硝基苯胺	Cu Ag Au Zn Pb Ni

12.3 萃取分离法

液-液萃取分离法是利用被分离组分在两种互不相溶的溶剂中溶解度的不同，把被分离组分从一种液相（如水相）转移到另一种液相（如有机相）以达到分离的方法。该法所用仪器设备简单，操作比较方便，分离效果好，既能用于主要组分的分离，更适合于微量组分的分离和富集。如果被萃取的是有色化合物，还可以直接在有机相中比色测定。因此溶剂萃取，在微量分析中有重要意义。

在分析工作中，萃取操作一般用间歇法，在梨形分液漏斗中进行，对于分配系数较小的物质的萃取，则可以在各种不同形式的连续萃取器中进行连续萃取。在萃取过程中，如果在被萃取离子进入有机相的同时还有少量干扰离子亦转入有机相时，可以采用洗涤的方法除去杂质离子。分离以后，如果需要将被萃取的物质再转到水相中进行测定，可以改变条件进行反萃取。

12.3.1 萃取分离的基本原理

用有机溶剂从水溶液中萃取溶质A，A在两相之间有一定的分配关系。如果溶质在水相和有机相中的存在形式相同，都为A，达到平衡后：

$$A_{水相} \rightleftharpoons A_{有机相}$$

分配达平衡时：

$$\frac{[A]_{有}}{[A]_{水}} = K_D \tag{12.1}$$

分配平衡中的平衡常数 K_D 称为分配系数。在萃取分离中，实际上采用的是两相中溶质总浓度之比，称分配比 D：

$$D = \frac{c_{有}}{c_{水}} \tag{12.2}$$

对于分配比 D 较大的物质，用有机溶剂萃取时，该种溶质的绝大部分将进入有机相中，这时萃取效率就高。根据分配比可以计算萃取效率。

当溶质A的水溶液用有机溶剂萃取时，如已知水溶液的体积为 $V_{水}$，有机溶剂的体积为 $V_{有}$，则萃取效率 E 等于：

$$E = \frac{被萃取物质在有机相中的总量}{被萃取物质的总量} \times 100\%$$

$$E = \frac{c_{有}V_{有}}{c_{有}V_{有} + c_{水}V_{水}} \times 100\% = \frac{D}{D + \frac{V_{水}}{V_{有}}} \times 100\% \tag{12.3}$$

可见萃取效率由分配比 D 和体积比 $V_{水}/V_{有}$ 决定。D 愈大，萃取效率愈高，当 $D > 1000$ 时，一次萃取效率可达99.9%。如果 D 固定，减小 $V_{水}/V_{有}$，即增大有机溶剂的用量，也可以提高萃取效率，但后者的效果不太显著。在实际工作中，对于分配比 D 较小的溶质，一次萃取不能满足分离或测定的要求，常采取分几次加入溶剂、连续几次萃取的方法，以提高萃取效率。连续萃取 n 次：

$$c_n = c_0 \left(\frac{V_{水}}{DV_{有} + V_{水}}\right)^n = c_0 \left(\frac{V_{水}/V_{有}}{D + V_{水}/V_{有}}\right)^n \tag{12.4}$$

式中，c_0 为被萃取溶液的起始浓度；c_n 为经 n 次萃取后被萃取物剩余在水相中的浓度。

【例12.1】 有100mL I_2 溶液，含 I_2 10.00mg，用90mL CCl_4 进行萃取，(1) 一次萃取 (2) 分三次萃取，每次30mL，求萃取效率。（$D = 85$）

解：（1）一次萃取：

$$m = m_0 \left(\frac{V_{水}}{DV_{有} + V_{水}}\right) = 10.00 \times \frac{100/90}{85 + 100/90} = 0.13 \text{（mg）}$$

$$E = \frac{10.00 - 0.13}{10.00} \times 100\% = 98.7\%$$

（2）分三次萃取：

$$m = m_0 \left(\frac{V_水/V_有}{D + V_水/V_有} \right)^3 = 10.00 \times \left(\frac{100/30}{85 + 100/30} \right)^3 = 0.00054 \text{（mg）}$$

$$E = \frac{10.00 - 0.00054}{10.00} \times 100\% = 99.99\%$$

为了达到分离的目的，不但萃取效率要高，而且还要考虑共存组分间的分离效果要好，一般用分离因素 β 来表示分离效果。β 是两种不同组分分配比的比值，即：

$$\beta = \frac{D_A}{D_B} \tag{12.5}$$

D_A 和 D_B 相差越大，两种组分分离效率越高，即萃取的选择性越好。如果 D_A 和 D_B 相差不多，则两种组分在该萃取体系中得不到分离。

12.3.2 重要的萃取体系

无机物质中只有少数共价分子可直接用有机溶剂萃取，而大多数无机物质在水溶液中解离成离子，并与水分子结合成水合离子，从而使它们难以被非极性或弱极性的有机溶剂所萃取。为了使无机离子的萃取过程顺利进行，在萃取前必须加入某种试剂，使被萃取物与试剂结合成不带电荷、难溶于水而易溶于有机溶剂的分子。即需使用萃取剂使被萃取物由亲水性物质转化为疏水性物质，然后再用有机溶剂进行萃取分离。根据被萃取物与萃取剂所形成的可被萃取的分子性质的不同，可把萃取体系分为如下几类。

（1）螯合物的萃取体系

螯合剂常因含有较多的疏水基团而易溶于有机相，难溶于水相，有些也（微）溶于水相，但在水相中的溶解度依赖于水相的组成特别是 pH 值（如双硫腙溶于碱性水溶液），螯合物萃取体系广泛应用于金属阳离子的萃取。螯合剂在水相中与被萃取的金属离子形成不带电荷的中性螯合物，使金属离子由亲水性转变为疏水性，从而进入有机相而分离，主要适用于微量和痕量物质的分离，不适用于常量物质的分离，常用于痕量组分的萃取光度法测量。

萃取效率与螯合物的稳定性、螯合物在有机相中的分配系数等有关。螯合剂与金属离子形成的螯合物越稳定，螯合物在有机相的分配系数越大，则萃取效率越高。由于不同金属离子所生成的螯合物稳定性不同，螯合物在两相中的分配系数不同，因此选择适当的萃取条件，如萃取剂和萃取溶剂的种类、溶液的酸度等，就可使不同的金属离子通过萃取得以分离。

（2）离子缔合物的萃取体系

离子缔合物是指由一对带异种电荷的离子通过静电引力结合形成的电中性化合物。此类缔合物具有疏水性，能被有机溶剂萃取。

例如，在 $6 \text{mol} \cdot \text{L}^{-1}$ HCl 溶液中，用乙醚萃取 Fe^{3+} 时，Fe^{3+} 与 Cl^- 配合形成配阴离子 $FeCl_4^-$，溶剂乙醚与 H^+ 结合形成阳离子 $[(CH_3CH_2)_2OH]^+$，该阳离子与配阴离子缔合形成中性分子，可被乙醚所萃取。

$$(CH_3CH_2)_2OH^+ + FeCl_4^- \longrightarrow (CH_3CH_2)_2OH \cdot FeCl_4$$

这里乙醚既是萃取剂又是萃取溶剂。该类萃取体系要求使用含氧的萃取剂，来自酸的质子被含氧萃取剂溶剂化而形成鲜离子，除醚类外，还有酮类如甲基异丁基酮、脂类如乙酸乙酯、醇类如环己醇等。

（3）溶剂化合物萃取体系

某些溶剂分子通过其配位原子与无机化合物相结合（取代分子中的水分子），形成溶剂化合物，而使无机化合物溶于该有机溶剂中。以这种形式进行萃取的体系，称为溶剂化合物萃取体系。

溶剂化合物萃取体系的被萃取物是中性分子，萃取剂本身是中性分子，萃取剂与被萃取物相结合，生成疏水性的中性配合物。萃取体系萃取容量大，适用于常量组分萃取。

（4）简单分子萃取体系

单质、难电离的共价化合物及有机化合物在水相和有机相中以中性分子的形式存在，使用惰性溶剂可以将其萃取。

该萃取过程为物理分配过程，没有化学反应，无需加其他的萃取剂。无机物采用此法萃取的不多，该萃取体系特别适合于有机物的萃取。

12.4 色谱分离法

色谱分离法的创始人是俄国的植物学家茨维特（Tsweet）。1903年，他将植物色素的石油醚提取液倒入一根装有碳酸钙的玻璃柱的顶端，然后用石油醚由上而下淋洗，结果在柱的不同部位形成不同的色带，使不同的色素得到分离，色谱一词由此而来。柱内的填充物被称为固定相，淋洗剂被称为流动相。后来，色谱分离法不仅用于有色物质的分离，而且大量用于无色物质的分离，但色谱分离法名称仍沿用至今。

色谱分离法又称层析分析法（目前已废止），它是利用物质在两相中分配系数的微小差异，当两相作相对移动时，使被测物质在两相之间反复多次进行分配，这样原来微小的分配差异产生了很大的效果，使各组分分离，以达到分离、分析及测定一些物理化学常数的目的，其最大的特点是分离效率高，能将各种性质极为相似的组分彼此分离，其中一相是固定相，另一相是流动相。根据流动相的状态，色谱法可分为液相色谱法和气相色谱法。

色谱分离法按其操作方式可分为柱上色谱分离法、纸上色谱分离法和薄层色谱分离法。

12.4.1 柱上色谱分离法

在玻璃柱或不锈钢柱中填入固定相的色谱法称柱色谱法。经典柱色谱法的流动相是液体，固定相可以是固体吸附剂、涂在载体上的液体，也可以是离子交换树脂等。

（1）液-固吸附柱色谱法

吸附色谱法是以吸附剂为固定相的色谱法。吸附剂装在管状柱内，用液体流动相进行洗脱的色谱法称为液-固吸附柱色谱法。所谓吸附是指溶质在液-固两相的交界面上集中浓缩的现象。吸附剂是一些多孔性物质，表面布满许多吸附点位（活性中心）。吸附色谱过程就是样品中各组分的分子与流动相分子彼此不断争夺吸附剂表面活性中心的过程。当组分分子占据活性中心时，即被吸附，当流动相分子从活性中心置换出被吸附的组分分子时，即为解吸。利用吸附剂对各组分分子的吸附能力的差异，在吸附-解吸的平衡中形成不同的吸附系数 K_a，导致各组分的保留时间不相同而被分离。

由于溶质分子只吸附于吸附剂表面，故：

$$K_a = \frac{[X_a]}{[X_m]} = \frac{(X_a/S_a)}{(X_m/V_m)} \tag{12.6}$$

式中，$[X_a]$ 为溶质分子在吸附剂表面的活度（浓度）；$[X_m]$ 为溶质分子在流动相中的活度（浓度）；S_a 为吸附剂表面积；V_m 为流动相体积。

K_a 与吸附剂的活性、组分的性质及流动相性质有关。组分的 K_a 越大，保留时间越长。吸附色谱的洗脱过程是流动相分子与组分分子竞争占据吸附剂表面活性中心的过程。强极性的流动相分子，占据吸附中心的能力强，容易将试样分子从活性中心置换，具有强的洗脱作用。极性弱的流动相竞争占据活性中心的能力弱，洗脱作用就弱。因此，为了使试样中吸附能力稍有差异的各组分分离，就必须同时考虑到试样的性质、吸附剂的活性和流动相的极性这三种因素，色谱分离条件选择的一般原则是：若被分离组分极性较弱，应选择吸附性强的吸附剂和极性弱的洗脱剂；反之，则应选吸附性弱的吸附剂和极性强的洗脱剂。

（2）液-液分配柱色谱法

液-液分配色谱法是以液体作为固定相和流动相，利用被分离物质组分在固定相和流动相中的溶解度不同，造成分配系数上的差异而实现分离的色谱方法。

作为固定相的溶剂（与流动相不相混溶或部分混溶）是吸附在某种载体（担体）上成为固定相的，如硅胶可以吸收其本身质量 70% 的水分而仍呈散粒状，可以填充于柱中，此时硅胶的吸附性能消失，水成为固定相，而硅胶只是载体。溶于两相中的溶质分子处于动态分配平衡。所以，溶质分子在固定相中溶解度越大，在流动相中溶解度越小时，在柱子中停留的时间也就越长。

一些用吸附色谱法很难分离的强极性化合物，如脂肪酸或多元醇，用分配色谱法却能取得好的分离效果。一般说来，分配色谱法对各类化合物都能适用，特别适宜亲水性物质，能溶于水而又能稍溶于有机溶剂者，如极性较大的生物碱、有机酸、酚类、糖类及氨基酸衍生物。

载体本身应是惰性的，即不能与固定相、流动相以及被分离物质起化学反应，在两相中也不溶解。载体除吸留固定相外，对被分离物质和流动相应不具吸附性。

载体必须纯净、颗粒大小适宜，多数商品载体在使用前需要精制、过筛。常用的载体除硅胶外，还有纤维素、多孔硅藻土以及微孔聚乙烯粉等。

12.4.2　纸上色谱分离法

纸上色谱分离法属于液-液分配色谱。纸色谱使用的色谱滤纸是载体，附着在纸上的水是固定相。样品溶液点在纸上，作为展开剂的有机溶剂自下而上移动，样品混合物中各组分在水-有机溶剂两相发生溶解分配和再溶解再分配，并随有机溶剂的移动而展开，达到分离的目的。

选择纸色谱的条件主要是选择合适的展开剂。

合适的展开剂一般有一定的极性，但难溶于水。在有机溶剂和水两相间，不同的有机物会有不同的分配性质。水溶性大或能形成氢键的化合物，在水相中分配的多，在有机相中分配少；极性弱的化合物在有机相中分配多。展开剂借毛细管的作用沿滤纸上行时，带着样品中的各组分以不同的速度向上移动。水溶性大或能形成氢键的化合物移动得较慢，极性弱的化合物移动得较快。随展开剂的不断上移，混合物中各组分在两相之间反复进行分配，从而把各组分分开。分离后各组分的位置可由紫外灯照射或显色确认。

纸色谱在糖类化合物、氨基酸和蛋白质、天然色素等有一定亲水性的化合物的分离中有广泛的应用。

纸上色谱分离法的简单装置如图 12.1 所示。将试样点在滤纸的原点处，并放入一密闭的色谱分离筒内，滤纸的末端浸入展开剂中（勿浸没原点），使展开剂从试样的一端经过毛细管作用，向上移动流向另一端，色谱分离进行一段时间后，取出滤纸条，在溶剂前缘处做上记号，晾干。如果试样中各组分是有色物质，滤纸条上就可看到色斑；如为无色物质，则可用各种物理或化学方法使之显色，而后确定其位置。试样经展开后，剪下各斑点，经过适当处理，即可进行定量测定。在纸上色谱分离中，各组分的分离情况通常用比移值 R_f 表示，如图 12.2 所示。

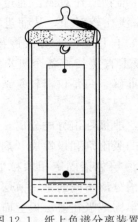

图 12.1　纸上色谱分离装置

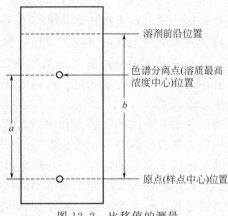

图 12.2　比移值的测量

$$R_f = \frac{a}{b} \tag{12.7}$$

式中，a 为斑点中心到原点的距离，cm；b 为溶剂前沿至原点的距离，cm。R_f 值最大等于 1，即该组分随溶剂一起上升，也就是分配比 D 值非常大；R_f 值最小等于 0，即该组分基本上留在原点不动，也就是分配比 D 值非常小。原则上讲，只要两组分的 R_f 值有差别，就能将它们分开。R_f 值相差越大，分离效果越好。

纸色谱法所用试样量少，设备和操作简单，分离效果也较好，适用于少量样品中微量组分或性质相近的物质的分离。在有机化学、生物化学、药物化学及无机稀有元素的分离与分析中应用较为广泛。

12.4.3　薄层色谱分离法

薄层色谱分离法是柱上色谱分离法与纸上色谱分离法相结合发展起来的一种新技术，该方法具有设备简单、操作简便、分离速度快、效果好、灵敏度高等特点。近年来，薄层色谱分离法的发展非常迅猛，在有机物的解析、药物残留量和生物大分子等的分离分析中有广泛的应用。

薄层色谱分离属于固-液吸附色谱。它是在一块平滑的玻璃板上均匀地涂一层吸附剂（如硅胶、活性氧化铝、硅藻土、纤维素等）作为固定相，把少量的试液滴在薄层板的一端距边缘一定距离处（称为原点），然后将薄层板置于密闭、盛有展开剂的容器中，并使点有试样的一端浸入展开剂中，如图 12.3 所示。展开剂为流动相，由于薄层板的毛细作用，沿着吸附剂由下而

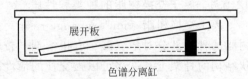

图 12.3　薄层色谱分离示意图

上移动，遇到试样时，试样就溶解在展开剂中并随展开剂向上移动。在此过程中，试样中的各组分在固定相和流动相之间不断地发生溶解、吸附、再溶解、再吸附的分配过程。由于流动相和固定相对不同物质的吸附和溶解能力不同，当展开剂流动时，不同物质在固定相上移动的速度各不相同。易被吸附的物质移动速度慢，较难被吸附的物质移动速度快。经过一段时间后，不同物质因在板上移动速度不一样而彼此分开，在薄层板上形成相互分开的斑点。样品分离情况也可用比移值 R_f 来衡量。根据物质的 R_f 值，可以判断各组分彼此能否用薄层色谱分离法分离。一般说，R_f 值只要相差 0.02 以上就能彼此分离。

在一定条件下，R_f 值是物质的特征值，可以利用 R_f 值作为定性分析的依据。但是由于影响 R_f 值的因素很多，进行定性判断时，最好用已知的标准物质作对照。通过将试样产生的斑点和标准样斑点进行斑点面积的大小和斑点颜色的深浅比较对照，从而进行半定量分析，或者将吸附剂上的斑点刮下，用适当溶剂将其溶解后，再用适当的方法进行定量测定。目前，最好的方法是利用薄层色谱扫描仪，在色谱分离板上直接扫描各个斑点，得出积分值，自动记录并进行定量测定。这种方法快速、自动而且准确，只是仪器较复杂，对色谱分离板要求较高。

薄层色谱分离法的吸附剂和展开剂的一般选择原则是：非极性组分的分离，选用活性强的吸附剂和非极性展开剂；极性组分的分离，选用活性弱的吸附剂和极性展开剂。

薄层色谱分离的固定相大致与柱色谱分离的相同，但薄层色谱固定相颗粒更细。硅胶、氧化铝是薄层色谱分离中使用最多的两种固定相。与柱色谱分离不同的是，薄层色谱分离固定相是通过加入一定量的黏合剂或烧结方式使固定相颗粒牢固地吸在薄层板上而不脱落。

在薄层色谱分离中常用的固体吸附剂有硅胶、氧化铝、硅藻土、纤维素等，其中，硅胶是酸性物质，氧化铝是碱性物质，均具有活性，前者可用于吸附和分配色谱，后者主要用于吸附色谱。硅藻土不活泼，而纤维素无活性，可用作分配色谱的载体。吸附剂的粒度一般以 100~250 目较合适。使用时用蒸馏水将吸附剂粉末调制成浆状，然后均匀地涂在表面平整、光洁的玻璃板上。涂好后放置固化约半小时。用于吸附色谱的薄层需在 110℃ 加热活化；而用于分配色谱的薄层则无需干燥，固化后残留的水分起固定相作用。

12.5 离子交换分离法

离子交换分离法（ion exchange）是利用离子交换剂与溶液中离子发生交换反应而使离子分离的方法。该方法分离效率高，可用于带相反电荷离子间的分离和带相同电荷离子间的分离，也能用于性质相近的离子间的分离以及微量组分的富集和高纯物质的制备。

离子交换剂的种类很多，可分为无机离子交换剂和有机离子交换剂。前者因交换能力低、化学性质不稳定和机械强度差，在应用上受到很大的限制。目前应用较多的是有机离子交换剂，如离子交换树脂。

12.5.1 离子交换树脂的种类和性质

离子交换树脂（ion-exchange resin）是一种有机高分子聚合物，具有网状结构的骨架。树脂的骨架部分对酸、碱、有机溶剂、较弱的氧化剂和还原剂等都体现一定的稳定性。在网状结构的骨架上有许多可以被交换的活性基团，如 —SO_3H、—COOH、—$N(CH_3)_3Cl$ 等。

（1）离子交换树脂的种类

根据可交换的活性基团的不同，离子交换树脂可分为以下几种。

① 阳离子交换树脂　阳离子交换树脂的活性基团为酸性基团，酸性基团上的 H^+ 可以与溶液中的阳离子发生交换作用。根据活性基团的性质，可分为强酸型和弱酸型两类。强酸型阳离子交换树脂含有磺酸基（—SO_3H），弱酸型阳离子交换树脂含有羧基（—COOH）或酚羟基（—OH）。强酸型阳离子交换树脂在酸性、中性或碱性溶液中都能使用，因此在分析化学中应用较多。弱酸型阳离子交换树脂在酸性溶液中不能使用，因此应用范围受到一定的限制，但这类树脂的选择性高，可用来分离不同强度的碱性氨基酸、有机碱。R—COOH 型和 R—OH 型树脂分别适用于 pH>4 和 pH>9.5 的溶液。

以强酸型离子交换树脂为例，其交换和洗脱过程可表示为：

$$R\text{—}SO_3H + M^+ \underset{\text{洗脱过程}}{\overset{\text{交换过程}}{\rightleftharpoons}} R\text{—}SO_3M + H^+$$

溶液中的 M^+ 进入树脂的网状结构中，而 H^+ 则交换进入溶液中。由于交换过程是可逆过程，如果以适当浓度的酸溶液处理已交换的树脂，反应将逆向进行，树脂中的阳离子 M^+ 又重新被 H^+ 所取代而进入溶液，此时树脂又恢复原状，这一过程称为洗脱过程或树脂的再生过程。再生后的树脂又可再次使用。

② 阴离子交换树脂　阴离子交换树脂的活性基团为碱性基团，碱性基团中的 OH^- 可以与溶液中的阴离子发生交换作用。根据活性基团的性质，也可分为强碱型和弱碱型两类。强碱型阴离子交换树脂含有季铵基 $[\text{—}N(CH_3)_3Cl]$；弱碱型阴离子交换树脂含有伯氨基（$\text{—}NH_2$）、仲氨基（$\text{—}NHCH_3$）、叔氨基 $[\text{—}N(CH_3)_2]$。

强碱型阴离子交换树脂在酸性、中性或碱性溶液中都能使用，因此在分析化学中应用较多。弱碱型交换树脂对 OH^- 亲和力大，其交换能力受酸度影响较大，在碱性溶液中就失去了交换能力，应用较少。

③ 螯合树脂　这类树脂含有特殊活性基团，可与某些金属离子形成螯合物，在交换过程中能选择性地交换某种金属离子。

(2) 交联度

离子交换树脂在合成过程中分子与分子之间相互连接形成网状结构，称为交联。交联的程度用交联度来表示。例如，常用的聚苯乙烯磺酸型阳离子交换树脂，就是以苯乙烯和二乙烯苯聚合后经磺化制得的聚合物，该聚合物由苯乙烯聚合成长链，由二乙烯苯将各链状的分子连成网状结构。二乙烯苯称为交联剂，交联树脂中所含交联剂的质量分数就是该树脂的交联度。

交联度的大小对树脂的性能有很大影响。交联度大，树脂的网眼小，树脂结构紧密，离子难以进入树脂相，交换反应速率慢，但选择性高；相反，交联度小，树脂的网眼大，交换反应速率快，但选择性差，其机械强度也差。在实际工作中，树脂的交联度一般以 $4\% \sim 14\%$ 为宜。

(3) 交换容量

交换容量是离子交换树脂质量的重要标志。它是指每克树脂所能交换的物质的量，通常以 mmol·g^{-1} 表示。交换容量的大小取决于树脂网状结构内所含活性基团的数目。交换容量可通过实验的方法测得，一般树脂的交换容量为 $3 \sim 6 \text{mmol·g}^{-1}$。

12.5.2　离子交换亲和力

离子交换树脂对离子的亲和力，反映了离子在离子交换树脂上的交换能力，实验证明，在常温下，在离子浓度不大的水溶液中，离子交换树脂对不同离子的亲和力有下列顺序。

(1) 强酸性阳离子交换树脂

① 不同价的离子，电荷越高，亲和力越大。如：

$$Na^+ < Ca^{2+} < Al^{3+} < Th(\text{IV})$$

② 一价阳离子的亲和力顺序为：

$$Li^+ < H^+ < Na^+ < NH_4^+ < K^+ < Rb^+ < Cs^+ < Tl^+ < Ag^+$$

③ 二价阳离子的亲和力顺序为：

$$UO_2^{2+} < Mg^{2+} < Zn^{2+} < Co^{2+} < Cu^{2+} < Cd^{2+} < Ni^{2+} < Ca^{2+} < Sr^{2+} < Pb^{2+} < Ba^{2+}$$

④ 稀土元素的亲和力随原子序数增大而减小，这是由于镧系收缩现象所致。稀土金属

离子的离子半径随其原子序数的增大而减小，但水合离子的半径却增大，故亲和力顺序为：

$$La^{3+} > Ce^{3+} > Pr^{3+} > Nd^{3+} > Sm^{3+} > Eu^{3+} > Gd^{3+} > Tb^{3+} > Dy^{3+} > Y^{3+} > Ho^{3+} > Er^{3+} > Tm^{3+} > Yb^{3+} > Lu^{3+} > Sc^{3+}$$

(2) 弱酸性阳离子交换树脂

H^+ 的亲和力比其他阳离子大，但其他阳离子的亲和力顺序与上面所述相似。

(3) 强碱性阴离子交换树脂

常见阴离子的亲和力顺序为：

$$F^- < OH^- < CH_3COO^- < HCOO^- < Cl^- < NO_2^- < CN^- < Br^- < C_2O_4^{2-} < NO_3^- < HSO_4^- < I^- < CrO_4^{2-} < SO_4^{2-} < 柠檬酸根离子$$

(4) 弱碱性阴离子交换树脂

常见阴离子的亲和力顺序为：

$$F^- < Cl^- < Br^- < I^- = CH_3COO^- < MoO_4^{2-} < PO_4^{3-} < AsO_4^{3-} < NO_2^- < 酒石酸根离子 < 柠檬酸根离子 < CrO_4^{2-} < SO_4^{2-} < OH^-$$

应该指出，以上所述仅是一般的规则。

由于树脂对离子的亲和力强弱不同，进行离子交换时，就有一定的选择性。如果溶液中离子的浓度相同，则亲和力大的离子先被交换，亲和力小的离子后被交换。选用适当的洗脱剂进行洗脱时，后被交换上去的离子被先洗脱下来，从而使各种离子得以分离。

12.5.3 离子交换分离过程

离子交换分离一般都是在交换柱上进行的。

(1) 树脂的选择和处理

根据分离的对象和要求，选择适当类型和粒度的树脂。树脂先用水浸泡，再用 $4\sim6\ mol\cdot L^{-1}$ HCl 溶液浸泡 1~2 天以除去杂质，并使树脂溶胀，再用水冲洗至中性，浸于去离子水中备用。此时阳离子树脂已处理成 H 型；阴离子树脂已处理成 Cl 型。

(2) 装柱

装柱时应避免树脂层中出现气泡现象，因此经过处理的树脂应该在柱中充满水的情况下装入柱中。为防止树脂的干裂，树脂的顶部应保持一定的液面。

(3) 交换

将待分离的试液缓慢地倾入柱中，并以适当的流速由上而下流经柱中进行交换。交换完成后，用洗涤液洗去残留的溶液，洗涤液通常是水或不含试样的"空白液"。

(4) 洗脱

将交换到树脂上的离子用适当的洗脱剂置换下来。阳离子交换树脂常用 HCl 溶液作洗脱剂，阴离子交换树脂常用 HCl、NaOH 或 NaCl 作洗脱剂，可以在洗脱液中测定交换离子。

(5) 树脂再生

把柱内的树脂恢复到交换前的形式，以便再次使用。多数情况下洗脱过程也就是树脂的再生过程。

为了获得良好的分离效果，所用树脂粒度、交换柱直径、树脂层厚度、欲交换的试液、洗脱溶液的组成、浓度及流速等条件都需要通过实验适当选择。

12.5.4 离子交换分离法的应用

目前离子交换分离法已成为分析、分离各种无机离子和有机离子以及蛋白质、糖之类大分子物质的极其重要的工具，它被广泛应用于科研、生产等方面。

(1) 水的净化

水中常含有可溶性的盐类,可用离子交换分离法进行净化。如果让自来水流经强酸性阳离子交换树脂,则水中的阳离子可被交换除去:

$$n\text{R—SO}_3\text{H} + \text{M}^{n+} \rightleftharpoons (\text{R—SO}_3)_n\text{M} + n\text{H}^+$$

然后再通过强碱性阴离子交换树脂,则水中的阴离子可被交换除去,同时交换下来的 H^+ 和 OH^- 结合形成 H_2O:

$$n\text{R—N(CH}_3)_3^+\text{OH}^- + \text{X}^{n-} + n\text{H}^+ \rightleftharpoons [\text{R—N(CH}_3)_3^+]_n\text{X}^{n-} + n\text{H}_2\text{O}$$

因此可方便地得到不含可溶解性盐类的纯净水,通过这样得到的水称为去离子水,它可代替蒸馏水使用。交换柱经再生后可以再用。

(2) 干扰离子的分离

用离子交换分离阴阳离子是非常简单方便的。例如,用 BaSO_4 重量法测定黄铁矿中硫的含量时,由于大量 Fe^{3+}、Ca^{2+} 的存在,会与 BaSO_4 共沉淀而使 BaSO_4 沉淀严重不纯,影响硫含量的准确测定。若将含待测物的酸性溶液通过阳离子交换树脂,则 Fe^{3+}、Ca^{2+} 被树脂吸附,从而消除 Fe^{3+}、Ca^{2+} 的干扰。对于相同电荷的离子,可以利用树脂对离子的亲和力不同而加以分离,或将它们转化为不同电荷的离子后再进行分离。例如,钢铁中微量铝的测定,Fe^{3+} 的干扰也可用离子交换法消除,先将试样溶解后处理成 $9\text{mol}\cdot\text{L}^{-1}$ 的 HCl 溶液,此时溶液中 Fe^{3+} 以 FeCl_4^- 形式存在,而铝仍以阳离子形式存在,因此可通过阴离子树脂除去 FeCl_4^-,从而消除 Fe^{3+} 的干扰。

(3) 痕量组分的富集

离子交换法不仅可进行干扰组分的分离,而且也是痕量组分富集的有效方法之一。例如,采用含有氨羧基 $[-\text{N(CH}_2\text{COOH)}_2]$ 螯合树脂,可将海水中微量的 Zn、Cu、Ni、Co 和 Cd 等金属离子富集到交换柱上,用小体积的 $2\text{mol}\cdot\text{L}^{-1}$ HCl 洗脱后用原子吸收光谱法进行测定。

习 题

1. 复杂物质分析常用的分离方法有哪些?
2. 试举例说明共沉淀现象对分析的不利影响和有利作用。
3. 萃取效率与哪些因素有关?如何提高萃取效率?
4. 柱上色谱分离、纸上色谱分离和薄层色谱分离的分离原理是什么?操作上有哪些异同?
5. 如果试液中含有 Al^{3+}、Fe^{3+}、Ca^{2+}、Mg^{2+}、Mn^{2+}、Cr^{3+}、Cu^{2+}、Zn^{2+} 等离子,加入 $\text{NH}_3\cdot\text{H}_2\text{O-NH}_4\text{Cl}$ 缓冲溶液,控制 pH≈9,哪些离子以何种型体存在于溶液中?哪些离子以什么形式存在于沉淀中?分离是否完全?
6. 含有 Fe^{3+}、Mg^{2+} 的溶液中,若控制 $\text{NH}_3\cdot\text{H}_2\text{O}$ 的浓度为 $0.10\text{mol}\cdot\text{L}^{-1}$,$\text{NH}_4\text{Cl}$ 的浓度为 $1.0\text{mol}\cdot\text{L}^{-1}$,能使 Fe^{3+}、Mg^{2+} 分离完全吗?
7. 称取某硝酸钾试样 0.2786g,溶于水后让其通过强酸型离子交换树脂,流出液用 $0.1075\text{mol}\cdot\text{L}^{-1}$ NaOH 滴定,用甲基橙为指示剂,耗 NaOH 溶液 23.85mL,计算硝酸钾的含量。
8. 某溶液含 Fe^{3+} 10mg,将它萃取入某种有机溶剂中,分配比 $D=99$。问用等体积溶剂萃取 1 次和 2 次,剩余 Fe^{3+} 的量各为多少?
9. 某一弱酸 HA 的 $K_a^{\ominus}=2\times10^{-5}$,它在某种有机溶剂中的分配系数为 30.0,当水溶液的 (1) pH=1;(2) pH=5 时,分配比各为多少?用等体积的有机溶剂萃取,萃取效率各为多少?

部分习题参考答案

第2章 定量分析化学概述

1. 列表如下：

操 作	误差种类	消除方法
(1)砝码被腐蚀	系统误差	标准砝码校正
(2)天平两臂不等长	系统误差	校正天平
(3)容量瓶与移液管不配套	系统误差	进行相对校正
(4)重量分析中共存离子被共沉淀	系统误差	标准方法对照分析或预先分离共沉淀离子
(5)滴定管读数时最后一位估计不准	偶然误差	
(6)以99%邻苯二甲酸氢钾作基准物标定NaOH标准溶液	系统误差	基准试剂对照分析

4. 列表如下：

	$\bar{x}$	$E = \bar{x} - x_T$	E_r	$\bar{d}$	$\bar{d}_r$
甲	50.29	−0.07	−0.14%	0.014	0.028%
乙	50.28	−0.08	−0.16%	0.098	0.19%
丙	50.35	−0.01	−0.02%	0.012	0.024

丙的结果最好，乙的最差

5. (1) 有四处错误 (2) 称量样品量应扩大10倍
6. (1) 错误 (2) 正确 (3) 错误 (4) 错误 (5) 正确 (6) 错误
7. (1) $\bar{x} = 27.21\%$；$\bar{d} = 0.03\%$；$\bar{d}_r = 0.2\%$；$s = 0.04\%$；$s_r = 0.2\%$ (2) $E = 0.01\%$；$E_r = 0.04\%$
8. 四次测定，保留；五次测定，舍弃
9. 1.20舍弃；$\bar{x} = 1.61$；$\bar{d} = 0.08$；$s = 0.10$；$\mu = 1.61 \pm 0.10$
10. 存在系统误差
11. 可用气相色谱法测定冰醋酸中微量水分
12. (1) 三位 (2) 四位 (3) 两位 (4) 两位 (5) 无限多位 (6) 无限多位
13. (1) 23.06 (2) 0.7849 (3) 1.06×10^3 (4) $0.9 \text{mol} \cdot \text{L}^{-1}$ (5) 1.8×10^{-5}
14. 甲的报告是合理的

第3章 化学热力学和化学动力学基础

1. $(\Delta n)_g < 0$ 时，$Q_p < Q_V$；$(\Delta n)_g > 0$ 时，$Q_p > Q_V$；$(\Delta n)_g = 0$ 时或凝聚相反应，$Q_p = Q_V$
2. 不相等
4. (1) 错误 (2) 错误
5. 焓变为+，熵变亦为+

6. -978.6 kJ·mol^{-1}

7. $\Delta U_m = 2.41 \times 10^4$ J·mol^{-1}, $\Delta H_m = 2.68 \times 10^4$ J·mol^{-1}, $\Delta S_m = 83.9$ J·mol^{-1}·K^{-1}

8. (1) $\Delta_r H_m = -2220$ kJ·mol^{-1} (2) $\Delta_r U_m = -2212.6$ kJ·mol^{-1}

9. (1) 在任何温度下都不能自发进行 (2) 低温有利于反应自发进行
   (3) 高温有利于反应自发进行 (4) 在任何温度时反应均能自发进行

10. $\Delta U = 0$, $W = -100$ kJ

11. $\Delta_r G_m^{\ominus} = -346.82$ kJ·mol^{-1} < 0，在常温下自发进行

12. $\Delta_r G_m^{\ominus}(1) = 301.323$ kJ·mol^{-1} > 0，反应（1）常温下不能自动进行
    $\Delta_r G_m^{\ominus}(2) = -29.373$ kJ·mol^{-1} < 0，反应（2）常温下可自发进行，故还原剂主要是 CO 而非焦炭

13. $\Delta_r G_m^{\ominus}(1) = -97.518$ kJ·mol^{-1} < 0，反应（1）常温下可自发进行，可用 HF 刻划玻璃
    $\Delta_r G_m^{\ominus}(2) = 146.598$ kJ·mol^{-1} > 0，反应（2）常温下不能自动进行，不可用 HCl 刻划玻璃

14. $S_m^{\ominus}$（金刚石）< $S_m^{\ominus}$（石墨），说明金刚石中碳原子排列更为有序

15. $\Delta_r G_m^{\ominus} = -687.482$ kJ·mol^{-1} < 0，反应常温下可自发进行

16. 温度必须控制在 796.7～1110.4K 之间可保证 MgCO$_3$ 分解而 CaCO$_3$ 不分解

17. 不可用焦炭来制备铝

18. (1) 303K 的氧气的熵值大 (2) 液态水熵值大 (3) 1mol 氢气的熵值大 (4) 1mol O$_3$ 熵值大

19. (1) + (2) + (3) + (4) − (5) +

21. (1) $K^{\ominus} = \dfrac{[c(\text{Zn}^{2+})/c^{\ominus}](p_{H_2}/p^{\ominus})}{[c(\text{H}^+)/c^{\ominus}]^2}$ (2) $K^{\ominus} = \dfrac{\{c[\text{Ag}(\text{NH}_3)_2^+]/c^{\ominus}\}[c(\text{Cl}^-)/c^{\ominus}]}{[c(\text{NH}_3)/c^{\ominus}]^2}$

    (3) $K^{\ominus} = \dfrac{(p_{CO_2}/p^{\ominus})}{(p_{CH_4}/p^{\ominus})\cdot(p_{O_2}/p^{\ominus})^2}$ (4) $K^{\ominus} = \dfrac{\{c([\text{HgI}_4^{2-}])/c^{\ominus}\}}{[c(\text{I}^-)/c^{\ominus}]^2}$

    (5) $K^{\ominus} = \dfrac{[c(\text{SO}_4^{2-})/c^{\ominus}][c(\text{H}^+)/c^{\ominus}]^2}{[c(\text{H}_2\text{S})/c^{\ominus}][c(\text{H}_2\text{O}_2)/c^{\ominus}]^4}$

22. (1) 6.3×10^{-3}% (2) $\Delta_r S_m^{\ominus} = 136.2$ J·mol^{-1}·K^{-1}

23. $K^{\ominus} = 1.7 \times 10^9$

24. 13.5%

25. 解离度为 80%；$K^{\ominus} = 1.8$；$\Delta_r G_m^{\ominus} = 2.56$ kJ·mol^{-1}

26. 18%

27. (1) $K^{\ominus} = 2.40 \times 10^{-14}$ (2) $p(\text{H}_2\text{O}) = 0.537$ kPa

28. (1) 变大 (2) 不变 (3) 变大 (4) 变小

29. (1) 错 (2) 错 (3) 对 (4) 错 (5) 错

32. 0 级反应的速率与浓度无关；1 级反应的半衰期与浓度无关

33. $E_a = 113.67$ kJ·mol^{-1}

34. $T = 408$ K

35. $v = k[c(\text{NO})]^2 c(\text{H}_2)$

36. (1) $v = kc(\text{H}_2\text{PO}_2^-)[c(\text{OH}^-)]^2$ (2) $k = 3.2 \times 10^{-4}$ mol^{-2}·L^2·min^{-1}

37. (1) 均变小 (2) 不同 (3) 不变 (4) 几乎不变

38. (1) 错误 (2) 错误 (3) 错误 (4) 错误 (5) 错误

第 4 章 酸碱平衡和沉淀溶解平衡

1. 依次为：HS$^-$、HSO$_4^-$、H$_3$PO$_4$、H$_2$SO$_4$、NH$_4^+$、NH$_2$OH·H$^+$、C$_5$H$_5$N·H$^+$

2. 依次为：HS$^-$、SO$_4^{2-}$、HPO$_4^{2-}$、HSO$_4^-$、NH$_2^-$、NH$_2$OH、[Al(OH)(H$_2$O)$_5$]$^{2+}$

3. 下列碱由强到弱的顺序：S^{2-} > CO$_3^{2-}$ > Ac$^-$ > HCOO$^-$ > NO$_2^-$ > SO$_4^{2-}$ > ClO$_4^-$ > HSO$_4^-$

4. 不一定

5. 否

6. (1) pH 值变大。同离子效应使 HNO_2 的解离度减小 (2) pH 值稍变大。加入的盐使得氢离子活度变小

   (3) pH 值稍变小。同离子效应，使氨水的解离度减小 (4) pH 值稍变小。盐效应

7. (1) $NH_3 \cdot H_2O$：$[H^+]+[NH_4^+]=[OH^-]$

   (2) $NaHCO_3$：$[H^+]+[H_2CO_3]=[OH^-]+[CO_3^{2-}]$

   (3) Na_2CO_3：$[H^+]+[HCO_3^-]+2[H_2CO_3]=[OH^-]$

   (4) NH_4HCO_3：$[H^+]+[H_2CO_3]=[OH^-]+[NH_3]+[CO_3^{2-}]$

   (5) $NH_4H_2PO_4$：$[H^+]+[H_3PO_4]=[OH^-]+[HPO_4^{2-}]+2[PO_4^{3-}]+[NH_3]$

8. $K_{a2}^\ominus = 1.2 \times 10^{-2}$

9. pH=5.20；$K_a^\ominus = 4.0 \times 10^{-10}$

10. $K_a^\ominus = 6.0 \times 10^{-10}$

11. (1) $c=0.11 \text{mol} \cdot L^{-1}$

    (2) $[H^+]=[HS^-]=1.2 \times 10^{-4} \text{mol} \cdot L^{-1}$；$[S^{2-}] \approx 7.1 \times 10^{-15} \text{mol} \cdot L^{-1}$；pH=3.92

    (3) $[HS^-]=1.4 \times 10^{-6} \text{mol} \cdot L^{-1}$；$[S^{2-}]=1.0 \times 10^{-18} \text{mol} \cdot L^{-1}$

12. $[H^+]=[H_2PO_4^-]=0.029 \text{mol} \cdot L^{-1}$，$[H_3PO_4]=0.11 \text{mol} \cdot L^{-1}$，$[HPO_4^{2-}]=6.3 \times 10^{-8} \text{mol} \cdot L^{-1}$
    $[PO_4^{3-}]=1.0 \times 10^{-18} \text{mol} \cdot L^{-1}$

13. $V(H_2C_2O_4)/V(NaOH)=2/3$

14. (1) pH=4.74 (2) pH=4.76 (3) pH=4.72 (4) pH=4.74

15. (1) pH=5.13 (2) pH=1.80 (3) pH=7.20 (4) pH=3.89

16. (2)、(3) 能构成缓冲溶液

17. $V=16.9 \text{mL}$

18. (1) $K_{sp}^\ominus=[Hg_2^{2+}][C_2O_4^{2-}]$ (2) $K_{sp}^\ominus=[Ag^+]^2[SO_4^{2-}]$ (3) $K_{sp}^\ominus=[Ca^{2+}]^3[PO_4^{3-}]^2$
    (4) $K_{sp}^\ominus=[Fe^{3+}][OH^-]^3$ (5) $K_{sp}^\ominus=[Ca^{2+}][H^+][PO_4^{3-}]$

19. $Ag_2S < AgI < AgCl < Ag_2CrO_4 < Ag_2SO_4 < AgNO_3$

22. (1) $K_{sp}^\ominus=3.1 \times 10^{-7}$ (2) $K_{sp}^\ominus=1.6 \times 10^{-16}$

23. $Mn(OH)_2$ 先析出

24. $s=0.18 \text{mol} \cdot L^{-1}$

25. $0.47 \leqslant \text{pH} < 3.26$

26. 不能

27. $3.20 \leqslant \text{pH} < 6.04$

28. $[HAc] \geqslant 0.20 \text{mol} \cdot L^{-1}$

29. 7.0g

第5章 氧化还原反应

3. 列表如下：

Fe_3O_4	Fe	+8/3	O	−2		
PbO_2	Pb	+4	O	−2		
Na_2O_2	Na	+1	O	−1		
$Na_2S_2O_3$	Na	+1	S	+2	O	−2
NCl_3	N	+3	Cl	−1		
NaH	Na	+1	H	−1		

续表

KO_2	K	+1	O	-1/2	
KO_3	K	+1	O	-1/3	
N_2O_4	N	+4	O	-2	

9. (1) $(-)Fe|Fe^{2+}(c_1) \parallel Ni^{2+}(c_2)|Ni(+)$
   (2) $(-)Pt|H_2(p_1)|H^+(c_1) \parallel Cl^-(c_2)|Cl_2(p_2)|Pt(+)$
   (3) $(-)Ag|AgBr(s)|Br^-(c_1) \parallel Ag^+(c_2)|Ag(+)$
   (4) $(-)Ag|AgI(s)|I^-(c_1) \parallel Cl^-(c_2)|AgCl(s)|Ag(+)$
   (5) $(-)Pt|Fe^{2+}(c_1),Fe^{3+}(c_2) \parallel MnO_4^-(c_3),Mn^{2+}(c_4),H^+(c_5)|Pt(+)$

10. $E^{\ominus}(Cu^{2+}/Cu)=0.069V$, $E^{\ominus}(Zn^{2+}/Zn)=-1.0308V$

11. 0.014V

12. (1) $E^{\ominus}=-0.0346V$, $K^{\ominus}=3.125\times 10^{-4}$, $\Delta_r G_m^{\ominus}=20.03kJ\cdot mol^{-1}$ (2) $[A^{2+}]=1.46\times 10^{-4} mol\cdot L^{-1}$

13. Fe^{3+} 为合适的选择性氧化剂

14. (2) $E=0.453V$

15. 不可能

16. Ag^+ 先被还原出来,$[Ag^+]=4.9\times 10^{-9} mol\cdot L^{-1}$

17. $E^{\ominus}(Hg_2^{2+}/Hg)=0.7891V$

18. $5.4 mol\cdot L^{-1}$

19. 1.70V

20. (1) 三个电池的电池反应完全相同:$Tl^{3+}+2Tl \Longrightarrow 3Tl^+$
    (2) $E_1^{\ominus}=1.06V$, $E_2^{\ominus}=1.59V$, $E_3^{\ominus}=0.53V$;三电池反应的 $\Delta_r G_m^{\ominus}$ 相同:$\Delta_r G_m^{\ominus}=-306.82 kJ\cdot mol^{-1}$

21. (1) $E^{\ominus}(Cu^{2+}/CuCl)=0.504V$ (2) $K^{\ominus}=4.4\times 10^5$

23. $E^{\ominus}(AgCl/Ag)=0.222V$, $E^{\ominus}(AgBr/Ag)=0.071V$, $E^{\ominus}(AgI/Ag)=-0.151V$,Ag 能从 HI 中置换氢气

24. 在酸性介质中,Cl_2 可将 Br^- 氧化成 Br_2,在碱性介质中,Cl_2 可将最终氧化成 BrO_3^-

25. (1) $E^{\ominus}(Mn^{3+}/Mn^{2+})=1.509V$; $E^{\ominus}(MnO_4^-/Mn^{2+})=1.51V$
    (2) 能发生歧化反应的有:MnO_4^{2-},Mn^{3+}
    (3) 产物为 Mn^{2+}

第6章 原子结构和元素周期律

3. (2),(5),(6)组不合理

4. (1) 3d 能级的量子数为:$n=3$,$l=2$
   (2) $2p_z$ 原子轨道的量子数为:$n=2$,$l=1$,$m=0$
   (3) $4s^1$ 电子的量子数为:$n=4$,$l=0$,$m=0$,$m_s=+\frac{1}{2}$ 或 $-\frac{1}{2}$

5. (1) $n \geqslant 3$ 正整数 (2) $l=1$ (3) $m_s=+\frac{1}{2}$ 或 $-\frac{1}{2}$ (4) $m=0$

6. (1) 对氢原子:(n 相同)$(2s,2p_x,2p_y,2p_z)$;$(3s,3p_x)$
   (2) 对多电子原子:(n、l 相同)$(2p_x,2p_y,2p_z)$

7. (1) 错,违背泡利不相容原理,应为 $1s^2 2s^2 2p^1$
   (2) 错,违背洪特规则,应为 $1s^2 2s^2 2p_x^1 2p_y^1 2p_z^1$
   (3) 错,违背能量最低原理,应为 $1s^2 2s^2$

8. (1) $2n^2=2\times 4^2=32$ (2) 14 (3) 36 个 (Kr) 或 46 个 (Pd 为洪特规则的特例:$4s^2 4p^6 4d^{10}$)

9. 属基态的有:(4);属于原子激发态的有:(1),(3),(6);纯属错误的有:(2),(5)

10. (1) s 区:$ns^{1\sim 2}$;p 区:$ns^2 np^{1\sim 6}$;d 区:$(n-1)d^{1\sim 9}ns^{1\sim 2}$(Pd 例外);ds 区:$(n-1)d^{10}ns^{1\sim 2}$

(2) (A) 第3周期，s区，ⅠA主族　(B) 第4周期，p区，ⅤA主族　(C) 第4周期，d区，ⅣB副族
(D) 第4周期，ds区，ⅠB副族　(E) 第4周期，d区，ⅥB副族　(F) $4s^2 4p^6$，第4周期，p区，零族

11. (1) Cl　(2) Pd^{2+}　(3) Cd，Sn^{2+} 或 Sb^{3+}　(4) Ne，F^-，O^{2-}，N^{3-}，Na^+，Mg^{2+}，Al^{3+}

12. (1) 均为 $1s^2 2s^2 2p^6 3s^2 3p^6$
    (2) Fe：$1s^2 2s^2 2p^6 3s^2 3p^6 3d^6 4s^2$，$Ni^{2+}$：$1s^2 2s^2 2p^6 3s^2 3p^6 3d^8$
    (3) Ar 和 S^{2-} 是一对等电子体，而 Fe 和 Ni^{2+} 不是，因为电子分布不同而只是电子数相同

13. (1) [Rn] $5f^{14} 6d^{10} 7s^2 7p^2$，第7周期，ⅣA族元素，与 Pb 的性质最相似
    (2) [Rn] $5f^{14} 6d^{10} 7s^2 7p^6$，原子序数为118

14. (1) ds　(2) (A) p区 ⅣA　(B) d区 Fe　(C) ds区 Cu

15.

原子序数	电子分布式	各层电子数	周期	族	区	金属还是非金属
11	[Ne]$3s^1$	2，8，1	三	ⅠA	s	金属
21	[Ar]$3d^1 4s^2$	2，8，9，2	四	ⅢB	d	金属
53	[Kr]$4d^{10} 5s^2 5p^5$	2，8，18，18，7	五	ⅦA	p	非金属
60	[Xe]$4f^4 6s^2$	2，8，18，22，8，2	六	ⅢB	f	金属
80	[Xe]$4f^{14} 5d^{10} 6s^2$	2，8，18，32，18，2	六	ⅡB	ds	金属

16.

元素	电子分布式	原子序数	单电子数	周期	族	区
A	[Ne]$3s^2 3p^5$	17	1	三	ⅦA	p
B	[Kr]$4d^5 5s^1$	42	6	五	ⅥB	d

17. (1) A(K)、B(Ca)　(2) $C^-(Br^-)$、$A^+(K^+)$　(3) A(KOH)；(4) $BC_2(CaBr_2)$

18. 有三种，原子序数分别为 $_{19}$K、$_{24}$Cr、$_{29}$Cu：

原子序数	电子分布式	周期	族	区
19	$1s^2 2s^2 2p^6 3s^2 3p^6 4s^1$	四	ⅠA	s
24	$1s^2 2s^2 2p^6 3s^2 3p^6 3d^5 4s^1$	四	ⅥB	d
29	$1s^2 2s^2 2p^6 3s^2 3p^6 3d^{10} 4s^1$	四	ⅠB	ds

19. 结果列表如下：

元素代号	元素符号	周期	族	价层电子构型
A	Na	三	ⅠA	$3s^1$
B	Mg	三	ⅡA	$3s^2$
C	Al	三	ⅢA	$3s^2 3p^1$
D	Br	四	ⅦA	$4s^2 4p^5$
E	I	五	ⅦA	$5s^2 5p^5$
G	F	二	ⅦA	$2s^2 2p^5$
M	Mn	四	ⅦB	$3d^5 4s^2$

20. A、B、C、D这四种元素分别如下表：

元素	元素符号	周期	族	价层电子层结构
A	Cs	6	ⅠA	$6s^1$
B	Sr	5	ⅡA	$5s^2$
C	Se	4	ⅥA	$4s^2 4p^4$
D	Cl	3	ⅦA	$3s^2 3p^5$

(1) 原子半径：D<C<B<A(Cl<Se<Sr<Cs)　　(2) 第一电离能：A<B<C<D(Cs<Sr<Se<Cl)
(3) 电负性：A<B<C<D(Cs<Sr<Se<Cl)　　(4) 金属性：D<C<B<A(Cl<Se<Sr<Cs)

21. (1) $I_1(19)<I_1(29)$，$\chi(19)<\chi(29)$
(2) $I_1(37)>I_1(55)$，$\chi(37)>\chi(55)$
(3) $I_1(37)<I_1(38)$，$\chi(37)<\chi(38)$

第7章　分子结构和晶体结构

一、1. 错　2. 错　3. 错　4. 错　5. 对　6. 错　7. 错　8. 对　9. 错　10. 错

二、1. B　2. B　3. D　4. B　5. C　6. A　7. D　8. C　9. B　10. D　11. A　12. C　13. D　14. B

三、1. C—Cl 键键长：179.5pm
2. 热稳定性：HF>HCl>HBr>HI
5. 直接配对成键：PH_3；电子激发后配对成键：$HgCl_2$、AsF_5、PCl_5；有配位键：NH_4^+、$[Cu(NH_3)_4]^{2+}$
6. (1) ZnO>ZnS　(2) $NH_3<NF_3$　(3) $AsH_3<NH_3$　(4) IBr<ICl　(5) $H_2O>OF_2$
7. $Na_2S>H_2O>H_2S>H_2Se>O_2$
8. 列表如下：

分子或离子	中心离子杂化类型	分子或离子的几何构型	分子或离子	中心离子杂化类型	分子或离子的几何构型
BBr_3	等性 sp^2	平面正三角形	$SiCl_4$	等性 sp^3	正四面体形
PH_3	不等性 sp^3	三角锥形	CO_2	等性 sp	直线形
H_2S	不等性 sp^3	V 形	NH_4^+	等性 sp^3	正四面体形

9. 列表如下：

分子或离子	价层电子对数	成键电子对数	孤电子对数	几何构型
$PbCl_2$	3	2	1	V 形
BF_3	3	3	0	平面正三角形
NF_3	4	3	1	三角锥形
PH_4^+	4	4	0	正四面体
BrF_5	6	5	1	正四棱锥形
SO_4^{2-}	4	4	0	正四面体
NO_2^-	3	2	1	V 形
XeF_4	6	4	2	四方形
$CHCl_3$	4	4	0	四面体

11. 稳定性：$O_2^+>O_2>O_2^->O_2^{2-}>O_2^{3-}$
13. 非极性分子：Ne、Br_2、CS_2、CCl_4、BF_3；极性分子：HF、NO、H_2S、$CHCl_3$、NF_3
14. (1) 色散力　(2) 色散力、诱导力　(3) 色散力、诱导力、取向力
15. (1) KBr<KCl<NaCl<MgO　(2) $N_2<NH_3<Si$
16. 列表如下：

离子	电子分布式	离子电子构型	离子	电子分布式	离子电子构型
Fe^{3+}	$1s^22s^22p^63s^23p^63d^5$	9~17	S^{2-}	$1s^22s^22p^63s^23p^6$	8
Ag^+	$1s^22s^22p^63s^23p^63d^{10}4s^24p^64d^{10}$	18	Pb^{2+}	$[Xe]4f^{14}5d^{10}6s^2$	18+2
Ca^{2+}	$1s^22s^22p^63s^23p^6$	8	Pb^{4+}	$[Xe]4f^{14}5d^{10}$	18
Li^+	$1s^2$	2	Bi^{3+}	$[Xe]4f^{14}5d^{10}6s^2$	18+2

17. B 为原子晶体，LiCl 为离子晶体，BCl_3 为分子晶体
18. (1) O_2、H_2S 为分子晶体，KCl 为离子晶体，Si 为原子晶体，Pt 为金属晶体
(2) AlN 为共价键，Al 为金属键，HF(s)为氢键和分子间力，K_2S 为离子键

19.

物质	晶格结点上的粒子	晶格结点上离子间的作用力	晶体类型	熔点(高或低)
N_2	N_2 分子	色散力	分子晶体	很低
SiC	Si 原子、C 原子	共价键	原子晶体	很高
Cu	Cu 原子、离子	金属键	金属晶体	高
冰	H_2O 分子	氢键、色散力、诱导力、取向力	氢键型分子晶体	低
$BaCl_2$	Ba^{2+}、Cl^-	离子键	离子晶体	较高

20. (1) 极化力：$Na^+ < Al^{3+} < Si^{4+}$ 变形性：$Si^{4+} < Al^{3+} < Na^+$
    (2) 极化力：$I^- < Sn^{2+} < Ge^{2+}$ 变形性：$Ge^{2+} < Sn^{2+} < I^-$

21. $SiCl_4 > AlCl_3 > MgCl_2 > NaCl$

22. (1) ZnS > CdS > HgS (2) $PbF_2 > PbCl_2 > PbI_2$ (3) CaS > FeS > ZnS

第8章 配位化合物和配位平衡

3. 列表如下：

配合物	氧化数	配位数	配体数	配离子电荷
$[CoCl_2(NH_3)(H_2O)(en)]Cl$	+3	6	共 5 个，分别为 Cl^-(2 个)、en、NH_3、H_2O	+1
$Na_3[AlF_6]$	+3	6	6 个 F^-	−3
$K_4[Fe(CN)_6]$	+2	6	6 个 CN^-	−4
$Na_2[CaY]$	+2	6	1 个 Y^{4-}	−2
$[PtCl_4(NH_3)_2]$	+4	6	6 个，4 个 Cl^-，2 个 NH_3	0

4. 列表如下：

配 合 物	命 名	氧化数	配位数
$K_2[PtCl_6]$	六氯合铂(Ⅳ)酸钾	+4	6
$[Ag(NH_3)_2]Cl$	一氯化二氨合银(Ⅰ)	+1	2
$[Cu(NH_3)_4]SO_4$	硫酸四氨合铜(Ⅱ)	+2	4
$K_2Na[Co(ONO)_6]$	六亚硝酸根合钴(Ⅲ)酸二钾钠	+3	6
$Ni(CO)_4$	四羰基镍	0	4
$[Co(NH_2)(NO_2)(NH_3)(H_2O)(en)]Cl$	一氯化一氨基·一硝基·一氨·一水·乙二胺合钴(Ⅲ)	+3	6
$K_2[ZnY]$	乙二胺四乙酸根合锌(Ⅱ)酸钾	+2	6
$K_3[Fe(CN)_6]$	六氰合铁(Ⅲ)酸钾	+3	6

5. $Na_3[Ag(S_2O_3)_2]$；$NH_4[Cr(SCN)_4(NH_3)_2]$；$[Pt(NH_3)_6][PtCl_4]$；$[FeCl_2(C_2O_4)(en)]^-$；$[CrCl(NH_3)(en)_2]SO_4$

6. $[Co(CO_3)(NH_3)_4]^+$、$[Pt(CO_3)(en)]$ 中 CO_3^{2-} 为螯合剂

9. $[Pt(NH_3)_6]Cl_4$；$[PtCl_3(NH_3)_3]Cl$

10. 能与 $AgNO_3$ 反应生成 AgCl 沉淀者，Cl^- 为外界，化学结构式为 $[CoSO_4(NH_3)_5]Cl$，能与 $BaCl_2$ 反应生成 $BaSO_4$ 沉淀者外界为 SO_4^{2-}，化学结构式为 $[CoCl(NH_3)_5]SO_4$

12. (1) cis-$[PtCl_4(NH_3)_2]$ 为内轨型配合物，杂化方式为 d^2sp^3
    (2) cis-$[PtCl_2(NH_3)_2]$ 为内轨型配合物，杂化方式为 dsp^2

13. (1) 有 2 个未成对电子
       ⇅ ↑ ↑ ○ ○ d^2sp^3，八面体，内轨型
   (2) 有 3 个未成对电子
       ⇅ ⇅ ↑ ↑ ↑ sp^3d^2，八面体，外轨型
   (3) 没有未成对电子
       ⇅ ⇅ ⇅ ⇅ ○ dsp^2，正方形，内轨型
   (4) 没有未成对电子
       ⇅ ⇅ ⇅ ⇅ ⇅ sp^3，四面体，外轨型

17. 列表如下：

配合物	未成对电子数	d 电子排布	CFSE
$[CoF_6]^{3-}$	4 个	e_g ↑↑ / t_{2g} ↑↓ ↑ ↑	$-4D_q$
$[Co(NO_2)_6]^{4-}$	1 个	e_g ↑ / t_{2g} ↑↓ ↑↓ ↑↓	$-18D_q+P$
$[Mn(SCN)_6]^{4-}$	5 个	e_g ↑ ↑ / t_{2g} ↑ ↑ ↑	0
$[Fe(CN)_6]^{3-}$	1 个	e_g / t_{2g} ↑↓ ↑↓ ↑	$-20D_q+2P$

18. (1) 正八面体构型；内轨型配合物，杂化方式为 d^2sp^3　(2) CFSE $=6\times(-4D_q)=-24D_q$

19. 列表如下：

配离子	d 电子排布	单电子数	磁矩 μ/B.M.
$[Fe(H_2O)_6]^{2+}$	$t_{2g}^4 e_g^2$	4	4.90
$[Fe(CN)_6]^{4-}$	$t_{2g}^6 e_g^0$	0	0
$[Co(NH_3)_6]^{3+}$	$t_{2g}^6 e_g^0$	0	0
$[Co(NH_3)_6]^{2+}$	$t_{2g}^5 e_g^2$	3	3.87
$[Cr(H_2O)_6]^{3+}$	$t_{2g}^3 e_g^0$	3	3.87
$[Cr(H_2O)_6]^{2+}$	$t_{2g}^3 e_g^1$	4	4.90

22. (1) 正确　(2) 不正确　(3) 不正确　(4) 不一定
23. (1) 平衡向右移动　(2) 平衡向左移动　(3) 平衡向右移动
24. AgI 在 KCN 溶液中溶解度最大
25. $c(Ag^+)=7.0\times10^{-6}$ mol·L^{-1}, $c[Ag(py)_2]^+=0.1$ mol·L^{-1}, $c(py)=0.8$ mol·L^{-1}
26. $c(Cu^{2+})=3.9\times10^{-17}$ mol·L^{-1}, $c([Cu(NH_3)_4]^{2+})\approx 0.050$ mol·L^{-1}, $c(NH_3\cdot H_2O)\approx 2.8$ mol·L^{-1}; 产生 Cu(OH)$_2$ 沉淀
27. (1) $c(Ag^+)=5.3\times10^{-10}$ mol·L^{-1}, $c([Ag(NH_3)_2]^+)\approx 0.050$ mol·L^{-1}, $c(NH_3\cdot H_2O)\approx 2.89$ mol·L^{-1}
    (2) 无 AgCl 沉淀生成；AgCl 不沉淀需 NH$_3$ 的最低浓度为 0.60 mol·L^{-1}
    (3) 有 AgBr 沉淀生成；AgBr 不沉淀需 NH$_3$ 的最低浓度为 9.5 mol·L^{-1}
28. 0.23 mol·L^{-1}
29. 有，有
30. (1) $K^{\ominus}=5.78\times10^{14}$，反应向右进行
    (2) $K^{\ominus}=7.25\times10^{-6}$，该反应向左进行
    (3) $K^{\ominus}=4.37\times10^{12}$，该反应向右进行
31. $K_f^{\ominus}[Cu(NH_3)_4]^{2+}=3.8\times10^{13}$
32. (1) $E^{\ominus}[Zn(NH_3)_4^{2+}/Zn]=-1.043$ V
    (2) $E^{\ominus}(CuS/Cu)=-0.706$ V
    (3) $(-)Zn|[Zn(NH_3)_4]^{2+}(1\,mol\cdot L^{-1}),NH_3(1\,mol\cdot L^{-1})\|S^{2-}(1\,mol\cdot L^{-1})|CuS(s)|Cu(+)$
    电池反应：$Zn+4NH_3+CuS \Longrightarrow Cu+S^{2-}+[Zn(NH_3)_4]^{2+}$
    (4) $E^{\ominus}=0.337$ V

第 9 章　化学分析法

习题 9-1

3. 能直接法配制的有 $K_2Cr_2O_7$ 和 KIO_3，其余均间接法配制

6. $16\text{mol}\cdot\text{L}^{-1}$, 16mL

7. $17.4\text{mol}\cdot\text{L}^{-1}$, 2.9mL

8. $c(\text{FeSO}_4):c(\text{H}_2\text{C}_2\text{O}_4)=2:1$

9. (1) 5.7g (2) 0.057g (3) 当 $c(\text{NaOH})=0.1\sim0.2\text{mol}\cdot\text{L}^{-1}$ 时，$0.57\sim1.1\text{g}$

10. (1) 1.19g (2) 1.34g

习题 9-2

5. (1) 能，苯酚红 (2) 不能 (3) 不能 (4) 不能 (5) 能，甲基红

6. (1) 第一级能准确分步滴定，第二级不能准确滴定
    (2) 不能，三级同时被准确滴定
    (3) 不能，两种酸同时被准确滴定
    (4) 能分别滴定混合酸中的 H_2SO_4，H_3BO_3 不能直接准确滴定

7. $pH_{sp_1}=4.0$，选甲基橙指示剂；$pH_{sp_2}=9.0$，选酚酞指示剂

8. 双指示剂法

10. $pH_{sp}=4.30$，突跃范围为 $5.00\sim3.60$，可选择的指示剂有甲基橙、溴酚蓝、溴甲酚绿、甲基红等

11. $pH_{sp}=9.27$，滴定突跃为 $8.54\sim10.00$，可选择的指示剂有百里酚蓝、酚酞、百里酚酞等

12. 84.7%

13. $w(\text{Na}_2\text{CO}_3)=29.44\%$，$w(\text{NaHCO}_3)=34.23\%$

14. $w(\text{Na}_2\text{CO}_3)=64.83\%$，$w(\text{NaOH})=24.56\%$

15. 5.66mL，$w(\text{Na}_2\text{CO}_3)=33.80\%$，$w(\text{NaOH})=66.20\%$

16. 98.4%

17. $pH=12.06$

18. $pK_a^{\ominus}=4.20$，122，此酸为苯甲酸 C_6H_5COOH

19. 54.84%

20. -15%，$+0.20\%$

习题 9-3

8. (1) $pH=5.0$，$\lg K_{\text{ZnY}^{2-}}^{\ominus'}=10.05>8$，能滴定 Zn^{2+}；$\lg K_{\text{CaY}^{2-}}^{\ominus'}=4.24<8$，不能滴定 Ca^{2+}
    (2) $pH=10.0$，$\lg K_{\text{CaY}^{2-}}^{\ominus'}=10.24>8$，能滴定 Ca^{2+}

9. (1) $pH=6.0$ 时，$\lg K_{\text{MgY}^{2-}}^{\ominus'}=4.04$，不能准确滴定 (2) $pH_{\min}=9.7$

10. (1) 可分步滴定 (2) $3.3<pH<7.4$

11. (1) $c(\text{EDTA})=0.01008\text{mol}\cdot\text{L}^{-1}$ (2) $T_{\text{ZnO/EDTA}}=0.820\text{mg}\cdot\text{mL}^{-1}$，$T_{\text{Fe}_2\text{O}_3/\text{EDTA}}=0.805\text{mg}\cdot\text{mL}^{-1}$

12. $w(\text{Mg}^{2+})=3.99\%$，$w(\text{Zn}^{2+})=35.06\%$，$w(\text{Cu}^{2+})=60.75\%$

13. (1) $332.1\text{ CaCO}_3\text{ mg}\cdot\text{L}^{-1}$ (2) $203.7\text{ CaCO}_3\text{ mg}\cdot\text{L}^{-1}$，$108.1\text{ MgCO}_3\text{ mg}\cdot\text{L}^{-1}$

14. 68.33%

15. 98%

习题 9-4

2. $E^{\ominus'}(\text{Ag}^+/\text{Ag})=0.22\text{V}$

7. 1.00V，0.88V

8. 反应程度为 99.9999%，$E_{sp}=0.32\text{V}$，滴定突跃为 $0.23\sim0.50\text{V}$，选亚甲基蓝（0.36V）为指示剂，滴定终点和化学计量点基本一致

9. $c(\text{KMnO}_4)=0.06720\text{mol}\cdot\text{L}^{-1}$

10. $w(\text{Ca})=22.14\%$

11. $w(\text{MnO}_2)=60.86\%$

12. $w(\text{PbO})=36.18\%$，$w(\text{PbO}_2)=19.38\%$

13. $w(\text{FeO})=35.92\%$，$w(\text{Al}_2\text{O}_3)=10.08\%$

14. $w(Cr) = 3.241\%$
15. $w(FeCl_3 \cdot 6H_2O) = 98.2\%$，一级品
16. $w(S) = 3.53\%$
17. $c(KI) = 0.02897 \text{mol} \cdot L^{-1}$
18. $w(BaCl_2) = 47.12\%$
19. $w(丙酮) = 38.72\%$

习题 9-5

5. (1) $M(P_2O_5)/2M[(NH_4)_3PO_4 \cdot 12MoO_3]$ (2) $2M(MgSO_4 \cdot 7H_2O)/M(Mg_2P_2O_7)$
   (3) $2M(FeO)/M(Fe_2O_3)$ (4) $M(Al_2O_3)/2M[Al(C_9H_6ON)_3]$
6. (1) 铬酸钾 (2) 铁铵矾 (3) 吸附指示剂 (4) 铬酸钾，铁铵矾，吸附指示剂
7. (1) 偏高 (2) 无影响 (3) 偏低 (4) 偏高 (5) 偏低
8. $m(FeSO_4 \cdot 7H_2O) = 0.7g$
9. $w = 31.65\%$
10. $w(K_2O) = 4.845\%$
11. $\rho(NaCl) = 8.89 \text{g} \cdot L^{-1}$
12. 270L
13. 40.59%
14. $c(AgNO_3) = 0.1711 \text{mol} \cdot L^{-1}$，$c(NH_4SCN) = 0.2503 \text{mol} \cdot L^{-1}$
15. $w(KCl) = 34.80\%$，$w(KBr) = 65.20\%$
16. $w(NaCl) = 15.69\%$，$w(NaBr) = 20.69\%$

第 10 章 分光光度法

7. $a = 86 \text{L} \cdot \text{g}^{-1} \cdot \text{cm}^{-1}$，$\varepsilon = 5.0 \times 10^3 \text{L} \cdot \text{mol}^{-1} \cdot \text{cm}^{-1}$
8. $1.3 \times 10^{-5} \text{mol} \cdot L^{-1}$
9. 不符合朗伯-比尔定律
10. $211 \text{mg} \cdot L^{-1}$
11. 0.036mg
12. 98%
13. (1) 0.11g (2) $1.7 \times 10^{-5} \sim 6.4 \times 10^{-5} \text{mol} \cdot L^{-1}$
14. $KMnO_4$ 浓度为 $2.3 \times 10^{-4} \text{mol} \cdot L^{-1}$，$K_2Cr_2O_7$ 浓度为 $8.3 \times 10^{-4} \text{mol} \cdot L^{-1}$
15. 3.34
16. 配合物组成为 MnR，$\varepsilon = 2.3 \times 10^3 \text{L} \cdot \text{mol}^{-1} \cdot \text{cm}^{-1}$，$K_f^{\ominus} = 1.2 \times 10^5$

第 12 章 无机及分析化学中常用的分离和富集方法

6. 能使 Fe^{3+}、Mg^{2+} 分离完全
7. 92.9%
8. 萃取 1 次 0.1mg，萃取 2 次 0.004mg
9. pH=1 时，96.8%；pH=5 时，90.9%

附 录

附录1 一些重要的物理常数

物 理 量	符号	数 值	物 理 量	符号	数 值
摩尔气体常数	R	$8.314510 \text{ J·mol}^{-1}\text{·K}^{-1}$	理想气体摩尔体积	V_m	$2.241410 \times 10^{-2} \text{ m}^3\text{mol}^{-1}$
真空中的光速	c	$2.99792458 \times 10^8 \text{ m·s}^{-1}$	阿伏伽德罗常数	N_A	$6.0221367 \times 10^{23} \text{ mol}^{-1}$
电子的电荷	e	$1.60217733 \times 10^{-19} \text{ C}$	法拉第常数	F	$9.6485309 \times 10^4 \text{ C·mol}^{-1}$
原子质量单位	μ	$1.6605402 \times 10^{-27} \text{ kg}$	里德堡常数	R	$1.0973731534 \times 10^{-7} \text{ m}^{-1}$
电子静质量	m_e	$9.1093897 \times 10^{-31} \text{ kg}$	普朗克常数	h	$6.6260755 \times 10^{-34} \text{ J·s}$
质子静质量	m_p	$1.6726231 \times 10^{-27} \text{ kg}$	玻尔兹曼常数	k	$1.380658 \times 10^{-23} \text{ J·K}^{-1}$
中子静质量	m_n	$1.6749543 \times 10^{-27} \text{ kg}$	真空介电常数	ε_0	$8.854188 \times 10^{-12} \text{ F·m}^{-1}$

附录2 某些物质的标准摩尔生成焓、标准摩尔生成吉布斯函数（25℃，标准态压力 $p^{\ominus}=100\text{kPa}$）

物 质	$\Delta_f H_m^{\ominus}$ /kJ·mol^{-1}	$\Delta_f G_m^{\ominus}$ /kJ·mol^{-1}	$S_m^{\ominus}$/J· mol^{-1}·K^{-1}	物 质	$\Delta_f H_m^{\ominus}$ /kJ·mol^{-1}	$\Delta_f G_m^{\ominus}$ /kJ·mol^{-1}	$S_m^{\ominus}$/J· mol^{-1}·K^{-1}
Ag(s)	0	0	42.55	Br$_2$(l)	0	0	152.231
Ag$^+$(aq)	105.4	76.98	72.8	Br$_2$(g)	30.907	3.110	245.463
AgBr(s)	−100.37	−96.90	107.1	Br$^-$(aq)	−121	−104	82.4
AgCl(s)	−127.068	−109.789	96.2	HBr(g)	−36.40	−53.45	198.695
AgI(s)	−61.84	−66.19	115.5	C(石墨)	0	0	5.740
AgNO$_3$(s)	−124.39	−33.41	140.92	C(金刚石)	1.895	2.900	2.377
Ag$_2$CO$_3$(s)	−505.8	−436.8	167.4	Ca(s)	0	0	41.42
Ag$_2$O(s)	−31.05	−11.20	121.3	Ca^{2+}(aq)	−542.7	−553.5	−53.1
Ag$_2$S(α,s)	−32.59	−40.67	144.0	CaC$_2$(s)	−59.8	−64.9	69.96
Al(s)	0	0	28.33	CaCO$_3$(方解石)	−1206.92	−1128.79	92.9
Al$_2$O$_3$(α,刚玉)	−1675.7	−1582.3	50.92	CaO(s)	−635.09	−604.03	39.75
Al^{3+}(aq)	−531	−485	−322	Ca(OH)$_2$(s)	−986.09	−898.49	76.1
B(s)	0	0	5.85	CaSO$_4$(s)	−1434.1	−1321.9	107
B$_2$O$_3$(s)	−1272.8	−1193.7	54.0	CO(g)	−110.525	−137.168	197.674
B$_2$H$_6$(g)	35.6	86.6	232	CO$_2$(g)	−393.509	−394.359	213.74
H$_3$BO$_3$(s)	−1094.5	−969.0	88.8	CS$_2$(l)	89.70	65.27	151.3
Ba(s)	0	0	62.8	CS$_2$(g)	117.36	67.12	237.84
Ba^{2+}(aq)	−537.6	−560.7	9.6	CCl$_4$(l)	−135.44	−65.21	216.40
BaO(s)	−553.5	−525.1	70.4	CCl$_4$(g)	−102.9	−60.59	309.85
BaCO$_3$(s)	−1216	−1138	112	HCN(l)	−108.87	124.97	112.84
BaSO$_4$(s)	−1473	−1362	132	HCN(g)	135.1	124.7	201.78

续表

物 质	$\Delta_f H_m^{\ominus}$ /kJ·mol^{-1}	$\Delta_f G_m^{\ominus}$ /kJ·mol^{-1}	$S_m^{\ominus}$/J· mol^{-1}·K^{-1}	物 质	$\Delta_f H_m^{\ominus}$ /kJ·mol^{-1}	$\Delta_f G_m^{\ominus}$ /kJ·mol^{-1}	$S_m^{\ominus}$/J· mol^{-1}·K^{-1}
$Cl_2(g)$	0	0	223.066	$Li^+(aq)$	−278.5	−293.3	13
$Cl^-(aq)$	−167.2	−131.3	56.5	$Li_2O(s)$	−597.9	−561.1	37.6
$HCl(g)$	−92.307	−95.299	186.91	$Mg(s)$	0	0	32.68
$Co(s)$	0	0	30.0	$MgCl_2(s)$	−641.32	−591.79	89.62
$Co^{2+}(aq)$	−58.2	−54.3	−113	$MgO(s)$	−601.70	−569.43	26.94
$CoCl_2(s)$	−312.5	−270	109.2	$Mg(OH)_2(s)$	−924.54	−833.51	63.18
$Cr(s)$	0	0	23.77	$Mn(s,\alpha)$	0	0	32.0
$Cr_2O_3(s)$	−1140	−1058	81.2	$Mn^{2+}(aq)$	−220.7	−228	−73.6
$CrO_4^{2-}(aq)$	−881.1	−728	50.2	$MnO_2(s)$	−520.1	−465.3	53.1
$Cr_2O_7^{2-}(aq)$	−1490	−1301	262	$Na(s)$	0	0	51.21
$Cu(s)$	0	0	33.150	$Na_2CO_3(s)$	−1130.68	−1044.44	134.98
$Cu^+(aq)$	71.5	50.2	41	$NaHCO_3(s)$	−950.81	−851.0	101.7
$Cu^{2+}(aq)$	64.77	65.52	−99.6	$NaCl(s)$	−411.153	−384.138	72.13
$CuO(s)$	−157.3	−129.7	42.63	$NaNO_3(s)$	−467.85	−367.00	116.52
$Cu_2O(s)$	−168.6	−146.0	93.14	$Na_2O(s)$	−416	−377	72.8
$CuSO_4(s)$	−771.5	−661.9	109	$NaOH(s)$	−425.609	−379.494	64.455
$F_2(g)$	0	0	202.78	$Na_2SO_4(s,正交)$	−1387.08	−1270.16	149.58
$F^-(aq)$	−333	−279	−14	$N_2(g)$	0	0	191.61
$HF(g)$	−271.1	−273.2	173.779	$NH_3(g)$	−46.11	−16.45	192.45
$Fe(s)$	0	0	27.28	$N_2H_4(l)$	50.63	149.3	121.2
$Fe^{2+}(aq)$	−89.1	−78.6	−138	$NO(g)$	90.25	86.55	210.761
$Fe^{3+}(aq)$	−48.5	−4.6	−316	$NO_2(g)$	33.18	51.31	240.06
$FeCl_2(s)$	−341.79	−302.30	117.9	$N_2O(g)$	82.05	104.20	219.85
$FeCl_3(s)$	−399.49	−334.0	142.3	$N_2O_3(g)$	83.72	139.46	312.28
$FeO(s)$	−272.0			$N_2O_4(g)$	9.16	97.89	304.29
$Fe_2O_3(s)(赤铁矿)$	−824.2	−742.2	87.40	$N_2O_5(g)$	11.3	115.1	355.7
$Fe_3O_4(s)(磁铁矿)$	−1118.4	−1015.4	146.4	$HNO_3(g)$	−135.06	−74.72	266.38
$FeSO_4(s)$	−928.4	−820.8	107.5	$HNO_3(l)$	−174.10	−80.71	155.60
$H_2(g)$	0	0	130.684	$NH_4HCO_3(s)$	−849.4	−666.0	121
$H^+(aq)$	0	0	0	$O_2(g)$	0	0	205.138
$H_2O(l)$	−285.830	−237.129	69.91	$O_3(g)$	142.7	163.2	238.93
$H_2O(g)$	−241.818	−228.572	188.825	$P(s,白磷)$	0	0	41.09
$H_2O_2(l)$	−187.8	−120.4	109.6	$P(红磷,三斜)$	−17.6	−12.1	22.80
$OH^-(aq)$	−230.0	−157.3	−10.8	$P_4(g)$	58.91	24.44	279.98
$Hg(l)$	0	0	76.1	$PCl_3(g)$	−287.0	−267.8	311.78
$Hg^{2+}(aq)$	171	164	−32	$PCl_5(g)$	−374.9	−305.0	364.58
$Hg_2^{2+}(aq)$	172	153	84.5	$H_3PO_4(s)$	−1279	−1119.1	110.50
$HgO(s,红色)$	−90.83	−58.56	70.3	$S(s,正交)$	0	0	31.80
$HgO(s,黄色)$	−90.4	−58.43	71.1	$H_2S(g)$	−20.63	−33.56	205.79
$HgI_2(s,红色)$	−105	−102	180	$SO_2(g)$	−296.830	−300.194	248.22
$HgS(s,红色)$	−58.1	−50.6	82.4	$SO_3(g)$	−395.72	−371.06	256.76
$I_2(s)$	0	0	116.135	$H_2SO_4(l)$	−813.989	−690.003	156.904
$I_2(g)$	62.438	19.327	260.69	$Si(s)$	0	0	18.83
$I^-(aq)$	−55.19	−51.59	111	$SiCl_4(l)$	−687.0	−619.84	239.7
$HI(g)$	26.48	1.70	206.594	$SiCl_4(g)$	−657.01	−616.98	330.73
$K(s)$	0	0	64.7	$SiH_4(g)$	34.3	56.9	204.62
$K^+(aq)$	−252.4	−283	102	$SiO_2(石英)$	−910.94	−856.64	41.84
$KCl(s)$	−436.8	−409.2	82.59	$SiO_2(无定形)$	−903.49	−850.70	46.9
$Li(s)$	0	0	29.12	$Zn(s)$	0	0	41.63

续表

物质	$\Delta_f H_m^\ominus$ /kJ·mol^{-1}	$\Delta_f G_m^\ominus$ /kJ·mol^{-1}	$S_m^\ominus$ /J·mol^{-1}·K^{-1}	物质	$\Delta_f H_m^\ominus$ /kJ·mol^{-1}	$\Delta_f G_m^\ominus$ /kJ·mol^{-1}	$S_m^\ominus$ /J·mol^{-1}·K^{-1}
$ZnCO_3(s)$	−812.78	−731.52	82.4	$C_2H_5OH(l)$	−277.69	−174.78	160.7
$ZnCl_2(s)$	−415.05	−369.398	111.46	$C_2H_5OH(g)$	−235.10	−168.49	282.70
$ZnO(s)$	−348.28	−318.30	43.64	$(CH_3)_2O(g)$	−184.05	−112.59	266.38
$CH_4(g)$	−74.81	−50.72	188.264	$HCHO(g)$	−108.57	−102.53	218.77
$C_2H_6(g)$	−84.68	−32.82	229.60	$CH_3CHO(l)$	−192.30	−128.12	160.2
$C_2H_4(g)$	52.26	68.15	219.56	$CH_3CHO(g)$	−166.19	−128.86	250.3
$C_2H_2(g)$	226.73	209.20	200.94	$HCOOH(l)$	−424.72	−361.35	128.95
$CH_3OH(l)$	−238.66	−166.27	126.8	$CH_3COOH(l)$	−484.5	−389.9	159.8
$CH_3OH(g)$	−200.66	−161.96	239.81	$C_6H_{12}O_6(s)$	−1274.4	−910.5	212

附录3 常见弱酸和弱碱的标准解离常数

名称	温度/℃	解离常数	p$K^\ominus$
砷酸 H_3AsO_4	18	$K_{a_1}^\ominus=5.6\times10^{-3}$	2.25
		$K_{a_2}^\ominus=1.7\times10^{-7}$	6.77
		$K_{a_3}^\ominus=3.0\times10^{-12}$	11.50
硼酸 H_3BO_3	20	$K_a^\ominus=5.7\times10^{-10}$	9.24
氢氰酸 HCN	25	$K_a^\ominus=6.2\times10^{-10}$	9.21
碳酸 H_2CO_3	25	$K_{a_1}^\ominus=4.2\times10^{-7}$	6.38
		$K_{a_2}^\ominus=5.6\times10^{-11}$	10.25
铬酸 H_2CrO_4	25	$K_{a_1}^\ominus=1.8\times10^{-1}$	0.74
		$K_{a_2}^\ominus=3.2\times10^{-7}$	6.49
氢氟酸 HF	25	$K_a^\ominus=3.5\times10^{-4}$	3.46
亚硝酸 HNO_2	25	$K_a^\ominus=4.6\times10^{-4}$	3.37
磷酸 H_3PO_4	25	$K_{a_1}^\ominus=7.6\times10^{-3}$	2.12
		$K_{a_2}^\ominus=6.3\times10^{-8}$	7.20
		$K_{a_3}^\ominus=4.4\times10^{-13}$	12.36
硫化氢 H_2S	25	$K_{a_1}^\ominus=1.3\times10^{-7}$	6.89
		$K_{a_2}^\ominus=7.1\times10^{-15}$	14.15
亚硫酸 H_2SO_3	18	$K_{a_1}^\ominus=1.3\times10^{-2}$	1.90
		$K_{a_2}^\ominus=6.3\times10^{-8}$	7.20
硫酸 H_2SO_4	25	$K_a^\ominus=1.0\times10^{-2}$	1.99
甲酸 HCOOH	20	$K_a^\ominus=1.8\times10^{-4}$	3.74
醋酸 CH_3COOH	20	$K_a^\ominus=1.8\times10^{-5}$	4.74
一氯乙酸 $CH_2ClCOOH$	25	$K_a^\ominus=1.4\times10^{-3}$	2.86
二氯乙酸 $CHCl_2COOH$	25	$K_a^\ominus=5.0\times10^{-2}$	1.30
三氯乙酸 CCl_3COOH	25	$K_a^\ominus=0.23$	0.64
草酸 $H_2C_2O_4$	25	$K_{a_1}^\ominus=5.9\times10^{-2}$	1.23
		$K_{a_2}^\ominus=6.4\times10^{-5}$	4.19

续表

名称	温度/℃	解离常数	$pK^{\ominus}$
琥珀酸 $(CH_2COOH)_2$	25	$K_{a1}^{\ominus}=6.4\times10^{-5}$	4.19
		$K_{a2}^{\ominus}=2.7\times10^{-6}$	5.57
酒石酸 CH(OH)COOH 　　　　| 　　　　CH(OH)COOH	25	$K_{a1}^{\ominus}=9.1\times10^{-4}$	3.04
		$K_{a2}^{\ominus}=4.3\times10^{-5}$	4.37
柠檬酸 CH_2COOH 　　　　| 　　　　C(OH)COOH 　　　　| 　　　　CH_2COOH	18	$K_{a1}^{\ominus}=7.4\times10^{-4}$	3.13
		$K_{a2}^{\ominus}=1.7\times10^{-5}$	4.76
		$K_{a3}^{\ominus}=4.0\times10^{-7}$	6.40
苯酚 C_6H_5OH	20	$K_a^{\ominus}=1.1\times10^{-10}$	9.95
苯甲酸 C_6H_5COOH	25	$K_a^{\ominus}=6.2\times10^{-5}$	4.21
水杨酸 $C_6H_4(OH)COOH$	18	$K_{a1}^{\ominus}=1.07\times10^{-3}$	2.97
		$K_{a2}^{\ominus}=4\times10^{-14}$	13.40
邻苯二甲酸 $C_6H_4(COOH)_2$	25	$K_{a1}^{\ominus}=1.3\times10^{-3}$	2.89
		$K_{a2}^{\ominus}=3.89\times10^{-6}$	5.41
氨水 $NH_3\cdot H_2O$	25	$K_b^{\ominus}=1.8\times10^{-5}$	4.74
羟胺 NH_2OH	20	$K_b^{\ominus}=9.1\times10^{-9}$	8.04
苯胺 $C_6H_5NH_2$	25	$K_b^{\ominus}=4.6\times10^{-10}$	9.34
乙二胺 $H_2NCH_2CH_2NH_2$	25	$K_{b1}^{\ominus}=8.5\times10^{-5}$	4.07
		$K_{b2}^{\ominus}=7.1\times10^{-8}$	7.15
六亚甲基四胺 $(CH_2)_6N_4$	25	$K_b^{\ominus}=1.4\times10^{-9}$	8.85
吡啶 C_5H_5N	25	$K_b^{\ominus}=1.7\times10^{-9}$	8.77

附录4　常见配离子的稳定常数（298.15K）

配离子	$K_f^{\ominus}$	配离子	$K_f^{\ominus}$	配离子	$K_f^{\ominus}$
$[Ag(CN)_2]^-$	1.3×10^{21}	$[Co(en)_3]^{2+}$	8.69×10^{13}	$[Hg(CN)_4]^{2-}$	2.5×10^{41}
$[AgCl_2]^-$	1.10×10^5	$[Co(en)_3]^{3+}$	4.90×10^{48}	$[Hg(en)_2]^{2+}$	2.00×10^{23}
$[Ag(en)_2]^+$	5.00×10^7	$[Co(NH_3)_6]^{2+}$	1.29×10^5	$[HgI_4]^{2-}$	6.76×10^{29}
$[AgI_2]^-$	5.49×10^{11}	$[Co(NH_3)_6]^{3+}$	1.58×10^{35}	$[Hg(NH_3)_4]^{2+}$	1.90×10^{19}
$[AgI_3]^{2-}$	4.78×10^{13}	$[Co(SCN)_4]^{2-}$	1.00×10^5	$[Hg(SCN)_4]^{2-}$	1.70×10^{21}
$[Ag(NH_3)_2]^+$	1.12×10^7	$[Cr(OH)_4]^-$	7.94×10^{29}	$[Hg(S_2O_3)_2]^{2-}$	2.75×10^{29}
$[Ag(SCN)_2]^-$	3.72×10^7	$[Cu(CN)_2]^-$	1.0×10^{16}	$[Hg(S_2O_3)_4]^{6-}$	1.74×10^{33}
$[Ag(SCN)_4]^{3-}$	1.20×10^{10}	$[Cu(CN)_4]^{3-}$	2.00×10^{30}	$[Mn(en)_3]^{2+}$	4.67×10^5
$[Ag(S_2O_3)_2]^{3-}$	2.88×10^{13}	$[Cu(en)_2]^+$	6.33×10^{10}	$[Ni(CN)_4]^{2-}$	2.0×10^{31}
$[AlF_6]^{3-}$	6.94×10^{19}	$[Cu(en)_3]^{2+}$	1.0×10^{21}	$[Ni(en)_3]^{2+}$	2.14×10^{18}
$[Al(OH)_4]^-$	1.07×10^{33}	$[CuI_2]^-$	7.09×10^8	$[Ni(NH_3)_4]^{2+}$	9.09×10^7
$[Au(CN)_2]^-$	2.0×10^{38}	$[Cu(NH_3)_2]^+$	7.25×10^{10}	$[Ni(NH_3)_6]^{2+}$	5.49×10^8
$[Au(SCN)_2]^-$	1.0×10^{23}	$[Cu(NH_3)_4]^{2+}$	2.09×10^{13}	$[Ni(P_2O_7)_2]^{6-}$	2.5×10^2
$[Au(SCN)_4]^{3-}$	1.0×10^{42}	$[Cu(OH)_4]^{2-}$	3.16×10^{18}	$[Ni(SCN)_3]^-$	64.5
$[Bi(OH)_4]^-$	1.59×10^{35}	$[Cu(P_2O_7)_2]^{6-}$	1.0×10^8	$[PbCl_4]^{2-}$	39.8
$[Ca(P_2O_7)_2]^{2-}$	4.0×10^4	$[Cu(SCN)_2]^-$	1.51×10^5	$[PbI_4]^{2-}$	2.95×10^4
$[Cd(CN)_4]^{2-}$	6.02×10^{18}	$[Cu(S_2O_3)_2]^{3-}$	1.66×10^{12}	$[Pb(P_2O_7)_2]^{2-}$	2.0×10^5
$[Cd(en)_3]^{2+}$	1.20×10^{12}	$[Fe(CN)_6]^{4-}$	1.0×10^{35}	$[Pb(S_2O_3)_2]^{2-}$	1.35×10^5
$[Cd(SCN)_4]^{2-}$	3.98×10^3	$[Fe(CN)_6]^{3-}$	1.0×10^{42}	$[PtCl_4]^{2-}$	1.0×10^{16}
$[CdI_4]^{2-}$	2.57×10^6	$[Fe(en)_3]^{2+}$	5.00×10^9	$[Pt(NH_3)_6]^{2+}$	2.00×10^{35}
$[Cd(NH_3)_4]^{2+}$	1.32×10^7	$[FeF_6]^{3-}$	1.0×10^{16}	$[Zn(CN)_4]^{2-}$	5.0×10^{16}
$[Cd(OH)_4]^{2-}$	4.17×10^8	$[Fe(OH)_4]^-$	3.80×10^8	$[Zn(en)_3]^{2+}$	1.29×10^{14}
$[Cd(P_2O_7)_2]^{2-}$	4.0×10^5	$[Fe(NCS)_2]^+$	2.29×10^3	$[Zn(NH_3)_4]^{2+}$	2.88×10^9
$[Cd(S_2O_3)_2]^{2-}$	2.75×10^6	$[HgCl_4]^{2-}$	1.17×10^{15}		

附录5 常见难溶和微溶电解质的溶度积常数

($18\sim25$ ℃，$I=0$)

微溶化合物	$K_{sp}^{\ominus}$	微溶化合物	$K_{sp}^{\ominus}$	微溶化合物	$K_{sp}^{\ominus}$
Ag_3AsO_4	1×10^{-22}	$Co(OH)_2$ 新析出	2×10^{-15}	MnS 晶形	2×10^{-13}
AgBr	5.0×10^{-13}	$Co(OH)_3$	2×10^{-44}	$NiCO_3$	6.6×10^{-9}
Ag_2CO_3	8.1×10^{-12}	$Co[Hg(SCN)_4]$	1.5×10^{-6}	$Ni(OH)_2$ 新析出	2×10^{-15}
AgCl	1.8×10^{-10}	α-CoS	4×10^{-21}	$Ni_3(PO_4)_2$	5×10^{-31}
Ag_2CrO_4	2.0×10^{-12}	β-CoS	2×10^{-25}	α-NiS	3×10^{-19}
AgCN	1.2×10^{-16}	$Co_3(PO_4)_2$	2×10^{-35}	β-NiS	1×10^{-24}
AgOH	2.0×10^{-8}	$Cr(OH)_3$	6×10^{-31}	γ-NiS	2×10^{-26}
AgI	9.3×10^{-17}	CuBr	5.2×10^{-9}	$PbCO_3$	7.4×10^{-14}
$Ag_2C_2O_4$	3.5×10^{-11}	CuCl	1.2×10^{-6}	$PbCl_2$	1.6×10^{-5}
Ag_3PO_4	1.4×10^{-16}	CuCN	3.2×10^{-20}	PbClF	2.4×10^{-9}
Ag_2SO_4	1.4×10^{-5}	CuI	1.1×10^{-12}	$PbCrO_4$	2.8×10^{-13}
Ag_2S	2×10^{-49}	CuOH	1×10^{-14}	PbF_2	2.7×10^{-8}
AgSCN	1.0×10^{-12}	Cu_2S	2×10^{-48}	$Pb(OH)_2$	1.2×10^{-15}
$Al(OH)_3$ 无定形	1.3×10^{-33}	CuSCN	4.8×10^{-15}	PbI_2	7.1×10^{-9}
As_2S_3[①]	2.1×10^{-22}	$CuCO_3$	1.4×10^{-10}	$PbMoO_4$	1×10^{-13}
$BaCO_3$	5.1×10^{-9}	$Cu(OH)_2$	2.2×10^{-20}	$Pb_3(PO_4)_2$	8.0×10^{-43}
$BaCrO_4$	1.2×10^{-10}	CuS	6×10^{-36}	$PbSO_4$	1.6×10^{-8}
BaF_2	1×10^{-6}	$FeCO_3$	3.2×10^{-11}	PbS	8×10^{-28}
$BaC_2O_4\cdot H_2O$	2.3×10^{-8}	$Fe(OH)_2$	8×10^{-16}	$Pb(OH)_4$	3×10^{-66}
$BaSO_4$	1.1×10^{-10}	FeS	6×10^{-18}	$Sb(OH)_3$	4×10^{-42}
$Bi(OH)_3$	4×10^{-31}	$Fe(OH)_3$	4×10^{-38}	Sb_2S_3	2×10^{-93}
BiOOH	4×10^{-10}	$FePO_4$	1.3×10^{-22}	$Sn(OH)_2$	1.4×10^{-28}
BiI_3	8.1×10^{-19}	Hg_2Br_2	5.8×10^{-23}	SnS	1×10^{-25}
BiOCl	1.8×10^{-31}	Hg_2CO_3	8.9×10^{-17}	$Sn(OH)_4$	1×10^{-56}
$BiPO_4$	1.3×10^{-23}	Hg_2Cl_2	1.3×10^{-18}	SnS_2	2×10^{-27}
Bi_2S_3	1×10^{-97}	$Hg_2(OH)_2$	2×10^{-24}	$SrCO_3$	1.1×10^{-10}
$CaCO_3$	2.9×10^{-9}	Hg_2I_2	4.5×10^{-29}	$SrCrO_4$	2.2×10^{-5}
CaF_2	2.7×10^{-11}	Hg_2SO_4	7.4×10^{-7}	SrF_2	2.4×10^{-9}
$CaC_2O_4\cdot H_2O$	2.0×10^{-9}	Hg_2S	1×10^{-47}	$SrC_2O_4\cdot H_2O$	1.6×10^{-7}
$Ca_3(PO_4)_2$	2.0×10^{-29}	$Hg(OH)_2$	3×10^{-26}	$Sr_3(PO_4)_2$	4.1×10^{-28}
$CaSO_4$	9.1×10^{-6}	HgS 红色	4×10^{-53}	$SrSO_4$	3.2×10^{-7}
$CaWO_4$	8.7×10^{-9}	黑色	2×10^{-52}	$Ti(OH)_3$	1×10^{-40}
$CdCO_3$	5.2×10^{-12}	$MgNH_4PO_4$	2×10^{-13}	$TiO(OH)_2$	1×10^{-29}
$Cd_2[Fe(CN)_6]$	3.2×10^{-17}	$MgCO_3$	3.5×10^{-8}	$ZnCO_3$	1.4×10^{-11}
$Cd(OH)_2$ 新析出	2.5×10^{-14}	MgF_2	6.4×10^{-9}	$Zn_2[Fe(CN)_6]$	4.1×10^{-16}
$CdC_2O_4\cdot3H_2O$	9.1×10^{-8}	$Mg(OH)_2$	1.8×10^{-11}	$Zn(OH)_2$	1.2×10^{-17}
CdS	8×10^{-27}	$MnCO_3$	1.8×10^{-11}	$Zn_3(PO_4)_2$	9.1×10^{-33}
$CoCO_3$	1.4×10^{-13}	$Mn(OH)_2$	1.9×10^{-13}	ZnS	2×10^{-22}
$Co_2[Fe(CN)_6]$	1.8×10^{-15}	MnS 无定形	2×10^{-10}		

① 为下列反应的平衡常数 $As_2S_3+4H_2O \rightleftharpoons 2HAsO_2+3H_2S$。

附录6 标准电极电势 (298.15K)

6.1 在酸性介质中

电极反应	$E_A^{\ominus}/V$	电极反应	$E_A^{\ominus}/V$
$Li^+ + e^- \rightleftharpoons Li$	-3.045	$O_2 + 2H^+ + 2e^- \rightleftharpoons H_2O_2$	0.682
$K^+ + e^- \rightleftharpoons K$	-2.925	$Fe^{3+} + e^- \rightleftharpoons Fe^{2+}$	0.771
$Rb^+ + e^- \rightleftharpoons Rb$	-2.925	$Hg_2^{2+} + 2e^- \rightleftharpoons 2Hg$	0.788
$Cs^+ + e^- \rightleftharpoons Cs$	-2.923	$Ag^+ + e^- \rightleftharpoons Ag$	0.7991
$Ba^{2+} + 2e^- \rightleftharpoons Ba$	-2.906	$Hg^{2+} + 2e^- \rightleftharpoons Hg$	0.854
$Ca^{2+} + 2e^- \rightleftharpoons Ca$	-2.866	$2Hg^{2+} + 2e^- \rightleftharpoons Hg_2^{2+}$	0.907
$Na^+ + e^- \rightleftharpoons Na$	-2.714	$Pd^{2+} + 2e^- \rightleftharpoons Pd$	0.92
$La^{3+} + 3e^- \rightleftharpoons La$	-2.522	$NO_3^- + 3H^+ + 2e^- \rightleftharpoons HNO_2 + H_2O$	0.94
$Mg^{2+} + 2e^- \rightleftharpoons Mg$	-2.363	$NO_3^- + 4H^+ + 3e^- \rightleftharpoons NO + 2H_2O$	0.96
$Be^{2+} + 2e^- \rightleftharpoons Be$	-1.847	$HNO_2 + H^+ + e^- \rightleftharpoons NO + H_2O$	0.98
$Al^{3+} + 3e^- \rightleftharpoons Al$	-1.662	$[AuCl_4]^- + 3e^- \rightleftharpoons Au + 4Cl^-$	1.00
$Ti^{2+} + 2e^- \rightleftharpoons Ti$	-1.628	$Br_2(l) + 2e^- \rightleftharpoons 2Br^-$	1.0652
$Zr^{4+} + 4e^- \rightleftharpoons Zr$	-1.529	$Br_2(aq) + 2e^- \rightleftharpoons 2Br^-$	1.08
$V^{2+} + 2e^- \rightleftharpoons V$	-1.186	$IO_3^- + 5H^+ + 4e^- \rightleftharpoons HIO + 2H_2O$	1.14
$Mn^{2+} + 2e^- \rightleftharpoons Mn$	-1.180	$Ag_2O + 2H^+ + 2e^- \rightleftharpoons 2Ag + H_2O$	1.17
$Se + 2e^- \rightleftharpoons Se^{2-}$	-0.77	$ClO_4^- + 2H^+ + 2e^- \rightleftharpoons ClO_3^- + H_2O$	1.19
$Zn^{2+} + 2e^- \rightleftharpoons Zn$	-0.7628	$2IO_3^- + 12H^+ + 10e^- \rightleftharpoons I_2 + 6H_2O$	1.20
$Cr^{3+} + 3e^- \rightleftharpoons Cr$	-0.744	$ClO_3^- + 3H^+ + 2e^- \rightleftharpoons HClO_2 + H_2O$	1.21
$Ga^{3+} + 3e^- \rightleftharpoons Ga$	-0.529	$O_2(g) + 4H^+ + 4e^- \rightleftharpoons 2H_2O$	1.229
$Fe^{2+} + 2e^- \rightleftharpoons Fe$	-0.4402	$MnO_2 + 4H^+ + 2e^- \rightleftharpoons Mn^{2+} + 2H_2O$	1.23
$Cr^{3+} + e^- \rightleftharpoons Cr^{2+}$	-0.408	$Cr_2O_7^{2-} + 14H^+ + 6e^- \rightleftharpoons 2Cr^{3+} + 7H_2O$	1.33
$Cd^{2+} + 2e^- \rightleftharpoons Cd$	-0.4029	$2ClO_4^- + 16H^+ + 14e^- \rightleftharpoons Cl_2 + 8H_2O$	1.34
$Ti^{3+} + e^- \rightleftharpoons Ti^{2+}$	-0.369	$Cl_2(g) + 2e^- \rightleftharpoons 2Cl^-$	1.3595
$PbSO_4(s) + 2e^- \rightleftharpoons Pb + SO_4^{2-}$	-0.356	$Au^{3+} + 2e^- \rightleftharpoons Au^+$	1.41
$Co^{2+} + 2e^- \rightleftharpoons Co$	-0.277	$BrO_3^- + 6H^+ + 6e^- \rightleftharpoons Br^- + 3H_2O$	1.44
$Ni^{2+} + 2e^- \rightleftharpoons Ni$	-0.250	$2HIO + 2H^+ + 2e^- \rightleftharpoons I_2 + 2H_2O$	1.45
$AgI(s) + e^- \rightleftharpoons Ag + I^-$	-0.152	$PbO_2 + 4H^+ + 2e^- \rightleftharpoons Pb^{2+} + 2H_2O$	1.455
$Sn^{2+} + 2e^- \rightleftharpoons Sn$	-0.136	$2ClO_3^- + 12H^+ + 10e^- \rightleftharpoons Cl_2 + 6H_2O$	1.47
$Pb^{2+} + 2e^- \rightleftharpoons Pb$	-0.126	$Mn^{3+} + e^- \rightleftharpoons Mn^{2+}$	1.488
$Fe^{3+} + 3e^- \rightleftharpoons Fe$	-0.036	$HClO + H^+ + 2e^- \rightleftharpoons Cl^- + H_2O$	1.49
$2H^+ + 2e^- \rightleftharpoons H_2$	0.0000	$Au^{3+} + 3e^- \rightleftharpoons Au$	1.50
$AgBr + e^- \rightleftharpoons Ag + Br^-$	0.07103	$MnO_4^- + 8H^+ + 5e^- \rightleftharpoons Mn^{2+} + 4H_2O$	1.51
$S_4O_6^{2-} + 2e^- \rightleftharpoons 2S_2O_3^{2-}$	0.08	$2HBrO + 2H^+ + 2e^- \rightleftharpoons Br_2 + 2H_2O$	1.6
$TiO^{2+} + 2H^+ + e^- \rightleftharpoons Ti^{3+} + H_2O$	0.10	$Ce^{4+} + e^- \rightleftharpoons Ce^{3+}$ (1mol·L^{-1} HNO$_3$)	1.61
$S + 2H^+ + 2e^- \rightleftharpoons H_2S(aq)$	0.141	$2HClO + 2H^+ + 2e^- \rightleftharpoons Cl_2 + 2H_2O$	1.63
$Sn^{4+} + 2e^- \rightleftharpoons Sn^{2+}$	0.15	$HClO_2 + 2H^+ + 2e^- \rightleftharpoons HClO + H_2O$	1.64
$Cu^{2+} + e^- \rightleftharpoons Cu^+$	0.153	$PbO_2 + SO_4^{2-} + 4H^+ + 2e^- \rightleftharpoons PbSO_4 + 2H_2O$	1.685
$AgCl(s) + e^- \rightleftharpoons Ag + Cl^-$	0.2224	$MnO_4^- + 4H^+ + 3e^- \rightleftharpoons MnO_2 + 2H_2O$	1.695
$Hg_2Cl_2(s) + 2e^- \rightleftharpoons 2Hg + 2Cl^-$	0.268	$H_2O_2 + 2H^+ + 2e^- \rightleftharpoons 2H_2O$	1.77
$Cu^{2+} + 2e^- \rightleftharpoons Cu$	0.337	$Co^{3+} + e^- \rightleftharpoons Co^{2+}$	1.808
$Cu^+ + e^- \rightleftharpoons Cu$	0.521	$S_2O_8^{2-} + 2e^- \rightleftharpoons 2SO_4^{2-}$	2.05
$I_2 + 2e^- \rightleftharpoons 2I^-$	0.5355	$O_3 + 2H^+ + 2e^- \rightleftharpoons O_2 + H_2O$	2.07
$MnO_4^- + e^- \rightleftharpoons MnO_4^{2-}$	0.564	$F_2 + 2e^- \rightleftharpoons 2F^-$	2.87
$H_3AsO_4 + 2H^+ + 2e^- \rightleftharpoons H_3AsO_3 + H_2O$	0.58	$F_2 + 2H^+ + 2e^- \rightleftharpoons 2HF$	3.06
$2HgCl_2(s) + 2e^- \rightleftharpoons Hg_2Cl_2(s) + 2Cl^-$	0.63		

6.2 在碱性介质中

电 极 反 应	$E_B^{\ominus}/V$	电 极 反 应	$E_B^{\ominus}/V$
$Mg(OH)_2 + 2e^- \rightleftharpoons Mg + 2OH^-$	-2.69	$[Ag(CN)_2]^- + e^- \rightleftharpoons Ag + 2CN^-$	-0.31
$H_2AlO_3^- + H_2O + 3e^- \rightleftharpoons Al + 4OH^-$	-2.35	$CrO_4^{2-} + 2H_2O + 3e^- \rightleftharpoons CrO_2^- + 4OH^-$	-0.12
$H_2BO_3^- + H_2O + 3e^- \rightleftharpoons B + 4OH^-$	-1.79	$O_2 + H_2O + 2e^- \rightleftharpoons HO_2^- + OH^-$	-0.076
$Mn(OH)_2 + 2e^- \rightleftharpoons Mn + 2OH^-$	-1.55	$NO_3^- + H_2O + 2e^- \rightleftharpoons NO_2^- + 2OH^-$	0.01
$[Zn(CN)_4]^{2-} + 2e^- \rightleftharpoons Zn + 4CN^-$	-1.26	$S_4O_6^{2-} + 2e^- \rightleftharpoons 2S_2O_3^{2-}$	0.09
$ZnO_2^{2-} + 2H_2O + 2e^- \rightleftharpoons Zn + 4OH^-$	-1.216	$HgO + H_2O + 2e^- \rightleftharpoons Hg + 2OH^-$	0.098
$2SO_3^{2-} + 2H_2O + 2e^- \rightleftharpoons S_2O_4^{2-} + 4OH^-$	-1.12	$Mn(OH)_3 + e^- \rightleftharpoons Mn(OH)_2 + OH^-$	0.1
$[Zn(NH_3)_4]^{2+} + 2e^- \rightleftharpoons Zn + 4NH_3$	-1.04	$[Co(NH_3)_6]^{3+} + e^- \rightleftharpoons [Co(NH_3)_6]^{2+}$	0.1
$SO_4^{2-} + H_2O + 2e^- \rightleftharpoons SO_3^{2-} + 2OH^-$	-0.93	$Co(OH)_3 + e^- \rightleftharpoons Co(OH)_2 + OH^-$	0.17
$HSnO_2^- + H_2O + 2e^- \rightleftharpoons Sn + 3OH^-$	-0.91	$Ag_2O + H_2O + 2e^- \rightleftharpoons 2Ag + 2OH^-$	0.34
$2H_2O + 2e^- \rightleftharpoons H_2 + 2OH^-$	-0.828	$O_2 + 2H_2O + 4e^- \rightleftharpoons 4OH^-$	0.41
$Ni(OH)_2 + 2e^- \rightleftharpoons Ni + 2OH^-$	-0.72	$MnO_4^- + 2H_2O + 3e^- \rightleftharpoons MnO_2 + 4OH^-$	0.588
$AsO_4^{3-} + 2H_2O + 2e^- \rightleftharpoons AsO_2^- + 4OH^-$	-0.67	$BrO_3^- + 3H_2O + 6e^- \rightleftharpoons Br^- + 6OH^-$	0.61
$SO_3^{2-} + 3H_2O + 4e^- \rightleftharpoons S + 6OH^-$	-0.66	$BrO^- + H_2O + 2e^- \rightleftharpoons Br^- + 2OH^-$	0.76
$AsO_2^- + 2H_2O + 3e^- \rightleftharpoons As + 4OH^-$	-0.66	$H_2O_2 + 2e^- \rightleftharpoons 2OH^-$	0.88
$2SO_3^{2-} + 3H_2O + 4e^- \rightleftharpoons S_2O_3^{2-} + 6OH^-$	-0.58	$ClO^- + H_2O + 2e^- \rightleftharpoons Cl^- + 2OH^-$	0.89
$S + 2e^- \rightleftharpoons S^{2-}$	-0.48	$O_3 + H_2O + 2e^- \rightleftharpoons O_2 + 2OH^-$	1.24

附录7 条件电极电势（298.15K）

电 极 反 应	$E^{\ominus\prime}/V$	介 质
$Ag(II) + 2e^- \rightleftharpoons Ag^+$	1.927	$4mol\cdot L^{-1}$ HNO_3
$Ce(IV) + 2e^- \rightleftharpoons Ce(III)$	1.70	$1mol\cdot L^{-1}$ $HClO_4$
	1.61	$1mol\cdot L^{-1}$ HNO_3
	1.44	$0.5mol\cdot L^{-1}$ H_2SO_4
	1.28	$1mol\cdot L^{-1}$ HCl
$Co^{3+} + e^- \rightleftharpoons Co^{2+}$	1.85	$4mol\cdot L^{-1}$ HNO_3
$[Co(en)_3]^{3+} + e^- \rightleftharpoons [Co(en)_3]^{2+}$	-0.2	$0.1mol\cdot L^{-1}$ KNO_3 + $0.1mol\cdot L^{-1}$ 乙二胺
$Cr(III) + 2e^- \rightleftharpoons Cr(II)$	-0.40	$5mol\cdot L^{-1}$ HCl
$Cr_2O_7^{2-} + 14H^+ + 6e^- \rightleftharpoons 2Cr^{3+} + 7H_2O$	1.00	$1mol\cdot L^{-1}$ HCl
	1.05	$2mol\cdot L^{-1}$ HCl
	1.08	$3mol\cdot L^{-1}$ HCl
	1.025	$1mol\cdot L^{-1}$ $HClO_4$
	1.15	$4mol\cdot L^{-1}$ H_2SO_4
$CrO_4^{2-} + 2H_2O + 3e^- \rightleftharpoons CrO_2^- + 4OH^-$	-0.12	$1mol\cdot L^{-1}$ $NaOH$
$Fe(III) + e^- \rightleftharpoons Fe(II)$	0.73	$1mol\cdot L^{-1}$ $HClO_4$
	0.71	$0.5mol\cdot L^{-1}$ HCl
	0.68	$1mol\cdot L^{-1}$ HCl
	0.68	$1mol\cdot L^{-1}$ H_2SO_4
	0.46	$2mol\cdot L^{-1}$ H_3PO_4
	0.51	$1mol\cdot L^{-1}$ HCl + $0.25mol\cdot L^{-1}$ H_3PO_4
$H_3AsO_4 + 2H^+ + 2e^- \rightleftharpoons H_3AsO_3 + H_2O$	0.557	$1mol\cdot L^{-1}$ HCl
	0.557	$1mol\cdot L^{-1}$ $HClO_4$
$FeY^- + e^- \rightleftharpoons FeY^{2-}$	0.12	$1mol\cdot L^{-1}$ EDTA pH=4~6
$[Fe(CN)_6]^{3-} + e^- \rightleftharpoons [Fe(CN)_6]^{4-}$	0.48	$0.01mol\cdot L^{-1}$ HCl

续表

电 极 反 应	$E^{\ominus\prime}/V$	介 质
	0.56	$0.1\text{mol}\cdot\text{L}^{-1}$ HCl
	0.71	$1\text{mol}\cdot\text{L}^{-1}$ HCl
	0.72	$1\text{mol}\cdot\text{L}^{-1}$ $HClO_4$
$I_2(aq)+2e^-\rightleftharpoons 2I^-$	0.628	$1\text{mol}\cdot\text{L}^{-1}$ H^+
$I_3^-+2e^-\rightleftharpoons 3I^-$	0.545	$1\text{mol}\cdot\text{L}^{-1}$ H^+
$MnO_4^-+8H^++5e^-\rightleftharpoons Mn^{2+}+4H_2O$	1.45	$1\text{mol}\cdot\text{L}^{-1}$ $HClO_4$
	1.27	$8\text{mol}\cdot\text{L}^{-1}$ H_3PO_4
$Os(\text{VIII})+4e^-\rightleftharpoons Os(\text{IV})$	0.79	$5\text{mol}\cdot\text{L}^{-1}$ HCl
$[SnCl_6]^{2-}+2e^-\rightleftharpoons [SnCl_4]^{2-}+2Cl^-$	0.14	$1\text{mol}\cdot\text{L}^{-1}$ HCl
$Sn^{2+}+2e^-\rightleftharpoons Sn$	−0.16	$1\text{mol}\cdot\text{L}^{-1}$ $HClO_4$
$Sb(\text{V})+2e^-\rightleftharpoons Sb(\text{III})$	0.75	$3.5\text{mol}\cdot\text{L}^{-1}$ HCl
$[Sb(OH)_6]^-+2e^-\rightleftharpoons SbO_2^-+2OH^-+2H_2O$	−0.428	$3\text{mol}\cdot\text{L}^{-1}$ NaOH
$SbO_2^-+2H_2O+3e^-\rightleftharpoons Sb+4OH^-$	−0.675	$10\text{mol}\cdot\text{L}^{-1}$ KOH
$Ti(\text{IV})+e^-\rightleftharpoons Ti(\text{III})$	−0.01	$0.2\text{mol}\cdot\text{L}^{-1}$ H_2SO_4
	0.12	$2\text{mol}\cdot\text{L}^{-1}$ H_2SO_4
	−0.04	$1\text{mol}\cdot\text{L}^{-1}$ HCl
	−0.05	$1\text{mol}\cdot\text{L}^{-1}$ H_3PO_4
$Pb(\text{II})+2e^-\rightleftharpoons Pb$	−0.32	$1\text{mol}\cdot\text{L}^{-1}$ NaAc
	−0.14	$1\text{mol}\cdot\text{L}^{-1}$ $HClO_4$
$UO_2^{2+}+4H^++2e^-\rightleftharpoons U(\text{IV})+2H_2O$	0.41	$0.5\text{mol}\cdot\text{L}^{-1}$ H_2SO_4

附录 8 常见的指示剂

8.1 常用酸碱指示剂的变色范围和理论变色点

指示剂	变色 pH 值的范围	颜色变化	$pK_{\text{HIn}}^{\ominus}$	浓 度
百里酚蓝	1.2~2.8	红~黄	1.7	0.1%的20%乙醇溶液
甲基黄	2.9~4.0	红~黄	3.3	0.1%的90%乙醇溶液
甲基橙	3.1~4.4	红~黄	3.4	0.05%的水溶液
溴酚蓝	3.0~4.6	黄~紫	4.1	0.1%的20%乙醇溶液或其钠盐水溶液
溴甲酚绿	4.0~5.6	黄~蓝	4.9	0.1%的20%乙醇溶液或其钠盐水溶液
甲基红	4.4~6.2	红~黄	5.0	0.1%的60%乙醇溶液或其钠盐水溶液
溴百里酚蓝	6.2~7.6	黄~蓝	7.3	0.1%的20%乙醇溶液或其钠盐水溶液
中性红	6.8~8.0	红~橙黄	7.4	0.1%的60%乙醇溶液
苯酚红	6.8~8.4	黄~红	8.0	0.1%的60%乙醇溶液或其钠盐水溶液
酚酞	8.0~10.0	无~红	9.1	0.5%的90%乙醇溶液
百里酚蓝	8.0~9.6	黄~蓝	8.9	0.1%的20%乙醇溶液
百里酚酞	9.4~10.6	无~蓝	10.0	0.1%的90%乙醇溶液

8.2 常用混合指示剂的变色范围和理论变色点

指示剂溶液的组成	变色时的 pH 值	颜色 酸色	颜色 碱色	备 注
一份 0.1%甲基黄乙醇溶液 一份 0.1%亚甲基蓝乙醇溶液	3.25	蓝紫	绿	pH=3.2 蓝紫色 pH=3.4 绿色
一份 0.1%甲基橙水溶液 一份 0.25%靛蓝二磺酸水溶液	4.1	紫	黄绿	

续表

指示剂溶液的组成	变色时的 pH 值	颜色 酸色	颜色 碱色	备 注
一份 0.1% 溴甲酚绿钠盐水溶液 一份 0.2% 甲基橙水溶液	4.3	橙	蓝紫	pH=3.5,黄色;pH=4.05,绿色; pH=4.3 浅绿色
三份 0.1% 溴甲酚绿乙醇溶液 一份 0.2% 甲基红乙醇溶液	5.1	酒红	绿	
一份 0.1% 溴甲酚绿钠盐水溶液 一份 0.1% 氯酚红钠盐水溶液	6.1	黄绿	蓝紫	pH=5.4,蓝绿色;pH=5.8,蓝色; pH=6.0,蓝色带紫色;pH=6.2,蓝紫色
一份 0.1% 中性红乙醇溶液 一份 0.1% 亚甲基蓝乙醇溶液	7.0	紫蓝	绿	pH=7.0,紫蓝色
一份 0.1% 甲酚红钠盐水溶液 三份 0.1% 百里酚蓝钠盐水溶液	8.3	黄	紫	pH=8.2,玫瑰红色; pH=8.4,清晰的紫
一份 0.1% 酚酞 50% 乙醇溶液 三份 0.1% 百里酚酞 50% 乙醇溶液	9.0	黄	紫	从黄色到绿色,再到紫色
一份 0.1% 酚酞乙醇溶液 一份 0.1% 百里酚酞乙醇溶液	9.9	无	紫	pH=9.6,玫瑰红色; pH=1.0,紫色
二份 0.1% 百里酚酞乙醇溶液 一份 0.1% 茜素黄 R 乙醇溶液	10.2	黄	紫	

8.3 常用金属指示剂

指示剂	使用适宜的 pH 值范围	颜色变化 In	颜色变化 MIn	直接滴定的离子	指示剂配制	注意事项
铬黑 T(简称 BT 或 EBT)	8~10	蓝	酒红	pH=10, Mg^{2+}, Zn^{2+}, Cd^{2+}, Pb^{2+}, Mn^{2+}, Hg^{2+}, 稀土元素离子	1:100 NaCl (固体)	Al^{3+}、Fe^{3+} 封闭用三乙醇胺消除;Cu^{2+}、Ni^{2+}、Ti^{4+} 封闭用 KCN 消除
钙指示剂(简称 NN)	12~13	蓝	酒红	pH=12~13, Ca^{2+}	1:100 NaCl (固体)	Al^{3+}、Fe^{3+} 封闭用三乙醇胺消除;Cu^{2+}、Ni^{2+}、Ti^{4+} 封闭用 KCN 消除
酸性铬蓝 K	8~13	蓝	红	pH=10 Mg^{2+},Zn^{2+},Mn^{2+} pH=13,Ca^{2+}	1:100 NaCl (固体)	
二甲酚橙(简称 XO)	<6	亮黄	红	pH<1,ZrO^{2+} pH=1~2,Bi^{3+} pH=2.5~3.5,Th^{4+} pH=5~6 Zn^{2+},Pb^{2+},Cd^{2+},Hg^{2+},Tl^{3+},稀土元素离子	0.5% 水溶液	Fe^{3+} 封闭用抗坏血酸消除;Al^{3+}、Ti^{4+} 封闭用 NH_4F 消除;Cu^{2+}、Co^{2+}、Ni^{2+} 用邻二氮菲消除
磺基水杨酸(简称 ssal)	1.5~2.5	无色	紫红	pH=1.5~2.5,Fe^{3+}	5% 水溶液	ssal 本身无色,FeY^- 呈黄色
PAN[1-(2-pyridylaozo)-2-naphthol]	2~12	黄	紫红	pH=2~3,Th^{4+},Bi^{3+} pH=4~5,Cu^{2+},Ni^{2+},Pb^{2+},Cd^{2+},Zn^{2+},Mn^{2+},Fe^{2+}	0.1% 乙醇溶液	MIn 不易溶于水,常加入乙醇或加热

8.4 常用氧化还原指示剂的条件电极电势及颜色变化

指示剂	$E_{In}^{\ominus}$/V [H^+]=1 mol·L^{-1}	颜色变化 氧化态	颜色变化 还原态
亚甲基蓝	0.36	蓝色	无色
二苯胺	0.76	紫色	无色
二苯胺磺酸钠	0.84	红紫	无色
邻苯氨基苯甲酸	0.89	红紫	无色
邻二氮杂菲-亚铁	1.06	浅蓝	红色
硝基邻二氮杂菲-亚铁	1.25	浅蓝	紫红

附录9 常见化合物的分子量

化合物	分子量	化合物	分子量
Ag_3AsO_3	446.53	$CoCl_2 \cdot 6H_2O$	237.96
$AgBr$	187.78	$Co(NO_3)_2$	182.94
$AgCl$	143.32	$Co(NO_3)_2 \cdot 6H_2O$	291.06
$AgCN$	133.89	CoS	90.99
Ag_2CrO_4	331.73	$CoSO_4$	154.99
AgI	234.77	$CoSO_4 \cdot 7H_2O$	281.13
$AgNO_3$	169.87	CCl_4	153.82
$AgSCN$	165.95	$CO(NH_2)_2$(尿素)	60.07
Al_2O_3	101.96	$CS(NH_2)_2$(硫脲)	76.13
$AlCl_3$	133.34	CH_3COOH	60.04
$AlCl_3 \cdot 6H_2O$	241.46	CH_3COCH_3	58.07
$Al(NO_3)_3$	213.00	CH_2O	30.03
$Al(NO_3)_3 \cdot 9H_2O$	375.13	C_6H_5COOH	122.11
$Al_2(SO_4)_3$	342.15	C_6H_5COONa	144.09
$Al_2(SO_4)_3 \cdot 18H_2O$	666.41	$C_6H_4COOHCOOK$	204.20
$Al(OH)_3$	78.00	CH_3COONa	82.02
As_2O_3	197.84	CH_3OH	32.04
As_2O_5	229.84	C_6H_5OH	94.11
As_2S_3	246.03	CO_2	44.01
$BaCO_3$	197.34	$COOHCH_2COOH$	104.06
BaC_2O_4	225.35	$COOHCH_2COONa$	126.04
$BaCl_2$	208.24	$C_4H_8N_2O_2$(丁二酮肟)	116.12
$BaCl_2 \cdot 2H_2O$	244.27	$(CH_2)_6N_4$(六亚甲基四胺)	140.18
$BaCrO_4$	253.32	$C_7H_6O_6S \cdot 2H_2O$(磺基水杨酸)	254.22
BaO	153.33	C_9H_6NOH(8-羟基喹啉)	145.16
$Ba(OH)_2$	171.35	$C_{12}H_8N_2 \cdot H_2O$(邻菲咯啉)	198.22
$BaSO_4$	233.39	$C_2H_5NO_2$(氨基乙酸,甘氨酸)	75.07
$BiCl_3$	315.34	$C_6H_{12}N_2O_4S_2$(L-胱氨酸)	240.30
$BiOCl$	260.43	$(C_9H_7N)_3H_3(PO_4 \cdot 12MoO_3)$(磷钼酸喹啉)	2212.73
$CaCO_3$	100.09	Cr_2O_3	151.99
CaC_2O_4	128.10	$CrCl_3$	158.36
$CaCl_2$	110.99	$CrCl_3 \cdot 6H_2O$	266.45
$CaCl_2 \cdot H_2O$	129.00	$Cr(NO_3)_3$	238.03
CaF_2	78.08	$Cu(C_2H_3O_2)_2 \cdot 3Cu(AsO_2)_2$	1013.79
$Ca(NO_3)_2$	164.09	CuO	79.54
CaO	56.08	Cu_2O	143.09
$Ca(OH)_2$	74.09	$Cu(NO_3)_2$	187.56
$Ca_3(PO_4)_2$	310.18	$Cu(NO_3)_2 \cdot 3H_2O$	241.62
$CaSO_4$	136.14	CuS	95.62
$CdCO_3$	172.42	$CuSCN$	121.62
$CdCl_2$	183.31	$CuSO_4$	159.61
CdS	144.48	$CuSO_4 \cdot 5H_2O$	249.69
$Ce(SO_4)_2$	332.24	$CuCl$	99.00
$Ce(SO_4)_2 \cdot 4H_2O$	404.32	$CuCl_2$	134.45
$Ce(SO_4)_2 \cdot 2(NH_4)_2SO_4 \cdot 2H_2O$	632.54	$CuCl_2 \cdot 2H_2O$	170.49
$CoCl_2$	129.84	CuI	190.45

续表

化 合 物	分子量	化 合 物	分子量
$Fe(NO_3)_3$	241.86	$KAl(SO_4)_2 \cdot 2H_2O$	474.39
$Fe(NO_3)_3 \cdot 9H_2O$	404.04	$KB(C_6H_5)_4$	358.32
$FeCl_2$	126.75	KBr	119.01
$FeCl_2 \cdot 4H_2O$	198.83	$KBrO_3$	167.01
$FeCl_3$	162.20	KCN	65.12
$FeCl_3 \cdot 6H_2O$	270.29	K_2CO_3	138.21
FeO	71.84	KCl	74.56
Fe_2O_3	159.69	$KClO_3$	122.55
Fe_3O_4	231.54	$KClO_4$	138.55
$Fe(OH)_3$	106.88	K_2CrO_4	194.20
FeS	87.92	$K_2Cr_2O_7$	294.19
Fe_2S_3	207.91	$KHC_2O_4 \cdot H_2C_2O_4 \cdot 2H_2O$	254.19
$FeSO_4 \cdot H_2O$	169.92	$KHC_2O_4 \cdot H_2O$	146.14
$FeSO_4 \cdot 7H_2O$	278.02	KI	166.01
$Fe_2(SO_4)_3$	399.88	KIO_3	214.00
$FeSO_4 \cdot (NH_4)_2SO_4 \cdot 6H_2O$	392.15	$KIO_3 \cdot HIO_3$	389.92
H_3AsO_3	125.94	$K_3Fe(CN)_6$	329.25
H_3AsO_5	157.94	$K_4Fe(CN)_6$	368.35
H_3BO_3	61.83	$KMnO_4$	158.04
HBr	80.91	KNO_3	101.10
HCN	27.03	KNO_2	85.10
$HCOOH$	46.03	K_2O	94.20
H_2CO_3	62.02	KOH	56.11
$H_2C_2O_4$	90.03	$KSCN$	97.18
$H_2C_2O_4 \cdot 2H_2O$	126.07	K_2SO_4	174.25
$H_2C_4H_4O_4$（丁二酸）	118.09	$MgCO_3$	84.31
$H_2C_4H_4O_6$（酒石酸）	150.09	$MgCl_2$	95.21
HCl	36.46	MgC_2O_4	112.33
$HClO_4$	100.46	$MgNH_4PO_4$	137.33
HF	20.01	$Mg(NO_3)_2 \cdot 6H_2O$	256.43
HI	127.91	MgO	40.31
HIO_3	175.91	$Mg(OH)_2$	58.32
HNO_2	47.01	$Mg_2P_2O_7$	222.60
HNO_3	63.01	$MgSO_4 \cdot 7H_2O$	246.50
H_2O	18.02	$MnCO_3$	114.95
H_2O_2	34.02	$MnCl_2 \cdot 4H_2O$	197.91
H_3PO_4	98.00	$Mn(NO_3)_2 \cdot 6H_2O$	287.06
H_2S	34.08	MnO	70.94
H_2SO_3	82.08	MnO_2	86.94
H_2SO_4	98.08	MnS	87.00
$Hg(CN)_2$	252.64	$MnSO_4$	151.00
$HgCl_2$	271.50	$Na_2B_4O_7$	201.22
Hg_2Cl_2	472.09	NO	30.01
HgI_2	454.40	NO_2	46.01
$Hg_2(NO_3)_2$	525.19	NH_3	17.03
$Hg(NO_3)_2$	324.60	$NH_2OH \cdot HCl$（盐酸羟胺）	69.49
HgO	216.59	NH_4Cl	53.49
HgS	232.65	$(NH_4)_2CO_3$	96.09
$HgSO_4$	296.65	$(NH_4)_2C_2O_4 \cdot H_2O$	142.11
Hg_2SO_4	497.24	$NH_3 \cdot H_2O$	35.05

续表

化 合 物	分子量	化 合 物	分子量
$NH_4Fe(SO_4)_2·12H_2O$	480.18	PbO_2	239.19
$(NH_4)_2HPO_4$	132.05	Pb_3O_4	685.57
$(NH_4)_3PO_4·12MoO_3$	1876.53	$PbSO_4$	303.26
NH_4SCN	76.12	$PbCO_3$	267.21
$(NH_4)_2S$	68.14	PbC_2O_4	295.22
$(NH_4)_2SO_4$	132.14	$PbCl_2$	278.10
NH_4VO_4	132.98	$Pb(CH_3COO)_2$	325.29
$Na_2B_4O_7·10H_2O$	381.37	$Pb(CH_3COO)_2·3H_2O$	379.35
$NaBiO_3$	279.97	PbI_2	461.01
$NaBr$	102.90	$Pb(NO_3)_2$	331.21
$NaCN$	49.01	$Pb_3(PO_4)_2$	811.54
Na_2CO_3	105.99	PbS	239.27
$Na_2C_2O_4$	134.00	$PbSO_4$	303.27
$NaCl$	58.44	$SbCl_3$	228.11
NaF	41.99	$SbCl_5$	299.02
$NaHCO_3$	84.01	Sb_2O_3	291.52
NaH_2PO_4	119.98	Sb_2S_3	339.72
Na_2HPO_4	141.96	SiF_4	104.08
Na_3PO_4	163.94	SiO_2	60.08
$Na_2H_2Y·2H_2O$	372.24	$SnCO_3$	178.72
NaI	149.89	$SnCl_2$	189.62
$NaNO_2$	69.00	SnO_2	150.71
Na_2O	61.98	$SrCO_3$	147.63
$NaOH$	40.01	SrC_2O_4	175.64
Na_3PO_4	163.94	$SrSO_4$	183.69
Na_2S	78.05	SO_2	64.06
$Na_2S·9H_2O$	240.18	SO_3	80.06
Na_2SO_3	126.04	TiO_2	79.87
Na_2SO_4	142.04	WO_3	231.84
$Na_2SO_4·10H_2O$	322.20	$ZnCl_2$	136.30
$Na_2S_2O_3$	158.11	ZnO	81.39
$Na_2S_2O_3·5H_2O$	248.19	$Zn_2P_2O_7$	304.72
Na_2SiF_6	188.06	$ZnSO_4$	161.45
$NiC_8H_{14}O_4N_4$(丁二酮肟镍)	288.91	ZnC_2O_4	153.43
P_2O_5	141.95	$Zn(CH_3COO)_2$	183.51
$PbCrO_4$	323.18	$Zn(NO_3)_2$	189.43
PbO	223.19	ZnS	97.48

参 考 文 献

[1] 南京大学《无机及分析化学》编写组编. 无机及分析化学. 第 4 版. 北京：高等教育出版社，2006.
[2] 陈锦虹主编. 无机及分析化学. 北京：科学出版社，2002.
[3] 江棍主编. 工科化学. 第 2 版. 北京：化学工业出版社，2006.
[4] 武汉大学主编. 分析化学. 第 4 版. 北京：高等教育出版社，2000.
[5] 华东理工大学化学系，四川大学化工学院编. 分析化学. 第 6 版. 北京：高等教育出版社，2009.
[6] 四川大学编. 分析化学. 北京：科学出版社，2001.
[7] 武汉大学、吉林大学等校编. 无机化学（上、下）. 第 3 版. 北京：高等教育出版社，1994.
[8] 天津大学无机化学教研室编. 无机化学. 第 4 版. 北京：高等教育出版社，2010.
[9] 何凤姣主编. 无机化学. 北京：科学出版社，2001.
[10] 樊行雪，方国女编. 大学化学原理及应用. 第 2 版. 北京：化学工业出版社，2004.
[11] 胡忠鲠等编. 现代化学基础. 北京：高等教育出版社，2000.
[12] 朱裕贞，顾达，黑恩成编. 现代基础化学. 第 3 版. 北京：化学工业出版社，2010.
[13] 郑利民，朱声逾编. 简明元素化学. 北京：化学工业出版社，1999.
[14] 刘新锦，朱亚先，高飞编. 无机元素化学. 北京：科学出版社，2005.
[15] 刘芸，周磊主编. 无机及分析化学. 北京：化学工业出版社，2015.
[16] 叶芬霞. 无机及分析化学. 北京：高等教育出版社，2004.
[17] 王芃. 无机及分析化学简明教程. 天津：天津大学出版社，2007.
[18] 倪静安，商少明，翟滨编. 无机及分析化学教程. 北京：高等教育出版社，2006.
[19] 于韶梅主编. 无机及分析化学. 天津：天津大学出版社，2007.
[20] 浙江大学编. 无机及分析化学. 第 2 版. 北京：高等教育出版社，2008.
[21] 实用化学手册编写组编. 实用化学手册. 北京：科学出版社，2001.
[22] 中华人民共和国国家标准 GB 3100～3102—93. 量和单位. 北京：中国标准出版社，1994.